现代物理基础丛书 63

粒子物理导论

杜东生 杨茂志 著

科学出版社
北京

内 容 简 介

本书着重介绍粒子物理的基础知识，同时尽可能多地介绍相关领域前沿的情况和最新成果. 书中从对称性出发，相继详细介绍强子的夸克模型、电磁作用和弱作用、弱电统一理论、强作用的规范理论 QCD. 其中在弱作用部分对中性 K 介子、中性 B 介子和中性 D 介子系统的正反粒子混合及 CP 不守恒做了系统介绍，在弱电统一模型部分还给出了 R_ξ 规范的费曼规则，在强作用部分详细讨论了 QCD 的重整化，对粲偶素、例外态、胶球和混杂态、格点规范等也做了简要讨论. 书中还介绍了中微子振荡及轻子系统的 CP 破坏. 此外，对超出标准模以外的各种新模型，如大统一理论和超对称模型等，作了简要介绍.

本书适合物理专业高年级本科生、研究生、教师和相关科研人员阅读，同时对粒子物理实验和理论研究人员也有参考价值.

图书在版编目（CIP）数据

粒子物理导论/杜东生，杨茂志著. —北京：科学出版社，2014
(现代物理基础丛书；63)
ISBN 978-7-03-042935-3

I. ①粒… II. ①杜… ②杨… III. ①粒子物理学 IV. ①O572.2

中国版本图书馆 CIP 数据核字 (2014) 第 309483 号

责任编辑：钱 俊 鲁永芳／责任校对：彭 涛
责任印制：赵 博／封面设计：陈 敬

科学出版社出版
北京东黄城根北街 16 号
邮政编码：100717
http://www.sciencep.com
三河市春园印刷有限公司印刷
科学出版社发行 各地新华书店经销
*
2015 年 1 月第 一 版 开本：720 × 1000 1/16
2025 年 2 月第五次印刷 印张：26 1/2
字数：509 000

定价：139.00 元

(如有印装质量问题，我社负责调换)

《现代物理基础丛书》编委会

前　言

粒子物理是研究物质微观结构最前沿的科学. 它的发展不仅影响物理学的各个分支, 如凝聚态和固体物理、宇宙学、天体物理等，并对整个自然科学各领域甚至其他学科，如医学、农林等都有深远的影响. 本书的目的是向高年级本科生、研究生和青年科学工作者介绍粒子物理的基础知识，为他们在这一领域从事理论和实验研究打下基础.

本书的两位作者曾经在中国科学院研究生院讲授粒子物理多年，本书是在作者粒子物理讲义的基础上加以扩充整理完成的. 由于粒子物理近年来实验和理论的发展都很迅速，要想在一本书中包括所有新发展是不可能的，但我们会尽力而为之，并且一旦可能就会加入新的发展和新的实验结果.

由于作者的水平及书籍篇幅有限，书中定有不少内容需要增加和改进，不妥之处请读者批评指正, 作者不胜感激.

本书是在国家自然科学基金 (编号: 11375088, 11375207) 的部分资助下完成的, 特此致谢.

杜东生　中国科学院高能物理研究所

杨茂志　南开大学

2014 年 7 月

目　　录

前言
第 1 章　概论 ········ 1
参考文献 ········ 5
第 2 章　对称性和守恒定律 ········ 7
2.1　总论 ········ 7
2.2　作用量、运动方程和守恒量 ········ 7
2.3　宇称变换 ········ 11
2.4　电荷共轭变换 ········ 14
2.5　应用: 法雷定理, 自旋为 1 的粒子不能衰变到 2γ ········ 17
2.6　时间反演 ········ 20
2.7　CPT 定理 ········ 26
参考文献 ········ 27
第 3 章　粒子的分类及性质: 轻子和强子 ········ 28
3.1　四种相互作用 ········ 28
3.2　轻子　轻子数守恒 ········ 30
3.2.1　电子和 μ 子及中微子 ········ 30
3.2.2　τ 子及其中微子 ν_τ ········ 32
3.2.3　中微子的螺旋性 (helicity) ········ 33
3.2.4　轻子数守恒 ········ 34
3.3　强子　重子数守恒 ········ 35
3.3.1　π 介子 ········ 36
3.3.2　核子与反核子及重子数守恒 ········ 39
3.3.3　奇异粒子 ········ 39
3.3.4　共振态 ········ 42
3.4　散射截面、粒子寿命和衰变宽度 ········ 47
3.4.1　散射截面 ········ 47
3.4.2　粒子寿命和衰变宽度 ········ 50
3.5　粒子衰变的运动学 ········ 51

3.5.1 两体衰变 ········ 51
3.5.2 三体衰变、Dalitz 图 ········ 52
参考文献 ········ 55
第 4 章 同位旋和 G 宇称 ········ 56
4.1 同位旋 ········ 56
4.1.1 同位旋概念的提出 ········ 56
4.1.2 同位旋变换 ········ 58
4.1.3 强相互作用下的同位旋守恒定律 ········ 62
4.1.4 介子和重子的同位旋 ········ 63
4.1.5 物理过程的同位旋分析一例 ········ 66
4.2 交换对称性——广义全同性原理 ········ 68
4.3 同位旋破坏 ········ 69
4.4 G 宇称 ········ 70
参考文献 ········ 73
第 5 章 强子的夸克模型 ········ 74
5.1 数学准备 ········ 75
5.1.1 SU(n) 群表示乘积的分解、杨图 ········ 75
5.1.2 SU(3) 群的张量分析 ········ 78
5.1.3 SU(3) 群的生成元和 Casmir 算子 ········ 80
5.2 SU(3) 夸克模型、介子和重子的 SU(3) 味波函数 ········ 81
5.2.1 赝标介子八重态和单态味波函数 ········ 83
5.2.2 矢量介子八重态和单态味波函数 ········ 85
5.2.3 重子八重态和十重态味波函数 ········ 87
5.3 颜色自由度 ········ 93
5.3.1 重子自旋统计关系 ········ 93
5.3.2 $\pi^0 \to \gamma\gamma$ ········ 94
5.3.3 e^+e^- 湮灭过程 R 值的测量 ········ 94
5.4 强子的质量公式 ········ 97
5.5 介子单态和八重态的混合 ········ 99
5.6 OZI 规则 ········ 103
5.7 SU(6) 对称 ········ 104
5.8 轨道激发态和径向激发态、多夸克态和例外态 ········ 105
5.8.1 轨道和径向激发态 ········ 106
5.8.2 多夸克态和例外态 ········ 107
5.9 c, b, t 夸克的发现 ········ 107

参考文献 108
第 6 章　电磁相互作用 110
6.1　QED 及其费曼规则 111
6.2　Møller 散射 114
6.3　Bhabha 散射 118
6.4　核子的电磁形状因子 120
6.4.1　假设质子为点粒子时电子–质子弹性散射 120
6.4.2　电子–质子弹性散射 121
6.5　电子–质子非弹性散射 127
6.5.1　非弹性散射的结构函数 127
6.5.2　结构函数应用于弹性散射的情况 129
6.6　核子的部分子模型 130
6.7　部分子模型与夸克模型的统一 133
参考文献 135
第 7 章　弱相互作用 137
7.1　历史的回顾 137
7.2　弱相互作用的分类 139
7.3　原子核的 β 衰变 140
7.4　宇称不守恒的发现 142
7.4.1　τ-θ 之谜 142
7.4.2　钴 60 原子核 β 衰变中的宇称破坏 142
7.5　弱相互作用的 V–A 理论 143
7.5.1　纯轻子衰变 144
7.5.2　半轻子衰变 145
7.6　Cabibbo 理论和 GIM 机制 147
7.7　Kobayashi-Maskawa 模型 149
7.8　四费米子点相互作用的局限性和中间玻色子 151
7.9　矢量流守恒 (CVC) 152
7.10　手征对称破缺和 PCAC 154
7.11　中性介子的混合及 CP 不守恒 158
7.11.1　量子力学描述 159
7.11.2　$\mathrm{K}^0-\overline{\mathrm{K}}^0$ 混合及 CP 破坏 164
7.11.3　$\mathrm{B}^0-\overline{\mathrm{B}}^0$ 混合和 CP 破坏 174
7.11.4　$\mathrm{D}^0-\overline{\mathrm{D}}^0$ 混合和 CP 破坏 185
参考文献 189

第 8 章 弱电统一的规范理论 — 粒子物理的标准模型 ······ 192
8.1 Higgs 机制 ······ 192
8.2 Yang-Mills 理论 ······ 197
8.3 格拉肖–温伯格–萨拉姆弱电统一模型 ······ 201
8.4 真空自发对称性破缺：Higgs 机制 ······ 208
8.5 费米子质量的获得：Yukawa 耦合 ······ 216
8.6 费米子与规范场相互作用 II ······ 221
8.7 纯规范场相互作用 ······ 223
8.8 重整化规范 (R_ξ 规范) 中的费曼规则 ······ 227
8.9 Higgs 粒子的发现 ······ 242
参考文献 ······ 244
第 9 章 强相互作用的理论 QCD ······ 246
9.1 颜色的 SU(3) 规范对称性 ······ 247
9.2 规范场和费米子场的量子化 ······ 250
9.2.1 路径积分量子化 ······ 250
9.2.2 约化公式 ······ 256
9.2.3 规范场的量子化 ······ 258
9.3 QCD 的有效拉氏量和微扰论 ······ 265
9.3.1 QCD 的有效拉氏量 ······ 265
9.3.2 微扰展开 ······ 267
9.4 圈图修正的发散和正规化 ······ 277
9.5 发散的重整化 ······ 286
9.5.1 表观发散度 ······ 286
9.5.2 相互作用的可重整性 ······ 288
9.5.3 QCD 的重整化 ······ 292
9.5.4 重整化常数的单圈计算结果 ······ 299
9.6 BRST 对称性和推广的 Ward-Takahashi 恒等式 ······ 303
9.6.1 BRST 对称性 ······ 303
9.6.2 推广的 Ward-Takahashi 恒等式 (Slavnov-Taylor 恒等式) ······ 306
9.7 重整化群方程及其解 ······ 310
9.7.1 重整化群 ······ 310
9.7.2 重整化群方程 ······ 316
9.7.3 重整群方程的解 ······ 320
9.8 渐近自由 ······ 322
9.9 结构函数、部分子分布函数及其在微扰 QCD 中的应用 ······ 328

9.9.1 深度非弹性散射过程的结构函数 …… 328
9.9.2 QCD 对结构函数随 Q^2 变化的预言 …… 331
9.9.3 应用举例 …… 333
9.10 QCD 中部分束缚态简介 …… 335
9.10.1 e^+e^- 对撞、粲偶素和底偶素 …… 335
9.10.2 胶球和混杂态 …… 336
9.11 非微扰 QCD 和格点规范理论 (Lattice QCD) …… 338
参考文献 …… 340
第 10 章 中微子振荡 …… 343
10.1 中微子振荡的实验证据 …… 344
10.1.1 大气中微子振荡 …… 344
10.1.2 加速器中微子振荡 …… 346
10.1.3 太阳中微子振荡 …… 347
10.1.4 反应堆中微子振荡 …… 349
10.2 中微子振荡的理论描述 …… 350
10.2.1 真空中的中微子振荡 …… 350
10.2.2 物质中的中微子振荡 …… 353
10.3 Dirac 中微子和 Majorana 中微子 …… 357
10.3.1 Dirac 中微子 …… 357
10.3.2 Majorana 中微子 …… 358
10.4 中微子质量和跷跷板机制 …… 360
10.5 中微子混合矩阵的参数化形式 …… 364
10.6 中微子振荡中的 CP 破坏 …… 364
10.7 中微子质量等级问题 …… 365
10.8 未来的发展 …… 367
参考文献 …… 368
第 11 章 标准模型的扩充 …… 370
11.1 强、弱、电三种相互作用的大统一理论 …… 371
11.1.1 SU(5) 大统一模型 (Grand Unified Theory) …… 371
11.1.2 SO($2N$) 大统一模型 …… 386
11.1.3 味统一 …… 387
11.2 超对称模型 …… 387
11.2.1 超空间和超场 …… 390
11.2.2 整体超对称和定域超对称 (超引力) …… 391
11.2.3 整体超对称理论和最小超对称标准模型 …… 391

11.3 超弦理论和膜理论 …… 400
参考文献 …… 401
第 12 章　跋 …… 403
索引 …… 405
《现代物理基础丛书》已出版书目

第1章 概 论

粒子物理是研究基本粒子之间相互作用、相互转化规律的科学. 其主要目的是要找到一种既简单又普遍的物理原理来统一解释粒子物理五花八门的相互作用、相互转换现象. 例如, 麦克斯韦方程可统一解释所有电磁现象, 弱电统一理论可统一解释弱作用与电磁作用的各种现象等.

当然, 时至今日, 我们还没有找到一个基本理论可以统一描写所有粒子的各种现象. 虽然超弦理论 (10 维空间) 和膜理论 (11 维空间) 可以把四种力都统一起来, 但这两种理论在紧致到 4 维 (3 + 1 维) 现实时空时都遇到了严重困难. 这个问题还需进一步研究.

粒子物理又称作"基本粒子物理"或"高能物理", 后两种叫法是历史上延续下来的.

基本粒子是质子、中子、介子、超子、电子、光子、中微子等的总称. "基本"之意即不可分也! 历史上人们认为上述粒子是构成物质世界的最小单元, 不能再分割了. 研究这些基本粒子相互作用及相互转化规律的学科就称作"基本粒子物理". "高能物理"的命名来源于研究基本粒子性质所需付出的能量比研究原子物理、原子核物理都要高, 故起名高能物理. 实际上要打碎原子或者说要把一个电子从原子中打出来大约需要花费 10 eV(10 电子伏特) 的能量. 但是要把一个核子 (质子或中子) 从原子核中打出来则需要花费 10MeV(10 兆电子伏特) 的能量, 比打碎原子花的能量高一百万倍. 打碎质子、中子等"基本粒子"要花多少能量呢? 至少要几百兆电子伏特以上, 即比打碎原子核花费的能量还要高几十倍、几百倍以上. 从这里可以看出, 高能、低能的分法并没有绝对的标准, 因此用"高能物理"和"低能物理"命名不够确切. 而今天我们已经知道"基本粒子"并不基本, 仍然可以再分. 所以从现代观念来说, "基本粒子物理"的叫法也不科学, 所以"粒子物理"的叫法是比较贴切的.

当然要给粒子物理下一个严格定义是困难的. 不管哪一种定义, 实际上其核心是想说明"粒子物理"这一门学科要研究的是物质微观结构及自然界基本相互作用的本质. 由此可见, 粒子物理是研究物质微观结构及其规律的最前沿学科.

1957 年国际纯粹与应用物理学会 (IUPAP) 给粒子物理的定义是"研究物质基本组分的性质及其相互作用的科学". 但这个定义今天看来需要增加新的内容了. 为什么呢? 因为近年来宇宙学和天体物理有了重大发展, 这些新发展和新发现把粒子物理与宇宙学及天体物理联系起来了. 天文学家的观测发现, 超新星爆发时发出的光线的红移比起用已有的距离和红移关系的经验公式推算出的要大. 这表明超新星在加速地远离我们而去, 即宇宙在加速膨胀. 这需要负压强. 一种可能的选择是宇宙空间充满暗能量. 暗能量约占宇宙中总能量密度的 69%, 另外 26%是暗物质, 5%是重子物质, 其中只有 1%是可见物质 (星系、尘埃等). 暗能量会提供宇宙加速膨胀的负压强. 暗能量到底是什么? 是某种充满宇宙空间的标量场还是爱因斯坦宇宙常数? 至今没有定论. 当前, 暗物质、暗能量都是粒子物理研究的前沿课题. 此外, 大爆炸后宇宙早期的发展演化和重子–反重子不对称的形成, 以及宇宙从无到有、原子核形成和星系形成的过程都要靠粒子物理去解释. 所以当今形成了两门新兴交叉学科即 “粒子宇宙学” 和 “粒子天体物理学”. 此外, 中微子物理的发展与天体物理结合又形成了 “中微子天文学” 的新兴交叉学科. 鉴于以上近年来的发展, 美国国家高能物理 21 世纪长远规划顾问组 (High Energy Physics Advisory Panel, HEPAP)[1] 给粒子物理下的定义为 “高能物理是相互作用的科学”(High energy physics is the science of interactions). “相互作用又是物质、空间和时间的科学”(Interactions, the science of matter, space and time). 考虑到至今我们对宇宙中暗能量的本质仍不清楚, 我们可以给粒子物理 (或高能物理) 下个新定义, 即 “粒子物理 (高能物理) 是研究物质、能量、空间和时间的科学”(Particle physics(high energy physics) is the science of matter, energy, space and time). 这个新定义更确切、更包容, 更具时代特色. 本书的内容完全反映了新定义的深刻的内涵.

最早发现的“基本粒子”是电子[2](1897 年, J. J. Thomson 在阴极射线中首次测得带负电粒子的荷质比 e/m, 1899 年他又测得电荷). 光子 γ 作为粒子被首次提出是 1905 年的事[3](Einstein 解释光电效应). 但这个看法 20 多年后才为物理学界所公认 (Einstein 因光电效应而获诺贝尔奖). E. Rutherford 用 α 粒子轰击氮而发现质子[4](1919 年). 1932 年, J. Chadwick 仔细做了居里夫妇在 1931 年做的实验 (α 轰击铍靶) 首次证实中子的存在[5]. 同年 (1932 年)C. D. Anderson 用云室观测宇宙线的实验中发现了正电子[6](当时 Anderson 也不知道 Dirac 理论早已预言了正电子). 我国科学家赵忠尧在此之前发现了湮灭辐射 (实际上是 $\mathrm{e^+e^-} \to 2\gamma$), 已走到了发现正电子的边缘. 此后, 宇宙线实验中发现了一系列的粒子：μ 子[7], π 介子[8], K 介子[9]. 到了 20 世纪 50 年代由于人工加速器的出现, 一大批粒子及共振态被发现, 如 Λ, Σ, Ξ, Δ_{33}, $\bar{\mathrm{p}}$, $\bar{\mathrm{n}}$, 等. 从此基本粒子性质的研究改变了 “靠天吃饭” 的局面, 而可按照人的意愿制造各种加速器来实现. 此后几年内 “基本粒子” 的数目增至上百种. 与化学元素的门捷列夫周期表相比, 人们自然想到, 这上百种基本粒子不可能都是 “基本” 的, 一定存在着内部结构的规律. 上百种粒子和共振态的存在为夸克模型的建立打下了基础.

为了给“基本粒子”分类, 我们先回到自然界基本的相互作用上来. 我们知道自然界存在四种基本的相互作用：引力、弱作用力、电磁力、强作用力 (核力), 其作用强度可用无量纲的耦合常数标识如下：

引力：$\dfrac{G_{\rm N}m_{\rm N}^2}{\hbar c}\sim 0.6\times 10^{-38}$, 力程为 ∞

弱作用：$G_{\rm F}m_{\rm N}^2\dfrac{c}{\hbar^3}\sim 10^{-5}$, 力程为 10^{-16}cm

电磁作用：$\dfrac{{\rm e}^2}{4\pi\hbar c}\sim 10^{-2}$, 力程为 ∞

强作用：$\dfrac{g_{\rm s}^2}{4\pi}\geqslant 1$, 力程为 10^{-13}cm

上述常数是在能标为 $m_{\rm N}\sim 1$GeV 的值, 实际上耦合常数的值与能量标度有关. 如电磁作用在 1GeV 时, $\alpha=\dfrac{{\rm e}^2}{4\pi\hbar c}\sim\dfrac{1}{137}$, 在能标为 100GeV 时变大至 $\alpha\cong\dfrac{1}{128}$. 而强作用 $\alpha_{\rm s}=\dfrac{g_{\rm s}^2}{4\pi}$ 在能标 $\to\infty$ 时, 而渐渐趋于零 (渐近自由).

引力在基本粒子之间的作用极其微弱, 在绝大多数我们所做的观测中不起重要作用, 一般忽略不计.

搞清楚自然界四种力的强度我们就可以给基本粒子分类了.

凡是参与强相互作用的粒子 (当然同时可参与其他相互作用) 统称为 “强子” (hadron). 强子包括介子和重子. 介子有 π, K, ϱ, K* 等. 重子包括质子和中子及 Λ,Σ,Δ 等自旋 1/2, 3/2 的粒子. 它们之所以称为重子是因为它们的质量比介子重. 不受强作用影响的粒子并且比介子轻的费米子称为“轻子”. 但有一个例外即重轻子 τ. 它的质量约为质子的两倍. 但其物理性质与 e 和 μ 完全一样, 所以叫重轻子. 总起来说, p, n、π, Λ, Σ, Δ 等为强子, e, μ, τ, $\nu_{\rm e}$, ν_μ, ν_τ 等为轻子.

前面已经提到, 已发现的上百种强子不可能都是不可分的, 一定还有内部结构.

1956 年, Hofstadter 等[10](Stanford University), 首先在实验上观测到质子的电荷和磁矩是分布在一个有限的空间内, 中子磁矩也是分布在有限空间范围内, 从而证实了质子和中子都有内部结构.

1964 年, M. Gell-Mann [11] 提出了夸克模型, 认为所有强子都由 u, d, s 三种夸克及其反夸克构成, 用 SU(3)、SU(6) 对称对强子结构分类风靡一时. Gell-Mann 因此荣获了 1969 年度诺贝尔物理学奖.

1967 年后[12] 在美国斯坦福大学电子直线加速器中心的电子 - 核子深度非弹性散射实验发现了核子结构函数的无标度 (scalling) 现象, 证明了在高能下入射电子看到了质子内部大量自旋为 1/2 的几乎自由运动的点电荷, 称之为部分子 (partron), 从而催生了部分子模型 (partron model) 的建立[13], 并确认强相互作用有渐近自由特性 (当能量极高时强作用变弱, 能量趋于无穷, 强作用强度趋于零). 而 1973 年建立的 QCD(量子色动力学) 理论[14] 则把质子的低能图像 (由 uud 三种价夸克组成) 和高能图像 (由 uud 价夸克和无数正反夸克对儿 $q\bar{q}$ 和胶子组成, 但入射电子看不到质子里的胶子) 统一起来了.

1974 年丁肇中和 Richter[15] 分别在 BNL(布鲁海文) 和 SLAC(斯坦福直线加速器中心) 发现 J/Ψ 粒子 ($c\bar{c}$ 组成), 从而粲粒子被发现, 证实了第四种 "味道"(flavor) 的夸克 c 的存在.

1977 年, L. Lederman[16] 在费米实验室 400GeV 质子轰击核靶实验中发现了新粒子 Υ(9.5GeV). 这个新粒子实际上是 b 夸克及其反粒子 $\bar{b}$ 的束缚态 ($b\bar{b}$), 从而证实了第五种 "味道" 夸克 b 的存在.

1994 年费米实验室 CDF 组[17] 发现了顶夸克 (top, 缩写为 t) 的存在, 其质量约为质子质量的 180 倍.

至此, 我们共发现了 u, d, s, c, b, t 等 6 种不同味的夸克, 每种 "味"(flavor) 还有三种不同的 "色"(color). 这三种不同色的同味夸克的质量、自旋等都相同, 只是 "color" 量子数不同. color 量子数的存在已被 $\pi^0 \to 2\gamma$ 和 $R = \dfrac{\sigma\,(e^+e^- \to \text{hadrons})}{\sigma\,(e^+e^- \to \mu^+\mu^-)}$ 的实验测量所证实 (见第 5 章强子的夸克模型).

日内瓦大型 e^+e^- 对撞机 LEP 上 $Z^0 \to \nu\bar{\nu}$ 的实验证实, 质量小于 $m_Z/2 \sim 45.5$GeV 的中微子只有三种, 即 ν_e, ν_μ, ν_τ. 现在物理学界普遍认为, 夸克和轻子只有三代 (或三个家族), 即

第一代	第二代	第三代
$\begin{pmatrix} u \\ d \end{pmatrix}$	$\begin{pmatrix} c \\ s \end{pmatrix}$	$\begin{pmatrix} t \\ b \end{pmatrix}$
$\begin{pmatrix} \nu_e \\ e \end{pmatrix}$	$\begin{pmatrix} \nu_\mu \\ \mu \end{pmatrix}$	$\begin{pmatrix} \nu_\tau \\ \tau \end{pmatrix}$

至于为什么只有三代还有待实验和理论的进一步研究.

从粒子理论的发展看, 历史上经历了几次重大突破.

1905 年, A. Einstein [18] 提出了狭义相对论, 使人类对自然界的认识从牛顿力学上升到了相对论力学.

1923 年, L. de Broglie [19] 提出物质波的概念, 并且在 1926 年由 E. Schrödinger[20] 在物质波概念基础上建立波动力学 (非相对论量子力学), 使人类对微观世界的规律的认识有了革命性的突破.

1927 年, P. A. M. Dirac[21] 首先将电磁场量子化.

1928 年, Dirac 把非相对论量子力学与狭义相对论结合提出了 Dirac 方程[22], 反粒子的概念问世, 使人类对微观世界的认识又前进了一大步.

1929 年, Heisenberg 和 Pauli [23] 建立了量子场论的普遍形式.

1943~1949 年, 建立了协变场论[24].

1954 年, Yang 和 Mills [25] 提出了非阿贝尔规范场, 但粒子是如何获得质量的问题没有解决. 量子场论和非阿贝尔规范场的提出为后来建立正确描述基本粒子间的相互作用理论打下了坚实的基础.

1967 年, 弱电统一理论被提出[26], 这是建立在 SU(2) × U(1) 非阿贝尔规范场基础上的理论, 并且引入 Higgs 机制解决了粒子获得质量的问题. 弱电统一理论经受住了所有弱电实验的检验并且被实验证明是正确的理论. 这是粒子物理最伟大的成就之一.

1973 年, 基于 SU(3) 非阿贝尔规范场的量子色动力学的建立[13] 解决了强相互作用的理论问题, 其高能行为的正确性已经为大量实验所证实.

1974 年, 出现了强、弱、电三种力的 SU(5) 大统一理论[27]. 但这个理论并未得到实验的支持.

20 世纪 80 年代建立了统一引力、强、弱、电四种力的超弦理论[28] 和膜理论[29].

由于这两种理论是在高维空间建立的, 当把它们紧致化到 4 维时空时遇到了严重困难, 这个问题还有待进一步的研究.

下面我们可以用图示总结我们人类对物质微观结构研究的历史及现状. 每个微观结构层次后面括号内表示相应的物理研究, 箭头表示逐层深入, 括号内标明了研究相应微观层次结构的物理学和物理模型:

原子 (原子物理、量子力学)→ 原子核 (核物理、量子力学)→“基本粒子” 质子、中子、电子等 (粒子物理、高能物理、量子场论、超弦理论等) → 夸克、轻子 (亚粒子物理? 超高能物理?)→preon(? 物理)······ →? (? ? 物理)

本章简要地回顾了粒子物理发展的历史及现状, 并且回答了什么是粒子物理和粒子物理研究的对象及内容. 本书以后的各章将阐明粒子物理的基本内容, 并为读者以后在该领域从事研究工作打下必要的基础.

参 考 文 献

[1] Report of HEPAP. High Energy Physics Advisory Panel, USA, 2001. 这部分的资料是 Iowa State Unuversity 杨炳麟教授提供的, 特此致谢.

[2] Thomson J J. Phil. Mag.,1897, 44 (5): 293.

[3] Einstein A. Ann. d. Phys., 1905, 17 (4): 132.

[4] Rutherford E. Phil. Mag., 1919, 37: 581.

[5] Chadwick J. Nature, 1932, 129: 312.

[6] Anderson C D. Phys. Rev.,1932, 41: 405.

[7] Anderson C D, Neddermeyer S H. Phys. Rev.,1936, 50: 273.

[8] Powell C F. Nature, 1947, 160: 453.

[9] Rochester G D, Butler C C. Nature, 1947, 160: 855.
[10] McAllister R W, Hofstadter R. Phys. Rev., 1956, 102: 851; Chambers E E, Hofstadter R. Phys. Rev.,1956, 103: 1454; McAllister R W. Phys. Rev.,1956, 104:1494.
[11] Gell-Mann M. Phys. Lett.,1964, 8: 214.
[12] Panofsky W K H. Proc. of the 14th International Conf. on High Energy Phys., Vienna, Austria, 1968: 23; Friedman J I, Kendall H W. Ann. Rev. Nucl. Sci., 1972, 22: 203.
[13] Bjorken J D, Paschos E A. Phys. Rev.,1969, 185: 1975; Feynman R P. Phys. Rev. Lett.,1969, 23: 1415.
[14] Politzer H D. Phys. Rev. Lett.,1973, 30: 1346; Gross D J, Wilczek F. Phys. Rev. Lett., 1973, 30: 1343.
[15] Aubert J J, et al. Phys. Rev. Lett., 1974, 33: 1404; Augustin J E, et al. Phys. Rev. Lett., 1974, 33: 1406.
[16] Herb S W, et al. Phys. Rev. Lett., 1977, 39: 252; Innes W R, et al. Phys. Rev. Lett., 1977, 39: 1240.
[17] CDF Collaboration. Phys. Rev.Lett., 1995, 74: 2626.
[18] Einstein A. Ann. d. Phys.,1905, 17 (4): 891.
[19] de Broglie L. Nature, 1923, 112: 540; de Broglie L. Ann. d. Phys., 1925, 3 (10): 22 .
[20] Schrödinger E. Ann. d. Phys., 1926, 79: 361, 489, 734; ibid, 1926, 80: 437; ibid, 1926, 81: 109 .
[21] Dirac P A M. Proc. Roy. Soc., 1927, A114: 243, 710.
[22] Dirac P A M. Proc. Roy. Soc., 1928, A117: 610; ibid, 1928, A118: 341.
[23] Heisenberg W, Pauli W. Zeits. f. Phys.,1929, 56: 1; ibid, 59: 168.
[24] Schwinger J, Phys.,1948, 74: 1439; Tomonaga S, et al. Prog. Theor. Phys.,1949, 4: 47,121; Feynman R P. Phys. Rev.,1949, 76: 749, 769.
[25] Yang C N, Mills R L. Phys. Rev.,1954, 96: 191.
[26] Weinberg S. Phys. Rev. Lett., 1967, 19: 1264; Glashow S. L. Nucl. Phys., 1961, 22: 579; Salam A. In Elementary particle physics (Nobel Symp No. 8,1968) (ed. Svartholm N, Almqvist and Wilsell), Stokholm.
[27] Georgi H, Glashow S L. Phys. Rev. Lett.,1974, 32: 438.
[28] Polchinski J. “What is string theory?” hep-th/9411028.
[29] Wesr P C. “Supergravity, brane dynamics and string duality”. in hep-th/9811101.

第 2 章　对称性和守恒定律

2.1　总　　论

经典力学的拉格朗日形式，即分析力学，是对牛顿力学数学形式体系的精要表述. 通过最小作用原理得到的欧拉–拉格朗日方程可以在取笛卡儿坐标的情况下回到牛顿方程. 但拉格朗日形式更容易推广到场相互作用的动力学. 经典场方程就是从拉格朗日形式的作用量来推导的. 相互作用系统的对称性指的是系统在某种变换下的不变性. 对称性可以从系统的作用量反映出来. 数学上可以证明系统具有某种对称性，与之对应就存在相应的守恒流和守恒量.

对称性在现代物理学的研究中起着重大作用，有些对称是严格的，有些是近似的. 有些对称是在一定条件下成立的，在一般情况下是破缺的. 破缺的对称性在粒子物理研究中也具有重要的应用.

迄今已发现的对称性可以归纳为四类[1]：置换对称性、连续的时空对称性、分立对称性、幺正对称性. 置换对称性是指一个由两个或多个粒子组成的系统中由于两个粒子的状态对换所导致的系统状态的对称性；连续的时空对称性是指物理系统在时空连续变换下的不变性，如空间旋转对称性、空间平移对称性、时间平移对称性等. 在这样的变换中，用于描述时间或空间变换的参数是可以连续变化的；分立对称性是指用于描述变换的参数只能取某些分立值的对称性，如空间反射对称性、时间反演对称性以及电荷共轭对称性等；幺正对称性是粒子状态空间的一种内禀对称性，如与粒子场相位变换相联系的 U(1) 对称性，电荷守恒、重子数守恒等都属于此类对称性，多重态场变换的 SU(2) 对称性 (如同位旋对称性)、强子的 SU(3) 对称性等，以上都是整体规范对称性，还有定域规范对称性，如弱电统一理论、QCD 都具有定域规范对称性.

2.2　作用量、运动方程和守恒量

在量子场论中粒子是由与之相应的场来描述的. 场的激发产生粒子态，完全退激就会使场回到真空态. 物理真空并非什么都没有，它是场作为一个系统的最低能量态. 一个相互作用着的场系统的动力学是由系统的作用量决定的.

考虑一个经典场 $\phi(x)$, 它的拉氏量密度为 $\mathcal{L}(\phi, \partial_\mu\phi)$, 则系统的作用量为

$$S = \int \mathrm{d}^4x \mathcal{L}(\phi, \partial_\mu\phi) \tag{2.2.1}$$

考虑场 $\phi(x)$ 在时空的无穷远点为零的情况,$\phi(x \to \pm\infty) = 0$. 当场 $\phi(x)$ 有一微小的改变时,

$$\phi(x) \to \phi(x) + \delta\phi(x) \tag{2.2.2}$$

作用量有相应的改变

$$\begin{aligned} \delta S &= \int \mathrm{d}^4x \left(\frac{\partial\mathcal{L}}{\partial\phi}\delta\phi + \frac{\partial\mathcal{L}}{\partial(\partial_\mu\phi)}\delta(\partial_\mu\phi)\right) \\ &= \int \mathrm{d}^4x \left\{\left(\frac{\partial\mathcal{L}}{\partial\phi} - \partial_\mu\frac{\partial\mathcal{L}}{\partial(\partial_\mu\phi)}\right)\delta\phi + \partial_\mu\left(\frac{\partial\mathcal{L}}{\partial(\partial_\mu\phi)}\delta\phi\right)\right\} \end{aligned} \tag{2.2.3}$$

式中第二项为一四散度积分, 可转化为表面积分. 在 (2.2.2) 式中固定场量在无穷远点的改变为零, 则第二项为零, 于是 (2.2.3) 式变成

$$\delta S = \int \mathrm{d}^4x \left(\frac{\partial\mathcal{L}}{\partial\phi} - \partial_\mu\frac{\partial\mathcal{L}}{\partial(\partial_\mu\phi)}\right)\delta\phi \tag{2.2.4}$$

根据最小作用原理: 在场量的改变中, 实际可能发生的路径是使作用量取极值的路径, 于是有

$$\delta S = 0 \tag{2.2.5}$$

综合 (2.2.4) 和 (2.2.5) 式, 得到经典运动方程

$$\partial_\mu\frac{\partial\mathcal{L}}{\partial(\partial_\mu\phi)} - \frac{\partial\mathcal{L}}{\partial\phi} = 0 \tag{2.2.6}$$

这个方程称为欧拉 - 拉格朗日运动方程 (Euler-Lagrange equation of motion).

若系统具有某种对称性, 即系统在某种坐标和场量的改变下保持不变, 设坐标和场的改变分别为 δx^μ 和 $\delta\phi$, 则作用量的改变为

$$\delta S = \int \{\delta(\mathrm{d}^4x)\mathcal{L} + \mathrm{d}^4x\delta\mathcal{L}\} \tag{2.2.7}$$

准确至 $O(\delta x)$ 级, 积分测度的改变为

$$\delta\mathrm{d}^4x = \mathrm{d}^4x' - \mathrm{d}^4x = \mathrm{d}^4x\partial_\mu\delta x^\mu \tag{2.2.8}$$

拉氏量密度的改变为

$$\delta\mathcal{L} = \delta x^\mu\partial_\mu\mathcal{L} + \frac{\partial\mathcal{L}}{\partial\phi}\delta_0\phi + \frac{\partial\mathcal{L}}{\partial(\partial_\mu\phi)}\delta_0\partial_\mu\phi \tag{2.2.9}$$

其中, 算符 δ_0 的定义为 $\delta_0\phi(x)=\phi'(x)-\phi(x)$, 即 δ_0 算符只计入场 $\phi(x)$ 在同一坐标点的改变, 而不计入由于坐标 x 的改变引起的 $\phi(x)$ 的变化. 由于 $\delta_0(\partial_\mu\phi)=\partial_\mu(\delta_0\phi)$, (2.2.9) 式成为

$$\delta\mathcal{L}=\delta x^\mu\partial_\mu\mathcal{L}+\left[\frac{\partial\mathcal{L}}{\partial\phi}-\partial_\mu\frac{\partial\mathcal{L}}{\partial(\partial_\mu\phi)}\right]\delta_0\phi+\partial_\mu\left(\frac{\partial\mathcal{L}}{\partial(\partial_\mu\phi)}\delta_0\phi\right) \tag{2.2.10}$$

考虑到经典运动方程之后

$$\delta\mathcal{L}=\delta x^\mu\partial_\mu\mathcal{L}+\partial_\mu\left(\frac{\partial\mathcal{L}}{\partial(\partial_\mu\phi)}\delta_0\phi\right) \tag{2.2.11}$$

将 (2.2.8) 式和 (2.2.11) 式代回 (2.2.7) 式, 得到作用量的改变为

$$\begin{aligned}\delta S&=\int\mathrm{d}^4x\left[(\partial_\mu\delta x^\mu)\mathcal{L}+\delta x^\mu\partial_\mu\mathcal{L}+\partial_\mu\left(\frac{\partial\mathcal{L}}{\partial(\partial_\mu\phi)}\delta_0\phi\right)\right]\\&=\int\mathrm{d}^4x\partial_\mu\left[\delta x^\mu\mathcal{L}+\frac{\partial\mathcal{L}}{\partial(\partial_\mu\phi)}\delta_0\phi\right]\end{aligned} \tag{2.2.12}$$

考虑到 $\delta_0\phi(x)$ 和 $\delta\phi(x)$ 的关系, 即

$$\begin{aligned}\delta\phi(x)&\equiv\phi'(x')-\phi(x)\\&=\phi'(x+\delta x)-\phi(x)\\&=\phi'(x)+\delta x^\mu\partial_\mu\phi'(x)-\phi(x)\end{aligned} \tag{2.2.13}$$

式中第二项可以直接作代换 $\phi'(x)\to\phi(x)$, 因为我们只考虑到 δx 一阶, $\phi'(x)-\phi(x)$ 为 $O(\delta x)$, 则第二项中由 $\phi'\to\phi$ 代换所引起的差为 δx 二阶, 所以可以直接代换, 于是 (2.2.13) 式成为

$$\begin{aligned}\delta\phi(x)&=\phi'(x)+\delta x^\mu\partial_\mu\phi(x)-\phi(x)\\&=\delta_0\phi(x)+\delta x^\mu\partial_\mu\phi(x)\end{aligned} \tag{2.2.14}$$

(2.2.14) 式的意义是, 场 $\phi(x)$ 的变化等于场在同一坐标点的改变加上由于坐标点的改变而引起的变化, 现在将 $\delta_0\phi(x)$ 反过来表示成

$$\delta_0\phi(x)=\delta\phi(x)-\delta x^\mu\partial_\mu\phi(x) \tag{2.2.15}$$

于是 (2.2.12) 式变成

$$\delta S=\int\mathrm{d}^4x\partial_\mu\left[\left(\mathcal{L}g^\mu_\nu-\frac{\partial\mathcal{L}}{\partial(\partial_\mu\phi)}\partial_\nu\phi\right)\delta x^\nu+\frac{\partial\mathcal{L}}{\partial(\partial_\mu\phi)}\delta\phi\right] \tag{2.2.16}$$

由于坐标和场的改变 δx 和 $\delta\phi$ 是某种对称变换, 它们可以通过一整体变换参数 ω^a(其中 $a=1,2,3,\cdots,N$) 来表达,

$$\delta x^\nu=\frac{\delta x^\nu}{\delta\omega^a}\delta\omega^a,\quad\delta\phi=\frac{\delta\phi}{\delta\omega^a}\delta\omega^a \tag{2.2.17}$$

于是作用量的变化 δS 成为

$$\delta S=\int \mathrm{d}^4x\partial_\mu\left[\left(\mathcal{L}g^\mu_\nu-\frac{\partial\mathcal{L}}{\partial(\partial_\mu\phi)}\partial_\nu\phi\right)\frac{\delta x^\nu}{\delta\omega^a}+\frac{\partial\mathcal{L}}{\partial(\partial_\mu\phi)}\frac{\delta\phi}{\delta\omega^a}\right]\delta\omega^a \tag{2.2.18}$$

在对称变换下, 对于所有的变换参数 $\delta\omega^a$ 作用量的改变为 0, 即 $\delta S=0$, 则可以得出

$$\partial_\mu\left[\left(\mathcal{L}g^\mu_\nu-\frac{\partial\mathcal{L}}{\partial(\partial_\mu\phi)}\partial_\nu\phi\right)\frac{\delta x^\nu}{\delta\omega^a}+\frac{\partial\mathcal{L}}{\partial(\partial_\mu\phi)}\frac{\delta\phi}{\delta\omega^a}\right]=0 \tag{2.2.19}$$

(2.2.19) 式称为流守恒方程, 即若系统在某种变换下具有不变性, 则 (2.2.20) 式定义的流

$$j^\mu_a=-\left(\mathcal{L}g^\mu_\nu-\frac{\partial\mathcal{L}}{\partial(\partial_\mu\phi)}\partial_\nu\phi\right)\frac{\delta x^\nu}{\delta\omega^a}-\frac{\partial\mathcal{L}}{\partial(\partial_\mu\phi)}\frac{\delta\phi}{\delta\omega^a} \tag{2.2.20}$$

守恒,

$$\partial_\mu j^\mu_a=0 \tag{2.2.21}$$

这就是经典场论中的 Noether 定理[2]. 由 Noether 定理可以推出表 2.1 中对称性所对应的守恒定律

表 2.1　对称性及对应守恒定律

对称性	守恒定律
时间平移不变性	能量守恒
空间平移不变性	动量守恒
空间转动不变性	角动量守恒
整体 $U(1)$ 不变性	矢量流守恒

仅对表 2.1 中整体 $U(1)$ 不变性导致矢量流守恒的情况进行说明. 考虑费米子系统的情况, 系统拉氏量密度为

$$\mathcal{L}=\mathrm{i}\overline{\Psi}\gamma^\mu\partial_\mu\Psi-m\overline{\Psi}\Psi \tag{2.2.22}$$

如果系统具有整体 $U(1)$ 不变性, 即在变换

$$\Psi\to\mathrm{e}^{\mathrm{i}\alpha}\Psi,\quad \overline{\Psi}\to\overline{\Psi}\mathrm{e}^{-\mathrm{i}\alpha} \tag{2.2.23}$$

下, 作用量不变, 则将 (2.2.20) 式中的任意场 ϕ 代换成费米子场 ψ, 并将 $\delta\Psi=\mathrm{i}\alpha\Psi$ 和 $\delta x=0$ 代入 (2.2.20) 式, 以及将变换参数替换为 α, 我们可得到守恒流

$$j^\mu=\overline{\Psi}\gamma^\mu\Psi,\quad \partial_\mu j^\mu=0 \tag{2.2.24}$$

对于经典场系统的 Lorentz 不变性、Poincare 不变性等连续变换的不变性, 请读者参阅关于量子场论的书籍, 如文献 [3], 这里就不一一论述了. 在下面的几节中我们将讨论粒子物理学中几种重要的对称变换——分立对称变换, 即宇称变换、电荷共轭变换和时间反演变换.

2.3 宇称变换

宇称变换, 用符号 $\hat{P}$ 表示, 又称空间反射变换, 是把空间坐标 $\vec{x} \rightarrow -\vec{x}$, 也叫左右变换. 左手的坐标系经过宇称变换后变成右手坐标系. 一个系统经宇称变换后, 若系统性质保持不变, 则称为系统的宇称守恒. 宇称变换性质在粒子物理学中之所以异常重要, 是因为宇称守恒的要求曾是指导找出相互作用形式的重要原则.

左右对称是从我们的日常生活中得来的重要经验. 我们的左手和右手非常相像, 我们见到的动物往往都长成左右对称的形状, 这些都是大自然规律左右对称的外在表现. 另外, 一辆向左行进的汽车, 经过镜像变换, 变成向右运动, 而向右运动也是实际可能发生的. 向左旋转的风扇, 如果改变一下风叶的走向, 完全可以向右旋转. 大自然并不偏爱左和右中的任何一个. 左和右只是我们的一种约定, 我们并不能绝对地区分左和右, 自然规律都是左右对称的. 这种宏观经验很自然地被引入到微观世界. 宇称守恒作为一个选择定则, 被用来分析电磁相互作用、强相互作用等各种相互作用过程. 它也被认为在弱相互作用过程中是成立的. 这就引起了一个重要的疑难问题①. 直到 1956 年李政道和杨振宁提出在弱相互作用过程中宇称不守恒[4], 问题才得到解决. 下面分别讨论 Klein-Gordon 场 $\varphi(x)$、费米子场 $\psi(x)$ 和矢量场, 如电磁场 $A_\mu(x)$ 的宇称变换.

1.Klein-Gordon 场 $\varphi(x)$

场 $\varphi(x)$ 满足 Klein-Gordon 方程 $(\partial_\mu\partial^\mu + m^2)\varphi(x) = 0$, 在宇称变换下 Klein-Gordon 方程应保持不变, 满足这一条件的场 $\varphi(x)$ 的宇称变换为 $\varphi(x) \rightarrow \pm\varphi(\tilde{x})$, $\tilde{x}^\mu = x_\mu$; 其中 $\pm$ 号为 φ 的内禀宇称, $+$ 号为标量场, $-$ 号为赝标量场. 上述变换可用 Hilbert 空间中的宇称变换算符 $\hat{P}$ 表示为

$$\begin{aligned}\text{标量场: } \hat{P}\varphi(x)\hat{P}^{-1} &= +\varphi(\tilde{x}) \\ \text{赝标量场: } \hat{P}\varphi(x)\hat{P}^{-1} &= -\varphi(\tilde{x})\end{aligned} \tag{2.3.1}$$

对于在如下 Fourier 变换中定义的产生和湮灭算符 a, a^+, b, b^+,

$$\varphi(x) = \int \frac{\mathrm{d}^3k}{(2\pi)^3\, 2k^0}\left(a(k)\mathrm{e}^{-\mathrm{i}k\cdot x} + b^+(k)\mathrm{e}^{\mathrm{i}k\cdot x}\right) \tag{2.3.2}$$

①即 $\theta \sim \tau$ 疑难, 在后面弱相互作用章节中还要讲到这个问题.

从 (2.3.1) 和 (2.3.2) 式可以推得产生和湮灭算符的变换如下

标量场: $\hat{P}a(k)\hat{P}^{-1}=a(\tilde{k}),\quad \hat{P}a^{+}(k)\hat{P}^{-1}=a^{+}(\tilde{k}),\quad \tilde{k}^{\mu}=k_{\mu}$

$\hat{P}b(k)\hat{P}^{-1}=b(\tilde{k}),\quad \hat{P}b^{+}(k)\hat{P}^{-1}=b^{+}(\tilde{k})$

赝标量场: $\hat{P}a(k)\hat{P}^{-1}=-a(\tilde{k}),\quad \hat{P}a^{+}(k)\hat{P}^{-1}=-a^{+}(\tilde{k}),\quad \tilde{k}^{\mu}=k_{\mu}$

$\hat{P}b(k)\hat{P}^{-1}=-b(\tilde{k}),\quad \hat{P}b^{+}(k)\hat{P}^{-1}=-b^{+}(\tilde{k})$

$\tilde{k}^{\mu}=k_{\mu}$ 表明, 在空间反射下粒子的动量 $\vec{k}$ 要变为 $-\vec{k}$.

2. 费米子场的宇称变换

为了找出费米子场 $\psi(x)$ 在宇称变换下如何变换, 先假设在宇称变换下费米子场的变换形式如下

$$\psi'(x')=\Lambda\psi(x) \tag{2.3.3}$$

其中, Λ 为变换矩阵, $x'^{\mu}=x_{\mu}$. 考虑 Dirac 方程应当在空间反射下不变, 即

$$\left(\mathrm{i}\gamma^{\mu}\frac{\partial}{\partial x'^{\mu}}-m\right)\psi'(x')=0 \tag{2.3.4}$$

将 (2.3.3) 式代入 Dirac 方程

$$\mathrm{i}\gamma^{\mu}\frac{\partial x^{\nu}}{\partial x'^{\mu}}\frac{\partial}{\partial x^{\nu}}\Lambda\psi(x)-m\Lambda\psi(x)=0 \tag{2.3.5}$$

利用 $\partial x^{\nu}/\partial x'^{\mu}=g_{\mu\nu}$, 上述方程变为

$$\mathrm{i}\gamma_{\nu}\frac{\partial}{\partial x^{\nu}}\Lambda\psi(x)-m\Lambda\psi(x)=0 \tag{2.3.6}$$

为了使方程 (2.3.6) 回到 Dirac 方程, Λ 必须为如下的形式

$$\Lambda=c\gamma^{0} \tag{2.3.7}$$

其中, c 为常数, 为了使场 $\psi(x)$ 有相同的归一化, c 必须是模为 1 的相因子

$$c=\mathrm{e}^{\mathrm{i}\phi_{\mathrm{P}}} \tag{2.3.8}$$

其中, ϕ_{P} 为不可观测的任意相角. 于是费米子场的宇称变换为

$$\psi'(x')=\mathrm{e}^{\mathrm{i}\phi_{P}}\gamma^{0}\psi(x) \tag{2.3.9}$$

(2.3.9) 式也可以表示为

$$\hat{P}\psi(x)\hat{P}^{-1}=\mathrm{e}^{\mathrm{i}\phi_{P}}\gamma^{0}\psi(\tilde{x}) \tag{2.3.10}$$

将 $\psi(x)$ 表示为 Fourier 展开的形式

$$\psi(x)=\int \frac{\mathrm{d}^3k}{(2\pi)^3}\frac{m}{k^0}\sum_{\alpha=1,2}\left[a_\alpha(k)u^{(\alpha)}(k)\mathrm{e}^{-\mathrm{i}k\cdot x}+b_\alpha^+(k)v^{(\alpha)}(k)\mathrm{e}^{\mathrm{i}k\cdot x}\right] \tag{2.3.11}$$

其中 $a_\alpha(k)$ 和 $b_\alpha^+(k)$ 分别为正反费米子的产生和湮灭算符. 可以证明在宇称变换下, 产生和湮灭算符的变换为

$$\begin{aligned}&\hat{P}a_\alpha(k)\hat{P}^{-1}=\mathrm{e}^{\mathrm{i}\phi_p}a_\alpha(\tilde{k}),\quad \hat{P}a_\alpha^+(k)\hat{P}^{-1}=\mathrm{e}^{-\mathrm{i}\phi_p}a_\alpha^+(\tilde{k})\\&\hat{P}b_\alpha(k)\hat{P}^{-1}=-\mathrm{e}^{-\mathrm{i}\phi_p}b_\alpha(\tilde{k}),\quad \hat{P}b_\alpha^+(k)\hat{P}^{-1}=-\mathrm{e}^{\mathrm{i}\phi_p}b_\alpha^+(\tilde{k})\end{aligned} \tag{2.3.12}$$

注意, 式中正反费米子的产生和湮灭算符在宇称变换下相差一负号. 虽然费米子场的宇称变换可以有任意约定的相角, 但正反费米子在宇称变换下的相角之和却是固定的. 正是这一原因使得由正反费米子组成的系统宇称是绝对的, 而完全由费米子或反费米子组成的系统, 宇称是可以任意约定的.

在下面的讨论中, 为了简单起见, 我们约定任意相角 $\phi_\mathrm{p}=0$. 我们来讨论一下由正反费米子组成的处于 ${}^{2S+1}L_J$ 态的系统在宇称变换下如何改变. 我们在系统的静止系中来讨论, 则系统状态函数为

$$\left|{}^{2S+1}L_J\right\rangle=\sum_{m,\alpha,\beta}\int \mathrm{d}^3pY_{LM}(\vec{p})\chi_m(\alpha,\beta)C_{Mm}a_\alpha^+(\vec{p})b_\beta^+(-\vec{p})|0\rangle \tag{2.3.13}$$

式中 $Y_{LM}(\vec{p})$ 为球谐函数, 代表系统的空间波函数, χ_m 为系统的自旋波函数, C_{Mm} 为自旋轨道耦合的 Clebsch-Gordan 系数. 单态自旋波函数在置换下反对称, 而三重态对称, 合在一起写成

$$\chi_m(\alpha,\beta)=(-1)^{S+1}\chi_m(\beta,\alpha) \tag{2.3.14}$$

而球谐函数满足

$$Y_{LM}(-\vec{p})=(-1)^LY_{LM}(\vec{p}) \tag{2.3.15}$$

我们将 Hilbert 空间的宇称算符作用于态 $\left|{}^{2S+1}L_J\right\rangle$ 上

$$\begin{aligned}\hat{P}\left|{}^{2S+1}L_J\right\rangle&=\sum_{m,\alpha,\beta}\int \mathrm{d}^3pY_{LM}(\vec{p})\chi_m(\alpha,\beta)C_{Mm}\hat{P}a_\alpha^+(\vec{p})b_\beta^+(-\vec{p})|0\rangle\\&=\sum_{m,\alpha,\beta}\int \mathrm{d}^3pY_{LM}(\vec{p})\chi_m(\alpha,\beta)C_{Mm}\hat{P}a_\alpha^+(\vec{p})\hat{P}^{-1}\hat{P}b_\beta^+(-\vec{p})\hat{P}^{-1}\hat{P}|0\rangle\\&=-\sum_{m,\alpha,\beta}\int \mathrm{d}^3pY_{LM}(\vec{p})\chi_m(\alpha,\beta)C_{Mm}a_\alpha^+(-\vec{p})b_\beta^+(\vec{p})|0\rangle\end{aligned}$$

$$\stackrel{\vec{p}\to-\vec{p}}{=} -\sum_{m,\alpha,\beta}\int \mathrm{d}^3pY_{LM}(-\vec{p})\chi_m(\alpha,\beta)C_{Mm}a_\alpha^+(\vec{p})b_\beta^+(-\vec{p})|0\rangle$$

$$= -(-1)^L\sum_{m,\alpha,\beta}\int \mathrm{d}^3pY_{LM}(\vec{p})\chi_m(\alpha,\beta)C_{Mm}a_\alpha^+(\vec{p})b_\beta^+(-\vec{p})\,|0\rangle$$

$$= (-1)^{L+1}\left|{}^{2S+1}L_J\right\rangle \tag{2.3.16}$$

式中第二步到第三步利用了 $\hat{P}\,|0\rangle = |0\rangle$, 即真空态在宇称变换下保持不变. 式 (2.3.16) 表示正反费米子组成的 ${}^{2S+1}L_J$ 态为宇称本证态, 宇称量子数为 $(-1)^{L+1}$. 对 S 波, $L=0$, 正反费米子对的宇称为负.

3. 矢量场的宇称变换

为了保持 QED 中电磁流耦合 $e\bar{\psi}\gamma_\mu\psi A^\mu$ 在宇称变换下的不变性, 矢量场 $A_\mu(x)$ 的宇称变换必须为

$$\hat{P}A^\mu(x)\hat{P}^{-1} = A_\mu(\tilde{x}), \quad \tilde{x}^\mu = x_\mu \tag{2.3.17}$$

即 $A^\mu(x)$ 的宇称变换如一个矢量. 利用 $A^\mu(x)$ 的 Fourier 展开式定义光子的产生湮灭算符 a_λ, a_λ^+,

$$A_\mu(x) = \int \frac{\mathrm{d}^3k}{(2\pi)^3\,2k^0}\sum_{\lambda=0}^{3}\left[a_\lambda(k)\varepsilon_\mu^{(\lambda)}(k)\mathrm{e}^{-\mathrm{i}k\cdot x} + a_\lambda^+(k)\varepsilon_\mu^{(\lambda)*}(k)\mathrm{e}^{\mathrm{i}k\cdot x}\right] \tag{2.3.18}$$

则根据 (2.3.17) 式, 产生和湮灭算符在宇称变换下作如下的变换

$$\hat{P}a_\lambda(k)\hat{P}^{-1} = a_\lambda(\tilde{k}), \quad \hat{P}a_\lambda^+(k)\hat{P}^{-1} = a_\lambda^+(\tilde{k}) \tag{2.3.19}$$

同时要求 $\varepsilon_\mu^{(\lambda)}(\tilde{k}) = \varepsilon^{(\lambda)\mu}(k)$.

2.4　电荷共轭变换

电荷共轭变换是粒子和反粒子之间的变换, 用符号 C 表示. 在 C 变换下, 带电粒子的电荷将变号. 系统具有电荷共轭对称性, 就是系统在正反粒子之间进行交换下具有不变性.

1. 标量场的电荷共轭变换

标量场的电荷共轭变换定义为

$$\hat{C}\varphi(x)\hat{C}^{-1} = \varphi^+(x) \tag{2.4.1}$$

容易验证在这样的变换下, Klein-Gordon 方程保持不变, 因此这是一个合理的定义. 在电荷共轭变换下, 标量粒子的产生湮灭算符的变换为

$$
\begin{aligned}
\hat{C}a(k)\hat{C}^{-1} = b(k), \quad \hat{C}a^{+}(k)\hat{C}^{-1} = b^{+}(k) \\
\hat{C}b(k)\hat{C}^{-1} = a(k), \quad \hat{C}b^{+}(k)\hat{C}^{-1} = a^{+}(k)
\end{aligned}
\tag{2.4.2}
$$

$\hat{C}$ 为幺正算符, 它满足

$$
\hat{C}\,|0\rangle = |0\rangle \tag{2.4.3}
$$

2. **费米子场 $\psi(x)$ 的电荷共轭变换**

定义费米子场 $\psi(x)$ 的电荷共轭变换为

$$
\hat{C}\psi(x)\hat{C}^{-1} = C\psi^{C}(x) \tag{2.4.4}
$$

其中 C 为待求矩阵, $\psi^{C}(x)$ 为 $\psi(x)$ 的电荷共轭场. 为了求出 C 和 $\psi^{C}(x)$ 的具体形式, 首先考虑 $\psi(x)$ 的 Dirac 方程

$$
(\mathrm{i}\gamma^{\mu}\partial_{\mu} - m)\,\psi(x) = 0 \tag{2.4.5}
$$

对上述方程从左右两边分别作用上 C 宇称算符 $\hat{C}$ 和 $\hat{C}^{-1}$, 我们得到

$$
(\mathrm{i}\gamma^{\mu}\partial_{\mu} - m)\,\hat{C}\psi(x)\hat{C}^{-1} = 0 \tag{2.4.6}
$$

将 (2.4.4) 式的定义代入 (2.4.6) 式, 得

$$
(\mathrm{i}\gamma^{\mu}\partial_{\mu} - m)\,C\psi^{C}(x) = 0 \tag{2.4.7}
$$

再将上述方程左乘 C^{-1} 及一个负号, 得

$$
\left(-\mathrm{i}C^{-1}\gamma^{\mu}C\partial_{\mu} + m\right)\psi^{C}(x) = 0 \tag{2.4.8}
$$

此外将 Dirac 方程 (2.4.5) 作厄米共轭并转置, 得到

$$
\left(\mathrm{i}\gamma^{\mu^{\mathrm{T}}}\partial_{\mu} + m\right)\bar{\psi}^{\mathrm{T}}(x) = 0 \tag{2.4.9}
$$

我们要求方程 (2.4.8) 和 (2.4.9) 等价, 得到

$$
\psi^{C}(x) = \bar{\psi}^{\mathrm{T}}(x) \tag{2.4.10}
$$

和

$$
C^{-1}\gamma^{\mu}C = -\gamma^{\mu^{\mathrm{T}}} \tag{2.4.11}
$$

从 (2.4.11) 式可以确定 C 的形式为

$$C = \mathrm{e}^{\mathrm{i}\theta_{\mathrm{C}}} \cdot \mathrm{i}\gamma^2\gamma^0 \tag{2.4.12}$$

其中 $\mathrm{e}^{\mathrm{i}\theta_{\mathrm{C}}}$ 为可任意约定的相因子. 综合 (2.4.4) 和 (2.4.12) 式, 最后得到 $\psi(x)$ 场的电荷共轭变换为

$$\hat{C}\psi(x)\hat{C}^{-1} = \mathrm{e}^{\mathrm{i}\theta_{\mathrm{C}}}C\bar{\psi}^{\mathrm{T}}(x) \tag{2.4.13}$$

式中已经将电荷共轭矩阵 C 中的相因子 $\mathrm{e}^{\mathrm{i}\theta_{\mathrm{C}}}$ 分离出去, 并对 C 重新进行了定义

$$C = \mathrm{i}\gamma^2\gamma^0 \tag{2.4.14}$$

利用 (2.4.13) 式及 $\psi(x)$ 的 Fourier 展开形式, 可以证明费米子产生和湮灭算符的电荷共轭变换如下:

$$\begin{aligned} &\hat{C}a_\alpha(k)\hat{C}^{-1} = \mathrm{e}^{\mathrm{i}\theta_{\mathrm{C}}}b_\alpha(k), \quad \hat{C}a_\alpha^+(k)\hat{C}^{-1} = \mathrm{e}^{-\mathrm{i}\theta_{\mathrm{C}}}b_\alpha^+(k) \\ &\hat{C}b_\alpha(k)\hat{C}^{-1} = \mathrm{e}^{-\mathrm{i}\theta_{\mathrm{C}}}a_\alpha(k), \quad \hat{C}b_\alpha^+(k)\hat{C}^{-1} = \mathrm{e}^{\mathrm{i}\theta_{\mathrm{C}}}a_\alpha^+(k) \end{aligned} \tag{2.4.15}$$

其中 $\alpha = \pm$ 代表粒子的螺旋度 (helicity). (2.4.15) 式代表电荷共轭变换不改变螺旋度. 电荷共轭 $\hat{C}$ 是幺正的, 且保持真空不变, $\hat{C}|0\rangle = |0\rangle$.

通常取 $\theta_c = 0$, 所以有 $\hat{C}\psi(x)\hat{C}^{-1} = C\bar{\psi}^{\mathrm{T}}(x)$, 类似可以导出 $\hat{C}\bar{\psi}(x)\hat{C}^{-1} = -\psi^{\mathrm{T}}(x)C^{-1}$.

下面讨论一个由正反费米子组成的系统处于态 ${}^{2S+1}L_J$ 时的电荷宇称. 电荷共轭变换的量子数称为电荷宇称.

将电荷共轭算符 $\hat{C}$ 作用于 (2.3.13) 式表示的态

$$\hat{C}\left|{}^{2S+1}L_J\right\rangle = \sum_{m,\alpha,\beta}\int \mathrm{d}^3p Y_{LM}(\vec{p})\chi_m(\alpha,\beta)C_{Mm}\hat{C}a_\alpha^+(\vec{p})b_\beta^+(-\vec{p})|0\rangle \tag{2.4.16}$$

因为

$$\begin{aligned} \hat{C}a_\alpha^+(\vec{p})b_\beta^+(-\vec{p})\,|0\rangle &= \hat{C}a_\alpha^+(\vec{p})\hat{C}^{-1}\hat{C}b_\beta^+(-\vec{p})\hat{C}^{-1}\hat{C}\,|0\rangle \\ &= b_\alpha^+(\vec{p})a_\beta^+(-\vec{p})\,|0\rangle \end{aligned} \tag{2.4.17}$$

所以 (2.4.16) 式变成

$$\begin{aligned} \hat{C}\left|{}^{2S+1}L_J\right\rangle &= \sum_{m,\alpha,\beta}\int \mathrm{d}^3p Y_{LM}(\vec{p})\chi_m(\alpha,\beta)C_{Mm}b_\alpha^+(\vec{p})a_\beta^+(-\vec{p})\,|0\rangle \\ &= -\sum_{m,\alpha,\beta}\int \mathrm{d}^3p Y_{LM}(\vec{p})\chi_m(\alpha,\beta)C_{Mm}a_\beta^+(-\vec{p})b_\alpha^+(\vec{p})\,|0\rangle \end{aligned}$$

$$
\begin{aligned}
&\overset{\vec{p}\to-\vec{p}}{=} -\sum_{m,\alpha,\beta}\int \mathrm{d}^3 p Y_{LM}(-\vec{p})\chi_m(\alpha,\beta)C_{Mm}a_\beta^+(\vec{p})b_\alpha^+(-\vec{p})\,|0\rangle \\
&\overset{\alpha\leftrightarrow\beta}{=} -\sum_{m,\alpha,\beta}\int \mathrm{d}^3 p Y_{LM}(-\vec{p})\chi_m(\beta,\alpha)C_{Mm}a_\alpha^+(\vec{p})b_\beta^+(-\vec{p})\,|0\rangle \\
&= (-1)(-1)^L(-1)^{S+1}\sum_{m,\alpha,\beta}\int \mathrm{d}^3 p Y_{LM}(\vec{p})\chi_m(\alpha,\beta)C_{Mm}a_\alpha^+(\vec{p})b_\beta^+(-\vec{p})\,|0\rangle \\
&= (-1)^{L+S}\left|{}^{2S+1}L_J\right\rangle
\end{aligned} \tag{2.4.18}
$$

可见正反费米子组成的态 $\left|{}^{2S+1}L_J\right\rangle$ 的电荷宇称量子数为 $(-1)^{L+S}$.

3. **矢量场 $A_\mu(x)$ 的电荷共轭变换**

我们讨论 $A_\mu(x)$ 是电磁场的情况, QED 中电磁场与费米子场的耦合为$e\bar{\psi}\gamma_\mu\psi A^\mu$, 我们已经知道了费米子场的电荷共轭变换. 为了保证整个电磁流耦合项在电荷共轭变换下的不变性, 电磁场的电荷共轭变换为

$$
\hat{C}A_\mu(x)\hat{C}^{-1} = -A_\mu(x) \tag{2.4.19}
$$

由式 (2.4.19) 及电磁场 $A_\mu(x)$ 的 Fourier 展开形式, 可得光子的产生和湮灭算符的电荷共轭变换

$$
\hat{C}a_\lambda(k)\hat{C}^{-1} = -a_\lambda(k), \quad \hat{C}a_\lambda^+(k)\hat{C}^{-1} = -a_\lambda^+(k) \tag{2.4.20}
$$

由上述讨论可以得到法雷 (Furry) 定理, 这个定理在 2.5 节再作讨论.

2.5　应用: 法雷定理, 自旋为 1 的粒子不能衰变到 2γ

1. **法雷 (Furry) 定理**

由 n 个光子组成的系统其状态函数可以表示为

$$
|n\gamma\rangle \equiv \prod_{i=1}^{n} a_{\lambda_i}^+(k_i)|0\rangle \tag{2.5.1}
$$

对 (2.5.1) 式作 C 变换, 由 (2.4.20) 式得到

$$
\hat{C}|n\gamma\rangle = (-1)^n|n\gamma\rangle \tag{2.5.2}
$$

进一步考虑 n 个光子向 n' 个光子的散射, $\langle n'\gamma|\hat{S}|n\gamma\rangle$, $\hat{S}$ 是散射矩阵. 由 QED 的 C 不变性, 得 $\hat{S} = \hat{C}^+\hat{S}\hat{C}$, 于是

$$
\langle n'\gamma|\hat{S}|n\gamma\rangle = \langle n'\gamma|\hat{C}^+\hat{S}\hat{C}|n\gamma\rangle
$$

$$= (-1)^{n'+n}\langle n'\gamma|\hat{S}|n\gamma\rangle \tag{2.5.3}$$

因此 $n+n'$ 必须为偶数, 若 $n+n'$ 为奇数, 则散射矩阵元必须为 0. 由此我们得到法雷定理:

偶数个光子$\nleftrightarrow$奇数个光子

法雷定理也可以表述为: 在 QED 中包含有奇数个外线光子的费米子圈的贡献为 0[5].

2. 自旋为 1 的粒子不能衰变到两个光子

作为对光子在宇称变换下性质的应用, 我们考虑一个由两个光子组成的系统, 研究它们的宇称性质, 可以得到两个很有意义的结论[1]. 为了减小问题的复杂性, 我们将要研究的这个双光子系统限制为这两个光子都是从一个初态粒子衰变而来. 我们先来看看这样的两个光子可不可以组成一个总角动量为 1 的状态.

若这个双光子态总角动量为 1, 则它应为一矢量态, 它的空间分量在空间转动变换下应如一个矢量. 我们在质心系中来看看这个矢量态的空间分量的情况. 为不失一般性, 这个态可以写成

$$|2\gamma\rangle_i = \int \mathrm{d}^3p x_{ijk}(\vec{p})\varepsilon_j^{(\lambda_1)}(\vec{p})\varepsilon_k^{(\lambda_2)}(-\vec{p})a_{\lambda_1}^+(\vec{p})a_{\lambda_2}^+(-\vec{p})\,|0\rangle \tag{2.5.4}$$

其中 i=1,2,3 为这个态的矢量指标. $x_{ijk}(\vec{p})$ 为这个态的波函数, 它在空间转动下为一个三阶张量. $x_{ijk}(\vec{p})$ 只依赖于一个矢量 $\vec{p}$, 它的最一般形式为

$$\begin{aligned} x_{ijk}(\vec{p}) =& A\varepsilon_{ijk} + Bp_i\delta_{jk} + Cp_j\delta_{ik} + Dp_k\delta_{ij} + Ep_i\varepsilon_{jkl}p_l \\ &+ Fp_j\varepsilon_{kil}p_l + Gp_k\varepsilon_{ijl}p_l + Hp_ip_jp_k \end{aligned} \tag{2.5.5}$$

其中系数 $A, \cdots, H$ 只是 $|\vec{p}|$ 的标量函数. 由于 $\vec{p}\cdot\varepsilon^{(\lambda)}=0$, 所以 (2.5.5) 式中的 C, D, F, G, H 等项对这个矢量态没有贡献. 因此 (2.5.5) 式可简化为

$$x_{ijk}(\vec{p}) = A\varepsilon_{ijk} + Bp_i\delta_{jk} + Ep_i\varepsilon_{jkl}p_l \tag{2.5.6}$$

因为光子为玻色子, 其产生算符为对易算符, 因此可将 (2.5.4) 式中的两个产生算符互换位置而不改变状态

$$\begin{aligned} |2\gamma\rangle_i =& \int \mathrm{d}^3p x_{ijk}(\vec{p})\varepsilon_j^{(\lambda_1)}(\vec{p})\varepsilon_k^{(\lambda_2)}(-\vec{p})a_{\lambda_2}^+(-\vec{p})a_{\lambda_1}^+(\vec{p})\,|0\rangle \\ \overset{\vec{p}\to-\vec{p}}{=}& \int \mathrm{d}^3p x_{ijk}(-\vec{p})\varepsilon_j^{(\lambda_1)}(-\vec{p})\varepsilon_k^{(\lambda_2)}(\vec{p})a_{\lambda_2}^+(\vec{p})a_{\lambda_1}^+(-\vec{p})\,|0\rangle \end{aligned} \tag{2.5.7}$$

将式上中 $j \leftrightarrow k$, $\lambda_1 \leftrightarrow \lambda_2$ 互换,

$$|2\gamma\rangle_i = \int \mathrm{d}^3 p x_{ikj}(-\vec{p})\varepsilon_k^{(\lambda_2)}(-\vec{p})\varepsilon_j^{(\lambda_1)}(\vec{p})a_{\lambda_1}^+(\vec{p})a_{\lambda_2}^+(-\vec{p})|0\rangle \tag{2.5.8}$$

将 (2.5.4) 和 (2.5.8) 式相加并除以 2, 得到的态矢量仍为原来的光子态

$$|2\gamma\rangle_i = \int \mathrm{d}^3 p \frac{1}{2}\left[x_{ijk}(\vec{p}) + x_{ikj}(-\vec{p})\right]\varepsilon_j^{(\lambda_1)}(\vec{p})\varepsilon_k^{(\lambda_2)}(-\vec{p})a_{\lambda_1}^+(\vec{p})a_{\lambda_2}^+(-\vec{p})|0\rangle \tag{2.5.9}$$

从 (2.5.6) 式可以知道

$$x_{ikj}(-\vec{p}) = -x_{ijk}(\vec{p}) \tag{2.5.10}$$

因此这个光子态矢量为 0, 即

$$|2\gamma\rangle_i = 0 \tag{2.5.11}$$

这表示两个光子是不可能组成角动量为 $J=1$ 的态的, 因此可以得出一个很有意义的结论:

(a) 因为角动量守恒, **自旋为 $J=1$ 的矢量粒子不可能衰变到两个光子**, 即

$$^{2S+1}L_{J=1} \not\to 2\gamma \tag{2.5.12}$$

这个选择定则称为朗道 - 杨定理 (Landau-Yang theorem)[6,7].

也可以将上述选择定则反过来: **凡是可以向两个光子衰变的粒子, 其自旋必不为 1**. 物理上可以用这个性质来确定能够向两个光子进行衰变的粒子的自旋.

接下来研究两个光子组成自旋为 $J=0$ 的态的情况.

自旋为 0 的态为一个标量态, 其态函数应为一个标量或赝标量, 因此需要为其构造一个无矢量指标的态, 不失一般性,

$$|2\gamma\rangle = \int \mathrm{d}^3 p x_{ij}(\vec{p})\varepsilon_i^{(\lambda_1)}(\vec{p})\varepsilon_j^{(\lambda_2)}(-\vec{p})a_{\lambda_1}^+(\vec{p})a_{\lambda_2}^+(-\vec{p})|0\rangle \tag{2.5.13}$$

与矢量态的考虑方法相同, 在空间转到下, $x_{ij}(\vec{p})$ 为一个二阶张量, 它可以一般地写成

$$x_{ij}(\vec{p}) = A\delta_{ij} + B\varepsilon_{ijk}p_k + Cp_ip_j \tag{2.5.14}$$

其中系数 A, B, C 为 $|\vec{p}|$ 的标量函数. 因为 $\vec{p}\cdot\varepsilon^\lambda = 0$, (2.5.14) 式中 C 项没有贡献, 所以

$$x_{ij}(\vec{p}) = A\delta_{ij} + B\varepsilon_{ijk}p_k \tag{2.5.15}$$

将 (2.5.15) 式代入 (2.5.13) 式, 得到

$$|2\gamma\rangle = \int \mathrm{d}^3 p \left[A\varepsilon^{(\lambda_1)}\cdot\varepsilon^{(\lambda_2)} + B\varepsilon^{(\lambda_1)}\times\varepsilon^{(\lambda_2)}\cdot\vec{p}\right]a_{\lambda_1}^+(\vec{p})a_{\lambda_2}^+(-\vec{p})|0\rangle \tag{2.5.16}$$

将宇称变换算符作用到 (2.5.16) 式, 可以知道 A 项成分的宇称为 1, B 项成分的宇称为 -1, 即 $\varepsilon^{(\lambda_1)}\cdot\varepsilon^{(\lambda_2)}$ 组成双光子系统的标量态, 而 $\varepsilon^{(\lambda_1)}\times\varepsilon^{(\lambda_2)}\cdot\vec{p}$ 组成赝标量态. 由于电磁衰变过程宇称守恒, 所以标量粒子只能向波函数为 $\varepsilon^{(\lambda_1)}\cdot\varepsilon^{(\lambda_2)}$ 的双光子态进行衰变, 而赝标粒子只能衰变到波函数为 $\varepsilon^{(\lambda_1)}\times\varepsilon^{(\lambda_2)}\cdot\vec{p}$ 的态. 因此我们可以得到下面的结论.

(b) **标量粒子向两个光子的衰变中, 两个光子的极化以平行为主, 衰变振幅正比于 $\cos\theta$, θ 为两个光子极化矢量之间的夹角; 赝标粒子向两个光子的衰变中, 光子的极化以垂直为主, 衰变振幅正比于 $\sin\theta$.**

以上的两个结论 (a) 和 (b) 可以在实验上用双光子衰变来确定粒子的自旋和宇称[8].

2.6　时间反演

时间反演变换是时间反号, 即 $t\to -t$ 的变换. 在时间反演变换下, 物理事例倒转演化的序列, 从右向左飞过的物体会由左向右飞回, 从楼顶掉落的物体会从地面飞上楼顶, 等等, 就像一个影片的倒放. 物理上讨论时间反演, 并不是说我们有办法控制时间演化的顺序, 而是因为物理规律在假想的时间反演变换下具有非常有意义的性质, 从这些性质可以得到很多有用的结论. 例如, 牛顿运动方程具有时间反演的不变性, 导致的结果就是正向发生的事件, 时间上倒过来, 实际上也是允许发生的, 从右向左运动的物体, 当然也可以从左向右运动. 但许多事件是微观上可能, 宏观上不可能, 只是宏观统计上发生的几率非常低的结果. 水从盆中泼出去, 其时间反演事件是泼出去的水又回到盆里, 这是不可能事件, 但并不是经典运动方程破坏时间反演不变性的结果. 从微观上看, 水分子既可以从盆里运动到盆外, 也可以从盆外运动到盆里; 但是, 大量散落在各处的水分子同时回到盆里的宏观事件, 因为几率非常低而实际上不可能发生.

在时间反演变换下, 凡是奇次依赖于时间的物理量都改变符号, 如动量 $\vec{p}\to -\vec{p}$、角动量 $\vec{L}=\vec{r}\times\vec{p}\to -\vec{L}$ 等. 对于自旋 $\vec{\sigma}$, 假设它在时间反演下的变换与角动量相同, 所以有 $\vec{\sigma}\to -\vec{\sigma}$. 不依赖于时间或偶次依赖于时间的物理量保持不变, 如能量、电荷、螺旋度 $\dfrac{\vec{\sigma}\cdot\vec{p}}{|\vec{p}|}$ 等都不改变符号. 下面看量子力学在时间反演下的性质.

定义 $\hat{T}$ 为时间反演算符, $\psi(\vec{x},t)$ 为量子力学中描述粒子行为的波函数, 则 Schrödinger 方程为

$$\mathrm{i}\frac{\partial}{\partial t}\psi(\vec{x},t)=H\psi(\vec{x},t) \tag{2.6.1}$$

若粒子的哈密顿量 H 在时间反演下是不变的, 那么 Schrödinger 方程在时间反演下也应有不变的形式. 我们先假设时间反演只是 $t\to -t$ 的变换, 看看情形如何. 作这

样的时间反演变换, 则 Schrödinger 方程变成

$$-\mathrm{i}\frac{\partial}{\partial t}\psi(\vec{x},-t)=H\psi(\vec{x},-t) \tag{2.6.2}$$

此时 $\psi(\vec{x},-t)$ 是时间反演后的波函数, 因此 Schrödinger 方程不具备时间反演的不变性. Wigner 建议改变时间反演算符的定义, $\hat{T}$ 算符在改变时间的符号 $t\to -t$ 的同时, 也将所有的量变成其复共轭[9]. 这样对 Schrödinger 方程作时间反演操作, 得

$$\begin{aligned}\mathrm{i}\frac{\partial}{\partial t}\psi^*(\vec{x},-t)&=H^*\psi^*(\vec{x},-t)\\&=H\psi^*(\vec{x},-t)\end{aligned} \tag{2.6.3}$$

若用 $\hat{T}\psi(\vec{x},t)=\psi^*(\vec{x},-t)$ 作为时间反演后的波函数代回上述方程, 得

$$\mathrm{i}\frac{\partial}{\partial t}\left[\hat{T}\psi(\vec{x},t)\right]=H\left[\hat{T}\psi(\vec{x},t)\right] \tag{2.6.4}$$

于是 schrödinger 方程在时间反演下具有不变的形式. 这样定义的时间反演操作, 虽然看起来有些奇怪, 但并不违反量子力学中一些物理上的要求, 如在时间反演下几率守恒的要求

$$|\langle\psi\,|\psi\rangle|^2=\left|\left\langle\hat{T}\psi\,\middle|\hat{T}\psi\right\rangle\right|^2 \tag{2.6.5}$$

这样定义的时间反演算符因包含复共轭运算而不再是幺正算符, 可以将其中的复共轭运算分离出来

$$\hat{T}\equiv\hat{U}\hat{K} \tag{2.6.6}$$

其中 $\hat{U}$ 为幺正算符, 只作 $t\to -t$ 变换, $\hat{K}$ 为复共轭运算. 下面证明 (2.6.6) 式定义的时间反演算符不是幺正算符.

对于任意幺正算符 $\hat{Y}$, 当它作用于任意两个态 $|\alpha\rangle$ 和 $|\beta\rangle$ 时, 它满足

$$\left\langle\hat{Y}\alpha\,\middle|\hat{Y}\beta\right\rangle=\left\langle\alpha\,\middle|\hat{Y}^+\hat{Y}\middle|\,\beta\right\rangle=\langle\alpha\,|\beta\rangle \tag{2.6.7}$$

只需证明 (2.6.6) 定义的 $\hat{T}$ 算符不满足这一关系. 证明如下

$$\begin{aligned}\left\langle\hat{T}\alpha\,\middle|\hat{T}\beta\right\rangle&=\left\langle\hat{U}\hat{K}\alpha\,\middle|\hat{U}\hat{K}\beta\right\rangle\\&=\left\langle\hat{K}\alpha\,\middle|\hat{U}^+\hat{U}\hat{K}\beta\right\rangle\\&=\left\langle\hat{K}\alpha\,\middle|\hat{K}\beta\right\rangle\\&=[\langle\alpha\,|\beta\rangle]^*\end{aligned} \tag{2.6.8}$$

从 (2.6.8) 式看出 $\hat{T}$ 算符确实不满足 (2.6.7) 式的关系, 因此它不是幺正算符.

$\hat{K}$ 算符满足

$$\hat{K}\left(\lambda_1\left|\alpha_1\right\rangle+\lambda_2\left|\alpha_2\right\rangle\right)=\lambda_1^*\hat{K}\left|\alpha_1\right\rangle+\lambda_2^*\hat{K}\left|\alpha_2\right\rangle \tag{2.6.9}$$

这样的算符不是线性算符, 它叫做反线性的, $\hat{U}\hat{K}$ 这样的算符称为反幺正算符.

Schrödinger 方程在时间反演下的不变性指的是, 如果我们找到 Schrödinger 方程的一个解, 对这个解作时间反演变换得到另外一个量子态演化函数, 则这个新的量子态演化函数仍然是 Schrödinger 方程的解. 需要指出的是, 检验量子系统的 T 不变性, 并不是要在实验上构造一个时间反向演化的量子态, 这样做没有必要也是实际上不可能的. 因为一个量子态, 除了有能量、动量随着时间的演化, 还有量子态相位的演化, 我们虽然可以在实验上安排一个量子系统能量、动量流向的改变, 但却不可能安排这个量子态的相位, 使它与时间反演前的态保持精确的相位关系. 实验上检验量子系统的 T 不变性, 不是通过构造一个反向时间演化的量子态进行的, 而是通过测量某个物理观测量在时间反演下的改变进行的. 例如, 可以通过测量一个中性 K 介子系统, 随着时间的演化, 在某个时间点 t, 由中性 K 介子 $\bar{\mathrm{K}}^0$ 转变成它的反粒子 K^0 的几率与相反转化几率有无差别来进行. 在这个过程中, 测量的可观测量是

$$\mathcal{A}_{\mathrm{T}}=\frac{\Gamma(\bar{\mathrm{K}}^0\to\mathrm{K}^0,t)-\Gamma(\mathrm{K}^0\to\bar{\mathrm{K}}^0,t)}{\Gamma(\bar{\mathrm{K}}^0\to\mathrm{K}^0,t)+\Gamma(\mathrm{K}^0\to\bar{\mathrm{K}}^0,t)}$$

其中函数 Γ 是相应过程的转化宽度, 它正比于转化几率. 对于 T 不变性破坏的测量, 目前欧洲核子研究中心 (CERN) CPLEAR 实验组的测量结果为 $\mathcal{A}_{\mathrm{T}}=(6.6\pm1.3\pm1.0)\times10^{-3}$[10]. 关于中性 K 介子系统详见本书第 7 章, 或文献 [1] 和 [11].

在量子场论中可以找到 Hilbert 空间中的算符 $\hat{T}$ 用于表示时间反演, 它是反幺正的.

1.Klein-Gordon 场 $\varphi(x)$ 的时间反演

时间反演算符作用于 Klein-Gordon 场 $\varphi(x)$, 使得

$$\hat{T}\varphi(\vec{x},t)\hat{T}^{-1}=\pm\varphi(\vec{x},-t) \tag{2.6.10}$$

$\hat{T}$ 中包含复共轭运算 $\hat{K}$ 算符, 即

$$\hat{T}=\hat{U}\hat{K} \tag{2.6.11}$$

这里 $\hat{U}$ 是幺正算符, 可以由 (2.6.10) 和 (2.6.11) 式以及场算符 $\varphi(x)$ 的 Fourier 展开形式得出 Klein-Gordon 场产生和湮灭算符满足

$$\begin{aligned}&\hat{U}a(k)\hat{U}^{-1}=\pm a(\tilde{k}),\quad \hat{U}a^+(k)\hat{U}^{-1}=\pm a^+(\tilde{k})\\&\hat{U}b(k)\hat{U}^{-1}=\pm b(\tilde{k}),\quad \hat{U}b^+(k)\hat{U}^{-1}=\pm b^+(\tilde{k})\end{aligned} \tag{2.6.12}$$

2. 费米子场的时间反演

费米子场的时间反演算符 $\hat{T}$ 亦为一反幺正算符, 它也是幺正算符和复共轭算符的乘积 $\hat{T}=\hat{U}\hat{K}$. 在 Hilbert 空间中的 $\hat{T}$ 算符满足

$$\hat{T}\psi(x)\hat{T}^{-1}=T\psi(-\tilde{x}) \tag{2.6.13}$$

其中 T 为费米子场的时间反演矩阵, 它的具体形式可以通过要求 Dirac 场作用量在时间反演下不变导出. 这里直接给出结果

$$T=\mathrm{i}\gamma^1\gamma^3 \tag{2.6.14}$$

进一步可以得出费米子产生湮灭算符的时间反演

$$\begin{aligned}&\hat{T}a_\alpha(k)\hat{T}^{-1}=\mathrm{e}^{-\mathrm{i}\theta_t}a_\alpha(\tilde{k}),\quad \hat{T}a_\alpha^+(k)\hat{T}^{-1}=\mathrm{e}^{i\theta_t}a_\alpha^+(\tilde{k})\\&\hat{T}b_\alpha(k)\hat{T}^{-1}=-\mathrm{e}^{i\theta_t}b_\alpha(\tilde{k}),\quad \hat{T}b_\alpha^+(k)\hat{T}^{-1}=-\mathrm{e}^{-\mathrm{i}\theta_t}b_\alpha^+(\tilde{k})\end{aligned} \tag{2.6.15}$$

其中 θ_t 为可任意约定的相角.

3. 电磁场 $A_\mu(x)$ 的时间反演

为了保证电磁相互作用的 T 不变性, 可以推得电磁场的 T 变换形式,

$$\hat{T}A_\mu(x)\hat{T}^{-1}=A^\mu(-\tilde{x}) \tag{2.6.16}$$

证明 电磁场耦合项为

$$\mathcal{L}_{em}=\int \mathrm{d}^4x\,^{\mathrm{e}}\bar{\psi}(x)\gamma_\mu\psi(x)A^\mu(x) \tag{2.6.17}$$

对 $\mathcal{L}_{em}$ 作 T 变换

$$\hat{T}\mathcal{L}_{em}\hat{T}^{-1}=\int \mathrm{d}^4x\,^{\mathrm{e}}\psi^+(-\tilde{x})T^+\gamma^{0*}\gamma_\mu^*T\psi(-\tilde{x})\hat{T}A^\mu(x)\hat{T}^{-1} \tag{2.6.18}$$

利用 $T^+\gamma_\mu^*T=\gamma^\mu$, (2.6.18) 式成为

$$\hat{T}\mathcal{L}_{em}\hat{T}^{-1}=\int \mathrm{d}^4x\,^{\mathrm{e}}\bar{\psi}(-\tilde{x})\gamma^\mu\psi(-\tilde{x})\hat{T}A^\mu(x)\hat{T}^{-1} \tag{2.6.19}$$

从 (2.6.19) 式可以看出, 只要 $A_\mu(x)$ 的 T 变换符合 (2.6.16) 式, 即有

$$\mathcal{L}_{em}=\hat{T}\mathcal{L}_{em}\hat{T}^{-1} \qquad \text{(证毕)}$$

根据 (2.6.16) 式, 以及 $A_\mu(x)$ 的 Fourier 展开形式

$$A_\mu(x)=\int\frac{\mathrm{d}^3k}{(2\pi)2k^0}\sum_\alpha\left(a_\alpha(k)\varepsilon_\mu^{(\alpha)}(k)\mathrm{e}^{-\mathrm{i}k\cdot x}+a_\alpha^+(k)\varepsilon_\mu^{(\alpha)^*}(k)\mathrm{e}^{\mathrm{i}k\cdot x}\right) \tag{2.6.20}$$

可以求得产生湮灭算符的 T 变换形式

$$\hat{T}a_\alpha(k)\hat{T}^{-1}=a_\alpha(\tilde{k}),\quad \hat{T}a_\alpha^+(k)\hat{T}^{-1}=a_\alpha^+(\tilde{k}) \tag{2.6.21}$$

下面我们用上面讨论的时间反演算符证明两个定理[1]:

(1) 若 T 不变性成立, 则量子态演化的 $\hat{S}$ 矩阵满足

$$\hat{T}\hat{S}\hat{T}^{-1}=\hat{S}^+ \tag{2.6.22}$$

证明 先复习一下 $\hat{S}$ 矩阵的定义. 设 $|t_0\rangle$ 和 $|t\rangle$ 是初始时刻 t_0 和任意时刻 t 的量子态, 则通过这两个态之间的关系可以定义时间演化算符, 即

$$|t\rangle=\hat{U}(t,t_0)\,|t_0\rangle \tag{2.6.23}$$

$\hat{S}$ 矩阵定义为

$$\hat{S}=\hat{U}(\infty,-\infty) \tag{2.6.24}$$

由量子力学知道, 时间算符 $\hat{U}(t,t_0)$ 在相互作用表相中满足的方程为

$$\mathrm{i}\frac{\partial}{\partial t}\hat{U}(t,t_0)=\hat{H}_I(t)\hat{U}(t,t_0) \tag{2.6.25}$$

初始条件为 $\hat{U}(t_0,t_0)=1$. 对方程 (2.6.25) 的两边也作时间反演变换,

$$-\mathrm{i}\frac{\partial}{\partial t}\hat{T}\hat{U}(t,t_0)\hat{T}^{-1}=\hat{T}\hat{H}_I(t)\hat{T}^{-1}\hat{T}\hat{U}(t,t_0)\hat{T}^{-1} \tag{2.6.26}$$

另外, 相互作用的 T 不变性意味着哈密顿量的自由和相互作用项在 Schrödinger 表象下满足

$$\hat{T}\hat{H}_0\hat{T}^{-1}=\hat{H}_0,\quad \hat{T}(\hat{H}_I)_S\hat{T}^{-1}=(\hat{H}_I)_S \tag{2.6.27}$$

其中 $\hat{H}_0$ 和 $(\hat{H}_I)_S$ 分别为哈密顿量的自由和相互作用部分. 再从 $\hat{H}_I(t)$ 的定义

$$\hat{H}_I(t)=\mathrm{e}^{\mathrm{i}\hat{H}_0t}(\hat{H}_I)_S\mathrm{e}^{-\mathrm{i}\hat{H}_0t} \tag{2.6.28}$$

可以得到

$$\hat{T}\hat{H}_I(t)\hat{T}^{-1}=\hat{H}_I(-t) \tag{2.6.29}$$

将 (2.6.29) 式代入 (2.6.26) 式得

$$\mathrm{i}\frac{\partial}{\partial(-t)}\hat{T}\hat{U}(t,t_0)\hat{T}^{-1}=\hat{H}_I(-t)\hat{T}\hat{U}(t,t_0)\hat{T}^{-1} \tag{2.6.30}$$

上面的方程说明

$$\hat{T}\hat{U}(t,t_0)\hat{T}^{-1}=\hat{U}(-t,-t_0) \tag{2.6.31}$$

因此由 $\hat{S}$ 矩阵的定义得出

$$\begin{aligned}\hat{T}\hat{S}\hat{T}^{-1} &= \hat{U}(-\infty,\infty) = \hat{U}(\infty,-\infty)^{-1} \\ &= \hat{U}(\infty,-\infty)^{+} \\ &= \hat{S}^{+}\end{aligned}$$

(2) 倒易关系 (reciprocity) 对于散射过程

$$a + b + \cdots \to a' + b' + \cdots \tag{2.6.32}$$

分别用 $|p_i, s_i\rangle$ 和 $|p'_j, s'_j\rangle$ 表示初态和末态的态矢量, 其中 p_i、s_i 和 p_j、$s_j(i = a, b, \cdots; j = a', b', \cdots)$ 分别为初、末态粒子的动量和自旋. 若散射过程所经历的相互作用具有 T 不变性, 则根据上面的定理, 其散射的 $\hat{S}$ 矩阵满足

$$\hat{T}\hat{S}\hat{T}^{-1} = \hat{S}^{+} \tag{2.6.33}$$

利用 (2.6.33) 式来证明倒易关系

$$\left|\left\langle p'_j, s'_j\right| \hat{S} \left|p_i, s_i\right\rangle\right| = \left|\left\langle -p_i, -s_i\right| \hat{S} \left|-p'_j, -s'_j\right\rangle\right| \tag{2.6.34}$$

证明 态矢量在时间反演下变化为

$$\hat{T}\left|p_i, s_i\right\rangle = \mathrm{e}^{\mathrm{i}\theta}\left|-p_i, -s_i\right\rangle \tag{2.6.35}$$

$$\hat{T}\left|p'_j, s'_j\right\rangle = \mathrm{e}^{\mathrm{i}\theta'}\left|-p'_j, -s'_j\right\rangle \tag{2.6.36}$$

式中 $\mathrm{e}^{\mathrm{i}\theta}$ 和 $\mathrm{e}^{\mathrm{i}\theta^{\mathrm{in}}}$ 是可任意约定的相因子. 在散射振幅中插入 $\hat{T}^{-1}\hat{T} = 1$,

$$\begin{aligned}\left\langle p'_j, s'_j\right| \hat{S} \left|p_i, s_i\right\rangle &= \left\langle p'_j, s'_j\right| \hat{T}^{-1}\hat{T}\hat{S}\hat{T}^{-1}\hat{T} \left|p_i, s_i\right\rangle \\ &= \left\langle p'_j, s'_j\right| \hat{T}^{+}\hat{T}\hat{S}\hat{T}^{-1}\hat{T} \left|p_i, s_i\right\rangle^{*}\end{aligned} \tag{2.6.37}$$

其中第二步考虑了 $\hat{T}$ 是反幺正算符, $\hat{T}^{-1} \neq \hat{T}^{+}$, 且 $\hat{T}$ 中包含复共轭运算, 再联合考虑 (2.6.33)、(2.6.35) 和 (2.6.36) 式, 得到

$$\begin{aligned}\left\langle p'_j, s'_j\right| \hat{S} \left|p_i, s_i\right\rangle &= \mathrm{e}^{\mathrm{i}\theta'}\mathrm{e}^{-\mathrm{i}\theta}\left\langle -p'_j, -s'_j\right| \hat{S}^{+} \left|-p_i, -s_i\right\rangle^{*} \\ &= \mathrm{e}^{\mathrm{i}\theta'}\mathrm{e}^{-\mathrm{i}\theta}\left\langle -p_i, -s_i\right| \hat{S} \left|-p'_j, -s'_j\right\rangle\end{aligned} \tag{2.6.38}$$

因此我们可以得到倒易关系.

说明 倒易关系在物理上可以给出很有意义的结果, 它直接给出的是两个具有相反方向的动量和自旋的相反散射过程之间的关系. 在理论上分别将这两个相逆的过程经过处理后, 根据倒易关系可以将这个过程散射截面的比值精确表示成初末态粒子自旋的表达式, 再跟实验测量结果进行比较, 即可得到某些粒子的自旋.

2.7 CPT 定 理

前面的几节中分别讨论了标量场、旋量场、矢量场的 P, C, T 的变换. 自然界中的相互作用并不都分别满足 P, C, T 的不变性. 它们中某两种变换的乘积也不能保证自然界中相互作用的精确不变性. 但只需要相互作用满足一定的条件, C, P, T 三种变换的乘积不论顺序如何, 总是理论的对称变换, 即相互作用在 C, P, T 的联合变换下保持不变.

我们定义 C, P, T 联合变换的算符为

$$\hat{I} \equiv \hat{C}\hat{P}\hat{T} \tag{2.7.1}$$

则 CPT 定理为：若一个理论是 Lorentz 不变的, 且它的整数自旋场按对易关系量子化, 半整数自旋场按反对易关系量子化, 那么这个理论的拉格朗日量 $\mathcal{L}(x)$ 在 C, P, T 联合变换下将按

$$\hat{I}\mathcal{L}(x)\hat{I}^{-1} = \mathcal{L}^{+}(-x) = \mathcal{L}(-x) \tag{2.7.2}$$

变换. 于是这个理论的作用量 $S = \int \mathrm{d}^4x\mathcal{L}(x)$ 将是不变的, 即这个理论在 C, P, T 联合变换下是不变的.

这个定理的证明从略, 请参阅量子场论的书籍.

如果系统的哈密顿量 $\hat{H}$ 在 C, P, T 联合变换下是不变的, 会得到什么有意思的结果?

哈密顿量 $\hat{H}$ 的 CPT 不变性意味着 $\hat{I}\hat{H}\hat{I}^{-1} = \hat{H}$.

我们看一看粒子与反粒子质量的关系.

对于任意一个粒子态 $|f\rangle$, 有前面几节对 C, P, T 变换的讨论, 我们知道在 C, P, T 的联合变换下, $|f\rangle$ 将变成 $|\bar{f}\rangle$, 即

$$\hat{I}\,|f\rangle = \mathrm{e}^{\mathrm{i}\theta}\,|\bar{f}\rangle \tag{2.7.3}$$

这里 $\mathrm{e}^{\mathrm{i}\theta}$ 是任意约定的相因子. 粒子的质量 m_f 等于哈密顿量 $\hat{H}$ 在其态函数之间的期望值,

$$m_f = \langle f|\,\hat{H}\,|f\rangle \tag{2.7.4}$$

在 (2.7.4) 式中插入 $\hat{I}^{-1}\hat{I} = 1$, 得

$$\begin{aligned} m_f &= \langle f|\,\hat{I}^{-1}\hat{I}\hat{H}\hat{I}^{-1}\hat{I}\,|f\rangle \\ &= \langle f|\,\hat{I}^{+}\hat{I}\hat{H}\hat{I}^{-1}\hat{I}\,|f\rangle^{*} \\ &= \langle \bar{f}|\,\hat{H}\,|\bar{f}\rangle^{*} = m_{\bar{f}}^{*} = m_{\bar{f}} \end{aligned} \tag{2.7.5}$$

即由哈密顿量的 CPT 不变性, 得到粒子与反粒子质量相等.

还可以用类似的方法, 得到粒子与反粒子的寿命相等, 粒子与反粒子的电荷大小相等、符号相反, 等等.

在结束本章之前, 我们给出弱、电磁和强相互作用下 C, P, T 变换的情况.

表 2.2 弱、电磁和强相互作用下 C, P, T 变换的情况

	P	C	T
强相互作用	守恒	守恒	守恒
电磁相互作用	守恒	守恒	守恒
弱相互作用	破坏	破坏	破坏

参 考 文 献

[1] 李政道. 场论与粒子物理简引. 北京: 科学出版社, 1980.
[2] Noether E, Nachr. D. König. Gesellsch. D. Wiss. Zu Göttingen: Math-phys. Klasse, 1918: 235–257.
[3] 周邦融. 量子场论. 北京: 高等教育出版社, 2007.
[4] Lee T D, Yang C N. Phys. Rev.,1956, 104: 254.
[5] Furry W H. Phys. Rev.,1937, 51: 125.
[6] Landau L D. Dokl. Akad. Nawk., 1948, USSR 60: 207.
[7] Yang C N. Phys. Rev., 1950, 77: 242.
[8] Plano R, et al. Phys. Rev. Lett., 1959, 3: 525.
[9] Wigner E P. Group theory and its application to the Quantum Mechanics of Atomic Spectra. New York: Academic Press, 1959.
[10] Angelopoulos A, et al. CPLEAR Collaboration. Phys. Lett., 1998, B43: 444.
[11] 杜东生. CP 不守恒. 北京: 北京大学出版社, 2012.

第 3 章　粒子的分类及性质: 轻子和强子

3.1　四种相互作用

人类对物质间相互作用的认识是与对物质结构的认识密不可分的. 引力和电磁相互作用是支配宏观运动的两种相互作用, 它们是长程作用, 也是人类最先认识的相互作用形式. 对电和磁的认识可以追溯到远古时代. 在古代中国, 公元 1 世纪就有对磁石的记载, 那时中国人就已经发现磁石有两极等特性, 后来利用它发明了指南针. 采用现代科技的手段对电和磁现象的研究起源于公元 15~16 世纪. 电场和磁场概念的提出是认识电力和磁力历程上的一大进步. 它改变了力是超距作用的观念. 19 世纪中叶, 麦克斯韦重新研究了电磁理论, 采用方程组的形式将电和磁统一起来. 电力和磁力是统一的相互作用——电磁力——的两个方面. 因此宏观世界是由两种相互作用支配的. 引力相互作用支配着天体的运动, 并存在于地球上一切有质量的物体之间; 电磁相互作用则支配着带电物体、电磁相互转化及电磁波的发射和吸收等形式的运动.

随着对物质微观结构认识的加深, 两种新的相互作用形式逐渐被发现. 19 世纪末电子的发现打开了人类进入原子世界的大门. 原子核的发现使一种新的相互作用形式——强相互作用——走进人类的视野. 原子核是由质子和中子组成的, 质子和中子也不是基本粒子, 它们是由被称为夸克的更基本的粒子组成的. 质子和中子统一称为核子. 夸克是通过强相互作用被束缚在核子内部的. 强相互作用是一种短程力. 它的作用力程仅为相邻核子之间, 即约为 10^{-15}m. 强相互作用的典型作用时间很短, 仅为 10^{-23}s; 也就是说通过强相互作用产生或衰变的粒子, 它的产生或衰变所需的时间一般在 10^{-23}s 数量级. 相互作用的典型作用时间是与相互作用强度成反比的, 因此从典型时间上看, 这是一种极强的相互作用, 这一点可以通过与电磁作用的比较看出来. 电磁作用的典型时间也可以从粒子的电磁衰变估计出来. 例如, π^0 介子, 主要衰变到双光子, $\pi^0 \to \gamma\gamma$. 这是电磁衰变过程. 从 π^0 的寿命约为 10^{-16}s 可以估计出电磁衰变的典型时间约为 10^{-16}s. 与强相互作用的时间相比约长 10^7 倍, 因此强相互作用比电磁相互作用要强得多.

人们从原子核的 β 衰变以及某些粒子衰变所需时间较长上发现了另外一种相互作用. β 衰变的半衰期从几秒到几年不等, $\pi^\pm$ 的寿命约为 2.6×10^{-8}s, K_S^0 寿命为 0.89×10^{-10}s. 这些作用时间与电磁或强相互作用的典型时间相比, 要长 $10^5 \sim 10^{20}$

倍, 因此支配这些衰变的相互作用是一种极弱的相互作用, 称为弱相互作用. 弱相互作用的力程更短. 现在我们知道弱相互作用是由中间玻色子传递的. 中间玻色子 $W^{\pm}$ 和 Z^0 的质量分别为 80GeV 和 90GeV, 因此弱相互作用的力程 $R\sim\hbar/mc\approx 1/400\text{fm}$ ($1\text{fm}=10^{-15}\text{m}$). 它比强相互作用的力程要短得多.

四种相互作用：引力相互作用、电磁相互作用、弱相互作用和强相互作用, 其强度的大小也可以通过它们的耦合常数比较出来. 我们熟知的精细结构常数 α 是电磁相互作用的耦合常数. 强相互作用也有类似的耦合常数 α_{s}, 弱相互作用的耦合常数就是费米常数 G_{F}. 我们可以通过比较这些耦合常数, 看出四种相互作用的相对大小.

(1) 强相互作用　无量纲耦合常数 $\alpha_{\mathrm{s}}=\dfrac{g_{\mathrm{s}}^2}{4\pi\hbar c}\approx 1\sim 10$

(2) 电磁相互作用　无量纲耦合常数 $\alpha=\dfrac{e^2}{4\pi\varepsilon_0\hbar c}=\dfrac{1}{137}$

(3) 弱相互作用　耦合常数为费米常数 $\dfrac{G_{\mathrm{F}}}{(\hbar c)^3}=1.166\times10^{-5}\text{GeV}^{-2}$. 这不是一个无量纲的耦合常数. 为了与强相互作用和电磁相互作用的耦合常数进行比较, 我们考虑核子的 β 衰变, 将费米常数乘上这个过程的特征能量标度——核子质量的平方 $(M_{\mathrm{P}}C^2)^2\approx 1\text{GeV}^2$, 得到 $\dfrac{G_{\mathrm{F}}}{(\hbar c)^3}(M_{\mathrm{P}}C^2)^2\approx 1\times10^{-5}$, 其中 M_{P} 为核子质量.

(4) 引力相互作用　两个质量为 M 的质点相距为 r 时引力大小是通过牛顿引力常数来表达的, $\dfrac{G_{\mathrm{N}}M^2}{r^2}$. 与两个大小为 e 的点电荷之间静电力 $\dfrac{1}{4\pi\varepsilon_0}\dfrac{e^2}{r^2}$ 进行比较, 可知量纲 $[G_NM^2]\sim\left[\dfrac{e^2}{4\pi\varepsilon_0}\right]$, 因此 $\dfrac{G_{\mathrm{N}}M^2}{4\pi\hbar c}$ 也是无量纲的. 我们可取 M 为核子质量, M=1GeV, 借以看看当质点质量为核子质量尺度时引力大小与弱相互作用、电磁相互作用、强相互作用三种相互作用强度的大小, 计算可得当 $M=1\text{GeV}$ 时,

$$\frac{G_{\mathrm{N}}M^2}{4\pi\hbar c}\approx 5\times10^{-40}$$

于是强相互作用、电磁相互作用、弱相互作用、引力相互作用的无量纲耦合常数的比较结果为

$$1:\frac{1}{137}:1\times10^{-5}:5\times10^{-40}$$

因此引力与其他三种相互作用比较起来是非常微弱的. 研究微观粒子相互作用时可以忽略引力相互作用的影响.

最后我们将四种相互作用的一些特征列在表 3.1 中.

表 3.1　四种相互作用特征对照表

	强相互作用	电磁相互作用	弱相互作用	引力相互作用
源	色荷	电荷	弱超荷	质量
相互作用常数	$\alpha_s=\dfrac{g_s^2}{4\pi\hbar c}$ $\cong 1\sim 10$	$\alpha=\dfrac{e^2}{4\pi\varepsilon_0\hbar c}$ $\cong 1/137$	$\dfrac{G_F(M_pc^2)^2}{(\hbar c)^3}$ $\cong 1\times 10^{-5}$	$\dfrac{G_N M^2}{4\pi\hbar c}$ $\cong 5\times 10^{-40}$
力的传递者	胶子 (g)	光子 (γ)	中间玻色子 ($W^\pm$, Z^0)	—
典型作用时间	10^{-23}s	10^{-16}s	10^{-10}s	—
力程	1fm	∞	1/400 fm	∞

3.2　轻子　轻子数守恒

3.2.1　电子和 μ 子及中微子

电子是人类发现的第一个基本粒子, 到 20 世纪的 30 年代人们已经发现了电子、质子、中子等亚原子粒子, 以及传递电磁相互作用的光子. 电子和质子、中子同为费米子, 自旋为 1/2, 遵从 Fermi-Dirac 统计. 光子为矢量粒子, 自旋为 1, 为玻色子, 遵从 Bose-Einstein 统计. 电子和质子、中子比较起来, 质量极轻. 电子质量 $m_e\approx$0.51MeV, 而质子和中子的质量分别为 $m_p\approx$938.3MeV、$m_n\approx$939.6MeV. 因此电子被称为轻子, 而质子和中子被称为重子. 电子带 1 个单位负电荷, 它参与电磁相互作用. 从电子可以通过核子的 β 衰变产生出来可知, 电子也参与弱相互作用.

1936 年安德逊和尼德迈耶在用云室研究宇宙线的时候发现了 μ 子 [1−4], 它的质量为 $m_\mu\approx$105.7MeV, 带一个单位负电荷. 最初它被认为是汤川所预言的传递核力的介子, 因此称为 μ 介子. 但后来实验上发现它几乎不怎么参与核子反应[5], 自然不可能参与强相互作用, 因此它不可能是强相互作用的传递者. 随后的实验陆续发现, 它的许多性质与电子相似——它的自旋也为 1/2, 是费米子, 它也带一个单位负电荷, 其反粒子带正电荷. 它也参与电磁和弱相互作用, 因此被改称为 μ 子, μ 子被归入轻子族.

在弱作用下电子和 μ 子总是分别与另外两种粒子联系在一起, 它们是中微子. 中微子是 1930 年泡利为了解释原子核 β 衰变中电子有连续的能量分布而假设存在的粒子.

当时实验上测到原子核 β 衰变产生的电子有连续的能谱. 如果这是一个两体反应过程, 即

$$^A_ZX\rightarrow ^A_{Z+1}Y+e^-$$

那么按照能量和动量守恒定律, 电子应该具有确定的能量, 即电子的能量不应该是连续分布的. 所以两体衰变是与实验结果相矛盾的. 为此, 泡利假设在 β 衰变中还放出了另外一个粒子. 这个粒子电荷为 0, 质量近乎为零, 且只参与弱作用, 中微子

几乎不怎么与其他物质反应. 它能很容易穿越像地球这样的庞然大物, 所以实验上很难探测到它, 即 β 衰变实际是一个三体衰变过程. 其基本过程是

$$\mathrm{n} \to \mathrm{p} + \mathrm{e}^- + \bar{\nu}_\mathrm{e}$$

其中 $\bar{\nu}_\mathrm{e}$ 是反中微子. 中微子只是因它的奇特性质而没有被探测到. 这样电子就可以有一个连续的能量分布.

另外, 在一些典型的原子核 β 衰变中, 如

$$\mathrm{O}^{14} \to \mathrm{N}^{14*} + \mathrm{e}^+ + \nu_\mathrm{e}$$

初态和末态原子核 O^{14} 和 N^{14*} 的自旋都为 0. 在这种衰变过程中正电子和中微子带走的总角动量为 0. 而在

$$\mathrm{He}^6 \to \mathrm{Li}^6 + \mathrm{e}^- + \bar{\nu}_\mathrm{e}$$

衰变过程中, 初态原子核 He^6 的自旋为 0, 末态原子核 Li^6 的自旋为 1. 在这种衰变过程中电子和反中微子带走的总角动量为 1. 电子的自旋为 1/2, 因此为了保证电子 (正电子) 和反中微子 (中微子) 带走的总角动量可以为 0 或 1, 中微子和反中微子的自旋必须为 1/2. 这就是说, 原子核 β 衰变的实验同时告诉我们, 为了保证角动量守恒, 中微子的自旋应该为 1/2.

在弱作用中与 μ 子相伴的中微子为 ν_μ, 称为 μ 子型中微子. 它是在下面的过程中产生的

$$\pi^+ \to \mu^+ + \nu_\mu$$
$$\pi^- \to \nu^- + \bar{\nu}_\mu$$

单个中微子虽然极难探测, 但它们却能以极大的数量从原子核反应堆里发射出来. 1953 年莱茵斯 (R. Reines) 和科万 (C. L. Cowan) 终于在核反应堆中观测到了中微子[6−8]. 在反应堆中发生原子核裂变反应时会放出大量的中子, 自由中子会通过衰变 $\mathrm{n} \to \mathrm{p} + \mathrm{e}^- + \bar{\nu}_\mathrm{e}$ 产生反中微子. 莱茵斯和科万在反应堆附近放置了用富含氢原子的液体制作的闪烁体探测器, 通过反 β 衰变 $\bar{\nu}_\mathrm{e} + \mathrm{p} \to \mathrm{n} + \mathrm{e}^+$ 过程来探测从反应堆中放射出来的反中微子. 其中正电子会很快与水中的电子发生湮灭反应, 放出两个能量为 0.51MeV 的光子. 而中子会在水中缓慢前进, 最后被预先溶解在水中的镉所吸收, 因而再次放出闪光. 实验探测到了前后两次相关联的闪光事件, 且发生闪光的速率与反应堆中发生裂变反应的速率直接相关, 这肯定了探测到的闪光是反应堆中放出的中微子引起的. 这个实验说明中微子在它的产生点以外的其他地点被直接探测到了.

1962 年另外一个问题也得到了解决[9]: 中微子 ν_e 和 ν_μ 是否是同一种中微子? 实验上用高能质子束打击靶核 (Be), 产生大量的次级粒子 $\pi^\pm$ 和 $\mathrm{K}^\pm$ 介子. $\pi^\pm$ 和

$K^{\pm}$ 介子再衰变产生 $\mu^{\pm}$ 和正反中微子. $\pi^{\pm}$ 和 $K^{\pm}$ 等强子及 μ 子通过屏蔽墙被吸收掉, 只让中微子进入探测器. 实验上探测到了下面的反应

$$\bar{\nu}_{\mu} + p \to n + \mu^{+}$$

而没有反应

$$\bar{\nu}_{\mu} + p \to n + e^{+}$$

发生.

另外, 在反 β 衰变中利用反应堆产生的 $\bar{\nu}_e$, 只能发生如下的反应

$$\bar{\nu}_e + p \to n + e^{+}$$

也就是说与 μ 子相伴的中微子和与电子相伴的中微子不是同一种中微子, 即 ν_{μ} 和 ν_e 是不相同的.

3.2.2　τ 子及其中微子 ν_{τ}

τ 子是 1975 年美国 SLAC 和德国 DESY 实验室在正负电子对撞机上发现的,

$$e^{+} + e^{-} \to \tau^{+} + \tau^{-}$$

τ 子很快衰变到电子和 μ 子

$$\begin{aligned} \tau^{+} &\to e^{+} + \nu_e + \bar{\nu}_{\tau} \\ &\to \mu^{+} + \nu_{\mu} + \bar{\nu}_{\tau} \end{aligned}$$

τ 子的质量约为 $m_{\tau} \cong 1.776\text{GeV}$, 寿命 $\tau_{\tau} \cong 2.9\times10^{-13}\text{s}$.

更多的实验表明, τ 子与 μ 子、电子性质很相似, 带一个单位正或负电荷, 只参与电磁相互作用和弱相互作用, 不参与强相互作用, 因此它也被归入轻子族. 轻子并不能像它的名称那样按质量来分类, 轻子被定义成不参与强相互作用的费米子.

与 τ 子相伴的中微子也已于 2001 年在实验上被直接观测到[10].

现在, 我们将轻子族成员集中列在下面:

$$\begin{pmatrix} \nu_e \\ e \end{pmatrix} \begin{pmatrix} \nu_{\mu} \\ \mu \end{pmatrix} \begin{pmatrix} \nu_{\tau} \\ \tau \end{pmatrix} + \text{相应的反粒子} \tag{3.2.1}$$

理论上轻子的不同种类称为不同的 "味"(flavor), 这只是用来标记轻子种类的名称, 与我们日常生活中的味觉没有关系. (3.2.1) 式中每个长括号中的一对轻子称为一代, 这样的排列结构称为代结构. 现在实验上已经发现了三代轻子. 表 3.2 列出了轻子的一些性质.

表 3.2 轻子性质一览表

粒子	m	自旋	寿命	反粒子
e^-	0.51MeV	1/2	$>4.6\times10^{26}$yr	e^+
μ^-	105.6MeV	1/2	2.2×10^{-6}s	μ^+
τ^-	1.776GeV	1/2	2.9×10^{-13}s	τ^+
ν_e	$<$3eV	1/2		$\bar{\nu}_e$
ν_μ	$<$0.19MeV	1/2		$\bar{\nu}_\mu$
ν_τ	$<$18.2MeV	1/2		$\bar{\nu}_\tau$

3.2.3 中微子的螺旋性 (helicity)

中微子是自旋为 1/2 的费米子, 其行为由 Dirac 方程描述, 其解为 Dirac 旋量, 且为 4 分量旋量. 我们知道 Dirac 方程有四种解, 分别对应正反粒子及自旋 ±1/2 的状态. 取螺旋度 $\dfrac{\vec{\sigma}\cdot\vec{p}}{|\vec{p}|}$ 的本征态来讨论问题, $\vec{\sigma}$ 为粒子自旋, $\vec{p}$ 为动量. 螺旋度本征值为 $+1$ 的态定义为右旋态, 本征值为 -1 的态定义为左旋态. 这样粒子总的可能状态为①正粒子螺旋度为 $+1$, ②正粒子螺旋度为 -1, ③反粒子螺旋度为 $+1$, ④反粒子螺旋度为 -1. 在粒子质量不为零的情况下, 这四种解是独立的, 每一个解都对应粒子的一种可能的状态.

描述自旋为 1/2 的费米子的 Dirac 方程为

$$(\gamma^\mu\hat{p}_\mu - m)\psi = 0 \tag{3.2.2}$$

其中 $\hat{p}_\mu = \mathrm{i}\partial_\mu$ 为四动量算符. 方程 (3.2.2) 可以进一步写为

$$\gamma^0\hat{E}\psi = \vec{\gamma}\cdot\hat{\vec{p}}\psi + m\psi \tag{3.2.3}$$

将 (3.2.3) 式两边左乘 $\gamma_5\gamma^0$, 并利用

$$\vec{\Sigma} = \gamma_5\gamma^0\vec{\gamma} = \begin{pmatrix} \vec{\sigma} & \\ & \vec{\sigma} \end{pmatrix} \tag{3.2.4}$$

可得

$$\gamma_5\hat{E}\psi = \vec{\Sigma}\cdot\hat{\vec{p}}\psi + m\gamma_5\gamma_0\psi \tag{3.2.5}$$

其中 $\vec{\Sigma}$ 是四分量旋量的自旋算符. 再将 (3.2.5) 式两边左乘 γ_5, 得到另外一个方程

$$\hat{E}\psi = \vec{\Sigma}\cdot\hat{\vec{p}}\gamma_5\psi + m\gamma_0\psi \tag{3.2.6}$$

将方程 (3.2.5) 和 (3.2.6) 两边分别相加和相减可以得到如下两个方程

$$\begin{cases} \hat{E}\psi_{\mathrm{R}} = \vec{\Sigma}\cdot\hat{\vec{p}}\psi_{\mathrm{R}} + m\gamma_0\psi_{\mathrm{L}} & (3.2.7) \\ \hat{E}\psi_{\mathrm{L}} = -\vec{\Sigma}\cdot\hat{\vec{p}}\psi_{\mathrm{L}} + m\gamma_0\psi\mathrm{R} & (3.2.8) \end{cases}$$

其中 $\psi_{\rm L}$ 和 $\psi_{\rm R}$ 分别称为左手场和右手场, 其定义为

$$\psi_{\rm L}=\frac{1-\gamma_5}{2}\psi,\quad \psi_{\rm R}=\frac{1+\gamma_5}{2}\psi \tag{3.2.9}$$

因质量项的存在, 方程 (3.2.7) 和 (3.2.8) 是相互关联的. 但当粒子质量为零时, 这两个方程便相互独立

$$\begin{cases}\hat{E}\psi_{\rm R}=\vec{\Sigma}\cdot\hat{\vec{p}}\psi_{\rm R} & (3.2.10)\\ \hat{E}\psi_{\rm L}=-\vec{\Sigma}\cdot\hat{\vec{p}}\psi_{\rm L} & (3.2.11)\end{cases}$$

从右手场 $\psi_{\rm R}$ 满足的方程 (3.2.10) 可以看出, 对于正能解, 粒子态具有正的螺旋度, 即粒子是右旋的; 对于负能解, 粒子态具有负的螺旋度, 即反粒子是左旋的. 而左手场 $\psi_{\rm L}$ 所描述的粒子则具有相反的螺旋性, 即粒子左旋, 反粒子右旋. 因此当粒子质量为零时, 对于中微子的情况, Dirac 方程的解具有两种可能性, 一种可能性是中微子左旋、反中微子右旋, 另一种可能性是中微子右旋、反中微子左旋. 如果自然界中只存在左旋中微子, 经过宇称变换后, 因螺旋度 $\dfrac{\vec{\sigma}\cdot\vec{p}}{|\vec{p}|}$ 改变, 就会变成自然界中不存在的右旋中微子, 这样就会使宇称遭到破坏. 这是一种对宇称破坏的理论解释.

1958 年实验上证实了中微子是左旋的[11], 因此理论上中微子就被作为质量为零、自旋为 1/2、左旋的 Dirac 粒子而接受下来 ①.

3.2.4　轻子数守恒

在所观察到的所有有轻子参加的反应中, 给每个轻子标记一个量子数 +1 或 −1, 这样的量子数也是守恒的, 这个量子数称为轻子数, 这个守恒的规律称为轻子数守恒定律. 通常规定轻子的轻子数为 +1、反轻子的轻子数为 −1. 每种轻子的轻子数见表 3.3 和表 3.4.

表 3.3　轻子的轻子数 L 一览表

	e^-	μ^-	τ^-	ν_e	ν_μ	ν_τ
L_e	1	0	0	1	0	0
L_μ	0	1	0	0	1	0
L_τ	0	0	1	0	0	1

① 关于中微子的真正本质, 几十年来还应该说一直是一个谜. 上述性质严格说来应该被看作是一种假设. 理论上, 中微子也可以是另外一种形式, 即如果要求中微子的反粒子就是它本身, 则 Dirac 方程也有解. 这样的理论是由意大利物理学家 Majorana 提出的. 这样的粒子称为 Majorana 粒子. 在 Majorana 的理论中, 中微子和反中微子是同一种粒子, 且可以具有质量.

表 3.4　反轻子的轻子数一览表

	e^+	μ^+	τ^+	$\bar{\nu}_e$	$\bar{\nu}_\mu$	$\bar{\nu}_\tau$
L_e	−1	0	0	−1	0	0
L_μ	0	−1	0	0	−1	0
L_τ	0	0	−1	0	0	−1

不同种类的轻子带有不同的轻子数, 如电子的轻子数 $L_e = 1$, μ 子的轻子数 $L_\mu = 1$, 等.

到目前为止, 所有的实验都表明, 轻子数在各种相互作用过程中都是守恒的, 而且各种轻子数是分别守恒的, 观察下列反应

$$\begin{aligned}
&n \to p + e^- + \bar{\nu}_e\\
&\pi^+ \to \mu^+ + \nu_\mu\\
&\pi^- \to \mu^- + \bar{\nu}_\mu\\
&\mu^- \to e^- + \bar{\nu}_e + \nu_\mu\\
&\mu^+ \to e^+ + \nu_e + \bar{\nu}_\mu\\
&\tau^+ \to \mu^+ + \nu_\mu + \bar{\nu}_\tau
\end{aligned}$$

等等, 轻子数 L_e, L_μ, L_τ 都是分别守恒的, 根据轻子数守恒定律可以判断哪些过程是不可能发生的, 如下列过程：$\pi^- \to \mu^- + \nu_e$, $\mu^- + \nu_\mu$ 等都不可能发生, 因为它们违反轻子数守恒定律.

3.3　强子　重子数守恒

到 1932 年人们已经知道了原子核是由质子和中子组成的. 把质子和中子束缚在原子核内, 需要一种极强的作用力——强相互作用, 以抵消质子和质子之间的库仑斥力. 另外, 通过对原子核衰变和散射的研究发现, 几乎以光速飞行的粒子在穿越尺度仅为几个飞米 (1fm= 10^{-15}m) 的原子核时, 作用时间仅为 10^{-23}s, 这么短的时间内即有非常大的散射几率, 说明这种相互作用必然很强. 同时总结出强相互作用还应该有下面两个特征：(i) 力程很短, 核力的力程仅为几飞米, 它只作用到邻近的几个核子；(ii) 电荷无关性, 核子之间的强相互作用与电荷没有关系, 即质子–质子、质子–中子及中子 - 中子之间的核力没有什么差别.

随着对核力的研究, 以后又发现了 π 介子、K 介子、Λ 奇异重子. 到 20 世纪 50 年代以后, 粒子物理学进入蓬勃发展时期. 能人工产生新粒子的加速器建成, 又促进了更多新粒子的发现, 如一系列共振态粒子的发现. 这些粒子全都参与强相互作用, 因此都称为强子. 强子又分为重子和介子. 重子包括质子、中子等核子, 以及

Λ 奇异重子等. 介子则包括 π 介子、K 介子以及 ρ, ω, ϕ 等共振态介子 ①. 本节将依次介绍 π 介子、核子、奇异粒子, 以及共振态粒子, 介绍这些粒子的自旋、宇称量子数的获得, 共振态粒子分波分析方法等.

3.3.1　π 介子

π 介子是 1935 年日本物理学家汤川秀树为了解决核力的传递问题而预言的粒子[12]. 与电磁相互作用是经过电磁场传递的进行类比, 汤川认为核力是经过核力场传递的. 电磁场的量子是光子, 与此类似, 核力场也有其量子. 光子是无质量的, 电磁力的作用距离为无限长. 与此相应, 适当选取核力场量子的质量就可以导致核力是短程的, 汤川的思路如下：考虑标量场的 Klein-Gordon 方程

$$\frac{1}{c^2}\frac{\partial^2}{\partial t^2}\psi = \nabla^2\psi - \frac{m^2c^2}{\hbar^2}\psi \tag{3.3.1}$$

若只考虑与时间无关的静止场的情况, 则 (3.3.1) 式变成

$$\left(\nabla^2 - \frac{m^2c^2}{\hbar^2}\right)\psi = 0 \tag{3.3.2}$$

将 (3.3.2) 式与点电荷的静电势方程

$$\nabla^2\psi = 0$$

对比, 汤川将 (3.3.2) 式解释成静核力势方程. 将方程 (3.3.2) 用球坐标表示出来

$$\frac{1}{r^2}\frac{\partial}{\partial r}\left(r^2\frac{\partial}{\partial r}\psi(r)\right) = \frac{m^2c^2}{\hbar^2}\psi(r) \tag{3.3.3}$$

解上述方程可得

$$\psi(r) = \frac{g_0}{4\pi r}\mathrm{e}^{-r}/R, \quad R = \frac{\hbar}{mc} \tag{3.3.4}$$

其中 g_0 任意常数, 可解释为核力场在原点 $r = 0$ 处的荷.

从 (3.3.4) 式可看出, 当 $r > R$ 时力势急剧下降, 因此这个结果符合核力是短程力的要求, 其力程为 $R = h/mc$. 根据当时所知的核力的力程约为 10^{-15}m 的量级, 可得 $m \approx 100$ ~200MeV. 因此, 这个核力的传递者质量应为 100~200MeV 左右. 1947 年在宇宙线中观察到了 π 介子 [13], 质量约为 140MeV, 与汤川理论预言相符. 随后的研究表明 π 介子与原子核有强烈的相互作用, 因此确认 π 介子就是传递核力的粒子.

π 介子有三种, 即 π^+, π^-, π^0. 其中带电 π 介子质量为 $m_{\pi^\pm} \approx 139.6$MeV, 中性 π 介子为 $m_{\pi^0} \approx$134.9MeV.

①有些共振态粒子, 如 Δ^{++}, Δ^+, Δ^0, Δ^- 等为重子.

π 介子与核子散射能够发生的反应有

$$\pi^- + \mathrm{p} \to \mathrm{n} + \pi^0$$
$$\pi + +\mathrm{d} \to \mathrm{p} + \mathrm{p}$$
$$\pi^+ + \mathrm{n} \to \pi^0 + \mathrm{p}$$

其中 d 为氘核, 由一个质子和一个中子组成. 上述反应反过来也能发生.

根据 π 介子与核子的反应可以确定 π 介子的自旋和宇称.

1. π 介子的自旋

带电 π 介子的自旋是通过

$$\mathrm{p} + \mathrm{p} \to \pi^+ + \mathrm{d} \tag{3.3.5}$$

和其逆过程

$$\pi^+ + \mathrm{d} \to \mathrm{p} + \mathrm{p} \tag{3.3.6}$$

来确定的. 在不测量粒子极化状态的情况下, 即对初态极化状态求平均, 对末态极化状态求和, 理论计算这两个过程的截面 (关于散射截面的计算见 3.4 节), 得

$$\sigma_{\mathrm{pp}\to\pi^+\mathrm{d}} \propto \frac{p_\pi^2}{(2J_\mathrm{p}+1)^2}\sum_{s_i s_f}\left|\left\langle \pi^+\mathrm{d}|\hat{S}|\mathrm{pp}\right\rangle\right|^2 \tag{3.3.7}$$

和

$$\sigma_{\pi^+\mathrm{d}\to\mathrm{pp}} \propto \frac{1}{2}\frac{p_p^2}{(2J_\pi+1)(2J_\mathrm{d}+1)}\sum_{s_i s_f}\left|\left\langle \mathrm{pp}|\hat{S}|\pi^+\mathrm{d}\right\rangle\right|^2 \tag{3.3.8}$$

其中 p_π 和 p_d 是质心系中 π 介子和氘核的动量值, J_π, J_d 和 J_p 分别是 π, d 和 p 的自旋值, 分母中角动量因子的出现是对初态自旋求平均的结果, $\sum\limits_{s_i s_f}$ 表示对初态和末态粒子自旋极化状态求和. 我们已经知道在强相互作用下 C, P, T 都是守恒的, 因此根据 2.6 节的讨论, (3.3.5) 和 (3.3.6) 两个过程是满足倒易关系的, 即

$$\left|\left\langle \pi^+\mathrm{d}\right|\hat{S}\left|\mathrm{pp}\right\rangle\right| = \left|\left\langle \mathrm{pp}\right|\hat{S}\left|\pi^+\mathrm{d}\right\rangle\right|$$

于是由 (3.3.7) 和 (3.3.8) 式可得

$$\frac{\sigma_{\mathrm{pp}\to\pi^+\mathrm{d}}}{\sigma_{\pi^+\mathrm{d}\to\mathrm{pp}}} = \frac{2\left(2J_\pi+1\right)\left(2J_\mathrm{d}+1\right)}{\left(2J_\mathrm{P}+1\right)^2}\frac{p_\pi^2}{p_\mathrm{p}^2} \tag{3.3.9}$$

其中已经知道质子的自旋 $J_\mathrm{p} = 1/2$, 氘核自旋 $J_\mathrm{d} = 1$, 因此比较 (3.3.9) 式与实验测得的截面比值, 可以计算出带电 π 介子的自旋. 1951~1953 年根据实验测得的截面比值计算出 $J_\pi = 0$[14−17].

π^0 的自旋是通过分析衰变 $\pi^0 \to \gamma\gamma$ 测量的, 结果为 $J_\pi = 0$(请读者思考一下这个问题). 因此带电 π 介子和中性 π 介子的自旋都为 0.

2. π 介子的宇称

带电 π 介子的宇称 p_π 是通过轨道角动量为 0 的 π^- 介子被氘核 d 俘获测得的,

$$\pi^- + \mathrm{d} \to \mathrm{n} + \mathrm{n}$$

测量的思想是：因为宇称在强作用下守恒, 通过分析初末态各粒子的自旋 S 和轨道角动量量子数 L, 分别求出初末态的总宇称, 比较这两个值求出 π^- 介子的宇称.

先来看初态宇称, 初态宇称为 $p_\mathrm{i} = p_\pi\, p_\mathrm{d}(-1)^L$, $(-1)^L$ 为 π^- 和 d 的相对宇称, 在此实验中 $L = 0$. d 是由 p 和 n 组成的, p 和 n 之间的轨道量子数由其他实验知道总是为偶数 $2n$, 所以 $p_\mathrm{d} = p_\mathrm{p}p_\mathrm{n}(-1)^{2n} = p_\mathrm{p}p_\mathrm{n}$. 所以初态总的宇称量子数为 $p_\mathrm{i} = p_\pi p_\mathrm{p}\, p_\mathrm{n}(-1)^L = p_\pi p_\mathrm{p} p_\mathrm{n}$.

再来看末态宇称, 末态宇称为 $p_\mathrm{f} = p_\mathrm{n}p_\mathrm{n}(-1)^l$, 只需要求出两个中子之间的轨道量子数 l. l 可通过初末态的角动量守恒及两个中子为费米子、其波函数的反对称性得出. 初态总角动量 J_i 由 π^- 和 d 的总自旋与相对轨道角动量耦合得出. 自旋 $S_\pi = 0$, $S_\mathrm{d} = 1$, 其相对轨道角动量为 0, 所以 $J_\mathrm{i} = 1$. 末态总角动量由两个中子的总自旋之和 $S_{2\mathrm{n}}$ 和轨道角动量 l 耦合得到. $S_{2\mathrm{n}}$ 的可能值为 0 和 1, 要想得到末态的总角动量也为 1, 末态 l 的可能值为 0, 1, 2. 我们知道两个费米子的交换对称性为 $(-1)^L(-1)^{S+1}$, 所以 $L + S$ 必须为偶数. 因此末态两个中子的量子数只能为 $l = 1$, $S_{2\mathrm{n}} = 1$, 代入本段开始位置的 p_f, 得 $p_\mathrm{f} = p_\mathrm{n}p_\mathrm{n}(-1)$. 比较 p_i 和 p_f 值得

$$p_\pi p_\mathrm{p} p_\mathrm{n} = p_\mathrm{n} p_\mathrm{n}(-1)$$

在上式中左右两边各消去一个 p_n, 得

$$p_\pi p_\mathrm{p} = p_\mathrm{n}(-1)$$

因此只要知道了质子和中子的宇称, 即可根据上式求出 π 介子的宇称. 而费米子不具有绝对宇称, 我们需要为质子和中子约定合理的宇称值. 在第 3 章将看到, 质子和中子在忽略电磁效应和它们微小质量差别的情况下, 在任何强相互作用过程中具有完全相同的行为, 因此我们可以将质子和中子的宇称约定为相同的值, 一般取为 +1. 所以在这样的约定下, 最后得出带电 π 介子的宇称为 −1.

π^0 的宇称可由衰变 $\pi^0 \to \gamma\gamma$ 衰变得, 读者可再次思考这个问题. 实验从这个衰变道测得 π^0 的宇称也是 −1[18].

因此三个 π 介子的自旋都为 0, 宇称都为 −1.

在电荷共轭变换下, $\hat{C}\,|\pi^+\rangle \to |\pi^-\rangle$, 所以 $\pi^\pm$ 不是 C 变换的本征态. $\hat{C}\,|\pi^0\rangle \to c\,|\pi^0\rangle$, 可见 π^0 是 C 变换的本征态. 从 $\pi^0 \to \gamma\gamma$ 衰变可判断 π^0 的 C 宇称. 光子为矢量场的量子, 从第 2 章可知光子的 C 宇称为 −1. C 宇称为相乘量子数, 且在电磁相互作用下守恒, 因此可以得到 π^0 的 C 宇称为 +1.

3.3.2 核子与反核子及重子数守恒

核子包括质子 p 和中子 n, 以及它们的反粒子 $\bar{\mathrm{p}}$ 和 $\bar{\mathrm{n}}$ 都是自旋 1/2 的费米子. 中子虽然为中性粒子, 它的反粒子 n 并不是它本身. 反质子于 1955 年在实验上发现[19], 发现反质子之后不久, 1956 年底实验上又发现了反中子[20].

大量的实验结果说明质子基本稳定, 它的寿命大于 10^{32} 年. 我们知道核子的质量约为 1000MeV, 比介子重得多, 正是从这一点上核子这样的粒子又统称为重子. 重子比介子重得多, 有足够的能量向介子进行衰变. 但实际上从来没有发现过这样的衰变过程, 似乎是某种守恒原则限制了这样的衰变. 为了解释重子的这种行为, 瑞士数学家和物理学家欧恩斯特 · 斯蒂克尔堡 (Ernst Carl Gerlach Stueckelberg) 提出了重子数及重子数守恒的概念.

将重子数标记为 B, 约定重子的重子数都为 1, 反重子的重子数为 -1; 比如质子和中子的重子数 $B=1$, 而反质子和反中子的重子数 $B=-1$. 其他粒子: 介子、轻子和光子等的重子数都为 0. 假设重子数是相加性量子数, 则实验发现各种反应前后初态和末态的总重子数保持不变, 这就是重子数守恒定律. 重子数守恒具有普遍意义, 在各种相互作用下都没有发现有破坏的迹象.

3.3.3 奇异粒子

1. 奇异粒子的发现

1947 年罗切斯特和巴特勒在用云室研究宇宙线时发现了一些 "V" 型事例[21]. 因中性粒子在云室中不能留下径迹, 所以只观察到两个末态带电粒子留下的叉形径迹, 如图 3.1 所示.

通过对带磁场的云室中带电粒子径迹的偏转曲率以及电离密度的测量分析, 可推知这两个末态粒子一个是质子, 另一个是 π^- 介子. 通过测量末态粒子的能量和动量可以定出这个中性粒子的质量. 它的质量显然会比质子大, 这是当时所知的质子、中子、电子、光子和 π 介子之外的一个新粒子. 这个新粒子后来被称为 Λ^0 粒子. 罗切斯特和巴特勒在云室中所观察到的过程为

$$\Lambda^0 \to \mathrm{p} + \pi^-$$

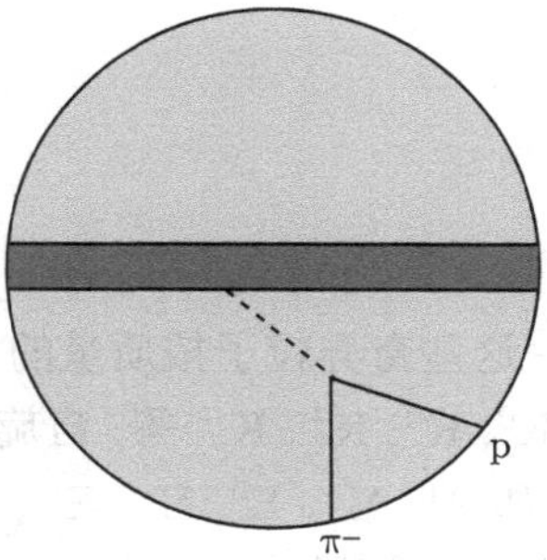

图 3.1 "V"型事例的云室照片示意图

新粒子的发现引起了人们的广泛注意. 后来又发现了另外一类 "V" 型事例, 经过分析, 其末态是 π^+ 和 π^-, 其质量约为电子质量的 1000 倍, 当时称为 θ^0 介子, 其寿命约为 10^{-10} 秒, 这就是现在所称的短寿命中性 K 介子 K_s^0.

随后，宇宙线实验中又发现了一个质量约为电子质量 1000 倍，带一个单位正电荷的粒子，其衰变产物为 $\pi^+\pi^0$ 或 $\mu^+\nu_\mu$，称为 K^+ 介子

$$K^+ \to \pi^+\pi^0, \quad K^+ \to \mu^+\nu_\mu$$

1949 年发现了 K^+ 的另外一种衰变方式

$$K^+ \to \pi^+\pi^+\pi^-$$

1953 年美国布鲁克海文国家实验室建成 3GeV 质子同步加速器，开始用人工方法产生各种奇异粒子. 先用质子打击靶核产生 π 介子束，其能量达 1.5GeV，再用 π 介子打击核子靶，产生各种奇异粒子.

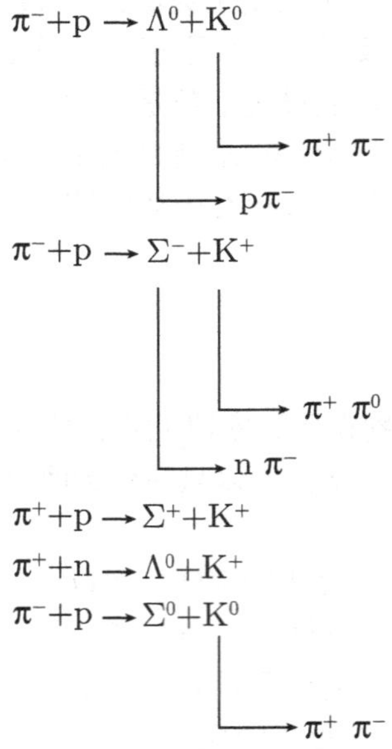

(3.3.10)

这些奇异粒子按质量的大小可分为两大类：一类质量比 π 介子重而比核子轻，如 K^0, $\bar{K}^0$, K^+, K^- 等，自旋为 0，为玻色子，这些粒子也归为介子；另一类比核子重，如 Λ^0, Σ^+, Σ^0, Σ^-, Ξ^-, Ξ^0 等，称为超子. 超子的重子数为 +1. 反超子的重子数为 −1. 超子的自旋为 1/2，为费米子. 这些奇异粒子都是在强相互作用中产生的，参与强相互作用，都是强子.

2. 关联产生、奇异量子数

这些粒子行为奇特，它们的产生截面为毫靶量级，例如，在布鲁克海文国家实验室 1953 年的实验中，1.5GeV 的 π 介子与质子散射的总截面为 34±3mb，而产生

奇异粒子的反应 $\pi^-+p\rightarrow\Lambda^0+K^0$ 的截面约为 1mb, 这种数量级的产生截面属典型的强相互作用, 即这些奇异粒子是在强相互作用中产生的. 但它们的衰变却慢得多. 通过测量 Λ 和 K 所走过的距离, 可以计算出它们的平均寿命分别为 2.6×10^{-10}s 和 0.89×10^{-10}s, 这是弱相互作用引起衰变的典型时间. 因此这些粒子是在强相互作用下产生, 在弱相互作用下衰变的. 它们能够在强相互作用下产生说明这些粒子是参与强相互作用的. 既然参与强相互作用, 又为什么在衰变的时候一定要通过弱相互作用进行呢? 理论上很难解释这些粒子产生和衰变之间的巨大差异. 其实在加速器上大量产生奇异粒子之前, 派斯已经提出了关联产生的设想: 这些粒子只能成对在强相互作用下产生, 单个粒子只能在弱相互作用下衰变[22]. 为什么一定要在弱相互作用下衰变呢? 是某种选择定则限制了这些粒子通过强相互作用进行衰变.

为了解释奇异粒子的这些性质, 1953 年盖尔曼、中野董夫和西岛和彦各自独立地引入了奇异量子数的概念[23,24]. 他们设想每种粒子都具有奇异量子数 S, 首先规定普通粒子的奇异数为 0. 通过观察奇异粒子关联产生的反应, 规定其中一个奇异量子数 $S=1$, 另一个 $S=-1$. 假设在强相互作用下奇异数守恒, 只有弱相互作用可以破坏奇异数, 于是奇异粒子只能通过弱相互作用衰变成普通粒子. 这就解释了奇异粒子的关联产生, 以及在产生和衰变上的巨大差异.

表 3.5 中粒子的奇异量子数可以通过式 (3.3.10) 中的各种反应规定下来; 可以先约定 K^0 的奇异数为 1, 则根据反应 $\pi^-+p\rightarrow\Lambda^0+K^0$, 可以确定 Λ^0 的奇异数为 −1, 再通过反应 $\pi^++n\rightarrow\Lambda^0+K^+$ 可知 K^+ 的奇异数为 +1 等.

表 3.5 一些粒子的奇异量子数

粒子	π	p	n	K^0	Λ^0	K^+	Σ^-	Σ^0
S	0	0	0	1	−1	1	−1	−1

奇异数在强相互作用和电磁相互作用下都守恒, 在弱相互作用下不守恒.

3. 奇异粒子的自旋与宇称

奇异粒子的自旋和宇称量子数可以通过奇异粒子的衰变产物和奇异粒子参与的反应过程来确定, 如 $K^0\rightarrow\pi^0\pi^0$, $K^+\rightarrow\pi^+\pi^+\pi^-$, $\pi^-+p\rightarrow\Lambda^0+K^0$ 等. 角动量守恒是严格的, 因此无论是强相互作用过程还是弱相互作用过程, 原则上都可以用来确定粒子自旋值. 对于衰变过程, 只要能确定末态粒子总的角动量值, 根据角动量守恒就可以确定初态粒子的自旋. 宇称只在强相互作用和电磁相互作用下守恒, 因此只能通过强相互作用或电磁相互作用过程来确定粒子的宇称. 我们举 $K^0\rightarrow\pi^0\pi^0$ 衰变的例子来说明如何确定粒子的自旋.

从量子力学知道双粒子系统的空间波函数为球谐函数. 从球谐函数的性质得出全同双粒子空间波函数交换对称性系数为 $(-1)^l$, l 为轨道角动量. π^0 是自旋为

0 的玻色子, 玻色子的交换对称性要求 $(-1)^l$ 为 $+1$, 所以 l 必须为偶数. 在 K^0 介子的质心系中分析所测量的衰变产物 π^0 介子的角分布时, 未见各向异性, 球谐函数只有在 $l=0$ 时才是各向同性的, 因此可以确定两个 π^0 介子之间的轨道角动量 $l=0$. 再考虑 π^0 介子的自旋为 0, 所以最后可以确定 K^0 的自旋为 0. 一些奇异粒子的自旋和宇称量子数列于表 3.6 中.

表 3.6　奇异粒子的自旋与宇称

	K^0	$\bar{K}^0$	K^+	K^-	Λ	Σ	Ξ
自旋	0	0	0	0	1/2	1/2	1/2
宇称	−1	−1	−1	−1	+1	+1	+1

3.3.4　共振态

1952~1954 年, 芝加哥 Fermi 领导的小组[25,26]、Brookhaven 实验室的 S. Lindenbaum 和 Luke Yuan[27] 以及宾西法尼亚的一个实验组[28] 所做的一系列的用 π 介子束轰击液氢靶的实验显示, 当 π 介子的能量在 150MeV 至 200MeV 之间时, 靶粒子吸收 π 介子的几率远远大于其他能量的情况. 这与乐器上声音的共振很相似, 在一件乐器上以不同的音高演奏特定的音符, 会发现只在一定的音频范围内演奏出的音符才会有最大的声音, 能够使乐器发出最大声音的音高频率是乐器的共振频率. 共振现象是众多机械、电子学系统中普遍存在的现象. π 介子束轰击液氢的实验显示在粒子相互作用系统中也存在着共振现象. 处于共振状态中的相互作用系统整体上称为 “共振态”. 严格来说, 共振态也是一种粒子, 它们与普通粒子的区别只是它们通常是通过强相互作用来衰变的, 因而它们的寿命一般来说比较短, 是在强相互作用的典型作用时间 10^{-23}s 左右, 所以在严格意义上, 共振态和其他粒子没有本质区别.

在现代物理学中, 粒子被理解成是相应场的量子, 或是相互作用系统的一种具有确定量子数的本征态. 而 “共振态” 通常是指在某确定能量附近以较大几率出现的具有确定量子数的状态, 因此本征态、粒子和共振态没有严格意义上的区别.

随着气泡室和电子计算机技术的快速发展, 粒子探测技术水平有了大幅度的提高. 技术水平的提高使得发现短寿命粒子成为可能. 这些短寿命粒子所走过的径迹已经短到在技术上无法直接测量的程度. 这些共振态的发现是通过拟合末态粒子的不变质量谱以及分析分波相移等方法发现的. 不变质量谱是指：根据相对论, 一个粒子的四动量的平方 $p^2=p_\mu p^\mu$ 是 Lorentz 不变量, 其值等于粒子质量的平方, 即 $m^2=p^2$；再根据四动量守恒 $p=\sum\limits_i p_i$, p_i 是末态各粒子的四动量, 可以得出 $p^2=\left(\sum\limits_i p_i\right)^2$, 因此通过测量末态粒子的能量和动量, 就可推知初态粒子的质量.

实验上通常会发现用末态粒子的能量和动量来拟合的不变质量通常会形成一定的分布——不变质量谱, 如果不变质量谱在某一确定值处出现峰结构, 则说明在这个质量附近存在一粒子态.

20 世纪五六十年代通过 πN 和 KN 散射实验发现了一系列共振态: 如重子共振态 Δ, Σ, Ω 等, 介子共振态 ρ, ω, ϕ 及 η 等[29−33]. 在 πN 和 KN 散射过程中, 一种可能性是 πN 或 KN 整体形成一个共振态, 然后这个共振态再衰变到其他粒子; 另一种可能性是在 πN 或 KN 散射过程中形成一个共振态的同时, 还有其他几个粒子生成. 前一种情况可通过分波分析法发现共振态, 后一种情况可通过拟合不变质量谱的方法探测共振态的存在.

下面介绍分波分析法.

考虑一束无自旋粒子轰击一个无自旋的靶, 这个靶粒子形成一定的位势. 我们考虑弹性散射的情况, 设入射粒子是一具有动量为 $\vec{k}$ 沿 Z 轴传播的平面波, 其入射波的波函数为

$$\psi_i = \mathrm{e}^{\mathrm{i}\vec{k}\cdot\vec{Z}} \tag{3.3.11}$$

此式可用勒让德多项式 $p_l(\cos\theta)$ 展开为球面波的形式,

$$\psi_i(r,\theta) = \mathrm{e}^{\mathrm{i}\vec{k}\cdot\vec{Z}} = \frac{\mathrm{i}}{2kr}\sum_{l=0}^{\infty}(2l+1)\left[(-1)^l\mathrm{e}^{-\mathrm{i}\vec{k}\cdot\vec{r}} - \mathrm{e}^{\mathrm{i}\vec{k}\cdot\vec{r}}\right]\cdot p_l(\cos\theta) \tag{3.3.12}$$

其中 θ 是球坐标矢量 $\vec{r}$ 和 Z 轴之间的夹角. (3.3.12) 式第一项代表 l 分波的入射波部分, 第二项代表出射波部分. 入射粒子经靶粒子的势散射后, 设其出射波位相的改变为 $2\delta_l$(因子 2 是为以后讨论的方便而分出来的), 振幅改变为 $\eta_l(1 \geqslant \eta_l \geqslant 0$ 称为非弹性系数), 则因入射波不受影响, 在远离位势的点波函数应具有如下的形式

$$\psi(r,\theta) = \frac{\mathrm{i}}{2kr}\sum_{l=0}^{\infty}(2l+1)\left[(-1)^l\mathrm{e}^{-\mathrm{i}\vec{k}\cdot\vec{r}} - \eta_l\mathrm{e}^{2\mathrm{i}\delta_l}\mathrm{e}^{\mathrm{i}\vec{k}\cdot\vec{r}}\right]\cdot p_l(\cos\theta) \tag{3.3.13}$$

用 (3.3.13) 式减去 (3.3.12) 式可以得到散射波函数

$$\begin{aligned}\psi_{\mathrm{sc}}(r,\theta) &= \psi(r,\theta) - \psi_i(r,\theta)\\ &= \frac{\mathrm{e}^{\mathrm{i}\vec{k}\cdot\vec{r}}}{kr}\sum_l(2l+1)\frac{\eta_l\mathrm{e}^{2\mathrm{i}\delta_l}-1}{2\mathrm{i}}p_l(\cos\theta)\end{aligned} \tag{3.3.14}$$

定义散射振幅

$$f(k,\theta) = \frac{1}{k}\sum_l(2l+1)\frac{\eta_l\mathrm{e}^{2\mathrm{i}\delta_l}-1}{2\mathrm{i}}p_l(\cos\theta) \tag{3.3.15}$$

则 (3.3.14) 式可写成

$$\psi_{\mathrm{sc}}(r,\theta) = f(k,\theta)\frac{\mathrm{e}^{\mathrm{i}\vec{k}\cdot\vec{r}}}{r} \tag{3.3.16}$$

散射振幅 $f(k,\theta)$ 可以进一步写成

$$f(k,\theta)=\frac{1}{k}\sum_l(2l+1)f_lp_l(\cos\theta) \tag{3.3.17}$$

其中 f_l 称为分波振幅

$$f_l\equiv\frac{1}{2\mathrm{i}}(\eta_l\mathrm{e}^{2\mathrm{i}\delta_l}-1) \tag{3.3.18}$$

根据勒让德多项式的正交关系

$$\int p_l(\cos\theta)p_{l'}(\cos\theta)\mathrm{d}\Omega=\frac{4\pi\delta_{ll'}}{(2l+1)} \tag{3.3.19}$$

其中 Ω 是立体角, 以及弹性散射的微分散射截面表达式,

$$\left(\frac{\mathrm{d}\sigma}{\mathrm{d}\Omega}\right)_{\mathrm{el}}=|f(k,\theta)|^2 \tag{3.3.20}$$

通过对立体角积分, 求得弹性散射的总截面

$$\sigma_{\mathrm{el}}=4\pi\lambda\!\!\!^{-}{}^2\sum_l(2l+1)\left|\frac{\eta_l\mathrm{e}^{2\mathrm{i}\delta_l}-1}{2\mathrm{i}}\right|^2 \tag{3.3.21}$$

这里 $\lambda\!\!\!^{-}=1/k$. 当 $\eta_l=1$ 时, 即纯弹性散射时,

$$\sigma_{\mathrm{el}}=4\pi\lambda\!\!\!^{-}{}^2\sum_l(2l+1)\sin^2\delta_l \tag{3.3.22}$$

由几率守恒可以求得非弹性散射的截面, 定义 (3.3.14) 式的第一项为弹性出射波的振幅, 即

$$\psi_{\mathrm{eo}}=\frac{\mathrm{e}^{\mathrm{i}\vec{k}\cdot\vec{r}}}{kr}\sum_l(2l+1)\frac{\eta_l\mathrm{e}^{2\mathrm{i}\delta_l}}{2\mathrm{i}}p_l(\cos\theta) \tag{3.3.23}$$

第二项为无散射位势时的出射波振幅

$$\psi_{\mathrm{to}}=\frac{\mathrm{e}^{\mathrm{i}\vec{k}\cdot\vec{r}}}{kr}\sum_l(2l+1)\frac{1}{2\mathrm{i}}p_l(\cos\theta) \tag{3.3.24}$$

则非弹性散射截面为

$$\begin{aligned}\sigma_{\mathrm{n}}&=\int\left(|\psi_{\mathrm{to}}|^2-|\psi_{\mathrm{eo}}|^2\right)r^2\mathrm{d}\Omega\\&=\pi\lambda\!\!\!^{-}{}^2\sum_l(2l+1)\left(1-|\eta_l|^2\right)\end{aligned} \tag{3.3.25}$$

总截面为

$$\sigma_{\rm t}=\sigma_{\rm el}+\sigma_{\rm n}=2\pi\lambda\!\!\!^{-2}\sum_{l}(2l+1)(1-\eta_l\cos 2\delta_l) \tag{3.3.26}$$

由 (3.3.17) 式及 $p_l(1)=1$, 得

$$\mathrm{Im}f(k,0)=\frac{1}{2k}\sum_{l}(2l+1)(1-\eta_l\cos 2\delta_l) \tag{3.3.27}$$

比较 (3.3.26) 和 (3.3.27) 两式得到关系式

$$\mathrm{Im}f(k,0)=\frac{k}{4\pi}\sigma_{\rm t} \tag{3.3.28}$$

此关系式称为光学定理, 即向前散射振幅的虚部正比于散射总截面.

从 (3.3.22) 式可知当 $\delta_l=\pi/2$ 时, l 分波的弹性散射截面取得最大值

$$\left(\sigma_{\rm el}^{l}\right)_{\max}=4\pi\lambda\!\!\!^{-2}(2l+1) \tag{3.3.29}$$

由 (3.3.25) 式, 当 $\eta_l=0$ 时, l 分波的非弹性散射截面有最大值

$$\left(\sigma_{\rm n}^{l}\right)_{\max}=\pi\lambda\!\!\!^{-2}(2l+1) \tag{3.3.30}$$

(3.3.29) 和 (3.3.30) 式称为分波幺正极限.

(3.3.18) 式中的 l 分波振幅 f_l 也可以写成

$$f_l\equiv\frac{\rm i}{2}-\frac{{\rm i}\eta_l}{2}{\rm e}^{2{\rm i}\delta_l} \tag{3.3.31}$$

从 (3.3.31) 式可看出, f_l 为一复数, 可以将其在复平面上表示出来. 当 $\eta_l=1$ 时, f_l 随相移 δ_l 而变化, 在复平面上成为一圆心在点 (0, i/2) 的单位圆. 当 $\eta_l<1$ 时, f_l 则为单位圆内的一条曲线, 这样的图称为 Argand 图, 如图 3.2 所示.

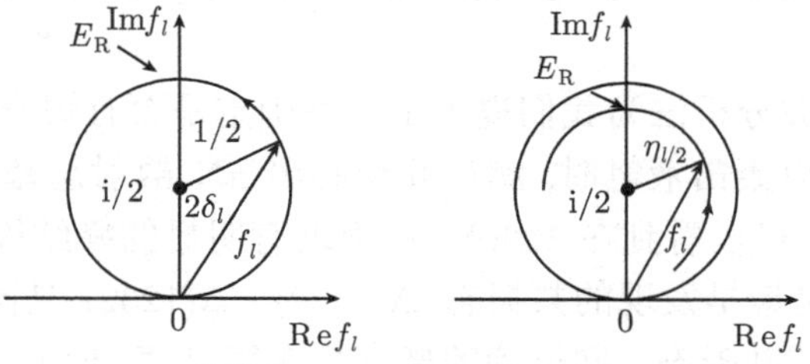

图 3.2 Argan 图

分波相移 δ_l 一般依赖于系统质心系能量 E. 我们将这种依赖关系明确写成 $\delta_l(E)$. $\delta_l(E)=\pi/2$ 时分波振幅达到最大值, 系统形成共振态, 此时的质心系能量对

应着共振能量 $E=E_{\rm R}$. $\eta_l=1$ 时, 将 f_l 在共振能量 $E_{\rm R}$ 附近作 Taylor 展开, 为此我们先将 f_l 重写为

$$\begin{aligned}f_l&=\frac{\rm i}{2}-\frac{\rm i}{2}{\rm e}^{2{\rm i}\delta_l(E)}={\rm e}^{{\rm i}\delta_l(E)}\sin\delta_l(E)\\&=\frac{1}{\cot\delta_l(E)-{\rm i}}\end{aligned}\tag{3.3.32}$$

先将 $\cot\delta_l(E)$ 在 $E_{\rm R}$ 附近展开

$$\cot\delta_l(E)=\cot\delta_l(E_R)+(E-E_R)\frac{\rm d}{{\rm d}E}\cot\delta_l(E)\big|_{E=E_{\rm R}}+\cdots\tag{3.3.33}$$

因为 $\delta_l(E_{\rm R})=\pi/2$, 所以 $\cot\delta_l(E_{\rm R})=0$, 定义

$$\frac{\rm d}{{\rm d}E}\cot\delta_l(E)\,|_{E=E_{\rm R}}=\frac{2}{\varGamma}\tag{3.3.34}$$

得到

$$\cot\delta_l(E)\approx(E-E_{\rm R})\frac{2}{\varGamma}\tag{3.3.35}$$

将 (3.3.35) 式代入 (3.3.32) 式, 并忽略高次项, 得

$$f_l=\frac{\varGamma/2}{E-E_R-{\rm i}\varGamma/2}\tag{3.3.36}$$

由 (3.3.36) 和 (3.3.21) 式, 可得第 l 个分波的弹性散射截面

$$\sigma_{\rm el}^l=4\pi\lambda\!\!\!^{-2}(2l+1)\frac{\varGamma^2/4}{(E-E_{\rm R})^2+\varGamma^2/4}\tag{3.3.37}$$

此式称为 Breit-Wigner 公式, 弹性散射截面在 $E=E_{\rm R}$ 处有一共振峰, 其半高度处的宽度为 $\varGamma$.

以上介绍的分波分析法为我们提供了一种确定是否有短寿命共振态存在的方法. 当用 $\pi^{\pm}$ 介子束轰击液氢时, 测量并绘制出 πN 散射总截面随系统质心系能量变化的关系曲线, 可以看到在 1230MeV 附近有明显的峰结构. 这是存在共振态的明显证据, 这就是最早发现的共振态 $\Delta(1232)$. $\Delta(1232)$ 是同位旋 $I=3/2$, 自旋 $J=3/2$ 的 P 波共振态. 同位旋的概念将在第 4 章介绍. 常用符号 $l_{2I,2J}$ 或 $(2I,\,2J)$ 来标记一个共振态, l 表示第 l 个分波. 例如, $\Delta(1232)$ 可以标记为 $\rm P_{33}$ 或 (3, 3) 共振态. 实验上已经找到 $\Delta(1232)$ 有四个不同的电荷状态, 分别记为 Δ^{++}, Δ^{+}, Δ^{0}, Δ^{-}. 对于如何在实验上确定共振态粒子的自旋和宇称等量子数, 读者可参阅相关文献或书籍.

此外, 在 $\pi\mathrm{p}$ 散射实验中通过如下过程

$$\pi^+ + \mathrm{p} \to \rho^+ + \mathrm{p}$$
$$\qquad\qquad \hookrightarrow \pi^+ + \pi^0$$
$$\pi^+ + \mathrm{p} \to \rho^0 + \mathrm{p} + \pi^+$$
$$\qquad\qquad \hookrightarrow \pi^+ + \pi^-$$

发现了共振态 ρ, 它有三个电荷状态 ρ^+, ρ^0, ρ^-. 通过分析 $\pi\pi$ 不变质量谱, 确定 ρ 介子的质量为 770MeV[33]. 此外, 也可以用另外的过程在实验上研究 ρ 介子

$$\pi^- + \mathrm{p} \to \rho^0 + \mathrm{n}$$
$$\qquad\qquad \hookrightarrow \pi^+ + \pi^-$$
$$\pi^- + \mathrm{p} \to \rho^- + \mathrm{p}$$
$$\qquad\qquad \hookrightarrow \pi^- + \pi^0$$

3.4　散射截面、粒子寿命和衰变宽度

3.4.1　散射截面

考虑粒子束 1 轰击靶粒子 2 的散射过程

$$1 + 2 \to 1' + 2' + \cdots + n'$$

我们先在靶粒子的静止系中考虑问题, 然后再换到任意坐标系.

设粒子束 1 的密度为 ρ_1, 束流速度为 v_1, 被轰击粒子靶处在一个横截面积为 S_2, 厚度为 $\mathrm{d}x$ 的薄层内, 靶粒子密度为 ρ_2.

若单个靶粒子的有效散射面积记为 $\mathrm{d}\sigma$, 则整个横截面积为 S_2、厚度为 $\mathrm{d}x$ 的薄层内全部靶粒子的总有效散射面积为 $\mathrm{d}\sigma\rho_2 S_2\mathrm{d}x$. 那么 $\mathrm{d}t$ 时间内粒子 1 流入体积 $S_2\mathrm{d}x$ 内并被有效散射的几率正比于此时间段内参与碰撞的束流粒子数和靶粒子数的乘积

$$\mathrm{d}p = c\rho_1 v_1 \mathrm{d}t \cdot \mathrm{d}\sigma\rho_2 S_2 \mathrm{d}x \tag{3.4.1}$$

其中 c 为比例常数. 若将 c 吸收进 $\mathrm{d}\sigma$, 相当于对 $\mathrm{d}\sigma$ 的含义进行了重新定义, 则

$$\mathrm{d}\sigma = \frac{\mathrm{d}p}{\rho_1\rho_2 v_1 S_2 \mathrm{d}x\mathrm{d}t} \tag{3.4.2}$$

定义单位时空体积内发生散射的几率为

$$\mathrm{d}W = \mathrm{d}p/(S_2\mathrm{d}x\mathrm{d}t) \tag{3.4.3}$$

则 (3.4.2) 式变成

$$\mathrm{d}\sigma = \frac{\mathrm{d}W}{\rho_1\rho_2 v_1} \tag{3.4.4}$$

若变换到两粒子相互对撞的坐标系, 即粒子 2 也具有一定的速度 v_2, 且 v_1 和 v_2 反平行, 则 v_1 应换成两束粒子的相对速度 $v_{12} = |\bar{v}_1 - \bar{v}_2|$, 于是

$$\mathrm{d}\sigma = \frac{\mathrm{dW}}{\rho_1\rho_2 v_{12}} \tag{3.4.5}$$

式 (3.4.5) 左边 $\mathrm{d}\sigma$ 称为微分散射截面. 从量子场论可以计算单位时间、单位体积内发生散射的几率 $\mathrm{d}W$.

由于粒子在碰撞过程中, 大多数情况下是彼此错过而不发生散射, 因此可以将散射过程的 S 矩阵分解为

$$\hat{S} = \hat{I} + \mathrm{i}\hat{R}$$

其中 $\hat{I}$ 为单位矩阵算符, 描述散射并未发生的情形, 而算符 $\hat{R}$ 则包含了全部相互作用的信息, 描述的是相互作用引起散射实际发生的情形. 散射的 S 矩阵元可以写成

$$\begin{aligned}\langle 1', 2', \cdots, n'|\,\hat{S}\,|1, 2\rangle =& \langle 1', 2', \cdots, n'|\,\hat{I}\,|1, 2\rangle \\ &+\mathrm{i}(2\pi)^4\delta^4\left(\sum_{i=1}^{n} p_i' - p_1 - p_2\right)\langle 1', 2', \cdots, n'|\,\hat{T}\,|1, 2\rangle\end{aligned} \tag{3.4.6}$$

式中第二项是描述 $1+2 \to 1'+2'+\cdots+n'$ 散射过程的矩阵元, δ 函数是显式分离出来的四动量守恒因子. 为求出单位时空体积内的散射几率 $\mathrm{d}W$, (3.4.6) 式的第二项散射矩阵元还应乘上动量空间 (也称相空间)$\mathrm{d}^3p_1'\mathrm{d}^3p_2'\cdots\mathrm{d}^3p_n'$ 内所包含的态数.

我们取物理态的归一化为

$$\begin{aligned}&\text{玻色子：} && \langle p'|\, p\rangle = (2\pi)^3\, 2p^0\delta^3\left(\vec{p}' - \vec{p}\right) \\ &\text{有质量费米子：} && \langle p', \alpha|\, p, \alpha\rangle = (2\pi)^3\, \frac{p^0}{m}\delta^3\left(\vec{p}' - \vec{p}\right) \\ &\text{无质量费米子：} && \langle p'|\, p\rangle = (2\pi)^3\, 2p^0\delta^3\left(\vec{p}' - \vec{p}\right)\end{aligned} \tag{3.4.7}$$

则相空间 d^3p 中的态数为

$$\tilde{d}p = \begin{cases} \dfrac{\mathrm{d}^3p}{(2\pi)^3 2p^0}\text{：} & \text{对玻色子和无质量费米子} \\ \dfrac{\mathrm{d}^3p}{(2\pi)^3}\dfrac{m}{p^0}\text{：} & \text{对有质量费米子} \end{cases}$$

于是单位时空散射到相空间 $\mathrm{d}^3p_1'\mathrm{d}^3p_2'\cdots\mathrm{d}^3p_n'$ 内的几率为

$$\mathrm{d}W=\frac{\left[(2\pi)^4\delta^4\left(\sum_i p_i'-p_1-p_2\right)\right]^2\left|\langle 1',2',\cdots,n'|\hat{T}|1,2\rangle\right|^2}{VT}\prod_j\tilde{\mathrm{d}}p_j'\frac{1}{S} \tag{3.4.8}$$

其中 S 是统计因子 $S=\prod_i n_i!$, n_i 是末态中全同粒子的数目. 因为几个全同粒子在相空间 $\mathrm{d}^3p_1'\mathrm{d}^3p_2'\cdots d^3p_n'$ 中的排列为相同态, 所以应把全排列数 $n!$ 除掉.

利用关系

$$(2\pi)^4\delta^4(0)=\int\mathrm{d}^4x\mathrm{e}^{-\mathrm{i}(p-p)\cdot x}=VT \tag{3.4.9}$$

将 (3.4.8) 式中的一个 $(2\pi)^4\delta^4\left(\sum_i p_i'-p_1-p_2\right)$ 除掉, 得

$$\mathrm{d}W=(2\pi)^4\delta^4\left(\sum_i p_i'-p_1-p_2\right)|\langle 1',2',\cdots,n'|T|1,2\rangle|^2\prod_j\tilde{d}p_j'\frac{1}{S} \tag{3.4.10}$$

其中 $\prod_j\tilde{d}p_j'$ 称为相空间因子.

再回到 (3.4.5) 式, 若取 (3.4.7) 式中的归一化, 并考虑到 $(2\pi)^3\delta(0)=\int\mathrm{d}^3x\mathrm{e}^{-\mathrm{i}(p-p)\cdot x}=V$, 则三维空间中粒子态的态密度为

$$\begin{aligned}&\text{玻色子和无质量费米子:}\quad \rho=2p^0\\&\text{有质量费米子:}\quad \rho=\frac{p^0}{m}\end{aligned} \tag{3.4.11}$$

于是初态都是玻色子或无质量费米子时

$$\begin{aligned}\rho_1\rho_2v_{12}&=2p_1^02p_2^0|\vec{v}_1-\vec{v}_2|=4\left|\frac{\vec{p}_1}{p_1^0}-\frac{\vec{p}_2}{p_2^0}\right|p_1^0p_2^0\\&=4\left|\vec{p}_1p_2^0-p_1^0\vec{p}_2\right|=4\left[(p_1\cdot p_2)^2-m_1^2m_2^2\right]^{\frac{1}{2}}\end{aligned} \tag{3.4.12}$$

式中最后一步是在 $\vec{p}_1$ 和 $\vec{p}_2$ 平行或反平行的情况下成立, 最后可以得出散射的微分截面

$$\begin{aligned}\mathrm{d}\sigma=&\frac{1}{4\left[(p_1\cdot p_2)^2-m_1^2m_2^2\right]^{1/2}}\left|\langle 1',2',\cdots,n'|\hat{T}|1,2\rangle\right|^2\\&\cdot\prod_j\tilde{d}p_j'(2\pi)^4\delta^4\left(\sum_{j=1}^n p_j'-p_1-p_2\right)\frac{1}{S}\end{aligned} \tag{3.4.13}$$

这个表达式虽然是在 $\vec{p}_1$ 和 $\vec{p}_2$ 平行或反平行的情况下得到的，但它具有 Lorentz 不变的形式，因此可以在任意坐标系下应用它.

当初态中包括有质量费米子时，将 (3.4.13) 式中相应的相空间因子和态密度作代换

$$\begin{aligned}&\int \frac{\mathrm{d}^3 p}{(2\pi)^3\, 2p^0} \to \int \frac{\mathrm{d}^3 p}{(2\pi)^3} \frac{m}{p^0}\\&2p^0 \to \frac{p^0}{m}\end{aligned} \tag{3.4.14}$$

即可.

3.4.2 粒子寿命和衰变宽度

不稳定粒子以一定的几率发生衰变，设粒子单位时间内发生衰变的几率为 f，则在任意时刻 t 粒子数 $n(t)$ 满足

$$\frac{\mathrm{d}n(t)}{\mathrm{d}t} = -fn(t) \tag{3.4.15}$$

解这个方程得

$$n(t) = n(0)\mathrm{e}^{-ft} \tag{3.4.16}$$

在 t 时刻 $\mathrm{d}t$ 时间间隔内发生衰变的粒子数为 $|n'(t)|\,\mathrm{d}t$，其中 $n'(t) = \mathrm{d}n(t)/\mathrm{d}t$，所以粒子的平均寿命为

$$\tau = \frac{1}{n(0)} \int_0^\infty t\,|n'(t)|\,\mathrm{d}t = \frac{1}{f} \tag{3.4.17}$$

若描述粒子状态的波函数为 $\psi(t)$，则 $n(t) \propto |\psi(t)|^2$，于是可以得出满足 (3.4.16) 式的波函数应该是

$$\psi(t) = \psi(0)\mathrm{e}^{-\mathrm{i}E_R t - \frac{f}{2}t} \tag{3.4.18}$$

其中 E_R 是粒子的能量. 将 $\psi(t)$ 作 Fourier 变换，变到能量空间

$$\begin{aligned}\chi(E) &= \int_0^\infty \psi(t)\mathrm{e}^{\mathrm{i}Et}\mathrm{d}t\\&= \frac{C}{E_R - E - \mathrm{i}\dfrac{f}{2}}\end{aligned} \tag{3.4.19}$$

将 (3.4.19) 式作模平方可以得到粒子在能量空间的分布情况，其结果为一个以 E_{R} 为中心的峰状结构，此峰在半高度处的宽度为

$$\varGamma = f \tag{3.4.20}$$

即粒子的衰变宽度与粒子在单位时间内发生衰变的几率相等. 根据粒子的平均寿命与衰变几率的关系式 (3.4.17), 可知粒子的衰变宽度与平均寿命成倒数关系, 即

$$\Gamma = 1/\tau \tag{3.4.21}$$

单位时空体积内粒子发生衰变的几率除以粒子数密度等于单个粒子在单位时间内发生衰变的几率 f, 于是由 (3.4.20) 式, 我们可以得到

$$\Gamma = \frac{\text{单位时空的衰变几率}}{\text{初态粒子密度}} \tag{3.4.22}$$

若初态粒子为玻色子或无质量费米子, 则初态粒子密度为 $\rho = 2p_i^0$, 于是

$$\Gamma = \frac{1}{2p_i^0}\int\prod_{j=1}^{n}\tilde{d}p_j\left|\langle 1', 2', \cdots, n'|\,\hat{T}\,|i\rangle\right|^2 (2\pi)^4\,\delta^4\left(\sum_{j=1}^{n}p_j' - p_i\right)\frac{1}{S} \tag{3.4.23}$$

对于有质量费米子的情况, 则需要作 (3.4.14) 式中的代换.

3.5 粒子衰变的运动学

3.5.1 两体衰变

考虑一个四动量为 P、质量为 M 的粒子衰变为两个四动量分别为 p_1, p_2, 质量为 m_1, m_2 的末态粒子的过程. 在质心系中 $P = (M, \vec{0})$, 则根据四动量守恒

$$P = p_1 + p_2 \tag{3.5.1}$$

可以求得末态粒子的能量分别为

$$E_1 = \frac{M^2 - m_2^2 + m_1^2}{2M}, \quad E_2 = \frac{M^2 - m_1^2 + m_2^2}{2M} \tag{3.5.2}$$

末态粒子动量为

$$|p_1| = |p_2| = \frac{\sqrt{(M^2 - (m_1 + m_2)^2)\,(M^2 - (m_1 - m_2)^2)}}{2M} \tag{3.5.3}$$

对于末态粒子为两个玻色子的情况, 根据 3.4 节给出的衰变宽度公式, 可以求得微分宽度为

$$\mathrm{d}\Gamma = \frac{1}{32\pi^2}\,|A|^2\,\frac{|p_1|}{M^2}\mathrm{d}\Omega \tag{3.5.4}$$

其中 $A = \langle p_1, p_2|\hat{T}|p\rangle$ 为衰变振幅, Ω 立体角.

3.5.2 三体衰变、Dalitz 图

设一四动量和质量为 (p, M) 的粒子衰变为三个四动量和质量分别为 (p_1, m_1)、(p_2, m_2) 和 (p_3, m_3) 的粒子, 在质心系中

$$\begin{aligned} p &= (M, \vec{0}) \\ p &= p_1 + p_2 + p_3 \end{aligned} \tag{3.5.5}$$

记其衰变振幅为 $A = \langle p_1, p_2, p_3 | \hat{T} | p \rangle$, 则其衰变几率正比于 $|A|^2$ 和相空间因子, 即

$$W \propto \int |A|^2 \frac{\mathrm{d}^3 p_1}{E_1} \frac{\mathrm{d}^3 p_2}{E_2} \frac{\mathrm{d}^3 p_3}{E_3} \delta^4 (p_1 + p_2 + p_3 - p) \tag{3.5.6}$$

利用关系

$$\frac{1}{2E} = \int \mathrm{d}E \delta(p^2 - m^2) \theta(E) \tag{3.5.7}$$

可以将关于 $\mathrm{d}^3 p_3$ 的积分变为四动量空间的积分

$$\begin{aligned} W &\propto 2 \int |A|^2 \frac{\mathrm{d}^3 p_1}{E_1} \frac{\mathrm{d}^3 p_2}{E_2} \mathrm{d}^4 p_3 \delta \left(p_3^2 - m_3^2\right) \delta^4 (p_1 + p_2 + p_3 - p) \theta(E_3) \\ &= 2 \int \frac{\mathrm{d}^3 p_1}{E_1} \frac{\mathrm{d}^3 p_2}{E_2} \delta \left((p - p_1 - p_2)^2 - m_3^2\right) \theta(E_3) |A|^2 \end{aligned} \tag{3.5.8}$$

对 (3.5.8) 式中三动量 $\vec{p}_1$ 和 $\vec{p}_2$ 的方位角积分, 得

$$W \propto 8\pi^2 \int \mathrm{d}E_1 \mathrm{d}E_2 |A|^2 \tag{3.5.9}$$

因为粒子的动能为总能量减去静质量, 即

$$T_1 = E_1 - m_1, \quad T_2 = E_2 - m_2, \quad T_3 = E_3 - m_3 \tag{3.5.10}$$

所以衰变几率也可以用动能积分表示

$$W \propto 8\pi^2 \int \mathrm{d}T_1 \mathrm{d}T_2 |A|^2 \tag{3.5.11}$$

此外, 定义末态粒子动能之和减去初态粒子动能之和为 Q, 则

$$\begin{aligned} Q &= T_1 + T_2 + T_3 - T \\ &= E_1 + E_2 + E_3 - m_1 - m_2 - m_3 \\ &= M - m_1 - m_2 - m_3 \end{aligned} \tag{3.5.12}$$

其中 T 为初态粒子动能, 在初态粒子静止坐标系即质心系中 $T = 0$. (3.5.12) 式

说明在质心系中末态粒子动能之和为一常数. 从平面几何上知等边三角形内任意一点到三条边垂线的长度之和也为常数, 因此可以利用这一点将末态粒子动能分布用一等边三角形表示出来. 我们作一高为 Q 的等边三角形即可, 如图 3.3 所示. 于是每一种可能的动量分布都可用三角形内的一点来表示, 这样的图称为 Dalitz 图[34]. Dalitz 图也可以用其他的运动学变量来定义, 只要这些运动学变量加起来为常数即可.

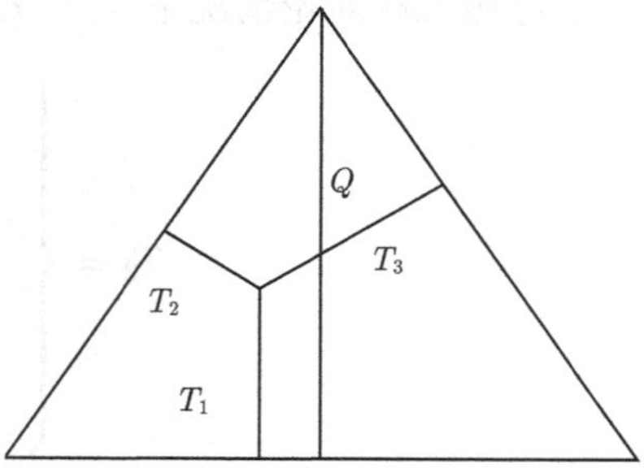

图 3.3

并不是三角形内每一点都能代表物理上可能的运动学分布. 三角形的顶点就明显不行, 因为它不能满足四动量守恒. 由三动量守恒条件 $\vec{p}_3 = -(\vec{p}_1 + \vec{p}_2)$, 即

$$p_3^2 = p_1^2 + p_2^2 + 2p_1p_2\cos\alpha, \quad |\cos\alpha| \leqslant 1 \tag{3.5.13}$$

可得

$$4p_1^2p_2^2 \geqslant (p_3^2 - p_1^2 - p_2^2)^2 \tag{3.5.14}$$

以上两式, p_i 为三动量的模. 我们考虑三个粒子质量都相等的情况 $m_1 = m_2 = m_3 = m$, 则在非相对论情况下, 粒子动能 $T_i = p_i^2/2m$, 所以将 (3.4.14) 式两边同时除以 $(2m)^2$, 得

$$4T_1T_2 \geqslant (T_3 - T_1 - T_2)^2 \tag{3.5.15}$$

(3.5.15) 式说明的边界条件为

$$4T_1T_2 = (T_3 - T_1 - T_2)^2 \tag{3.5.16}$$

这表示三角形的内切圆, 如图 3.4(a) 所示[35].

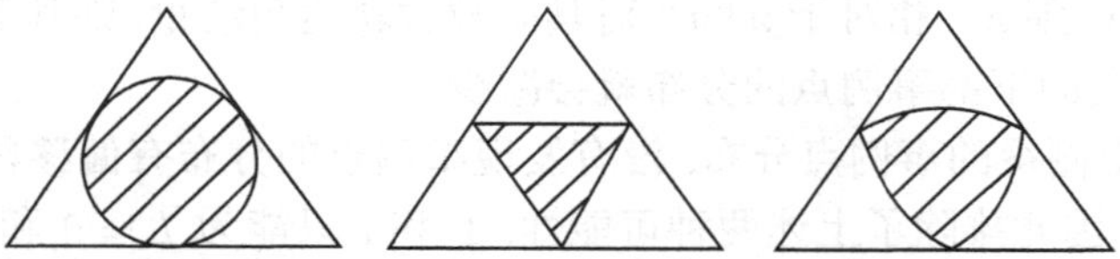
(a) 非相对论情况　(b) 极端相对论情况　(c) 一般情况

图 3.4 三体衰变 Dalitz 图的物理区域

在极端相对论情况下 $T_i = E_i = p_i$, 由 (3.5.14) 式可得这时的边界条件成为

$$T_3 = \begin{cases} T_1 + T_2 & \xleftarrow{p_3} \begin{array}{l} \longrightarrow p_1 \\ \longrightarrow p_2 \end{array} \\ T_1 - T_2 & \xleftarrow{p_1} \begin{array}{l} \longrightarrow p_2 \\ \longrightarrow p_3 \end{array} \\ -T_1 + T_2 & \xleftarrow{p_2} \begin{array}{l} \longrightarrow p_3 \\ \longrightarrow p_1 \end{array} \end{cases} \tag{3.5.17}$$

这代表一个三角形, 如图 3.4(b) 所示. 一般情况下, 物理区域会介于非相对论情形和极端相对论情形之间, 即图 3.4(c) 所示的情况[35].

从数学上容易证明三角形中面积微元 $\mathrm{d}S \propto \mathrm{d}T_1\mathrm{d}T_2$. 那么衰变几率

$$W \propto |A|^2\mathrm{d}T_1\mathrm{d}T_2 \propto |A|^2\mathrm{d}S \tag{3.5.18}$$

从 (3.5.18) 式可知如果把实验点标在三角形内, 则事例点的密度会正比于衰变振幅的平方 $|A|^2$. 因此三角形内事例点的分布可反映衰变的动力学机制. 分析实验点在 Dalitz 图上的分布情况, 有可能确定初态粒子的自旋、宇称等量子数.

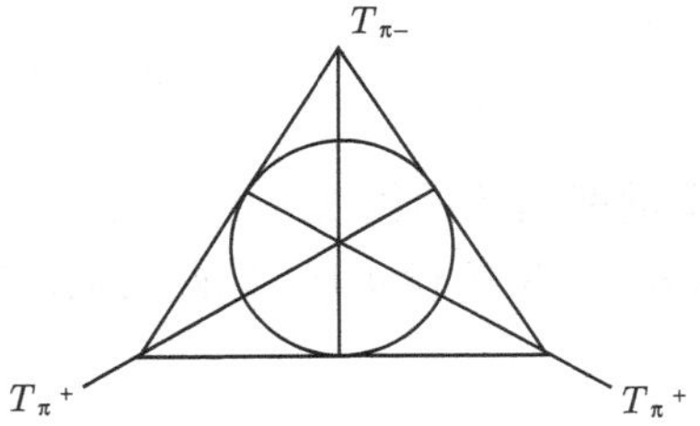

图 3.5

下面简要说明利用 Dalitz 图法确定 K^+ 介子自旋.

这个过程是利用 $K^+ \to \pi^+\pi^+\pi^-$ 进行的. 三个 π 介子的动量在 Dalitz 图中的标记如图 3.5 所示.

分析　设两个 π^+ 介子之间轨道角动量为 L. 两个 π^+ 介子为全同玻色子, 因此 $L = 0, 2, 4, \cdots$ 为偶数. 另外的 π^- 介子相对 $\pi^+\pi^+$ 对的轨道角动量记为 l, 则 l 可以取 $0, 1, 2, \cdots$.

(1) 若 $L \geqslant 2$, 即 $\pi^+\pi^+$ 对的轨道角动量具有较大值, 因此 $\pi^+\pi^+$ 对占去较多能量, 于是 π^- 的动量就会减少. 如果是这种情况, Dalitz 图中圆的上部事例点的分布就会减少.

(2) 若 $l \geqslant 1$, 则 π^- 相对于 $\pi^+\pi^+$ 对具有较大轨道角动量, 则其动能也较大, 于是 Dalitz 图中圆的下部事例点的分布就会减少.

比较实验上测得的事例点分布, 没有发现事例点的分布有偏移现象, 事例点的分布是均匀的. 因此排除了上述两种可能性. L 和 l 只能为 $L = 0$ 和 $l = 0$. 因为已经知道 π 介子的自旋为 0, 所以 K^+ 介子的自旋只能是 $J = |L + l|, |L + l - 1|, \cdots, |L - l|$. 于是可以确定 K^+ 的自旋为 0.

参 考 文 献

[1] Anderson C D, Neddermeyer S H. Phys. Rev.,1936, 50: 63.
[2] Neddermeyer S H, Anderson C D. Phys. Rev.,1937, 51: 884.
[3] Neddermeyer S H, Anderson C D. Phys. Rev., 1938, 54: 88.
[4] Neddermeyer S H, Anderson C D. Rev. Mod. Phys.,1939, 11: 191.
[5] Conversi M, Pancini E, Piccioni O. Phys. Rev., 1947, 71: 209.
[6] Reines F, Cowan C L. Phys. Rev., 1953, 90: 492.
[7] Reines F, Cowan C L. Phys. Rev., 1953, 92: 830.
[8] Cowan C L, Reines F, Harrison F B, et al. Science, 1956, 124: 103–104.
[9] Danby G, et al. Phys. Rev. Lett., 1962, 9: 36.
[10] Kodama K, et al.（DONUT Collab.）Phys. Lett., 2001, B504: 218.
[11] Goldhaber M, Grodzins L, Sunyar A W. Phys. Rev., 1958, 109: 1015.
[12] Yukawa H. Proc. Phys. Math. Soc. Jap., 1935, 17: 48–57.
[13] Latte C M G, Muirhead H, Occhialini G P S, et al. Nature, 1947, 159: 694.
[14] Durbin R, Loar H, Steinberger J. Phys. Rev., 1951,83: 646.
[15] Durbin R, Loar H, Steinberger J. Phys. Rev., 1951, 84: 581.
[16] Clark D.L, Roberts A, Wilson R. Phys. Rev., 1952, 85: 523.
[17] Cartwright W F, Richman C, Whitehead M N, et al. Phys. Rev., 1953, 91: 677.
[18] Plano R, Prodell A, Samios N, et al. Phys. Rev. Lett., 1959, 3: 525.
[19] Chamberlain O, Segre E, Wiegand C, et al. Phys. Rev., 1955, 100: 947.
[20] Cork B, Lambertson G R, Piccion O, et al. Phys. Rev., 1957,104: 1193.
[21] Rochester G D, Butler C C. Nature, 1947, 160: 855.
[22] Pais A. Phys. Rev., 1952, 86: 663–672.
[23] Gell-Mann M. Phys. Rev., 1953, 92: 833–834.
[24] Nakano T, Nishijima K. Prog. Theor. Phys., 1953, 10: 581.
[25] Anderson H L, et al, Phys. Rev., 1952, 85: 934.
[26] Anderson H L, et al, Phys. Rev., 1952, 85: 936.
[27] Lindenbaum S J, Yuan L C L. Phys. Rev., 1953, 92: 1578.
[28] Ashkin J, et al. Phys. Rev., 1954, 93: 1129.
[29] Stonehill D, et al. Phys. Rev. Lett., 1961, 6: 624.
[30] Erwin A R, March R, Walker W D, et al. Phys. Rev. Lett., 1961,6: 628.
[31] Maglic B C, Alvarez L W, Rosenfeld A H, et al. Phys. Rev. Lett., 1961, 7: 178.
[32] Pevsner A, et al. Phys. Rev. Lett., 1961, 7: 421.
[33] Alff-Steinberger C, Berley D, Colley D. Phys. Rev. Lett., 1962, 9: 322.
[34] Dalitz R H. Phys. Rev., 1954, 94: 1046.
[35] 李政道. 场论与粒子物理简引. 北京: 科学出版社, 1980.

第 4 章 同位旋和 G 宇称

4.1 同 位 旋

4.1.1 同位旋概念的提出

同位旋概念是考虑了质子和中子在强相互作用下的相似性而提出的. 对原子核的研究表明质子–质子、质子–中子以及中子–中子之间的强相互作用几乎没有差别. 镜像核之间有极为相似的能级结构和自旋. 所谓镜像核是指将原子核中的质子数和中子数对换而得到的新原子核. 例如, Li^7 核中有 3 个质子、4 个中子, Be^7 核中有 4 个质子、3 个中子, 这样的两个原子核就是互为镜像的原子核. 镜像核能级结构之间的微小差别可以归因于质子和中子电磁相互作用的不同, 因此有充足的理由相信强相互作用是与粒子所带电荷无关的, 这称为强相互作用的电荷无关性.

在强相互作用下, 将核子系统中的质子和中子互换, 整个系统的性质不会改变. 根据核子系统在强相互作用下质子和中子之间的这种对称性, 1932 年 Heisenberg 提出了同位旋的概念[1]. 将质子和中子, 与电子的两个自旋状态 $\pm1/2$ 进行类比: 电子有两个自旋状态, 自旋第三分量分别为 $+1/2$ 和 $-1/2$, 这是同一粒子的两个不同状态, 类比为质子和中子也是同一粒子的两个不同状态. 电子的自旋是个矢量, 假设同位旋也是矢量, 质子和中子分别是同位旋第三分量为 $+1/2$ 和 $-1/2$ 的状态. 在有电磁场的情况下, 电子两个不同自旋态的能级发生分裂, 于是这两个态出现差别, 类比为质子和中子在有电磁相互作用的情况下, 它们的行为也出现了差别, 镜像核系统的能级表现出稍许不同; 在外电磁场被撤除的情况下, 电子分裂的能级复合, 回复简并, 在核子系统中如果没有电磁相互作用, 镜像核将有相同的能级结构, 强相互作用具有质子和中子互换下的对称性.

电子的自旋 $\vec{S}$ 是坐标空间中的矢量, 而同位旋是个抽象空间中的矢量, 记作 $\vec{I}$, 这个矢量只标记核子的状态, 因此同位旋空间是个状态空间. 核子只有质子和中子两个状态, 可以用描述电子自旋的数学工具来描述核子的同位旋. 规定质子对应同位旋第三分量 $I_3 = 1/2$ 的状态, 中子对应 $I_3 = -1/2$ 的状态. 整个核子为一同位旋等于 1/2 的二重态, 用一个 2×1 的列矩阵表示

$$\begin{pmatrix} \psi_{\mathrm{p}} \\ \psi_{\mathrm{n}} \end{pmatrix} \tag{4.1.1}$$

于是质子和中子态分别为

$$\begin{pmatrix} 1 \\ 0 \end{pmatrix} \quad 和 \quad \begin{pmatrix} 0 \\ 1 \end{pmatrix} \tag{4.1.2}$$

在这样的表示下, 同位旋矢量算符 $\vec{\tau}/2$ 的三个分量正比于泡利矩阵

$$\tau_1 = \sigma_1, \quad \tau_2 = \sigma_2, \quad \tau_3 = \sigma_3 \tag{4.1.3}$$

其中 σ_i 是 Pauli 矩阵

$$\sigma_1 = \begin{pmatrix} 0 & 1 \\ 1 & 0 \end{pmatrix}, \quad \sigma_2 = \begin{pmatrix} 0 & -\mathrm{i} \\ \mathrm{i} & 0 \end{pmatrix}, \quad \sigma_3 = \begin{pmatrix} 1 & 0 \\ 0 & -1 \end{pmatrix} \tag{4.1.4}$$

有时也用

$$\vec{\sigma} = (\sigma_1, \sigma_2, \sigma_3) \tag{4.1.5}$$

来表示整体三个 Pauli 矩阵.

$\begin{pmatrix} 1 \\ 0 \end{pmatrix}$和$\begin{pmatrix} 0 \\ 1 \end{pmatrix}$都是$\tau_3/2$的本征矢量, 其本征值分别为$1/2$和$-1/2$,

$$\begin{aligned} \frac{1}{2}\sigma_3 \begin{pmatrix} 1 \\ 0 \end{pmatrix} &= \frac{1}{2}\begin{pmatrix} 1 & 0 \\ 0 & -1 \end{pmatrix}\begin{pmatrix} 1 \\ 0 \end{pmatrix} = \frac{1}{2}\begin{pmatrix} 1 \\ 0 \end{pmatrix} \\ \frac{1}{2}\sigma_3 \begin{pmatrix} 0 \\ 1 \end{pmatrix} &= \frac{1}{2}\begin{pmatrix} 1 & 0 \\ 0 & -1 \end{pmatrix}\begin{pmatrix} 0 \\ 1 \end{pmatrix} = -\frac{1}{2}\begin{pmatrix} 0 \\ 1 \end{pmatrix} \end{aligned} \tag{4.1.6}$$

而同位旋平方算符为

$$\left(\frac{\vec{\tau}}{2}\right)^2 = \left(\frac{1}{2}\sigma_1\right)^2 + \left(\frac{1}{2}\sigma_2\right)^2 + \left(\frac{1}{2}\sigma_3\right)^2 = \frac{3}{4} = \frac{1}{2}\left(\frac{1}{2}+1\right) \tag{4.1.7}$$

因此 $\vec{\tau}^2$ 与 τ_1, τ_2, τ_3 都对易.

$\begin{pmatrix} 1 \\ 0 \end{pmatrix}$和$\begin{pmatrix} 0 \\ 1 \end{pmatrix}$也是 $(\vec{\tau}/2)^2$ 的本征态, 其本征值为 $I(I+1) = 3/4$, 即 $I = 1/2$, 因此 $\begin{pmatrix} 1 \\ 0 \end{pmatrix}$ 和 $\begin{pmatrix} 0 \\ 1 \end{pmatrix}$ 是 $(\vec{\tau}/2)^2$ 和 $\tau_3/2$ 的共同本征态, 其本征值 $I = 1/2, I_3$ 分别为 $1/2$ 和 $-1/2$. 通常用 $|I, I_3\rangle$ 标记总同位旋为 I, 第三分量为 I_3 的同位旋本征态.

两个同位旋矢量叠加的规则与角动量矢量相加规则相同. 例如, 两个核子同位旋的耦合为

$$\begin{aligned}
&\mathrm{pp}: \quad \left|\frac{1}{2},\frac{1}{2}\right\rangle\left|\frac{1}{2},\frac{1}{2}\right\rangle = \left|1,1\right\rangle \\
&\mathrm{pn}: \quad \left|\frac{1}{2},\frac{1}{2}\right\rangle\left|\frac{1}{2},-\frac{1}{2}\right\rangle = \frac{1}{\sqrt{2}}\left|1,0\right\rangle + \frac{1}{\sqrt{2}}\left|0,0\right\rangle \\
&\mathrm{np}: \quad \left|\frac{1}{2},-\frac{1}{2}\right\rangle\left|\frac{1}{2},\frac{1}{2}\right\rangle = \frac{1}{\sqrt{2}}\left|1,0\right\rangle - \frac{1}{\sqrt{2}}\left|0,0\right\rangle \\
&\mathrm{nn}: \quad \left|\frac{1}{2},-\frac{1}{2}\right\rangle\left|\frac{1}{2},-\frac{1}{2}\right\rangle = \left|1,-1\right\rangle
\end{aligned} \tag{4.1.8}$$

其中耦合后总同位旋矢量的系数为 Clebsch-Gordan 系数, 可以通过查 Clebsch-Gordan 系数表得到.

从 (4.1.8) 式也可以反过来得到总同位旋态 $|1,1\rangle$、$|1,0\rangle$、$|1,-1\rangle$ 和 $|0,0\rangle$, 用两核子同位旋波函数无耦合表象来表示的表达式,

$$\begin{aligned}
&|1,1\rangle = \left|\frac{1}{2},\frac{1}{2}\right\rangle\left|\frac{1}{2},\frac{1}{2}\right\rangle \\
&|1,0\rangle = \frac{1}{\sqrt{2}}\left[\left|\frac{1}{2},\frac{1}{2}\right\rangle\left|\frac{1}{2},-\frac{1}{2}\right\rangle + \left|\frac{1}{2},-\frac{1}{2}\right\rangle\left|\frac{1}{2},\frac{1}{2}\right\rangle\right] \\
&|1,-1\rangle = \left|\frac{1}{2},-\frac{1}{2}\right\rangle\left|\frac{1}{2},-\frac{1}{2}\right\rangle \\
&|0,0\rangle = \frac{1}{\sqrt{2}}\left[\left|\frac{1}{2},\frac{1}{2}\right\rangle\left|\frac{1}{2},-\frac{1}{2}\right\rangle - \left|\frac{1}{2},-\frac{1}{2}\right\rangle\left|\frac{1}{2},\frac{1}{2}\right\rangle\right]
\end{aligned} \tag{4.1.9}$$

(4.1.9) 式表明总同位旋为 1 的三个态相对于两个核子置换变换下是对称态, 而总同位旋为 0 的态为一单态, 在核子置换变换下为反对称态, 这一点与两个电子角动量耦合的情况相同.

4.1.2　同位旋变换

强相互作用具有质子和中子互换下的对称性, 即在质子换成中子, 或中子换成质子的情况下, 强相互作用都不会改变. 然而这只是强相互作用所具有的电荷无关性这种对称性的一种特殊情况, 更普遍的情况是, 无论是质子换成中子, 还是换成质子和中子以一定的比例叠加而成的混合态, 系统的强相互作用都不会改变, 因此强相互作用具有 p 和 n 之间变换下的不变性, 定义这个 p 和 n 的变换为

$$\begin{pmatrix} \mathrm{p}' \\ \mathrm{n}' \end{pmatrix} = U \begin{pmatrix} \mathrm{p} \\ \mathrm{n} \end{pmatrix} \tag{4.1.10}$$

其中 U 为 2×2 复数矩阵. 为了保证几率守恒, U 应为幺正矩阵, 满足 $U^+U=1$, 因此所有这些 U 变换矩阵构成 U(2) 群, 而且这些 2×2 幺正矩阵构成 U(2) 群的自身表示. 这些幺正矩阵模为 1, 因此除去一个与 p 和 n 互换无关的相因子, 可以使所有这些矩阵的行列式为 1, 这样得到一个新的群,SU(2) 群. 于是得到描述 p 和 n 之间的变换并满足几率守恒要求的最简单的复数矩阵群是 SU(2) 群, 由 SU(2) 群所描述的这种变换称为同位旋变换.

为了描述核子的场 $\psi(x)$ 在同位旋变换下的性质, 将 (4.1.10) 式中的核子态 p 和 n 都代以相应的场算符 $\psi_{\rm p}(x)$ 和 $\psi_{\rm n}(x)$. U 矩阵则根据上边的讨论换成 SU(2) 群元素矩阵, 记为 S. 于是 (4.1.10) 式变成

$$\begin{pmatrix} \psi'_{\rm p}(x) \\ \psi'_{\rm n}(x) \end{pmatrix} = S\begin{pmatrix} \psi_{\rm p}(x) \\ \psi_{\rm n}(x) \end{pmatrix} \tag{4.1.11}$$

在 Hilbert 空间中相应于每一个矩阵 S, 都有一个幺正算符 $\hat{S}$, 使得 (4.1.11) 式的变换可以写成

$$\hat{S}\begin{pmatrix} \psi_{\rm p}(x) \\ \psi_{\rm n}(x) \end{pmatrix}\hat{S}^+ = S\begin{pmatrix} \psi_{\rm p}(x) \\ \psi_{\rm n}(x) \end{pmatrix} \tag{4.1.12}$$

通过 $\psi_{\rm p}(x)$ 和 $\psi_{\rm n}(x)$ 的 Fourier 展开形式来定义 p 和 n 及 $\bar{\rm p}$ 和 $\bar{\rm n}$ 的产生、湮灭算符

$$\begin{aligned} \psi_{\rm p}(x) &= \int \frac{{\rm d}^3k}{(2\pi)^3}\frac{m}{k^0}\sum_{\alpha=1,2}\left[a_\alpha^{\rm p}(k)u^{(\alpha)}(k){\rm e}^{-{\rm i}k\cdot x} + b_\alpha^{{\rm p}^+}(k)v^{(\alpha)}(k){\rm e}^{{\rm i}k\cdot x}\right] \\ \psi_{\rm n}(x) &= \int \frac{{\rm d}^3k}{(2\pi)^3}\frac{m}{k^0}\sum_{\alpha=1,2}\left[a_\alpha^{\rm n}(k)u^{(\alpha)}(k){\rm e}^{-{\rm i}k\cdot x} + b_\alpha^{{\rm n}^+}(k)v^{(\alpha)}(k){\rm e}^{{\rm i}k\cdot x}\right] \end{aligned} \tag{4.1.13}$$

其中 $a_\alpha^{\rm p}(k)$, $b_\alpha^{{\rm p}^+}(k)$ 和 $a_\alpha^{\rm n}(k)$, $b_\alpha^{{\rm n}^+}(k)$ 分别为 p, $\bar{\rm p}$ 和 n, $\bar{\rm n}$ 的湮灭和产生算符. 将 (4.1.13) 式代入 (4.1.11) 式, 比较等式两边, 可得

$$\hat{S}\begin{pmatrix} a_\alpha^{\rm p}(k) \\ a_\alpha^{\rm n}(k) \end{pmatrix}\hat{S}^+ = S\begin{pmatrix} a_\alpha^{\rm p}(k) \\ a_\alpha^{\rm n}(k) \end{pmatrix} \tag{4.1.14}$$

和

$$\hat{S}\begin{pmatrix} b_\alpha^{{\rm p}^+}(k) \\ b_\alpha^{{\rm n}^+}(k) \end{pmatrix}\hat{S}^+ = S\begin{pmatrix} b_\alpha^{{\rm p}^+}(k) \\ b_\alpha^{{\rm n}^+}(k) \end{pmatrix} \tag{4.1.15}$$

以上是核子的湮灭算符和反核子的产生算符的同位旋变换, 下面来求核子的产生算符和反核子的湮灭算符的同位旋变换. 将 (4.1.14) 式两边作厄米共轭, 可得

$$\left(\hat{S}a_\alpha^{{\rm p}^+}(k)\hat{S}^+, \hat{S}a_\alpha^{{\rm n}^+}(k)\hat{S}^+\right) = \left(a_\alpha^{{\rm p}^+}(k), a_\alpha^{{\rm n}^+}(k)\right)S^+ \tag{4.1.16}$$

将 S 明确写成

$$S = \begin{pmatrix} S_{11} & S_{12} \\ S_{21} & S_{22} \end{pmatrix} \quad 和 \quad S^{+} = \begin{pmatrix} S_{11}^{*} & S_{21}^{*} \\ S_{12}^{*} & S_{22}^{*} \end{pmatrix} \tag{4.1.17}$$

于是 (4.1.16) 式可以进一步写成

$$\begin{aligned} & \left(\hat{S}a_{\alpha}^{\mathrm{p}^{+}}(k)\hat{S^{+}}, \hat{S}a_{\alpha}^{\mathrm{n}^{+}}(k)\hat{S}^{+}\right) \\ = & \left(a_{\alpha}^{\mathrm{p}^{+}}(k)S_{11}^{*} + a_{\alpha}^{\mathrm{n}^{+}}(k)S_{12}^{*}, a_{\alpha}^{\mathrm{p}^{+}}(k)S_{21}^{*} + a_{\alpha}^{\mathrm{n}^{+}}(k)S_{22}^{*}\right) \end{aligned} \tag{4.1.18}$$

保持式中各元素相等, (4.1.18) 式可再次写成列矩阵形式

$$\hat{S} \begin{pmatrix} a_{\alpha}^{\mathrm{p}^{+}}(k) \\ a_{\alpha}^{\mathrm{n}^{+}}(k) \end{pmatrix} \hat{S}^{+} = S^{*} \begin{pmatrix} a_{\alpha}^{\mathrm{p}^{+}}(k) \\ a_{\alpha}^{\mathrm{n}^{+}}(k) \end{pmatrix} \tag{4.1.19}$$

同理由 (4.1.15) 式也可以得到

$$\hat{S} \begin{pmatrix} b_{\alpha}^{\mathrm{p}}(k) \\ b_{\alpha}^{\mathrm{n}}(k) \end{pmatrix} \hat{S}^{+} = S^{*} \begin{pmatrix} b_{\alpha}^{\mathrm{p}}(k) \\ b_{\alpha}^{\mathrm{n}}(k) \end{pmatrix} \tag{4.1.20}$$

以上两式与 (4.1.14) 和 (4.1.15) 式比较说明核子及反核子的产生和湮灭算符之间同位旋变换矩阵互为复共轭.

将核子态 p 和 n 定义为

$$\begin{aligned} |\mathrm{p}\rangle = a_{\alpha}^{\mathrm{p}^{+}}(k)\,|0\rangle\,, \quad |\bar{\mathrm{p}}\rangle = b_{\alpha}^{\mathrm{p}^{+}}(k)\,|0\rangle \\ |\mathrm{n}\rangle = a_{\alpha}^{\mathrm{n}^{+}}(k)\,|0\rangle\,, \quad |\bar{\mathrm{n}}\rangle = b_{\alpha}^{\mathrm{n}^{+}}(k)\,|0\rangle \end{aligned} \tag{4.1.21}$$

并定义同位旋变换算符使得真空态在同位旋变换下保持不变, 即

$$\hat{S}\,|0\rangle = |0\rangle \tag{4.1.22}$$

于是从 (4.1.15) 和 (4.1.19) 式, 我们可以得到反核子和核子的同位旋变换分别为

$$\hat{S} \begin{pmatrix} |\bar{\mathrm{p}}\rangle \\ |\bar{\mathrm{n}}\rangle \end{pmatrix} = S \begin{pmatrix} |\bar{\mathrm{p}}\rangle \\ |\bar{\mathrm{n}}\rangle \end{pmatrix} \tag{4.1.23}$$

和

$$\hat{S} \begin{pmatrix} |\mathrm{p}\rangle \\ |\mathrm{n}\rangle \end{pmatrix} = S^{*} \begin{pmatrix} |\mathrm{p}\rangle \\ |\mathrm{n}\rangle \end{pmatrix} \tag{4.1.24}$$

注意 (4.1.23) 和 (4.1.24) 式表明核子和反核子的同位旋变换矩阵互为复共轭.

同位旋变换矩阵 S 为 SU(2) 群的元素, 其在 SU(2) 群的自身表示中为

$$S = \mathrm{e}^{-\mathrm{i}\frac{1}{2}\vec{\sigma}\cdot\vec{\theta}} \tag{4.1.25}$$

其中 $\vec{\theta} = (\theta_1, \theta_2, \theta_3)$ 为 SU(2) 群的群参数. 将 (4.1.25) 式展开得

$$S = \sum_n \frac{1}{n}\left(-\mathrm{i}\frac{1}{2}\vec{\sigma}\cdot\vec{\theta}\right)^n \tag{4.1.26}$$

根据 $\sigma_i^2 = 1$ 以及 Pauli 矩阵的反对易性得到, 对任意正整数 m,

$$\left(-\mathrm{i}\frac{1}{2}\vec{\sigma}\cdot\vec{\theta}\right)^{2m} = (-1)^m \left(\frac{\left|\vec{\theta}\right|}{2}\right)^{2m} \tag{4.1.27}$$

和

$$\left(-\mathrm{i}\frac{1}{2}\vec{\sigma}\cdot\vec{\theta}\right)^{2m+1} = -\mathrm{i}\frac{\vec{\sigma}\cdot\vec{\theta}}{\left|\vec{\theta}\right|}(-1)^m \left(\frac{\left|\vec{\theta}\right|}{2}\right)^{2m+1} \tag{4.1.28}$$

其中 $\left|\vec{\theta}\right| = \sqrt{\theta_1^2 + \theta_2^2 + \theta_3^2}$. 根据 (4.1.26)~(4.1.28) 式, 得同位旋变换矩阵 S 的另一种表示

$$S = \cos\frac{\left|\vec{\theta}\right|}{2} - \mathrm{i}\frac{\vec{\sigma}\cdot\vec{\theta}}{\left|\vec{\theta}\right|}\sin\frac{\left|\vec{\theta}\right|}{2} \tag{4.1.29}$$

根据 (4.1.29) 式, 得到关系

$$\sigma_2 S = S^* \sigma_2 \tag{4.1.30}$$

将 (4.1.23) 式两边左乘 σ_2, 注意到 σ_2 矩阵和 Hilbert 空间的算符 $\hat{S}$ 是可以改变顺序的,

$$\hat{S}\sigma_2 \begin{pmatrix} |\mathrm{\bar{p}}\rangle \\ |\mathrm{\bar{n}}\rangle \end{pmatrix} = \sigma_2 S \begin{pmatrix} |\mathrm{\bar{p}}\rangle \\ |\mathrm{\bar{n}}\rangle \end{pmatrix} \tag{4.1.31}$$

再利用 (4.1.30) 式中的关系, (4.1.31) 式就变成

$$\hat{S} \begin{pmatrix} |\mathrm{\bar{n}}\rangle \\ -|\mathrm{\bar{p}}\rangle \end{pmatrix} = S^* \begin{pmatrix} |\mathrm{\bar{n}}\rangle \\ -|\mathrm{\bar{p}}\rangle \end{pmatrix} \tag{4.1.32}$$

将 (4.1.32) 与 (4.1.24) 式比较, 可以知道同位旋二重态 $\begin{pmatrix} |\bar{\mathrm{n}}\rangle \\ -|\bar{\mathrm{p}}\rangle \end{pmatrix}$ 与 $\begin{pmatrix} |p\rangle \\ |n\rangle \end{pmatrix}$ 有相同的同位旋变换. 这说明如果将质子 p 看成同位旋向上 ↑ 的态, 中子 n看成向下 ↓ 的态, 那么$\bar{n}$就相当于 ↑ 的态, 它与 p 有相同的同位旋性质; 而精确地说, 不是$\bar{p}$而是$-\bar{p}$相当于同位旋向下 ↓ 的态, $-\bar{p}$与n 有相同的同位旋性质. 第5章将会讲到, 这个性质可以推广到同样是同位旋为 1/2 的夸克系统 $\begin{pmatrix} \mathrm{u} \\ \mathrm{d} \end{pmatrix}$, 正是由于这个性质才使得$\pi^0$的同位旋波函数是$\dfrac{\mathrm{d}\bar{\mathrm{d}}-\mathrm{u}\bar{\mathrm{u}}}{\sqrt{2}}$, 而不是$\dfrac{\mathrm{d}\bar{\mathrm{d}}+\mathrm{u}\bar{\mathrm{u}}}{\sqrt{2}}$.

4.1.3 强相互作用下的同位旋守恒定律

强相互作用的电荷无关性, 更精确的一种数学描述是强相互作用在同位旋 SU(2) 群变换下具有不变性. 而 SU(2) 变换只会改变同位旋的分量, 不会改变系统的总同位旋, 因此强相互作用只可能依赖于总同位旋 I, 而不会依赖于同位旋的分量, 否则强相互作用就不可能具有 SU(2) 群变换下的不变性.

系统强相互作用的哈密顿量记为 $\hat{H}_{\mathrm{st}}$, 则 $\hat{H}_{\mathrm{st}}$ 在同位旋变换下的不变性为

$$\hat{S}\hat{H}_{\mathrm{st}}\hat{S}^{+}=\hat{H}_{\mathrm{st}} \tag{4.1.33}$$

下面根据 (4.1.33) 式证明强相互作用下总同位旋及同位旋各分量都不改变.

证明 对于无穷小的同位旋变换, $S=1-\dfrac{\mathrm{i}}{2}\vec{\sigma}\cdot\vec{\varepsilon}$, $\vec{\varepsilon}=(\varepsilon_1,\varepsilon_2,\varepsilon_3)$ 为无穷小变换参数, ε_i 取实数, 在 Hilbert 空间存在相应的同位旋变换算符 $\hat{S}=1-\mathrm{i}\hat{\vec{I}}\cdot\vec{\varepsilon}$, $\hat{\vec{I}}$ 称为同位旋算符.

由算符 $\hat{S}$ 的幺正性

$$\hat{S}\hat{S}^{+}=\left(1-\mathrm{i}\hat{\vec{I}}\cdot\vec{\varepsilon}\right)\left(1+\mathrm{i}\hat{\vec{I}}^{+}\cdot\vec{\varepsilon}\right)=1 \tag{4.1.34}$$

可得

$$\left(\hat{\vec{I}}-\hat{\vec{I}}^{+}\right)\cdot\vec{\varepsilon}+O(\varepsilon)=0 \tag{4.1.35}$$

略去高阶小量, 可得

$$\hat{\vec{I}}=\hat{\vec{I}}^{+} \tag{4.1.36}$$

即同位旋算符 $\hat{\vec{I}}$ 是厄米算符.

将 $\hat{S}=1-\mathrm{i}\hat{\vec{I}}\cdot\vec{\varepsilon}$ 代入 (4.1.33) 式, 并根据 $\hat{\vec{I}}$ 的厄密性, 得

$$\left(1-\mathrm{i}\hat{\vec{I}}\cdot\vec{\varepsilon}\right)\hat{H}_{\mathrm{st}}\left(1+\mathrm{i}\hat{\vec{I}}\cdot\vec{\varepsilon}\right)=\hat{H}_{\mathrm{st}} \tag{4.1.37}$$

由 (4.1.37) 式得到

$$\left[\hat{H}_{\rm st}\hat{\vec{I}}\right]=0 \tag{4.1.38}$$

(4.1.38) 式说明同位旋矢量算符 $\hat{\vec{I}}$ 与强相互作用哈密顿量对易, 因此同位旋矢量在强相互作用下守恒, 即同位旋量子数 I 及其第三分量 I_3 在强相互作用下都是不改变的, 这称为同位旋守恒定律.

实验表明电磁相互作用破坏总同位旋量子数 I 而不破坏同位旋第三分量 I_3. 弱相互作用下 I 和 I_3 都不守恒.

4.1.4 介子和重子的同位旋

确定粒子同位旋的一个重要原则是看粒子在强相互作用下的行为. 首先找出有多少粒子其质量相近, 这样的一些粒子具有潜在的可能性组成一个同位旋多重态. 一个同位旋为 I 的多重态包含的粒子数为 $2I+1$, 这与角动量的情形相似. 例如, p 和 n 就是一个同位旋为 1/2 的二重态, 同位旋为 1 的粒子将组成一个三重态, 其同位旋第三分量分别为 1, 0, −1. 其次要看这样确定下来的同位旋量子数在强相互作用下是否守恒. 下面讨论一些介子和重子的同位旋量子数.

1. 核子p和n

已经说过 p 和 n 组成同位旋为 1/2 的二重态, 其同位旋第三分量 I_3 分别为 1/2 和 −1/2.

注意到核子的电荷 Q 与同位旋第三分量 I_3 及重子数 B 满足关系

$$Q=I_3+B/2 \tag{4.1.39}$$

2. π 介子的同位旋

π 介子有三种电荷状态 π^+,π^0 和 π^-, 其质量为 $m_{\pi^\pm}=139.6\text{MeV}$、$m_{\pi^0}=135.0\text{MeV}$. 它们的质量很接近, 都在 140MeV 左右. 因此可以将 (π^+,π^0,π^-) 组成一个同位旋三重态, 其同位旋为 $I=1$, 第三分量 I_3 分别为 1, 0, −1.

再考虑 π 介子参与的核子反应, 以检验这样确定的同位旋量子数是否在强相互作用下守恒. 我们看下列反应

$$\rm p+p\to\pi^++d \tag{4.1.40}$$

$$\rm p+n\to\pi^0+d \tag{4.1.41}$$

其中氘核 d 由 p 和 n 组成, 其同位旋 $I_{\rm d}$ 可能为 1 或 0. 但自然界中不存在核子组成的其他束缚态 (如 pp 或 nn) 能够与氘核 d 构成三重态, 因此氘核的同位旋不可能为 1, 只能为 $I_{\rm d}=0$.

(4.1.40) 式左边为同位旋 $|1,1\rangle$ 态. 因为 $I_{\rm d}=0$, π^+ 为同位旋 $|1,1\rangle$ 态, 所以 (4.1.40) 右边总同位旋态也为 $|1,1\rangle$ 态, 符合同位旋守恒定律. 由 (4.1.40) 式的电荷共轭反应可推知 π^- 为同位旋 $|1,-1\rangle$ 态也是合理的.

再看 (4.1.41) 式, 左边 p 和 n 耦合成的同位旋态为

$$|{\rm pn}\rangle=\frac{1}{\sqrt{2}}\left[|1,0\rangle+|0,0\rangle\right] \tag{4.1.42}$$

右边, π^0 为同位旋态 $|1,0\rangle$, 因为强相互作用不改变同位旋, (4.1.41) 式只能通过同位旋 $|1,0\rangle$ 态进行, 于是可以推知反应 (4.1.41) 的振幅仅为反应 (4.1.40) 的 $1/\sqrt{2}$, 因此 ${\rm p+n}\to\pi^0+{\rm d}$ 的散射截面应为 ${\rm p+p}\to\pi^+{+}{\rm d}$ 散射截面的一半. 这个结论与事实相符.

所以 π^+,π^0,π^- 组成同位旋为 1 的三重态, 其同位旋第三分量分别等于 1、0、−1 是合理的. 散射过程 (4.1.40) 和 (4.1.41) 的实验测量也同时说明同位旋守恒是符合实验事实的.

另外, π 介子组成的同位旋三重态其电荷也满足关系

$$Q=I_3+B/2 \tag{4.1.43}$$

这里 π 介子的重子数 $B=0$.

3. K 介子的同位旋

K 介子有四种, 分别为 $\rm K^+$, $\rm K^-$, $\rm K^0$ 和 $\rm \bar{K}^0$, 其中 $\rm K^\pm$ 的质量为 493.7MeV, $\rm K^0$ 和 $\rm \bar{K}^0$ 的质量为 497.7MeV, 它们的质量都很接近. $\rm K^0$ 和 $\rm \bar{K}^0$ 可以在核子碰撞过程中成对产生, 它们应该有相反的奇异数, 因此 $\rm K^0$ 和 $\rm \bar{K}^0$ 不是同种粒子. $\rm K^0$ 和 $\rm \bar{K}^0$ 电荷相同, 因此 $\rm K^+$, $\rm K^-$, $\rm K^0$ 和 $\rm \bar{K}^0$ 不可能处于同一同位旋多重态. 处于同一同位旋多重态的粒子电荷数应该逐次相差 1, 因此四种 K 介子的同位旋不可能为 3/2. 又因为实验上没有更多的与 K 介子质量相近的粒子出现, K 介子的同位旋不可能比 3/2 更大, 于是可以推断 K 介子的同位旋应该为 $I<3/2$, 即可能为 0, 1/2 或 1.

此外, 实验上有下列散射过程发生

$$\pi^+ + {\rm n}\to\Lambda^0+{\rm K}^+ \tag{4.1.44}$$

Λ^0 超子的质量为 1115.7MeV, 实验上没有发现其他电荷多重态存在, 因此其同位旋为 $I=0$, $I_3=0$. 于是我们比较上述散射过程两边的同位旋

$$\begin{array}{ccccc} & \pi^+ + & {\rm n}\to & \Lambda^0+ & {\rm K}^+ \\ I & 1 & 1/2 & 0 & ? \\ I_3 & 1 & -1/2 & 0 & ? \end{array} \tag{4.1.45}$$

左边总同位旋 $I=3/2$ 或 $1/2$, 右边 $I=I_K$, I_K 为 K^+ 的同位旋. 因 $I_K \neq 3/2$, 所以 K^+ 的同位旋只能为 1/2. 于是得出 K^+ 介子得同位旋为 $I=1/2$, $I_3=1/2$.

同样通过散射过程

$$K^- + p \to \Lambda^0 + \pi^0 \tag{4.1.46}$$

可以判断 K^- 介子的同位旋为 $I=1/2$, $I_3=-1/2$.

从

$$\pi^- + p \to \Lambda^0 + K^0 \tag{4.1.47}$$

可得 K^0 的同位旋为 $I=1/2$, $I_3=-1/2$. 因为反粒子有符号相反的同位旋第三分量, 所以 $\bar{K}^0$ 的同位旋为 $I=1/2$, $I_3=1/2$.

将 K 介子的同位旋量子数列于表 4.1 中.

表 4.1　K 介子的同位旋及奇异数

	K^+	K^0	$\bar{K}^0$	K^-
I	1/2	1/2	1/2	1/2
I_3	1/2	−1/2	1/2	−1/2
S	1	1	−1	−1

从表 4.1 中 K 介子的同位旋量子数 $I=1/2$ 可知, 4 个 K 介子必须分成两个同位旋二重态, 因为 K^0 和 $\overline{K}^0$ 的电荷状态相同, 因此不能将 K^0 和 $\bar{K}^0$ 分在一起. 于是从表 4.1 中同位旋第三分量以及奇异数来判断, K^+ 和 K^0 构成一个同位旋二重态, K^- 和 $\bar{K}^0$ 构成另外一个同位旋二重态. 此时这样的两个同位旋二重态中每一个粒子的电荷数 Q、同位旋第三分量 I_3 及重子数 B 不再满足关系

$$Q = I_3 + B/2 \tag{4.1.48}$$

但若将奇异数 S 考虑进来, 则 Q, I_3, B, S 可以满足类似的关系

$$Q = I_3 + \frac{B+S}{2} \tag{4.1.49}$$

这个推广之后的关系式, 对 p 和 n 及 π 介子多重态也是成立的, 因为 p 和 n 及 π 介子的奇异数 $S=0$. 可以将 $B+S$ 定义成一个新的量子数, 称为超荷, 用 Y 表示

$$Y \equiv B + S \tag{4.1.50}$$

处于同一同位旋多重态中的所有粒子都具有相同的超荷, 于是 (4.1.49) 式可以写成

$$Q = I_3 + Y/2 \tag{4.1.51}$$

此式称为盖尔曼–西岛关系, 这是一个关于电荷、同位旋第三分量和超荷三者之间的经验关系式 [2,3].

4. 其他一些粒子的同位旋多重态

Σ^+, Σ^0, Σ^- 质量接近, 构成同位旋三重态, 同位旋 $I=1$, $I_3=1, 0, -1$; 超荷 $Y=0$, 奇异数 $S=-1$.

Ξ^0 和 Ξ^- 构成同位旋二重态, 同位旋 $I=1/2$, $I_3=1/2, -1/2$; 超荷 $Y=-1$, 奇异数 $S=-2$.

Δ^{++}, Δ^+, Δ^0, Δ^- 构成同位旋四重态, 同位旋 $I=3/2$, $I_3=3/2, 1/2, -1/2, -3/2$; 超荷 $Y=1$, 奇异数 $S=0$.

4.1.5　物理过程的同位旋分析一例

以 πN 散射过程为例, 看看同位旋分析如何在预言 πN 散射截面之间的关系方面起作用.

πN 系统可以有 6 种不同的物理状态, 即 $\pi^+\mathrm{p}$, $\pi^+\mathrm{n}$, $\pi^0\mathrm{p}$, $\pi^0\mathrm{n}$, $\pi^-\mathrm{p}$ 和 $\pi^-\mathrm{n}$. 可以将这些物理状态耦合成同位旋本征态, 其结果如下:

$$
\begin{aligned}
|\pi^+\mathrm{p}\rangle &= \left|\frac{3}{2},\frac{3}{2}\right\rangle \\
|\pi^+\mathrm{n}\rangle &= \sqrt{\frac{1}{3}}\left|\frac{3}{2},\frac{1}{2}\right\rangle + \sqrt{\frac{2}{3}}\left|\frac{1}{2},\frac{1}{2}\right\rangle \\
|\pi^0\mathrm{p}\rangle &= \sqrt{\frac{2}{3}}\left|\frac{3}{2},\frac{1}{2}\right\rangle - \sqrt{\frac{1}{3}}\left|\frac{1}{2},\frac{1}{2}\right\rangle \\
|\pi^0\mathrm{n}\rangle &= \sqrt{\frac{2}{3}}\left|\frac{3}{2},-\frac{1}{2}\right\rangle + \sqrt{\frac{1}{3}}\left|\frac{1}{2},-\frac{1}{2}\right\rangle \\
|\pi^-\mathrm{p}\rangle &= \sqrt{\frac{1}{3}}\left|\frac{3}{2},-\frac{1}{2}\right\rangle - \sqrt{\frac{2}{3}}\left|\frac{1}{2},-\frac{1}{2}\right\rangle \\
|\pi^-\mathrm{n}\rangle &= \left|\frac{3}{2},-\frac{3}{2}\right\rangle
\end{aligned}
\tag{4.1.52}
$$

其中的系数可通过查 Clebsch–Gordan 系数表得到.

强相互作用在同位旋变换下的不变性要求相互作用的哈密顿量 $\hat{H}$ 只依赖于总同位旋 I, 而与同位旋第三分量 I_3 无关. 因此对 πN 系统只存在两种基本的散射矩阵元, 记为

$$
\begin{aligned}
A_{3/2} &= \langle I=3/2|\,\hat{H}\,|I=3/2\rangle \\
A_{1/2} &= \langle I=1/2|\,\hat{H}\,|I=1/2\rangle
\end{aligned}
\tag{4.1.53}
$$

于是 πN 系统所有可能的散射过程, 其散射振幅分别为

$$\begin{aligned}
\langle \pi^+ p | \hat{H} | \pi^+ p \rangle &= A_{3/2} \\
\langle \pi^+ n | \hat{H} | \pi^+ n \rangle &= \frac{1}{3} A_{3/2} + \frac{2}{3} A_{1/2} \\
\langle \pi^+ n | \hat{H} | \pi^0 p \rangle &= \frac{\sqrt{2}}{3} A_{3/2} - \frac{\sqrt{2}}{3} A_{1/2} \\
\langle \pi^0 p | \hat{H} | \pi^0 p \rangle &= \frac{2}{3} A_{3/2} + \frac{1}{3} A_{1/2} \\
\langle \pi^0 n | \hat{H} | \pi^0 n \rangle &= \frac{2}{3} A_{3/2} + \frac{1}{3} A_{1/2} \\
\langle \pi^0 n | \hat{H} | \pi^- p \rangle &= \frac{\sqrt{2}}{3} A_{3/2} - \frac{\sqrt{2}}{3} A_{1/2} \\
\langle \pi^- p | \hat{H} | \pi^- p \rangle &= \frac{1}{3} A_{3/2} + \frac{2}{3} A_{1/2} \\
\langle \pi^- n | \hat{H} | \pi^- n \rangle &= A_{3/2}
\end{aligned} \tag{4.1.54}$$

上述结果中对于非弹性散射过程, 如 $\pi^0 p \to \pi^+ n$ 和 $\pi^+ n \to \pi^0 p$, 其散射振幅因倒易关系而大小相等, 所以对于这样的过程, 我们只列出其中的一个. 从上述所列振幅中, 通过比较各过程, 可以得到如下一些截面关系:

$$\begin{aligned}
\sigma_{\pi^+ p \to \pi^+ p} &= \sigma_{\pi^- n \to \pi^- n} \\
\sigma_{\pi^+ n \to \pi^+ n} &= \sigma_{\pi^- p \to \pi^- p} \\
\sigma_{\pi^0 p \to \pi^+ n} &= \sigma_{\pi^- p \to \pi^0 n} \\
\sigma_{\pi^0 p \to \pi^0 p} &= \sigma_{\pi^0 n \to \pi^0 n}
\end{aligned} \tag{4.1.55}$$

对于 πN 系统不同的质心系能量, $A_{3/2}$ 和 $A_{1/2}$ 的贡献是不相同的. 如果在某一质心系能量附近存在同位旋 I=3/2(1/2) 的共振态, 则 I=3/2(1/2) 的振幅将给出主要贡献. 质心系能量 $E = 1240\text{MeV}$ 附近存在共振态 Δ (1232), 其同位旋 $I = 3/2$、自旋 $J = 3/2$, 称为 P_{33} 共振态, 因此 $A_{3/2}$ 的贡献将远远大于 $A_{1/2}$, 因此 (4.1.54) 式中若忽略 $A_{1/2}$, 则会得到关系:

$$\sigma_{\pi^+ p \to \pi^+ p} : \sigma_{\pi^- p \to \pi^0 n} : \sigma_{\pi^- p \to \pi^- p} = 1 : \frac{2}{9} : \frac{1}{9} \tag{4.1.56}$$

实验上发现在此共振区, $\pi^+ p$ 和 $\pi^- p$ 反应总截面之比为 3:1, 与 (4.1.56) 式中的关系相符.

同位旋概念的重要性在于找到了强相互作用的一种对称性——同位旋对称性，有了这种对称性，即使不知道强相互作用的具体形式，我们也能预言一些物理测量结果之间的关系.

4.2　交换对称性——广义全同性原理

描写全同多粒子体系的波函数对于任意两个粒子之间的置换，要么是对称的，要么是反对称的. 波函数的置换对称性质不随时间而改变. 需要用对称波函数描写的粒子是玻色子，而需要用反对称波函数来描写的粒子是费米子. 在不考虑自旋轨道耦合的情况下，全同多粒子体系的波函数是空间波函数和自旋波函数的乘积

$$\Phi(r_1, s_1, r_2, s_2, \cdots, r_n, s_n) = \phi(r_1, r_2, \cdots, r_n)\chi_s(s_1, s_2, \cdots, s_n) \tag{4.2.1}$$

这里 ϕ 是空间波函数，χ_s 是自旋波函数.

考虑到强相互作用下同位旋的对称性之后，可以将上述对称性加以扩展，将同一同位旋多重态内的粒子看作广义上的全同粒子，并将粒子的同位旋波函数乘到空间和自旋波函数上. 总波函数扩充为

$$\Phi(r, s, I) = \phi(r)\chi_s(s)\chi_I(I) \tag{4.2.2}$$

其中 r, s, I 分别代表 $(r_1, r_2, \cdots, r_n)$, $(s_1, s_2, \cdots, s_n)$ 和 $(I_1, I_2, \cdots, I_n)$. $\chi_I(I)$ 为同位旋波函数.

对于同一同位旋多重态内的粒子，扩展之后的波函数在任意两个粒子之间的置换下，对于费米子是反对称的，对于玻色子是对称的，这称为广义全同性原理.

说明　①对于全同粒子，因为全同粒子的同位旋波函数总是对称的，所以广义全同性原理将不增加任何新内容，它完全等价于全同粒子的全同性原理.

②对于同一同位旋多重态内并不真正全同的粒子，如 π^+, π^- 和 π^0 等，粒子体系的可能的同位旋状态将受到广义全同性原理的限制. 例如，对于 π 或 ρ 介子，两个粒子在相互置换下，空间波函数给出因子 $(-1)^L$，自旋波函数给出 $(-1)^S$，而同位旋波函数给出 $(-1)^I$，总的置换因子为 $(-1)^{L+S+I}$. 因为 π 或 ρ 介子为玻色子，总的波函数要求是对称的，于是 $L+S+I=2n$ 必须是偶数；同理，对于由两个核子组成的系统来说，$L+S+I=2n+1$ 必须是奇数.

作为广义全同性原理和同位旋守恒的一个应用，我们分析一下 $\rho\to\pi\pi$ 和 $\omega\to\pi\pi$ 的衰变. 这两个衰变都是强相互作用下的衰变. ρ 和 ω 质量也很接近，$m_\rho = (769.3\pm0.8)\text{MeV}$、$m_\omega = (782.57\pm0.12)\text{MeV}$. 但 ρ 几乎 100%衰变到 ππ，而 $\omega\to\pi\pi$ 衰变的分支比仅为 2.2%. 这里分支比定义为向特定末态衰变的分宽度与总宽度的比值，因此分支比代表粒子向特定末态衰变的几率.

ρ 介子有 3 种, 包括 ρ^+, ρ^0 和 ρ^-, 它们构成一个同位旋三重态, 因此 ρ 介子的同位旋 $I_\rho = 1$, ρ^+, ρ^0 和 ρ^- 的同位旋第三分量分别为 1、0、−1. 而 ω 介子为一同位旋单态, 其同位旋为 0. ρ 和 ω 都是矢量介子, 其自旋都为 $J = 1$.

因为 ρ 和 ω 自旋都为 1, 为保持角动量守恒, ππ 的轨道角动量必须为 $L = 1$(注意 π 介子自旋为 0), 因此其空间波函数的对称因子为 $(-1)^L = -1$, 即 ππ 空间波函数是反对称的. 因为 π 介子为玻色子, 其总波函数必须为对称的, 于是 ππ 的同位旋波函数必须是反对称的. 而 ππ 在同位旋反对称态下, 其总同位旋只能是 1, 所以 ρ 衰变到 ππ 是满足同位旋守恒的, 分支比可以很大. 而 ω 衰变到 ππ 是破坏同位旋守恒的, 其衰变只是个同位旋破坏效应, 分支比一定很小, 这是与实验测量相符的. 这个例子也同时说明同位旋对称性只是个近似的对称性, 它的破坏程度可以达到百分之几.

4.3 同位旋破坏

在电磁相互作用下, 电荷守恒, 重子数和奇异数守恒, 因此超荷也是守恒的, 根据盖尔曼–西岛关系

$$Q = I_3 + Y/2 \tag{4.3.1}$$

可以推知在电磁相互作用下, 同位旋第三分量 I_3 也是守恒的. 大量的实验结果表明, 电磁相互作用下总同位旋 I 是不守恒的, 但同位旋 I 的改变仅为 0 或 1. 因此可以总结出电磁相互作用下同位旋改变的选择定则:

$$|\Delta I_3| = 0, \quad |\Delta I| = 0 \quad 或 \quad 1 \tag{4.3.2}$$

根据上述选择定则, 我们来检验两个电磁衰变过程: $\pi^0 \to \gamma\gamma$ 和 $\Sigma^0 \to \Lambda + \gamma$.

(1) $\pi^0 \to \gamma\gamma$ 过程前后的同位旋量子数标记如下

	$\pi^0 \to$	γ	γ
I	1	0	0
I_3	0	0	0

所以这个过程 $|\Delta I| = 1$, $|\Delta I_3| = 0$.

(2) $\Sigma^0 \to \Lambda + \gamma$ 过程同位旋量子数标记为

	$\Sigma^0 \to$	$\Lambda +$	γ
I	1	0	0
I_3	0	0	0

这个过程也满足 $|\Delta I| = 1$, $|\Delta I_3| = 0$ 的选择定则.

弱相互作用下，总同位旋 I 及其第三分量都不守恒，但大量实验结果表明，弱相互作用下总有 $|\Delta I| \leqslant 1$. 因此我们可以假设这个关系在弱相互作用下成立，这叫做“最小破坏”假设. 一般情况下，弱相互作用过程中会有 $|\Delta I| = 1/2$[4].

4.4 G 宇 称

我们知道强相互作用在 C 变换和同位旋变换下都是不变的，而核子系统在 C 变换下

$$\hat{C}\begin{pmatrix} \mathrm{p} \\ \mathrm{n} \end{pmatrix} = \begin{pmatrix} \bar{\mathrm{p}} \\ \bar{\mathrm{n}} \end{pmatrix} \tag{4.4.1}$$

质子 p 的同位旋如果用 ↑ 来标记的话，则 $\bar{\mathrm{p}}$ 的同位旋就可用 ↓ 来标记，因此 (4.4.1) 式说明 C 变换后，使得系统的同位旋状态发生了改变；因为同位旋是强相互作用系统的对称变换，且同位旋变换可使系统的同位旋状态在同位旋空间发生转动，因此有可能在不影响系统强相互作用的情况下，通过选取特定的同位旋转动角度 $\vec{\theta}$，使得经 C 变换后的系统再经同位旋转动而回到原来的同位旋状态. 这样的操作有可能是系统的一种对称操作. 于是这样就有可能构成一种新的量子数，这种量子数在强作用下也是守恒的. 我们称这种经同位旋转动和 C 变换而得到的量子数为 G 宇称量子数[5,6].

我们将证明这种 G 宇称操作算符为

$$\hat{G} = \hat{C}\mathrm{e}^{\mathrm{i}\pi\cdot\hat{I}_2} \tag{4.4.2}$$

其中 $\hat{I}_2$ 是绕同位旋第二轴的转动算符，$\hat{C}$ 是电荷共轭算符. 注意这里的算符都是 Hilbert 空间的算符. (4.4.2) 式的意思是 G 宇称算符是先绕同位旋第二轴转动 180°，再对系统作 C 变换. 我们需要证明的是，经这样的 G 变换后，系统的同位旋状态又恢复了原状.

已经知道相应于 Hilbert 空间的同位旋变换算符

$$\hat{S} = \mathrm{e}^{\mathrm{i}\hat{\vec{I}}\cdot\vec{\theta}} \tag{4.4.3}$$

其中 $\hat{\vec{I}}\cdot\vec{\theta} \equiv \left(\hat{I}_1\theta_1 + \hat{I}_2\theta_2 + \hat{I}_3\theta_3\right)$，$\hat{\vec{I}}$ 为 Hilbert 空间的同位旋算符，存在相应的同位旋变换矩阵 $\vec{\tau}/2$，使得总的同位旋变换矩阵为

$$S = \mathrm{e}^{\mathrm{i}\frac{1}{2}\vec{\tau}\cdot\vec{\theta}} \tag{4.4.4}$$

其中 $\vec{\tau} = (\tau_1, \tau_2, \tau_3)$ 为厄密矩阵. S 的集合构成 SU(2) 群. 在二维情况下 τ_i 即为泡利矩阵，

$$\tau_1 = \sigma_1, \quad \tau_2 = \sigma_2, \quad \tau_3 = \sigma_3 \tag{4.4.5}$$

对于 Hilbert 空间的场算符 $\psi(x)$, 其同位旋变换为

$$\mathrm{e}^{\mathrm{i}\hat{\vec{I}}\cdot\vec{\theta}}\psi(x)\mathrm{e}^{-\mathrm{i}\hat{\vec{I}}\cdot\vec{\theta}}=\mathrm{e}^{\mathrm{i}\frac{1}{2}\vec{\tau}\cdot\vec{\theta}}\psi(x) \tag{4.4.6}$$

现在我们考虑二维核子系统的情况 $\begin{pmatrix}|\mathrm{p}\rangle\\|\mathrm{n}\rangle\end{pmatrix}$, 将 $\hat{G}$ 作用于其上

$$\hat{G}\begin{pmatrix}|\mathrm{p}\rangle\\|\mathrm{n}\rangle\end{pmatrix}=\hat{C}\mathrm{e}^{\mathrm{i}\pi\frac{\sigma_2}{2}}\begin{pmatrix}|\mathrm{p}\rangle\\|\mathrm{n}\rangle\end{pmatrix} \tag{4.4.7}$$

根据 (4.1.29) 式,

$$\mathrm{e}^{\mathrm{i}\pi\frac{\sigma_2}{2}}=\mathrm{i}\sigma_2=\begin{pmatrix}0&1\\-1&0\end{pmatrix} \tag{4.4.8}$$

于是将 (4.4.8) 式代入 (4.4.7) 式, 得

$$\hat{G}\begin{pmatrix}|\mathrm{p}\rangle\\|\mathrm{n}\rangle\end{pmatrix}=\begin{pmatrix}|\bar{\mathrm{n}}\rangle\\-|\bar{\mathrm{p}}\rangle\end{pmatrix} \tag{4.4.9}$$

(4.4.9) 式表明经过 G 宇称变换, 核子系统的同位旋状态确实恢复了原状.

我们再来看看 π 介子系统的情况, π 介子共有 π^+, π^0 和 π^- 三种电荷状态, 将其排列成列矩阵

$$\begin{pmatrix}\pi^+\\\pi^0\\\pi^-\end{pmatrix} \tag{4.4.10}$$

考察 π 介子系统的同位旋变换, 我们需要 SU(2) 群的三维表示. 从群表示理论可以知道, 三维表示下 SU(2) 群的三个生成元分别为

$$\frac{1}{2}\tau_1=\frac{1}{\sqrt{2}}\begin{pmatrix}0&-1&0\\-1&0&1\\0&1&0\end{pmatrix},\quad \frac{1}{2}\tau_2=\frac{\mathrm{i}}{\sqrt{2}}\begin{pmatrix}0&1&0\\-1&0&-1\\0&1&0\end{pmatrix},\quad \frac{1}{2}\tau_3=\begin{pmatrix}1&0&0\\0&0&0\\0&0&-1\end{pmatrix} \tag{4.4.11}$$

于是对三维系统, $\hat{G}$ 算符应为

$$\hat{G}=\hat{C}\mathrm{e}^{\mathrm{i}\pi\frac{\tau_2}{2}} \tag{4.4.12}$$

需要先将 $\mathrm{e}^{\mathrm{i}\pi\frac{\tau_2}{2}}$ 计算出来, 利用

$$\mathrm{e}^{\mathrm{i}\pi\tau_2}=\sum_{n=0}^{\infty}\frac{1}{n}\left(\mathrm{i}\pi\frac{\tau_2}{2}\right)^n \tag{4.4.13}$$

以及可以验证的关系

$$\left(\mathrm{i}\frac{\tau_2}{2}\right)^{2m+1}=(-1)^m\mathrm{i}\frac{\tau_2}{2},\quad m\geqslant 0\text{的整数} \tag{4.4.14}$$

$$\left(\mathrm{i}\frac{\tau_2}{2}\right)^{2m}=(-1)^{m+1}\left(\mathrm{i}\frac{\tau_2}{2}\right)^2,\quad m\geqslant 1\text{的整数} \tag{4.4.15}$$

最终可以得到

$$\begin{aligned}\mathrm{e}^{\mathrm{i}\pi\frac{\tau_2}{2}}&=\mathrm{i}\frac{\tau_2}{2}\sin\pi+\left(\mathrm{i}\frac{\tau_2}{2}\right)^2(1-\cos\pi)+1\\&=\begin{pmatrix}0&0&-1\\0&-1&0\\-1&0&0\end{pmatrix}\end{aligned} \tag{4.4.16}$$

于是对于 π 介子系统

$$\begin{aligned}\hat{G}\begin{pmatrix}\pi^+\\\pi^0\\\pi^-\end{pmatrix}&=\hat{C}\begin{pmatrix}0&0&-1\\0&-1&0\\-1&0&0\end{pmatrix}\begin{pmatrix}\pi^+\\\pi^0\\\pi^-\end{pmatrix}\\&=-\begin{pmatrix}\pi^+\\\pi^0\\\pi^-\end{pmatrix}\end{aligned} \tag{4.4.17}$$

即 π 介子系统在 G 宇称变换下完全恢复了原状, 且其 G 宇称本征值为 -1, 称 π 介子的 G 宇称为 -1. 在 (4.4.17) 式中利用了 $\hat{C}\,|\pi^\pm\rangle=|\pi^\mp\rangle$, 即在电荷共轭变换中将带电 π 介子的 C 变换相角取成与 π^0 的相角相同, 而 π^0 具有绝对共轭变换相角, 其电荷共轭宇称为正.

因为在强作用下, C 宇称和同位旋都是守恒的, 所以 G 宇称也是守恒的. 我们可以根据 G 宇称守恒, 从 $\rho^+\to\pi^+\pi^0$, $\rho^0\to\pi^+\pi^-$, 以及 $\rho^-\to\pi^-\pi^0$ 的衰变方式来判断 ρ 介子的 G 宇称.

因为 G 宇称是个相乘性量子数, 且 $\rho\to\pi\pi$ 衰变为强衰变, 所以可以得出 ρ^+, ρ^0, ρ^- 介子的 G 宇称都为 1. 因此我们也可以推知选择定则

$$\rho\not\to 3\pi \tag{4.4.18}$$

表 4.2 给出了其他一些介子的 G 宇称.

表 4.2 一些介子的 G 字称

	π	ρ	ω	ϕ	J/ψ
G	−1	+1	−1	−1	−1

对于由正反费米子够成的、同位旋为整数的粒子其 G 字称量子数一般为 $G=(-1)^{L+S+I}$，其中 L 为正反费米子相对轨道角动量量子数，S 为正反费米子总自旋，I 为这个粒子的同位旋.

参考文献

[1] Heisenberg W. Zeit. Phys., 1932, 77: 1.

[2] Nishijima K. Prog. Theor. Phys., 1955, 13: 285.

[3] Gell-Mann M. Nuovo Cimento, 1956, 4: 848.

[4] Gell-Mann M, Pais A. Proceeding of the Glasgow Conference on Nuclear and Meson Physics, 1954: 342.

[5] Lee T D, Yang C N. Nuovo Cimento, 1956, 3: 749.

[6] Goebel C. Phys. Rev., 1956, 103: 258.

第 5 章 强子的夸克模型

迄今实验上已发现的强子 (包括共振态) 有一百多种. 多数强子寿命很短, 但长短差别极大. 例如:

Δ (1232)	$\tau \sim 10^{-23}\text{s}$
p	$\tau > 10^{32}\text{yr}$ (也许是无穷大)
n	$\tau \sim 15\text{min}$
π^0	$\tau \sim 0.8 \times 10^{-16}\text{s}$
$\pi^\pm$	$\tau \sim 2.6 \times 10^{-8}\text{s}$

实验上发现, 这些强子按同位旋 I 和奇异量子数 S 可分为许多组. 同一个同位旋多重态内的粒子质量相近. 下面列出一些粒子:

π^- π^0 π^+	$I=1$	$S=0$	$J^P=0^-$
K^0 K^+	$I=1/2$	$S=1$	$J^P=0^-$
K^- $\bar{K}^0$	$I=1/2$	$S=-1$	$J^P=0^-$
ρ^- ρ^0 ρ^+	$I=1$	$S=0$	$J^P=1^-$
K^{*0} K^{*+}	$I=1/2$	$S=1$	$J^P=1^-$
K^{*-} $\bar{K}^{*0}$	$I=1/2$	$S=-1$	$J^P=1^-$
p n	$I=1/2$	$S=0$	$J^P=\left(\dfrac{1}{2}\right)^+$
Σ^- Σ^0 Σ^+	$I=1$	$S=-1$	$J^P=\left(\dfrac{1}{2}\right)^+$
Ξ^- Ξ^0	$I=1/2$	$S=-2$	$J^P=\left(\dfrac{1}{2}\right)^+$
Δ^- Δ^0 Δ^+ Δ^{++}	$I=3/2$	$S=0$	$J^P=\left(\dfrac{3}{2}\right)^+$

大量强子的发现自然让人们联想到了元素的门捷列夫周期表, 难道这些强子都是 "基本" 的吗? 它们是否可能由少数几种更基本的东西构成的呢?

1949 年费米和杨振宁提出了费米–杨模型[1], 认为 p 和 n 是基本的, π 介子是由 p 和 n 及其反粒子构成的, 即 $\pi^+ = \text{p}\bar{\text{n}}$, $\pi^- = \bar{\text{p}}\text{n}$, $\pi^0 = \dfrac{1}{2}(\text{p}\bar{\text{p}} - \text{n}\bar{\text{n}})$.

1956 年, 坂田昌一 (Sakada) 提出了坂田模型[2], 认为基本的粒子只有 p、n、Λ 三种, 且构成 SU(3) 对称的基础表示. 坂田模型成功地解释了 π、K 的构成, 但在解释重子时遇到了严重困难. 因 p, n, Λ 的重子数 B 都为 1, 所以要用它们构成重子 ($B=1$) 需要用 p, n, Λ 中的两个粒子与它们的一个反粒子构成, 即用 $3\otimes3\otimes3^*$ 来构成重子. 这样一来会构造出许多实验上根本没有看到的重子, 坂田模型并不成功.

1961 年 Gell-Mann 和 Ne'eman 抛弃了坂田模型中认为介子和重子由 p, n, Λ 构成的观点, 直接考虑强子间满足 SU(3) 对称性的可能, 把 p, n, Λ, Σ, Ξ 填入 SU(3) 八重态, 即所谓的八重法 (eight fold way)[3]. 他们还将 Δ, Σ^*, Ξ^* 等填入 SU(3) 十重态, 预言了剩下的空位 Ω^- 粒子的存在, 并预言其质量为 1672 MeV. 1964 年在布鲁海文实验室观察到了 Ω^- 超子[4], 测得的质量与预言相符, 证明了 SU(3) 对称的正确性. 同年 Gell-Mann 和 Zweig 提出了夸克模型[5]. 在夸克模型中三种不同味道 (flavor) 的夸克 u, d, s 填入 SU(3) 群的基础表示 (记作 3), 而介子和重子分别填入 $3\otimes3^*=8+1$ 中的八重态和 $3\otimes3\otimes3$ 中的八重态、十重态.

SU(3) 对称的夸克模型取得了巨大成功, 被实验证明是正确的强子结构模型, 并在后来获得诺贝尔物理学奖. 本章将详细介绍夸克模型, 为此先要做些数学准备.

5.1 数学准备

5.1.1 SU(n) 群表示乘积的分解、杨图

SU(n) 群是幺模幺正群, 若用 $n\times n$ 方阵 u 表示该群的任意一个元素, 则有

$$uu^+=1,\quad \det u=1 \tag{5.1.1}$$

一个 $n\times n$ 的复数方阵共有 $2n^2$ 个实参数. $uu^+=1$ 给出 $n+\dfrac{n^2-n}{2}\times2=n^2$ 个限制条件, $\det u=1$ 也给出一个限制条件, 所以 $2n^2$ 个实参数只有 n^2-1 个是独立的, 所以 SU(3) 群有 n^2-1 个生成元, 即元素 u 可写为

$$u=\mathrm{e}^{\mathrm{i}T_i\theta_i},\quad i=1,2,\cdots,n^2-1 \tag{5.1.2}$$

其中, θ_i 为 n^2-1 个独立实参数, T^i 为 n^2-1 个生成元, 以后具体应用时会给出其具体形式. 由于 u 的幺模和幺正性 (5.1.1) 式, 要求 T_i 是厄密的和无迹的

$$T_i^+=T_i,\quad \mathrm{Tr}\,T_i=0 \tag{5.1.3}$$

现在介绍如何用杨图来进行 SU(n) 群表示的乘积和分解, 详细的证明等可参阅文献 [6].

1. 不可约表示的维数

SU(n) 群的基础表示由一个方格 □ 表示, 即表示 $\underline{n}$, 而 $n-1$ 个方格列  $n-1$ 个格为其共轭表示 $\underline{n}^*$.

SU(n) 群任何一个不可约表示可由一个杨图表示. 例如, 图 5.1 中 (a) 代表一个不可约表示. 要计算它的维数, 首先在 (a) 图的对角线上的方格内部填上 n, 在每行的方格内填的数字从左到右要递增 1 个单位, 每列的方格内填的数字从上到下要递减一个单位, 如图 5.1 中的 (b) 所示. 将图 5.1(b) 中的所有方格中的数字乘积记作 $c(n)$,

$$c(n) = n^2(n+1)(n+2)(n-1)(n-2)(n-3) \tag{5.1.4}$$

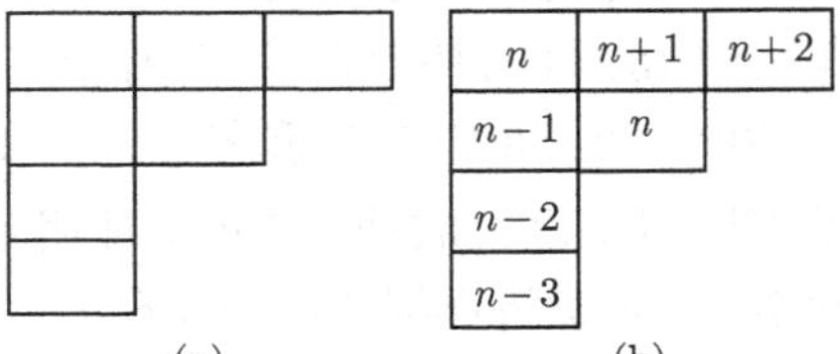

(a)　　(b)

图 5.1　不可约表示维数的计算

现在考虑另外一组数字, 对图 5.1(a) 中的每个方格, 如划斜线的方格 (图 5.2(a)), 从右至左划条线, 沿着行穿到划斜线方格的中心再沿列往下穿出, 如图 5.2(a) 所示. 这条线穿过的方格总数就叫划斜线方格的 "胡克长度". 图 5.2(a) 中的每个方格都有自己的胡克长度, 我们把它标在图 5.2(b) 中. 所有胡克长度的乘积用 $H(n)$ 表示,

$$H(n) = 6\cdot 4\cdot 3\cdot 2\cdot 1\cdot 1\cdot 1 \tag{5.1.5}$$

则杨图 (a) 的维数为

$$D = \frac{c(n)}{H(n)} = \frac{n^2(n+1)(n+2)(n-1)(n-2)(n-3)}{6\times 4\times 3\times 2\times 1\times 1\times 1} \tag{5.1.6}$$

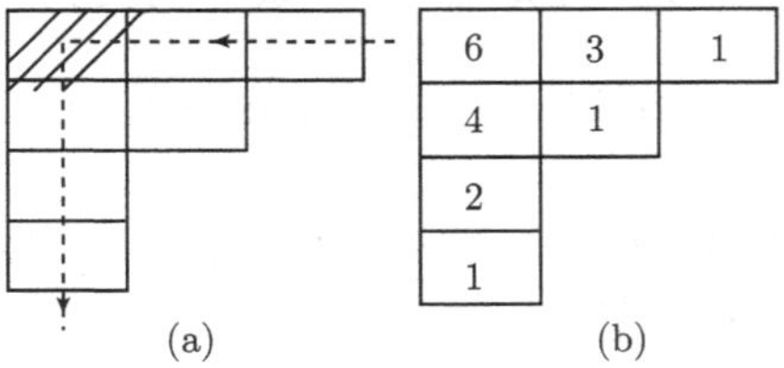

(a)　　(b)

图 5.2　胡克长度

2. 两个表示乘积的分解

图 5.3 给出了两个表示的杨图 (a)、(b). 我们要考虑这两个表示相乘后的分解, 其步骤如下:

(1) 在右边的杨图 (b) 上, 第一行的方格中标上 “a”, 第二行方格中标上 “b”, 第三行 “c”, $\cdots$.

(2) 把右方标上 “a” 的方格依次加到左方的杨图 (a) 上, 先加一个方格, 再加第二个方格, $\cdots$, 使每次加上 “a” 方格时都要保持得到的是一个杨图. 把标 “a” 的方格加完后, 再用同样的方法把标 “b” 的方格加到已得到的杨图上, 后加标 “c” 的方格, $\cdots$.

(3) 在第 (2) 步进行过程中不允许标有同样字母的方格出现在同一列中.

(4) 在上述过程中去掉超过 n 行的杨图 (对于 SU(n) 群).

(5) 完成上述步骤后只保留满足下述条件的杨图, 即从右至左和从上端至下端数这些加上方格字母 “a” “b” “c” 等. 要使 “a” 的个数大于等于 “b” 的个数、“b” 的个数大于等于 “c” 的个数, 等等.

(6) 合格的杨图是指: 从左至右第一列方格数 $\geqslant$ 第二列方格数 $\geqslant$ 第三列方格数 $\geqslant \cdots$, 超过 n 行的列要去掉.

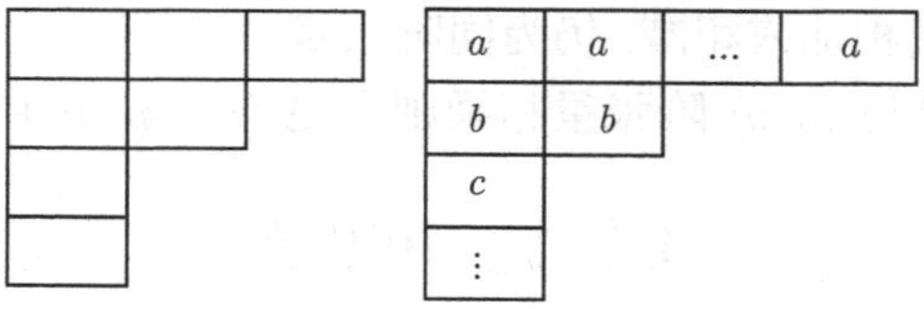

(a) (b)

图 5.3 两个表示相乘的分解

最后得到的杨图中, 如果两个杨图的形状和标的字母 “a” “b” 等都一样, 则认定为是同一个杨图, 如果形状相同但标上字母不同则被认为是不同的杨图.

例如, 考虑两杨图  和 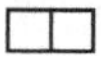 的乘积.

(1) 

(2) 先把一个  加在左方的杨图上得

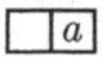 和 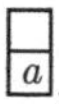,

再把第二个  加上,

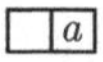 加上第二个  时变为 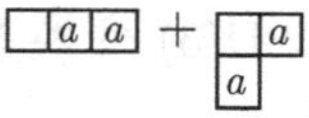,

 加上第二个时变为 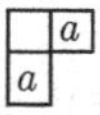, 此时按 (3) 要求

 要去掉, 由第 (5) 步则

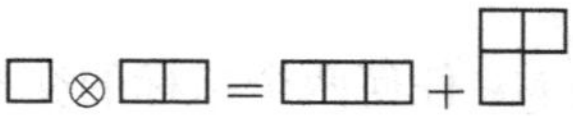 (5.1.7)

这是因为第 (2) 得到的两个 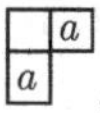, 在形状和字母标记上完全一样, 而被认为是同一

个杨图, 所以 (5.1.7) 式中 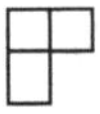 前面没有因子 “2”.

以上是在 SU(n) 框架内讨论的表示维数的计算及两个表示乘积的分解. 至于 SU(n) 按 SU(m)×SU($n-m$) 表示的分解, 等讨论大统一理论时再回过头来讨论.

5.1.2　SU(3) 群的张量分析

为了讨论 SU(3) 夸克模型, 我们先讨论 SU(3) 群的张量分析, 以备后面使用.

定义 $T^{i_1 i_2 \cdots i_n}_{a_1 a_2 \cdots a_m}$ 是 (n,m) 阶张量的分量.

上指标按 SU(3) 群元素 u 变换, 称为协变指标. 下指标按 SU(3) 的 u^+ 变换, 称作逆变指标, 所以在 SU(3) 变换下

$$T^{i_1 i_2 \cdots i_n}_{a_1 a_2 \cdots a_m} \to u^{i_1}_{j_1} u^{i_2}_{j_2} \cdots u^{i_n}_{j_n} \left(u^+\right)^{b_1}_{a_1} \left(u^+\right)^{b_2}_{a_2} \cdots \left(u^+\right)^{b_m}_{a_m} T^{j_1 j_2 \cdots j_n}_{b_1 b_2 \cdots b_m} \tag{5.1.8}$$

只有上指标的张量称为协变张量, 只有下指标的称为逆变张量, 上、下指标都有的称作混合张量. (5.1.8) 式的张量即为混合张量, 阶为 (n,m).

(1) 两个同阶张量相加或相减, 仍为同阶张量.

(2) (n,m) 阶张量与 (q,p) 阶张量相乘则产生 $(n+p, m+q)$ 阶新张量, 即产生的新张量为

$$A^{i_1 i_2 \cdots i_n}_{a_1 a_2 \cdots a_m} \cdot B^{j_1 j_2 \cdots j_q}_{b_1 b_2 \cdots b_p}$$

(3) 迷向张量 (isotropic tenser) $\delta^i_a, \varepsilon^{ijk}, \varepsilon_{ijk}$. 容易证明, (1, 1) 阶混合张量 δ^i_a, (3, 0) 阶协变张量 ε^{ijk} 和 (0, 3) 阶逆变张量 ε_{ijk} 在 SU(3) 变换下不变, 这三个张量通称为迷向张量.

按定义

$$\delta^i_a = \begin{cases} 1, & i = a \\ 0, & i \neq a \end{cases} \tag{5.1.9}$$

$$\varepsilon^{ijk} = \varepsilon_{ijk} = \begin{cases} 1, & ijk\text{是123的偶置换} \\ -1 & ijk\text{是123的奇置换} \\ 0, & \text{其他情形} \end{cases} \tag{5.1.10}$$

现在证明 (5.1.9) 和 (5.1.10) 式在 SU(3) 变换下不变.

在 SU(3) 变换下

$$\delta^i_a \to u^i_j \left(u^+\right)^b_a \delta^j_b = \left(uu^+\right)^i_a = \delta^i_a$$

$$\varepsilon^{ijk} \to u^i_a u^j_b u^k_c \varepsilon^{abc} = \varepsilon^{ijk}$$

最后一步利用了 $\det u = 1$, 且 ijk 任何两个指标的交换相当于行列式 $\det u$ 中相应的两行的交换而变号. 类似地可证明 ε_{ijk} 也是 SU(3) 不变的.

(4) 张量的缩并

(n,m) 阶张量 $T^{i_1i_2\cdots i_n}_{a_1a_2\cdots a_m}$ 可用 $\delta^i_a, \varepsilon^{ijk}, \varepsilon_{ijk}$ 使上、下两指标, 上两个或下两个指标求和而缩并, 如

$$T^{i_1\cdots i_a\cdots i_n}_{j_1\cdots j_b\cdots j_m}\delta^{j_b}_{i_a} \to (n-1,m-1)\text{阶张量}$$
$$T^{i_1\cdots i_a\cdots i_{a'}\cdots i_n}_{j_1j_2\cdots j_m}\varepsilon_{j_{m+1}i_ai_{a'}} \to (n-2,m+1)\text{阶张量}$$
$$T^{i_1\cdots i_n}_{j_1\cdots j_b\cdots j_{b'}j_m}\varepsilon^{i_{n+1}j_bj_{b'}} \to (n+1,m-2)\text{阶张量}$$

(5) 不可约张量和可约张量

(n,m) 阶张量 T 称为可约的, 只要通过上述缩并方法能得到阶数下降的非零 (n',m') 阶张量, 且 $n'+m'<n+m$.

显然, 若张量 $T^{i_1i_2\cdots i_n}_{j_1j_2\cdots j_m}$ 是不可约的, 则其上指标是全对称的, 下指标也是全对称的, 并且上下指标缩并也要为零, 即无迹条件

$$T^{i_1\cdots i_n}_{j_1\cdots j_m}\delta^{j_1}_{i_1}=0 \tag{5.1.11}$$

不可约张量的分量不一定都是独立的.

(6) 表示

若一个 (n,m) 阶张量 $T^{i_1\cdots i_n}_{j_1\cdots j_m}$, 其线性独立的分量个数为 d, 则 d 个独立分量张成 d 维张量空间, d 个线性独立张量可做 SU(3) 群的基. 设 $T_1, T_2, \cdots, T_d$ 为独立张量, 则此 d 维空间中的任一张量 T 可写为

$$T=c_1T_1+c_2T_2+\cdots+c_dT_d=\sum_{i=1}^{d}c_iT_i \tag{5.1.12}$$

T 可用一个列矢量 $\begin{pmatrix} c_1 \\ \vdots \\ c_d \end{pmatrix}$ 来描写. 在 SU(3) 变换下 $T\to T'$ 可写为

$$\begin{pmatrix} c'_1 \\ c'_2 \\ \vdots \\ c'_d \end{pmatrix} = V \begin{pmatrix} c_1 \\ c_2 \\ \vdots \\ c_d \end{pmatrix} \tag{5.1.13}$$

变换矩阵 V 的集合 $\{V\}$ 构成 SU(3) 群的 d 维表示. 两个维数分别为 d_1, d_2 的张量空间中的张量相乘构成新的张量, 新张量构成的空间维数为

$$d=d_1\times d_2 \tag{5.1.14}$$

这种相乘称为两张量空间的直乘. 直乘空间的新张量不一定是不可约的. 它可能约化为几个不可约子空间的直和. 相应的表示也约化为几个不可约表示的直和. 两个表示的直乘的约化既可用杨图也可用张量分析来完成. 以后将会给出具体的做法.

5.1.3 SU(3) 群的生成元和 Casmir 算子

3×3 的幺模幺正矩阵的集合 $\{u\}$ 构成 SU(3) 群, 其中

$$u^{+}u=1,\quad \det u=1,\quad u=\mathrm{e}^{\mathrm{i}\theta_i T_i}(i=1,2,\cdots,8) \tag{5.1.15}$$

对 3×3 的复矩阵表示, $T_i=\dfrac{1}{2}\lambda_i(i=1,\cdots,8)$ 为群的生成元, 称为 Gell-Mann 矩阵, 其具体表示如下:

$$\begin{aligned}
&\lambda_1=\begin{pmatrix}0&1&0\\1&0&0\\0&0&0\end{pmatrix},\quad \lambda_2=\begin{pmatrix}0&-\mathrm{i}&0\\\mathrm{i}&0&0\\0&0&0\end{pmatrix},\quad \lambda_3=\begin{pmatrix}1&0&0\\0&-1&0\\0&0&0\end{pmatrix}\\
&\lambda_4=\begin{pmatrix}0&0&1\\0&0&0\\1&0&0\end{pmatrix}\quad \lambda_5=\begin{pmatrix}0&0&-\mathrm{i}\\0&0&0\\\mathrm{i}&0&0\end{pmatrix}\quad \lambda_6=\begin{pmatrix}0&0&0\\0&0&1\\0&1&0\end{pmatrix}\\
&\lambda_7=\begin{pmatrix}0&0&0\\0&0&-\mathrm{i}\\0&\mathrm{i}&0\end{pmatrix},\quad \lambda_8=\frac{1}{\sqrt{3}}\begin{pmatrix}1&0&0\\0&1&0\\0&0&-2\end{pmatrix}
\end{aligned} \tag{5.1.16}$$

显然, λ_i 满足

$$\left.\begin{array}{c}
\lambda_i^{+}=\lambda_i,\quad \mathrm{Tr}(\lambda_i\lambda_j)=2\delta_{ij}\\
[\lambda_i,\lambda_j]=2\mathrm{i}f_{ijk}\lambda_k,[T_i,T_j]=\mathrm{i}f_{ijk}T_k\\
\{\lambda_i,\lambda_j\}=\dfrac{4}{3}\delta_{ij}+2d_{ijk}\lambda_k
\end{array}\right\} \tag{5.1.17}$$

其中群结构常数 f_{ijk} 对 i, j, k 全反对称, d_{ijk} 对 i, j, k 全对称. f_{ijk}, d_{ijk} 的非零值见表 5.1.

表 5.1　SU(3) 群结构常数的非零值

f_{123}	f_{147}	f_{156}	f_{246}	f_{257}	f_{345}	f_{367}	f_{458}	f_{678}
1	$\frac{1}{2}$	$-\frac{1}{2}$	$\frac{1}{2}$	$\frac{1}{2}$	$\frac{1}{2}$	$-\frac{1}{2}$	$\frac{\sqrt{3}}{2}$	$\frac{\sqrt{3}}{2}$
d_{118}	d_{146}	d_{157}	d_{228}	d_{247}	d_{256}	d_{338}	d_{344}	d_{355}
$\frac{1}{\sqrt{3}}$	$\frac{1}{2}$	$\frac{1}{2}$	$\frac{1}{\sqrt{3}}$	$-\frac{1}{2}$	$\frac{1}{2}$	$\frac{1}{\sqrt{3}}$	$\frac{1}{2}$	$\frac{1}{2}$
d_{366}	d_{377}	d_{448}	d_{558}	d_{668}	d_{778}	d_{888}		
$-\frac{1}{2}$	$-\frac{1}{2}$	$-\frac{1}{2\sqrt{3}}$	$-\frac{1}{2\sqrt{3}}$	$-\frac{1}{2\sqrt{3}}$	$-\frac{1}{2\sqrt{3}}$	$-\frac{1}{\sqrt{3}}$		

SU(3) 是二秩群, 有两个 Casmir 算子 C_2, C_3, 且有

$$[C_2, T_i] = 0, \quad [C_3, T_i] = 0, \quad i = 1, 2, \cdots, 8 \tag{5.1.18}$$

$$C_2 = \sum_{i=1}^{8} T_i T_i = \frac{1}{2}\{I_+, I_-\} + I_3^2 + \frac{1}{2}\{U_+, U_-\} + \frac{1}{2}\{V_+, V_-\} + T_8^2 \tag{5.1.19}$$

其中,

$$\left.\begin{aligned} & I_\pm = T_1 \pm \mathrm{i}T_2,\ I_3 = T_3 \\ & U_\pm = T_6 \pm \mathrm{i}T_7,\ U_3 = \frac{\sqrt{3}}{2}T_8 - \frac{1}{2}T_3 = \frac{3}{4}Y - \frac{1}{2}I_3 \\ & V_\pm = T_4 \pm \mathrm{i}T_5,\ V_3 = \frac{\sqrt{3}}{2}T_8 + \frac{1}{2}T_3 = \frac{3}{4}Y + \frac{1}{2}I_3 \\ & Y = \frac{2}{\sqrt{3}}T_8 = \frac{1}{2}(B+S), \quad B\text{为重子数},\ S\text{为奇异量子数} \end{aligned}\right\} \tag{5.1.20}$$

$$C_3 = 2\left(d_{ijk} + \mathrm{i}f_{ijk}\right) T_i T_j T_k \tag{5.1.21}$$

利用 f_{ijk} 在表 5.1 中的值, 容易证明

$$\begin{aligned} [I_+, I_-] &= 2I_3 \\ [U_+, U_-] &= 2U_3 \\ [V_+, V_-] &= 2V_3 \end{aligned} \tag{5.1.22}$$

以 (I_+, I_-, I_3) 为生成元构成一个 SU(2) 子群, 称为 I 群, 与 I 群正交的子群是生成元 Y 构成的 $U(1)$ 子群. 以 (U_+, U_-, U_3) 为生成元构成 SU(2) 的另一个子群, 称为 U 群, 与其正交的子群是生成元 $Q = I_3 + \dfrac{Y}{2} = T_3 + \dfrac{1}{\sqrt{3}}T_8$ 构成的 Q 群. (V_+, V_-, V_3) 构成的 SU(2) 子群称为 V 群, 与其正交的 U(1) 群称为 X 群, 其生成元为 $X = \dfrac{1}{\sqrt{3}}T_8 - T_3 = \dfrac{1}{3}\begin{pmatrix} -1 & & \\ & 2 & \\ & & -1 \end{pmatrix}$. 以上这些知识, 在讨论夸克模型时将会用到.

5.2 SU(3) 夸克模型、介子和重子的 SU(3) 味波函数

1964 年 Gell-Mann 和 Zweig 在强子的 SU(3) 八重法的基础上提出了 SU(3) 夸克模型[5], 认为构成强子的更基本的单元是 “夸克”. 夸克有三种不同的味 (flavor) 量子数, 分别记作 u(up), d(down) 和 s(strange). u, d, s 夸克填充 SU(3) 群的基础

表示 $\underline{3}$. 介子由正反夸克对组成, 重子由三个夸克组成. 用 q 代表夸克 u, d, s, $\bar{\mathrm{q}}$ 代表反夸克 $\bar{\mathrm{u}}$, $\bar{\mathrm{d}}$, $\bar{\mathrm{s}}$, 则介子可记为 $\mathrm{q}\bar{\mathrm{q}}$, 重子为 qqq. $\bar{\mathrm{q}}(\bar{\mathrm{u}},\bar{\mathrm{d}},\bar{\mathrm{s}})$ 填充 SU(3) 的复共轭表示 $\underline{3}^*$. 应当指出, Gell-Mann 叫夸克 (quark)、Zweig 叫 aces, 以后只用夸克这个词.

为了解决坂田模型在构造重子时的困难, 夸克模型做了一个大胆假设, 即 u, d, s 夸克的重子数都取分数 1/3, 而其电荷 (以质子电荷为单位) 也分别取分数 2/3, −1/3, −1/3. 这一大胆假设决定了夸克模型的成功. 为构造奇异重子, 模型还假定 u, d 的奇异量子数 $s=0$, 而 s 夸克奇异数为 −1. 表 5.2 列出夸克的量子数.

表 5.2 u, d, s 夸克的量子数

	I	I_3	B	S	Y	Q
u	$\frac{1}{2}$	$\frac{1}{2}$	$\frac{1}{3}$	0	$\frac{1}{3}$	$\frac{2}{3}$
d	$\frac{1}{2}$	$-\frac{1}{2}$	$\frac{1}{3}$	0	$\frac{1}{3}$	$-\frac{1}{3}$
s	0	0	$\frac{1}{3}$	−1	$-\frac{2}{3}$	$-\frac{1}{3}$

以超荷 Y 为纵轴、I_3 为横轴, 我们可以画出 u, d, s 夸克的权图 5.4.

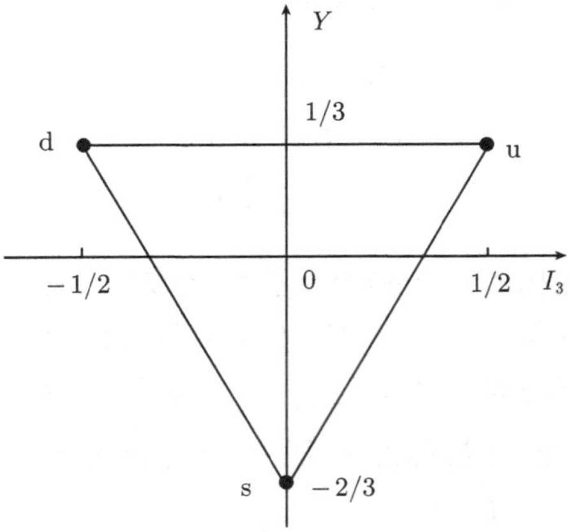

图 5.4 u, d, s 夸克的权图

我们可以把 u, d, s 表示为 $|I,I_3\rangle$ 态及列矢量

$$|\mathrm{u}\rangle=\left|\frac{1}{2},\frac{1}{2}\right\rangle=\begin{pmatrix}1\\0\\0\end{pmatrix},\quad |\mathrm{d}\rangle=\left|\frac{1}{2},-\frac{1}{2}\right\rangle=\begin{pmatrix}0\\1\\0\end{pmatrix},\quad |\mathrm{s}\rangle=|0,0\rangle=\begin{pmatrix}0\\0\\1\end{pmatrix} \tag{5.2.1}$$

用 $I_3=T_3, Y=\frac{2}{\sqrt{3}}T_8, Q=T_3+\frac{1}{\sqrt{3}}T_8$ 作用于 (5.2.1) 式即可得表 5.2 中的量子数.

由 (5.1.20) $I_\pm$ 表达式和 (5.2.1) 得出

$$I_+ \left|\mathrm{d}\right\rangle = \left|\mathrm{u}\right\rangle, \quad I_- \left|\mathrm{u}\right\rangle = \left|\mathrm{d}\right\rangle \tag{5.2.2}$$

所以 $I_\pm$ 使 $\mathrm{d} \leftrightarrow \mathrm{u}$ 互变；类似地 U 旋中 $U_\pm$ 使 $\mathrm{d} \leftrightarrow \mathrm{s}$ 互变, V 旋中 $V_\pm$ 使 $\mathrm{s} \leftrightarrow \mathrm{u}$ 互变；I 旋、U 旋、V 旋对 u、d、s 的作用如图 5.5 所示.

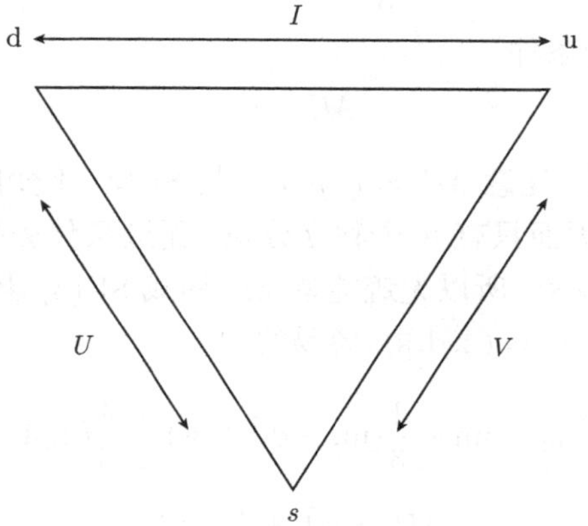

图 5.5 I、U、V 旋

注意, $q^i = (\mathrm{u}, \mathrm{d}, \mathrm{s})$ 在 SU(3) 变换下按 u 变换, 即 $q^i \to q'^i \to u^i_j q^j$, 所以 q^i 为三维矢量. 而 $\bar{q}_i = (\bar{\mathrm{u}}, \bar{\mathrm{d}}, \bar{\mathrm{s}})$ 按 u^+ 变换, 即 $\bar{q}_i \to \bar{q}'_i \to (u^+)^j_i\, \bar{q}_j$, $\bar{q}_i$ 也是三维矢量. 只是 q^i 属表示 $\underline{3}$、$\bar{q}_i$ 属表示 $\underline{3^*}$. $\underline{3}$ 和 $\underline{3^*}$ 表示同构, 但不等价, 因不存在相似变换 S 使得 $u^* = SuS^{-1}$.

介子和重子的波函数应当包括四部分：

$$\varPsi = \psi_{\text{space}} \cdot \psi_{\text{spin}} \cdot \psi_{\text{flavor}} \cdot \psi_{\text{color}} \tag{5.2.3}$$

其中空间部分 ψ_{space} 只与空间坐标 x 有关, 自旋部分 ψ_{spin} 只与自旋有关, ψ_{flavor} 只与味量子数有关, 而 ψ_{color} 只与颜色自由度有关. 下面首先讨论的是 ψ_{flavor} 部分.

5.2.1 赝标介子八重态和单态味波函数

按照夸克模型, 介子由 $\mathrm{q\bar{q}}$ 构成, 在 SU(3) 框架内 $\mathrm{q\bar{q}} = 3 \times 3^*$.

由杨图, 表示$\underline{3}$用 $\Box$ 代表, $\underline{3^*}$ 由 $\begin{array}{|c|}\hline \ \\ \hline \ \\ \hline\end{array}$ 代表. 按 5.1.1 小节中所述的群表示分解方法

$$\Box \otimes \begin{array}{|c|}\hline \ \\ \hline \ \\ \hline\end{array} = \Box \otimes \begin{array}{|c|}\hline a \\ \hline b \\ \hline\end{array} = \begin{array}{|c|c|}\hline \ & a \\ \hline b \\ \cline{1-1}\end{array} + \begin{array}{|c|}\hline \ \\ \hline a \\ \hline b \\ \hline\end{array} = \underline{8} + \underline{1} \tag{5.2.4}$$

最后两个杨图维数易由 (5.1.6) 式算出. 所以介子在夸克模型中填充八重态 $\underline{8}$ 和单态 $\underline{1}$. 具体的味波函数 ψ_{flavor} 需要按照张量分解给出.

令

$$M'^i_j = q^i \bar{q}_j \tag{5.2.5}$$

此式表明 $M'^i_i = q^i \bar{q}_i \neq 0$(重复指标求和), 按 (5.1.11) 式, 显然 M'^i_j 是可约张量. 定义新张量

$$M^i_j = q^i \bar{q}_j - \frac{1}{3}\delta^i_j q^k \bar{q}_k \equiv M'^i_j - \frac{1}{3}M'^k_k \delta^i_j \tag{5.2.6}$$

易看出新张量满足无迹条件

$$M^i_i = 0 \tag{5.2.7}$$

因此 M^i_j 为不可约张量. 注意 $M'^i_i = q^i \bar{q}_i \neq 0$ 是 SU(3) 不变的, 因此属于单态 $\underline{1}$.

M^i_j 是无迹能量, 因而只有 8 个独立分量 (无迹条件去掉一个独立分量, 所以 M^i_j 独立分量为 $9-1=8$). 所以无迹能量 M^i_j 构成 SU(3) 群的 $\underline{8}$ 维表示.

利用 $q^i = (\mathrm{u}, \mathrm{d}, \mathrm{s})$、$\bar{q}_j = (\bar{\mathrm{u}}, \bar{\mathrm{d}}, \bar{\mathrm{s}})$, 容易得出

$$M^1_1 = q^1 \bar{q}_1 - \frac{1}{3} q^k \bar{q}_k \equiv \mathrm{u}\bar{\mathrm{u}} - \frac{1}{3}(\mathrm{u}\bar{\mathrm{u}} + \mathrm{d}\bar{\mathrm{d}} + \mathrm{s}\bar{\mathrm{s}}) = \frac{1}{3}(2\mathrm{u}\bar{\mathrm{u}} - \mathrm{d}\bar{\mathrm{d}} - \mathrm{s}\bar{\mathrm{s}}) \tag{5.2.8}$$

$$M^1_2 = \mathrm{u}\bar{\mathrm{d}}, M^1_3 = \mathrm{u}\bar{\mathrm{s}}$$

等等, 由此可得

$$M^i_j = \begin{pmatrix} \dfrac{2\mathrm{u}\bar{\mathrm{u}} - \mathrm{d}\bar{\mathrm{d}} - \mathrm{s}\bar{\mathrm{s}}}{3} & \mathrm{u}\bar{\mathrm{d}} & \mathrm{u}\bar{\mathrm{s}} \\ \mathrm{d}\bar{\mathrm{u}} & \dfrac{2\mathrm{d}\bar{\mathrm{d}} - \mathrm{u}\bar{\mathrm{u}} - \mathrm{s}\bar{\mathrm{s}}}{3} & \mathrm{d}\bar{\mathrm{s}} \\ \mathrm{s}\bar{\mathrm{u}} & \mathrm{s}\bar{\mathrm{d}} & \dfrac{2\mathrm{s}\bar{\mathrm{s}} - \mathrm{u}\bar{\mathrm{u}} - \mathrm{d}\bar{\mathrm{d}}}{3} \end{pmatrix} \tag{5.2.9}$$

单态

$$q^i \bar{q}_i = \frac{\mathrm{u}\bar{\mathrm{u}} + \mathrm{d}\bar{\mathrm{d}} + \mathrm{s}\bar{\mathrm{s}}}{\sqrt{3}} \equiv \eta_1 \tag{5.2.10}$$

因子 $\sqrt{3}$ 是归一化因子. (5.2.9) 式对角线上只有两个独立态, 无迹条件限制了一个. 先看赝标介子 ($J^{\mathrm{P}} = 0^-$). 根据表 5.2 夸克的量子数, 可以做如下填充:

$$\left.\begin{array}{ccc} \mathrm{K}^0 = \mathrm{d}\bar{\mathrm{s}} & \mathrm{K}^+ = \mathrm{u}\bar{\mathrm{s}} & \\ \pi^+ = \mathrm{u}\bar{\mathrm{d}} & \pi^0 = \dfrac{\mathrm{d}\bar{\mathrm{d}} - \mathrm{u}\bar{\mathrm{u}}}{\sqrt{2}} & \pi^- = -\mathrm{d}\bar{\mathrm{u}} \\ & \eta_8 = \dfrac{\mathrm{u}\bar{\mathrm{u}} + \mathrm{d}\bar{\mathrm{d}} - 2\mathrm{s}\bar{\mathrm{s}}}{\sqrt{6}} & \\ \mathrm{K}^- = -\mathrm{s}\bar{\mathrm{u}} & & \mathrm{K}^0 = \mathrm{s}\bar{\mathrm{d}} \end{array}\right\} \tag{5.2.11}$$

以上 $(-\bar{u})$ 为 $I_3 = -1/2$ 的态, 从第 4 章同位旋对称已知. $\begin{pmatrix} u \\ d \end{pmatrix}$ 和 $\begin{pmatrix} \bar{d} \\ -\bar{u} \end{pmatrix}$ 才有共同的同位旋变换性质, 即 $(-\bar{u})$ 才是 $I_3 = -1/2$ 的反夸克态. 所以 (5.2.11) 填充时, π^-, K^- 前才有负号, 即用的是 $(-\bar{u})$. π^0 用的是 $\dfrac{d\bar{d} - u\bar{u}}{\sqrt{2}}$.

实际上 (5.2.9) 式对角元上两个独立的量可选为

$$
\begin{aligned}
M_2^2 - M_1^1 &= d\bar{d} - u\bar{u} \sim \pi^0 \\
M_2^2 + M_1^1 &= \frac{u\bar{u} + d\bar{d} - 2s\bar{s}}{\sqrt{6}} \sim \eta_8
\end{aligned}
\tag{5.2.12}
$$

其中第一式 $I = 1$、$I_3 = 0$, 取为 π^0, 归一化因子为 $\sqrt{2}$. 第二式为 $I = 0$, $I_3 = 0$, 取为 η_8, $\sqrt{6}$ 为归一化因子. 这样 (5.2.9) 式可改写为

$$
M_j^i = \begin{pmatrix}
\dfrac{\eta_8}{\sqrt{6}} - \dfrac{\pi^0}{\sqrt{2}} & \pi^+ & K^+ \\
-\pi^- & \dfrac{\eta_8}{\sqrt{6}} + \dfrac{\pi^0}{\sqrt{2}} & K^0 \\
-K^- & \bar{K}^0 & -\dfrac{2\eta_8}{\sqrt{6}}
\end{pmatrix}
\tag{5.2.13}
$$

(5.2.10) 式中的 η_1 和 (5.2.11) 式中的 η_8 都是 $I = 0$, $Y = 0$ 的粒子. 但是 η_1 属 SU(3) 单态, η_8 属 SU(3) 八重态. 如果 SU(3) 对称严格保持, 则 η_1, η_8 互不相干. 但实际上 SU(3) 是有轻度破坏的, 这导致 η_1, η_8 有混合. 实验上观察到的 η, η' 介子是 η_1, η_8 混合后的产物. 令混合角为 θ, 则

$$
\begin{pmatrix} \eta \\ \eta' \end{pmatrix} = \begin{pmatrix} \cos\theta & -\sin\theta \\ \sin\theta & \cos\theta \end{pmatrix} \begin{pmatrix} \eta_8 \\ \eta_1 \end{pmatrix}
\tag{5.2.14}
$$

由此得

$$
\begin{aligned}
\eta &= \eta_8 \cos\theta - \eta_1 \sin\theta \\
\eta' &= \eta_8 \sin\theta + \eta_1 \cos\theta
\end{aligned}
\tag{5.2.15}
$$

混合角可由已测得的介子质量计算出来, 这要用到质量公式. 计算方法在讨论质量公式时再给出. 目前定出的 θ 角有两个值: 用平方质量公式给出 $\theta = -11.5°$, 用线性质量公式定出 $\theta = -24.6°$[7].

5.2.2 矢量介子八重态和单态味波函数

把 5.2.1 小节中的赝标介子味波函数作如下的对应变换: $\pi \to \rho$, $K \to K^*$、$\eta_8 \to \omega_8$, $\eta_1 \to \omega_1$ 就得到矢量介子八重态和单态的味波函数的夸克构成. 虽然赝标介子

和矢量介子味波函数夸克组成相同, 但两者正反夸克的自旋结构不同. 赝标介子 q 和 $\bar{q}$ 的自旋反平行, 因而总自旋为 0, 而矢量介子中 q 和 $\bar{q}$ 的自旋平行, 因而总自旋为 1. 当然 η_8–η_1 混合和 ω_8–ω_1 混合也不同.

类似地, ω_1–ω_8 混合也可表示成

$$\left.\begin{aligned}\phi &= \omega_8\cos\theta - \omega_1\sin\theta\\ \omega &= \omega_8\sin\theta + \omega_1\cos\theta\end{aligned}\right\} \tag{5.2.16}$$

对于 "理想混合", 取 $\cos\theta=\sqrt{\frac{2}{3}}$、$\sin\theta=\sqrt{\frac{1}{3}}$, 即 $\theta=35°$, 则

$$\begin{aligned}\phi &= \frac{u\bar{u}+d\bar{d}-2s\bar{s}}{\sqrt{6}}\cdot\sqrt{\frac{2}{3}}-\frac{u\bar{u}+d\bar{d}+s\bar{s}}{\sqrt{3}}\sqrt{\frac{1}{3}}=-s\bar{s}\\ \omega &= \frac{u\bar{u}+d\bar{d}-2s\bar{s}}{\sqrt{6}}\cdot\frac{1}{\sqrt{3}}+\frac{u\bar{u}+d\bar{d}+s\bar{s}}{\sqrt{3}}\sqrt{\frac{2}{3}}=\frac{u\bar{u}+d\bar{d}}{\sqrt{2}}\end{aligned}$$

即

$$\left\{\begin{aligned}\phi &= -s\bar{s}\\ \omega &= \frac{1}{\sqrt{2}}(u\bar{u}+d\bar{d})\end{aligned}\right. \tag{5.2.17}$$

通常文献中取

$$\left\{\begin{aligned}\phi &= s\bar{s}\\ \omega &= \frac{1}{\sqrt{2}}(u\bar{u}+d\bar{d})\end{aligned}\right. \tag{5.2.18}$$

(5.2.18) 式中的 ϕ 与 (5.2.17) 式中的 ϕ 差位相 180°, 这对物理没有影响.

由实验定出的 ω–ϕ 混合角与理想混合相差不多. 用平方质量的公式给出 $\theta=38.7°$, 用线性质量公式给出 $\theta=36.0°$[7]. 赝标和矢量介子八重态权图如图 5.6 所示.

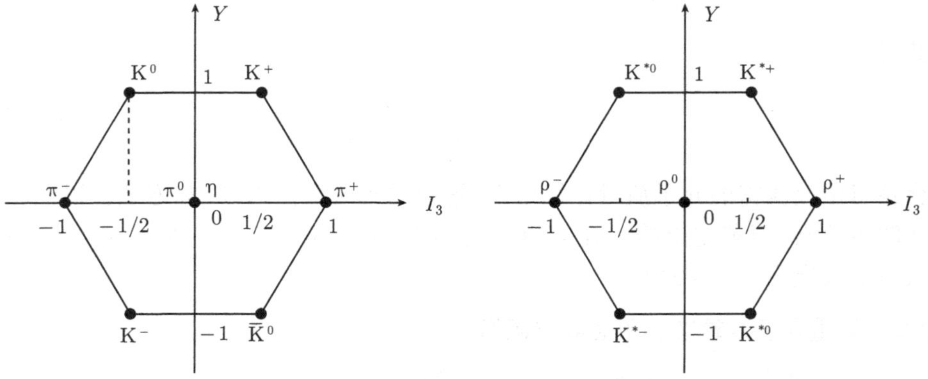

图 5.6　赝标介子和矢量介子八重态权图

5.2.3 重子八重态和十重态味波函数

重子由 3 个夸克组成, 按表示看, 由 5.1.1 小节知

$$
\begin{aligned}
q^a q^b q^c = 3\otimes 3\otimes 3 &= \boxed{a}\otimes\boxed{b}\otimes\boxed{c} = \left(\begin{array}{|c|c|}\hline a & b \\ \hline\end{array} + \begin{array}{|c|}\hline a \\ \hline b \\ \hline\end{array}\right)\otimes\boxed{c} \\
&\qquad\qquad\qquad\qquad\qquad\quad \underline{6}+\underline{3}^* \\
&= \begin{array}{|c|c|c|}\hline a & b & c \\ \hline\end{array} + \begin{array}{|c|c|}\hline a & b \\ \hline c \\ \cline{1-1}\end{array} + \begin{array}{|c|c|}\hline a & c \\ \hline b \\ \cline{1-1}\end{array} + \begin{array}{|c|}\hline a \\ \hline b \\ \hline c \\ \hline\end{array} \\
&\qquad\ \ \underline{10} \quad + \quad \underline{8} \quad + \quad \underline{8} \quad + \quad \underline{1}
\end{aligned}
\tag{5.2.19}
$$

上述分解为

$$
3\times 3\times 3 = 10\oplus 8\oplus 8\oplus 1
$$

即有两个八重态, 这两个八重态的对称性不同.

从上面杨图分析看, 是先把 $q^a q^b$ 两夸克态约化为 $\underline{6}+\underline{3}^*$, 即 $3\times 3=\underline{6}+\underline{3}^*$, 再加入第三个夸克. 为了写出重子的夸克组成波函数, 我们还要借助于张量分析.

由于夸克按 SU(3) 的基础表 $\underline{3}$ 变换, 所以张量 $T^{ab}=q^a q^b$ 可约化为 $6+3^*$, 即

$$
\begin{aligned}
&\begin{array}{|c|c|}\hline a & b \\ \hline\end{array} + \begin{array}{|c|}\hline a \\ \hline b \\ \hline\end{array} \\
&\quad\ \underline{6} \quad\ + \ \underline{3}^*
\end{aligned}
\tag{5.2.20}
$$

$\underline{3}^*$ 张量 $A_i=\varepsilon_{iab}T^{ab}$, 即对指标 a, b 反对称, 从杨图可看出这一点

$$
\begin{aligned}
A_1 &= \frac{1}{\sqrt{2}}\left(T^{23}-T^{32}\right) \\
A_2 &= \frac{1}{\sqrt{2}}\left(T^{31}-T^{13}\right) \\
A_3 &= \frac{1}{\sqrt{2}}\left(T^{12}-T^{21}\right)
\end{aligned}
\tag{5.2.21}
$$

这里 $\dfrac{1}{\sqrt{2}}$ 是加上去的归一化因子.

由 (5.2.20) 式中的杨图看, 6 维张量对 a, b 对称, 因而

$$
\begin{aligned}
\underline{6} = S^{ab} = \frac{1}{\sqrt{2}}\left(T^{ab}+T^{ba}\right) = \Bigg\{ S^{11} &= \frac{T^{11}+T^{11}}{\sqrt{2}}, S^{12} = \frac{T^{12}+T^{21}}{\sqrt{2}}, \\
S^{13} &= \frac{T^{13}+T^{31}}{\sqrt{2}}, S^{23} = \frac{T^{23}+T^{32}}{\sqrt{2}}, \\
S^{22} &= \frac{T^{22}+T^{22}}{\sqrt{2}}, S^{33} = \frac{T^{33}+T^{33}}{\sqrt{2}} \Bigg\}
\end{aligned}
\tag{5.2.22}
$$

上面 S^{ii} 写成 $\dfrac{T^{ii}+T^{ii}}{\sqrt{2}}$, 是正确的归一化, 可理解为 $S^{ii}=\dfrac{\mathrm{q}^i(1)\mathrm{q}^i(2)+\mathrm{q}^i(2)\mathrm{q}^i(1)}{\sqrt{2}}$, 所以

$$T^{ab}=\mathrm{q}^a\mathrm{q}^b\to\underline{6}+\underline{3}^*\to S^{ab}+A_i \tag{5.2.23}$$

$$T^{abc}=\mathrm{q}^a\mathrm{q}^b\mathrm{q}^c=\left(S^{ab}+A_i\right)\mathrm{q}^c \tag{5.2.24}$$

先看 $A_i\mathrm{q}^c$ 的分解, 即 $3^*\times 3$ 的分解.

$$A_i\mathrm{q}^c=A_i\mathrm{q}^i+B^i_j\to 1\oplus 8 \tag{5.2.25}$$

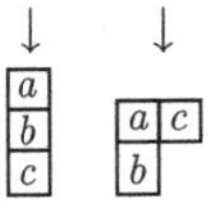

单态

$$\frac{1}{\sqrt{3}}A_i\mathrm{q}^i=\frac{1}{\sqrt{6}}(\mathrm{dsu-sdu+sud-usd+uds-dus}) \tag{5.2.26}$$

对 a, b, c 全反对称, $\dfrac{1}{\sqrt{6}}$ 为归一化因子.

$\dfrac{1}{2}^+$ 重子八重态

$$\begin{aligned}B^i_j&=A_j\mathrm{q}^i-\frac{1}{3}\delta^i_jA_k\mathrm{q}^k\\&=\varepsilon_{jab}\mathrm{q}^a\mathrm{q}^b\mathrm{q}^i-\frac{1}{3}\delta^i_j\varepsilon_{abc}\mathrm{q}^a\mathrm{q}^b\mathrm{q}^c\end{aligned} \tag{5.2.27}$$

具体写出来为

$$\left.\begin{array}{ll}B^1_1=\mathrm{dsu-sdu}-\frac{1}{3}A_kq^k & \\ B^1_2=\mathrm{suu-usu} & \to\Sigma^+=\frac{1}{\sqrt{2}}(\mathrm{suu-usu})\\ B^1_3=\mathrm{udu-duu} & \to\mathrm{P}=\frac{1}{\sqrt{2}}(\mathrm{udu-duu})\\ B^2_1=\mathrm{dsd-sdd} & \to\Sigma^-=\frac{1}{\sqrt{2}}(\mathrm{dsd-sdd})\\ B^2_2=\mathrm{sud-usd}-\frac{1}{3}A_kq^k & \\ B^2_3=\mathrm{udd-dud} & \to\mathrm{n}=\frac{1}{\sqrt{2}}(\mathrm{udd-dud})\\ B^3_1=\mathrm{dss-sds} & \to\Xi^-=\frac{1}{\sqrt{2}}(\mathrm{dss-sds})\\ B^3_2=\mathrm{sus-uss} & \to\Xi^0=\frac{1}{\sqrt{2}}(\mathrm{sus-uss})\\ B^3_3=\mathrm{uds-dus}-\frac{1}{3}A_kq^k & \end{array}\right\} \tag{5.2.28}$$

在 (5.2.28) 式中, 我们在定义重子时加上了归一因子 $1/\sqrt{2}$. 因为 $B_i^i = B_1^1 + B_2^2 + B_3^3 = 0$, 所以 $B_i^i(i=1,2,3)$ 中只有两个是独立的.

仿照介子八重态的选法, 参照 (5.2.12) 式, 可定义

$$\pi^0 \to \Sigma^0 = \frac{1}{2}\left(B_2^2 - B_1^1\right) = \frac{1}{2}(\mathrm{sud} - \mathrm{usd} - \mathrm{dsu} + \mathrm{sdu}) \tag{5.2.29}$$

$$\begin{aligned}\eta_8 \to \Lambda^0 &= \frac{\sqrt{3}}{2}\left(B_2^2 + B_1^1\right) = -\frac{\sqrt{3}}{2}\mathrm{B}_3^3 \\ &= \frac{1}{\sqrt{12}}\{(\mathrm{ds}-\mathrm{sd})\,\mathrm{u} + (\mathrm{su}-\mathrm{us})\,\mathrm{d} + 2\,(\mathrm{ud}-\mathrm{du})\,\mathrm{s}\}\end{aligned} \tag{5.2.30}$$

(5.2.29) 式和 (5.2.30) 式中选的归一化因子与 $\pi^0 - \eta_8$ 有差别, 是因为夸克结构中的项数不同所致. 显然

$$\frac{\Lambda^0}{\sqrt{6}} - \frac{\Sigma^0}{\sqrt{2}} = \frac{-1}{2\sqrt{2}}\left(B_3^3 + B_2^2 - B_1^1\right) = \frac{1}{\sqrt{2}}B_1^1 \tag{5.2.31}$$

这样可以看出

$$\frac{1}{\sqrt{2}}\left(B_j^i\right) = \begin{pmatrix} \dfrac{\Lambda^0}{\sqrt{6}} - \dfrac{\Sigma^0}{\sqrt{2}} & \Sigma^+ & \mathrm{p} \\ \Sigma^- & \dfrac{\Lambda^0}{\sqrt{6}} + \dfrac{\Sigma^0}{\sqrt{2}} & \mathrm{n} \\ \Xi^- & \Xi^0 & -\dfrac{2\Lambda^0}{\sqrt{6}} \end{pmatrix} \tag{5.2.32}$$

与 (5.2.13) 式比较, Σ^-, Ξ^- 前面没有负号. 这无关紧要, 只是相位差 180°, 不影响物理.

总结一下 $\dfrac{1}{2}^+$ 重子 B_j^i 填充为

$$\left.\begin{aligned} \Sigma^+ &= \frac{1}{\sqrt{2}}(\mathrm{suu} - \mathrm{usu}) \\ \mathrm{p} &= \frac{1}{\sqrt{2}}(\mathrm{udu} - \mathrm{duu}) \\ \Sigma^- &= \frac{1}{\sqrt{2}}(\mathrm{dsd} - \mathrm{sdd}) \\ \mathrm{n} &= \frac{1}{\sqrt{2}}(\mathrm{udd} - \mathrm{dud}) \\ \Xi^- &= \frac{1}{\sqrt{2}}(\mathrm{dss} - \mathrm{sds}) \\ \Xi^0 &= \frac{1}{\sqrt{2}}(\mathrm{sus} - \mathrm{uss}) \\ \Lambda^0 &= \frac{1}{\sqrt{12}}(\mathrm{dsu} - \mathrm{sdu} + \mathrm{sud} - \mathrm{usd} + 2\mathrm{uds} - 2\mathrm{dus}) \\ \Sigma^0 &= \frac{1}{2}(\mathrm{sud} - \mathrm{usd} - \mathrm{dsu} + \mathrm{sdu}) \end{aligned}\right\} \tag{5.2.33}$$

注意 (5.2.27) 重子八重态对应的杨图是 (5.2.19) 中的 $\begin{array}{|c|c|}\hline a & c \\ \hline b \\ \cline{1-1}\end{array}$，即 a, b 是反对称的. 还有另外一个八重态, 即 $\begin{array}{|c|c|}\hline a & b \\ \hline c \\ \cline{1-1}\end{array}$，即 a, b 是对称的, 由 $\underline{6}\times\underline{3}$ 分解来的, 实际上可取

$$B'^{b}_{j}=\varepsilon_{ajc}S^{ab}\mathrm{q}^{c} \tag{5.2.34}$$

B'^{b}_{j} 是不可约张量, 属 8 维表示, 这一点由 $B'^{j}_{j}=\varepsilon_{ajc}S^{aj}\mathrm{q}^{c}=0$ 可以看出 (参阅 (5.1.11) 式). (5.2.34) 式下标 j 放在何处, 即用 ε_{ajc}, ε_{jac}, ε_{acj} 来构造, 只是符号差别, 不影响物理含义.

由 (5.2.34) 式可得出 (利用 (5.2.22) 式 S^{ab} 的表达式)

$$\begin{aligned}
B'^{1}_{2}&=\varepsilon_{a2c}S^{a1}\mathrm{q}^{c}=S^{11}\mathrm{q}^{3}-S^{31}\mathrm{q}^{1}=\frac{\mathrm{uus}+\mathrm{uus}}{\sqrt{2}}-\frac{\mathrm{suu}+\mathrm{usu}}{\sqrt{2}}\\
&=\frac{1}{\sqrt{2}}(2\mathrm{uus}-\mathrm{suu}-\mathrm{usu})\\
&\to\frac{1}{\sqrt{6}}(2\mathrm{uus}-\mathrm{suu}-\mathrm{usu})=\Sigma^{+}\\
B'^{1}_{3}&=\varepsilon_{a3c}S^{a1}q^{c}=S^{21}q^{1}-S^{11}q^{2}\\
&=\frac{(\mathrm{du}+\mathrm{ud})\,\mathrm{u}}{\sqrt{2}}-\frac{(\mathrm{uu}+\mathrm{uu})\,d}{\sqrt{2}}=\frac{1}{\sqrt{2}}(\mathrm{duu}+\mathrm{udu}-2\mathrm{uud})\\
&\to\frac{1}{\sqrt{6}}(\mathrm{duu}+\mathrm{udu}-2\mathrm{uud})=\mathrm{p}\\
B'^{2}_{1}&=\varepsilon_{a1c}S^{a2}\mathrm{q}^{c}=S^{32}\mathrm{q}^{2}-S^{22}\mathrm{q}^{3}=\frac{1}{\sqrt{2}}(\mathrm{sd}+\mathrm{ds})\,\mathrm{d}-\frac{1}{\sqrt{2}}(\mathrm{dd}+\mathrm{dd})\,\mathrm{s}\\
&\to\frac{1}{\sqrt{6}}(\mathrm{sdd}+\mathrm{dsd}-2\mathrm{dds})=\Sigma^{-}\\
B'^{2}_{3}&=\varepsilon_{a3c}S^{a2}\mathrm{q}^{c}=S^{22}\mathrm{q}^{1}-S^{12}\mathrm{q}^{2}=\frac{1}{\sqrt{2}}(\mathrm{dd}+\mathrm{dd})\,\mathrm{u}-\frac{1}{\sqrt{2}}(\mathrm{ud}+\mathrm{du})\,\mathrm{d}\\
&\to\frac{1}{\sqrt{6}}(2\mathrm{ddu}-\mathrm{udd}-\mathrm{dud})=\mathrm{n}\\
B'^{3}_{1}&=\varepsilon_{a1c}S^{a3}\mathrm{q}^{c}=S^{33}\mathrm{q}^{2}-S^{23}q^{3}\\
&\to\frac{1}{\sqrt{6}}(2\mathrm{ssd}-\mathrm{dss}-\mathrm{sds})=\Xi^{-}\\
B'^{3}_{2}&=\varepsilon_{a2c}S^{a3}\mathrm{q}^{c}=S^{13}\mathrm{q}^{3}-S^{33}\mathrm{q}^{1}\\
&=\frac{1}{\sqrt{2}}(\mathrm{us}+\mathrm{su})\,\mathrm{s}-\frac{1}{\sqrt{2}}(\mathrm{ss}+\mathrm{ss})\,\mathrm{u}\\
&\to\frac{1}{\sqrt{6}}(\mathrm{uss}+\mathrm{sus}-2\mathrm{ssu})=\Xi^{0}
\end{aligned}$$

$$B'^1_1 = \varepsilon_{a1c}S^{a1}\mathrm{q}^c = S^{31}\mathrm{q}^2 - S^{21}\mathrm{q}^3 = \frac{1}{\sqrt{2}}(\mathrm{sud} + \mathrm{usd} - \mathrm{dus} - \mathrm{uds})$$

$$B'^2_2 = \varepsilon_{a2c}S^{a2}\mathrm{q}^c = S^{12}\mathrm{q}^3 - S^{32}\mathrm{q}^1 = \frac{1}{\sqrt{2}}(\mathrm{uds} + \mathrm{dus} - \mathrm{sdu} - \mathrm{dsu})$$

$$B'^3_3 = \varepsilon_{a3c}S^{a3}\mathrm{q}^c = S^{23}\mathrm{q}^1 - S^{13}\mathrm{q}^2 = \frac{1}{\sqrt{2}}(\mathrm{dsu} + \mathrm{sdu} - \mathrm{usd} - \mathrm{sud})$$

显然 $B'^1_1 + B'^2_2 + B'^3_3 = 0.$

参照 (5.2.12) 式可定义

$$\Sigma^0 = \frac{1}{\sqrt{2}}\left(B'^2_2 - B'^1_1\right) \to \frac{1}{\sqrt{12}}(2\mathrm{uds} + 2\mathrm{dus} - \mathrm{sdu} - \mathrm{dsu} - \mathrm{sud} - \mathrm{usd})$$

$$\Lambda^0 = \frac{\sqrt{3}}{2}\left(B'^2_2 + B'^1_1\right) = -\frac{\sqrt{3}}{2}B'^3_3$$

$$\Rightarrow \Lambda^0 = \frac{1}{2}(\mathrm{dsu} - \mathrm{usd} + \mathrm{sdu} - \mathrm{sud})$$

这样另一个重子八重态填充 B'^i_j 可列为

$$\left.\begin{aligned}
\Sigma^+ &= \frac{1}{\sqrt{6}}(2\mathrm{uus} - \mathrm{suu} - \mathrm{usu}) \\
\mathrm{p} &= \frac{1}{\sqrt{6}}(\mathrm{duu} + \mathrm{udu} - 2\mathrm{uud}) \\
\Sigma^- &= \frac{1}{\sqrt{6}}(\mathrm{sdd} + \mathrm{dsd} - 2\mathrm{dds}) \\
n &= \frac{1}{\sqrt{6}}(2\mathrm{ddu} - \mathrm{udd} - \mathrm{dud}) \\
\Xi^- &= \frac{1}{\sqrt{6}}(2\mathrm{ssd} - \mathrm{dss} - \mathrm{sds}) \\
\Xi^0 &= \frac{1}{\sqrt{6}}(\mathrm{uss} + \mathrm{sus} - 2\mathrm{ssu}) \\
\Lambda^0 &= \frac{1}{2}(\mathrm{dsu} - \mathrm{usd} + \mathrm{sdu} - \mathrm{sud}) \\
\Sigma^0 &= \frac{1}{\sqrt{12}}(2\mathrm{uds} + 2\mathrm{dus} - \mathrm{sdu} - \mathrm{dsu} - \mathrm{sud} - \mathrm{usd})
\end{aligned}\right\} \tag{5.2.35}$$

B^i_j 和 B'^i_j 描写的重子八重态 $\left(\left(\frac{1}{2}\right)^+ \text{重子}\right)$ 是等价的, 即 (5.2.33) 式和 (5.2.35) 式的描写是等价的. 其波函数的结构与用自旋耦合给出的结果[8] 是一致的, 只是个别波函数可能差整体位相 (负号), 这不影响物理.

从 (5.2.19) 式看出, 还有一个全对称张量 $\underline{10}$ 重态没有填充, 这正好填 $\left(\frac{3}{2}\right)^+$ 重子十重态.

$T^{abc} = \mathrm{q}^a\mathrm{q}^b\mathrm{q}^c$ 对 a, b, c 全对称化后写成 $D^{abc} = T^{\{abc\}}$, $\{abc\}$ 表示对 a, b, c 全对称化, 则

$$\left.\begin{aligned}
\Omega^- &= D^{333} = T^{333} = \mathrm{sss}\\
\Xi^{*0} &= D^{133} = \frac{1}{\sqrt{3}}\left(T^{133}+T^{313}+T^{331}\right) = \frac{1}{\sqrt{3}}(\mathrm{uss}+\mathrm{sus}+\mathrm{ssu})\\
\Xi^{*-} &= D^{233} = \frac{1}{\sqrt{3}}\left(T^{233}+T^{323}+T^{332}\right) = \frac{1}{\sqrt{3}}(\mathrm{dss}+\mathrm{sds}+\mathrm{ssd})\\
\Sigma^{*+} &= D^{311} = \frac{1}{\sqrt{3}}\left(T^{311}+T^{131}+T^{113}\right) = \frac{1}{\sqrt{3}}(\mathrm{suu}+\mathrm{usu}+\mathrm{uus})\\
\Sigma^{*0} &= D^{312} = \frac{1}{\sqrt{6}}\left(T^{312}+T^{231}+T^{123}+T^{321}+T^{213}+T^{132}\right)\\
&= \frac{1}{\sqrt{6}}(\mathrm{sud}+\mathrm{dsu}+\mathrm{uds}+\mathrm{sdu}+\mathrm{dus}+\mathrm{usd})\\
\Sigma^{*-} &= D^{322} = \frac{1}{\sqrt{3}}\left(T^{322}+T^{232}+T^{223}\right) = \frac{1}{\sqrt{3}}(\mathrm{sdd}+\mathrm{dsd}+\mathrm{dds})\\
\Delta^{++} &= D^{111} = T^{111} = \mathrm{uuu}\\
\Delta^{+} &= D^{112} = \frac{1}{\sqrt{3}}\left(T^{112}+T^{121}+T^{211}\right) = \frac{1}{\sqrt{3}}(\mathrm{uud}+\mathrm{udu}+\mathrm{duu})\\
\Delta^{0} &= D^{122} = \frac{1}{\sqrt{3}}\left(T^{122}+T^{221}+T^{212}\right) = \frac{1}{\sqrt{3}}(\mathrm{udd}+\mathrm{dud}+\mathrm{ddu})\\
\Delta^{-} &= D^{222} = T^{222} = \mathrm{ddd}
\end{aligned}\right\}\tag{5.2.36}$$

将 $\left(\dfrac{1}{2}\right)^+$ 重子八重态和 $\left(\dfrac{3}{2}\right)^+$ 重子十重态画在 I_3–Y 权图上就得到图 5.7.

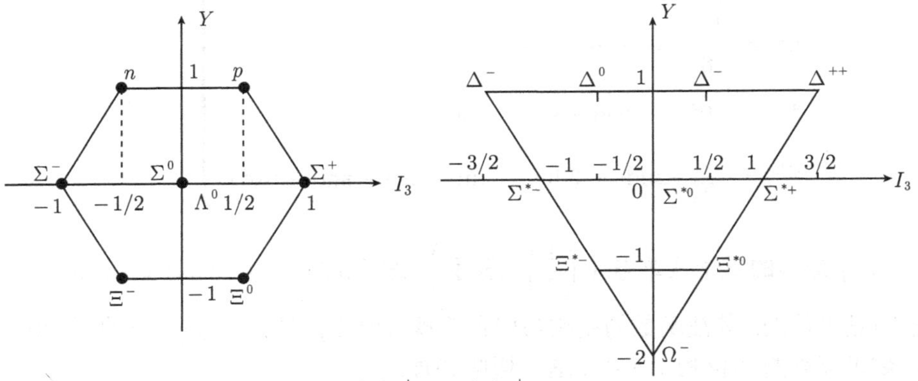

图 5.7　$\left(\dfrac{1}{2}\right)^+$ 和 $\left(\dfrac{3}{2}\right)^+$ 重子的权图

注意, Ξ^{*0} 等重子中夸克味道的顺序的不同可认为是由夸克的动量 (或某种其

他量子数) 来标记的, 如 $\vec{p}, \vec{p}', \vec{p}''$ 的顺序排列. 当交换味量子数时 (flavor 交换时), $\vec{p}, \vec{p}', \vec{p}''$ 顺序保持不变, 如

$$\begin{aligned}&\mathrm{uss}+\mathrm{sus}+\mathrm{ssu}\\&=u(\vec{p})\,s(\vec{p}')\,s(\vec{p}'')+s(\vec{p})\,u(\vec{p}')\,s(\vec{p}'')+s(\vec{p})\,s(\vec{p}')\,u(\vec{p}'')\\&=D^{133}\end{aligned} \tag{5.2.37}$$

若 1, 3 交换 (味交换) 则有 $D^{313}=D^{133}$ 中的前两个味 1, 3 互换, 但 $\vec{p}, \vec{p}', \vec{p}''$ 顺序不变

$$D^{313}=s(\vec{p})\,u(\vec{p}')\,s(\vec{p}'')+u(\vec{p})\,s(\vec{p}')\,s(\vec{p}'')+s(\vec{p})\,s(\vec{p}')\,u(\vec{p}'') \tag{5.2.38}$$

即 (5.2.37) 式中的第三项不动, 前两项味 1, 3 互换, 结果不变, 当然

$$\vec{p}+\vec{p}'+\vec{p}''=0 \tag{5.2.39}$$

5.3 颜色自由度

我们有理论上的理由和实验上的要求都指向夸克还需要有新的自由度, 即颜色自由度 (color). 夸克需有三种不同的颜色, 如红、绿、蓝. 当然, color 只是一种量子数, 名称并不重要. 下面分述引入 color 的理由.

5.3.1 重子自旋统计关系

由 (5.2.3) 式, 重子的波函数由四部分组成

$$\Psi=\psi_{\text{space}}\cdot\psi_{\text{spin}}\cdot\psi_{\text{flavor}}\cdot\psi_{\text{color}} \tag{5.3.1}$$

一个合理的假设是, 强子中的夸克都处于轨道的 s 波. 以 $\left(\frac{3}{2}\right)^{+}$ 重子为例, 如 $\Omega^-=$ sss, 每个 s 夸克都处于共同位势的轨道 s 波. 夸克之间无相互作用 (这是静态夸克模型的基本假设之一, 当然这并不准确, 以后讨论 QCD 时再说). 这样, 对三个夸克动量求和后可知, 空间波函数 ψ_{space} 是对称的. 由于总自旋为 $\frac{3}{2}$ 时, 三个夸克的自旋必须都朝一个方向, 因而总自旋波函数 ψ_{spin} 也是对称的. ψ_{flavor} 对 $\left(\frac{3}{2}\right)^{+}$ 重子也是全对称的. 这样 (5.3.1) 式中只剩 ψ_{color}, 且必须反对称才能使 $\left(\frac{3}{2}\right)^{+}$ 重子态满足费米统计. 所以的费米统计性质要求引入颜色量子数.

用 $\alpha,\beta,\gamma,\cdots=1,2,3$ 表示色指标, 每个夸克 q 写为 $\mathrm{q}^{\alpha}(\alpha=1,2,3)$, 重子为色单态

$$q^{\alpha}q^{\beta}q^{\gamma}\varepsilon_{\alpha\beta\gamma} \tag{5.3.2}$$

(5.3.2) 式自动满足色指标完全反对称. 所以把色指标也明显标出时

$$\Omega^{-} = \frac{1}{\sqrt{6}}s^{\alpha}s^{\beta}s^{\gamma}\varepsilon_{\alpha\beta\gamma} \tag{5.3.3}$$

一般而言, 重子由三个夸克 $q_1q_2q_3$ 组成, 故可写为 $\frac{1}{\sqrt{6}}q_1^{\alpha}q_2^{\beta}q_3^{\gamma}\varepsilon_{\alpha\beta\gamma}$, 而介子可写为 $\frac{1}{\sqrt{3}}q_1^{\alpha}\bar{q}_2^{\alpha}$, 这里要求对重复指数 α 求和.

对于 $\left(\frac{1}{2}\right)^{+}$ 重子, ψ_{space} 自然是对称的, ψ_{color} 也是全反对称的色单态. ψ_{spin} 和 ψ_{flavor} 都是混合对称, 但其乘积 $\psi_{\text{spin}}\cdot\psi_{\text{flavor}}$ 是对称的, 因此较复杂, 我们不再详细讨论.

5.3.2 $\pi^0 \to \gamma\gamma$

π^0 衰变到 2γ 的最低阶费曼图, 如图 5.8 所示. 理论计算这个图的贡献, 衰变宽度为

$$\Gamma\left(\pi^0 = \gamma\gamma\right) = N_c^2\left(Q_u^2 - Q_d^2\right)^2\frac{\alpha^2 m_{\pi^0}^3}{64\pi^3 f_{\pi^2}} \tag{5.3.4}$$

其中 N_c 是颜色自由度数, Q_u 和 Q_d 分别为 u 夸克和 d 夸克的电荷数, $Q_u = \frac{2}{3}$、$Q_d = -\frac{1}{3}$, m_{π^0} 为 π^0 介子质量, $\alpha \sim \frac{1}{137}$ 为精细结构常数, $f_\pi = 91\text{MeV}$ 为 π 介子衰变常数. (5.3.4) 式中 $N_c = 3$ 时, $\Gamma\left(\pi^0 = \gamma\gamma\right) = 7.6\text{eV}$, 实验测得的结果 $\Gamma = 7.48 \pm 0.33\text{eV}$[7], 与 $N_c = 3$ 时的结果符合得非常好, 说明夸克有色自由度.

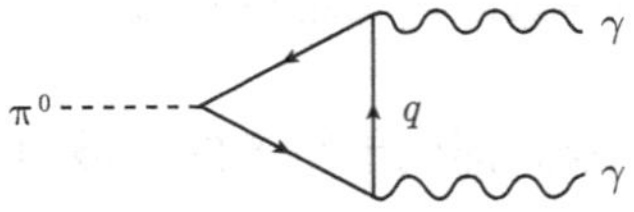

图 5.8 $\pi^0 \to \gamma\gamma$ 费曼图

5.3.3 e^+e^- 湮灭过程 R 值的测量

e^+e^- 湮灭实验中 R 值的定义为

$$R = \frac{\sigma\left(e^+e^- \to \text{强子}\right)}{\sigma\left(e^+e^- \to \mu^+\mu^-\right)} \tag{5.3.5}$$

其中 $\sigma\left(e^+e^- \to \text{强子}\right)$ 为 e^+e^- 湮灭到任何强子的总截面, $\sigma\left(e^+e^- \to \mu^+\mu^-\right)$ 为 $e^+e^- \to \mu^+\mu^-$ 的总截面.

e^+, e^- 只有电磁作用, $e^+e^- \to$ 强子, 理论上是 e^+e^- 先湮灭到正反夸克对 $q\bar{q}$, $q\bar{q}$ 再强子化为末态强子. 因实验上至今没发现单个夸克, q 和 $\bar{q}$ 必然要变为强子末

态, 因此可以认为 $q\bar{q} \to$ 强子的概率为百分之百. 这样 $e^+e^- \to$ 强子可由图 5.9(a) 表示, $e^+e^- \to \mu^+\mu^-$ 可由图 5.9(b) 表示.

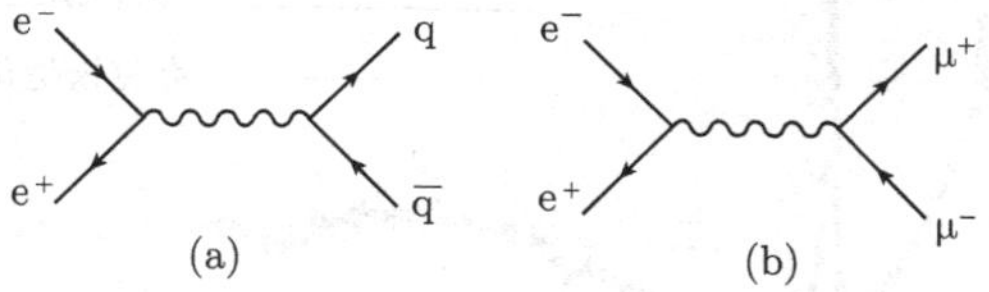

图 5.9 $e^+e^- \to \mu^+\mu^-$、$q\bar{q}$ 最低次费曼图

理论计算给出

$$R = N_c \sum_{i=1}^{n_f} Q_i^2 \tag{5.3.6}$$

N_c 为色自由度数, Q_i 为夸克电荷数 (以质子电荷 $|e|$ 为单位), n_f 为味道量子数. 这里 n_f 是指实验中能产生的夸克对的种类 (味) 数.

实验上已经知道 $m_u \sim 1.7-3.3\text{MeV}$, $m_d \sim 4.1-5.8\text{MeV}$, $m_s \sim 101\text{MeV}$, $m_c \sim 1.27\text{GeV}$、$m_b \sim 4.2-4.7\text{GeV}$、$m_t \sim 172\text{GeV}$[7]. 现有的 e^+e^- 对撞机质心系能量都在 10 GeV 以下, 所以 $e^+e^- \to t\bar{t}$ 还不可能在实验中实现. 所以当质心系能量 $\sqrt{s} < 3$ GeV 时, 只能产生 $u\bar{u}$、$d\bar{d}$, $s\bar{s}$, 所以 R 值为

$$R = 3\left[Q_u^2 + Q_d^2 + Q_s^2\right] = 3\left[\left(\frac{2}{3}\right)^2 + \left(-\frac{1}{3}\right)^2 + \left(-\frac{1}{3}\right)^2\right] = 2 \tag{5.3.7}$$

当 $3\text{GeV} \leqslant \sqrt{s} \leqslant 10$ GeV 时, u, d, s, c 都可产生, $Q_c = \frac{2}{3}$, 所以

$$R = 3\left[Q_u^2 + Q_d^2 + Q_s^2\right] = \frac{10}{3} \tag{5.3.8}$$

当 $\sqrt{s} > 2m_b \sim 10$ GeV 时, $b\bar{b}$ 可产生, 则

$$R = 3\left[Q_u^2 + Q_d^2 + Q_s^2 + Q_c^2 + Q_b^2\right] = \frac{11}{3} \tag{5.3.9}$$

而 $2m_t \sim 350\text{GeV}$, 所以

$$R = \begin{cases} 2, & \text{若 } \sqrt{s} < 3\ \text{GeV} \\ \dfrac{10}{3}, & \text{若 } 3\ \text{GeV} < \sqrt{s} < 10\ \text{GeV} \\ \dfrac{11}{3}, & \text{若 } 10\ \text{GeV} < \sqrt{s} < 350\ \text{GeV} \end{cases} \tag{5.3.10}$$

(5.3.10) 式的预言与实验测量一致, 实验结果[7] 参见图 5.10. 以上看出, 夸克有三种不同的色, 得到了实验的证实. 以后会讨论到, 色指标的对称性 $SU(3)_c$ 是严格的定域规范对称性, 这将导致量子色动力学 (QCD) 的诞生.

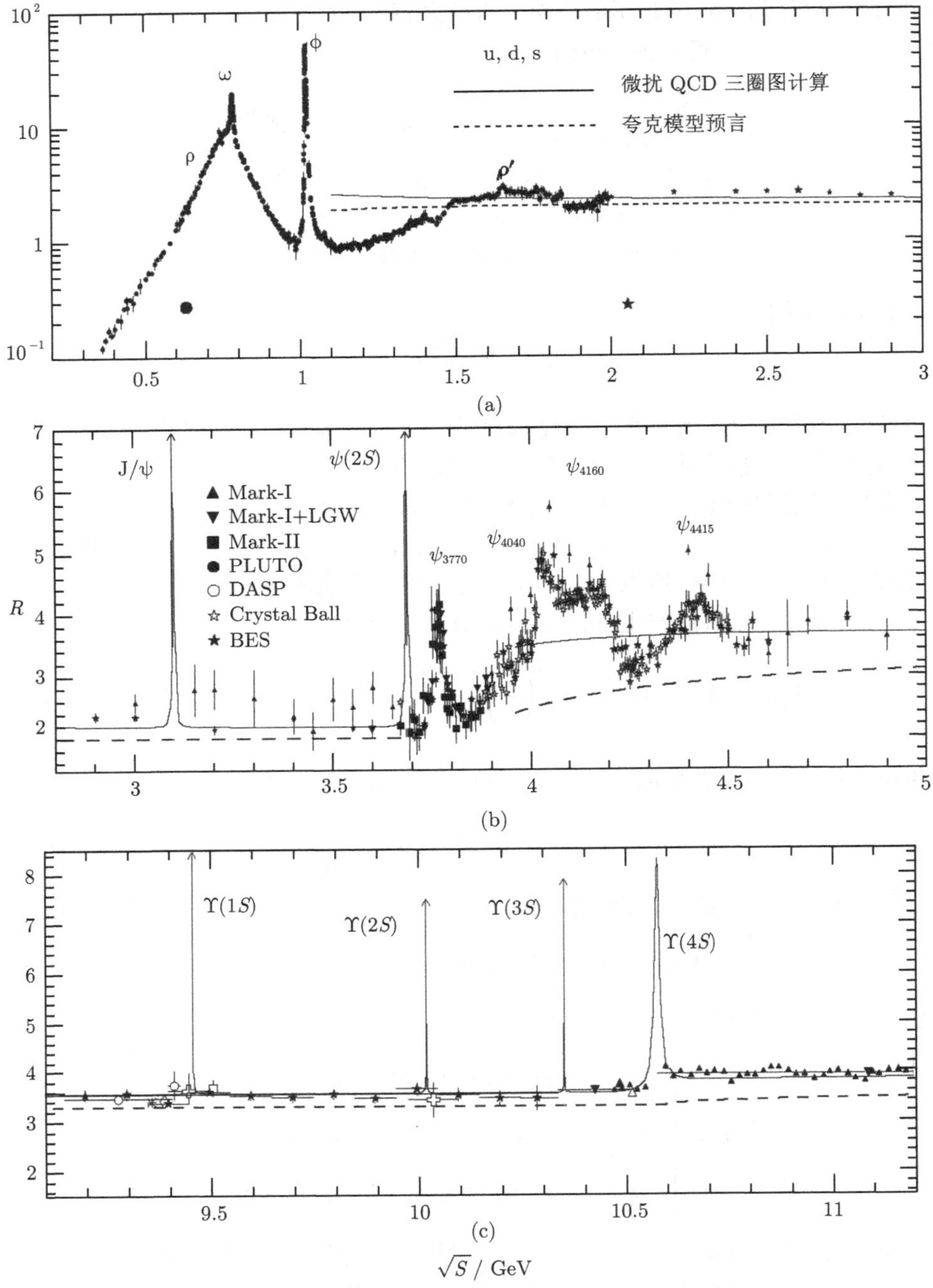
u, d, s
微扰 QCD 三圈图计算
夸克模型预言
ρ
ω
φ
ρ′
(a)
J/ψ
ψ(2S)
ψ3770
ψ4040
ψ4160
ψ4415
Mark-I
Mark-I+LGW
Mark-II
PLUTO
DASP
Crystal Ball
BES
R
(b)
Υ(1S)
Υ(2S)
Υ(3S)
Υ(4S)
(c)
√S / GeV

图 5.10　R 值测量结果

5.4 强子的质量公式

夸克模型的成功说明强相互作用的 SU(3) 味对称性是好的对称性. 以后用 $\mathrm{SU}(3)_\mathrm{f}$ 表示味对称性, 而用 $\mathrm{SU}(3)_\mathrm{c}$ 表示颜色对称性. 5.3 节已提到 $\mathrm{SU}(3)_\mathrm{c}$ 是严格的对称性. 如果 $\mathrm{SU}(3)_\mathrm{f}$ 也是严格的对称性, 则属于同一个 $\mathrm{SU}(3)_\mathrm{f}$ 多重态 (如 $\underline{8}$ 和 $\underline{10}$) 的介子或重子应当有相同的质量, 但实验结果并非如此. 实验发现, 同一个 $\mathrm{SU}(3)_\mathrm{f}$ 多重态内 ($\underline{8}$ 或 $\underline{10}$) 不同的同位旋多重态之间有几百个 MeV 的质量差. 5.3 节也提到, 基础表 $\underline{3}$ 重态 u, d, s 的质量也不相同. 这说明 $\mathrm{SU}(3)_\mathrm{f}$ 不是严格的对称性, 它是有破缺的.

$\mathrm{SU}(3)_\mathrm{f}$ 质量公式是唯象公式, 并不是从严格的理论推导出来的. 虽然导出的方法各异, 但本质相同. 这里我们给出一个更直观的方法. 从图 5.6 和图 5.7 介子和重子的权图看出, 对重子 $\underline{10}$ 重态, 质量是沿 Y 轴方向破缺的, 而且不同同位旋态之间的质量差间距相等, 如

$$\begin{gathered} m_\Delta \sim 1232\ \mathrm{MeV},\ m_{\Sigma^*} \sim 1384\ \mathrm{MeV},\ m_{\Xi^*} \sim 1533\ \mathrm{MeV}, \text{所以近似地有} \\ m_{\Sigma^*} - m_\Delta = m_{\Xi^*} - m_{\Sigma^*} \sim 150\ \mathrm{MeV} \end{gathered} \tag{5.4.1}$$

这样我们可以确定, 对十重态

$$m_{\underline{10}} = m_0 + aY \tag{5.4.2}$$

m_0, a 均为常数, 数值由实验定. (5.4.2) 式正好满足 $\left(\frac{3}{2}\right)^+$ 重子质量在相邻超荷态之间有等间距的规律 (5.4.1) 式. 所以质量公式 (5.4.2) 对 $\left(\frac{3}{2}\right)^+$ 重子十重态是适合的. 但对重子八重态 (5.4.2) 并不适合. 这是因为 $\Sigma^{\pm,0}$ 是 $I=1$ 的同位旋三重态, Λ 是 $I=0$ 的同位旋单态, 而这两个态 Y 都为零, 但质量不同: $m_\Sigma \sim 1190$ MeV, $m_\Lambda \sim 1116$ MeV, 相差 74MeV, 所以对 $\left(\frac{1}{2}\right)^+$ 重子八重态需要加上同位旋破坏的项, 如 $\vec{I}^2 = I(I+1)$ 的项. 但为适合 $\left(\frac{3}{2}\right)^+$ 重子十重态, 加上的同位旋有关项应当保持十重态质量等间隔. 而 $\left[I(I+1) - \frac{1}{4}Y^2\right]$ 的项可保持 $\left(\frac{3}{2}\right)^+$ 十重态等间隔.

这样可把 $\underline{10}$ 和 $\underline{8}$ 重态重子质量公式统一写成

$$m = m_0 + aY + b\left[I(I+1) - \frac{1}{4}Y^2\right] \tag{5.4.3}$$

(5.4.3) 式称为 Gell-Mann-Okubo 质量公式[9]. (5.4.3) 式中 m_0, a, b 三个参数对 $\underline{10}$ 和 $\underline{8}$ 是不同的.

对重子八重态

$$\Lambda^0: I=0, Y=0; \quad \mathrm{p,n}: I=\frac{1}{2}, Y=1$$
$$\Sigma^{\pm,0}: I=1, Y=0; \quad \Xi^0, \Xi^-: I=\frac{1}{2}, Y=-1$$

代入 (5.4.3) 式

$$\begin{cases} m_\Lambda = m_0 \\ m_\mathrm{N} = m_0 + a + \dfrac{b}{2} \\ m_\Sigma = m_0 + 2b \\ m_\Xi = m_0 - a + \dfrac{b}{2} \end{cases} \tag{5.4.4}$$

显然由 (5.4.4) 式可推出

$$3m_\Lambda + m_\Sigma = 2\left(m_\mathrm{N} + m_\Xi\right) \tag{5.4.5}$$

与实验结果一致.

对十重态重子, (5.4.3) 式给出

$$\begin{cases} m_\Delta = m_0 + a + \dfrac{7b}{2} \\ m_{\Sigma^*} = m_0 + 2b \\ m_{\Xi^*} = m_0 - a + \dfrac{b}{2} \\ m_{\Omega^-} = m_0 - 2a - b \end{cases} \tag{5.4.6}$$

(5.4.6) 式可由 m_Δ, m_{Σ^*}, m_{Ξ^*} 代入导出 a, b, m_0 后给出 $m_{\Omega^-} \sim 1685\mathrm{MeV}$, 在误差范围内与测得的 Ω^- 质量一致.

对于介子, 可以把 (5.4.3) 式直接推广到介子态. 对赝标介子八重态, 由 (5.4.3) 式得

$$\begin{aligned} m_\mathrm{K} &= m_0 + a + \frac{b}{2} \quad (Y=1\text{的}\mathrm{K}^0, \mathrm{K}^+) \\ &= m_0 - a + \frac{b}{2} \quad (Y=-1\text{的}\mathrm{K}^-, \bar{\mathrm{K}}^0) \end{aligned} \tag{5.4.7}$$

说明 $a=0$ 才满足上面两个方程, 所以有

$$\begin{cases} m_\mathrm{K} = m_0 + \dfrac{b}{2} \\ m_\pi = m_0 + 2b \\ m_{\eta_8} = m_0 \end{cases} \tag{5.4.8}$$

由 (5.4.8) 式可导出

$$4m_{\mathrm{K}} = 3m_{\eta_8} + m_{\pi} \tag{5.4.9}$$

如果认为 η_8 与 η 介子相差不多, $m_{\eta_8} \approx m_{\eta}$, 则 (5.4.9) 式不是很好. 如果改成质量平方 (因介子满足 Klein-Gordon 方程, 方程中出现的是质量平方) 则好些, 即介子用

$$m^2 = m_0^2 + aY + b\left[I(I+1) - \frac{Y^2}{4}\right] \tag{5.4.10}$$

(5.4.8) 式改为

$$\begin{cases} m_{\mathrm{K}}^2 = m_0^2 + \dfrac{b}{2} \\ m_{\pi}^2 = m_0^2 + 2b \\ m_{\eta_8}^2 = m_0^2 \end{cases} \Rightarrow 4m_{\mathrm{K}}^2 = 3m_{\eta_8}^2 + m_{\pi}^2 \tag{5.4.11}$$

如果认为 $m_{\eta_8} \approx m_{\eta}$, 则 (5.4.11) 式与实验符合得很好.

5.5 介子单态和八重态的混合

在 5.2.1 和 5.2.2 两小节中已经提到 η_1, η_8 有混合, ω_1, ω_8 也有混合. 实际上, 如果 $\mathrm{SU(3)_f}$ 对称是严格的, 上述混合不可能发生. 但由于 $\mathrm{SU(3)_f}$ 有轻度破坏, 加上 η_1–η_8, ω_1–ω_8 都是 $I = 0$, $Y = 0$ 的态, 即有相同量子数, 所以 $\mathrm{SU(3)_f}$ 的破坏导致 $\eta_1 - \eta_8$, $\omega_1 - \omega_8$ 的混合. 先看 η_1–η_8 混合.

由 (5.2.14) 式和 (5.2.15) 式混合后的 η, η' 是物理上观测到的介子, 因而是质量本征态, 即质量矩阵 (哈密顿量 H 的矩阵表示) 在以 η, η' 为基底时是对角的.

令 $\zeta_1 \equiv \eta$, $\zeta_2 \equiv \eta'$, $\xi_1 \equiv \eta_8$, $\xi_2 \equiv \eta_1$, 则由 (5.2.14) 式和 (5.2.15) 式有

$$\begin{pmatrix} \zeta_1 \\ \zeta_2 \end{pmatrix} = U \begin{pmatrix} \xi_1 \\ \xi_2 \end{pmatrix} = \begin{pmatrix} \cos\theta & -\sin\theta \\ \sin\theta & \cos\theta \end{pmatrix} \begin{pmatrix} \xi_1 \\ \xi_2 \end{pmatrix} \tag{5.5.1}$$

即

$$|\zeta_i\rangle = U_{ij}\,|\xi_j\rangle \tag{5.5.2}$$

其中,

$$U = \begin{pmatrix} \cos\theta & -\sin\theta \\ \sin\theta & \cos\theta \end{pmatrix} \tag{5.5.3}$$

为幺正矩阵, 且为实矩阵, 所以有

$$U^{+}U = U^{\mathrm{T}}U = 1 \tag{5.5.4}$$

在以物理本征态 η, η′ 为基时, 哈密顿量矩阵 (对静态粒子即质量矩阵) 是对角的, 所以 (注意, U 矩阵是实的)

$$\begin{aligned}\langle\zeta_i|\,H\,|\zeta_j\rangle &= U_{ik}^* U_{jl}\,\langle\xi_k|\,H\,|\xi_l\rangle \\ &= U_{ik}U_{jl}H_{kl} = U_{ik}H_{kl}\left(U^{\mathrm{T}}\right)_{lj} \\ &= \left(UHU^{\mathrm{T}}\right)_{ij} = m_i\delta_{ij}\end{aligned} \tag{5.5.5}$$

最后一步用了粒子静止的条件.

可见 (5.5.3) 式的混合矩阵 U 可将质量矩阵对角化, 当然也同时将质量平方矩阵对角化, 即

$$UH^2U^{\mathrm{T}} = UHU^{\mathrm{T}}UHU^{\mathrm{T}} = \begin{pmatrix} m_\eta^2 & 0 \\ 0 & m_{\eta'}^2 \end{pmatrix} \tag{5.5.6}$$

在基底 $\xi_1 \equiv \eta_8, \xi_2 \equiv \eta_1$ 下, M^2 不对角, 利用上式得

$$M^2 = \begin{pmatrix} m_8^2 & m_{81}^2 \\ m_{18}^2 & m_1^2 \end{pmatrix} = U^{\mathrm{T}} \begin{pmatrix} m_\eta^2 & 0 \\ 0 & m_{\eta'}^2 \end{pmatrix} U \tag{5.5.7}$$

假定 M^2 为实矩阵, 由于其厄米性 $M^{2+} = M^2$, 有

$$m_{81}^2 = m_{18}^2 \tag{5.5.8}$$

将 U 表示代入 (5.5.7) 式, 得

$$\begin{pmatrix} m_8^2 & m_{18}^2 \\ m_{18}^2 & m_1^2 \end{pmatrix} = \begin{pmatrix} m_\eta^2\cos^2\theta + m_{\eta'}^2\sin^2\theta & \left(m_{\eta'}^2 - m_\eta^2\right)\sin\theta\cos\theta \\ \left(m_{\eta'}^2 - m_\eta^2\right)\sin\theta\cos\theta & m_\eta^2\sin^2\theta + m_{\eta'}^2\cos^2\theta \end{pmatrix} \tag{5.5.9}$$

比较 (5.5.9) 式两端可得

$$\begin{cases} m_8^2 = m_\eta^2\cos^2\theta + m_{\eta'}^2\sin^2\theta \\ m_1^2 = m_\eta^2\sin^2\theta + m_{\eta'}^2\cos^2\theta \\ m_{18}^2 = \left(m_{\eta'}^2 - m_\eta^2\right)\sin\theta\cos\theta \end{cases} \tag{5.5.10}$$

由 (5.5.10) 式可得

$$\begin{cases} m_1^2 + m_8^2 = m_{\eta'}^2 + m_\eta^2 \\ m_1^2 m_8^2 - m_{18}^4 = m_\eta^2 m_{\eta'}^2 \\ \cos^2\theta = (m_{\eta'}^2 - m_8^2)/(m_{\eta'}^2 - m_\eta^2) \end{cases} \tag{5.5.11}$$

(5.5.10) 式最后一个方程两边除以 $\cos^2\theta$, 利用 (5.5.11) 式最后一式得

$$\tan\theta = \frac{m_{18}^2}{m_{\eta'}^2 - m_8^2} \tag{5.5.12}$$

由 (5.4.11) 式、(5.5.11) 式和 (5.5.10) 式

$$m_8^2 \equiv m_{\eta_8}^2 = \frac{4m_{\mathrm{K}}^2 - m_\pi^2}{3} \tag{5.5.13}$$

$$m_1^2 \equiv m_{\eta'}^2 + m_\eta^2 - m_8^2 \tag{5.5.14}$$

$$m_{18}^4 \equiv -m_\eta^2 m_{\eta'}^2 + m_1^2 m_8^2 \tag{5.5.15}$$

由 (5.5.13) 式 ~(5.5.15) 式计算出 m_{18}^2 和 m_8^2, 即可由 (5.5.12) 式计算 $\tan\theta$ 的值.

在给出 $\tan\theta$ 的数值之前, 先来看看 m_{18}^2 的符号

$$\begin{cases} m_{18}^2 = \langle \eta_1 | H^2 | \eta_8 \rangle \\ \eta_1 = \dfrac{1}{\sqrt{3}}(\mathrm{u\bar{u}} + \mathrm{d\bar{d}} + \mathrm{s\bar{s}}) \\ \eta_8 = \dfrac{1}{\sqrt{6}}(\mathrm{u\bar{u}} + \mathrm{d\bar{d}} - 2\mathrm{s\bar{s}}) \end{cases} \tag{5.5.16}$$

由于 $\mathrm{u\bar{u}}$, $\mathrm{d\bar{d}}$ 对 η_1, η_8 质量的贡献远远小于 $\mathrm{s\bar{s}}$ 的贡献, 由 η_1, η_8 表示可见, m_{18}^2 的主要部分由 η_1 中的 $\mathrm{s\bar{s}}$ 和 η_8 中的 $-2\mathrm{s\bar{s}}$ 决定, 因此 $m_{18}^2 < 0$.

取

$$\begin{aligned} m_\pi &= 135.6\ \mathrm{MeV}\ , \quad m_{\mathrm{K_0}} = 497.6\ \mathrm{MeV} \\ m_\eta &= 547.8\ \mathrm{MeV}\ , \quad m_{\eta'} = 957.8\ \mathrm{MeV} \end{aligned} \tag{5.5.17}$$

计算出

$$m_8^2 = 0.3241\ (\mathrm{GeV})^2, \quad m_1^2 = 0.8934\,(\mathrm{GeV})^2$$

代入 (5.5.15) 式得出

$$\left.\begin{aligned} m_{18}^2 &= -0.1197\,(\mathrm{GeV})^2 \\ \tan\theta &= -0.2018 \\ \theta &= -11.4^\circ \end{aligned}\right\} \tag{5.5.18}$$

需要指出, Gell-Mann-Okubo 质量关系 (5.5.13) 式只在手征对称微扰论最低阶 $O(p^2)$ 下成立, 准确至 $O(p^4)$ 项时还要有小的修改[10].

对 ω–φ 混合, 可完全照 η–η′ 混合做, 对 m^2 质量公式只将前面各公式中

$$\begin{cases} \eta_1 \to \omega_1 = \dfrac{1}{\sqrt{3}}(\mathrm{u\bar{u}} + \mathrm{d\bar{d}} + \mathrm{s\bar{s}}) \\ \eta_8 \to \omega_8 = \dfrac{1}{\sqrt{6}}(\mathrm{u\bar{u}} + \mathrm{d\bar{d}} - 2\mathrm{s\bar{s}}) \end{cases} \tag{5.5.19}$$

及

$$\begin{aligned} \eta &\to \phi \\ \eta' &\to \omega \end{aligned}$$

即

$$\begin{cases} \phi = \omega_8 \cos\theta_v - \omega_1 \sin\theta_v \\ \omega = \omega_8 \sin\theta_v + \omega_1 \cos\theta_v \end{cases} \tag{5.5.20}$$

(5.5.10) 式改为

$$\begin{cases} m_8^2 = m_\phi^2 \cos^2\theta_v + m_\omega^2 \sin^2\theta_v \\ m_1^2 = m_\phi^2 \sin^2\theta_v + m_\omega^2 \cos^2\theta_v \\ m_{18}^2 = \left(m_\omega^2 - m_\phi^2\right) \sin\theta_v \cos\theta_v \end{cases} \tag{5.5.21}$$

类似地可得

$$\tan\theta_v = \frac{m_{18}^2}{m_\omega^2 - m_8^2} \tag{5.5.22}$$

$$m_8^2 = \frac{1}{3}\left(4m_{K^*}^2 - m_\rho^2\right) \tag{5.5.23}$$

与 0^- 介子一样, $m_{18}^2 < 0$, 取

$$m_K^* \approx 0.892 \text{ GeV}, \quad m_\rho \sim 0.776 \text{ GeV}$$
$$m_\omega \sim 0.783 \text{ GeV}, \quad m_\phi \sim 1.019 \text{ GeV}$$

则

$$m_8^2 \sim 0.860 \text{ GeV}^2 \tag{5.5.24}$$

所以 $m_\omega^2 - m_8^2 < 0$, 由 (5.5.22) 式可知

$$\tan\theta_v > 0$$

由 (5.5.21) 式同样可导出

$$\begin{cases} m_1^2 + m_8^2 = m_\phi^2 + m_\omega^2 \\ m_1^2 m_8^2 - m_{18}^4 = m_\omega^2 m_\phi^2 \\ \cos^2\theta_v = \dfrac{m_\omega^2 - m_8^2}{m_\omega^2 - m_\phi^2} \end{cases} \tag{5.5.25}$$

解出

$$m_1^2 = m_\omega^2 + m_\phi^2 - m_8^2 \cong 0.791 \text{GeV}^2 \tag{5.5.26}$$

最后得

$$\tan\theta_v \cong 0.846, \quad \theta_v \sim 40^\circ \tag{5.5.27}$$

对线性质量公式的结果, 我们不再讨论, 读者可自行计算.

(5.2.17) 式曾讨论了理想混合的情形, 此时取 $\sin\theta_v = 1/\sqrt{3}$, $\cos\theta_v = \sqrt{2/3}$, 即 $\theta_v \sim 35.3^\circ$, 则有

$$\begin{cases} \phi = -s\bar{s} \\ \omega = \dfrac{1}{\sqrt{2}}\left(u\bar{u} + d\bar{d}\right) \end{cases}$$

这和实验定出的混合相差很少, 一般计算时理想混合已经很好了.

5.6 OZI 规 则

ω 和 φ 介子自旋宇称 $J^{PC} = 1^{--}$, 都是矢量介子, 且主要是通过强相互作用衰变到 0^- 介子, 下面给出衰变列表 (表 5.3).

表 5.3 ω 和 ϕ 的主要衰变方式及分支比

	m(MeV)	Γ(MeV)	Mode	Branching ratio
ω	782.65 ± 0.12	8.49 ± 0.06	$\pi^+\pi^-\pi^0$	$(89.2 \pm 0.7)\%$
			$\pi^0\gamma$	$(8.92 \pm 0.24)\%$
φ	1019.455 ± 0.029	4.26 ± 0.24	K^+K^-	$(49.2 \pm 0.6)\%$
			K_LK_S	$(34.0 \pm 0.5)\%$
			$\pi^+\pi^-\pi^0 + \rho\gamma$	$(15.25 \pm 0.35)\%$

从表 5.3 看, 虽然 $m_\phi > m_\omega$, 但衰变宽度却有 $\Gamma_\phi < \Gamma_\omega$. 3π 末态更为突出, $\Gamma\left(\omega \to \pi^+\pi^-\pi^0\right) \gg \Gamma\left(\phi \to \pi^+\pi^-\pi^0\right)$. 这说明必有某种机制限制了 $\phi \to 3\pi$ 的衰变. 这种机制称作 Okubo-Zweig-Iizuka 规则[11], 简称 OZI 规则. OZI 规则从 ω、φ 衰变的夸克图形上看得更清楚. 由图 5.11, $\omega \to \pi^+\pi^-\pi^0$ 始末态夸克线是连通的, 因而衰变几率大. 而图 5.12 中 $\phi \to \pi^+\pi^-\pi^0$ 衰变夸克图始、末态不连接, 因而被禁戒.

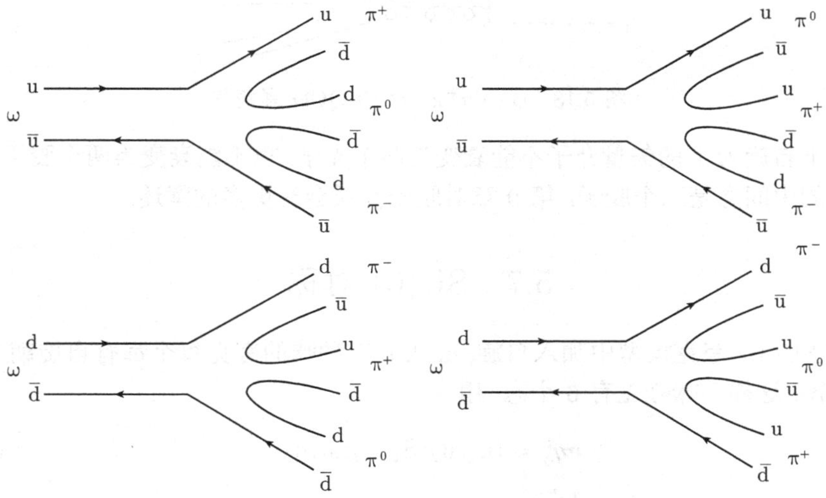

图 5.11 $\omega \to \pi^+\pi^-\pi^0$ 衰变的夸克图

OZI 规则可表述为: 始、末态夸克线不连通的衰变过程相对于夸克线连通的过程是压低的.

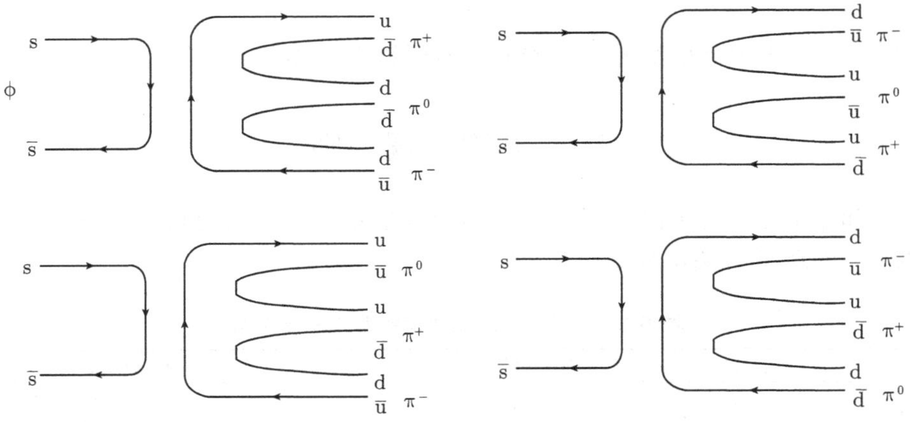

图 5.12　$\phi\to\pi^+\pi^-\pi^0$ 衰变的夸克图

以后会看到, J/ψ 粒子 ($c\bar{c}$ 态) 和 Υ 粒子 ($b\bar{b}$ 态) 的衰变宽度很窄, 也可用 OZI 规则来解释.

按照量子色动力学理论 (见第 9 章), OZI 压低过程实际上是 QCD 高次微扰过程. 图 5.12 中 ϕ 介子到 3π 的衰变过程实际上是始末态交换 3 个胶子的高次微扰过程. 图 5.13 给出了这个过程的衰变图.

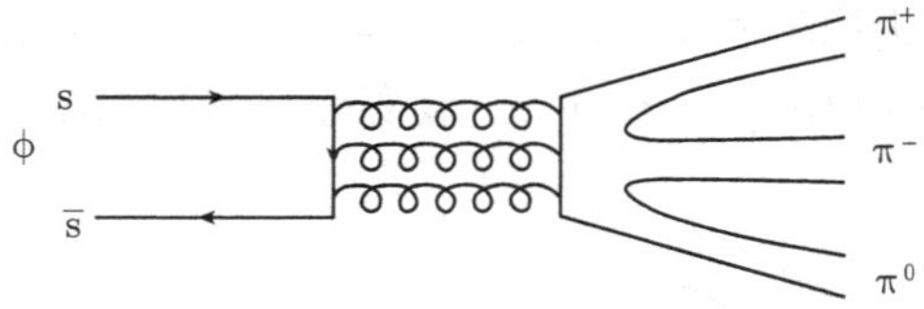

图 5.13　$\phi\to\pi^+\pi^-\pi^0$ 的 QCD 衰变图

由于自旋为 1 的矢量介子不能衰变为两个光子, 也不能衰变为两个胶子, 所以上图中的中间态是三个胶子. 第 9 章对胶子性质会有更多的阐述.

5.7　SU(6) 对称

在 $SU(3)_f$ 夸克模型中加入自旋, u, d, s 三种味的夸克每个都有自旋朝上、朝下两个态, 这样三味夸克有 6 个态, 用

$$q_\alpha^i=(u_1,u_2;d_1,d_2;s_1,s_2)\tag{5.7.1}$$

来表示, $\alpha=1,2$ 表示 $s_z=\dfrac{1}{2},-\dfrac{1}{2}$ 两个态, $i=1,2,\cdots,6$ 代表 u_1, u_2, d_1, d_2, s_1, s_2,

以 q_α^i 为基础表示 $\underline{6}$ 重态时, 可构造 SU(6) 对称下的夸克模型.

对介子 ($\mathrm{q\bar{q}}$ 态)

$$\mathrm{q}\times\bar{\mathrm{q}}=\underline{6}\otimes\underline{6}^*=$$

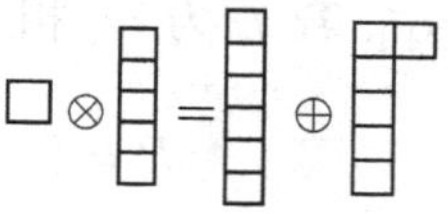

$$1 \oplus 35 \tag{5.7.2}$$

对于 SU(6) 表示按子群 SU(3) × SU(2) 的分解, 我们这里只给出结果. 具体步骤可参阅 Itzykson 的文章[6].

$\mathrm{SU(6)\to SU(3)_f\times SU(2)_{spin}}$ 的分解为

$$\begin{aligned}
&\mathrm{SU(6)\to SU(3)_f\times SU(2)_{spin}}\\
&\underline{1}\quad\ \to(1,1)\quad \text{填充}\eta_1(0^-\text{介子单态})\\
&\underline{35}\quad \to(8,3)\oplus(1,3)\oplus(8,1)\\
&\qquad\quad\ \downarrow\qquad\quad\ \downarrow\qquad\quad \downarrow\\
&\qquad(\rho,\mathrm{K}^*,\omega_8),\ \omega_1,(\mathrm{K},\pi,\eta_8)
\end{aligned}$$

重子 $\mathrm{qqq}=6\otimes6\otimes6$

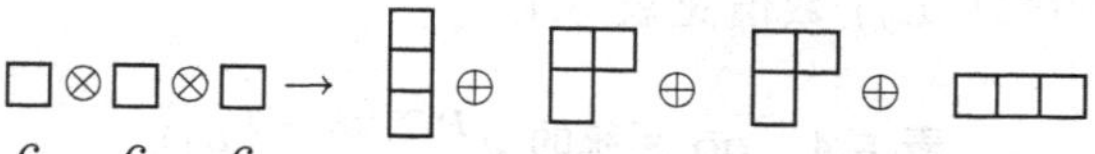

$$6\quad 6\quad 6 \qquad\qquad \underline{20}_\mathrm{A}\quad \underline{70}_\mathrm{M}\quad \underline{70}_\mathrm{M}\quad \underline{56}_\mathrm{S} \tag{5.7.3}$$

式中 A 指全反对称, M 指混合对称, S 指全对称. 若用 ϕ 代表 $\mathrm{SU(3)_f}$ 波函数, χ 代表 SU(2) 自旋波函数, 则 SU(6) 波函数中对称的有 $\phi_\mathrm{S}\chi_\mathrm{S}$, $\phi_\mathrm{A}\chi_\mathrm{A}$; 反对称的有 $\phi_\mathrm{S}\chi_\mathrm{A}$, $\phi_\mathrm{A}\chi_\mathrm{S}$. $\underline{56}_\mathrm{S}$ 按 $\mathrm{SU(3)_f\times SU(3)_{spin}}$ 分解为

$$\begin{aligned}
\underline{56}_\mathrm{S}=&\qquad(10,4)\qquad\quad\oplus\qquad\quad(8,2)\\
&\text{填}\left(\frac{3}{2}\right)^+\text{重子}\qquad \text{填}\left(\frac{1}{2}\right)^+\text{重子}
\end{aligned}$$

两个 $\underline{70}_\mathrm{M}$ 和一个 $\underline{20}_\mathrm{A}$ 目前还没有填充满, 有些轨道激发态可以填充到这里.

详细的 SU(6) 波函数结构, 读者可以自行推导, 或参阅文献 [8].

5.8 轨道激发态和径向激发态、多夸克态和例外态

前面讨论的都是基态的重子和介子, 还有几种情形没有涉及, 这就是轨道激发态和径向激发态、多夸克态和例外态.

5.8.1　轨道和径向激发态

介子的夸克结构为 $q\bar{q}$, 若 L 为 $q\bar{q}$ 相对轨道角动量, 则 $q\bar{q}$ 系统的宇称为

$$P = (-1)^{L+1} \tag{5.8.1}$$

这是因为正反夸克的相对宇称为 (-1), 空间波函数对宇称的贡献为 $(-1)^L$. 若引入 $q\bar{q}$ 系统的电荷共轭 (正反粒子共轭) 宇称 C, 则 $q\bar{q}$ 系统可看成全同粒子系统, 交换 q 和 $\bar{q}$ 时波函数应反对称, 即

$$C(-1)^L(-1)^{S+1} = -1 \tag{5.8.2}$$

由此推出电荷共轭宇称为

$$C = (-1)^{L+S} \tag{5.8.3}$$

(5.8.1) 式和 (5.8.3) 式的结果与第 2 章严格证明的结果一致.

注意, 只有 q 和 $\bar{q}$ 的味量子数相同时 $q\bar{q}$ 系统才有确定的 C 字称.

$q\bar{q}$ 系统的 $J^{PC}(^{2S+1}L_J)$ 数值见表 5.4.

表 5.4　$q\bar{q}$ 系统的 $J^{PC}(^{2S+1}L_J)$

	$S=0(CP=-1)$	$S=1(CP=+1)$
$L=0$	$0^{-+}(^1S_0)$	$1^{--}(^3S_1)$
$L=1$	$1^{+-}(^1P_1)$	$0^{++}(^3P_0)$
		$1^{++}(^3P_1)$
		$2^{++}(^3P_2)$
$L=2$	$2^{-+}(^1D_2)$	$1^{--}(^3D_1)$
		$2^{--}(^3D_2)$
		$3^{--}(^3D_3)$

注意: $J^{PC}=0^{--},0^{+-},1^{-+},2^{+-}$ 等态在上面的 $q\bar{q}$ 系统不存在, 称之为例外态 (exotic state).

在原子物理中, 轨道激发和径向激发态早已存在, 如 e^+e^- 束缚态, 又称 Positronium, 其轨道及径向激发态早已发现.

粒子物理中 $(c\bar{c})$, $(b\bar{b})$ 系统的轨道及径向激发态也已发现, 详见后面的有关章节.

对三夸克态 qqq, 基态是三个夸克都处于 S 波的状态. 第一激发态是三个夸克中有一个处于 p 波, 此时三夸克态的空间波函数是混合对称的, 其 SU(6) 波函数也是混合对称的. SU(6) 中 $6\otimes6\otimes6$ 分解为 $SU(3)_f\times SU(2)_{spin}$ 时的 $\underline{70}_M$(见 5.7.3 节)

即属此类. $\underline{70}_{\mathrm{M}}$ 按 $\mathrm{SU}(3)_{\mathrm{f}}\times\mathrm{SU}(2)_{\mathrm{spin}}$ 的分解为

$$\begin{array}{lllll}
\underline{70}_{\mathrm{M}}\rightarrow & (10,2) & + \quad (8,2) & + \quad (8,4) & + \quad (1,2)\\
 & \downarrow & \quad\downarrow & \quad\downarrow & \quad\downarrow\\
 & \text{填充}\left(\frac{1}{2}\right)^-,\left(\frac{3}{2}\right)^- & \text{填充}\left(\frac{1}{2}\right)^-,\left(\frac{3}{2}\right)^- & \text{填充}\left(\frac{1}{2}\right)^-,\left(\frac{3}{2}\right)^-,\left(\frac{5}{2}\right)^- & \text{填充}\left(\frac{1}{2}\right)^-,\left(\frac{3}{2}\right)^-
\end{array}$$

以上对 qqq 激发态的填充还在研究中.

5.8.2 多夸克态和例外态

大家关心的主要有四夸克态 $(\mathrm{q\bar{q}})(\mathrm{q\bar{q}})$ 和五夸克态 $\mathrm{qqq}(\mathrm{q\bar{q}})$. 还有更多个夸克和反夸克组成的态. 目前对四夸克态实验上已有些候选者, 如 BEPCII(BESIII) 已观测到了一系列新的共振态, 其中有 $Z_{\mathrm{c}}^{\pm}(3900)$[12], $Z_{\mathrm{c}}^{\pm}(4200)$[13], $Z_{\mathrm{c}}^{\pm}(3885)$[14] 和 $Z_{\mathrm{c}}^{\pm}(4025)$[15]. 这四个共振态都可能是 $\mathrm{cu\bar{c}\bar{d}}$ 或 $\mathrm{cd\bar{c}\bar{u}}$ 四夸克态. 当然要确定这一点还需要进一步的理论和实验研究.

此外, 胶球 (glueball) 和混杂态 (hybrid state) 中也有例外态, 这方面的内容请参阅第 9 章相应的部分.

5.9 c, b, t 夸克的发现

c 夸克 (charm) 的存在首先在 1974 年被丁肇中领导的小组在 BNL(布鲁克海文实验室) 和 B. Richter 领导的小组在斯坦福直线加速器中心 (SLAC) 同时被观测证实.

BNL 的实验[16] 是用质子轰击铍靶而末态观测 $\mathrm{e^+e^-}$ 不变质量而实现的, 即

$$\begin{array}{l}\mathrm{p}+\mathrm{Be}\rightarrow \mathrm{J}/\psi+\text{anything}\\ \qquad\qquad\quad \hookrightarrow \mathrm{e^+e^-}\end{array}\tag{5.9.1}$$

而 SLAC[17] 通过

$$\mathrm{e^+e^-}\rightarrow\psi\rightarrow\mathrm{e^+e^-},\mu^+\mu^-\tag{5.9.2}$$

来实现.

实验中发现的新粒子 J/ψ 具有 $J^{PC}=1^{--}$, $M=(3097\pm1)\mathrm{MeV}$, $\Gamma=(69\pm7)\mathrm{keV}$. 可见宽度很小, 即寿命出奇的长 (与其大质量相比). J/ψ 即 $c\bar{c}$ 的束缚态.

以后实验上又发现了 $\mathrm{D}^{\pm}$ 和 D^0 介子, 即 $\mathrm{D}^+=\mathrm{c\bar{d}}$, $\mathrm{D}^-=\mathrm{\bar{c}d}$, $\mathrm{D}^0=\mathrm{c\bar{u}}$ 等粒子. c 夸克电荷为 2/3 质子电荷, 同位旋为零. 含有 c 夸克的强子以后还会讨论.

1977 年 L. Lederman 领导的小组[18] 在费米实验室的质子加速器上发现了两个新的长寿命粒子 Y(9.5 GeV) 和 Y′(10GeV). 其中

$$m_{\mathrm{Y}} = (9.46 \pm 0.01)\mathrm{GeV}, \quad \Gamma_{\mathrm{Y}} = (42 \pm 15)\mathrm{keV}$$

$$m'_{\mathrm{Y}} = (10.02 \pm 0.01)\mathrm{GeV}, \quad \Gamma'_{\mathrm{Y}} = (30 \pm 10)\mathrm{keV}$$

Y′ 是 Y 的径向激发态, Y, Y′ 都是 $(\mathrm{b\bar{b}})$ 的束缚态. b 夸克电荷为 $-\frac{1}{3}$ 质子电荷, 同位旋为零. Y, Y′ 的发现证实了 b 夸克的存在. b 夸克英文称为 bottom 或 beauty, 其被发现的具体过程是

$$\mathrm{p} + \mathrm{Be}, \mathrm{Cu}, \mathrm{Pt} \to \mu^+\mu^- + \mathrm{anything}$$

实际上是

$$\mathrm{p} + \mathrm{Be},\ \mathrm{Cu},\ \mathrm{Pt} \to \mathrm{Y}(\mathrm{Y}') + \mathrm{anything}$$
$$\hookrightarrow \mu^+\mu^-$$

1994 年, 费米实验室发现了顶夸克 t(top)[19]. CDF 合作组在费米实验室 p–$\mathrm{\bar{p}}$ 对撞机 (Tevatron) 上观测

$$\mathrm{p\bar{p}} \to \mathrm{t\bar{t}} \to \mathrm{WWb\bar{b}}$$
$$\mathrm{\bar{t}} \to \mathrm{W^-\bar{b}}$$
$$\mathrm{t} \to \mathrm{W^+ b}$$

过程, 发现并测量了 top 夸克的质量约为 176GeV. 由于 t 夸克非常重, 寿命极短, 产生后来不及形成任何强子束缚态就衰变了. 所以实验上至今看不到 $(\mathrm{t\bar{t}})$ 束缚态和 $(\mathrm{t\bar{q}})$ 束缚态. t 夸克电荷为 2/3 质子电荷, 同位旋 $I = 0$.

至此, 发现的夸克共 6 种味道 (flavor), 每种夸克有三种不同的颜色 (color), 即

$$\mathrm{u, d, s, c, b, t}$$

加上三种颜色共计 18 种不同的夸克. 由于 c, b, t 夸克都很重, $m_{\mathrm{c}} \sim 1.27\mathrm{GeV}$、$m_{\mathrm{b}} \sim 4.29\mathrm{GeV}$、$m_{\mathrm{t}} \sim 176\mathrm{GeV}$, c, b, t 又称为重味, 而味对称只有 u, d, s 的 $\mathrm{SU(3)_f}$ 比较好, 虽有破坏, 但很小. 因 c, b, t 质量与 u, d, s 相差太远, 加入 c 夸克的 $\mathrm{SU(4)_f}$, 再加入 b 夸克的 $\mathrm{SU(5)_f}$, 再加入 t 夸克的 $\mathrm{SU(6)_f}$ 都无太大意义. 因此我们只讨论了 $\mathrm{SU(3)_f}$ 味对称.

参考文献

[1] Fermi E, Yang C N. Phys. Rev., 1949, 76: 1739 .

[2] Sakata S. Prog. Theor. Phys., 1956, 16: 686.

[3] Gell-Mann M. Caltech Report CTSL-20, 1961; Gell-Mann M. Phys. Rev. Lett., 1962, 125: 1067; Ne'eman Y. Nucl. Phys., 1961, 26: 222.

[4] Barnes V E, et al. Phys. Rev. Lett., 1964, 12: 204.

[5] Zweig G. CERN Report; Gell-Mann M. Phys. Rev. Lett., 1964, 8: 214.

[6] Itzykson C. Rev. Mod. Phys., 1966, V38: 95.

[7] Particle Data Group. Review of Particle Physics. J. of Phys. G: Nucl. Part. Phys., 2010, V37: 075021.

[8] Close F E. An Introduction to Quarks and Partons. New York: Academic Press, 1979: 46.

[9] Okubo S. Prog. Theor. Phys., 1962, 27: 949; Gell-Mann M, Oaks R J, Renner B. Phys. Rev., 1968, 175: 2195.

[10] Venugopal E P, Holstein B R. Phys. Rev., 1998, D57: 4397.

[11] Okubo S. Phys. Lett., 1963, 5: 165; Zweig G. Symmetries in Elementary Particle Physics. ed. A.Zichichi, New York: Academic Press, 1965; Iizuka J. Prog. Theor. Phys. Suppl., 1966, 37–38: 21.

[12] Ablikim M, et al. (BESIII collaboration). Phys. Rev. Lett., 2013, 110: 252001.

[13] Ablikim M, et al. (BESIII collaboration). Phys. Rev. Lett., 2013, 111: 242001.

[14] Ablikim M, et al. (BESIII collaboration). Phys. Rev. Lett., 2014, 112: 022001.

[15] Ablikim M, et al. (BESIII collaboration). arXiv: 2014, 1308: 2760.

[16] Aubert J. J, et al. Phys. Rev. Lett., 1974, 33: 1404.

[17] Augustin J E, et al. Phys. Rev. Lett., 1974, 33: 1406.

[18] Herb S W, et al. Phys. Rev. Lett., 1977,39: 252; Innes W R, et al. Phys. Rev. Lett., 1977, 39: 1240.

[19] Abe F, et al. (CDF Collabaration). Phys. Rev. Lett., 1995, 74: 2626.

第 6 章　电磁相互作用

支配微观世界的三种相互作用 —— 强相互作用、电磁相互作用和弱相互作用中, 电磁相互作用是目前认识得最清楚的一种相互作用. 现在人们对电磁相互作用的了解远远多于其他相互作用. 这得益于电磁耦合常数, 即精细结构常数 α 是个小量这个事实. 因为精细结构常数 $\alpha \approx 1/137$, 这是个足够小的数值, 这使得对任何电磁相互作用的理论计算都可以按照 α 作级数展开. 通常只取这个展开序列的前几项就可以使理论预言足够准确. 到目前为止, 对电磁相互作用的所有足够高精度的实验检验都与描述微观电磁相互作用的理论 —— 量子电动力学 (QED) 相吻合. 这个理论是 20 世纪 40 年代后半叶至 20 世纪 50 年代由费曼 (R. Feynman)、施温格 (J. Schwinger) 和朝永振一郎 (S. Tomonaga) 发展起来的[1−9]. 他们发展了重整化方法, 将高阶贡献中出现的无穷大消除. 这个方法是将高阶计算中出现的无穷大吸收到带电粒子的电荷、质量等参数中去, 再将包含了无穷大量的参数重新定义为物理观测量, 从而将无穷大消除. 重整化方法使 QED 的高阶修正变得有意义. 高阶修正的计算不只是简单地提高了理论计算的精度, 这些高阶修正项在物理上有着直接的观测效应. 对实验上发现的兰姆移动 (Lamb shift)[10] 以及电子、μ 子反常磁矩[11,12] 的解释都是通过对 QED 高阶修正项的计算得以实现的[6,13−15].

QED 是建立在将轻子与电磁场的相互作用看成点粒子相互作用的基础上的. 实验上对 QED 的检验在微观上已经深入到 $10^{-16} \sim 10^{-19}$m, 在这样的微观尺度上尚未发现实验与理论的偏离[16−19]. 这同时说明在这样的尺度上, 还没有发现电子等轻子表现出自身结构的特征. 正是因为这一点, 电子等轻子经常被用来作为探测其他粒子结构的探针. 20 世纪 50 年代中期至 60 年代末美国斯坦福大学直线加速器中心 (SLAC) 做了大量的高速电子轰击核子的实验, 通过测量电子散射截面及角分布, 说明核子是有结构的[20−23]. 电子在核子上的弹性散射实验说明核子不能被看成点粒子, 其电荷和磁矩都有一定的分布[20]. 而随后的电子–核子深度非弹性散射发现, 随着散射角度增加深度非弹性散射截面与电子–电子弹性散射截面出现了极大的相似性[21−23]. 在这个结果的启发下, 1968 年必约肯 (J. D. Bjorken) 利用流代数方法预言了标度无关性 (scaling) 现象[24]. 稍后费曼提出了核子的部分子模型 (parton model)[25]. 经过计算, 证明部分子模型能够导出标度无关性结果, 由此找到了部分子模型的重要证据. 部分子模型与夸克模型是一致的, 部分子不但包括核子中的价夸克, 也包括成对时隐时现的海夸克等成分.

对电磁相互作用的研究不但帮助人们认识清楚了电子与电磁场之间的相互作用以及相互之间产生和转化的微观规律, 它也帮助人们进一步认识清楚核子的结构. 本章先对 QED 作一简单介绍, 再逐次讨论旨在检验 QED 的一些粒子的散射过程: ① M∅ller 散射 $e^-e^- \to e^-e^-$, ② Bhabha 散射 $e^+e^- \to e^+e^-$. 然后再讨论电子和核子的弹性及非弹性散射过程, 最后介绍核子的部分子模型.

6.1 QED 及其费曼规则

QED 是关于电子或其他带电轻子与电磁场之间相互作用的量子理论, 它不仅能描述电子、正电子的产生和湮灭, 也能描述光子的发射和吸收. QED 中电子和电磁场之间相互作用的引入, 既可以通过类比经典电动力学, 也可以直接将相互作用建立在规范不变原理之上.

经典电动力学中电荷为 Qe 的带电粒子与电磁场的相互作用表现为带电粒子会受到电磁场的洛伦兹力 $\vec{F}_B = Qe\vec{v} \times \vec{B}$ 和电场力 $\vec{F}_E = Qe\vec{E}$, $\vec{B}$ 和 $\vec{E}$ 分别为磁感应强度和电场强度. 定义 $\vec{A}$ 和 φ 是电磁场的矢势和标势, 它们与电场 $\vec{E}$ 和磁场 $\vec{B}$ 的关系为

$$\begin{cases} \vec{E} = -\nabla\varphi - \dfrac{\partial \vec{A}}{\partial t} \\ \vec{B} = \nabla \times \vec{A} \end{cases} \tag{6.1.1}$$

将自由粒子经典哈密顿量中动量 $\vec{p}$ 替换成 $\vec{p} - Qe\vec{A}$, 则经典哈密顿量变为

$$H = \sqrt{\left(\vec{p} - Qe\vec{A}\right)^2 + m^2} + Qe\varphi \tag{6.1.2}$$

其中的 $\vec{p}$ 为正则动量. 这一哈密顿量中包含了电磁场, 而哈密顿量所满足的哈密顿方程为

$$\begin{cases} \dfrac{\mathrm{d}q_i}{\mathrm{d}t} = \dfrac{\partial H}{\partial p_i} \\ \dfrac{\mathrm{d}p_i}{\mathrm{d}t} = -\dfrac{\partial H}{\partial q_i} \end{cases} \tag{6.1.3}$$

其中 q_i 为广义坐标, p_i 为正则动量. 由这个包含了电磁场的哈密顿量, 并考虑到它所满足的哈密顿方程, 可以正确地导出带电粒子在电磁场中所受到的电场力和洛伦兹力

$$\vec{F} = Qe\left(\vec{E} + \vec{v} \times \vec{B}\right) \tag{6.1.4}$$

因此 (6.1.2) 式是正确地反映了电磁场与带电粒子之间相互作用的经典哈密顿量. (6.1.2) 式也告诉我们, 为了考虑带电粒子与电磁场之间的相互作用, 只需在自由粒子哈密顿量中作代换 $\vec{p} \to \vec{p} - Qe\vec{A}$ 和 $H \to H - Qe\varphi$.

将哈密顿量 (6.1.2) 式中的动量和能量对应为量子力学算符

$$\begin{aligned}\vec{p}-Qe\vec{A}&\to -\mathrm{i}\nabla-Qe\vec{A}\\ H-Qe\varphi&\to \mathrm{i}\frac{\partial}{\partial t}-Qe\varphi\end{aligned} \tag{6.1.5}$$

引入电磁场四矢量 $A^\mu=\left(\varphi,\vec{A}\right)$, 则 (6.1.5) 式中的两式可以统一写成

$$\mathrm{i}\partial^\mu-QeA^\mu=\mathrm{i}\left(\partial^\mu+\mathrm{i}QeA^\mu\right) \tag{6.1.6}$$

(6.1.6) 式说明在量子理论中为了考虑带电粒子与电磁场之间的相互作用, 只需要在自由粒子哈密顿量中作代换

$$\partial_\mu\to\partial_\mu+\mathrm{i}QeA_\mu \tag{6.1.7}$$

即可, 因此将自由电子的拉氏量

$$\mathcal{L}_{\text{free}}=\bar{\psi}\left(\mathrm{i}\gamma^\mu\partial_\mu-m\right)\psi \tag{6.1.8}$$

作代换 (6.1.7) 式得

$$\mathcal{L}=\bar{\psi}\mathrm{i}\gamma^\mu\left(\partial_\mu+\mathrm{i}QeA_\mu\right)_\psi-m\bar{\psi}\psi \tag{6.1.9}$$

这就是 QED 中描述电子与电磁场相互作用的拉格朗日函数.

(6.1.9) 式中 QED 拉氏量的形式也是定域规范不变性所要求的形式. 费米子场的绝对相位不是一个可观测量, 一个正确反映费米子运动规律的理论应该在形式上不依赖于这样的相位. 将 (6.1.9) 式中的费米子场作一个整体相位变换

$$\psi\to\psi'=\mathrm{e}^{-\mathrm{i}Qe\theta}\psi \tag{6.1.10}$$

其中, θ 是任意变换相角. 可以检验 (6.1.9) 式在这样的变换下确实是不变的, 即 QED 具有整体规范不变性.

此外, 电磁场四矢量 A^μ 本身不是物理可观测量, 物理观测量是电场 $\vec{E}$ 和磁场 $\vec{B}$. 也就是说, 对物理上确定的电场 $\vec{E}$ 和磁场 $\vec{B}$, 对应的电磁场四矢量 A^μ 可以取一系列的可能值. 这一点可以通过 (6.1.1) 式得到证实.

任意选取一个依赖于时空坐标的标量函数 $\theta(x)$, 对 φ 和 $\vec{A}$ 作如下变换:

$$\begin{cases}\vec{A}\to\vec{A}'=\vec{A}-\nabla\theta(x)\\[2ex] \varphi\to\varphi'=\varphi+\dfrac{\partial}{\partial t}\theta(x)\end{cases} \tag{6.1.11}$$

上述变换也可以更加简洁地写成

$$A_\mu \to A'_\mu = A_\mu + \partial_\mu \theta(x) \tag{6.1.12}$$

这样的变换称为电磁场的规范变换. 在这样的变换下, 通过 (6.1.1) 式可以验证 $\vec{E}$ 和 $\vec{B}$ 都是不变的. 这说明物理上电磁场四矢量 A^μ 具有相当多的自由度, 符合 (6.1.12) 式中变换关系的 A_μ 都对应着同样的物理内容, 因此一个正确描述带电粒子与电磁场相互作用的理论本身必须具有 (6.1.12) 式给出的规范变换下的不变性. 从 (6.1.9) 式可以很容易地看出, 如果简单地对电磁场作规范变换, 则拉氏量 $\mathcal{L}$ 不具有变换下的不变性.

解决这一矛盾的办法是联合考虑电磁场和费米子场的规范变换. 首先需要将 (6.1.10) 式中的整体规范变换推广到定域规范变换, 即将 (6.1.10) 式中的常数 θ 推广为对时空依赖的函数 $\theta(x)$, 并将此 $\theta(x)$ 与 (6.1.12) 式中的 $\theta(x)$ 等同起来. 在电磁场作规范变换 (6.1.12) 的同时, 费米子场也作规范变换

$$\psi \to \psi' = \mathrm{e}^{-\mathrm{i}Qe\theta(x)}\psi \tag{6.1.13}$$

在 (6.1.12) 式和 (6.1.13) 式的联合变换下, 可以求得

$$\left(\partial_\mu + \mathrm{i}QeA'_\mu\right)\psi' = \mathrm{e}^{-\mathrm{i}Qe\theta(x)}\left(\partial_\mu + \mathrm{i}QeA_\mu\right)_\psi \tag{6.1.14}$$

所以 QED 拉氏函数 $\mathcal{L}$ (6.1.9) 式是不变的. 这称为相互作用的定域规范不变性, 也称为定域规范对称性.

另外, 可以证明电磁场的自相互作用部分

$$\mathcal{L}_A = -\frac{1}{4}\left(\partial_\mu A_\upsilon - \partial_\upsilon A_\mu\right)\left(\partial^\mu A^\upsilon - \partial^\upsilon A^\mu\right) \tag{6.1.15}$$

也是定域规范不变的.

QED 的规范不变性告诉我们, 不但费米子场的整体相位是个不可观测量, 而且在不同的时空点为费米子场选取不同的相位, 因为有电磁场的存在, 整个理论形式仍然是不变的. 我们也可以反过来说, 如果要求相互作用具有定域规范不变性, 电磁场必须存在. 在这种意义下, 电磁场是规范场. 以后我们会看到强相互作用和弱相互作用也都是规范场引起的相互作用. (6.1.13) 式是 U(1) 群变换, 这样的变换也称为定域 U(1) 规范变换.

表 6.1 给出 QED 的一些费曼规则.

表 6.1 QED 的一些费曼规则

		符号	
传播子	光子		$\dfrac{-\mathrm{i}g_{\mu\nu}}{k^2+\mathrm{i}\varepsilon}$
	费米子		$\dfrac{\mathrm{i}}{\not{k}-m+\mathrm{i}\varepsilon}$
顶角		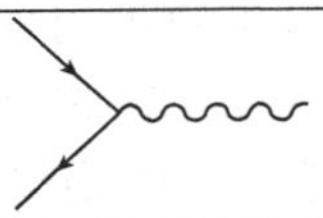	$\mathrm{i}Qe\gamma_\mu$

利用费曼规则可以将电磁相互作用中物理过程的振幅按电磁耦合常数作泰勒 (Taylor) 展开, 称为微扰展开. 因为电磁耦合常数 $\alpha=\dfrac{e^2}{4\pi}\approx\dfrac{1}{137}$ 是个足够小的数值, 可以预期这个展开数列会很快收敛. 通常只取展开数列的前几项, 就可以使理论计算足够准确. 将一些电磁相互作用过程的理论计算结果与实验进行比较, 就可以检验 QED 理论是否正确, 以及轻子的点粒子图像在多大微观尺度上仍能反映真实的物理粒子. 通过 $\mathrm{e^-e^-}\to\mathrm{e^-e^-}$ 以及 $\mathrm{e^+e^-}\to\mathrm{e^+e^-}$ 散射过程的实验研究与 QED 理论计算进行比较, 已经确定在 $10^{-16}\sim10^{-19}\mathrm{m}$ 的尺度上仍可以将电子看作点粒子. 在这样的尺度上电子仍没有反映出其结构的特征. 以下几节开始讨论几个电磁相互作用的物理过程.

6.2 Møller 散射

$\mathrm{e^-e^-}\to\mathrm{e^-e^-}$ 散射的过程称为 Møller 散射. 这是一个基本的电磁散射过程. 通过对这个散射过程的实验测量可以在一定程度上检验 QED. 20 世纪 70 年代, 根据对这个散射过程的实验测量, 并根据当时实验的质心系能量 300~500MeV 和实验精确度确定了在 $10^{-16}\mathrm{m}$ 的尺度上仍可以将电子看作点粒子[16].

Møller 散射过程的最低阶费曼图如图 6.1 所示. p_1 和 p_2 为初态两电子的四动量, p_3 和 p_4 为末态电子四动量. 图 6.1(b) 和 (a) 的关系为交换末态两个电子的位置. 因为电子为费米子, 两个费米子相互置换会出现一负号, 所以总振幅为图 6.1(a) 和 (b) 贡献相减. 根据 QED 的费曼规则写下散射振幅

$$
\begin{aligned}
A &= \bar{u}_4(-\mathrm{i})e\gamma_\nu u_2\frac{-\mathrm{i}g^{\mu\nu}}{(p_1-p_3)^2}\bar{u}_3(-\mathrm{i})e\gamma_\mu u_1-\bar{u}_4(-\mathrm{i})e\gamma_\mu u_1\frac{-\mathrm{i}g^{\mu\nu}}{(p_1-p_4)^2}\bar{u}_3(-\mathrm{i})e\gamma_\nu u_2\\
&= \mathrm{i}e^2\left[\bar{u}_4\gamma^\mu u_2\bar{u}_3\gamma_\mu u_1\frac{1}{(p_1-p_3)^2}-\bar{u}_4\gamma^\mu u_1\bar{u}_3\gamma_\mu u_2\frac{1}{(p_1-p_4)^2}\right]
\end{aligned}
\tag{6.2.1}
$$

利用 (3.4.13) 式和 (3.4.14) 式计算散射截面. 考虑非极化电子散射的情况, 即对末

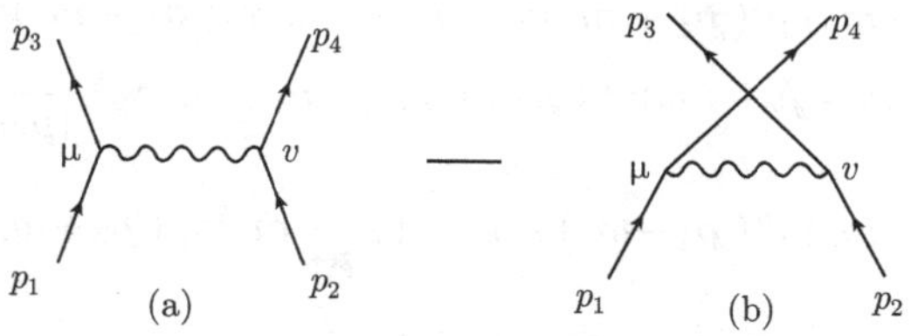

图 6.1 Møller 散射过程的最低阶费曼图

态电子极化状态求和、对初态极化状态求平均. 则微分截面为

$$d\sigma = \frac{1}{4}\sum_{\lambda_i}\sum_{\lambda_f}\frac{m_e^2}{\sqrt{(p_1\cdot p_2)^2-m_e^4}}|A|^2$$

$$\cdot\frac{d^3p_3}{(2\pi)^3}\frac{m_e}{E_3}\frac{d^3p_4}{(2\pi)^3}\frac{m_e}{E_4}(2\pi)^4\delta^4(p_1+p_2-p_3-p_4) \tag{6.2.2}$$

其中第一项 $\frac{1}{4}$ 为对初态极化状态求平均, $\sum\limits_{\lambda_i}\sum\limits_{\lambda_f}$ 为对初末态极化状态求和. 先处理振幅的模平方项 $|A|^2$, 考虑到对初末态极化状态求和, 我们会用到如下的关系:

$$\sum_\lambda u^{(\lambda)}(p)\bar{u}^{(\lambda)}(p) = \frac{\not{p}+m}{2m} \tag{6.2.3}$$

利用此关系, 则可得到

$$\begin{aligned}\sum_{\lambda_i}\sum_{\lambda_f}|A|^2 = e^4\Bigg[&\mathrm{Tr}\left(\frac{\not{p}_2+m_e}{2m_e}\gamma^\mu\frac{\not{p}_4+m_e}{2m_e}\gamma^\nu\right)\mathrm{Tr}\left(\frac{\not{p}_1+m_e}{2m_e}\gamma_\mu\frac{\not{p}_3+m_e}{2m_e}\gamma_\nu\right)\frac{1}{(p_1-p_3)^4}\\ &-\mathrm{Tr}\Bigg(\frac{\not{p}_2+m_e}{2m_e}\gamma^\mu\frac{\not{p}_4+m_e}{2m_e}\gamma^\nu\ \frac{\not{p}_1+m_e}{2m_e}\gamma_\mu\frac{\not{p}_3+m_e}{2m_e}\gamma_\nu\\ &+\frac{\not{p}_1+m_e}{2m_e}\gamma^\mu\frac{\not{p}_4+m_e}{2m_e}\gamma^\nu\frac{\not{p}_2+m_e}{2m_e}\gamma_\mu\frac{\not{p}_3+m_e}{2m_e}\gamma_\nu\Bigg)\frac{1}{(p_1-p_4)^2(p_1-p_3)^2}\\ &+\mathrm{Tr}\left(\frac{\not{p}_1+m_e}{2m_e}\gamma^\mu\frac{\not{p}_4+m_e}{2m_e}\gamma^\nu\right)\mathrm{Tr}\left(\frac{\not{p}_2+m_e}{2m_e}\gamma_\mu\frac{\not{p}_3+m_e}{2m_e}\gamma_\nu\right)\frac{1}{(p_1-p_4)^4}\Bigg]\end{aligned} \tag{6.2.4}$$

式中第一项和第三项分别为图 6.1(a) 和 (b) 的贡献, 第二项为两图的干涉项. 将 (6.2.4) 式代入 (6.2.2) 式, 消去分母上的 m_e, 得

$$d\sigma = \frac{1}{4}\frac{1}{4\sqrt{(p_1\cdot p_2)^2-m_e^4}}|A'|^2\frac{d^3p_3}{(2\pi)^3}\frac{1}{2E_3}\frac{d^3p_4}{(2\pi)^3}\frac{1}{2E_4}(2\pi)^4\delta^4(p_1+p_2-p_3-p_4) \tag{6.2.5}$$

其中,

$$|A'|^2 = e^4\Big[\mathrm{Tr}\left((\not{p}_2+m_e)\gamma^\mu(\not{p}_4+m_e)\gamma^\nu\right)\mathrm{Tr}\left((\not{p}_1+m_e)\gamma_\mu(\not{p}_3+m_e)\gamma_\nu\right)\frac{1}{(p_1-p_3)^4}$$

$$
\begin{aligned}
&-\mathrm{Tr}\left((\not p_2+m_\mathrm{e})\gamma^\mu(\not p_4+m_\mathrm{e})\gamma^\nu\ (\not p_1+m_\mathrm{e})\gamma_\mu(\not p_3+m_\mathrm{e})\gamma_\nu\right.\\
&\left.+(\not p_1+m_\mathrm{e})\gamma^\mu(\not p_4+m_\mathrm{e})\gamma^\nu(\not p_2+m_\mathrm{e})\gamma_\mu(\not p_3+m_\mathrm{e})\gamma_\nu\right)\frac{1}{(p_1-p_4)^2(p_1-p_3)^2}\\
&\left.+\ \mathrm{Tr}\left((\not p_1+m_\mathrm{e})\gamma^\mu(\not p_4+m_\mathrm{e})\gamma^\nu\right)\mathrm{Tr}\left((\not p_2+m_\mathrm{e})\gamma_\mu(\not p_3+m_\mathrm{e})\gamma_\nu\right)\frac{1}{(p_1-p_4)^4}\right]
\end{aligned}
\tag{6.2.6}
$$

为了简化计算, 考虑到电子质量 $m_\mathrm{e}=0.51\mathrm{MeV}$ 是个小量, 在极高的质心系能量下可以忽略电子的质量, 即取 $m_\mathrm{e}\to 0$, 在这样的极限下, (6.2.5) 式和 (6.2.6) 式成为

$$
\mathrm{d}\sigma=\frac{1}{16p_1\cdot p_2}\left|A'\right|^2\frac{\mathrm{d}^3p_3}{(2\pi)^3}\frac{1}{2E_3}\frac{\mathrm{d}^3p_4}{(2\pi)^3}\frac{1}{2E_4}(2\pi)^4\delta^4\left(p_1+p_2-p_3-p_4\right)\tag{6.2.7}
$$

其中 $|A\prime|$ 简化为

$$
\begin{aligned}
\left|A'\right|^2=&e^4\left[\mathrm{Tr}\left(\not p_2\gamma^\mu\ \not p_4\gamma^\nu\right)\mathrm{Tr}\left(\not p_1\gamma_\mu\ \not p_3\gamma_\nu\right)\frac{1}{(p_1-p_3)^4}\right.\\
&-\mathrm{Tr}\left(\not p_2\gamma^\mu\ \not p_4\gamma^\nu\ \not p_1\gamma_\mu\ \not p_3\gamma_\nu+\ \not p_1\gamma^\mu\ \not p_4\gamma^\nu\ \not p_2\gamma_\mu\ \not p_3\gamma_\nu\right)\frac{1}{(p_1-p_4)^2(p_1-p_3)^2}\\
&\left.+\mathrm{Tr}\left(\not p_1\gamma^\mu\ \not p_4\gamma^\nu\right)\mathrm{Tr}\left(\not p_2\gamma_\mu\ \not p_3\gamma_\nu\right)\frac{1}{(p_1-p_4)^4}\right]
\end{aligned}
\tag{6.2.8}
$$

利用关系式

$$
\gamma^\mu\ \not a\ \not b\ \not c\gamma_\mu=-2\ \not c\ \not b\ \not a
$$

以及

$$
\gamma^\mu\ \not a\ \not b\gamma_\mu=4a\cdot b
$$

(6.2.8) 式中第二项进一步简化为

$$
+16\mathrm{Tr}\left[\not p_2\ \not p_1\right]p_3\cdot p_4\frac{1}{(p_1-p_4)^2(p_1-p_3)^2}\tag{6.2.9}
$$

最后将 (6.2.8) 式和 (6.2.9) 式中的 Tr 运算完成, 得

$$
\begin{aligned}
\left|A'\right|^2=&32e^4\left[\frac{p_1\cdot p_2p_3\cdot p_4+p_2\cdot p_3p_1\cdot p_4}{(p_1-p_3)^4}+\frac{2p_1\cdot p_2p_3\cdot p_4}{(p_2-p_4)^2(p_1-p_3)^2}\right.\\
&\left.+\frac{p_1\cdot p_2p_3\cdot p_4+p_1\cdot p_3p_2\cdot p_4}{(p_1-p_4)^4}\right]
\end{aligned}
\tag{6.2.10}
$$

利用

$$
\frac{1}{2E}=\int\mathrm{d}p^0\delta\left(p^2-m^2\right)\theta(p^0)
$$

将 (6.2.7) 式中 $\dfrac{\mathrm{d}^3p_4}{(2\pi)^3}\dfrac{1}{2E_4}$ 变换成 $\mathrm{d}^4p_4\delta\left(p_4^2-m_\mathrm{e}^2\right)\theta(E_4) \rightarrow \mathrm{d}^4p_4\delta(p_4^2)\theta(E_4)$, 再对 d^4p_4 积分, 得

$$\mathrm{d}\sigma=\frac{1}{16p_1\cdot p_2}\left|A'\right|^2\frac{\mathrm{d}^3p_3}{(2\pi)^3}\frac{1}{2E_3}\delta\left[(p_1+p_2-p_3)^2\right](2\pi) \tag{6.2.11}$$

我们在质心系中讨论这个过程, 设初态电子在质心系中的能量为 E, 动量关系如图 6.2 所示, θ 为 $\vec{p}_3$ 的极角. 利用 $p_1+p_2=(2E,\vec{0})$, 由 (6.2.11) 式可得

$$\frac{\mathrm{d}\sigma}{\mathrm{d}\Omega}=\frac{\left|A'\right|^2}{16\times 32\pi^2p_1\cdot p_2} \tag{6.2.12}$$

在忽略电子质量的情况下

$$\begin{aligned}
&p_1\cdot p_2=p_3\cdot p_4=2E^2\\
&p_1\cdot p_3=p_2\cdot p_4=2E^2\sin^2\frac{\theta}{2}\\
&p_1\cdot p_4=p_2\cdot p_3=2E^2\cos^2\frac{\theta}{2}
\end{aligned} \tag{6.2.13}$$

将 (6.2.13) 式的结果代入 (6.2.10) 式和 (6.2.12) 式, 得

$$\frac{\mathrm{d}\sigma}{\mathrm{d}\Omega}=\frac{\alpha^2}{8E^2}\left[\frac{1+\cos^4(\theta/2)}{\sin^4(\theta/2)}+\frac{2}{\sin^2(\theta/2)\cos^2(\theta/2)}+\frac{1+\sin^4(\theta/2)}{\cos^4(\theta/2)}\right] \tag{6.2.14}$$

式 (6.2.14) 中 $\alpha\equiv\dfrac{e^2}{4\pi}$, 为电磁相互作用的精细结构常数, (6.2.14) 式为 Møller 散射微分截面的角分布. 实验上测量散射截面随出射角的变化, 并与 (6.2.14) 式比较, 便可检验 QED 的结果. 19 世纪 70 年代, 在 $\mathrm{e^-e^-}$ 对撞机上进行了这样的实验测量[16], 分别进行了束流能量为 300MeV 和 550MeV 的实验. 为了比较 (6.2.14) 式的结果, 还假设了一个对光子传播子的偏离项

$$\frac{1}{q^2}\rightarrow\frac{1}{q^2}\pm\frac{1}{q^2-\Lambda^2} \tag{6.2.15}$$

这相当于假设除了 QED 光子传播子的贡献外, 还存在一些质量为 Λ 的类光子粒子的贡献. 将 (6.2.15) 式变换成时空坐标空间的表述, 则很容易看出这相当于假定存在一种对库仑势的修正项

$$\frac{1}{r}\rightarrow\frac{1}{r}\left(1\pm \mathrm{e}^{-\Lambda r}\right) \tag{6.2.16}$$

(6.2.16) 式表明 Λ 越大相互作用越趋近于库仑势, 即结果越趋近于 QED 的预言. 实验结果所允许的 Λ 最小值对应于电子尺度的上限 $R=1/\Lambda$. 实验结果给出

$$\Lambda>2.4\mathrm{GeV} \tag{6.2.17}$$

相当于

$$R \leqslant 1 \times 10^{-16}\mathrm{m} \tag{6.2.18}$$

即当时 e^-e^- 散射实验证明电子在 10^{-16}m 的尺度上仍可以当作点粒子. QED 在 10^{-16}m 的尺度上仍能与实验相符.

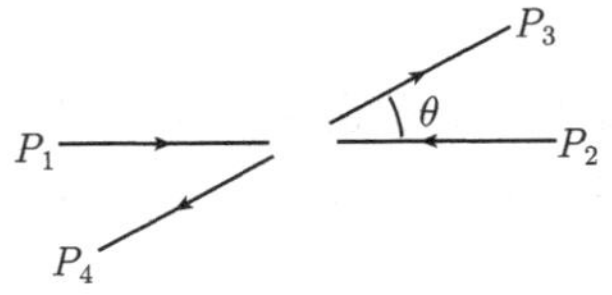

图 6.2

20 世纪 80 年代初, 在德国汉堡的电子同步加速器中心, 工作于正负电子对撞机 (PETRA) 上的 MARK-J 实验组, 通过 $e^+e^- \to e^+e^-$ 散射过程又将电子作为粒子的尺度推进到小于 10^{-18}m[18]. 20 世纪 90 年代初欧洲核子研究中心 (CERN) 的大型正负电子对撞机 (LEP) 又将电子的尺度推进到[19]

$$R < 1.4 \times 10^{-19}\mathrm{m} \tag{6.2.19}$$

即电子在 10^{-19}m 的尺度上仍然可以被看做一个点粒子, 它没有表现出具有内部结构的特征.

6.3　Bhabha 散射

Bhabha 散射指的是 $e^+e^- \to e^+e^-$ 散射过程. 这个散射过程的最低阶费曼图如图 6.3 所示, 其中图 6.3(a) 为单光子交换图, 图 6.3(b) 为 e^+e^- 湮灭图. 这两个图的贡献相差一个负号, 仍然是因为电子为费米子服从费米–狄拉克统计的原因. 图 6.3(a) 中光子四动量平方 $q^2 = (p_1 - p_3)^2 < 0$ 称为类空光子, 而图 6.3(b) 中光子四动量平方 $q^2 = (p_1 - p_3)^2 > 0$ 称为类时光子. 类空光子和类时光子都不同于实光子, 实光子的静止质量为 0, 即 $q^2 = 0$. 类空光子和类时光子称为虚光子, 没有确定的量子化能量, 因此它们并不是真实的粒子, 但它们却是电磁场的一种真实的状态. 通常电磁场会在极短的时间内处于这样的状态, 从这一点上来看, 虚光子其实并不 "虚".

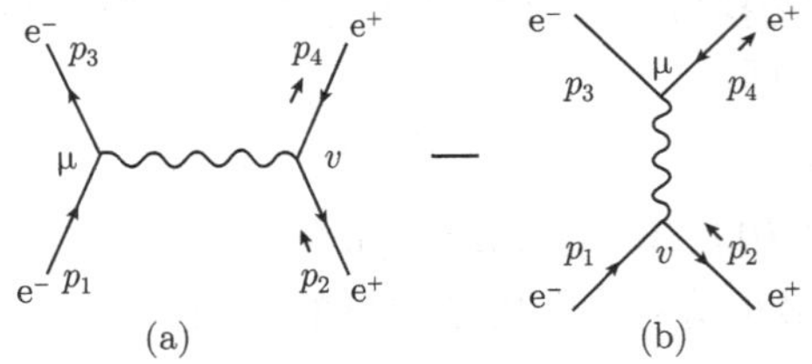

图 6.3　$e^+e^- \to e^+e^-$ 散射过程最低阶费曼图

根据 QED 的费曼规则, Bhabha 散射的振幅为

$$\begin{aligned}A &= \bar{u}_3(-\mathrm{i})e\gamma_\mu u_1\frac{-\mathrm{i}g^{\mu\nu}}{(p_1-p_3)^2}\bar{v}_2(-\mathrm{i})e\gamma_\nu v_4\\&\quad-\bar{u}_3(-\mathrm{i})e\gamma_\mu v_4\frac{-\mathrm{i}g^{\mu\nu}}{(p_1+p_2)^2}\bar{v}_2(-\mathrm{i})e\gamma_\nu u_1\\&=\mathrm{i}e^2\left[\bar{u}_3\gamma_\mu u_1\bar{v}_2\gamma^\mu v_4\frac{1}{(p_1-p_3)^2}-\bar{u}_3\gamma_\mu v_4\bar{v}_2\gamma^\mu u_1\frac{1}{(p_1+p_2)^2}\right]\end{aligned}\tag{6.3.1}$$

与 6.2 节 Møller 散射类似, 利用

$$\sum\nolimits_\lambda u^{(\lambda)}\bar{u}^{(\lambda)}=\frac{\not{p}+m}{2m},\quad \sum\nolimits_\lambda v^{(\lambda)}\bar{v}^{(\lambda)}=\frac{\not{p}-m}{2m}\tag{6.3.2}$$

最后求得 $\mathrm{e^+e^-\to e^+e^-}$ 散射的微分截面

$$\frac{\mathrm{d}\sigma}{\mathrm{d}\Omega}(\mathrm{e^+e^-\to e^+e^-})=\frac{\alpha^2}{8E^2}\left[\frac{1+\cos^4(\theta/2)}{\sin^4(\theta/2)}-\frac{2\cos^4(\theta/2)}{\sin^2(\theta/2)}+\frac{1+\cos^2\theta}{2}\right]\tag{6.3.3}$$

式中第一项为图 6.3(a) 的贡献, 第三项为 6.3(b) 的贡献, 第二项为两图的干涉项. 因为第一、二两项的分母分别为 $\sin^4(\theta/2)$ 和 $\sin^2(\theta/2)$, 它们在任何 θ 角时都小于第三项的分母 2, 所以对 $\mathrm{e^+e^-\to e^+e^-}$ 散射的主要贡献来自图 6.3(a), 次主要贡献来自干涉项. 数值分析表明, 在任何角度范围内, 第一项的贡献都远远大于第二和第三项. 如图 6.4 所示, 曲线 a 为三项的总贡献, b 为第二和第三项的贡献. 因此 Bhabha 散射的主要贡献来自单光子交换图 6.3(a). 实验上很难通过 Bhabha 散射来检验 QED 中 $\mathrm{e^+e^-}$ 湮灭图的贡献, 即类时光子的贡献. 要检验类时光子的贡献, 只能通过 $\mathrm{e^+e^-}\to\mu^+\mu^-$ 或 $\mathrm{e^+e^-\to\bar{q}q}$ 来进行, 因为对这样的过程只有类时光子的贡献.

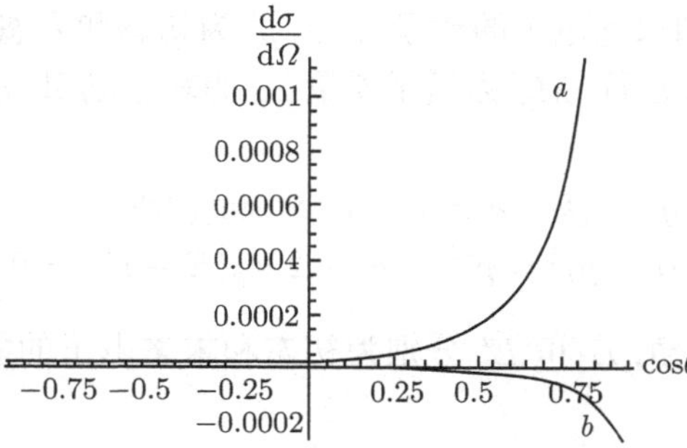

图 6.4 $\mathrm{e^+e^-\to e^+e^-}$ 微分截面随 cocθ 的分布, 曲线 a 为 (6.3.3) 式中三项总贡献, b 为 (6.3.3) 式第二、三项的贡献

图 6.4 也告诉我们, Bhabha 散射过程当 $\cos\theta=1$ 时散射截面最大, 即小角度散射几率较大, 大多数电子或正电子会以接近束流轴线的方向散射. 图 6.3 是 QED

最低阶费曼图的贡献, 加上 QED 辐射修正、弱作用修正和强作用修正后的结果与实验符合得非常好, 这是对 QED 的有力支持[17−19].

6.4　核子的电磁形状因子

电子的 Møller 散射实验及后来的 Bhabar 散射实验证实在 10^{-19}m 的尺度上电子仍然没有表现出结构的特征, 仍然可以把电子作为点粒子, 因此电子可以作为探测其他强子结构的探针. 实验上用电子撞击核子, 测量电子的散射截面, 并将其与理论模型比较, 就可以在一定程度上确定核子的结构. 我们先来讨论电子 - 核子弹性散射的情况, 此种情况下, 末态粒子没有发生改变, 仍然是电子和核子, 只是发生了动量转移, 末态电子和核子的动量和能量都发生了变化.

为了更能分清核子有无结构的特征, 我们先来计算在假设核子为点粒子的情况下, 电子–核子弹性散射的截面.

6.4.1　假设质子为点粒子时电子 −质子弹性散射

电子–质子弹性散射如图 6.5 所示. 图中黑点代表质子与电磁场相互作用的顶角. 若假设质子为一点粒子, 则质子电磁相互作用顶角为自旋 1/2 费米子与电磁场相互作用的顶角 $\mathrm{i}Qe\gamma_\mu$, 对于质子的情况, $Q=1$. 此时电子–质子散射振幅为

$$\begin{aligned} A &= \bar{u}(p')\mathrm{i}e\gamma^\mu u(p)\frac{-\mathrm{i}}{q^2}\bar{u}(k')(-\mathrm{i})e\gamma_\mu u(k) \\ &= -\mathrm{i}e^2\bar{u}(p')\gamma^\mu u(p)\bar{u}(k')\gamma_\mu u(k)\frac{1}{q^2} \end{aligned} \tag{6.4.1}$$

其中, k 和 k' 为初态和末态电子的动量, p 和 p' 为初态和末态质子的四动量, 在实验室坐标系中 $p^\mu=\left(M_\mathrm{p}\vec{0}\right)$, M_p 为质子质量. q 为转移动量, $q=k-k'$. 在实验室坐标系中有

$$\left\{\begin{array}{ll} q^2=(k-k')^2=-4EE'\sin^2(\theta/2) & (6.4.2) \\ (q+p)^2=p'^2\Rightarrow q^2+2M_\mathrm{p}(E-E')=0 & (6.4.3) \end{array}\right.$$

式中, θ 为电子的散射角, E 和 E' 分别为初态和末态电子的能量. 由 (6.4.2) 式和 (6.4.3) 式, 求得

$$E'=\frac{E}{1+2\dfrac{E}{M_\mathrm{p}}\sin^2(\theta/2)} \tag{6.4.4}$$

在 (6.4.2) 式 ∼(6.4.4) 式中, 我们忽略了电子的质量 $m_\mathrm{e}\sim 0$. 利用 6.2 节和 6.3 节介绍的 Trace 规则和技术, 最后可得, 若质子是个点粒子, 电子–质子弹性散射的微

分截面为

$$\frac{\mathrm{d}\sigma}{\mathrm{d}\Omega}=\frac{\alpha^2\cos^2(\theta/2)}{4E^2\sin^4(\theta/2)}\frac{1}{1+\dfrac{2E}{M_\mathrm{p}}\sin^2(\theta/2)}\left[1+\frac{Q^2}{2M_\mathrm{p}^2}\tan^2(\theta/2)\right] \tag{6.4.5}$$

式中 $Q^2\equiv-q^2$.

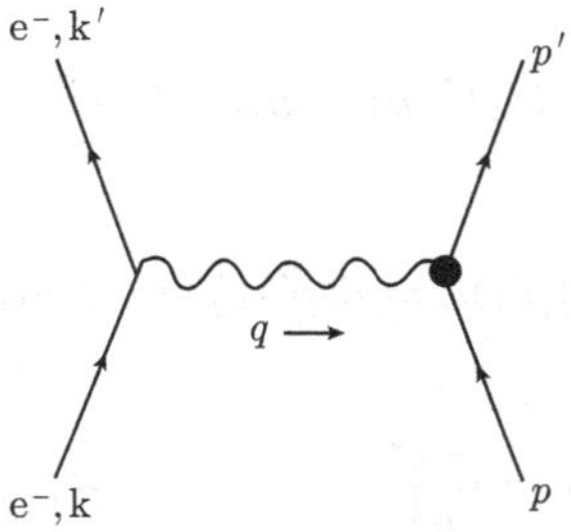

图 6.5 电子–质子散射

图中黑点代表质子电磁作用顶角

质子是个自旋为 1/2、电荷 $Q=1$ 的带电粒子. 电子在与质子发生散射时, 不但受到质子电场的作用, 因为有自旋的带电粒子还有内禀磁矩, 电子还会受到质子磁矩的作用, 所以 (6.4.5) 式的散射公式不但有电场的贡献, 还有质子磁矩的贡献. 为了分清 (6.4.5) 式中括号内第一项和第二项的物理意义, 考虑电子在一个自旋为 0、电荷 $Q=1$ 的带电粒子上的散射. 因为此时带电粒子磁矩为 0, 在这样的粒子上发生的散射将只是带电粒子电场的贡献. 自旋为 0 的带电粒子与电磁场的作用顶角为 $\mathrm{i}Qe(p+p')_\mu$, 换上此作用顶角, 重复上述步骤, 最后可得电子与 0 自旋带电粒子 $Q=1$ 的的微分散射截面公式

$$\left(\frac{\mathrm{d}\sigma}{\mathrm{d}\Omega}\right)_{\mathrm{Mot}}=\frac{\alpha^2\cos^2(\theta/2)}{4E^2\sin^4(\theta/2)}\frac{1}{1+\dfrac{2E}{M_\mathrm{p}}\sin^2(\theta/2)} \tag{6.4.6}$$

此式称为莫特 (N.F. Mott) 散射公式, 是莫特于 1930 年考虑电子与 0 自旋带电粒子的散射时得到的公式.

比较 (6.4.5) 式和 (6.4.6) 式, 发现 (6.4.5) 式的第一项即为莫特散射公式, 所以 (6.4.5) 式的第一项是点电荷电场对电子散射的贡献, 那么第二项则为带电粒子磁矩的贡献.

6.4.2 电子–质子弹性散射

本小节讨论真实质子的情况. 质子是由夸克构成的复合粒子, 它与电磁场的相互作用不一定能用点粒子相互作用来描写. 因为不知道质子与电磁场相互作用顶角的确切形式, 我们将它写作 $\mathrm{i}\Gamma_\mu(p',p)$, 它是 p 和 p' 的函数. 有了这个形式上的相互作用顶角, 则电子与真实质子的散射振幅可以写成

$$A=\frac{-\mathrm{i}e^2}{q^2}\bar{u}(k')\gamma^\mu u(k)\bar{u}(p')\Gamma_\mu(p,p')u(p) \tag{6.4.7}$$

若将 (6.4.7) 式中电子与质子之间的相互作用解释成两个电磁流之间的相互作用, 即定义两个电磁流

$$j^\mu(k',k)=\bar{u}(k)\gamma^\mu u(k) \tag{6.4.8}$$

和

$$J_\mu(p',p)=\bar{u}(p')\Gamma_\mu(p',p)u(p) \tag{6.4.9}$$

则散射振幅可写成

$$A=\frac{-\mathrm{i}e^2}{q^2}j^\mu(k',k)J_\mu(p',p) \tag{6.4.10}$$

因为质子为自旋 1/2 的费米子, $J_\mu(p',p)$ 是由四动量和 γ 矩阵组成. 独立的 4×4 矩阵基只有 16 个, 考虑到 Lorentz 不变性的限制, 它们是 1, γ^μ, $\sigma^{\mu\nu}\equiv\dfrac{\mathrm{i}}{2}(\gamma^\mu\gamma^\nu-\gamma^\nu\gamma^\mu)$、$\gamma^\mu\gamma^5$、$\gamma^5$. 原则上 $J_\mu(p',p)$ 应由这 16 个独立 γ 矩阵线性组合而成, 但电磁相互作用的宇称守恒要求 $J_\mu(p',p)$ 不应包含轴矢量项 $\gamma^\mu\gamma^5$ 和赝标量项 γ^5, 这两项都是破坏宇称的. 可以将 $J_\mu(p',p)$ 一般地写成

$$\begin{aligned}J_\mu(p',p)=&\bar{u}(p')\left[\gamma_\mu\,K_1(q^2)+\mathrm{i}\sigma_{\mu\nu}(p'-p)^\nu K_2(q^2)\right.\\&+\mathrm{i}\sigma_{\mu\nu}(p'+p)^\nu K_3(q^2)+(p'-p)_\mu K_4(q^2)\\&\left.+(p'+p)_\mu K_5(q^2)\right]u(p)\end{aligned} \tag{6.4.11}$$

式中各因子 K_i 只是 $q^2\equiv(p'-p)^2$ 的函数, 因为即使它们还可能是 $(p'-p)\cdot(p'+p)$ 和 $(p'+p)^2$ 的函数, 这样的两项也总能写成 q^2 和质子质量的函数形式.

(6.4.11) 式中 $(p'+p)$ 项可以通过如下的等式变成其他项的形式

$$\bar{u}(p')(p'+p)_\mu u(p)=\bar{u}(p')\left[-\mathrm{i}\sigma_{\mu\nu}(p'-p)^\mathrm{v}+(M'_\mathrm{p}+M_\mathrm{p})\gamma_\mu\right]u(p) \tag{6.4.12}$$

和

$$\bar{u}(p')\mathrm{i}\sigma_{\mu\nu}(p'+p)^\nu u(p)=\bar{u}(p')\left[-(p'-p)_\mu+(M'_\mathrm{p}-M_\mathrm{p})\gamma_\mu\right]u(p) \tag{6.4.13}$$

利用 (6.4.12) 和 (6.4.13) 两个恒等式, (6.4.11) 式中的独立因子大为减少, 可以简化为

$$J_\mu(p',p)=\bar{u}(p')\left[\gamma_\mu F_1(q^2)+\mathrm{i}F_2(q^2)\sigma_{\mu\nu}q^\nu+q_\mu F_3(q^2)\right]u(p) \tag{6.4.14}$$

电磁流守恒是不受强相互作用影响的, 这是因为电磁场的 $U(1)$ 规范不变性即使是在强相互作用存在的情况下也是成立的. 电磁流守恒将会使 (6.4.14) 式中独立因子的数量受到进一步的约束.

$$0=q^{\mu}J_{\mu}(p',p)=\bar{u}(p')\left[\not{q}F_1(q^2)+\mathrm{i}F_2(q^2)q^{\mu}\sigma_{\mu\nu}q^{\nu}+q^2F_3(q^2)\right]u(p) \tag{6.4.15}$$

利用 Dirac 方程

$$(\not{p}-m)u(p)=0 \text{ 和 } \bar{u}(p)(\not{p}-m)=0$$

(6.4.15) 式第一项化为 $(M'_{\mathrm{p}}-M_{\mathrm{p}})F_1(q^2)$, 对于弹性散射 $M'_{\mathrm{p}}=M_{\mathrm{p}}$, 因此第一项为 0, 第二项因为 $\sigma_{\mu\nu}$ 是反对称张量, 它与对称量 $q^{\mu}q^{\nu}$ 相乘, 结果为 0, 所以 (6.4.15) 式说明 $F_3(q^2)=0$. 最后 (6.4.14) 式中只留下两个独立的因子,

$$J_{\mu}(p',p)=\bar{u}(p')\left[\gamma_{\mu}F_1(q^2)+\mathrm{i}F_2(q^2)\sigma_{\mu\nu}q^{\nu}\right]u(p) \tag{6.4.16}$$

其中 $F_1(q^2)$ 和 $F_2(q^2)$ 称为核子的电磁形状因子.

将 (6.4.8) 式和 (6.4.16) 式代入 (6.4.10) 式, 经过计算得到电子–质子弹性散射截面,

$$\frac{\mathrm{d}\sigma}{\mathrm{d}\Omega}=\left(\frac{\mathrm{d}\sigma}{\mathrm{d}\Omega}\right)_{\mathrm{Mot}}\left[\left(F_1^2+Q^2F_2^2\right)+\frac{Q^2}{2M_{\mathrm{p}}^2}\left(F_1+2M_{\mathrm{p}}F_2\right)^2\tan^2\frac{\theta}{2}\right] \tag{6.4.17}$$

其中 $Q^2\equiv-q^2$, M_{p} 为质子质量. 这个公式称为洛森布鲁斯 (M.N. Rosenbluth) 公式[26].

在 q^2 较小即小动量转移情况下, 电子的散射对质子的内部结构不敏感, 此时质子对电子的散射将类似于点粒子对电子的散射, 所以在 $q^2\to0$ 极限下, (6.4.17) 式应回到电子–点粒子型质子的散射公式 (6.4.5). 比较这两个公式, 我们得到形状因子 $F_1(q^2)$ 在极限 $q^2\to0$ 下的行为

$$F_1(0)=1 \tag{6.4.18}$$

(6.4.5) 式第二项为质子磁矩的贡献, 与此相应, (6.4.17) 式第二项 $(F_1+2M_{\mathrm{p}}F_2)^2$ 为质子磁矩的贡献. 因为 $F_1(0)=1$, 此项在 $q^2\to0$ 时已经等于自旋为 1/2 的粒子磁矩的贡献, 所以我们将 $2M_{\mathrm{p}}F_2$ 项解释为质子反常磁矩的贡献. 实验测量给出[20],

$$F_2(0)=\frac{1.79}{2M_{\mathrm{p}}} \tag{6.4.19}$$

从 (6.4.17) 式可以看出, 形状因子 $F_1(q^2)$ 和 $F_2(q^2)$ 作为独立因子, 它们中的每一个都不单独对应磁矩散射和电散射. 但我们可以重新定义一对形状因子, 使他们分别直接对应磁矩散射和电散射[27,28],

$$
\begin{aligned}
G_{\mathrm{M}} &= F_1(q^2) + 2M_{\mathrm{p}}F_2(q^2) \\
G_{\mathrm{E}} &= F_1(q^2) - \frac{Q^2}{2M_{\mathrm{p}}}F_2(q^2)
\end{aligned}
\tag{6.4.20}
$$

其中 G_{M} 为磁形状因子, G_{E} 为电形状因子.

在新的形状因子表述下, 洛森布鲁斯公式成为

$$
\frac{\mathrm{d}\sigma}{\mathrm{d}\Omega} = \left(\frac{\mathrm{d}\sigma}{\mathrm{d}\Omega}\right)_{\mathrm{Mot}} \left[\frac{G_{\mathrm{E}}^2 + \tau G_{\mathrm{M}}^2}{1+\tau} + 2\tau G_{\mathrm{M}}^2 \tan^2\frac{\theta}{2}\right] \tag{6.4.21}
$$

其中 $\tau \equiv Q^2/4M_{\mathrm{p}}^2$.

下面讨论形状因子的物理解释.

先来考虑电子被一个有一定电荷分布的势场散射的问题. 在非相对论情况下, 电子在一个有一定电荷分布的势场 $U(r)$ 的散射下, 其微分散射截面可以根据 Born 近似求得,

$$
\frac{\mathrm{d}\sigma}{\mathrm{d}\Omega} = \frac{m_{\mathrm{e}}^2}{4\pi^2} \left|-\mathrm{e}\int U(r)\mathrm{e}^{\mathrm{i}(\vec{k}-\vec{k}')\cdot\vec{r}}\mathrm{d}^3 r\right|^2 \tag{6.4.22}
$$

此势场满足 Poisson 方程,

$$
\nabla^2 U(r) = -4\pi\rho(r)
$$

其中 $\rho(r)$ 为势场的电荷密度.

定义 $\vec{q} = \vec{k} - \vec{k}'$, 则 (6.4.22) 式可以写成

$$
\frac{\mathrm{d}\sigma}{\mathrm{d}\Omega} = \frac{m_{\mathrm{e}}^2}{4\pi^2} \left|-\mathrm{e}\int U(r)\mathrm{e}^{\mathrm{i}\vec{q}\cdot\vec{r}}\mathrm{d}^3 r\right|^2 \tag{6.4.23}
$$

式中 $\int U(r)\mathrm{e}^{\mathrm{i}\vec{q}\cdot\vec{r}}\mathrm{d}^3 r$ 可以进一步整理成

$$
\begin{aligned}
\int U(r)\mathrm{e}^{\mathrm{i}\vec{q}\cdot\vec{r}}\mathrm{d}^3 r &= -\frac{1}{|\vec{q}|^2}\int U(r)\nabla^2\mathrm{e}^{\mathrm{i}\vec{q}\cdot\vec{r}}\mathrm{d}^3 r \\
&= -\frac{1}{|\vec{q}|^2}\int [\nabla^2 U(r)]\mathrm{e}^{\mathrm{i}\vec{q}\cdot\vec{r}}\mathrm{d}^3 r \\
&= \frac{4\pi}{|\vec{q}|^2}\int \rho(r)\mathrm{e}^{\mathrm{i}\vec{q}\cdot\vec{r}}\mathrm{d}^3 r
\end{aligned}
\tag{6.4.24}
$$

将上述结果代入 (6.4.23) 式, 并利用弹性散射中 $|\vec{q}| = 2\left|\vec{k}\right|\sin\frac{\theta}{2}$ 得

$$
\frac{\mathrm{d}\sigma}{\mathrm{d}\Omega} = \frac{m_{\mathrm{e}}^2 e^4}{4\left|\vec{k}\right|^4 \sin^4(\theta/2)} \left|\frac{1}{e}\int \rho(r)\mathrm{e}^{\mathrm{i}\vec{q}\cdot\vec{r}}\mathrm{d}^3 r\right|^2 \tag{6.4.25}
$$

式中，

$$\frac{1}{e}\int \rho(r)\mathrm{e}^{\mathrm{i}\vec{q}\cdot\vec{r}}\mathrm{d}^3r \tag{6.4.26}$$

可定义成有电荷分布的势场的形状因子, 即

$$F^E(q^2) \equiv \frac{1}{e}\int \rho(r)\mathrm{e}^{\mathrm{i}\vec{q}\cdot\vec{r}}\mathrm{d}^3r \tag{6.4.27}$$

由此得到形状因子的物理解释, 即形状因子是势场电荷分布的 Fourier 变换.

对于球对称电荷分布, (6.4.27) 式可以展开为

$$F^{\mathrm{E}}(q^2) = 1 - \frac{|\vec{q}|^2}{6}\langle r^2\rangle + \cdots \tag{6.4.28}$$

其中 $\langle r^2\rangle \equiv \dfrac{1}{e}\displaystyle\int \rho(r)r^2\mathrm{d}^3r$, 并且假设了产生势场的总电荷数

$$\frac{1}{e}\int \rho(r)\mathrm{d}^3r = 1 \tag{6.4.29}$$

因此电荷分布半径平方的平均值为

$$\langle r^2\rangle = -6\frac{\mathrm{d}F^{\mathrm{E}}(q^2)}{\mathrm{d}\,|\vec{q}|^2}\Big|_{|\vec{q}|^2\to 0} \tag{6.4.30}$$

(6.4.30) 式是在非相对论极限下得到的, 在非相对论极限下, 可以认为散射中心处于静止状态, 散射前后电子的能量不变, 只有动量发生改变, 即四动量转移为 $q^\mu = (0,\vec{q})$. 利用这一条件, 可以将 (6.4.30) 式写成相对论协变形式

$$\langle r^2\rangle = -6\frac{\mathrm{d}F^{\mathrm{E}}(q^2)}{\mathrm{d}(-q^2)}\Big|_{q^2\to 0} \tag{6.4.31}$$

此式在非相对论极限下对应势场在空间上的电荷分布.

通过上面的讨论, 可以知道核子的电形状因子对应核子的电荷分布, 而磁形状因子对应核子的磁矩分布. 实验测量给出质子的电荷分布和磁矩分布半径平方的平均值为

$$\begin{aligned}\langle r^2\rangle_{\mathrm{E}} &= -6\frac{\mathrm{d}G_{\mathrm{E}}(Q^2)}{\mathrm{d}Q^2}\Big|_{Q^2\to 0} \approx 0.64\times 10^{-30}\mathrm{m}^2\\ \langle r^2\rangle_{\mathrm{M}} &= -6\frac{\mathrm{d}G_{\mathrm{M}}(Q^2)}{\mathrm{d}Q^2}\Big|_{Q^2\to 0} \approx 0.64\times 10^{-30}\mathrm{m}^2\end{aligned} \tag{6.4.32}$$

这里 $Q^2 = -q^2$.

核子电磁形状因子的存在, 说明核子不是点粒子, 其电荷和磁矩都有一定形状的分布. 表 6.2 中列出了一些形式的电荷分布所对应的形状因子和均方半径 $\langle r^2\rangle$.

表 6.2　不同电荷分布所对应的形状因子和均方半径 $\langle r^2\rangle$

电荷分布 $\rho(r)$	形状因子	均方半径 $\langle r^2\rangle$
点电荷 $\delta(\vec{r})$	1	0
汤川分布 $\dfrac{\alpha^2}{4\pi}\dfrac{\mathrm{e}^{-\alpha r}}{r}$	单极形 $\dfrac{1}{1+\lvert\vec{q}\rvert^2/\alpha^2}$	$6/\alpha^2$
指数分布 $\dfrac{m^3}{8\pi}\mathrm{e}^{-mr}$	偶极形 $\dfrac{1}{\left(1+\lvert\vec{q}\rvert^2/m^2\right)^2}$	$12/m^2$

目前尚没有关于强子结构的完整的理论, 所以核子的形状因子还不能完全根据理论求得. 现在形状因子随 Q^2 的变化是根据实验数据拟合得来. 质子的弹性散射电磁形状因子是通过电子在液氢靶上的弹性散射测定的, 而中子的电磁形状因子难以直接测定, 实验上是分别测量电子–氘核弹性散射和电子–质子弹性散射, 再进行相减得到电子–中子弹性散射截面的,

$$\frac{\mathrm{d}\sigma(\mathrm{en})}{\mathrm{d}\Omega}=\frac{\mathrm{d}\sigma(\mathrm{ed})}{\mathrm{d}\Omega}-\frac{\mathrm{d}\sigma(\mathrm{ep})}{\mathrm{d}\Omega} \tag{6.4.33}$$

但这样测定的结果并不十分准确, 因为还需要在 (6.4.33) 式中加上一些与氘核结构有关的项. 即使这样结果也并不精确, 但现有的实验数据已经显示中子也不是一个点粒子. 中子的总电荷为 0, 实验上没有显示出中子有正负电荷分布的迹象, 它的电形状因子为 0, 但它的磁形状因子不为 0, 这表明中子有一定的磁矩分布. 1961 年以后, 很多实验表明质子和中子的电磁形状因子[29]

$$\begin{aligned} &G_{\mathrm{E}}^{\mathrm{p}}(Q^2)=\frac{G_{\mathrm{M}}^{\mathrm{p}}(Q^2)}{\mu_{\mathrm{p}}}=\frac{G_{\mathrm{M}}^{\mathrm{n}}(Q^2)}{\mu_{\mathrm{n}}}\equiv G(Q^2),\\ &G_{\mathrm{E}}^{\mathrm{n}}(Q^2)=0 \end{aligned} \tag{6.4.34}$$

其中 $\mu_{\mathrm{p}}\equiv G_{\mathrm{M}}^{\mathrm{p}}(0)$, $\mu_{\mathrm{n}}\equiv G_{\mathrm{M}}^{\mathrm{n}}(0)$. 实验表明 $G(Q^2)$ 可以很好地用偶极子形式拟合出来,

$$G(Q^2)=\frac{1}{\left(1+\dfrac{Q^2}{0.71}\right)^2} \tag{6.4.35}$$

式中 Q^2 以 GeV^2 为单位. 偶极子形式说明质子内部电荷和磁矩的分布为指数形分布, 这可以通过对 (6.4.35) 式作 Fourier 变换得到,

$$\rho(r)=\rho_0\mathrm{e}^{-\sqrt{0.71}r} \tag{6.4.36}$$

通过 (6.4.36) 式可以算出均方根半径为

$$\sqrt{\langle r^2\rangle}=\sqrt{\frac{12}{0.71}}\approx 0.8\mathrm{fm} \tag{6.4.37}$$

这可以作为实验所测量到的核子的尺度, 即核子的均方根半径约为 0.8fm.

6.5 电子–质子非弹性散射

用电子撞击核子, 当能量较低时不足以使核子进入能量较高的激发态或将核子撞碎, 此时发生的是电子–核子弹性散射. 电子 - 核子弹性散射的实验使我们知道核子是一个具有一定电荷及磁矩分布的粒子, 其分布半径约为 0.8fm. 当电子散射转移的能、动量提高时, 核子可能进入一系列激发态, 此时测量末态强子的不变质量谱会发现一系列共振峰结构, 这样的反应是非弹性散射过程, 如过程

$$\mathrm{e+p \to e+}\Delta^+$$
$$\hookrightarrow \pi^0+\mathrm{p}\ 或\ \pi^+ +\mathrm{n}$$

此过程中强子的不变质量为 $M_{\mathrm{X}}=1232\mathrm{MeV}$. 当散射的能、动量转移进一步提高, 核子会碎裂成大量强子, 此时强子的不变质量谱上已经没有峰结构, 观察到的是连续的平滑曲线. 此时的散射称为电子 - 核子深度非弹性散射. 因为此时能、动量转移四动量平方 $|q^2|$ 极大, 根据量子力学测不准原理, 此时电子这个探针的分辨率极高, 用它可以探测核子的内部结构. 20 世纪 60 年代, 正是通过轻子–核子的深度非弹性散射, 使我们对核子结构的认识得到极大的提高.

6.5.1 非弹性散射的结构函数

电子和核子的非弹性散射过程示于图 6.6. 受到电子的撞击后, 核子变成大量强子. 如果实验上不去探测每一个末态强子, 而只探测末态电子, 则这样的过程称为单举过程 (inclusive process). 相反, 如果对末态每一个粒子都进行鉴别、测量, 则这样的过程就称为遍举过程 (exclusive process). 记初态电子的四动量为 k, 能量为 E, 末态电子四动量为 k' 能量为 E'. 核子初态四动量为 p, 末态强子记为 X, 四动量为 $p\prime$. q 为转移动量 $q=k-k'=p'-p$. 其不变质量平方为 $M_{\mathrm{X}}^2=p'^2$. 电子–核子非弹性散射过程为

$$\mathrm{e+N\to e+X} \tag{6.5.1}$$

其中 N 为核子, 它可以是质子 p 也可以是中子 n.

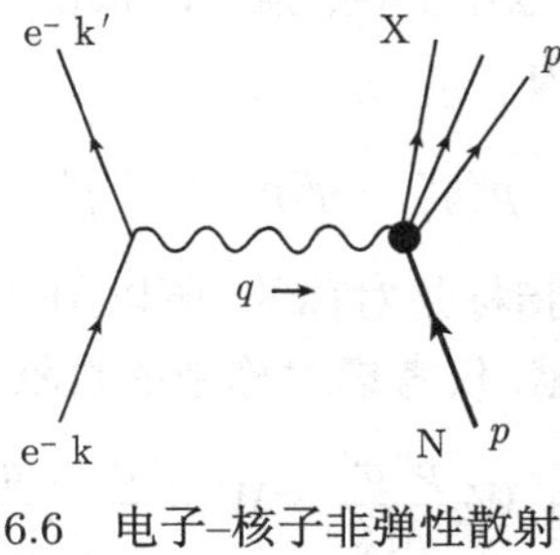

图 6.6 电子–核子非弹性散射过程

图 6.6 中左侧为电子与电磁场相互作用顶角. 因为在目前实验所及的能量范围内电子仍可以被视为点粒子, 所以电子与电磁场的相互作用就是 QED 中的电磁相互作用顶角. QED 中电磁耦合常数 e 是个小量, 所以 QED 一阶近似已是个好的近似. 右侧为核子、强子与电磁场的相互作用顶角. 在深度非弹性散射的 q^2 范围内, 核子已不能被当作点粒子. 这样的相互作用必须包含核子结构的细节问题. 虽然我们还不能完全清楚核子内部结构的细节, 但总可以在 QED 一级近似下将 eN 非弹性散射振幅写成

$$A_{\mathrm{NE}} = e^2 j_\mu \frac{1}{q^2} J^\mu \tag{6.5.2}$$

式中 j_μ 为电子电磁流,

$$j_\mu = \bar{u}(k')\gamma_\mu u(k) \tag{6.5.3}$$

$1/q^2$ 为光子传播子, J^μ 为强子电磁流. 对于 (6.5.1) 式中的散射过程, 如果电子是非极化的, 则散射的微分截面正比于 $|A_{\mathrm{NE}}|^2$, 即

$$\mathrm{d}\sigma \propto L_{\mu\nu} W^{\mu\nu} \tag{6.5.4}$$

其中 $L_{\mu\nu}$ 是轻子流张量,

$$L_{\mu\nu} \equiv \frac{1}{2}\sum_{\lambda_1}\sum_{\lambda_2} j_\mu^+ j_\nu = 2\left(k_\mu k'_\nu + k_\nu k'_\mu + \frac{q^2}{2} g_{\mu\nu}\right) \tag{6.5.5}$$

式中 $\frac{1}{2}\sum\limits_{\lambda_1}$ 为对初态电子极化状态求平均, $\sum\limits_{\lambda_2}$ 为对末态电子极化状态求和.

$W^{\mu\nu}$ 是非极化强子流张量, 其定义为

$$W^{\mu\nu} \equiv \frac{1}{2}\sum_{\lambda_3}\sum_{\lambda_4} J^{+\mu} J^\nu \delta^4(p + q - p') \tag{6.5.6}$$

其中 $\frac{1}{2}\sum\limits_{\lambda_3}$ 为对初态核子极化状态求平均, $\sum\limits_{\lambda_4}$ 为对末态强子极化状态求和, 这里将计算截面时所需要的 δ 函数也定义到 $W^{\mu\nu}$ 中去, 最后计算散射截面时不需要再重复考虑 δ 函数.

为了保证散射截面的洛伦兹不变性, 强子流张量 $W^{\mu\nu}$ 必须由存在的独立的动量组合而成, 这些可能的组合为

$$g^{\mu\nu}, \quad p^\mu p^\nu, \quad p^\mu q^\nu, \quad q^\mu p^\nu, \quad q^\mu q^\nu, \quad \varepsilon^{\mu\nu\rho\sigma} p_\rho q_\sigma \tag{6.5.7}$$

由 (6.5.5) 式知 $L_{\mu\nu}$ 对于 μ, ν 指标是对称的, 所以 $W^{\mu\nu}$ 中关于 μ, ν 反对称项对散射截面 $d\sigma \propto L_{\mu\nu}W^{\mu\nu}$ 没有贡献, 仅考虑对称项的贡献,

$$W^{\mu\nu} = -W_1 g^{\mu\nu} + W_2 \frac{p^\mu p^\nu}{M_{\mathrm{N}}^2} + W_3 \frac{p^\mu q^\nu + q^\mu p^\nu}{M_{\mathrm{N}}^2} + W_4 \frac{q^\mu q^\nu}{M_{\mathrm{N}}^2} \tag{6.5.8}$$

式中 W_1, W_2, W_3, W_4 为 p 和 q 的标量函数. p 和 q 可能构成的洛伦兹不变量为 $p^2, q^2, p\cdot q$. 但 $p^2=M_{\rm N}^2$ 不是可变量, 所以 W_i 只能是 q^2 和 $p\cdot q$ 的函数. 通常不是取 $p\cdot q$ 作变量, 而是取

$$\nu\equiv\frac{p\cdot q}{M_{\rm N}} \tag{6.5.9}$$

作其中的一个变量, 于是 W_i 是 q^2 和 ν 的函数.

利用电磁流守恒 $q_\mu W^{\mu\nu}=0$, 得

$$\left[-W_1+\frac{W_3}{M_{\rm N}^2}p\cdot q+\frac{W_4}{M_{\rm N}^2}q^2\right]q^\nu+\left[\frac{W_2}{M_{\rm N}^2}p\cdot q+\frac{W_3}{M_{\rm N}^2}q^2\right]p^\nu=0 \tag{6.5.10}$$

因为 p 和 q 为独立变量, 所以可以得到

$$W_3=-\frac{p\cdot q}{q^2}W_2 \tag{6.5.11}$$

$$W_4=-\frac{p\cdot q}{q^2}W_3+W_1\frac{M_{\rm N}^2}{q^2} \tag{6.5.12}$$

将 (6.5.11) 式和 (6.5.12) 式代入 (6.5.8) 式, 最后可以得到

$$W^{\mu\nu}=\left(\frac{q^\mu q^\nu}{q^2}-g^{\mu\nu}\right)W_1(\nu,q^2)+\left(p^\mu-\frac{p\cdot q}{q^2}q^\mu\right)\left(p^\nu-\frac{p\cdot q}{q^2}q^\nu\right)\frac{W_2(\nu,q^2)}{M_{\rm N}^2} \tag{6.5.13}$$

式中将 W_1 和 W_2 明确写成了 ν 和 q^2 的函数. 利用 (6.5.5) 式和 (6.5.13) 式, 可以计算 eN 非弹性散射的微分截面, 计算可得

$$\frac{{\rm d}^2\sigma}{{\rm d}\Omega{\rm d}E'}=\frac{\alpha^2}{4E^2\sin^4(\theta/2)}\left[W_2(\nu,q^2)\cos^2\frac{\theta}{2}+2W_1(\nu,q^2)\sin^2\frac{\theta}{2}\right] \tag{6.5.14}$$

也可以将微分散射截面表示成 q^2 和强子不变质量平方 $M_{\rm X}^2$ 的函数

$$\frac{{\rm d}^2\sigma}{{\rm d}q^2{\rm d}M_{\rm X}^2}=\frac{2\pi\alpha^2}{M_{\rm N}q^4}\frac{E'}{E}\left[W_2(\nu,q^2)\cos^2\frac{\theta}{2}+2W_1(\nu,q^2)\sin^2\frac{\theta}{2}\right] \tag{6.5.15}$$

(6.5.14) 式和 (6.5.15) 式中 W_1 (ν, q^2) 和 W_2 (ν, q^2) 称为核子的结构函数. 它反映了核子结构的信息. 原则上只要知道了核子的结构, 便可以将结构函数计算出来. 6.6 节我们将会看到从核子的部分子模型的确可以推出结构函数的许多与实验相符的特性.

6.5.2 结构函数应用于弹性散射的情况

现在讨论弹性散射时核子结构函数与核子形状因子的关系, 重新利用(6.4.8)式、(6.4.16) 式和 (6.4.10) 式计算电子–核子弹性散射的微分截面. 不同于 (6.4.21) 式的

是, 此次不对 dE' 积分, 得到

$$\frac{\mathrm{d}^2\sigma}{\mathrm{d}\Omega\mathrm{d}E'}=\frac{\alpha^2}{4E^2\sin^4(\theta/2)}\delta\left(\nu-\frac{Q^2}{2M_\mathrm{N}}\right)\left[\frac{G_\mathrm{E}^2+(Q^2/4M_\mathrm{N}^2)G_\mathrm{M}^2}{1+(Q^2/4M_\mathrm{N}^2)}\cos^2\frac{\theta}{2}\right.$$
$$\left.+\frac{Q^2}{2M_\mathrm{N}^2}G_\mathrm{M}^2\sin^2\frac{\theta}{2}\right] \tag{6.5.16}$$

式中 $Q^2\equiv -q^2$. 比较 (6.5.14) 式和 (6.5.16) 式, 得到弹性散射时核子结构函数为

$$W_1^{弹}=\frac{Q^2}{4M_\mathrm{N}^2}G_\mathrm{M}^2\delta\left(\nu-\frac{Q^2}{2M_\mathrm{N}}\right) \tag{6.5.17}$$

$$W_2^{弹}=\frac{G_\mathrm{E}^2+(Q^2/4M_\mathrm{N}^2)G_\mathrm{M}^2}{1+(Q^2/4M_\mathrm{N}^2)}\delta\left(\nu-\frac{Q^2}{2M_\mathrm{N}}\right) \tag{6.5.18}$$

不同于非弹性散射的情况, 弹性散射时结构函数的两个变量 ν 和 Q^2 并不是相互独立的自由变量, 它们被 δ 函数联系起来. 此时, 结构函数不再同时是 ν 和 Q^2 的函数, 而只是 ν 或 Q^2 单一变量的函数. 将 (6.5.17) 和 (6.5.18) 两式写成如下的形式:

$$W_1^{弹}=\frac{G_\mathrm{M}^2}{4M_\mathrm{N}^2}\frac{Q^2}{\nu}\delta\left(1-\frac{Q^2}{2M_\mathrm{N}\nu}\right) \tag{6.5.19}$$

$$W_2^{弹}=\frac{G_\mathrm{E}^2+(Q^2/4M_\mathrm{N}^2)G_\mathrm{M}^2}{1+(Q^2/4M_\mathrm{N}^2)}\frac{1}{\nu}\delta\left(1-\frac{Q^2}{2M_\mathrm{N}\nu}\right) \tag{6.5.20}$$

以上两式表明, 只要当 Q^2 和 ν 处于较大的区域时 G_E 和 G_M 对 Q^2 的依赖明显减弱, 则 $W_1^{弹}$ 和 $\nu W_2^{弹}$ 将只是 Q^2/ν 的函数.

在分析深度非弹性散射的实验数据之后, 必约肯 (J. D. Bjorken) 利用流代数的方法得出: 对于深度非弹性散射, 当 Q^2 和 ν 都非常大时, 结构函数 $W_1(\nu,Q^2)$ 和 $\nu W_2(\nu,Q^2)$ 不再同时是 ν 和 Q^2 的函数, 而只是经过重新标度后的单一变量 $x\equiv\dfrac{Q^2}{2M_\mathrm{N}\nu}$ 的函数, 这称为标度无关性 (scaling) 现象[24].

实验数据表明, 对于固定的变量值 $x=\dfrac{Q^2}{2M_\mathrm{N}\nu}$, 结构函数 $W_1(\nu,Q^2)$ 和 $\nu W_2(\nu,Q^2)$ 的确不依赖于 Q^2, 而只依赖于 x. 根据 6.4.1 小节关于电子–质子弹性散射的讨论以及 (6.5.19) 和 (6.5.20) 式的结果可以知道, 如果核子是自旋为 1/2 的点粒子, 则 $\nu W_2^{弹}$ 将不依赖于 Q^2, 因此实验数据说明, 深度非弹性散射中电子可能是被核子中的类点粒子散射的. 6.6 节将进一步讨论这个问题.

6.6　核子的部分子模型

电子–核子深度非弹性散射实验显示出核子的结构函数具有无标度现象 (scaling phenomenon). 这是显示核子具有结构的重要信息. 这些实验数据激起了当时对

核子结构的热烈探讨. 其中费曼提出的部分子模型 (parton model) 是最著名也是最富有成效的[25].

部分子模型假定核子是由大量点状自旋为 1/2 的部分子组成的. 设在核子动量 p 趋于无穷大的坐标系中, 每一个部分子带有的纵向动量是核子动量的 x_i 倍,

$$\left(\vec{p}_{\parallel}\right)_i = x_i\vec{p} \tag{6.6.1}$$

其中 $0 \leqslant x_i \leqslant 1$, 且 $\sum\limits_i x_i = 1$. 记第 i 个部分子的横向动量为 $(p_\perp)_i$, 质量为 m_i, 其横向动量满足条件

$$\sum_i (p_\perp)_i = 0 \tag{6.6.2}$$

每一个部分子所具有的能量 E_i 可以有一定的涨落, 于是全部部分子的总能量 $E_{\mathrm{V}} = \sum\limits_i E_i$ 可以不等于核子的能量 E_{N}. 根据量子力学中的测不准原理, 这样的态的寿命 τ_{life} 反比于能量涨落, 即

$$\tau_{\text{life}} = \frac{1}{|E_{\mathrm{V}} - E_{\mathrm{N}}|} \tag{6.6.3}$$

在无穷大动量坐标系中

$$\begin{aligned}
E_{\mathrm{V}} - E_{\mathrm{N}} &= \sum_i \sqrt{\left(|\vec{p}_{\parallel}|\right)_i^2 + (p_\perp)_i^2 + m_i^2} - \sqrt{|\vec{p}|^2 + M_{\mathrm{N}}^2} \\
&= \sum_i \sqrt{x_i^2\,|\vec{p}|^2 + (p_\perp)_i^2 + m_i^2} - \sqrt{|\vec{p}|^2 + M_{\mathrm{N}}^2} \\
&\approx \sum_i x_i\,|\vec{p}| + \sum_i \frac{(p_\perp)_i^2 + m_i^2}{2x_i\,|\vec{p}|} - |\vec{p}| - \frac{M_{\mathrm{N}}^2}{2\,|\vec{p}|} \\
&= \frac{1}{2\,|\vec{p}|}\left(\sum_i \frac{(p_\perp)_i^2 + m_i^2}{x_i} - M_{\mathrm{N}}^2\right)
\end{aligned} \tag{6.6.4}$$

而在每一次散射过程中相互作用时间 τ_{int} 反比于 q^0,

$$q^0 = (1/\gamma)\,q^0_{\text{lab}} = \frac{M_{\mathrm{N}}}{E_{\mathrm{N}}}\nu \tag{6.6.5}$$

这里 $\gamma = \dfrac{1}{\sqrt{1-\nu^2/c^2}}$ 是相对论变换因子. 于是可得发生相互作用的时间为

$$\tau_{\text{int}} = \frac{1}{q^0} = \frac{E_{\mathrm{N}}}{M_{\mathrm{N}}\nu} = \frac{\sqrt{|\vec{p}|^2 + M_{\mathrm{N}}^2}}{M_{\mathrm{N}}\nu} \approx \frac{|\vec{p}|}{M_{\mathrm{N}}\nu} \tag{6.6.6}$$

比较 (6.6.6) 式和 (6.6.3) 两式, 得

$$\frac{\tau_{\text{int}}}{\tau_{\text{life}}} = \frac{1}{2M_{\mathrm{N}}\nu}\left|\sum_i \frac{(p_\perp)_i^2 + m_i^2}{x_i} - M_{\mathrm{N}}^2\right| \tag{6.6.7}$$

(6.6.7) 式说明只要 $\nu \to \infty$, 则发生相互作用的时间将远远小于中间态存在的时间, 因此在 ν 较大的条件下, 深度非弹性散射过程中核子内的部分子可以被看作准自由的粒子. (6.6.7) 式也指出要满足 $\tau_{\text{int}} \ll \tau_{\text{life}}$, x_i 不能太小, 因此深度非弹性散射中小 x_i 段的贡献需要特别处理. 我们限定下面讨论的内容都是针对 x_i 不太小的区域.

由于发生深度非弹性散射时, 核子可以被看作是由准自由的部分子组成的, 所以电子与核子之间的散射可以等效于电子与部分子散射过程的叠加. 假设部分子是自旋为 1/2 的点粒子, 其与电磁场的耦合顶角为 $\mathrm{i}Q_i e\gamma_\mu$, Q_i 为第 i 个部分子的电荷值, 利用 6.4.1 小节讨论的电子与自旋 1/2 点粒子散射截面的计算过程, 得到电子与第 i 个部分子的微分散射截面,

$$\frac{\mathrm{d}^2\sigma_i}{\mathrm{d}\Omega\mathrm{d}E'} = \frac{\alpha^2 Q_i^2}{4E^2\sin^4(\theta/2)}\frac{x_i}{\nu}\delta\left(x_i - \frac{Q^2}{2M_{\mathrm{N}}\nu}\right)\left[\cos^2\frac{\theta}{2} + \frac{Q^2}{2M_{\mathrm{N}}^2}\frac{1}{x_i^2}\sin^2\frac{\theta}{2}\right] \tag{6.6.8}$$

在计算 (6.6.8) 式的过程中我们利用了无穷大动量坐标系中

$$p_i = x_i p, \quad m_i \approx x_i M_{\mathrm{N}} \tag{6.6.9}$$

设第 i 个部分子带有的动量分额在区间 $x_i \to x_i + \mathrm{d}x_i$ 内的几率为 $f_i(x_i)$, 则电子–核子深度非弹性散射截面为

$$\begin{aligned}\frac{\mathrm{d}^2\sigma}{\mathrm{d}\Omega\mathrm{d}E'} &= \sum_i \int \mathrm{d}x_i f_i(x_i)\frac{\mathrm{d}^2\sigma_i}{\mathrm{d}\Omega\mathrm{d}E'} \\ &= \frac{\alpha^2}{4E^2\sin^4(\theta/2)}\frac{1}{\nu}\sum_i x f_i(x) Q_i^2\left[\cos^2\frac{\theta}{2} + \frac{Q^2}{2M_{\mathrm{N}}^2}\frac{1}{x^2}\sin^2\frac{\theta}{2}\right]\end{aligned} \tag{6.6.10}$$

式中 $x = \dfrac{Q^2}{2M_{\mathrm{N}}\nu}$ 是电子–核子深度非弹性散射的无标度变量. (6.6.10) 式也给出了此无标度变量 x 的另外一种物理解释, 即在无穷大动量坐标系中, 无标度变量 $x \equiv \dfrac{Q^2}{2p\cdot q} = \dfrac{Q^2}{2M_{\mathrm{N}}\nu}$ 等同于发生散射的部分子所带整个核子动量的分数.

比较 (6.6.10) 式和 (6.5.14) 式可得关系式

$$\sum_i \frac{1}{\nu} x f_i(x) Q_i^2 = W_2 \tag{6.6.10a}$$

$$\sum_i \frac{1}{\nu} x f_i(x) Q_i^2 \frac{Q^2}{2M_{\mathrm{N}}^2}\frac{1}{x^2} = 2W_1 \tag{6.6.10b}$$

根据 (6.6.10a) 式和 (6.6.10b) 两式以及 x 的定义 $x \equiv \dfrac{Q^2}{2M_{\mathrm{N}}\nu}$, 可以进一步得到

$$F_1(x) \equiv 2M_{\mathrm{N}}W_1 = \sum_i f_i(x) Q_i^2 \tag{6.6.11}$$

$$F_2(x) \equiv \nu W_2 = x \sum_i f_i(x) Q_i^2 \tag{6.6.12}$$

(6.6.11) 和 (6.6.12) 两式说明部分子模型确实能够导出核子结构函数只是无标度变量 x 的函数, 而不是 ν 和 Q^2 两个独立变量的函数. 而且结构函数 $F_1(x)$ 和 $F_2(x)$ 具有关系

$$xF_1(x) = F_2(x) \tag{6.6.13}$$

实验表明电子对质子和中子非弹性散射的实验数据符合 (6.6.13) 式的关系, 因此实验数据说明部分子是自旋为 1/2 的粒子.

6.7 部分子模型与夸克模型的统一

电子–核子深度非弹性散射实验显示核子是由自旋为 1/2 的部分子组成的, 而在夸克模型中所有强子包括核子在内都是由夸克构成的. 这两种模型具有什么样的关系呢? 实际上, 部分子模型和夸克模型是一致的. 我们可以将部分子等同于夸克. 这样的核子模型称为夸克 - 部分子模型. 夸克模型中核子是由三个夸克构成的: 质子为 uud, 中子为 udd, 而部分子模型中核子内的部分子数量没有一定的限制. 为了将这两个模型统一起来, 我们可以将核子视为这样的构成体, 即核子中除了显示其 "特性" 的夸克 uud 和 udd 外, 还包括大量处于不断产生和湮灭中的正反夸克对: $\mathrm{u\bar{u}}$, $\mathrm{d\bar{d}}$, $\mathrm{s\bar{s}}$, $\mathrm{c\bar{c}}$, $\mathrm{b\bar{b}}$ 等. 其中标志核子特性的夸克 uud 和 udd 称为价夸克 (valence quarks), 而处于不断产生和湮灭中的正反夸克对称为海夸克 (sea quark), 它们处于不断涨落的 "海" 中. 海夸克是由于量子涨落才出现的, 只有高能电子轰击质子时才能感受到海夸克的存在. 可以认为夸克模型是核子结构的低能图像, 而部分子模型是核子结构的高能图像. QCD 则把这些量子图像统一起来了.

定义 $f_\mathrm{u}(x)$, $f_\mathrm{d}(x)$, $f_\mathrm{s}(x)$, $f_\mathrm{c}(x)$ 等为质子中相应夸克带有动量为质子动量 x 倍时的数量, 而 $f_\mathrm{\bar{u}}(x)$, $f_\mathrm{\bar{d}}(x)$, $f_\mathrm{\bar{s}}(x)$, $f_\mathrm{\bar{c}}(x)$ 等为质子中反夸克的数量. 其中 x 为无穷大动量坐标系中夸克携带的动量占核子总动量的分数. 因为核子中处于 "海" 中的夸克正反数量相等, 所以正夸克的数量减去反夸克的数量应等于核子中价夸克的数量. 对于质子有下面的结果:

$$\int_0^1 [f_\mathrm{u}(x) - f_\mathrm{\bar{u}}(x)]\mathrm{d}x = 2 \tag{6.7.1}$$

$$\int_0^1 [f_\mathrm{d}(x) - f_\mathrm{\bar{d}}(x)]\mathrm{d}x = 1 \tag{6.7.2}$$

$$\int_0^1 [f_\mathrm{s}(x) - f_\mathrm{\bar{s}}(x)]\mathrm{d}x = 0 \tag{6.7.3}$$

$$\int_0^1 [f_{\mathrm{c}}(x) - f_{\bar{\mathrm{c}}}(x)]\mathrm{d}x = 0 \tag{6.7.4}$$

因为夸克的电荷 $Q_{\mathrm{u}} = 2/3$, $Q_{\mathrm{d}} = -1/3$, $Q_{\mathrm{s}} = -1/3$, $Q_{\mathrm{c}} = 2/3$, 所以根据 (6.6.12) 式可得质子的结构函数

$$\begin{aligned} F_2^{\mathrm{p}}(x) =& x\left\{\left(\frac{2}{3}\right)^2 [f_{\mathrm{u}}(x) + f_{\bar{\mathrm{u}}}(x)] + \left(\frac{1}{3}\right)^2 [f_{\mathrm{d}}(x) + f_{\bar{\mathrm{d}}}(x)]\right. \\ &\left. + \left(\frac{1}{3}\right)^2 [f_{\mathrm{s}}(x) + f_{\bar{\mathrm{s}}}(x)] + \left(\frac{2}{3}\right)^2 [f_{\mathrm{c}}(x) + f_{\bar{\mathrm{c}}}(x)] + \cdots\right\} \end{aligned} \tag{6.7.5}$$

对于中子, 其中 u 夸克的分布等于质子中的 d 夸克分布, d 夸克分布则等于质子中 u 夸克的分布, 因此在 (6.7.5) 式中作代换 $f_{\mathrm{u}}(x) \leftrightarrow f_{\mathrm{d}}(x)$ 和 $f_{\bar{\mathrm{u}}}(x) \leftrightarrow f_{\bar{\mathrm{d}}}(x)$, 即可得到中子的结构函数,

$$\begin{aligned} F_2^{\mathrm{n}}(x) =& x\left\{\left(\frac{2}{3}\right)^2 [f_{\mathrm{d}}(x) + f_{\bar{\mathrm{d}}}(x)] + \left(\frac{1}{3}\right)^2 [f_{\mathrm{u}}(x) + f_{\bar{\mathrm{u}}}(x)]\right. \\ &\left. + \left(\frac{1}{3}\right)^2 [f_{\mathrm{s}}(x) + f_{\bar{\mathrm{s}}}(x)] + \left(\frac{2}{3}\right)^2 [f_{\mathrm{c}}(x) + f_{\bar{\mathrm{c}}}(x)] + \cdots\right\} \end{aligned} \tag{6.7.6}$$

式中已经假定了质子和中子中海夸克有相同的分布. 而质子中每一种夸克所带动量的平均分数为

$$\begin{aligned} P_{\mathrm{u}} &= \int x\,[f_{\mathrm{u}}(x) + f_{\bar{\mathrm{u}}}(x)]\mathrm{d}x, \quad P_{\mathrm{d}} = \int x\,[f_{\mathrm{d}}(x) + f_{\bar{\mathrm{d}}}(x)]\mathrm{d}x \\ P_{\mathrm{s}} &= \int x\,[f_{\mathrm{s}}(x) + f_{\bar{\mathrm{s}}}(x)]\mathrm{d}x \quad, P_{\mathrm{c}} = \int x\,[f_{\mathrm{c}}(x) + f_{\bar{\mathrm{c}}}(x)]\mathrm{d}x \\ &\cdots \end{aligned} \tag{6.7.7}$$

利用 (6.7.7) 式及 (6.7.5) 式和 (6.7.6) 式, 可以得到如下的关系:

$$\int F_2^p(x)\mathrm{d}x = \frac{4}{9}P_{\mathrm{u}} + \frac{1}{9}P_{\mathrm{d}} + \frac{1}{9}P_{\mathrm{s}} + \frac{4}{9}P_{\mathrm{c}} + \cdots \tag{6.7.8}$$

$$\int F_2^n(x)\mathrm{d}x = \frac{4}{9}P_{\mathrm{d}} + \frac{1}{9}P_{\mathrm{u}} + \frac{1}{9}P_{\mathrm{s}} + \frac{4}{9}P_{\mathrm{c}} + \cdots \tag{6.7.9}$$

实验上通过高能中微子 (反中微子) 散射实验确定[30]

$$\frac{\displaystyle\int [f_{\bar{\mathrm{u}}}(x) + f_{\bar{\mathrm{d}}}(x) + f_{\bar{\mathrm{s}}}(x) + f_{\bar{\mathrm{c}}}(x)]\,\mathrm{d}x}{\displaystyle\int [f_{\mathrm{u}}(x) + f_{\bar{\mathrm{u}}}(x) + \cdots + f_{\mathrm{c}}(x) + f_{\bar{\mathrm{c}}}(x) + \cdots]\,\mathrm{d}x} \approx 0.15 \tag{6.7.10}$$

此结果说明海夸克的贡献不是完全可以忽略的. 另一个实验结果

$$\frac{\int f_{\bar{\mathrm{s}}}(x)\mathrm{d}x}{\int [f_{\mathrm{u}}(x)+f_{\bar{\mathrm{u}}}(x)+\cdots+f_{\mathrm{c}}(x)+f_{\bar{\mathrm{c}}}(x)+\cdots]\,\mathrm{d}x} \approx 0.025 \tag{6.7.11}$$

此结果说明核子中奇异夸克出现的几率在百分之几的数量级上. 考虑到 $\mathrm{c}, \bar{\mathrm{c}}$ 及 $\mathrm{b}, \bar{\mathrm{b}}$ 夸克质量较重, 假设它们在核子中出现的几率更低是合理的. 在 (6.7.8) 式和 (6.7.9) 式中忽略 s 夸克、c 夸克及更重的夸克贡献, 根据实验结果

$$\int F_2^p(x)\mathrm{d}x \approx 0.18 \quad 和 \quad \int F_2^n(x)\mathrm{d}x \approx 0.12 \tag{6.7.12}$$

就可以得到

$$P_{\mathrm{u}} \approx 0.36, \quad P_{\mathrm{d}} \approx 0.18 \tag{6.7.13}$$

这个结果说明核子中正反夸克所带动量只约为核子动量的一半, 因此核子中应该还有其他粒子成分. 根据 QCD(量子色动力学), 核子中的夸克是被颜色场束缚在一起的. 颜色场的量子是胶子, 胶子是自旋为 1 的矢量粒子, 它不参与电磁相互作用, 所以电子 - 核子深度非弹性散射实验中, 不可能通过电磁相互作用感觉到胶子的存在, 因此一个可能性是核子的另一半动量是被胶子携带着.

参考文献

[1] Tomonaga S. Prog. Theor. Phys., 1946, 1: 27.
[2] Tomonaga S, Oppenheimer J R. Phys. Rev., 1948, 74: 224.
[3] Feynman R. Phys. Rev., 1948, 74: 1430.
[4] Feynman R. Phys. Rev., 1949, 76: 749.
[5] Feynman R. Phys. Rev., 1949, 76: 769.
[6] Schwinger J S. Phys. Rev., 1948, 73: 416.
[7] Schwinger J S. Phys. Rev., 1948, 74: 1439.
[8] Schwinger J S. Phys. Rev., 1948, 75: 651.
[9] Schwinger J S. Phys. Rev., 1949, 76: 790.
[10] Lamb W E, Retherford R C. Phys. Rev., 1947, 72: 241.
[11] Foley H M, Kusch P. Phys. Rev., 1948, 73: 412.
[12] Coffin T, Garwin R L, Penman S, et al. Phys. Rev., 1958, 109: 973.
[13] Bethe H A. Phys. Rev., 1947, 72: 339.
[14] Kroll N M, Lamb W E. Phys. Rev., 1949, 75: 388.
[15] French J B, Weisskopf V F. Phys. Rev., 1949, 75: 1240.
[16] Barber W C, Gittelman B, O'Neill G K, et al. Phys. Rev., 1971, D3: 2796.

[17] Adeva B, et al. Phys. Rev. Lett., 1982, 48: 721.
[18] 见 MARK-J 实验组的总结性文章：Adeva B, et al. A Summary of Experimental Results From Mark-J: High Energy e^+e^- Collisions At PETRA. Progress in Physics, 1984, 4(3): 301.
[19] ALEPH and DELPHI and L3 and OPAL and LEP Electroweak Group and SLD Heavy Flavor Group Collaboration, A Combination of Preliminary Electroweak Measurements and Constraints on the Standard Model. e-print hep-ex/0212036.
[20] Chambers E E, Hofstadter R. Phys. Rev., 1956, 103: 1454.
[21] Bloom E, et al. Report to Fourteenth International Conference on High Energy Physics Vienna, 1968 (unpulished).
[22] Bloom E D, et al. Phys. Rev. Lett., 1969, 23: 930.
[23] Breidenbach M, et al. Phys. Rev. Lett., 1969, 23: 935.
[24] Bjorken J D. Phys. Rev., 1969, 179: 1547.
[25] Feynman R P. Phys. Rev. Lett., 1969, 23: 1415.
[26] Rosenbluth M N. Phys. Rev., 1950, 79: 615.
[27] Ernst F J, Sachs R G, Wali K C. Phys. Rev., 1960, 119: 1105.
[28] Sachs R G. Phys. Rev., 1961, 126: 2256.
[29] Hughes E B, Griffy T A, Yearian M R, et al. Phys. Rev., 1965, 139: B458.
[30] de Groot J G H, et al. Z. Phys., 1979, C1: 143.

第 7 章　弱相互作用

7.1　历史的回顾

弱相互作用的存在是 19 世纪末首先在原子核的 β 衰变中发现的. 此后, 为解释 β 能谱的连续性泡利 (Pauli) 1930 年在给梅特纳 (L. Meitner) 等的信中提出了中微子假设, 但正式文章发表于 1933 年[1].

20 世纪初, 对大量原子核 β 衰变的研究发现, β 衰变基本上分为两种：一种称作费米型[2], 衰变过程始末态原子核的自旋都为零, 末态中微子和电子带走的角动量也为零, 即所谓的 $0 \to 0$ 跃迁, 如

$$\mathrm{O}^{14} \to \mathrm{N}^{14*} + \mathrm{e}^+ + \nu_\mathrm{e} \tag{7.1.1}$$

另一种是伽莫夫–泰勒型[3], 其初态原子核自旋为零, 末态原子核自旋为 1, 电子和中微子带走的角动量为 1, 如

$$\mathrm{He}^6 \to \mathrm{Li}^6 + \mathrm{e}^- + \bar{\nu}_\mathrm{e} \tag{7.1.2}$$

费米认为原子核 β 衰变的基本过程为

$$\mathrm{n} \to \mathrm{p} + \mathrm{e}^- + \bar{\nu}_\mathrm{e} \tag{7.1.3}$$

而 β^+ 衰变的基本过程为

$$\mathrm{p} \to \mathrm{n} + \mathrm{e}^+ + \nu_\mathrm{e} \tag{7.1.4}$$

当然, 由于 $m_\mathrm{n} > m_\mathrm{p}$, (7.1.4) 过程只能在原子核内被束缚的质子才会发生. 费米由此提出了[2] 四费米子流–流相互作用的 β 衰变理论. 其有效哈密顿量为

$$H = \frac{G}{\sqrt{2}} \left(\bar{\psi}_\mathrm{p}\gamma_\mu\psi_\mathrm{n}\right)\left(\bar{\psi}_\mathrm{e}\gamma^\mu\psi_\nu\right) \tag{7.1.5}$$

其中 $J_\mu = \bar{\psi}_\mathrm{p}\gamma_\mu\psi_\mathrm{n}$ 为强子流, $j_\mu = \bar{\psi}_\mathrm{e}\gamma_\mu\psi_\nu$ 为轻子流.

(7.1.5) 式可解释费米型 β 衰变, 却不能解释伽莫夫–泰勒型 β 衰变. 后者需引入轴矢量流

$$J_\mu = \bar{\psi}_\mathrm{p}\gamma_\mu\gamma_5\psi_\mathrm{n}$$

才能解释.

1956 年李政道和杨振宁首次提出弱相互作用过程中宇称可能不守恒[4]. 这一推断在 1957 年得到了实验证实[5]. 这促使费曼和盖尔曼于 1958 年提出了关于弱相互作用普适的 V-A 理论[6]. 其核心思想是: 费米子双线性型 $\bar{\psi}_A \Gamma_i \psi_B$ 的五种耦合 (Γ_i 代表 γ 矩阵的 S, P, T, V, A 五种组合) 只有 V-A 型起作用. V-A 理论的提出使弱衰变过程的计算有了坚实的理论基础.

为了解决弱作用的普适性问题, 即用一个耦合常数 $G_{\rm F}$ 和 V-A 理论解释所有弱作用过程, 包括 $|\Delta S| = 0$ 和 $|\Delta S| = 1$ 的过程, 1963 年, N. Cabibbo[7] 引入了强子流的混合

$$J_\mu = J_\mu^{\Delta S=0} \cos\theta_{\rm c} + J_\mu^{\Delta S=1} \sin\theta_{\rm c} \tag{7.1.6}$$

$\theta_{\rm c}$ 称为 Cabibbo 角, 在夸克层次上, (7.1.6) 式为

$$J_\mu = \bar{u}\gamma_\mu (1-\gamma_5)(d\cos\theta_{\rm c} + s\sin\theta_{\rm c}) \tag{7.1.7}$$

(7.1.7) 式表明, d 和 s 夸克以混合态 $\rm d\cos\theta_c + s\sin\theta_c$ 的方式参与弱作用. 混合矩阵是 2×2 矩阵 (见下面的内容). 这种混合产生了味改变的中性流, 如:

$$\bar{\rm d}\gamma_\mu (1-\gamma_5)\,{\rm s}, \quad \bar{\rm s}\gamma_\mu (1-\gamma_5)\,{\rm d} \tag{7.1.8}$$

之类的项. 这些项的存在与实验相矛盾.

为了解决这一困难, 1970 年 S. Glashow, J. Iliopoulos 和 L. Maiani 提出了包括第四种味道的夸克 c 的弱作用理论 (称之为 GIM 机制)[8], 消除了 (7.1.8) 式之类的味改变中性流. 1973 年, Kobayashi 和 Maskawa[9] 又将味混合机制推广到三代夸克 (u, d; c, s; t, b) 的情形, 从而引入了 3×3 的夸克混合矩阵, 称为 CKM(Cabibbo–Kobayashi–Maskawa) 矩阵. 从 $2\times2 \to 3\times3$ 混合矩阵产生了质的变化, 3×3 矩阵中的复位相可解释 CP 破坏现象.

1964 年实验上观察到了 $K_{\rm L} \to 2\pi$ 中 CP 破坏的现象[10], 而 CKM 矩阵中复数位相的存在完全可解释这一现象.

四费米子点相互作用的有效理论, (V-A) 理论, 虽然取得了巨大成功, 但当质心系能量达到大约 300GeV 时, $\nu_\mu + e^- \to \mu^- + \nu_e$ 散射过程的截面将破坏几率守恒. 为了克服这一困难, 李政道、Rosenbluth 和杨振宁[11] 类比电磁相互作用的流–流耦合是交换光子引起的事实, 假定弱作用流–流耦合是交换 W 中间玻色子产生的. 因为弱作用力程短, 中间玻色子 W 必须很重. 中间玻色子假设解决了四费米子点相互作用的高能极限下的困难. 但这一理论不能重整, 直到弱电统一标准模型的提出[12] 才解决了这一困难. 弱电统一的标准模型, 将在第 8 章详细讨论.

7.2 弱相互作用的分类

弱作用的强度比电磁作用和强作用都弱得多, 我们之所以能观测弱作用过程是因为在某些弱作用过程中强作用和电磁作用被守恒定律禁戒了. 这些守恒定律包括电荷守恒、轻子数守恒等.

实验上发现, (ν_e, e^-) 带轻子数 $L_e = 1$, (ν_μ, μ^-) 带轻子数 $L_\mu = 1$, (ν_τ, τ^-) 带轻子数 $L_\tau = 1$. 其反粒子带轻子数 L_e, L_μ, L_τ 均为 -1. $L_{e,\mu,\tau}$ 在弱作用、电磁作用和强作用过程中都守恒, 而且是 L_e, L_μ, L_τ 分别守恒. 这种轻子数分别守恒只有在 ν_e, ν_μ, ν_τ 的质量都严格为零时才能严格成立. 迄今实验上测得的中微子质量很小[13]:

$$\begin{cases} m_{\bar{\nu}_e} < 2\text{eV} \\ m_{\nu_\mu} < 0.19 \text{ MeV} \\ m_{\nu_\tau} < 18.2 \text{ MeV} \end{cases} \tag{7.2.1}$$

而宇宙学观测对所有中微子质量总和的限制为[14]

$$\sum_i m_{\nu_i} < 0.28 \text{ eV} \tag{7.2.2}$$

所以在讨论绝大多数弱作用过程 (中微子振荡除外) 假定 $m_{\nu_e} = m_{\nu_\mu} = m_{\nu_\tau} = 0$ 是个很好的近似.

在实验上已经证实了有中微子振荡发生, 如大气中微子实验已发现了 $\nu_\mu \to \nu_\tau$ 的转化, 太阳中微子 $\nu_e \to \nu_\mu, \nu_\tau$ 的转化等, 因此中微子质量肯定不为零. 所以 L_e, L_μ, L_τ 分别守恒在中微子振荡实验中已遭到破坏, 但在其他实验中仍然成立. 这些问题将在后面第 10 章中微子振荡中详细讨论.

弱相互作用可以根据参与过程的粒子种类分成三类.

1. 纯轻子弱相互作用

初末态粒子都是轻子, 且只有弱相互作用发生, 如

$$\tau^- \to \mu^- + \bar{\nu}_\mu + \nu_\tau$$

$$\mu^- \to e^- + \bar{\nu}_e + \nu_\mu$$

$$\nu_e + e^- \to \nu_e + e^-$$

显然, 上述过程中 L_e, L_μ, L_τ 分别守恒.

2. 半轻子弱相互作用

初末态粒子既有轻子又有强子, 如

$$\mathrm{n} \to \mathrm{p} + \mathrm{e}^- + \bar{\nu}_\mathrm{e}, \quad \mathrm{p} + \bar{\nu}_\mathrm{e} \to \mathrm{n} + \mathrm{e}^+$$

$$\pi^\pm \to \mu^\pm + \nu_\mu(\bar{\nu}_\mu), \quad \mathrm{K}^\pm \to \mu^\pm + \nu_\mu(\bar{\nu}_\mu)$$

$$\pi^\pm \to \mathrm{e}^\pm + \nu_\mathrm{e}(\bar{\nu}_\mathrm{e}), \quad \mathrm{K}^+ \to \pi^0 + \mathrm{e}^+ + \nu_\mathrm{e}$$

等. 显而易见, 上述过程也保持了轻子数 L_e, L_μ 分别守恒.

3. 非轻子弱相互作用

参与这类过程的只有强子, 如

$$\begin{aligned} \Lambda &\to \mathrm{p} + \pi^-, \\ &\to \mathrm{n} + \pi^0, \\ \mathrm{K}^+ &\to \pi^+ + \pi^0, \\ &\to \pi^+ + \pi^- + \pi^+ \end{aligned}$$

上面给出的 Λ, K^+ 的衰变之所以归类于弱相互作用过程, 是因为发生反应的时间非常长, 比强作用时间长十几个数量级.

7.3　原子核的 β 衰变

7.1 节指出, 原子核 β 衰变有费米型和伽莫夫–泰勒型. 把原子核和电子、中微子视为一个系统, 则总哈密顿量

$$H = H_{核} + H_\mathrm{e} + H_\nu + H_\mathrm{W} \tag{7.3.1}$$

其中, $H_{核}$ 为始末态原子核的哈密顿量, H_e 为电子的哈密顿量, H_ν 为中微子的哈密顿量, H_W 为弱相互作用的哈密顿量, 其普遍形式可写为

$$H_\mathrm{W} = \frac{G}{\sqrt{2}} \bar{\psi}_\mathrm{p} \gamma^\mu (a - b\gamma_5) \psi_\mathrm{n} \bar{\psi}_\mathrm{e} \gamma_\mu (1 - \gamma_5) \psi_{\nu_\mathrm{e}} \tag{7.3.2}$$

其中 a 项只对费米型 β 衰变有贡献, b 项对伽莫夫–泰勒型 β 衰变有贡献. a, b 的大小和偏离 1 的程度表明强相互作用修正的大小. 实验定出 (7.3.2) 式中的 $a \approx 1$, $b \approx 1.25$, 而耦合常数 G 实际上是

$$G = G_\mathrm{F} \cos\theta_\mathrm{c} \tag{7.3.3}$$

式中 θ_c 为 Cabibbo 角, G_F 为普适弱作用常数

$$G_F = 1.166 \times 10^{-5}\text{GeV}^{-2}, \quad \cos\theta_c \approx 0.974 \tag{7.3.4}$$

β 衰变的跃迁几率为

$$W = \frac{2\pi}{\hbar}|\langle f|H_W|i\rangle|^2\rho \tag{7.3.5}$$

其中 $\rho = \mathrm{d}N/\mathrm{d}E$ 为单位电子能量间隔内的末态的状态密度. (7.3.5) 式几率的计算涉及始、末态原子核波函数的积分, 计算相当复杂, 这里不再给出. 有兴趣的读者可参阅任何一本原子核理论的教科书[15].

可以计算出 β 衰变末态的状态密度 N 满足

$$N(p)\mathrm{d}p \propto p^2(E_0 - E)^2\mathrm{d}p \tag{7.3.6}$$

其中 p 为末态电子动量, 并假定了 $m_\nu = 0$(中微子质量为零), 也不考虑电子飞出原子核时库仑场引起的修正, E_0 为末态电子的最大能量. 如果考虑 $m_\nu \neq 0$ 和库仑场修正, 则 (7.3.6) 式变为

$$N(p)F(Z,p)\mathrm{d}p \propto p^2(E_0 - E)^2\sqrt{1 - \left(\frac{m_\nu}{E_0 - E}\right)^2}\mathrm{d}p \tag{7.3.7}$$

其中 $F(Z,p)$ 为库仑修正函数, 理论上可以计算出来. 原子核的电荷数 Z 越大, 库仑修正函数 $F(Z,p)$ 就越大. 图 7.1 给出了 $\sqrt{N(p)F(Z,p)/p^2}$ 与电子能量 E 的关系曲线. 其中若 $m_\nu = 0$, 则它是一条直线, 其与横轴的交点即电子能量最大值 E_0(如虚线所示). 如果 $m_\nu \neq 0$, 则直线末端会弯曲, 电子最大能量也要减少 m_ν. 图 7.1 称为居里图 (Kurie plot).

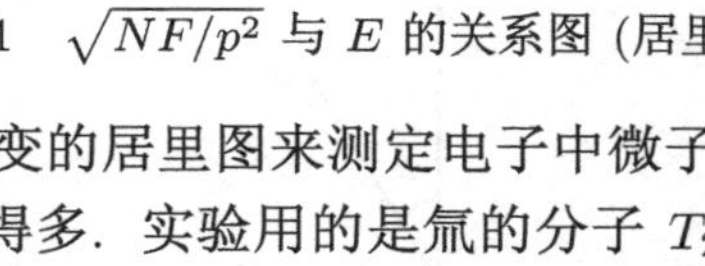

图 7.1 $\sqrt{NF/p^2}$ 与 E 的关系图 (居里图)

实验上有人用氚 β 衰变的居里图来测定电子中微子的质量. 实际的数据分析要比简单地用居里图复杂得多. 实验用的是氚的分子 T_2, 测量的还有微分衰变率 $\mathrm{d}R(E)/\mathrm{d}E$ 和积分衰变率 $R(E)$ 与中微子质量平方 (m_ν^2) 的关系等. 目前这类实验给出的中微子质量上限为 2 eV, 即

$$m_{\nu_e} < 2\text{ eV} \tag{7.3.8}$$

详细情况可参阅有关综述[16] 及其中的文献.

7.4　宇称不守恒的发现

7.4.1　τ-θ 之谜

1947 年宇宙线实验中发现了许多奇异粒子, 其中两种奇异粒子 τ^+, θ^+ 表现出奇怪的特性, 两者质量几乎相同, 但衰变的末态却有不同的宇称:

$$\theta^+ \to \pi^+\pi^0 \quad (\text{末态宇称为正})$$
$$\tau^+ \to \pi^+\pi^-\pi^+ \quad (\text{末态宇称为负})$$

当时科学家们普遍认为弱作用过程宇称是守恒的, 因此 τ^+, θ^+ 似乎不是一个粒子. 但从其质量相同来看, τ^+, θ^+ 又像是同一种粒子. 这就是著名的 τ–θ 疑难或称 τ–θ 之谜.

1956 年, 李政道和杨振宁[4] 仔细分析了当时的各种实验, 发现没有任何实验证据表明弱作用过程宇称是守恒的. 他们大胆地提出弱作用过程宇称不守恒, 并建议了一系列实验来检验宇称不守恒. 如果弱作用过程宇称不守恒, 则认为 τ^+, θ^+ 是同一种粒子就没有问题了. τ–θ 之谜迎刃而解, τ^+, θ^+ 就是同一种粒子 K^+ 介子.

很快宇称不守恒就在钴 60(Co^{60})β 衰变中和 π 介子、μ 子的弱衰变中得到了证实[5]. τ^+, θ^+ 实际上是 K^+ 介子.

7.4.2　钴 60 原子核 β 衰变中的宇称破坏

钴 60 的 β 衰变过程为

$$Co^{60} \to Ni^{60} + e^- + \bar{\nu}_e \tag{7.4.1}$$

其基本过程为 $n \to p + e^- + \bar{\nu}_e$.

实验是将 Co^{60} 样品放在极低温度 (0.01K) 之下, 再加磁场使 Co^{60} 原子核极化都朝磁场方向. 然后测量在 θ 角方向和 $180° - \theta$ 角方向放射出的电子的计数. 如图 7.2 所示.

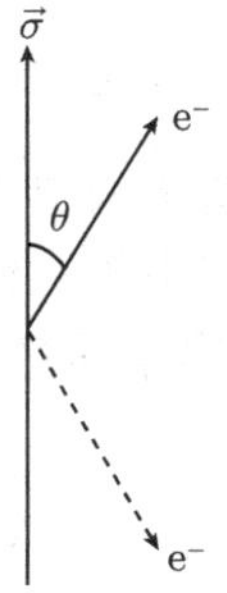

图 7.2　Co^{60} 实验示意图

实际做实验时, 图 7.2 示意的测量是改变磁场 ($\vec{B} \to -\vec{B}$) 方向从而改变 Co^{60} 原子核自旋极化方向来实现 $180° - \theta$ 的计数. 测量结果表明, 与原子核自旋 $\vec{\sigma}$ (即 $\vec{B}$) 平行方向的电子计数远小于反平行于 $\vec{\sigma}$ 方向的电子计数, 相差近 40%. 令电子动量为 $\vec{p}$, 用 $\langle\vec{\sigma}\cdot\vec{p}\rangle$ 代表实验测得的 $\vec{\sigma}\cdot\vec{p}$ 平均值. 在空间反射下, $\vec{p} \to -\vec{p}$, $\vec{\sigma} \to \vec{\sigma}$, 所以

$$\langle\vec{\sigma}\cdot\vec{p}\rangle \to -\langle\vec{\sigma}\cdot\vec{p}\rangle \tag{7.4.2}$$

如果宇称守恒, 则测得的结果有

$$\langle\vec{\sigma}\cdot\vec{p}\rangle = -\langle\vec{\sigma}\cdot\vec{p}\rangle = 0 \tag{7.4.3}$$

但上述 Co^{60} 实验出射电子优先选择反平行于原子核自旋方向发射, 所以有

$$\langle\vec{\sigma}\cdot\vec{p}\rangle_{Co^{60}} < 0 \tag{7.4.4}$$

对比 (7.4.3) 式, 证实了 $Co^{60}\beta$ 衰变破坏了宇称守恒.

实验的详细情况请参阅吴健雄小组发表的文章[5].

7.5 弱相互作用的 V-A 理论

费米提出的四费米流–流相互作用理论是矢量流耦合的理论, 只能解释费米型 β 衰变. 要解释伽莫夫–泰勒型 β 衰变还需要引入轴矢流耦合. 一般的流–流耦合其实有五种, 即

$$H = \sum_i \frac{G_i}{\sqrt{2}} \bar{\psi}_A \Gamma_i \bar{\psi}_B \bar{\psi}_C \Gamma_i \psi_D \tag{7.5.1}$$

其中 Γ_i 可取五种不同的 γ 矩阵组合:

(1) 标量型 S, $\Gamma_i = 1$;

(2) 赝标量型 P, $\Gamma_i = \gamma_5$;

(3) 张量型 T, $\Gamma_i = \sigma_{\mu\nu} = \dfrac{\mathrm{i}}{2}\left(\gamma_\mu\gamma_\nu - \gamma_\nu\gamma_\nu\right)$; (7.5.2)

(4) 矢量型 V, $\Gamma_i = \gamma_\mu$;

(5) 轴矢量型 A, $\Gamma_i = \gamma_\mu\gamma_5$.

1958 年, Feymman 和 Gell-Mann 在分析了大量的弱相互作用实验的基础上提出了 V-A 普适弱作用理论[6], 即在 S, P, T, V, A 五种流中, 只有 V 和 A 起作用, 且以 V-A 的形式出现. 下面以各种衰变为例说明 V-A 理论的应用.

7.5.1　纯轻子衰变

先看 $\mu^- \to e^- + \bar{\nu}_e + \nu_\mu$, 按 V-A 理论, 上述过程的有效哈密顿量可写成

$$H_W = \frac{G_\mu}{\sqrt{2}} \bar{e}\gamma_\mu (1-\gamma_5) \nu_e \bar{\nu}_\mu \gamma^\mu (1-\gamma_5) \mu + \text{h.c.} \tag{7.5.3}$$

(7.5.3) 式以粒子符号代表相应的场量, 即 $\bar{e} = \bar{\psi}_e$ 等. G_μ 为耦合常数. 容易计算出 μ 子的衰变宽度 Γ_μ 为

$$\Gamma_\mu = \frac{1}{\tau_\mu} \approx \frac{G_\mu^2 m_\mu^5}{192\pi^3} \tag{7.5.4}$$

这里略去了 m_e^2/m_μ^2 项.

将实验上测得的 μ 子寿命 τ_μ 代入 (7.5.4) 式算得的 G_μ 正好等于普适费米弱作用常数 G_F(见 (7.3.4) 式).

对 $\tau^- \to \mu^- + \bar{\nu}_\mu + \nu_\tau$, 有效哈密顿量可写为

$$H_W = \frac{G_{\tau_\mu}}{\sqrt{2}} \bar{\mu}\gamma_\mu (1-\gamma_5) \nu_\mu \bar{\nu}_\tau \gamma^\mu (1-\gamma_5) \tau \tag{7.5.5}$$

而对 $\tau^- \to e^- + \bar{\nu}_e + \nu_\tau$, 有效哈密顿量为

$$H_W = \frac{G_{\tau_e}}{\sqrt{2}} \bar{e}\gamma_\mu (1-\gamma_5) \nu_e \bar{\nu}_\tau \gamma^\mu (1-\gamma_5) \tau \tag{7.5.6}$$

由 (7.5.5) 式和 (7.5.6) 式可算出相应的分支比

$$\text{Br}\left(\tau^- \to \mu^- + \bar{\nu}_\mu + \nu_\tau\right) = \frac{1}{\Gamma_\tau} \frac{G_{\tau_\mu}^2 m_\tau^5}{192\pi^3} \tag{7.5.7}$$

$$\text{Br}\left(\tau^- \to e^- + \bar{\nu}_e + \nu_\tau\right) = \frac{1}{\Gamma_\tau} \frac{G_{\tau_e}^2 m_\tau^5}{192\pi^3} \tag{7.5.8}$$

其中 Γ_τ 为 τ^- 的总宽度. $\frac{1}{\Gamma_\tau} = \tau_\tau$ 为 τ^- 的寿命. 利用实验值

$$\tau_\tau = (290.6 \pm 1.0) \times 10^{-15}\text{s}$$

由 (7.5.7) 式和 (7.5.8) 式算出的耦合常数

$$G_{\tau_\mu} \approx G_{\tau_e} \approx G_F \tag{7.5.9}$$

这说明纯轻子衰变有普适的弱作用耦合常数 G_F.

1992 年粒子数据组 (particle data group, PDG) 给出的 τ 质量[17]

$$m_\tau = 1784.1 \begin{matrix} +2.7 \\ -3.6 \end{matrix} \text{ MeV} \tag{7.5.10}$$

导致 τ 衰变中即 $e\bar{\nu}_e\nu_\tau$ 和 $\mu\bar{\nu}_\mu\nu_\tau$ 的耦合常数之比

$$(G_{\tau_e}/G_{\tau_\mu})^2 = 0.941 \pm 0.025 \tag{7.5.11}$$

这与轻子普适性 (7.5.9) 式相差 2.4σ.

1992 年北京正负电子对撞机 BES 合作组重新在 $e^+e^- \to \tau^+\tau^-$ 阈上更精确地测量了 τ 的质量[18], 其值为

$$m_\tau = 1776.9 \begin{array}{c} +0.4 \\ -0.5 \end{array} \pm 0.2\ \text{MeV} \tag{7.5.12}$$

使得轻子普适性 (7.5.9) 式得以成立, 这是 BES 的重要贡献之一.

7.5.2 半轻子衰变

在 7.3 节已经讨论了原子核的 β 衰变. 现在讨论 π, K 介子的衰变, 并介绍螺旋度压低 (helicity suppression) 的概念.

首先讨论 π 介子的两体轻子衰变, 即 π_{l2}:

$$\pi^\pm \to l^\pm + \nu_l(\bar{\nu}_l) \tag{7.5.13}$$

这里 $l^\pm = \mu^\pm$ 或 $e^\pm$.

上面 π_{l2} 衰变 $\Delta S = 0$. 按照 Cabibbo 理论 (见 7.6 节) 其有效哈密顿量为

$$H_W = \frac{G_F}{\sqrt{2}} \cos\theta_C (J_\mu^+ j^{-\mu} + \text{h.c.}) \tag{7.5.14}$$

其中轻子流

$$j_\mu^- = \bar{l}\gamma^\mu(1-\gamma_5)\nu_l \tag{7.5.15}$$

而强子流

$$J_\mu^+ = V_\mu^+ - A_\mu^+ \tag{7.5.16}$$

即矢量流 V_μ 减去轴矢流 A_μ (V-A 理论). 它的具体形式以后在 7.6 节夸克层次上再给出来.

(7.5.13) 式的矩阵元为

$$\langle l^\mp\nu| H_W |\pi^\mp\rangle = \frac{G_F\cos\theta_C}{\sqrt{2}} \langle l^\mp\nu| j^{\mp\mu} |0\rangle \langle 0| J_\mu^\pm |\pi^\mp\rangle \tag{7.5.17}$$

只要给出 $\langle 0| J_\mu |\pi\rangle$ 就容易由 (7.5.17) 式计算出衰变率 (衰变宽度). 由 (7.5.16) 式,

$$\langle 0| J_\mu |\pi\rangle = \langle 0| V_\mu |\pi\rangle - \langle 0| A_\mu |\pi\rangle \tag{7.5.18}$$

因为 $|\pi\rangle$ 是赝标量, V_μ 是矢量, 所以在空间反射下 $\langle 0|V_\mu(0)|\pi\rangle$ 应当是轴矢量. 但 π 介子无自旋, $\langle 0|V_\mu(0)|\pi\rangle$ 只能由 π 介子的动量 k_μ 来组成轴矢量, 这是不可能的, 因为 k_μ 矢量. 所以只能有

$$\langle 0|V_\mu(0)|\pi\rangle = 0 \tag{7.5.19}$$

但 $\langle 0|A_\mu(0)|\pi\rangle$ 是矢量, 只能由 k_μ 构成. 利用算符的平移不变性可得到

$$\langle 0|A_\mu^\pm(x)\left|\pi^\mp\right\rangle = \langle 0|\mathrm{e}^{\mathrm{i}\hat{P}\cdot x}A_\mu^\pm(0)\mathrm{e}^{-\mathrm{i}\hat{P}\cdot x}\left|\pi^\mp\right\rangle = \mathrm{i}F_\pi k_\mu \mathrm{e}^{-\mathrm{i}k\cdot x} \tag{7.5.20}$$

其中 F_π 是个比例常数, 称为 π 介子的衰变常数.

矩阵元 $\langle \mathrm{e}\nu|j_\mu|0\rangle$ 容易算出, 这样我们可算得衰变宽度

$$\Gamma(\pi_{l2}) = \frac{G_\mathrm{F}^2\cos^2\theta_\mathrm{C}F_\pi^2 m_l^2}{8\pi m_\pi^3}(m_\pi^2 - m_l^2)^2 \tag{7.5.21}$$

由于其他衰变道的分支比 $\leqslant 10^{-4}$, $\pi^\pm$ 的寿命主要由 $\pi\to\mu\nu$ 决定. 由 (7.5.21) 式将 μ 的质量代入

$$\frac{1}{\tau_\pi} = \Gamma(\pi_{l2}) = \frac{G_\mathrm{F}^2\cos^2\theta_\mathrm{C}F_\pi^2 m_\mu^2}{8\pi m_\pi^3}(m_\pi^2 - m_\mu^2)^2 \tag{7.5.22}$$

将实验值 $\tau_\pi = (2.6033\pm 0.0005)\times 10^{-8}\mathrm{s}$ 代入上式可以计算出 (注意我们用的是自然单位制 $\hbar = c = 1$)

$$F_\pi \cong 132\ \mathrm{MeV} \tag{7.5.23}$$

注意 (7.5.21) 式中 $\Gamma(\pi_{l2}) \propto m_l^2$. 由于 $m_\mathrm{e}^2 \ll m_\mu^2$, 所以 $\pi\to\mathrm{e}\nu$ 的衰变率很小. 如果 $m_l = 0$, 则 $\pi\to l\nu$ 是禁戒的, 这就是所谓的螺旋度压低 (helicity suppression). 例如, 考虑

$$\pi^- \to \mathrm{e} + \bar{\nu}_\mathrm{e} \tag{7.5.24}$$

图 7.3 画出了在 π^- 静止系的衰变图. 因 π^- 是无自旋的赝标量粒子, 而 $\bar{\nu}_\mathrm{e}$ 是右旋的, 要保持角动量守恒, 电子也必须是右旋的. 如果 $m_\mathrm{e} = 0$, 则电子只有左旋.

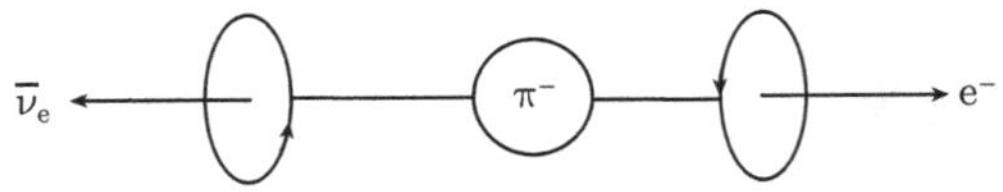

图 7.3　$\pi^- \to \mathrm{e} + \bar{\nu}_\mathrm{e}$ 衰变示意图

$m_\mathrm{e} \neq 0$ 时在 π 介子静止系, 电子为右旋的几率为

$$1 - v_\mathrm{e} = 1 - \frac{p_\mathrm{e}}{E_\mathrm{e}} = \frac{2m_\mathrm{e}^2}{m_\pi^2 + m_\mathrm{e}^2} \tag{7.5.25}$$

这正是 (7.5.21) 式出现 m_l^2 因子的原因, 也是螺旋度压低的含义.

由 (7.5.21) 式

$$\frac{\Gamma(\pi_{e2})}{\Gamma(\pi_{\mu2})}=\frac{m_e^2(m_\pi^2-m_e^2)^2}{m_\mu^2(m_\pi^2-m_\mu^2)^2}\sim 10^{-4} \tag{7.5.26}$$

可见 $\pi\to e\nu$ 分支比确实很小.

类似地可计算 $K\to l\nu$ 衰变. 因为此时 $\Delta S=1$, 所以要出现 $\sin\theta_C$ 因子 (见 7.6 节)

$$\Gamma(K_{l2})=\frac{G_F^2 f_K^2 m_l^2}{8\pi m_K^3}(m_K^2-m_l^2)^2\sin^2\theta_C \tag{7.5.27}$$

对非轻子衰变, 我们将在后面的 7.10 节中讨论.

7.6 Cabibbo 理论和 GIM 机制

1963 年 Cabibbo[7] 首先将强子的 SU(3) 味对称性引入到弱相互作用中的强子流, 即在 SU(3) 变换下, 强子在同一八重态内互相变换时强子流也作相应的变换. 所以 $\Delta S=0$ 的强子流也可能变为 $\Delta S=1$ 的强子流. 对于半轻子衰变, 哈密顿量为

$$H_W=\frac{G_F}{\sqrt{2}}(J_\mu^+ j^{\mu-}+\text{h.c.}) \tag{7.6.1}$$

Cabibbo 认为, J_μ^+(带正电的强子流) 应当包括 $\Delta S=0$ 和 $\Delta S=1$ 的流, 即

$$J_\mu^+=J_\mu^{+,\Delta S=0}\cos\theta_C+J_\mu^{+,\Delta S=1}\sin\theta_C \tag{7.6.2}$$

在夸克层次上 (7.6.2) 式可以写为

$$J_\mu^+=\bar{u}\gamma_\mu(1-\gamma_5)(d\cos\theta_C+s\sin\theta_C) \tag{7.6.3}$$

(7.6.1) 式可以写为

$$\begin{aligned}H_W=&\frac{G_F}{\sqrt{2}}\bar{u}\gamma_\mu(1-\gamma_5)(d\cos\theta_C+s\sin\theta_C)\bar{l}\gamma^\mu(1-\gamma_5)\nu_l\\&+\text{h.c.}\end{aligned} \tag{7.6.4}$$

从 (7.6.4) 式可看出, 弱相互作用本征态不是 d 或 s 夸克, 而是它们的线性组合

$$d'=d\cos\theta_C+s\sin\theta_C \tag{7.6.5}$$

如果与 d′ 正交的另一个弱作用本征态记作 s′, 则

$$s'=-d\sin\theta_C+s\cos\theta_C \tag{7.6.6}$$

所以, 从 $(\mathrm{d},\mathrm{s}) \to (\mathrm{d}',\mathrm{s}')$ 的混合可写作

$$\begin{pmatrix} \mathrm{d}' \\ \mathrm{s}' \end{pmatrix} = \begin{pmatrix} \cos\theta_{\mathrm{C}} & \sin\theta_{\mathrm{C}} \\ -\sin\theta_{\mathrm{C}} & \cos\theta_{\mathrm{C}} \end{pmatrix} \begin{pmatrix} \mathrm{d} \\ \mathrm{s} \end{pmatrix} \tag{7.6.7}$$

这里 u, d, s 是夸克的质量本征态, 而 d′, s′ 是弱作用本征态, 两者并不重合, 这是历史上第一次由 Cabibbo 提出的夸克混合的概念.

(7.6.2) 式解释了为什么在 (7.3.3) 式, (7.5.14) 式, (7.5.21) 式和 (7.5.22) 式中出现 $\cos\theta_{\mathrm{C}}$, 而 (7.5.27) 式会出现 $\sin\theta_{\mathrm{C}}$.

由 (7.6.4) 式注意到, 只有 d′ 参与了弱作用, 而 (7.6.6) 式中的 s′ 并没有参与弱相互作用. 这是因为在 (7.6.1) 式, (7.6.4) 式中只给出了带电流的弱作用哈密顿量, 而没有给出中性流的弱作用. 实际上, 除了 (7.6.3) 式的带电流, 还应该有类似于

$$J_{\mu}^{0} = \bar{\mathrm{u}}\gamma_{\mu}(1-\gamma_5)\mathrm{u} + \bar{\mathrm{d}}\gamma_{\mu}(1-\gamma_5)\mathrm{d} \tag{7.6.8}$$

的中性流项. 在只有 d′ 参与弱作用的情况下

$$\begin{aligned} J_{\mu}^{0} =& \bar{\mathrm{u}}\mathrm{u} + \bar{\mathrm{d}}'\mathrm{d}' = \bar{\mathrm{u}}\mathrm{u} + \left(\cos^2\theta_{\mathrm{C}}\bar{\mathrm{d}}\mathrm{d} + \sin^2\theta_{\mathrm{C}}\bar{\mathrm{s}}\mathrm{s}\right) \\ & + \sin\theta_{\mathrm{C}}\cos\theta_{\mathrm{C}}\left(\bar{\mathrm{d}}\mathrm{s} + \bar{\mathrm{s}}\mathrm{d}\right) \end{aligned} \tag{7.6.9}$$

式中为了方便, 略去了 $\gamma_{\mu}(1-\gamma_5)$ 因子. (7.6.9) 式最后一项涉及味改变的中性流 $\bar{\mathrm{d}}\mathrm{s}$, $\bar{\mathrm{s}}\mathrm{d}$, 它将导致味改变中性流引起的衰变, 并且这种衰变与带电流引起的衰变同数量级. 如

$$\mathrm{K}^{+} \to \pi^{+} + \bar{l} + l, \quad l = \mathrm{e}, \mu \tag{7.6.10}$$

将有较大的分支比. 但实验上 (7.6.10) 式的分支比都在 10^{-7} 量级以下.

为了克服味改变中性流导致的困难, 1970 年 Glashow, Iliopoulos 和 Maiani[8] 提出了包括第四个夸克的理论, 从而解决了这一问题.

1970 年前, 我们已经知道参与弱作用的轻子有两个二重态, 即

$$\begin{pmatrix} \nu_{\mathrm{e}} \\ \mathrm{e} \end{pmatrix}, \quad \begin{pmatrix} \nu_{\mu} \\ \mu \end{pmatrix} \tag{7.6.11}$$

但参与弱作用的夸克二重态为

$$\begin{pmatrix} \mathrm{u} \\ \mathrm{d}' \end{pmatrix}, \quad \begin{pmatrix} ? \\ \mathrm{s}' \end{pmatrix} \tag{7.6.12}$$

s′ 上面丢失了东西. 于是 G.I.M 三人从对称性考虑提出了存在第四种味道 (flavor) 的夸克 c, 其电荷也为 $\dfrac{2}{3}$ 质子电荷与 u 夸克一样. 这样, (7.6.12) 式改写为

$$\begin{pmatrix} \mathrm{u} \\ \mathrm{d}' \end{pmatrix}, \quad \begin{pmatrix} \mathrm{c} \\ \mathrm{s}' \end{pmatrix} \tag{7.6.13}$$

(7.6.9) 式扩充为

$$\begin{aligned} J_{\mu}^{0} &= \bar{u}u + \bar{c}c + \bar{d}'d' + \bar{s}'s' \\ &= \bar{u}u + \bar{c}c + \bar{d}d + \bar{s}s \end{aligned} \tag{7.6.14}$$

(7.6.14) 式中不再出现味改变的中性流. 这种消除味改变中性流的机制称为 GIM 机制. 所以早在实验发现前, 就在理论上提出了 c 夸克 (c 夸克是 1974 年发现的). GIM 机制消除味改变的中性流是在弱作用的最低阶 (G_F 一次方) 下实现的, 弱作用的高次项仍可能出现味改变的中性流, 所以 GIM 机制又称为 GIM 压低.

引入 c 夸克后带电流可写成

$$J_{\mu}^{+} = (\bar{u}, \bar{c})\, \gamma_{\mu}\, (1 - \gamma_5)\, V_C \begin{pmatrix} d \\ s \end{pmatrix} \tag{7.6.15}$$

其中,

$$V_C = \begin{pmatrix} \cos\theta_C & \sin\theta_C \\ -\sin\theta_C & \cos\theta_C \end{pmatrix} \tag{7.6.16}$$

称为 Cabibbo 夸克混合矩阵.

1974 年丁肇中和 Richter[19] 分别在布鲁海文 (BNL) 和斯坦福直线加速器中心 (SLAC) 发现了 J/ψ 粒子, 后来又经过了理论和实验家将近一年的讨论终于确认这个粒子是 $c\bar{c}$ 组成的束缚态, 因而证实了 c 夸克的存在.

7.7 Kobayashi-Maskawa 模型

1973 年 Kobayashi 和 Maskawa[9] 把 Cabibbo 二代夸克混合和 GIM 机制的思想推广到三代夸克的情形, 即除 (u, d) 和 (c, s) 二代夸克外引入第三代夸克 (t, b), t 夸克电荷为 2/3、b 夸克电荷为 −1/3. 参与弱作用的三代夸克为

$$\begin{pmatrix} u \\ d' \end{pmatrix}, \quad \begin{pmatrix} c \\ s' \end{pmatrix}, \quad \begin{pmatrix} t \\ b' \end{pmatrix} \tag{7.7.1}$$

其中,

$$\begin{pmatrix} d' \\ s' \\ b' \end{pmatrix} = \begin{pmatrix} V_{ud} & V_{us} & V_{ub} \\ V_{cd} & V_{cs} & V_{cb} \\ V_{td} & V_{ts} & V_{tb} \end{pmatrix} \begin{pmatrix} d \\ s \\ b \end{pmatrix} \tag{7.7.2}$$

这里 d, s, b 为夸克质量本征态, d′, s′, b′ 为弱相互作用本征态, 它们是质量本征态的混合, 而混合矩阵

$$V_{CKM} \equiv \begin{pmatrix} V_{ud} & V_{us} & V_{ub} \\ V_{cd} & V_{cs} & V_{cb} \\ V_{td} & V_{ts} & V_{tb} \end{pmatrix} \tag{7.7.3}$$

被称为 Cabibbo-Kobayashi-Maskawa 矩阵, 简称 CKM 矩阵. (7.7.3) 式与 Cabibbo 混合矩阵 V_{C}(见 (7.6.16) 式) 的不同在于由 2×2 变成 3×3 矩阵. V_{CKM} 是 3×3 复幺正矩阵, 它出现在弱作用的带电夸克流当中, 即

$$J_{\mu}^{+}=(\bar{\mathrm{u}},\bar{\mathrm{c}},\bar{\mathrm{t}})\,\gamma_{\mu}\,(1-\gamma_5)\,V_{\mathrm{CKM}}\begin{pmatrix}\mathrm{d}\\ \mathrm{s}\\ \mathrm{b}\end{pmatrix} \tag{7.7.4}$$

V_{CKM} 理应有 9 个独立实参数. 但是由 (7.7.4) 式可看出, $(\bar{\mathrm{u}},\bar{\mathrm{c}},\bar{\mathrm{t}})$ 和 $(\mathrm{d},\mathrm{s},\mathrm{b})$6 个场有五个独立的相对位相, 它们可以任意选取, 因而可消去 V_{CKM} 中的五个实参数, 于是 V_{CKM} 中只剩下 4 个独立实参数. 其中 3 个可选为转动角 θ_{12}, θ_{23}, θ_{31}, 另一个选为复位相 δ_{13}. 复位相的存在使得 $V^*_{\mathrm{CKM}}\neq V_{\mathrm{CKM}}$, 这将导致 CP 破坏. V_{CKM} 的参数化及 CP 破坏的讨论可参阅专著《CP 不守恒》[20]. 我们这里先给出两种常用的参数化方案, 即标准参数化方案[13] 和 Wolfenstein 参数化方案[21]. 由于每代夸克成对出现且 V_{CKM} 是幺正的, 所以不会出现味改变的中性流.

V_{CKM} 的标准参数化形式为三个转动矩阵的乘积

$$\begin{aligned}V_{\mathrm{CKM}}&=\begin{pmatrix}1&0&0\\0&c_{23}&s_{23}\\0&-s_{23}&c_{23}\end{pmatrix}\begin{pmatrix}c_{13}&0&s_{13}\mathrm{e}^{-\mathrm{i}\delta_{13}}\\0&1&0\\-s_{13}\mathrm{e}^{\mathrm{i}\delta_{13}}&0&c_{13}\end{pmatrix}\begin{pmatrix}c_{12}&s_{12}&0\\-s_{12}&c_{12}&0\\0&0&1\end{pmatrix}\\&=\begin{pmatrix}c_{12}c_{13}&s_{12}c_{13}&s_{13}\mathrm{e}^{-\mathrm{i}\delta_{13}}\\-s_{12}c_{23}-c_{12}s_{23}s_{13}\mathrm{e}^{\mathrm{i}\delta_{13}}&c_{12}c_{23}-s_{12}s_{23}s_{13}\mathrm{e}^{\mathrm{i}\delta_{13}}&s_{23}c_{13}\\s_{12}s_{23}-c_{12}c_{23}s_{13}\mathrm{e}^{\mathrm{i}\delta_{13}}&-c_{12}s_{23}-s_{12}c_{23}s_{13}\mathrm{e}^{\mathrm{i}\delta_{13}}&c_{23}c_{13}\end{pmatrix}\end{aligned} \tag{7.7.5}$$

其中, $c_{ij}\equiv\cos\theta_{ij}$, $s_{ij}\equiv\sin\theta_{ij}$, i, j=1, 2, 3, δ_{13} 是位相.

Wolfenstein 参数化形式如下:

$$V_{\mathrm{CKM}}\approx\begin{pmatrix}1-\lambda^2/2&\lambda&A\lambda^3\,(\rho-\mathrm{i}\eta)\\-\lambda&1-\lambda^2/2&A\lambda^2\\A\lambda^3\,(1-\rho-\mathrm{i}\eta)&-A\lambda^2&1\end{pmatrix}+O(\lambda^4) \tag{7.7.6}$$

目前实验已测定出

$$\left.\begin{aligned}\lambda=0.22535\pm0.00065,\quad A=0.811^{+0.022}_{-0.012}\\ \bar{\rho}=0.131^{+0.026}_{-0.013},\quad \bar{\eta}=0.345^{+0.013}_{-0.014}\\ \bar{\rho}=\rho(1-\lambda^2/2),\quad \bar{\eta}=\eta(1-\lambda^2/2)\end{aligned}\right\} \tag{7.7.7}$$

7.8 四费米子点相互作用的局限性和中间玻色子

四费米子流–流耦合理论是四费米子在一个时空点上的点相互作用. 它虽然在描述弱相互作用的实验方面取得了巨大成功, 但它也有局限性, 如对非弹性散射过程

$$\nu_\mu + e^- \to \mu^- + \nu_e \tag{7.8.1}$$

只考虑 s 波, 可以计算出散射截面为

$$\sigma\left(\nu_\mu + e^- \to \mu^- + \nu_e\right) = \frac{8}{\pi}\left(G_F k\right)^2 \tag{7.8.2}$$

其中 $k = \left|\overrightarrow{k}\right|$ 是质心系内 ν_μ 的动量.

当 $k \to \infty$ 时 (7.8.2) 式的散射截面会发散. 根据 s 波散射时的幺正极限 (几率守恒), 有

$$\sigma \leqslant \frac{\pi}{k^2} \tag{7.8.3}$$

所以几率守恒要求

$$\frac{8}{\pi}\left(G_F k\right)^2 \leqslant \frac{\pi}{k^2} \tag{7.8.4}$$

导致

$$k \leqslant \left(\frac{\pi}{2\sqrt{2}G_F}\right)^{\frac{1}{2}} \sim 300\text{GeV} \tag{7.8.5}$$

(7.8.5) 式表明, 四费米子流–流耦合的弱相互作用理论在动量 $\geqslant 300$ GeV 时会破坏几率守恒, 因而是不适用的. 所以弱相互作用的有效理论在高能时必须修改. 与电磁相互作用是通过传递光子来实现的相类比, 弱相互作用可以通过传递矢量粒子来实现. 李政道、Rosenbluth 和杨振宁[11] 根据这一想法提出了中间玻色子理论, 假设带电弱流是通过交换中间玻色子 $W^\pm$ 来实现的, 这样弱相互作用的有效哈密顿量变为

$$H_W = \frac{g}{2\sqrt{2}}\left(J_\mu^+ W^{+\mu} + j_\mu^+ W^{+\mu}\right) + \text{h.c.} \tag{7.8.6}$$

注意 $W^{+\mu}$ 场的展开式是湮灭 W^+、产生 W^- 粒子的场算符. 所以 (7.8.6) 式是中性算符.

$$J_\mu^+ = \left(\bar{u}, \bar{c}, \bar{t}\right)\gamma_\mu\left(1-\gamma_5\right)V_{CKM}\begin{pmatrix} d \\ s \\ b \end{pmatrix} \tag{7.8.7}$$

$$j_\mu^+ = \left(\bar{\nu}_e, \bar{\nu}_\mu, \bar{\nu}_\tau\right)\gamma_\mu\left(1-\gamma_5\right)\begin{pmatrix} e \\ \mu \\ \tau \end{pmatrix} \tag{7.8.8}$$

考察中微子和夸克的散射过程

$$\nu + \mathrm{d} \to \mathrm{u} + l \tag{7.8.9}$$

按照中间玻色子理论, 其相应的费曼图如 7.4 所示.

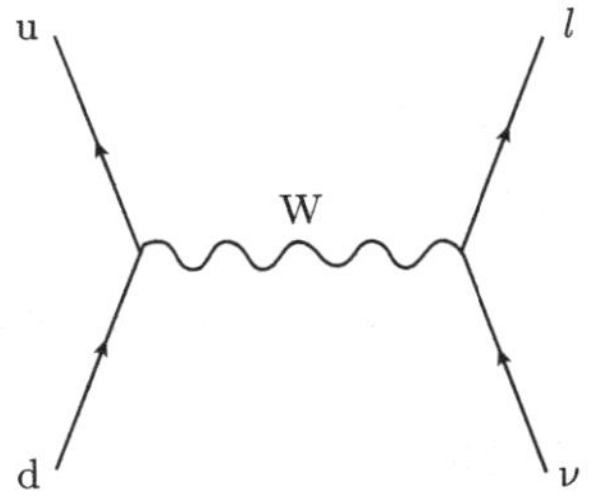

图 7.4 $\nu + \mathrm{d} \to \mathrm{u} + l$ 散射的费曼图

由 (7.8.6) 式 ~(7.8.8) 式可写图 7.4 相应的振幅

$$M \propto \frac{g^2}{(2\sqrt{2})^2} V_{\mathrm{ud}} \bar{u} \gamma_\mu (1-\gamma_5) d \frac{-\mathrm{i}}{p^2 - m_{\mathrm{W}}^2} \bar{l} \gamma^\mu (1-\gamma_5) \nu \tag{7.8.10}$$

显然当动量交换很低时, p^2 可忽略, 我们又回到低能四费米子相互作用, 有

$$\frac{G_{\mathrm{F}}}{\sqrt{2}} = \frac{g^2}{8 m_{\mathrm{W}}^2} \tag{7.8.11}$$

这与后面第 8 章弱电统一理论给出的预言一致.

中间玻色子假设虽然可以解决高能下四费米子点相互作用破坏几率守恒的问题, 但理论本身不能重整, 因而必须修改. 将规范不变性和自发破缺引入中间玻色子理论彻底解决了上述问题, 这就是后面第 8 章要讲的弱电统一理论.

7.9 矢量流守恒

矢量流守恒 (CVC) 假设是 20 世纪 50 年代末提出的[6,22]. 如果写下带电半轻子弱衰变的有效哈密顿量

$$H_{\mathrm{cc}}^{\mathrm{SL}} = \frac{G_{\mathrm{F}}}{\sqrt{2}} [J_\mu^+ j^{-\mu} + J_\mu^- j^{+\mu}] \tag{7.9.1}$$

其中强子流 $J_\mu^\pm = V_\mu^\pm - A_\mu^\pm$, 为矢量流 $V_\mu^\pm$ 和轴矢流 $A_\mu^\pm$ 之差 (V-A 理论), $j_\mu^\pm$ 为轻子流. CVC 假设包含两个内容:

(1)

$$\frac{V_\mu^+}{\sqrt{2}\cos\theta_c},\quad (J_\mu^{\text{em}})_{I=1},\quad \frac{V_\mu^-}{\sqrt{2}\cos\theta_c}$$

构成同位旋三重态, $I_3=1,0,-1$, 其中 $(J_\mu^{\text{em}})_{I=1}$ 为强子电磁流同位旋矢量部分.

(2) 上述三个流分量都守恒, 即

$$\frac{\partial V_\mu^\pm}{\partial x_\mu}=0,\quad \frac{\partial}{\partial x_\mu}(J_\mu^{\text{em}})_{I=1}=0$$

假设 (1) 是可以理解的, 因为今天我们已经知道 $V_\mu^\pm$ 和强子电磁流 J_μ^{em} 都是由夸克 - 反夸克组成的矢量流. 这个假设的重要物理意义是弱作用和电磁作用在涉及强子的层次上有内在联系. 实际上是弱电统一理论的基础之一. 假设 (2) 在今天看来显然是近似的. 实际上, 用夸克语言

$$V_\mu^+=\bar{\text{u}}\gamma_\mu\text{d},\quad V_\mu^-=\bar{\text{d}}\gamma_\mu\text{u},\quad (J_\mu^{\text{em}})_{I=1}=\frac{1}{\sqrt{2}}(\bar{\text{d}}\gamma_\mu\text{d}-\bar{\text{u}}\gamma_\mu\text{u}) \tag{7.9.2}$$

式中 $(J_\mu^{\text{em}})_{I=1}$ 的表达式可由夸克模型中 π^0 看出, $\pi^0=\dfrac{\bar{\text{d}}\text{d}-\bar{\text{u}}\text{u}}{\sqrt{2}}$ 正是 $I=1,I_3=0$ 的态, 所以 (7.9.2) 式最后一项正是 $(J_\mu^{\text{em}})_{I=1,I_3=0}$ 的电磁流.

$$\partial_\mu V^{+\mu}=\partial_\mu(\bar{\text{u}}\gamma_\mu\text{d})=(\partial_\mu\bar{\text{u}})\,\gamma_\mu\text{d}+\bar{\text{u}}\gamma^\mu\partial_\mu\text{d} \tag{7.9.3}$$

考虑有强作用时的 Dirac 方程

$$(\text{i}\,\not{D}-m)\,\psi(x)=0 \tag{7.9.4}$$

其中,

$$\not{D}=D_\mu\gamma^\mu,\quad D_\mu=\partial_\mu-\text{i}gA_\mu^a\frac{\lambda_a}{2} \tag{7.9.5}$$

λ_a 为 Gell-Mann SU(3) 矩阵. 由 (7.9.4) 式和 (7.9.5) 式可得

$$\begin{cases}\left(\text{i}\partial_\mu\gamma^\mu+gA_\mu^a\dfrac{\lambda_a}{2}\gamma^\mu-m\right)\psi=0\\ \bar{\psi}\left(-\text{i}\overleftarrow{\partial}_\mu\gamma^\mu+gA_\mu^a\dfrac{\lambda_a}{2}\gamma^\mu-m\right)=0\end{cases} \tag{7.9.6}$$

(7.9.6) 式取 $\psi=\text{u}$ 或 d, 可解出 $\partial_\mu\bar{\text{u}}\gamma_\mu$ 和 $\gamma^\mu\partial_\mu\text{d}$, 代入 (7.9.3) 式得

$$\partial_\mu V^{+\mu}=(m_{\text{d}}-m_{\text{u}})\,\bar{\text{u}}\text{d} \tag{7.9.7}$$

其中 $m_{\text{d}}, m_{\text{u}}$ 分别为 d, u 夸克的流质量. (7.9.7) 式表明 $\partial_\mu V^{\pm\mu}\neq 0$, 但夸克流质量很小 (在 MeV 量级), 所以有

$$\partial_\mu V^{\pm\mu}\approx 0 \tag{7.9.8}$$

类似地, 容易证明对强子电磁流, 守恒是严格的. 这从 (7.9.7) 式可以看出, 对 $(J_{\mu}^{\mathrm{em}})_{I=1}$, 右方的相减的夸克质量相等, 因此严格为零, 即

$$\partial_{\mu}(J_{\mu}^{\mathrm{em}})_{I=1} \equiv 0 \tag{7.9.9}$$

应当指出, 对包含强、弱、电三种相互作用时, (7.9.7) 式仍然成立. 只是 (7.9.6) 式中的协变微商 D_{μ} 有变化, 但不影响 (7.9.7) 式的结果.

CVC 假设早在原子核 β 衰变中就已得到检验, 李政道的书中给出了实验例子[23]. 现在我们给出 π 介子 β 衰变来检验 CVC 假设 (1) 的例子.

π^- 介子 β 衰变

$$\pi^- \to \pi^0 + \mathrm{e}^- + \bar{\nu}_{\mathrm{e}} \tag{7.9.10}$$

其强子矩阵元 $\langle\pi^0(k')|\, V_{\mu}^{+}\, |\pi^-(k)\rangle$ 可通过 CVC 假设 (1) 与电磁流 J_{μ}^{em} 联系起来, 即

$$\begin{aligned}\left\langle\pi^0\left(k'\right)\right| V_{\mu}^{+}\left|\pi^-\left(k\right)\right\rangle &= -\sqrt{2}\cos\theta_{\mathrm{c}}\left\langle\pi^-\left(k'\right)\right| J_{\mu}^{\mathrm{em}}\left|\pi^-\left(k\right)\right\rangle \\ &= -\cos\theta_{\mathrm{c}}\sqrt{2}F_{\pi}\left(q^2\right)\left(k+k'\right)_{\mu}\end{aligned} \tag{7.9.11}$$

其中 $F_{\pi}\left(q^2\right)$ 为 π 介子电磁形状因子, $q = k' - k$. 由于 $\Delta = m_{\pi^{\pm}} - m_{\pi^0} \sim 4\mathrm{MeV}$ 很小, 所以 q^2 也很小, $F_{\pi}\left(q^2\right) \approx F_{\pi}(0) = 1$. 由 (7.9.11) 式算出 (7.9.10) 式的衰变宽度为

$$\Gamma = G_{\mathrm{F}}^2\frac{\cos^2\theta_{\mathrm{c}}}{30\pi^3}\left[1-\frac{\Delta}{2m_{\pi}}\right]\Delta^5\bar{F}\left(1+\delta_{\pi}\right) \tag{7.9.12}$$

其中 $\bar{F}$ 为相空间因子, $\bar{F} \approx 1$, 辐射修正因子[24] $\delta_{\pi} \sim 1\%$. 由此可以计算出过程 (7.9.10) 的分支比[25]：

$$\mathrm{Br}\left(\pi^- \to \pi^0\mathrm{e}^-\bar{\nu}_{\mathrm{e}}\right) = (1.0482 \pm 0.0048) \times 10^{-8}$$

而实验测出的分支比[26] 为 $(1.026 \pm 0.039) \times 10^{-8}$, 与理论结果完全一致.

还有其他更新的实验测量, 以及其他方面的应用, 有兴趣的读者可参阅最近的综述[26] 及相关文献.

7.10　手征对称破缺和 PCAC

给定夸克场 $q_i^{\alpha}(x)$, $i = 1,2,3$, 代表 “味” 指标 u, d, s, $\alpha = 1,2,3$, 为 “色” 指标. 这样 $q_i^{\alpha}(x)$ 可写成列矩阵

$$q(x) = \begin{pmatrix}\mathrm{u}^{\alpha}(x)\\ \mathrm{d}^{\alpha}(x)\\ \mathrm{s}^{\alpha}(x)\end{pmatrix} \tag{7.10.1}$$

由此可写下矢量流和轴矢流

$$
\begin{aligned}
V_\mu^a(x) &= \bar{q}(x)\gamma_\mu \frac{\lambda^a}{2} q(x) \\
A_\mu^a(x) &= \bar{q}(x)\gamma_\mu\gamma_5 \frac{\lambda^a}{2} q(x)
\end{aligned} \tag{7.10.2}
$$

其中 $\lambda^a/2$, $a=1,2,\cdots,8$ 为 SU(3) 生成元, 色指标 α 没有显示地给出. 令夸克的质量矩阵为

$$
M = \mathrm{diag}(m_{\mathrm{u}}, m_{\mathrm{d}}, m_{\mathrm{s}}) \tag{7.10.3}
$$

利用 QCD 运动方程 (7.9.6) 式, 注意该式中的 $A_\mu^a\lambda^a/2$ 是色空间的 SU(3) 指标, 与 "味" 空间 SU(3) 的 (7.10.2) 式中的 λ^a 等无关, 则有

$$
\partial^\mu V_\mu^a(x) = \mathrm{i}\bar{q}(x)\gamma_\mu \left(M\frac{\lambda^a}{2} - \frac{\lambda^a}{2}M \right) q(x) \tag{7.10.4}
$$

$$
\partial^\mu A_\mu^a(x) = \mathrm{i}\bar{q}(x) \left(M\frac{\lambda^a}{2} + \frac{\lambda^a}{2}M \right) q(x) \tag{7.10.5}
$$

假设 u, d, s 夸克的质量都为零, 从上两式看出, 矢量流和轴矢流都守恒, 即

$$
\begin{aligned}
\partial^\mu V_\mu^a(x) &= 0 \\
\partial^\mu A_\mu^a(x) &= 0
\end{aligned} \tag{7.10.6}
$$

由此得出守恒荷 $Q_V^a(t)$, $Q_A^a(t)$

$$
\begin{aligned}
Q_V^a(t) &= \int \mathrm{d}^3x V_0^a(\vec{x},t), \quad \frac{\partial}{\partial t}Q_V^a(t) = 0 \\
Q_A^a(t) &= \int \mathrm{d}^3x A_0^a(\vec{x},t), \quad \frac{\partial}{\partial t}Q_A^a(t) = 0
\end{aligned} \tag{7.10.7}
$$

利用下面形式上的等时对易关系

$$
\begin{aligned}
&\left[\int \mathrm{d}^3x'\psi^+(\vec{x}\,',t)\Gamma'\psi(\vec{x}\,',t), \int \mathrm{d}^3x\psi^+(\vec{x},t)\Gamma\psi(\vec{x},t)\right] \\
&= \int \mathrm{d}^3x\psi^+(\vec{x},t)[\Gamma',\Gamma]\psi(\vec{x},t)
\end{aligned} \tag{7.10.8}
$$

可以导出下面的等时即 $t=t'$ 时的对易关系

$$
\begin{aligned}
[V_0^a(x), V_\mu^b(x')] &= [A_0^a(x), A_\mu^b(x')] = -f^{abc}V_\mu^c(x)\delta^3(\vec{x}-\vec{x}\,') \\
[V_0^a(x), A_\mu^b(x')] &= [A_0^a(x), V_\mu^b(x')] = -f^{abc}A_\mu^c(x)\delta^3(\vec{x}-\vec{x}\,')
\end{aligned} \tag{7.10.9}
$$

其中, $x=(\vec{x},t)$, $x'=(\vec{x}\,',t')$, f^{abc} 为 SU(3) 群结构常数 (表 5.1).

利用 (7.10.7) 式和 (7.10.9) 式容易推出

$$\begin{aligned}[Q_V^a(t), V_\mu^b(x)] = [Q_A^a(t), A_\mu^b(x)] = \mathrm{i}f^{abc}V_\mu^c(x) \\ [Q_V^a(t), A_\mu^b(x)] = [Q_A^a(t), V_\mu^b(x)] = \mathrm{i}f^{abc}A_\mu^c(x)\end{aligned} \tag{7.10.10}$$

(7.10.10) 式取 $\mu = 0$ 并对 $\int \mathrm{d}^3x$ 积分得

$$\begin{aligned}[Q_V^a(t), Q_V^b(t)] = [Q_A^a(t), Q_A^b(t)] = \mathrm{i}f^{abc}Q_V^c(t) \\ [Q_V^a(t), Q_A^b(t)] = [Q_A^a(t), Q_V^b(t)] = \mathrm{i}f^{abc}Q_A^c(t)\end{aligned} \tag{7.10.11}$$

定义

$$Q_\pm^a = \frac{1}{2}(Q_V^a \pm Q_A^a) \tag{7.10.12}$$

则有

$$\begin{aligned}&[Q_+^a(t), Q_+^b(t)] = \mathrm{i}f^{abc}Q_+^c(t) \\ &[Q_-^a(t), Q_-^b(t)] = \mathrm{i}f^{abc}Q_-^c(t) \\ &[Q_+^a(t), Q_-^b(t)] = 0\end{aligned} \tag{7.10.13}$$

上式说明, $Q_+^a(t)$, $Q_-^a(t)$ $(a = 1, 2, \cdots, 8)$ 分别构成 SU(3) 群的生成元. 守恒荷 $Q_\pm^a(t)$ 当然与哈密顿量 H_{QCD} 对易, 所以系统具有 SU(3) × SU(3) 的手征对称性. 之所以叫手征对称性是因为这个 SU(3) × SU(3) 对称只有在三种夸克质量 m_{u},m_{d},m_{s} 都为零时才成立. 而此时左手和右手分量 $q_{\mathrm{L}}(x)$,$q_{\mathrm{R}}(x)$ 互相独立并各自满足 SU(3) 对称性, 即系统有 $\mathrm{SU(3)_L} \times \mathrm{SU(3)_R}$ 对称性.

$$J_{\mu\mathrm{L}}^a = \bar{q}_{\mathrm{L}}(x)\gamma_\mu\frac{\lambda_a}{2}q_{\mathrm{L}}(x), \quad J_{\mu\mathrm{R}}^a = \bar{q}_{\mathrm{R}}(x)\gamma_\mu\frac{\lambda_a}{2}q_{\mathrm{R}}(x) \tag{7.10.14}$$

都是守恒流即

$$\partial^\mu J_{\mu\mathrm{L}}^a(x) = 0, \quad \partial^\mu J_{\mu\mathrm{R}}^a(x) = 0 \tag{7.10.15}$$

相应的守恒荷 $Q_{\mathrm{L}}^a(t)$, $Q_{\mathrm{R}}^a(t)$ 就是前面说过的 $Q_-^a(t)$ 和 $Q_+^a(t)$, 即

$$Q_{\mathrm{L}}^a(t) = Q_-^a(t), \quad Q_{\mathrm{R}}^a(t) = Q_+^a(t) \tag{7.10.16}$$

前面的 SU(3) × SU(3) 与这里的 $\mathrm{SU(3)_L} \times \mathrm{SU(3)_R}$ 是同一个对称性.

利用旋量场在空间反射下的变换性质易证

$$\begin{aligned}\hat{P}Q_+^a(t)\hat{P}^{-1} = Q_-^a(t) \\ \hat{P}Q_-^a(t)\hat{P}^{-1} = Q_+^a(t)\end{aligned} \tag{7.10.17}$$

所以, 宇称变换把两个 SU(3) 对称联系起来了.

需要指出的是(7.10.11)式~(7.10.13)式对易关系是由(7.10.8) 式推出的. (7.10.8) 式并不严格成立, 因为 $t=t'$ 时它涉及同一时空点上四个费米子场的乘积而有奇异性. 但可以证明 (参阅文献 [23] 第 24 章 774 页), (7.10.9) 式和 (7.10.10) 式唯一的修改是

$$
\begin{aligned}
&[V_0^a(\vec{x},t), V_i^b(\vec{x}',t)] = [A_0^a(\vec{x},t), A_i^b(\vec{x}',t)] \\
=& -f^{abc}V_i^c(\vec{x},t)\delta^3(\vec{x}-\vec{x}') + \lambda\delta^{ab}\nabla_i\delta^3(\vec{x}-\vec{x}')
\end{aligned} \tag{7.10.18}
$$

其中 $i=1,2,3$, $\nabla_i=\dfrac{\partial}{\partial x^i}$, 其他对易关系不变. $\lambda\delta^{ab}\nabla_i\delta^3(\vec{x}-\vec{x}')$ 称为Schwinger 项, 显然 Schwinger 项的存在不影响对空间坐标积分后的对易关系, (7.10.10) 式 ~(7.10.13) 式都不变.

从前面的讨论可知, 若令夸克质量为零, 则矢量流和轴矢流 (7.10.2) 式都守恒, 即 CVC, CAC 都成立, 但实际上夸克质量并不为零.

先讨论只有 u, d 夸克的情形. $m_\mathrm{u}=m_\mathrm{d}=0$ 时有 $\mathrm{SU(2)\times SU(2)}$ 手征对称性. 但当 $m_\mathrm{u}=m_\mathrm{d}\neq 0$ 时 (7.10.4) 式 ~(7.10.5) 式退化为

$$
V_\mu^i(x)=\bar{q}(x)\gamma_\mu\frac{\tau^i}{2}q(x),\quad A_\mu^i(x)=\bar{q}(x)\gamma_\mu\gamma_5\frac{\tau^i}{2}q(x) \tag{7.10.19}
$$

$$
\partial^\mu V_\mu^i(x)=0,\quad \partial^\mu A_\mu^i(x)=i2m_\mathrm{u}\bar{q}(x)\gamma_5\frac{\tau^i}{2}q(x) \tag{7.10.20}
$$

其中 $\tau^i(i=1,2,3)$ 为泡利矩阵,

$$
q(x)=\begin{pmatrix}\mathrm{u}^a(x)\\ \mathrm{d}^a(x)\end{pmatrix} \tag{7.10.21}
$$

由于 $\partial^\mu A_\mu^i(x)\neq 0$, 相应的荷 $Q_A^i(t)$ 不再守恒, 因而 $\mathrm{SU(2)\times SU(2)}$ 手征对称被破缺, 只留下 SU(2) 同位旋对称, 这是因为 $m_\mathrm{u}=m_\mathrm{d}$, 矢量流仍然守恒.

令

$$
\left\{\begin{aligned}
&|\pi^+\rangle=\frac{1}{\sqrt{2}}\left(|\pi^1\rangle+\mathrm{i}\,|\pi^2\rangle\right)\\
&|\pi^-\rangle=\frac{1}{\sqrt{2}}\left(|\pi^1\rangle-\mathrm{i}\,|\pi^2\rangle\right)\\
&|\pi^0\rangle=|\pi^3\rangle
\end{aligned}\right. \tag{7.10.22}
$$

式中 $|\pi^i\rangle\ (i=1,2,3)$ 为 SU(2) 同位旋空间的矢量.

再令轴矢流

$$
\left\{\begin{aligned}
A_\mu^+ &= A_\mu^1+\mathrm{i}A_\mu^2\\
A_\mu^- &= A_\mu^1-\mathrm{i}A_\mu^2
\end{aligned}\right. \tag{7.10.23}
$$

注意轴矢流 $A_\mu^+(x)$ 是带正电的流, 即湮灭带负电的粒子和产生带正电的粒子. 这正是 (7.5.19) 式中的 A_μ^+. 利用 (7.5.20) 式, 有

$$\langle 0| A_\mu^\pm(x) \left|\pi^\mp\right\rangle = \mathrm{i}F_\pi k_\mu \mathrm{e}^{-\mathrm{i}k\cdot x} \tag{7.10.24}$$

由此得

$$\langle 0| \partial^\mu A_\mu^\pm(x) \left|\pi^\mp\right\rangle = F_\pi m_\pi^2 \mathrm{e}^{-\mathrm{i}k\cdot x} \tag{7.10.25}$$

(7.10.25) 式用了 π 介子动量平方 $k_\mu k^\mu = m_\pi^2$.

$$\langle 0| \partial^\mu A_\mu^i(x) \left|\pi^j\right\rangle = \delta^{ij} f_\pi m_\pi^2 \mathrm{e}^{-\mathrm{i}k\cdot x} \tag{7.10.26}$$

其中 $f_\pi = \dfrac{1}{\sqrt{2}} F_\pi \approx 93\mathrm{MeV}$, 为 π 介子的衰变常数.

我们可以唯象地引入一个 π 介子插入场 (pion interpolating field)$\vec{\phi}_\pi(x)$, 使

$$\langle 0| \phi^i(x) \left|\pi^j\right\rangle = \delta^{ij} \mathrm{e}^{-\mathrm{i}k\cdot x} \tag{7.10.27}$$

则有

$$\partial^\mu \vec{A}_\mu(x) = f_\pi m_\pi^2 \vec{\phi}_\pi(x) \tag{7.10.28}$$

由于 π 介子质量很小, (7.10.28) 式右方也很小, 因而可看作部分轴矢量守恒. A_μ 则称为部分守恒的轴矢流 (partially conserved axial current, PCAC)[27]. 将 (7.10.28) 式与 (7.10.20) 式比较可看出

$$\vec{\phi}_\pi(x) = \mathrm{i}\frac{m_\mathrm{u}}{f_\pi m_\pi^2} \bar{q}(x)\gamma_5 \vec{\tau} q(x) \tag{7.10.29}$$

以上讨论很容易推广至 SU(3) × SU(3) 的情形, 并导出 K 介子的 PCAC, 但由于 $m_\mathrm{K}^2 \gg m_\pi^2$, 这种推广没有什么实质意义.

7.11　中性介子的混合及 CP 不守恒

本节中简要讨论 K^0–$\bar{\mathrm{K}}^0$, B^0–$\bar{\mathrm{B}}^0$ 和 D^0–$\bar{\mathrm{D}}^0$ 的混合及 CP 破坏问题. 如果只有强相互作用和电磁相互作用, 则中性介子及其反粒子有相同的质量. 当有弱相互作用时, 中性介子 P^0 及其反粒子 $\bar{\mathrm{P}}^0$ 会衰变. 如果它们有共同的衰变末态, 即 P^0 和 $\bar{\mathrm{P}}^0$ 可以衰变到相同的末态 (实态和虚态), 则 P^0 和 $\bar{\mathrm{P}}^0$ 可以互相转化. 我们称这种相互转化为混合或振荡.

7.11.1 量子力学描述

描写正反中性介子 $\mathrm{P}^0-\bar{\mathrm{P}}^0$ 系统的态矢量为

$$|\varPhi(t)\rangle = a(t)\left|\mathrm{P}^0\right\rangle + b(t)\left|\bar{\mathrm{P}}^0\right\rangle + \sum_{i=1}^{\infty} c_i(t)\,|n_i\rangle \tag{7.11.1}$$

其中 t 为 P^0, $\bar{\mathrm{P}}^0$ 静止系内的固有时间, $|n_i\rangle$ 是 P^0, $\bar{\mathrm{P}}^0$ 可衰变到的末态. $|\varPhi(t)\rangle$ 满足薛定谔方程

$$\mathrm{i}\hbar\frac{\partial}{\partial t}\,|\varPhi(t)\rangle = \mathcal{H}\,|\varPhi(t)\rangle \tag{7.11.2}$$

这是一个无穷维 Hilbert 空间的方程, 哈密顿量 $\mathcal{H}$ 是 Hilbert 空间的无穷维厄米算符. 这个方程目前没有办法精确求解, 但是我们感兴趣的是下面的情形[28].

(1) 初态是 $\left|\mathrm{P}^0\right\rangle$, $\left|\bar{\mathrm{P}}^0\right\rangle$ 的线性组合, 即

$$|\psi(0)\rangle = a(0)\left|\mathrm{P}^0\right\rangle + b(0)\left|\bar{\mathrm{P}}^0\right\rangle$$

(2) 我们只想知道系数 $a(t)$, $b(t)$ 的时间演化.

(3) 只考虑比强作用时间尺度大得多的时间 t, 因而可以作 Weisskopf-Wigner 近似[29], 而不考虑 $\left|\mathrm{P}^0\right\rangle$ 和 $\left|\bar{\mathrm{P}}^0\right\rangle$ 以外的态.

在上述三个条件下情况就大为简化了. 态矢量可写为

$$|\psi(t)\rangle = a(t)\left|\mathrm{P}^0\right\rangle + b(t)\left|\bar{\mathrm{P}}^0\right\rangle \tag{7.11.3}$$

或在 P^0, $\bar{\mathrm{P}}^0$ 张成的子空间记为列矩阵

$$|\psi(t)\rangle = \begin{pmatrix} a(t) \\ b(t) \end{pmatrix} \tag{7.11.4}$$

相应的薛定谔方程为

$$\mathrm{i}\hbar\frac{\partial}{\partial t}\,|\psi(t)\rangle = H\,|\psi(t)\rangle \tag{7.11.5}$$

其中 H 是 2×2 矩阵, 并且是非厄米的, 因为 P^0, $\bar{\mathrm{P}}^0$ 要衰变, 粒子数并不守恒. 通常把 H 写成

$$H = M - \frac{\mathrm{i}}{2}\varGamma \tag{7.11.6}$$

H 可以分为三部分的贡献: $H = H_{\mathrm{str}} + H_{\gamma} + H_{\mathrm{w}}$, H_{str} 为强作用的贡献, H_{γ} 为电磁作用贡献, H_{w} 为弱作用贡献. $M^{+} = M, \varGamma^{+} = \varGamma$, 它们都是厄米矩阵. 由微扰论可以给出

$$\begin{cases} M_{ij} = m_{\mathrm{p}}\delta_{ij} + \langle\mathrm{i}|\,H_{\mathrm{w}}\,|j\rangle + \displaystyle\sum_n \mathcal{P}\frac{\langle\mathrm{i}|\,H_{\mathrm{w}}\,|n\rangle\,\langle n|\,H_{\mathrm{w}}\,|j\rangle}{m_{\mathrm{P}} - E_n} \\ \varGamma_{ij} = 2\pi\displaystyle\sum_n \delta(m_{\mathrm{P}} - E_{\mathrm{n}})\,\langle\mathrm{i}|\,H_{\mathrm{w}}\,|n\rangle\,\langle n|\,H_{\mathrm{w}}\,|j\rangle \end{cases} \tag{7.11.7}$$

式中, i, j 取 P^0 或 $\bar{\mathrm{P}}^0$, m_{P} 为 P^0, $\bar{\mathrm{P}}^0$ 质量, $\mathcal{P}$ 指主值运算. (7.11.7) 式的推导可参阅文献 [30].

为了讨论 M_{ij}, Γ_{ij} 在 CPT、CP 及 T 变换下的性质, 我们先看反幺正算符的特性, CPT 及 T 变换都属于此类算符.

任何一个反幺正算符 A 都可写成一个幺正算符 U 和一个对复数取复共轭运算的算符 K 的乘积:

$$A = UK \tag{7.11.8}$$

假设 A 把 $|\psi\rangle$ 和 $|\phi\rangle$ 分别变至

$$|\psi_A\rangle = A\,|\psi\rangle\,, \quad |\phi_A\rangle = A\,|\phi\rangle \tag{7.11.9}$$

则

$$\begin{aligned}\langle\phi_A \mid \psi_A\rangle &= \langle\phi|\, A^+ A\,|\psi\rangle = \langle\phi|\, K^+ U^+ U K\,|\psi\rangle \\ &= \langle\phi^* \mid \psi^*\rangle = \langle\phi \mid \psi\rangle^* = \langle\psi \mid \phi\rangle\end{aligned} \tag{7.11.10}$$

以上用了 K^+ 只对左边的 $\langle\phi|$ 取复共轭, 这与

$$\langle\phi_A| = |\phi_A\rangle^+ = [UK\,|\phi\rangle]^+ = [U\,|\phi^*\rangle]^+ = \langle\phi^*|\, U^+$$

是一致的.

容易看出

$$K^2 = 1, \quad K^{-1} = K, \quad A^{-1} = K^{-1}U^{-1} = K^{-1}U^+ \tag{7.11.11}$$

对任何一个算符 O 可定义

$$O_A = AOA^{-1} = UKOKU^+ = UO^*U^+ \tag{7.11.12}$$

由此可导出

$$\langle\phi_A|\, O_A\,|\psi_A\rangle = \langle\phi|\, O\,|\psi\rangle^* \tag{7.11.13}$$

此式是经常用到的等式.

下面讨论 CPT, CP, T 变换对 M_{ij}, Γ_{ij} 的限制, 先定义态矢量的变换.

选择位相使 $(CP)^2 = 1$, 即两次 CP 变换后态矢量完全不变, 由此可定义

$$\begin{cases} CP\left|\mathrm{P}^0\right\rangle = \mathrm{e}^{\mathrm{i}\xi}\left|\bar{\mathrm{P}}^0\right\rangle \\ CP\left|\bar{\mathrm{P}}^0\right\rangle = \mathrm{e}^{-\mathrm{i}\xi}\left|\mathrm{P}^0\right\rangle \end{cases} \tag{7.11.14}$$

同样可定义

$$\begin{cases} CPT\left|\mathrm{P}^0\right\rangle = \mathrm{e}^{\mathrm{i}\nu}\left|\bar{\mathrm{P}}^0\right\rangle \\ CPT\left|\bar{\mathrm{P}}^0\right\rangle = \mathrm{e}^{\mathrm{i}\nu}\left|\mathrm{P}^0\right\rangle \end{cases} \tag{7.11.15}$$

(7.11.15) 式两端作用 CP, 利用 (7.11.14) 式有

$$\begin{cases} T\left|\mathrm{P}^0\right\rangle = \mathrm{e}^{\mathrm{i}(\nu-\xi)}\left|\mathrm{P}^0\right\rangle \\ T\left|\bar{\mathrm{P}}^0\right\rangle = \mathrm{e}^{\mathrm{i}(\nu+\xi)}\left|\bar{\mathrm{P}}^0\right\rangle \end{cases} \tag{7.11.16}$$

以上相因子 ν, ξ 是任意的, 这并不影响物理测量. 如果弱作用在 CPT, CP, T 变换下不变则有

$$\begin{cases} (CPT)H_{\mathrm{W}}(CPT)^{-1} = H_{\mathrm{W}} \\ (CP)H_{\mathrm{W}}(CP)^{+} = H_{\mathrm{W}} \\ TH_{\mathrm{W}}T^{-1} = H_{\mathrm{W}} \end{cases} \tag{7.11.17}$$

利用 (7.11.7) 式, (7.11.13) 式 ~(7.11.17) 容易证明弱作用在 CPT, CP, T 变换下的不变性对 M_{ij}, Γ_{ij} 的限制, 现列于表 7.1 中.

表 7.1 分立对称性对 M_{ij}, Γ_{ij} 的限制

对称性	对角元	非对角元
CPT	$\Gamma_{11}=\Gamma_{22}$, $M_{11}=M_{22}$	无限制
CP	$\Gamma_{11}=\Gamma_{22}$, $M_{11}=M_{22}$	$M_{12}=\mathrm{e}^{-2\mathrm{i}\xi}M_{21}$, $\Gamma_{12}=\mathrm{e}^{-2\mathrm{i}\xi}\Gamma_{21}$
T	无限制	$M_{12}=\mathrm{e}^{-2\mathrm{i}\xi}M_{21}$, $\Gamma_{12}=\mathrm{e}^{-2\mathrm{i}\xi}\Gamma_{21}$

由表 7.1 可知, 若 T 和 CP 变换下相互作用保持不变, 则在 T 和 CP 变换下

$$M_{12}^*\Gamma_{12} = (\mathrm{e}^{-2\mathrm{i}\xi}M_{21})^*\mathrm{e}^{-2\mathrm{i}\xi}\Gamma_{21} = M_{21}^*\Gamma_{21} = M_{12}\Gamma_{12}^* \tag{7.11.18}$$

最后一步用了矩阵 M 和 Γ 的厄米性 $M_{12}=M_{21}^*$, $\Gamma_{12}=\Gamma_{21}^*$, 由此可得

$$\mathrm{Im}(M_{12}^*\Gamma_{12}) = 0 \tag{7.11.19}$$

所以 $\mathrm{Im}(M_{12}^*\Gamma_{12}) \neq 0$ 则意味着 CP 或 T 不变性的破坏.

有效哈密顿量 (7.11.6) 式的质量本征态可记为

$$\begin{cases} \left|\mathrm{P_H}\right\rangle = p_{\mathrm{H}}\left|\mathrm{P}^0\right\rangle - q_{\mathrm{H}}\left|\bar{\mathrm{P}}^0\right\rangle \\ \left|\mathrm{P_L}\right\rangle = p_{\mathrm{L}}\left|\mathrm{P}^0\right\rangle + q_{\mathrm{L}}\left|\bar{\mathrm{P}}^0\right\rangle \end{cases} \tag{7.11.20}$$

其中, 下角标 H 和 L 分别表示质量重 (H) 和质量轻 (L).

一般情况下, p_{H} 和 p_{L} 及 q_{H} 和 q_{L} 并不相等. 如果假定系统保持 CPT 不变, 则问题大大简化. 对一般情况有兴趣的读者可参阅专著[20], 这里不再讨论. 假定 CPT 不变, 则可证明[20], $p_{\mathrm{H}}=p_{\mathrm{L}}=p$, $q_{\mathrm{H}}=q_{\mathrm{L}}=q$, (7.11.20) 式退化为

$$\begin{aligned} \left|\mathrm{P_H}\right\rangle &= p\left|\mathrm{P}^0\right\rangle - q\left|\bar{\mathrm{P}}^0\right\rangle \\ \left|\mathrm{P_L}\right\rangle &= p\left|\mathrm{P}^0\right\rangle + q\left|\bar{\mathrm{P}}^0\right\rangle \end{aligned} \tag{7.11.21}$$

这两个本征态相应的本征值记为

$$\begin{aligned}\mu_{\mathrm{H}} &= m_{\mathrm{H}} - \frac{\mathrm{i}}{2}\varGamma_{\mathrm{H}} \\ \mu_{\mathrm{L}} &= m_{\mathrm{L}} - \frac{\mathrm{i}}{2}\varGamma_{\mathrm{L}}\end{aligned} \tag{7.11.22}$$

定义

$$\begin{aligned}\Delta m &= m_{\mathrm{H}} - m_{\mathrm{L}} \\ \Delta\varGamma &= \varGamma_{\mathrm{H}} - \varGamma_{\mathrm{L}}\end{aligned} \tag{7.11.23}$$

则 $|\mathrm{P_H}\rangle$、$|\mathrm{P_L}\rangle$ 随时间的变化为

$$\begin{cases} |\mathrm{P_H}(t)\rangle = \mathrm{e}^{-\mathrm{i}\mu_{\mathrm{H}}t} = \mathrm{e}^{-\mathrm{i}m_{\mathrm{H}}t}\mathrm{e}^{-\varGamma_{\mathrm{H}}t/2}|\mathrm{P}_H\rangle \\ |\mathrm{P_L}(t)\rangle = \mathrm{e}^{-\mathrm{i}\mu_{\mathrm{L}}t} = \mathrm{e}^{-\mathrm{i}m_{\mathrm{L}}t}\mathrm{e}^{-\varGamma_{\mathrm{L}}t/2}|\mathrm{P_L}\rangle \end{cases} \tag{7.11.24}$$

其中时间 t 是 $\mathrm{P}^0, \bar{\mathrm{P}}^0$ 静止系中的固有时. 由 (7.11.21) 式和 (7.11.24) 式可导出

$$\begin{cases} |\mathrm{P}^0(t)\rangle = g_+(t)|\mathrm{P}^0\rangle + \dfrac{q}{p}g_-(t)|\bar{\mathrm{P}}^0\rangle \\ |\bar{\mathrm{P}}^0(t)\rangle = \dfrac{p}{q}g_-(t)|\mathrm{P}^0\rangle + g_+(t)|\bar{\mathrm{P}}^0\rangle \end{cases} \tag{7.11.25}$$

其中,

$$\begin{aligned} g_\pm(t) &= \frac{1}{2}\left\{\mathrm{e}^{-\mathrm{i}\mu_{\mathrm{L}}t} \pm \mathrm{e}^{-\mathrm{i}\mu_{\mathrm{H}}t}\right\} \\ &= \frac{1}{2}\mathrm{e}^{-\mathrm{i}mt}\mathrm{e}^{-\varGamma t/2}\left\{\mathrm{e}^{\mathrm{i}t\Delta m/2}\mathrm{e}^{\Delta\varGamma t/4} \pm \mathrm{e}^{-\mathrm{i}t\Delta m/2}\mathrm{e}^{-\Delta\varGamma t/4}\right\} \\ m &= (m_{\mathrm{H}} + m_{\mathrm{L}})/2 \end{aligned} \tag{7.11.26}$$

现在来计算 q/p, 为此来解 (7.11.6) 式的本征方程, 即

$$\begin{pmatrix} H_{11} & H_{12} \\ H_{21} & H_{22} \end{pmatrix}\begin{pmatrix} p \\ q \end{pmatrix} = \mu\begin{pmatrix} p \\ q \end{pmatrix} \tag{7.11.27}$$

易见本征值

$$\mu = \frac{H_{11} + H_{22} \pm \sqrt{4H_{12}H_{21} + (H_{11} - H_{22})^2}}{2} \tag{7.11.28}$$

以上两个本征值记为

$$\begin{cases} \mu_{\mathrm{H}} = \dfrac{1}{2}\left(H_{11} + H_{22} + \sqrt{4H_{12}H_{21} + (H_{11} - H_{22})^2}\right) \\ \mu_{\mathrm{L}} = \dfrac{1}{2}\left(H_{11} + H_{12} - \sqrt{4H_{12}H_{21} + (H_{11} - H_{22})^2}\right) \end{cases} \tag{7.11.29}$$

$\mu_{\rm H}$ 对应本征态 $|P_{\rm H}\rangle$、$\mu_{\rm L}$ 对应 $|{\rm P_L}\rangle$, 分别代入本征方程 (7.11.27), 给出

$$\begin{cases} (H_{11}-\mu_{\rm H})\,p - H_{12}q = 0 \\ (H_{11}-\mu_{\rm L})\,p + H_{12}q = 0 \end{cases} \tag{7.11.30}$$

因此可得

$$\frac{q}{p} = -\frac{\mu_{\rm H}-\mu_{\rm L}}{2H_{12}} = -\frac{\sqrt{H_{12}H_{21}}}{H_{12}} = \pm\sqrt{\frac{H_{21}}{H_{12}}} \tag{7.11.31}$$

其中用了 CPT 不变时 $H_{11}=H_{22}$ (表 7.1), 或用 m_{ij}, $\varGamma_{ij}$ 写出

$$\frac{q}{p} = \pm\sqrt{\frac{2M_{12}^* - {\rm i}\varGamma_{12}^*}{2M_{12} - {\rm i}\varGamma_{21}}} \tag{7.11.32}$$

(7.11.32) 式取 + 或 − 号与 CP 相位取法有关. 假定 CPT, CP 都不变, 则由表 7.1 得

$$\begin{aligned} M_{12}^* &= {\rm e}^{2{\rm i}\xi} M_{12} \\ \varGamma_{12}^* &= {\rm e}^{2{\rm i}\xi}\varGamma_{12} \end{aligned} \tag{7.11.33}$$

代入 (7.11.32) 式得到

$$\frac{q}{p} = \pm{\rm e}^{{\rm i}\xi} \tag{7.11.34}$$

由 (7.11.14) 式 $CP\,|P_{\rm H}\rangle = p{\rm e}^{{\rm i}\xi}\,|\bar{\rm P}^0\rangle - q{\rm e}^{-{\rm i}\xi}\,|{\rm P}^0\rangle$, 将 (7.11.34) 式 $p=\pm q{\rm e}^{-{\rm i}\xi}$、$q=\pm{\rm e}^{{\rm i}\xi}p$ 代入

$$\begin{aligned} CP\,|{\rm P_H}\rangle &= \pm q{\rm e}^{-{\rm i}\xi}{\rm e}^{{\rm i}\xi}\,|\bar{\rm P}^0\rangle \mp p{\rm e}^{{\rm i}\xi}{\rm e}^{-{\rm i}\xi}\,|{\rm P}^0\rangle \\ &= \mp\left\{p\,|{\rm P}^0\rangle - q\,|\bar{\rm P}^0\rangle\right\} = \mp\,|{\rm P_H}\rangle \end{aligned}$$

所以

$$\begin{cases} CP\,|{\rm P_H}\rangle = \mp\,|{\rm P_H}\rangle \\ CP\,|{\rm P_L}\rangle = \pm\,|{\rm P_L}\rangle \end{cases} \tag{7.11.35}$$

我们选位相使 $CP\,|{\rm P_H}\rangle = -\,|{\rm P_H}\rangle$ (CP 守恒时), 则

$$\frac{q}{p} = {\rm e}^{{\rm i}\xi} \tag{7.11.36}$$

即选 $|{\rm P_H}\rangle$ 在 CP 守恒时 CP 宇称为负. 以后我们实际上取 $\xi=0$, 即取

$$\begin{aligned} CP\,|{\rm P}^0\rangle &= |\bar{\rm P}^0\rangle \\ CP\,|\bar{\rm P}^0\rangle &= |{\rm P}^0\rangle \end{aligned} \tag{7.11.37}$$

显然 (7.11.36) 式和 (7.11.37) 式保证了在 CP 守恒时 (7.11.35) 式成立. 这样以后我们总是认定

$$\frac{q}{p} = \sqrt{\frac{2M_{12}^* - {\rm i}\varGamma_{12}^*}{2M_{12} - {\rm i}\varGamma_{21}}} \tag{7.11.38}$$

下面给出 CP 破坏的分类, CP 破坏分三类.

(1) 直接 CP 破坏 (direct CP violation, 又称 CP violation in decay amplitude). 如果

$$|A(\mathrm{P}\to\mathrm{f})| \neq \left|\bar{A}\left(\bar{\mathrm{P}}\to\bar{\mathrm{f}}\right)\right| \tag{7.11.39}$$

则称直接 CP 破坏, 其中 P 可以是 P^0, 也可以是 $\mathrm{P}^{\pm}$, $\bar{\mathrm{f}}$ 和 $\bar{\mathrm{P}}$ 是 f 和 P 的 CP 共轭态. 带电介子 $\mathrm{B}^{\pm}$ 的部分衰变率的不对称性 (partial decay rate asymmetry) 就属此类.

(2) 间接 CP 破坏 (indirect CP violation, 又称 CP violation in mixing).

这是一类由中性 P^0–$\bar{\mathrm{P}}^0$ 混合诱导的 CP 破坏, 条件是

$$\left|\frac{q}{p}\right| \neq 1 \tag{7.11.40}$$

(3) 混合型 CP 破坏 (mixed CP violation, 又称 CP violation in the interference of mixing and decay).

条件是

$$\lambda = \frac{q}{p}\frac{\left|A\left(\bar{\mathrm{P}}\to\mathrm{f}\right)\right|}{|A(\mathrm{P}\to\mathrm{f})|} \neq 1 \tag{7.11.41}$$

注意, $|\lambda| = 1$ 但 $\mathrm{Im}\lambda \neq 0$ 也属此类, 且是重要的特例. 以后我们经常遇到上面三类 CP 破坏过程.

7.11.2　K^0–$\bar{\mathrm{K}}^0$ 混合及 CP 破坏

1. K^0–$\bar{\mathrm{K}}^0$ 混合

20 世纪 50 年代, 实验中发现了一系列的奇异粒子, 如 Λ^0, Ξ^- 等. 为了解释奇异粒子的产生和衰变, Gell-Mann[31] 和 Nakano Nishijima[32] 等人提出了奇异量子数 (S) 作为相加量子数的概念. 对 K^-, Λ, $\bar{\mathrm{K}}^0$ 奇异数为 -1, 对 K^+, $\bar{\Lambda}$ 奇异数为 $+1$, 而对 Ξ^- 奇异数为 -2, 其他非奇异粒子奇异数为零, 并假定奇异数在强作用过程中守恒.

实验上可以用加速器上产生的 $\pi^{\pm}$ 束流轰击核靶产生 K^0, $\bar{\mathrm{K}}^0$, 如

$$\begin{array}{lcccccc} & \pi^- & p & \to & \Lambda & \mathrm{K}^0 & \\ \text{奇异数 S:} & 0 & 0 & & -1 & 1 & \\ & & & & & & \\ & \pi^+ & \mathrm{p} & \to & \mathrm{K}^+ & \bar{\mathrm{K}}^0 & \mathrm{p} \\ \text{奇异数 S:} & 0 & 0 & & 1 & -1 & 0 \end{array} \tag{7.11.42}$$

上面过程奇异数都守恒, 如果用夸克的语言, $\mathrm{K}^0 = (\bar{\mathrm{s}}\mathrm{d})$, $K^+ = (\bar{\mathrm{s}}\mathrm{u})$, $\Lambda = (\mathrm{uds})$. 所以只要赋予 s 夸克奇异数为 -1, 就可解释 (7.11.42) 过程的奇异数守恒.

在上面强产生过程中产生的 K^0, $\bar{K}^0$ 都可以衰变到 2π 和 3π 态, 因而 K^0, $\bar{K}^0$ 有共同的衰变末态, 故可通过 2π 和 3π 中间态互相转化, 如图 7.5 所示.

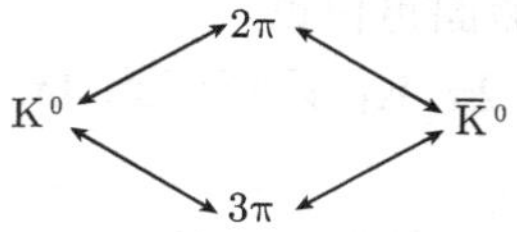

图 7.5 K^0–$\bar{K}^0$ 的相互转化

K^0–$\bar{K}^0$ 互相转化的现象被称作 K^0–$\bar{K}^0$ 混合 (mixing) 或 K^0–$\bar{K}^0$ 振荡 (oscillation). 这种奇妙的特性在其他介子中, 如 D^0–$\bar{D}^0$, B^0_d–$\bar{B}^0_d$, B^0_s–$\bar{B}^0_s$ 也存在.

对 K^0–$\bar{K}^0$ 系统, 选 (7.11.14) 式中的 CP 位相 $\xi=0$(ξ 任选都不影响物理观测量), 则

$$CP\left|K^0\right\rangle=\left|\bar{K}^0\right\rangle,\quad CP\left|\bar{K}^0\right\rangle=\left|K^0\right\rangle \tag{7.11.43}$$

由 (7.11.21) 式, 定义

$$\begin{aligned}|K_L\rangle&=p\left|K^0\right\rangle-q\left|\bar{K}^0\right\rangle\\|K_S\rangle&=p\left|K^0\right\rangle+q\left|\bar{K}^0\right\rangle\end{aligned} \tag{7.11.44}$$

与 (7.11.21) 式不同, (7.11.44) 式中没有用重 (H) 和轻 (L) 定义质量本征态, 而是用长寿命 (L) 和短寿命 (S) 定义中性 K 介子的质量本征态, 这种新定义是根据实验测量结果选取的. 实验发现长寿命中性 K 介子 K_L 的寿命差不多是短寿命中性 K 介子的 570 倍. 因此, 对中性 K 介子用长短寿命标记质量本征态更方便, 而按轻重区分, 的确 K_L 质量比 K_S 稍重, 实验测出[33]

$$\Delta m=m_{K_L}-m_{K_S}=(3.484\pm0.006)\times10^{-12}\text{MeV}$$

如果忽略掉 CP 破坏效应 (这个效应很小, $\leqslant10^{-3}$), 可定义

$$\begin{aligned}\left|K^0_1\right\rangle&=\frac{1}{\sqrt{2}}\left(\left|K^0\right\rangle+\left|\bar{K}^0\right\rangle\right),CP=+\\\left|K^0_2\right\rangle&=\frac{1}{\sqrt{2}}\left(\left|K^0\right\rangle-\left|\bar{K}^0\right\rangle\right),CP=-\end{aligned} \tag{7.11.45}$$

由 (7.11.43) 式可知, $\left|K^0_1\right\rangle$ 的 CP 宇称为正, $\left|K^0_2\right\rangle$ 的 CP 宇称为负. 现在证明, 对 2π 态 $\pi^+\pi^-$, $\pi^0\pi^0$, 不管相对角动量是多少, 其 CP 宇称总为正, 即

$$CP\left|\pi^+\pi^-\right\rangle=\left|\pi^+\pi^-\right\rangle,\quad CP\left|\pi^0\pi^0\right\rangle=\left|\pi^0\pi^0\right\rangle \tag{7.11.46}$$

实际上, CP 作用于 $|\pi^+\pi^-\rangle$, 相当于 $\pi^+\pi^-$ 互换位置两次, 因此出现的 CP 宇称因子为 $(-1)^{2l}(-1)^2=1$. 对 $\left|\pi^0\pi^0\right\rangle$ 而言, 全同粒子波函数全对称要求相对角动量 l 为偶数, 又因 $CP\left|\pi^0\right\rangle=-\left|\pi^0\right\rangle$, 所以 $CP\left|\pi^0\pi^0\right\rangle=(-1)^l\left|\pi^0\pi^0\right\rangle=\left|\pi^0\pi^0\right\rangle$, CP 宇称

也为正. 这样就可以证明, 2π 态 CP 宇称总为正. 由此 $\left|\mathrm{K}_1^0\right\rangle$ 的 CP 宇称为正, CP 守恒时它只能衰变到 2π 态, 而 $\left|\mathrm{K}_2^0\right\rangle$ 宇称为负, 只能衰变到 3π 态中 $CP=-1$ 的态. 3π 态的 CP 宇称较复杂, 后面再讨论.

实验上发现, $\mathrm{K_S}$ 只衰变到 2π, $\mathrm{K_L}$ 只衰变到 3π. 所以, 在略去小的 CP 破坏效应时,

$$\left|\mathrm{K_S}\right\rangle \approx \left|\mathrm{K}_1^0\right\rangle, \quad \left|\mathrm{K_L}\right\rangle \approx \left|\mathrm{K}_2^0\right\rangle \tag{7.11.47}$$

由 (7.11.24) 式, $\mathrm{K_S}$, $\mathrm{K_L}$ 随时间的发展, 由薛定谔方程决定, 即

$$\begin{aligned}\left|\mathrm{K_S}(t)\right\rangle &= \mathrm{e}^{-\mathrm{i}\left(m_\mathrm{S}-\frac{\mathrm{i}}{2}\Gamma_\mathrm{S}\right)t}\left|\mathrm{K_S}\right\rangle \\ \left|\mathrm{K_L}(t)\right\rangle &= \mathrm{e}^{-\mathrm{i}\left(m_\mathrm{L}-\frac{\mathrm{i}}{2}\Gamma_\mathrm{L}\right)t}\left|\mathrm{K_L}\right\rangle\end{aligned} \tag{7.11.48}$$

由此导出 (见 (7.11.25) 式)

$$\left\{\begin{aligned}\left|\mathrm{K}^0(t)\right\rangle &= g_+(t)\left|\mathrm{K}^0\right\rangle + \frac{q}{p}g_-(t)\left|\bar{\mathrm{K}}^0\right\rangle \\ \left|\bar{\mathrm{K}}^0(t)\right\rangle &= \frac{p}{q}g_-(t)\left|\mathrm{K}^0\right\rangle + g_+(t)\left|\bar{\mathrm{K}}^0\right\rangle\end{aligned}\right. \tag{7.11.49}$$

$$g_\pm(t) = \frac{1}{2}\mathrm{e}^{-\mathrm{i}mt}\mathrm{e}^{-\Gamma t/2}\left\{\mathrm{e}^{\mathrm{i}\Delta mt/2}\mathrm{e}^{\Delta\Gamma t/4} \pm \mathrm{e}^{-\mathrm{i}\Delta mt/2}\mathrm{e}^{-\Delta\Gamma t/4}\right\} \tag{7.11.50}$$

其中,

$$\begin{aligned}\Delta m &= m_{\mathrm{K_L}} - m_{\mathrm{K_S}} > 0 \\ \Delta\Gamma &= \Gamma_{\mathrm{K_L}} - \Gamma_{\mathrm{K_S}} < 0\end{aligned} \tag{7.11.51}$$

如果初始时刻 $t=0$ 时, 纯 K^0 束流强度为 I_0, 则 t 时刻在这束流中发现 K^0 和 $\bar{\mathrm{K}}^0$ 的强度分别为

$$\begin{aligned}I\left(\mathrm{K}^0\to\mathrm{K}^0,t\right) &= I_0\left|\left\langle\mathrm{K}^0\middle|\mathrm{K}^0(t)\right\rangle\right|^2 = I_0\left|g_+(t)\right|^2 \\ &= \frac{1}{4}I_0\left\{\mathrm{e}^{-\Gamma_\mathrm{S}t}+\mathrm{e}^{-\Gamma_\mathrm{L}t}+2\mathrm{e}^{-\frac{1}{2}(\Gamma_\mathrm{S}+\Gamma_\mathrm{L})t}\cos\Delta m_\mathrm{K}t\right\}\end{aligned} \tag{7.11.52}$$

$$\begin{aligned}I\left(\mathrm{K}^0\to\bar{\mathrm{K}}^0,t\right) &= I_0\left|\left\langle\bar{\mathrm{K}}^0\middle|\mathrm{K}^0(t)\right\rangle\right|^2 = I_0\left|g_-(t)\right|^2 \\ &= \frac{1}{4}I_0\left\{\mathrm{e}^{-\Gamma_\mathrm{S}t}+\mathrm{e}^{-\Gamma_\mathrm{L}t}-2\mathrm{e}^{-\frac{1}{2}(\Gamma_\mathrm{S}+\Gamma_\mathrm{L})t}\cos\Delta m_\mathrm{K}t\right\}\end{aligned} \tag{7.11.53}$$

显然, K^0, $\bar{\mathrm{K}}^0$ 的强度均以频率 Δm_K 振荡, 其曲线如图 7.6 所示. 其中 K^0, $\bar{\mathrm{K}}^0$ 的强度已由 I_0 归一化了, 并取 $\Delta m_\mathrm{K}\tau_\mathrm{S}=0.5$, τ_S 为 K_S 的平均寿命. (7.11.52) 式和 (7.11.53) 式中的时间 t 是 K^0 静止系中的时间,

$$t = d/\beta\gamma \tag{7.11.54}$$

其中 d 为 K^0 在实验室中飞行的距离, $\beta=v/c$, $\gamma=1/\sqrt{1-\beta^2}$, v 为 K^0 在实验室坐标系中飞行的速度. 以上的讨论是在忽略 CP 破坏效应下进行的. 说明 K^0-$\bar{K}^0$ 振荡与 K^0-$\bar{K}^0$ 系统有无 CP 破坏无关.

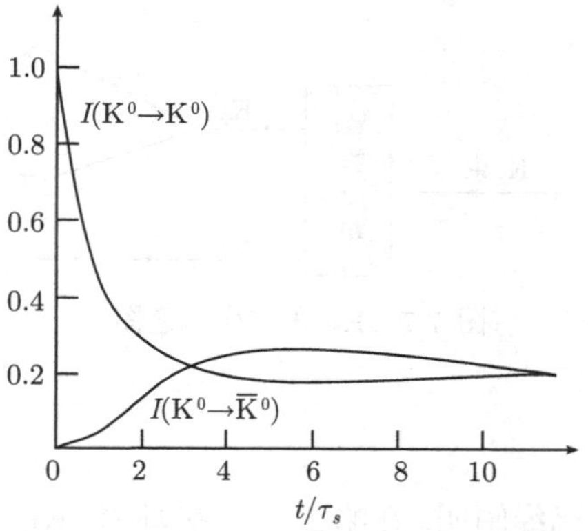

图 7.6

2. 中性 K 介子的再产生

由 (7.11.45) 式和 (7.11.47) 式, 在不考虑 CP 破坏时

$$\begin{aligned}\left|K_S^0\right\rangle &= \frac{1}{\sqrt{2}}\left(\left|K^0\right\rangle + \left|\bar{K}^0\right\rangle\right)\\ \left|K_L^0\right\rangle &= \frac{1}{\sqrt{2}}\left(\left|K^0\right\rangle - \left|\bar{K}^0\right\rangle\right)\end{aligned} \tag{7.11.55}$$

显然

$$\begin{aligned}\left|K^0\right\rangle &= \frac{1}{\sqrt{2}}\left(\left|K_S\right\rangle + \left|K_L\right\rangle\right)\\ \left|\bar{K}^0\right\rangle &= \frac{1}{\sqrt{2}}\left(\left|K_S\right\rangle - \left|K_L\right\rangle\right)\end{aligned} \tag{7.11.56}$$

实验上当利用 $\pi^-p\to\Lambda K^0$ 产生纯 K^0 束流后, 随着时间的发展会发生什么呢? 由于 K^0 束流中一半是 K_S, 另一半是 K_L. K_S 平均飞行 2.68cm 就衰变为 2π 而消失. 而 K_L 则可平均飞行 15.34m 才衰变. 这样一来, 距 K^0 产生十几米外就只剩下 K_L 了. 但由 (7.11.55) 式, K_L 中一半是 K^0, 一半是 $\bar{K}^0$, 所以初始时刻纯 K^0 束, 经过十几米以上飞行, 由于弱作用引起的振荡, 纯 K^0 束流中会混入了一半 $\bar{K}^0$.

如果此时在 K_L 飞行路线上放一个金属靶, 由于 K^0 在核物质内的强作用只有弹性散射和准弹性散射, 而 $\bar{K}^0$ 除了弹性和准弹性散射外, 还有非弹性过程如 Σ 和 Λ 产生等, 因此 $\bar{K}^0$ 更容易被吸收. 如果金属靶足够厚, 则 K_L 穿过后, $\left|K_L^0\right\rangle=$

$\frac{1}{\sqrt{2}}\left(\left|\mathrm{K}^0\right\rangle - \left|\bar{\mathrm{K}}^0\right\rangle\right)$ 中就只剩下 K^0 成分了, 而 $\left|\mathrm{K}^0\right\rangle = \frac{1}{\sqrt{2}}(|\mathrm{K_S}\rangle + |\mathrm{K_L}\rangle)$, 所以 $\mathrm{K_L}$ 束穿过核靶又产生了 $\mathrm{K_S}$. 这一奇妙现象的发生是因为 $\mathrm{K_S}$, $\mathrm{K_L}$ 寿命相差几百倍且 K^0 和 $\bar{\mathrm{K}}^0$ 与核物质作用不同造成的. $\mathrm{K_S}$ 再产生示意图可参看图 7.7.

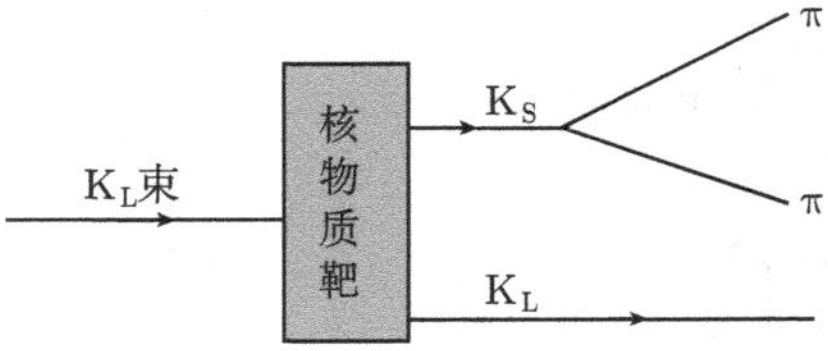

图 7.7　$\mathrm{K_S}$ 再产生示意图

3.*CP* 破坏的发现

在 11.2.1 小节我们已经阐明, 在略去 CP 破坏时, $\mathrm{K_L}$ 不可能衰变到 2π 末态, 这是因为 $\mathrm{K_L}$ 的 CP 宇称为负, 而 2π 态的 CP 宇称为正.

1964 年, Cronin、Fitch、Christenson 和 Turly[10] 在美国布鲁海文实验室首次发现了 $\mathrm{K_L} \to 2\pi$ 的衰变. 实验用的双臂谱仪示意图如图 7.8 所示. 实验中让产生的 $\mathrm{K_S}$、$\mathrm{K_L}$ 束流先飞行 57 英尺, 再到达谱仪前端. 这样到达谱仪前端的只有 $\mathrm{K_L}$ 束. $\mathrm{K_L}$ 进入充氦的气包中产生了 $\mathrm{K_L} \to 2\pi$ 衰变. 测量结果为

$$R = \frac{\mathrm{Br}\left(\mathrm{K_L} \to \pi^+\pi^-\right)}{\mathrm{Br}\left(\mathrm{K_L} \to \text{所有带电末态}\right)} = (2.0 \pm 0.4) \times 10^{-3} \tag{7.11.57}$$

这一结果表明, CP 对称性在 $\mathrm{K_L} \to 2\pi$ 中被破坏了. 这再次说明, 许多过去认为严格的对称性不再是严格的, 而是近似的. 继 P, C 不守恒之后, CP 也不再守恒. 因此, $\mathrm{K_L}$ 不再严格地等同于 K_2^0, $\mathrm{K_L}$ 中一定混有小部分的 K_1^0 成分, 即

$$\begin{aligned} |\mathrm{K_L}\rangle &= \frac{1}{\sqrt{1+|\bar{\varepsilon}|^2}}\left(\left|\mathrm{K}_2^0\right\rangle + \bar{\varepsilon}\left|\mathrm{K}_1^0\right\rangle\right) \\ |\mathrm{K_S}\rangle &= \frac{1}{\sqrt{1+|\bar{\varepsilon}|^2}}\left(\left|\mathrm{K}_1^0\right\rangle + \bar{\varepsilon}\left|\mathrm{K}_2^0\right\rangle\right) \end{aligned} \tag{7.11.58}$$

实验给出[10],

$$\bar{\varepsilon} = 2.3 \times 10^{-3} \tag{7.11.59}$$

可见 CP 破坏的强度很小, 只有千分之一的量级.

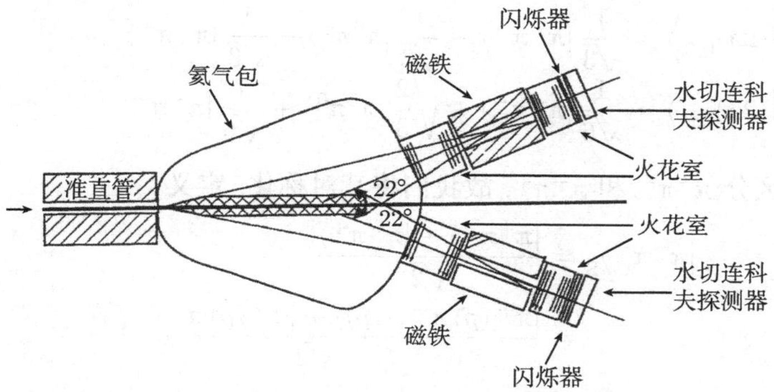

图 7.8 发现 $K_L \to 2\pi$ 的双臂谱仪示意图

大约 10 年后, 在 K_L 的半轻子衰变中也发现了 CP 破坏. 实验发现 $K_L \to l^+\nu_l\pi^-$ 的总宽度与其衰变到 CP 共轭末态 $K_L \to l^-\bar{\nu}_l\pi^+$ 的总宽度不相等. CP 破坏参数[34]

$$\begin{aligned} A_l &= \frac{\Gamma\left(K_L \to l^+\nu_l\pi^-\right) - \Gamma\left(K_L \to l^-\bar{\nu}_l\pi^+\right)}{\Gamma\left(K_L \to l^+\nu_l\pi^-\right) + \Gamma\left(K_L \to l^-\bar{\nu}_l\pi^+\right)} \\ &= (0.332 \pm 0.006)\,\% \end{aligned} \tag{7.11.60}$$

最后的数值取自 2012 年的粒子表[33].

4. $K^0 \to 2\pi$ 衰变的同位旋描述

$K^0 \to 2\pi$ 衰变末态处于 s 波, 全同玻色子对称要求 2π 总同位旋只能是 0, 2, 因此中性 K 介子到的 2π 衰变可由同位旋振幅 $A_I\,(I=0,2)$ 来描述. 定义

$$\begin{aligned} \left\langle (2\pi)_I \right| H_W \left| K^0 \right\rangle &= A_I e^{i\delta_I} \\ \left\langle (2\pi)_I \right| H_W \left| \bar{K}^0 \right\rangle &= \bar{A}_I e^{i\delta_I} \end{aligned} \tag{7.11.61}$$

其中 δ_I 是 $(2\pi)_I$ 态 s 波在能量 $E = m_{K^0}$ 的强位相, 而 A_I、$\bar{A}_I$ 包含着弱作用位相. 利用 7.11.1 小节给出的办法可以证明[20]

$$CPT \text{ 不变导致 } A_I = \bar{A}_I^* \tag{7.11.62}$$

$$CP \text{ 不变导致 } A_I = \bar{A}_I \tag{7.11.63}$$

$$T \text{ 不变导致 } A_I = A_I^* \tag{7.11.64}$$

由于 K^0–$\bar{K}^0$ 衰变的两 π 末态只可能是 $\pi^+\pi^-$, $\pi^0\pi^0$, 其末态总同位旋只有 $(I_3=0, I=0)$ 和 $(I_3=0, I=2)$ 的态, 由同位旋耦合 $(2\pi)_{II_3}$ 态可表示为

$$\left|(2\pi)_{0,0}\right\rangle = \frac{1}{\sqrt{3}}\left|\pi^+\pi^-\right\rangle - \frac{1}{\sqrt{3}}\left|\pi^0\pi^0\right\rangle + \frac{1}{\sqrt{3}}\left|\pi^-\pi^+\right\rangle$$
$$\left|(2\pi)_{2,0}\right\rangle = \frac{1}{\sqrt{6}}\left|\pi^+\pi^-\right\rangle + \sqrt{\frac{2}{3}}\left|\pi^0\pi^0\right\rangle + \frac{1}{\sqrt{6}}\left|\pi^-\pi^+\right\rangle \tag{7.11.65}$$

实验上并不区分 $\pi^+\pi^-$ 和 $\pi^-\pi^+$, 故我们将其对称化, 定义

$$\begin{aligned}\left|\pi^+\pi^-\right\rangle_{\rm S} &= \frac{\left|\pi^+\pi^-\right\rangle + \left|\pi^-\pi^+\right\rangle}{\sqrt{2}}\\ &= \frac{\left|\pi^+(\vec{p})\,\pi^-(-\vec{p})\right\rangle + \left|\pi^-(\vec{p})\,\pi^+(-\vec{p})\right\rangle}{\sqrt{2}}\end{aligned} \tag{7.11.66}$$

实际上, 后面我们略去下角标S, $\left|\pi^+\pi^-\right\rangle$ 就理解成(7.11.66)式中的 $\left|\pi^+\pi^-\right\rangle_{\rm S}$. (7.11.65) 式简化为

$$\left|(2\pi)_{0,0}\right\rangle = \sqrt{\frac{2}{3}}\left|\pi^+\pi^-\right\rangle - \sqrt{\frac{1}{3}}\left|\pi^0\pi^0\right\rangle$$
$$\left|(2\pi)_{2,0}\right\rangle = \sqrt{\frac{1}{3}}\left|\pi^+\pi^-\right\rangle + \sqrt{\frac{2}{3}}\left|\pi^0\pi^0\right\rangle \tag{7.11.67}$$

由 (7.11.67) 式可导出

$$\left|\pi^+\pi^-\right\rangle = \sqrt{\frac{2}{3}}\left|(2\pi)_{0,0}\right\rangle + \sqrt{\frac{1}{3}}\left|(2\pi)_{2,0}\right\rangle$$
$$\left|\pi^0\pi^0\right\rangle = \sqrt{\frac{2}{3}}\left|(2\pi)_{2,0}\right\rangle - \sqrt{\frac{1}{3}}\left|(2\pi)_{0,0}\right\rangle \tag{7.11.68}$$

由 (7.11.61) 式和 (7.11.68) 式有

$$\begin{aligned}\left\langle\pi^+\pi^-\right| H_{\rm W}\left|{\rm K}^0\right\rangle &= \sqrt{\frac{2}{3}}A_0{\rm e}^{{\rm i}\delta_0} + \sqrt{\frac{1}{3}}A_2{\rm e}^{{\rm i}\delta_2}\\ \left\langle\pi^0\pi^0\right| H_{\rm W}\left|{\rm K}^0\right\rangle &= \sqrt{\frac{2}{3}}A_2{\rm e}^{{\rm i}\delta_2} - \sqrt{\frac{1}{3}}A_0{\rm e}^{{\rm i}\delta_0}\\ \left\langle\pi^+\pi^-\right| H_{\rm W}\left|\bar{\rm K}^0\right\rangle &= \sqrt{\frac{2}{3}}\bar{A}_0{\rm e}^{{\rm i}\delta_0} + \sqrt{\frac{1}{3}}\bar{A}_2{\rm e}^{{\rm i}\delta_2}\\ \left\langle\pi^0\pi^0\right| H_{\rm W}\left|\bar{\rm K}^0\right\rangle &= \sqrt{\frac{2}{3}}\bar{A}_2{\rm e}^{{\rm i}\delta_2} - \sqrt{\frac{1}{3}}\bar{A}_0{\rm e}^{{\rm i}\delta_0}\end{aligned} \tag{7.11.69}$$

再利用 (7.11.44) 式可得

$$\begin{aligned}\left\langle\pi^+\pi^-\right| H_{\rm W}\left|{\rm K_L}\right\rangle &= \sqrt{\frac{2}{3}}{\rm e}^{{\rm i}\delta_0}pA_0\left(\varDelta_0 + \frac{1}{\sqrt{2}}\omega\varDelta_2{\rm e}^{{\rm i}(\delta_2-\delta_0)}\right)\\ \left\langle\pi^0\pi^0\right| H_{\rm W}\left|{\rm K_L}\right\rangle &= \sqrt{\frac{2}{3}}{\rm e}^{{\rm i}\delta_0}pA_0\left(\omega\varDelta_2{\rm e}^{{\rm i}(\delta_2-\delta_0)} - \frac{1}{\sqrt{2}}\varDelta_0\right)\end{aligned} \tag{7.11.70}$$

$$\begin{aligned}\left\langle\pi^+\pi^-\right| H_{\rm W}\left|{\rm K_S}\right\rangle &= \sqrt{\frac{2}{3}}{\rm e}^{{\rm i}\delta_0}pA_0\left((2-\varDelta_0) + \frac{1}{\sqrt{2}}\omega(2-\varDelta_2){\rm e}^{{\rm i}(\delta_2-\delta_0)}\right)\\ \left\langle\pi^0\pi^0\right| H_{\rm W}\left|{\rm K_S}\right\rangle &= \sqrt{\frac{2}{3}}{\rm e}^{{\rm i}\delta_0}pA_0\left(\omega(2-\varDelta_2){\rm e}^{{\rm i}(\delta_2-\delta_0)} - \frac{1}{\sqrt{2}}(2-\varDelta_0)\right)\end{aligned} \tag{7.11.71}$$

其中,

$$\Delta_I = 1 - \frac{q}{p}\frac{\bar{A}_I}{A_I}, \quad \omega = \frac{A_2}{A_0} \tag{7.11.72}$$

定义两个实验上观测的量 η_{+-}, η_{00},

$$\eta_{+-} = \frac{\langle \pi^+\pi^- | H_{\rm W} | {\rm K_L} \rangle}{\langle \pi^+\pi^- | H_{\rm W} | {\rm K_S} \rangle}, \quad \eta_{00} = \frac{\langle \pi^0\pi^0 | H_{\rm W} | {\rm K_L} \rangle}{\langle \pi^0\pi^0 | H_{\rm W} | {\rm K_S} \rangle} \tag{7.11.73}$$

式中的分母仍可做近似, 即由于 ${\rm K_S} \to \pi\pi$ 几乎为 100%, 所以可在 $\langle \pi\pi | H_{\rm W} | {\rm K_S} \rangle$ 中略去 CP 破坏. 因此可取 $A_I = \bar{A}_I$, $q = p = 1/\sqrt{2}$, 故 $\Delta_0 = \Delta_2 = 0$. 这样可得

$$\begin{aligned} \langle \pi^+\pi^- | H_{\rm W} | {\rm K_S} \rangle &\approx \sqrt{\frac{2}{3}} {\rm e}^{{\rm i}\delta_0} p A_0 \left(2 + \omega\sqrt{2}{\rm e}^{{\rm i}(\delta_2-\delta_0)}\right) \\ \langle \pi^0\pi^0 | H_{\rm W} | {\rm K_S} \rangle &\approx \sqrt{\frac{2}{3}} {\rm e}^{{\rm i}\delta_0} p A_0 \left(2\omega{\rm e}^{{\rm i}(\delta_2-\delta_0)} - \sqrt{2}\right) \end{aligned} \tag{7.11.74}$$

再由于 $|\Delta I| = 1/2$ 规则的限制, 使得 $|\omega| = |A_2/A_0| \sim 1/20$, 因此计算 η_{+-}, η_{00} 时可略去 ω^2 项. 这样一来, 由 (7.11.70) 式, (7.11.73) 式, (7.11.74) 式可得

$$\begin{aligned} \eta_{+-} &\approx \frac{1}{2}\left(\Delta_0 - \frac{1}{\sqrt{2}}\omega(\Delta_0 - \Delta_2){\rm e}^{{\rm i}(\delta_2-\delta_0)}\right) \\ \eta_{00} &\approx \frac{1}{2}\left(\Delta_0 + \sqrt{2}\omega(\Delta_0 - \Delta_2){\rm e}^{{\rm i}(\delta_2-\delta_0)}\right) \end{aligned} \tag{7.11.75}$$

由 η_{+-}, η_{00} 可定义实验上可测量的参数 $\varepsilon, \varepsilon'$:

$$\left\{ \begin{aligned} \eta_{+-} &= \varepsilon + \varepsilon' \\ \eta_{00} &= \varepsilon - 2\varepsilon' \end{aligned} \right. \Rightarrow \left\{ \begin{aligned} \varepsilon &= \frac{2\eta_{+-} + \eta_{00}}{3} \\ \varepsilon' &= \frac{\eta_{+-} - \eta_{00}}{3} \end{aligned} \right. \tag{7.11.76}$$

由 (7.11.75) 式代入 (7.11.76) 式得

$$\left\{ \begin{aligned} \varepsilon &= \frac{1}{2}\Delta_0 \\ \varepsilon' &= -\frac{1}{2\sqrt{2}}\omega(\Delta_0 - \Delta_2){\rm e}^{{\rm i}(\delta_2-\delta_0)} \end{aligned} \right. \tag{7.11.77}$$

η_{+-}, η_{00} 都是可观测量. $|\eta_{+-}|, |\eta_{00}|$ 可通过测量 ${\rm K_{L,S}} \to 2\pi$ 的分支比测出, 其位相也可测量, 具体办法可参阅文献 [20]. 当然 $\varepsilon, \varepsilon'$ 也可测量, 此处我们列出实验值如下[33](假设 CPT 不变):

$$\begin{aligned} &|\eta_{00}| = (2.220 \pm 0.011) \times 10^{-3}, \quad \phi_{00} = (43.52 \pm 0.05)^\circ \\ &|\eta_{+-}| = (2.232 \pm 0.011) \times 10^{-3}, \quad \phi_{+-} = (43.51 \pm 0.05)^\circ \\ &|\varepsilon| = (2.228 \pm 0.011) \times 10^{-3}, \quad \phi_\varepsilon = (43.52 \pm 0.05)^\circ \\ &{\rm Re}\,(\varepsilon'/\varepsilon) = (1.66 \pm 0.23) \times 10^{-3} \\ &{\rm Im}\,(\varepsilon'/\varepsilon) = -\frac{1}{3}(\phi_{+-} - \phi_{00}) = (-0.002 \pm 0.005)^\circ \end{aligned}$$

5. $K^0 \to 3\pi$ 衰变中的 CP 破坏

中性 K 介子到 3π 衰变比较复杂. 总电荷为零的 3π 末态有 $3\pi^0$ 和 $\pi^+\pi^-\pi^0$ 两种.

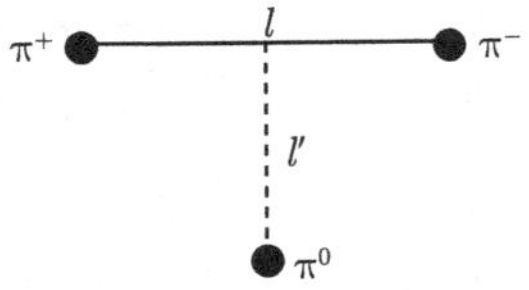

图 7.9　3π 系统的相对角动量

对 $\left|\pi^0\pi^0\pi^0\right\rangle$ 态, 因 $\pi^0\pi^0$ 态总同位旋只有 0、2, 所以 $3\pi^0$ 态总同位旋只有 1 和 3. $\left|\pi^0\pi^0\pi^0\right\rangle$ 态任意两个 π^0 交换都对称, 而 $CP\left|\pi^0\right\rangle = -\left|\pi^0\right\rangle$, 所以

$$CP\left|\pi^0\pi^0\pi^0\right\rangle = -\left|\pi^0\pi^0\pi^0\right\rangle \tag{7.11.78}$$

对 $\pi^+\pi^-\pi^0$ 态, 假设 $\pi^+\pi^-$ 相对角动量为 l, π^0 与 $\pi^+\pi^-$ 对之间的相对角动量为 l'. 由于 K_L, K_S 的 $J^P = 0^-$, 所以 3π 末态总角动量必须为零, 这要求 $l = l'$. 又因无论 l 为多少, 总有 (参阅 (7.11.46) 式)

$$CP\left|\pi^+\pi^-\right\rangle = \left|\pi^+\pi^-\right\rangle \tag{7.11.79}$$

加入 π^0 后, 因 $CP\left|\pi^0\right\rangle = -\left|\pi^0\right\rangle$, 及 $(-1)^{l'}$ 出现, 故

$$\begin{aligned} CP\left|\pi^+\pi^-\pi^0\right\rangle &= -(-1)^{l'}\left|\pi^+\pi^-\pi^0\right\rangle = -(-1)^{l}\left|\pi^+\pi^-\pi^0\right\rangle \\ &= (-1)^{l+1}\left|\pi^+\pi^-\pi^0\right\rangle \end{aligned} \tag{7.11.80}$$

我们把 $\pi^+\pi^-$ 相对角动量 l, $\pi^+\pi^-\pi^0$ 总同位旋 I 和 CP 宇称的关系列于表 7.2 中.

表 7.2　CP, l, I 间的关系

$\pi^+\pi^-$ 同位旋	0	1	2
$\pi^+\pi^-$ 角动量 l	偶	奇	偶
$\pi^+\pi^-\pi^0$ 总同位旋 I	1	0, 2	1, 3
$\pi^+\pi^-\pi^0$ 总 CP 宇称	−	+	−

从表 7.2 可看出, 3π 的 CP 宇称

$$\eta_{CP} = (-1)^I \tag{7.11.81}$$

对 $3\pi^0$, CP 宇称为负 ($I = 1, 3$), 而 $\pi^+\pi^-\pi^0$ 态 CP 宇称有正有负. 如果有 $K_S \to 3\pi^0$ 衰变被观测到, 则 CP 被破坏. 实验上可测量

$$\eta_{000} = \frac{A(K_S \to 3\pi^0)}{A(K_L \to 3\pi^0)} \tag{7.11.82}$$

2012 年出版的粒子表给出[33] (CL 表示置信水平),

$$|\eta_{000}| < 0.018, \quad \text{CL} = 90\%$$

$$\text{Im}\eta_{000} = (-0.1 \pm 1.6) \times 10^{-2}, \quad \text{CL} = 90\%$$

对 $\pi^+\pi^-\pi^0$ 末态, $CP = \pm$ 的两种态混合在一起. 由表 7.2 知, $CP = +$ 的态总同位旋为 0 或 2, 而相应的 $\pi^+\pi^-$ 组合的同位旋为 1, 且相对角动量为奇数, 因此 $\pi^+\pi^-$ 交换反对称. 所以 $\text{K}_\text{S} \to \pi^+\pi^-\pi^0$ 的 $CP = +$ 的态, 因 $\pi^+\pi^-$ 交换反对称而在 Dalitz 图上对 $\pi^+\pi^-$ 积分总贡献为零. 所以用 Dalitz 图方法只能看到 $\text{K}_\text{S} \to \pi^+\pi^-\pi^0$ 的 CP 为负的态. 但 $\text{K}_\text{L} \to \pi^+\pi^-\pi^0$ 中 $CP = +$ 的末态 $\pi^+\pi^-$ 的 $l = 1, 3, 5 \cdots$ 而被角动量位垒压低, 所以

$$\eta_{+-0} = \frac{A(\text{K}_\text{S} \to \pi^+\pi^-\pi^0; CP = -1)}{A(\text{K}_\text{L} \to \pi^+\pi^-\pi^0)} \tag{7.11.83}$$

也描写 $\text{K}_\text{S} \to \pi^+\pi^-\pi^0$ 的 CP 破坏. 2012 年粒子表给出[33]

$$\text{Im}\eta_{+-0} = -0.002 \pm 0.009, \quad \text{CL} = 90\%$$

6. $\bar{\varepsilon}$ 和 ε 的关系

在 (7.11.58) 式中 $|\bar{\varepsilon}|$ 代表在 K_L 中混入 K_1^0 的比例, 且实验上已测出 $|\bar{\varepsilon}|$ 的大小. 从 (7.11.58) 式看出, $\bar{\varepsilon}$ 的位相会随 K_1^0 的位相而变化, 即随 $\text{K}^0, \bar{\text{K}}^0$ 的位相变化, 因而不是物理观测量, 这与 η_{+-}, η_{00} 不同. (7.10.75) 式 η_{+-}, η_{00} 依赖于 $\omega = \dfrac{A_2}{A_1}$ 和 $\Delta_I = 1 - \dfrac{q}{p}\dfrac{\bar{A}_I}{A_I}$. 由 (7.11.61) 式看出, ω 与 K^0 的位相选择无关, 因而可测量, $\dfrac{q}{p}\dfrac{\bar{A}_I}{A_I}$ 也与位相选择无关. 实际上, 当

$$|\text{K}^0\rangle \to \text{e}^{\text{i}\beta}|\text{K}^0\rangle, \quad |\bar{\text{K}}^0\rangle \to \text{e}^{\text{i}\bar{\beta}}|\bar{\text{K}}^0\rangle$$

时

$$\frac{\bar{A}_I}{A_I} \to \text{e}^{\text{i}(\bar{\beta}-\beta)}\frac{\bar{A}_I}{A_I}, \quad \frac{q}{p} = \frac{\sqrt{M_{12}^* - \frac{\text{i}}{2}\Gamma_{12}^*}}{\sqrt{M_{12} - \frac{\text{i}}{2}\Gamma_{12}}} \to \text{e}^{-\text{i}(\bar{\beta}-\beta)}\frac{q}{p}$$

所以 $\dfrac{q}{p}\dfrac{\bar{A}_I}{A_I}$ 保持不变. 强相位差 $\delta_2 - \delta_0$ 当然也不变, 所以 η_{+-}, η_{00} 从而 $\varepsilon, \varepsilon'$ 都在 $|\text{K}^0\rangle, |\bar{\text{K}}^0\rangle$ 位相变换下保持不变.

在吴–杨位相选取约定下[35], A_0 取实数, 选择 $|\text{K}^0\rangle$ 的位相即可做到这一点. 在 CPT 不变的条件下 (7.11.62) 式给出

$$\bar{A}_0 = A_0^* = A_0 \tag{7.11.84}$$

因此, 由 (7.11.77) 式, 有

$$\varepsilon=\frac{1}{2}\left(1-\frac{q}{p}\frac{\bar{A}_0}{A_0}\right)=\frac{1}{2}\left(1-\frac{q}{p}\right)=\frac{1}{2}\left(1-\frac{1-\bar{\varepsilon}}{1+\bar{\varepsilon}}\right) \tag{7.11.85}$$

最后一步用了 (7.11.58) 式 $\bar{\varepsilon}$ 的定义.

用 $|\bar{\varepsilon}|\sim 10^{-3}\ll 1$, (7.11.85) 式可有近似

$$\varepsilon\approx\bar{\varepsilon} \tag{7.11.86}$$

即在吴 - 杨位相选取下, ε 和 $\bar{\varepsilon}$ 近似相等, 当然也有

$$|\varepsilon|\approx|\bar{\varepsilon}| \tag{7.11.87}$$

7.11.3　B^0–$\bar{B}^0$ 混合和 CP 破坏

实验上已经发现的 B 介子包括 $B_d^0=(\bar{b}d)$, $B_s^0=(\bar{b}s)$, $B_u^+=(\bar{b}u)$, $B_c^+=(\bar{b}c)$ 及相应的反粒子. 这些 B 介子质量都在 5 GeV 左右. 本小节只讨论 $B_d^0-\bar{B}_d^0$ 的混合及 CP 不守恒, 对其他粒子读者可参考相应的文献.

1. B_d^0–$\bar{B}_d^0$ 混合的实验测量

按照弱电统一的标准模型, B_d^0 只能衰变到带正电的轻子, $\bar{B}_d^0$ 只能衰变到带负电的轻子, 即 B_d^0, $\bar{B}_d^0$ 的半轻子衰变方式为

$$B_d^0\to l^+\nu_l X,\quad \bar{B}_d^0\to l^-\bar{\nu}_l X$$

$b\bar{b}$ 的束缚态 $\Upsilon(9.5)$ 首先被 Lederman 小组 1977 年在 Fermi 国家实验室 400GeV 质子同步加速器上发现[36]. 所用的实验过程为

$$p+(Cu,\ Pt)\to\Upsilon(9.5)+X$$
$$\qquad\qquad\qquad\qquad \llcorner\!\!\longrightarrow \mu^+\mu^-$$

后来在德国 e^+e^- 对撞机 (DESY) 和康奈尔大学 e^+e^- 对撞机 CERS 上都发现了 $\Upsilon(9.5)$. $\Upsilon(9.5)$ 为 $b\bar{b}$ 的 $1S$ 束缚态, 记为 $\Upsilon(1S)$. 随后 $b\bar{b}$ 的高能级激发态 $\Upsilon(2S)$, $\Upsilon(3S)$, $\Upsilon(4S)$ 等相继被发现, 它们都是 $J^{PC}=1^{--}$ 的矢量介子. 实验上还发现, $\Upsilon(4S)$ 几乎 100%衰变到 $B_d^0\bar{B}_d^0+B_u^+B_u^-$, 其中 $B_d^0\bar{B}_d^0$ 和 $B_u^+B_u^-$ 各占 50%.

1987 年在德国汉堡 e^+e^- 对撞机上工作的 ARGUS 实验组首先观测到了同号轻子末态事例 $B_d^0\bar{B}_d^0\to\mu^\pm\mu^\pm+X$[37], 这说明一定有 $B_d^0\leftrightarrow\bar{B}_d^0$ 振荡 (混合) 发生, 否则末态不会出现同号轻子. 由此测得混合参数

$$x=\frac{\Delta m}{\Gamma_B}\approx 0.7 \tag{7.11.88}$$

这里 Δm 是 $\mathrm{B_d^0}$–$\mathrm{\bar{B}_d^0}$ 系统重和轻的质量本征态的质量差, $\varGamma_\mathrm{B}$ 是两个质量本征态的平均宽度. ARGUS 观测的过程为

$$\mathrm{e^+e^-} \to \Upsilon(4S) \to \mathrm{B_d^0\bar{B}_d^0} \to \mu^\pm\mu^\pm\mathrm{X} \tag{7.11.89}$$

显然, 如果标定了一个 $\mathrm{B_d^0} \to l^+\nu_l\mathrm{X}$, 另一端飞出的定为 $\mathrm{\bar{B}_d^0}$, 即在同一时刻 t 只能是 $\mathrm{B_d^0\bar{B}_d^0}$, 因为 $\Upsilon(4S)$ 角动量为 1, 但 $\mathrm{B_d^0B_d^0}$ 或 $\mathrm{\bar{B}_d^0\bar{B}_d^0}$ 为全同粒子, 其总角动量只能为 $0,2,\cdots$. 所以角动量守恒要求末态在同一时刻只能是 $\mathrm{B_d^0\bar{B}_d^0}$. 这样一来, 一端有 $\mathrm{B_d^0} \to l^+\nu_l\mathrm{X}$, 另一端 $\mathrm{\bar{B}_d^0} \to l^-\bar{\nu}_l\mathrm{X}$, 末态只能是 $l^+l^-\mathrm{X}$. 要想得到 $l^+l^+\mathrm{X}$, 只有 $\mathrm{\bar{B}_d^0}$ 振荡到 $\mathrm{B_d^0}$ 后再衰变为 $l^+\nu_l\mathrm{X}$, 才可能有 $l^+l^+\mathrm{X}$ 同号轻子事例, 类似地可得 $l^-l^-\mathrm{X}$ 事例. 注意 $\mathrm{\bar{B}_d^0}$ 通过混合变为 $\mathrm{B_d^0}$ 时, 另一端的 $\mathrm{B_d^0}$ 早已衰变, 末态并不是同时有 $\mathrm{B_d^0B_d^0}$ 态. 所以末态同号轻子的存在证明了有混合发生. 需要指出, 实验上必须排除次级衰变造成的同号轻子事例造成的本底. 例如

$$\begin{aligned}\mathrm{B_{d'}^0\bar{B}_d^0} &\to [l^+\mathrm{X_1}][\mathrm{D\,X_2}]\\ &\qquad\qquad\ \ \hookrightarrow [l^+\mathrm{X_3}]\end{aligned} \tag{7.11.90}$$

这里的 l^+ 从粲粒子 D 衰变而来, 可用运动学方法排除, 如只选取 l^+ 的横动量必须大于某个数值的事例.

ARGUS 给出的混合 $x \sim 0.7$ 出乎意料的大. 此前人们普遍认为 $\mathrm{B_{d'}^0} - \mathrm{\bar{B}_d^0}$ 的混合很小, 因为人们一直认为 top 夸克质量 $m_\mathrm{t} < 30\mathrm{GeV}$, 使标准模型预言的 $x < 0.1$. 大的混合预示着有大的 top 夸克质量. 这个问题最早由两组理论家讨论了[38]. 他们预言, 要想解释 $\mathrm{B^0}$–$\mathrm{\bar{B}^0}$ 的大混合, 要求 $m_\mathrm{t} > 50\mathrm{GeV}$. 这个断言指出, 人们必须到更高能量的加速器上去寻找 top 夸克, 这在当时很重要. 日本 KEK 国家实验室为找 top 建造了质心能量 60GeV 的 $\mathrm{e^+e^-}$ 对撞机, 认为 $m_\mathrm{t} < 30\mathrm{GeV}$, 所以可产生 $\mathrm{t\bar{t}}$ 对儿. 可见当时 $m_\mathrm{t} < 30\mathrm{GeV}$ 是普遍被粒子物理学界接受的, 文献 [37] 对推动人们到更高能区去寻找 top 夸克起了很大作用.

按 7.11.1 小节所述, 对 $\mathrm{B^0}$–$\mathrm{\bar{B}^0}$ 可写出 (见 (7.11.21) 式和 (7.11.25) 式)

$$\begin{cases} |\mathrm{B_H}\rangle = p\,|\mathrm{B^0}\rangle - q\,|\mathrm{\bar{B}^0}\rangle \\ |\mathrm{B_L}\rangle = p\,|\mathrm{B^0}\rangle + q\,|\mathrm{\bar{B}^0}\rangle \end{cases} \tag{7.11.91}$$

$$\begin{cases} |\mathrm{B^0}(t)\rangle = g_+(t)\,|\mathrm{B^0}\rangle + \dfrac{q}{p}g_-(t)\,|\mathrm{\bar{B}^0}\rangle \\ |\mathrm{\bar{B}^0}(t)\rangle = \dfrac{p}{q}g_-(t)\,|\mathrm{B^0}\rangle + g_+(t)\,|\mathrm{\bar{B}^0}\rangle \end{cases} \tag{7.11.92}$$

$$
\begin{cases}
\Delta m = m_{\rm H} - m_{\rm L} \\
\Delta \Gamma = \Gamma_{\rm H} - \Gamma_{\rm L} \\
\Gamma = \dfrac{1}{2}\left(\Gamma_{\rm H} + \Gamma_{\rm L}\right) \\
m = \dfrac{1}{2}\left(m_{\rm H} + m_{\rm L}\right) \\
x = \dfrac{\Delta m}{\Gamma}
\end{cases}
\tag{7.11.93}
$$

$g_{\pm}(t)$ 表达式见 (7.11.26) 式. 以下除特别标注, 我们将略去下标 d, $\mathrm{B}^0 \equiv \mathrm{B}^0_{\rm d}$.

实验上由 $J^{PC} = 1^{--}$ 的 $\Upsilon(4S)$ 产生的 $\mathrm{B}^0\bar{\mathrm{B}}^0$ 是相干态. 其态矢量可按 C 宇称 $\pm$ 表达为

$$
\left|\mathrm{B}^0\bar{\mathrm{B}}^0\right\rangle_{C=\pm} = \frac{1}{\sqrt{2}}\left\{\left|\mathrm{B}^0\left(\vec{k}, t_1\right)\bar{\mathrm{B}}^0\left(-\vec{k}, t_2\right)\right\rangle \pm \left|\mathrm{B}^0\left(-\vec{k}, t_2\right)\bar{\mathrm{B}}^0\left(\vec{k}, t_1\right)\right\rangle\right\} \tag{7.11.94}
$$

由于 B^0 介子质量本征态 $\mathrm{B}^0_{\rm H}$, $\mathrm{B}^0_{\rm L}$ 的质量差 Δm 很小, 宽度差 $\Delta\Gamma$ 也很小, 在讨论 B^0–$\bar{\mathrm{B}}^0$ 混合时, 取 $\Delta\Gamma = 0$ 是很好的近似. (7.11.94) 式变为

$$
\begin{aligned}
\left|\mathrm{B}^0\bar{\mathrm{B}}^0\right\rangle_{C=\pm} \approx & \frac{1}{\sqrt{2}}\mathrm{e}^{\mathrm{i}m(t_1+t_2)-\frac{\Gamma}{2}(t_1+t_2)}\left\{\mathrm{i}\sin\frac{\Delta m}{2}\left(t_2 \pm t_1\right)\left[\frac{p}{q}\left|\mathrm{B}^0_{\vec{k}}\mathrm{B}^0_{-\vec{k}}\right\rangle \pm \frac{q}{p}\left|\bar{\mathrm{B}}^0_{\vec{k}}\bar{\mathrm{B}}^0_{-\vec{k}}\right\rangle\right]\right. \\
& \left. + \cos\frac{\Delta m}{2}\left(t_2 \pm t_1\right)\left[\left|\mathrm{B}^0_{\vec{k}}\bar{\mathrm{B}}^0_{-\vec{k}}\right\rangle \pm \left|\mathrm{B}^0_{-\vec{k}}\bar{\mathrm{B}}^0_{\vec{k}}\right\rangle\right]\right\}
\end{aligned}
\tag{7.11.95}
$$

(7.11.95) 式看出, 对 $C = -1$ 的态, 当 $t_2 = t_1 = t$ 时, 因 $\sin\dfrac{\Delta m}{2}(t-t) = 0$, 故只有 $\mathrm{B}^0\bar{\mathrm{B}}^0$ 存在而没有 $\mathrm{B}^0\mathrm{B}^0$、$\bar{\mathrm{B}}^0\bar{\mathrm{B}}^0$, 这正是前面我们讨论过的.

利用 (7.11.95) 式可计算出 $\left\langle l^{\pm}l^{\pm}\mathrm{X}\left|\mathrm{B}^0\bar{\mathrm{B}}^0\right\rangle_{C=\mp}\right.$ 及 $\left\langle l^{\pm}l^{\mp}\mathrm{X}\left|\mathrm{B}^0\bar{\mathrm{B}}^0\right\rangle_{C=\mp}\right.$, 在假定

$$
\left|\left\langle l^{+}l^{+}\mathrm{X}\left|\mathrm{B}^0_{\vec{k}}\mathrm{B}^0_{-\vec{k}}\right.\right\rangle\right| = \left|\left\langle l^{-}l^{-}\mathrm{X}\left|\bar{\mathrm{B}}^0_{\vec{k}}\bar{\mathrm{B}}^0_{-\vec{k}}\right.\right\rangle\right| = \left|\left\langle l^{\pm}l^{\mp}\mathrm{X}\left|\mathrm{B}^0_{\vec{k}}\bar{\mathrm{B}}^0_{-\vec{k}}\right.\right\rangle\right| \tag{7.11.96}
$$

时可计算出如下的衰变宽度:

$$
\begin{cases}
\Gamma\left(\left(\mathrm{B}^0\bar{\mathrm{B}}^0\right)_{C=\mp} \to l^{+}l^{+}\mathrm{X}\right) \propto \mathrm{e}^{-\Gamma(t_1+t_2)}\left|\dfrac{p}{q}\right|^2 \sin^2\dfrac{\Delta m}{2}\left(t_1 \mp t_2\right) \\
\Gamma\left(\left(\mathrm{B}^0\bar{\mathrm{B}}^0\right)_{C=\mp} \to l^{-}l^{-}\mathrm{X}\right) \propto \mathrm{e}^{-\Gamma(t_1+t_2)}\left|\dfrac{q}{p}\right|^2 \sin^2\dfrac{\Delta m}{2}\left(t_1 \mp t_2\right) \\
\Gamma\left(\left(\mathrm{B}^0\bar{\mathrm{B}}^0\right)_{C=\mp} \to l^{\pm}l^{\mp}\right) \propto \mathrm{e}^{-\Gamma(t_1+t_2)}\cos^2\dfrac{\Delta m}{2}\left(t_1 \mp t_2\right)
\end{cases}
\tag{7.11.97}
$$

(7.11.97) 式略去了相空间及 $\left|\dfrac{2}{\sqrt{2}}\right|^2$ 等因子. (7.11.97) 式对 t_1, t_2 积分得

$$\begin{cases} N_{++} \equiv N\left(\left[\mathrm{B}^0\bar{\mathrm{B}}^0\right]_{C=\mp} \to l^+l^+\mathrm{X}\right) \propto \left|\dfrac{p}{q}\right|^2\left(1-\dfrac{1\pm x^2}{\left(1+x^2\right)^2}\right) \\ N_{--} \equiv N\left(\left[\mathrm{B}^0\bar{\mathrm{B}}^0\right]_{C=\mp} \to l^-l^-\mathrm{X}\right) \propto \left|\dfrac{q}{p}\right|^2\left(1-\dfrac{1\pm x^2}{\left(1+x^2\right)^2}\right) \\ N_{+-} \equiv N\left(\left[\mathrm{B}^0\bar{\mathrm{B}}^0\right]_{C=\mp} \to l^\pm l^\mp\mathrm{X}\right) \propto \left(1+\dfrac{1\pm x^2}{\left(1+x^2\right)^2}\right) \end{cases} \tag{7.11.98}$$

其中已假定 $\Delta\Gamma \approx 0$、$\Delta\Gamma/\Gamma \ll 1$, 并且 $x = \dfrac{\Delta m}{\Gamma}$.

实验上 ARGUS 组测量的是

$$r = \left.\frac{N_{++}+N_{--}}{N_{+-}}\right|_{C=-} \cong \frac{x^2}{2+x^2} \tag{7.11.99}$$

r 表达式中分母 N_{+-} 应理解为 $N_{+-}+N_{-+}$, 即 (7.11.98) 式的两倍. 因为实验上并不区分末态 l^+l^- 和 l^-l^+. 目前 x 的最新测量值为[33]

$$x = 0.770 \pm 0.008 \tag{7.11.100}$$

2. 混合参数 x 的理论计算

由于 B 介子质量 ~5GeV 很重, 所以微扰计算适用. 矩阵元 M_{12} 和 Γ_{12} 可由箱图 (box diagram) 计算出来 (图 7.10). M_{12}, Γ_{12} 的定义见 7.11.1 小节.

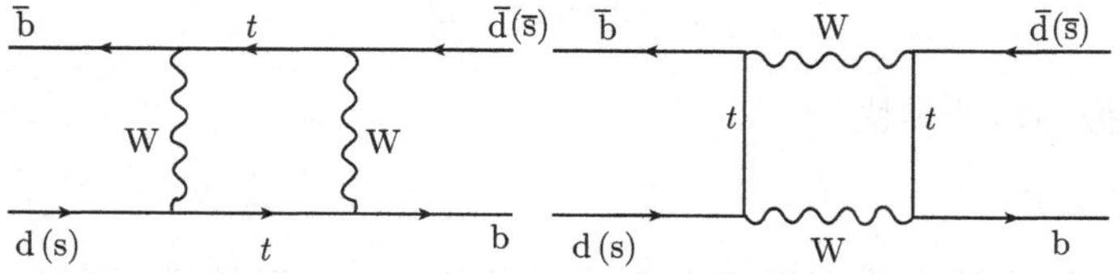

图 7.10 $\Delta B = 2$ 的箱图

计算结果给出[39]

$$M_{12} = \left(\frac{G_{\mathrm{F}}}{4\pi}\right)^2 \xi_{\mathrm{tq}}^2 M_{\mathrm{w}}^2 E\left(\frac{M_t^2(\mu)}{M_{\mathrm{w}}^2}\right)\eta_t^{\mathrm{B}}(\mu)\left\langle \mathrm{B}^0\left|(\bar{\mathrm{q}}\mathrm{b})_{\mathrm{V-A}}(\bar{q}b)_{\mathrm{V-A}}\right|\bar{\mathrm{B}}^0\right\rangle_{(\mu)} \tag{7.11.101}$$

其中 η_t^{B} 为能标 μ 下计算出来的 QCD 辐射修正函数, 函数 $E(x)$ 为

$$\begin{cases} E(x) = \dfrac{4x-11x^2+x^2}{4\left(1-x\right)^2} - \dfrac{3x^3\ln x}{4\left(1-x\right)^3} \\ x = \dfrac{M_t^2(\mu)}{M_{\mathrm{w}}^2} \end{cases} \tag{7.11.102}$$

$$\xi_{\mathrm{tq}} = V_{\mathrm{tb}} V_{\mathrm{tq}}^{*}, \quad \mathrm{q} = \mathrm{d}\text{或}\mathrm{s} \tag{1.11.103}$$

(7.11.101) 式中四夸克算符矩阵元通常做如下的参数化

$$\langle \mathrm{B}^0 | (\bar{\mathrm{q}}\mathrm{b})_{\mathrm{V-A}} (\bar{\mathrm{q}}\mathrm{b})_{\mathrm{V-A}} | \bar{\mathrm{B}}^0 \rangle_{(\mu)} = -\frac{4}{3} \mathrm{B}_{\mathrm{B}}(\mu) f_{\mathrm{B}}^2(\mu) m_{\mathrm{B}} \tag{1.11.104}$$

其中 f_{B} 是 B 介子的衰变常数, $(\bar{\mathrm{q}}\mathrm{b})_{\mathrm{V-A}} = \bar{\mathrm{q}}\gamma_\mu(1-\gamma_5)\mathrm{b}$, $\mathrm{B}_{\mathrm{B}}(\mu) = 1$ 称为真空饱和近似, 即在两个 $(\bar{\mathrm{q}}\mathrm{b})_{\mathrm{V-A}}$ 之间插入真空态得到的值. 当然实际上只插真空态不够, $\mathrm{B}_{\mathrm{B}}(\mu) \neq 1$.

M_{12} 不应依赖于重整化能标 μ, 也不应依赖于重整化方案. 我们重新定义 B_{B}, 把 M_{12} 改写为

$$\begin{cases} M_{12} = -\dfrac{G_{\mathrm{F}}^2 M_{\mathrm{w}}^2}{12\pi^2} \xi_{\mathrm{tq}}^2 E(x_{\mathrm{t}}) \eta_{\mathrm{t}}^{\mathrm{B}} f_{\mathrm{B}}^2 m_{\mathrm{B}} \mathrm{B}_{\mathrm{B}} \\ x_t = \dfrac{M_t^2}{M_{\mathrm{w}}^2} \end{cases} \tag{7.11.105}$$

可以证明[20]

$$\Delta M = 2|M_{12}| \tag{7.11.106}$$

由此

$$x_d = \frac{(\Delta M)_{\mathrm{B_d}}}{\Gamma_{\mathrm{B_d}}} \approx \frac{2|M_{12}|}{\Gamma_{\mathrm{B_d}}} \approx 0.795 \mathrm{B}_{\mathrm{B}} \left(\frac{f_{\mathrm{B}}}{0.2\mathrm{GeV}} \right)^2 \tag{7.11.107}$$

(7.11.107) 式与实验结果一致.

类似地, 我们可以计算 $x_{\mathrm{s}} = \dfrac{(\Delta M)_{\mathrm{B_s}}}{\Gamma_{\mathrm{B_s}}}$, 其最新实验结果为[33]

$$x_{\mathrm{s}} = 26.94 \pm 0.29 \tag{7.11.108}$$

说明 $\mathrm{B_s^0}$–$\bar{\mathrm{B}}_{\mathrm{s}}^0$ 振荡得非常快.

3. B 介子工厂

B 介子工厂指能大量产生 $\mathrm{B}\bar{\mathrm{B}}$ 粒子对儿的 $\mathrm{e^+e^-}$ 对撞机. 例如, 要产生大量 $\mathrm{B_d^0}, \bar{\mathrm{B}}_{\mathrm{d}}^0$ 和 $\mathrm{B_u^+}, \mathrm{B_u^-}$, 质心系能量要集中在 $\Upsilon(4S)$ (其质量为 10.5794GeV) 共振峰上. $\Upsilon(4S)$ 几乎 100%衰变到 $\mathrm{B_d^0}, \bar{\mathrm{B}}_{\mathrm{d}}^0 + \mathrm{B_u^+}, \mathrm{B_u^-}$ (中性和带电各占 50%).

康奈尔大学正负电子对撞机 (CESR) 和德国 DESY 正负电子对撞机都可作 B 介子工厂. 它们的 $\mathrm{e^+e^-}$ 束流能量相等, 因此, 在实验室产生的 $\Upsilon(4S)$ 几乎静止, 因而衰变的 $\mathrm{B}\bar{\mathrm{B}}$ 也几乎静止. 这样一来, 因 B 和 $\bar{\mathrm{B}}$ 飞行的速度太小而无法测量其衰变时间, 所以无法测量时间相关的物理量.

为了解决之一困难, 美国、日本几乎同时建造了非对称束流能量的 $\mathrm{e^+e^-}$ 对撞机— B 介子工厂. 美国斯坦福大学 PEPII 束流为 9 GeV $\mathrm{e^-}$ + 3.1 GeV $\mathrm{e^+}$, 产生的 $\Upsilon(4S)$ 飞行速度 $\beta\gamma = 0.56$, 产生的 $\mathrm{B}\bar{\mathrm{B}}$ 衰变顶点间的距离为 260μm. 可用硅条

顶点探测器测出 B 或 $\bar{\mathrm{B}}$ 从产生到衰变顶点之间的距离, 再根据粒子速度推算出飞行时间, 因而可测量时间相关的物理量. 这是能量非对称束流 B 介子工厂的优点. PEPII 瞬时峰值亮度达到 $\mathcal{L} = 1.2 \times 10^{34}\mathrm{cm}^{-2}\mathrm{s}^{-1}$.

日本 B 介子工厂 KEK-B, 8 GeV e^- + 3.5 GeV e^+, 产生的 $\Upsilon(4S)$ 飞行速度 $\beta_\gamma = 0.43$. $\mathrm{B\bar{B}}$ 衰变顶点间的距离 200μm, 峰值亮度达到 $\mathcal{L} = 1.7 \times 10^{34}\mathrm{cm}^{-2}\mathrm{s}^{-1}$.

每个 B 介子工厂每年都能产生约 $10^8\mathrm{B\bar{B}}$, 又可产生大量次级 D 介子, 因而即可作 B 物理研究也可作粲物理研究. 近几年来两个 B 介子工厂已取得了大量物理成果.

4. B 介子系统的 CP 破坏

与 K^0–$\bar{\mathrm{K}}^0$ 系统不同, $\mathrm{B}^0 - \bar{\mathrm{B}}^0$ 系统中重介子 $\mathrm{B_H}$ 和轻介子 $\mathrm{B_L}$ 的寿命相差无几, 几乎相同, 并且质量差也很小, $\Delta m = m_\mathrm{H} - m_\mathrm{L} = (3.337 \pm 0.033) \times 10^{-10}$ MeV (它比 Δm_K 约大 100 倍), 因此实验上无法把 $\mathrm{B_H}$ 和 $\mathrm{B_L}$ 的束流分开. 因而用 $|\varepsilon|$ 描写 CP 破坏就不方便了.

实际上现在实验上测量 CP 破坏是用部分衰变率不对称性 (partial decay rate asymmetry) 方法来进行的, 其定义为

$$A_{CP}(t) = \frac{\Gamma(\bar{\mathrm{B}}^0(t) \to \bar{f}) - \Gamma(\mathrm{B}^0(t) \to f)}{\Gamma(\bar{\mathrm{B}}^0(t) \to \bar{f}) + \Gamma(\mathrm{B}^0(t) \to f)} \tag{7.11.109}$$

其中 $|\bar{f}\rangle = CP|f\rangle$, 即 $|\bar{f}\rangle$ 为态 $|f\rangle$ 的 CP 共轭态. 在无法测量衰变时间时或为增加统计量, 可定义时间积分的 CP 不对称性

$$A_{CP} = \frac{\displaystyle\int_0^\infty \mathrm{d}t\Gamma(\bar{\mathrm{B}}^0(t) \to \bar{f}) - \int_0^\infty \mathrm{d}t\Gamma(\mathrm{B}^0(t) \to f)}{\displaystyle\int_0^\infty \mathrm{d}t\Gamma(\bar{\mathrm{B}}^0(t) \to \bar{f}) + \int_0^\infty \mathrm{d}t\Gamma(\mathrm{B}^0(t) \to f)} \tag{7.11.110}$$

下面按 7.11.1 小节给出的 CP 破坏分类分别讨论.

(1) 直接 $\boldsymbol{CP}$ 破坏

先看 $\mathrm{B}^\pm \to \pi^0\mathrm{K}^\pm$. 这个过程因涉及带电的 $\mathrm{B}^\pm$, B^+ 与 B^- 不可能有混合, CP 破坏只能是直接 CP 破坏, 即由衰变振幅绝对值平方之差来定义

$$A_{CP} = \frac{\left|A(\mathrm{B}^+(t) \to \pi^0\mathrm{K}^+)\right|^2 - \left|A(\mathrm{B}^-(t) \to \pi^0\mathrm{K}^-)\right|^2}{\left|A(\mathrm{B}^+(t) \to \pi^0\mathrm{K}^+)\right|^2 + \left|A(\mathrm{B}^-(t) \to \pi^0\mathrm{K}^-)\right|^2} \tag{7.11.111}$$

目前实验的初步结果为[40]

$$A_{CP}(\mathrm{B}^+ \to \pi^0\mathrm{K}^+) = 0.050 \pm 0.025 \tag{7.11.112}$$

显然这不是最后结果, 还有待进一步测量, 精度还有待提高.

(2) 由混合诱导的 $\boldsymbol{CP}$ 破坏

以同号轻子末态的不对称性为例说明这种 CP 破坏的特点. 在标准模型中 B^0 只能衰变到 l^+, $\bar{\mathrm{B}}^0$ 只能衰变到 l^-, 即 $\mathrm{B}^0 \to l^+\mathrm{X}$, $\bar{\mathrm{B}}^0 \to l^-\mathrm{X}$, 所以如果没有 B^0–$\bar{\mathrm{B}}^0$ 混合, $\mathrm{B}^0\bar{\mathrm{B}}^0$ 只能衰变到异号轻子对末态 l^+l^-, 例如

$$\Upsilon(4S) \to \mathrm{B}^0\bar{\mathrm{B}}^0 \to l^+l^-\mathrm{X} \tag{7.11.113}$$

如果 B^0–$\bar{B}^0$ 有混合, 则末态可有 l^+l^+, l^-l^- 之类的同号轻子对末态:

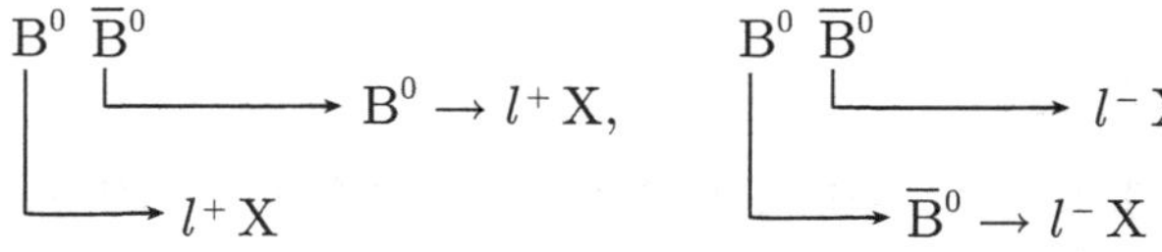

(7.11.114)

由 (7.11.97) 式易得出

$$\begin{aligned} A_{CP}(t) &= \frac{\Gamma\left((\mathrm{B}^0\bar{\mathrm{B}}^0)_{C=-} \to l^+l^+\mathrm{X}\right) - \Gamma\left((\mathrm{B}^0\bar{\mathrm{B}}^0)_{C=-} \to l^-l^-\mathrm{X}\right)}{\Gamma\left((\mathrm{B}^0\bar{\mathrm{B}}^0)_{C=-} \to l^+l^+\mathrm{X}\right) + \Gamma\left((\mathrm{B}^0\bar{\mathrm{B}}^0)_{C=-} \to l^-l^-\mathrm{X}\right)} \\ &= \frac{|p/q|^2 - |q/p|^2}{|p/q|^2 + |q/p|^2} = \frac{1-|q/p|^4}{1+|q/p|^4} \end{aligned} \tag{7.11.115}$$

(7.11.115) 式表明这种 CP 不对称与时间无关. 显然其时间积分的不对称由 (7.11.98) 式得

$$A_{CP} = \frac{N_{++} - N_{--}}{N_{++} + N_{--}} = \frac{|p/q|^2 - |q/p|^2}{|p/q|^2 + |q/p|^2} = \frac{1-|q/p|^4}{1+|q/p|^4} \tag{7.11.116}$$

即与 (7.11.115) 式相同.

由于 $|q/p|$ 与 1 差别很小, 所以 (7.11.116) 式数值很小, $A_{CP} \leqslant 10^{-4}$[20]. 实验上至今没有探测到同号轻子 CP 不对称性.

(3) 混合型 $\boldsymbol{CP}$ 破坏

$\mathrm{B}_\mathrm{d}^0 \to \psi\mathrm{K_S}$ 是典型的混合型 CP 破坏的例子. 这个衰变道是 B 介子工厂建成后第一个最重要的测量对象, 并且测量结果证实了理论预言, 即在这个衰变道有较大的 CP 不对称性.

在讨论 $\mathrm{B}_\mathrm{d}^0 \to \psi\mathrm{K_S}$ 中的 CP 破坏时, 我们完全可以忽略 K^0–$\bar{\mathrm{K}}^0$ 系统的 CP 破坏效应, 因为这个效应只有 10^{-3} 数量级, 所以可把 $\mathrm{K_S}$, $\mathrm{K_L}$ 都看成 CP 本征态, 即可取近似

$$\begin{aligned} |\mathrm{K_S}\rangle &\cong |\mathrm{K}_1^0\rangle = \frac{1}{\sqrt{2}}\left(|\mathrm{K}^0\rangle + |\bar{\mathrm{K}}^0\rangle\right) \\ |\mathrm{K_L}\rangle &\cong |\mathrm{K}_2^0\rangle = \frac{1}{\sqrt{2}}\left(|\mathrm{K}^0\rangle - |\bar{\mathrm{K}}^0\rangle\right) \\ CP\,|\mathrm{K}^0\rangle &= |\bar{\mathrm{K}}^0\rangle \end{aligned} \tag{7.11.117}$$

在这种近似下

$$(|K_S\rangle)^+ = \langle K_S|, \quad (|K_L\rangle)^+ = \langle K_L| \tag{7.11.118}$$

$B_d^0 \to \psi K_S$ 夸克图如图 7.11 所示.

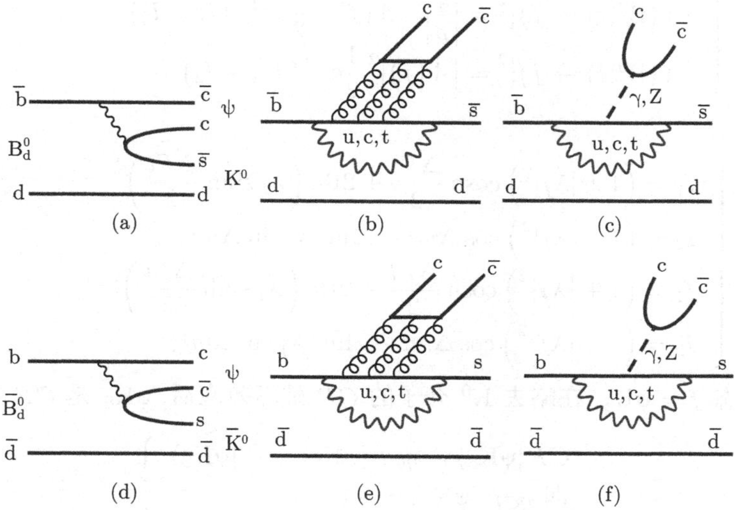

图 7.11　$B_d^0, \bar{B}_d^0 \to \psi K_S$ 衰变的夸克图, (a) 和 (b) 为树图
(b) 和 (e) 为 QCD 企鹅图, (c) 和 (f) 为弱电企鹅图

现在来计算 CP 不对称性 $A_{CP}(t)$. 由 (7.10.109) 式可得

$$\begin{aligned} A_{CP}(t) &= \frac{\Gamma\left(\bar{B}^0(t) \to \bar{f}\right) - \Gamma\left(B^0(t) \to f\right)}{\Gamma\left(\bar{B}^0(t) \to \bar{f}\right) + \Gamma\left(B^0(t) \to f\right)} \\ &= \frac{\left|A\left(\bar{B}^0(t) \to \bar{f}\right)\right|^2 - \left|A\left(B^0(t) \to f\right)\right|^2}{\left|A\left(\bar{B}^0(t) \to \bar{f}\right)\right|^2 + \left|A\left(B^0(t) \to f\right)\right|^2} \end{aligned} \tag{7.11.119}$$

其中 $A\left(\bar{B}^0(t) \to \bar{f}\right), A\left(B^0(t) \to f\right)$ 为衰变振幅, 末态 $|f\rangle = |\psi K_S\rangle$.

为了简化 (7.11.119) 式, 定义

$$\left.\begin{aligned} A(f) = \langle f| H_W |B^0\rangle, \bar{A}(f) = \langle f| H_W |\bar{B}^0\rangle \\ A(\bar{f}) = \langle \bar{f}| H_W |B^0\rangle, \bar{A}(\bar{f}) = \langle \bar{f}| H_W |\bar{B}^0\rangle \\ \lambda_f = \frac{q}{p}\frac{\bar{A}(f)}{A(f)}, \bar{\lambda}_{\bar{f}} = \frac{p}{q}\frac{A(\bar{f})}{\bar{A}(\bar{f})} \end{aligned}\right\} \tag{7.11.120}$$

利用 (7.11.91) 式、(7.11.92) 式和 (7.11.26) 式的 $g_{\pm}(t)$ 表达式, 可以导出

$$\begin{cases} \left|A\left(\mathrm{B}^0(t)\to f\right)\right|^2=\left|A\left(f\right)\right|^2\dfrac{1}{2}\mathrm{e}^{-\varGamma t}\left(I_1+I_2\right) \\ \left|A\left(\bar{\mathrm{B}}^0(t)\to f\right)\right|^2=\left|\dfrac{p}{q}\right|^2\left|A\left(f\right)\right|^2\dfrac{1}{2}\mathrm{e}^{-\varGamma t}\left(I_1-I_2\right) \\ \left|A\left(\mathrm{B}^0(t)\to \bar{f}\right)\right|^2=\left|\dfrac{q}{p}\right|^2\left|\bar{A}\left(\bar{f}\right)\right|^2\dfrac{1}{2}\mathrm{e}^{-\varGamma t}\left(\bar{I}_1-\bar{I}_2\right) \\ \left|A\left(\bar{\mathrm{B}}^0(t)\to \bar{f}\right)\right|^2=\left|\bar{A}\left(\bar{f}\right)\right|^2\dfrac{1}{2}\mathrm{e}^{-\varGamma t}\left(\bar{I}_1+\bar{I}_2\right) \end{cases} \tag{7.11.121}$$

其中,

$$\begin{cases} I_1=\left(1+\left|\lambda_f\right|^2\right)\cosh\dfrac{\Delta\varGamma t}{2}+2\mathrm{Re}\left(\lambda_f\sinh\dfrac{\Delta\varGamma t}{2}\right) \\ I_2=\left(1-\left|\lambda_f\right|^2\right)\cos\Delta mt-2\mathrm{Im}\left(\lambda_f\sin\Delta mt\right) \\ \bar{I}_1=\left(1+\left|\bar{\lambda}_{\bar{f}}\right|^2\right)\cosh\dfrac{\Delta\varGamma t}{2}+2\mathrm{Re}\left(\bar{\lambda}_{\bar{f}}\sinh\dfrac{\Delta\varGamma t}{2}\right) \\ \bar{I}_2=\left(1-\left|\bar{\lambda}\bar{f}\right|^2\right)\cos\Delta mt-2\mathrm{Im}\left(\bar{\lambda}_{\bar{f}}\sin\Delta mt\right) \end{cases} \tag{7.11.122}$$

对特殊末态 $f=\psi\mathrm{K_S}$, 在略去 K^0 介子的 CP 破坏效应后, $\psi\mathrm{K_S}$ 是 CP 本征态, 且

$$\left.\begin{array}{l} CP\left|\psi\mathrm{K_S}\right\rangle=\eta_{CP}\left|\psi\mathrm{K_S}\right\rangle=-\left|\psi\mathrm{K_S}\right\rangle \\ \text{即 } \eta_{CP}\left(\psi\mathrm{K_S}\right)=-1 \end{array}\right\} \tag{7.11.123}$$

所以, 对 $f=\psi\mathrm{K_S}$, 利用 (7.11.121) 式、(7.11.122) 式可得

$$\begin{aligned} A_{CP}(t)&=\frac{\left|A\left(\bar{\mathrm{B}}^0(t)\to\psi\mathrm{K_S}\right)\right|^2-\left|A\left(\mathrm{B}^0(t)\to\psi\mathrm{K_S}\right)\right|^2}{\left|A\left(\bar{\mathrm{B}}^0(t)\to\psi\mathrm{K_S}\right)\right|^2+\left|A\left(\mathrm{B}^0(t)\to\psi\mathrm{K_S}\right)\right|^2} \\ &=-\frac{I_2}{I_1}=\frac{-\left(1-\left|\lambda_f\right|^2\right)\cos\Delta mt+2\mathrm{Im}\left(\lambda_f\sin\Delta mt\right)}{\left(1+\left|\lambda_f\right|^2\right)\cosh\dfrac{\Delta\varGamma t}{2}+2\mathrm{Re}\left(\lambda_f\sinh\dfrac{\Delta\varGamma t}{2}\right)} \end{aligned} \tag{7.11.124}$$

对 B^0–$\bar{\mathrm{B}}^0$ 系统, $\Delta\varGamma$ 非常小, 因此对 (7.11.124) 式, 取 $\Delta\varGamma\cong 0$ 是很好的近似. 由此, (7.11.124) 式可进一步简化为

$$\begin{cases} A_{CP}(t)=S_f\sin\Delta mt-C_f\cos\Delta mt \\ S_f=\dfrac{2\mathrm{Im}\lambda_f}{1+\left|\lambda_f\right|^2},C_f=\dfrac{1-\left|\lambda_f\right|^2}{1+\left|\lambda_f\right|^2} \end{cases} \tag{7.11.125}$$

对 $f=\psi\mathrm{K_S}$,

$$\lambda_f=\lambda_{\psi\mathrm{K_S}}=\frac{q}{p}\frac{A\left(\bar{\mathrm{B}}^0\to\psi\mathrm{K_S}\right)}{A\left(\mathrm{B}^0\to\psi\mathrm{K_S}\right)} \tag{7.11.126}$$

只要计算出 $\lambda_{\psi\mathrm{K_S}}$, 就可由 (7.11.125) 式计算出 CP 不对称参数 $A_{CP}(t)$.

现在计算 $\lambda_{\psi K_S}$. 可以证明[20], 对 B^0–$\bar{B}^0$ 系统

$$|\Gamma_{12}| \ll |M_{12}| \tag{7.11.127}$$

利用 (7.11.127) 式, 由 (7.11.38) 式可见

$$\frac{q}{p} \approx \sqrt{\frac{M_{12}^*}{M_{12}}} = \frac{\xi_{td}^*}{\xi_{td}} = \frac{V_{tb}^* V_{td}}{V_{tb} V_{td}^*} = e^{-2i\beta} \tag{7.11.128}$$

(7.11.128) 式第二步利用了 M_{12} 的表达式 (7.11.105) 和

$$V_{td} = |V_{td}|\, e^{-i\beta} \tag{7.11.129}$$

利用 V_{CKM} 矩阵表示 (7.7.6) 式, 可以看出

$$\beta = \arg\left(-\frac{V_{cd}V_{cb}^*}{V_{td}V_{tb}^*}\right) = \arg\left(\frac{1}{V_{td}}\right) \tag{7.11.130}$$

这正是幺正三角形的 β 角 (见 7.11.3 小节).

可以证明[20], 若 $A\left(B^0 \to \psi K_S\right)$ 只涉及一个弱相角, 则

$$\frac{\bar{A}\left(\bar{B}_d^0 \to \psi K_S\right)}{A\left(B_d^0 \to \psi K_S\right)} = \eta_{CP}\frac{e^{-i\varphi_W}}{e^{i\varphi_W}} = \eta_{CP}e^{-2i\varphi_W} \tag{7.11.131}$$

其中 η_{CP} 为 $|\psi K_S\rangle$ 的 CP 本征值, 且 $\eta_{CP} = -1$.

$$CP\,|\psi K_S\rangle = \eta_{CP}\,|\psi K_S\rangle \tag{7.11.132}$$

现在来看 (7.11.131) 式的 φ_W 是多少.

由图 7.11, 因弱电企鹅图 (c) 和 (f) 贡献极小可以忽略, 因而只保留 QCD 企鹅图的贡献. 将树图和 QCD 企鹅图表示为

$$\begin{aligned} T\left(\psi K_S\right) &= V_{cb}^* V_{cs} t\left(\psi K_S\right) \\ P_u\left(\psi K_S\right) &= V_{ub}^* V_{us} p_u\left(\psi K_S\right) \\ P_c\left(\psi K_S\right) &= V_{cb}^* V_{cs} p_c\left(\psi K_S\right) \\ P_t\left(\psi K_S\right) &= -V_{tb}^* V_{ts} p_t\left(\psi K_S\right) \end{aligned} \tag{7.11.133}$$

这里已把 CKM 矩阵元分离出来. 由 V_{CKM} 表达式 (7.7.6) 可以看出, 准确至 λ^3 项, $T\left(\psi K_S\right)$, $P_c\left(\psi K_S\right)$, $P_t\left(\psi K_S\right)$ 的 CKM 因子相同 (注意 (7.11.133) 式 P_t 定义中加上负号是必要的), 只有 $P_u\left(\psi K_S\right)$ 的 CKM 因子与 P_c, P_t, T 不同. 但 P_u 可以忽略, 因为

$$\left|\frac{P_u}{T}\right| \sim \lambda^2 \left|\frac{p_u(\psi K_S)}{t(\psi K_S)}\right| \leqslant 1\% \tag{7.10.134}$$

由此可得

$$A\left(\mathrm{B_d^0}\to\psi\mathrm{K_S}\right)\approx T\left(\psi\mathrm{K_S}\right)+P_{\mathrm{c}}\left(\psi\mathrm{K_S}\right)+P_{\mathrm{t}}\left(\psi\mathrm{K_S}\right)\tag{7.11.135}$$

(7.11.135) 式右方只有一个 CKM 因子均为实数, 其相角 $\varphi_{\mathrm{W}}=0$, 导致

$$\frac{\bar{A}\left(\mathrm{\bar{B}_d^0}\to\psi\mathrm{K_S}\right)}{A\left(\mathrm{B_d^0}\to\psi\mathrm{K_S}\right)}=\eta_{CP}=-1\tag{7.11.136}$$

代入 (7.11.126) 式可得

$$\lambda_{\psi\mathrm{K_S}}=-\mathrm{e}^{-2\mathrm{i}\beta}\tag{7.11.137}$$

将 (7.11.137) 式代入 (7.11.125) 式得

$$A_{CP}\left(t\right)=\sin 2\beta\sin\Delta mt\tag{7.11.138}$$

只要测量出 $A_{CP}\left(t\right)$ 与时间 t 的关系曲线, 即可定出 $\sin 2\beta$. 目前最新世界平均值为[32]

$$\sin 2\beta=0.679\pm 0.020\tag{7.11.139}$$

5. 幺正三角形

由于 V_{CKM} 是幺正矩阵, 其行和列都是复正交的, 即

$$\sum_i V_{ik}V_{il}^*=\delta_{kl},\quad \sum_i V_{ji}V_{ki}^*=\delta_{jk}\tag{7.11.140}$$

具体写出来有 6 个正交条件, 每个正交条件在复平面上画出来都是一个封闭的三角形, 称之为幺正三角形. 可以证明, 每个幺正三角形的面积都相同且等于 $\dfrac{1}{2}J$. 其中 J 称为 Jarlskog 不变量, 其定义为

$$\mathrm{Im}\left(V_{j\beta}V_{k\gamma}V_{j\gamma}^*V_{k\beta}^*\right)=J\sum_l\varepsilon_{jkl}\sum_\alpha\varepsilon_{\beta\gamma\alpha}\tag{7.11.141}$$

此式在 V_{CKM} 矩阵元的位相变换时保持不变.

$$J=c_{12}c_{13}^2c_{23}s_{12}s_{13}s_{23}\sin\delta_{13}\approx A^2\lambda^6\eta\tag{7.11.142}$$

c_{ij}, s_{ij}, δ_{ij}, A, λ, η 定义见 (7.7.5) 式和 (7.7.6) 式 V_{CKM} 的表达式. 详细讨论请参阅文献 [20] 第 3 章.

J 与 CP 破坏的大小有关. 原则上说, 每个幺正三角形的边长和夹角都与实验观测量有关. 但是, 由于实验精度的限制, 只有 3 个边长相差不大的幺正三角形才容易被测量. 符合这个条件的有一个, 即

$$V_{\mathrm{ud}}V_{\mathrm{ub}}^*+V_{\mathrm{cd}}V_{\mathrm{cb}}^*+V_{\mathrm{td}}V_{\mathrm{tb}}^*=0\tag{7.11.143}$$

上式画在复平面上为一个封闭的三角形, 如图 7.12 所示.

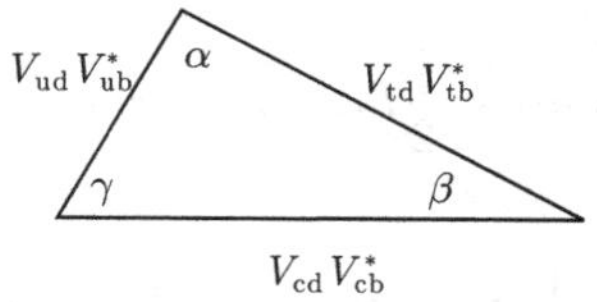

图 7.12 幺正三角形示意图

上面 3 个角 α, β, γ 的定义为

$$
\begin{aligned}
\alpha &= \arg\left(-\frac{V_{td}V_{tb}^*}{V_{ud}V_{ub}^*}\right) \equiv \phi_2 \\
\beta &= \arg\left(-\frac{V_{cd}V_{cb}^*}{V_{td}V_{tb}^*}\right) \equiv \phi_1 \\
\gamma &= \arg\left(-\frac{V_{ud}V_{ub}^*}{V_{cd}V_{cb}^*}\right) \equiv \phi_3
\end{aligned}
\tag{7.11.144}
$$

对三个角的测量而言, β 角容易测量, 7.11.3 小节已讨论. α, γ 的测量较为复杂, 我们不在这里讨论, 有兴趣的读者可参阅文献 [20]. 这里我们给出 3σ 的世界平均值作为参考[33]

$$
\alpha = \left(91.0 \begin{array}{c} +9.6 \\ -7.2 \end{array}\right)^\circ, \quad \beta = \left(21.8^\circ \begin{array}{c} +2.8 \\ -1.9 \end{array}\right)^\circ, \quad \gamma = \left(67.2^\circ \begin{array}{c} +6.9 \\ -9.1 \end{array}\right)^\circ
$$

7.11.4 D^0–$\bar{D}^0$ 混合和 CP 破坏

目前世界各实验室, 如 e^+e^- 对撞机 BEPCI、BEPCII、CESR-C、B 介子工厂 PEP-II、KEK-B 等都产生了大量粲粒子, 其数量也和 B_d–$\bar{B}_d$ 差不多. 实验上寻找 D^0–$\bar{D}^0$ 混合和 CP 破坏已成为可能并且是非常重要的课题.

1. D^0–$\bar{D}^0$ 混合的理论预言

按 7.10.1 小节, D^0–$\bar{D}^0$ 系统的演化满足如下的薛定谔方程

$$
\mathrm{i}\frac{\mathrm{d}}{\mathrm{d}t}\begin{pmatrix} D^0(t) \\ \bar{D}^0(t) \end{pmatrix} = \left(M - \frac{\mathrm{i}}{2}\Gamma\right)\begin{pmatrix} D^0(t) \\ \bar{D}^0(t) \end{pmatrix} \tag{7.11.145}
$$

假设 CPT 不变性成立, 则可定义

$$
\begin{cases}
|D_1\rangle = p\,|D^0\rangle + q\,|\bar{D}^0\rangle \\
|D_2\rangle = p\,|D^0\rangle - q\,|\bar{D}^0\rangle \\
CP\,|D^0\rangle = |\bar{D}^0\rangle
\end{cases}
\tag{7.11.146}
$$

在 CP 也守恒时 $|\mathrm{D}_1\rangle$ 的 CP 宇称为正, $|\mathrm{D}_2\rangle$ 的 CP 宇称为负. $|\mathrm{D}_1\rangle$, $|\mathrm{D}_2\rangle$ 相应的本征值为

$$\lambda_1 = m_1 - \frac{\mathrm{i}}{2}\Gamma_1, \quad \lambda_2 = m_2 - \frac{\mathrm{i}}{2}\Gamma_2 \tag{7.11.147}$$

令

$$\begin{cases} \Gamma = \frac{1}{2}(\Gamma_1 + \Gamma_2), m = \frac{1}{2}(m_1 + m_2) \\ \Delta m = m_1 - m_2, \Delta\Gamma = \Gamma_1 - \Gamma_2 \\ x = \Delta m/\Gamma, y = \Delta\Gamma/2\Gamma \end{cases} \tag{7.11.148}$$

式中定义的 Δm 和 $\Delta\Gamma$ 与 (7.11.23) 式差一负号, 这是为了与实验上通常所用的定义一致. 理论上可以计算出 x 和 y 的数值.

在标准模型中 D^0–$\bar{\mathrm{D}}^0$ 混合的短程贡献主要来自箱图和双企鹅图 (dipenguin diagram), 如图 7.13 和图 7.14 所示.

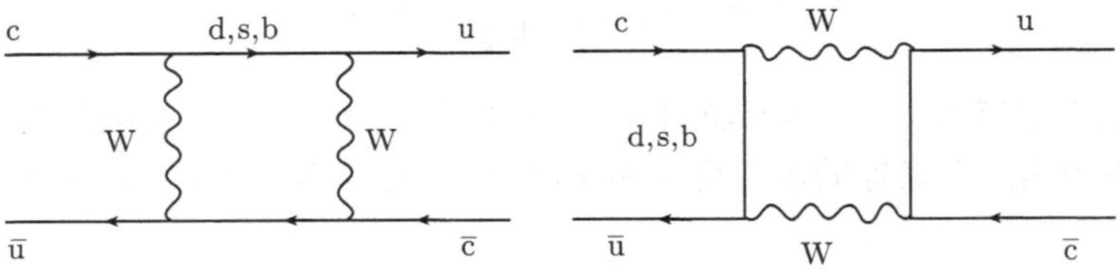

图 7.13　$\mathrm{D}^0 - \bar{\mathrm{D}}^0$ 混合的箱图

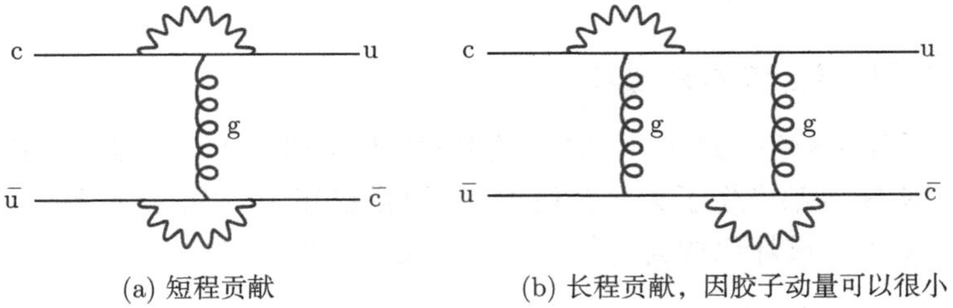

图 7.14　双企鹅图

在箱图中, 交换 b 夸克的部分, 因 V_{ub}, V_{cb} 的极大压低其贡献可以被忽略, 故箱图主要是交换 s 和 d 夸克图的贡献. 具体计算给出[41]

$$\Delta m_{\mathrm{D}}^{\mathrm{box}} \sim 0.5 \times 10^{-17} \left(\frac{m_{\mathrm{s}}\,(\mathrm{GeV})}{0.2\mathrm{GeV}} \right)^4 \left| \frac{f_{\mathrm{D}}}{f_\pi} \right|^2 \mathrm{GeV} \tag{7.11.149}$$

利用 D^0 总宽度 $\Gamma_{\mathrm{D}^0} \sim 1.605 \times 10^{-12}\mathrm{GeV}$, 由 (7.11.149) 式可计算出

$$x^{\mathrm{box}} = \frac{\Delta m_{\mathrm{D}}^{\mathrm{box}}}{\Gamma} \sim \mathcal{O}\left(10^{-7} - 10^{-6}\right) \tag{7.11.150}$$

而双企鹅图 (a) 的贡献为[42]

$$\Delta m_{\mathrm{D}}^{\mathrm{dp}} \sim -0.2 \times 10^{-17} \left|f_{\mathrm{D}}/f_{\pi}\right|^2 \tag{7.11.151}$$

与箱图 $\Delta m_{\mathrm{D}}^{\mathrm{box}}$ 量级相同但符号相反. 总的来看, 短程贡献

$$x^{\mathrm{sd}} = \frac{\Delta m_{\mathrm{D}}^{\mathrm{sd}}}{\Gamma} \sim \mathcal{O}\left(10^{-7} - 10^{-6}\right) \tag{7.11.152}$$

对于长程贡献, 由于 $m_{\mathrm{c}} \sim 1.5$ GeV, 微扰计算不适用, 我们没有可靠的计算方法. 文献中已有的估算给出[43]

$$x \sim y \sim 10^{-2} - 10^{-4} \tag{7.11.153}$$

2. D^0–$\bar{\mathrm{D}}^0$ 混合参数的实验测量

目前进行的实验有两类: 一类是测量 D^0, $\bar{\mathrm{D}}^0$ 衰变到 KK, Kπ, $\pi\pi$ 末态衰变宽度的时间分布, 通过对分布的拟合测量出 x 和 y; 另一类是通过测量时间积分总宽度来测量 $x^2 + y^2$ 的值. 第一类要测衰变时间因此要求 D^0 $(\bar{\mathrm{D}}^0)$ 动量要足够大. 通常要求动量大于 2.5 GeV/c. 这类实验只能在 B 介子工厂中通过由 $\mathrm{D}^* \to \mathrm{D}\pi$ 衰变产生的高速飞行的 D^0 来实现. 第二类实验可在 BEPC, CESR-C 低能 $\mathrm{e}^+\mathrm{e}^-$ 对撞机上实行, 这里不再详细讨论实现测量的细节, 有兴趣的读者可参阅文献 [20] 的第七章, 这里只给出世界平均值.

Heavy Flavor Averaging Group(HFAG)2011 年给出的世界平均值 (混合参数 x, y 的世界平均值) 为[44]

$$\begin{cases} x = \left(0.63 \begin{array}{l} +0.19 \\ -0.26 \end{array}\right) \times 10^{-2} \\ y = (0.75 \pm 0.12) \times 10^{-2} \end{cases} \tag{7.11.154}$$

3. 粲粒子衰变中的直接 CP 破坏

由 (7.11.154) 式可看出, D^0–$\bar{\mathrm{D}}^0$ 混合非常小 ($\sim 10^{-3}$ 量级), 所以由混合诱导出的 CP 破坏以及混合与衰变相干涉造成的 CP 破坏都会很小. 到目前为止, 上述两种 CP 破坏都没有任何存在的迹象. 唯一有可能大一点的 CP 破坏就剩下直接 CP 破坏了. 例如, $\mathrm{D}^0 \to \mathrm{K}^+\mathrm{K}^-$, $\mathrm{D}^0 \to \pi^+\pi^-$ 就可能存在直接 CP 破坏, 并且可能被观测到.

$\mathrm{D}^0 \to \mathrm{K}^+\mathrm{K}^-$、$\mathrm{D}^0 \to \pi^+\pi^-$ 相应的衰变图如图 7.15 所示.

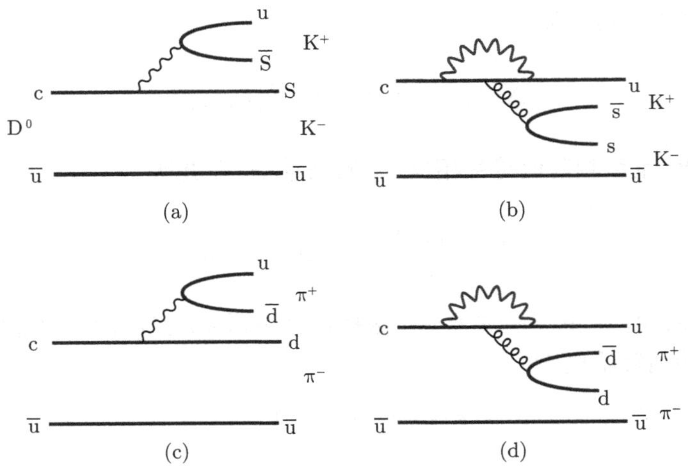

图 7.15　$D^0 \to K^+K^-, \pi^+\pi^-$ 衰变图

$D^0 \to f$ 的 CP 不对称性可分为三部分:

$$A_{CP}(f) = \frac{\Gamma\left(D^0 \to f\right) - \Gamma\left(\bar{D}^0 \to \bar{f}\right)}{\Gamma\left(D^0 \to f\right) + \Gamma\left(\bar{D}^0 \to \bar{f}\right)}$$
$$= A_{CP}^{dir}(f) + A_{CP}^{m}(f) + A_{CP}^{i}(f) \tag{7.11.155}$$

其中 $f = K^+K^-, \pi^+\pi^-$ 为 CP 本征态, 上角标 “dir” 代表直接 CP 破坏, “m” 表示由混合诱导的 CP 破坏, “i” 表示由混合和衰变干涉诱导的 CP 破坏. U 旋分析给出[45],

$$A_{CP}^{dir}\left(D^0 \to K^+K^-\right) = -A_{CP}^{dir}\left(D^0 \to \pi^+\pi^-\right) \tag{7.11.156}$$

$$A_{CP}^{m}\left(D^0 \to K^+K^-\right) = A_{CP}^{m}\left(D^0 \to \pi^+\pi^-\right) \tag{7.11.157}$$

$$A_{CP}^{i}\left(D^0 \to K^+K^-\right) = A_{CP}^{i}\left(D^0 \to \pi^+\pi^-\right) \tag{7.11.158}$$

这样一来, 由 (7.11.155) 式 ~(7.11.158) 式可导出

$$\Delta A_{CP} = A_{CP}\left(K^+K^-\right) - A_{CP}\left(\pi^+\pi^-\right) \cong 2A_{CP}^{dir}\left(K^+K^-\right) \tag{7.11.159}$$

在导出 (7.11.159) 式时, (7.11.156) 式是否成立是关键.

最近 LHCb 合作组[46] 测量结果是

$$\Delta A_{CP} = (-0.82 \pm 0.21 \pm 0.11) \times 10^{-2} \tag{7.11.160}$$

其中第一个误差是统计误差, 第二个是系统误差, 其显著度为 3.5σ. 此后 LHCb 的结果为 CDF 组及 Belle 组的实验所证实[47]. 三个组的平均值为

$$\begin{aligned}\Delta A_{CP} &= A_{CP}(K^+K^-) - A_{CP}(\pi^+\pi^-) \\ &= (-0.74 \pm 0.15) \times 10^{-2}\end{aligned} \tag{7.11.161}$$

ΔA_{CP} 的主要贡献来自直接 CP 破坏 (见 (7.10.159) 式). HFAG 小组给出[48]

$$\Delta A_{CP}^{\text{dir}} \approx (-0.678 \pm 0.147) \times 10^{-2} \tag{7.11.162}$$

其显著度为 4.6σ. 由图 7.15, 树图是 Cabibbo 二次压低的, 而企鹅图是 Cabibbo 一次压低的. 可见一次压低的可能有较大的直接 CP 破坏. 这对新物理的寻找可能有重要意义, 但是 LHCb 合作组最近的测量结果显示[49],

$$\Delta A_{\text{CP}} = (+0.14 \pm 0.16(\text{stat.}) \pm 0.08(\text{syst.})) \times 10^{-2} \tag{7.11.163}$$

与 (7.11.161) 式相比较可以看出两结果差别很大, 因此这个问题还有待实验上更精确的测量.

参 考 文 献

[1] Pauli W. Proc. Solvay Congr, 1933: 324.

[2] Fermi E Z. Phys., 1934, 88: 161.

[3] Gamov G, Teller E. Phys. Rev., 1936, 49: 895.

[4] Lee T D, Yang C N. Phys. Rev., 1956, 104: 254.

[5] β 衰变中的实验证据见：Wu C S, Ambler E, Hayward R W, et al. Phys. Rev., 1957, 105: 1413; 在 π 介子和 μ 子衰变中的实验证据见：Garwin R L, Ledeman L M, Weinrich M. Phys. Rev., 1957, 105: 1415; Telegdi V L, Friedman A M. Phys. Rev., 1957, 105: 1681.

[6] Feynman R P, Gell-Mann M. Phys. Rev., 1958, 109: 193.

[7] Cabibbo N. Phys. Rev. Lett., 1963, 10: 531; Phys. Rev. Lett., 1964, 12: 62.

[8] Glashow S, Iliopoulos J, Maiani L. Phys. Rev., 1970, D2: 1285.

[9] Kobayashi M, Maskawa T. Prog. Theor. Phys., 1973, 49: 652.

[10] Christenson J H, Cronin J W, Fitch V L, et al. Phys. Rev. Lett., 1964, 13: 138.

[11] Lee T D, Rosenbluth M, Yang C N. Phys. Rev., 1949, 75: 9905.

[12] Weinberg S. Phys. Rev. Lett., 1967, 19: 1264; Glashow S L. Nucl. Phys., 1961, 22: 579; Salam A. Weak and electromagnetic interactions// Svartholm N, ed. Elementary particle physics: relativistic groups and analyticity, Almquvist & Wiskell, Proceedings of the eighth Nobel symposium, 1968: 367.

[13] Nakamura K, et al. (Particle Data Group), J. of Phys. G: Nucl. Part. Phys., 2010, V37: 075021.

[14] Thomas S A, Abdalla F B, Lahav O. Phys. Rev. Lett., 2010, 105: 031301.

[15] 徐躬耦. 杨亚天原子核理论 (核结构与核衰变部分). 北京：高等教育出版社, 1989.

[16] Otten E W, Weinheimer C. Rep. Prog. Phys., 2008, 71: 082601.

[17] Hikasa K, et al. (Particle Data Group). Phys. Rev., 1992, D45: S1.

[18] Bai J Z, et al. (BES Collaboration). Phys. Rev. Lett., 1992, 69: 3021.
[19] Ting S C C, et al. Phys. Rev. Lett., 1974, 33: 1404; Richter B, et al. Phys. Rev. Lett., 1974, 33: 1406.
[20] 杜东生. *CP* 不守恒. 北京大学出版社, 2012.
[21] Wolfenstein L. Phys. Rev. Lett., 1983, 51: 1945.
[22] Gerstin S S, Zeldovich Y B. Sov. Phys., 1956, JETP 2: 576.
[23] Lee T D. Particle Physics and Introduction to Field Theory. Beijing: Science Press, 1981: 614.
[24] Sirlin A. Rev. Mod. Phys., 1978, 50: 573.
[25] McFarlane W K, et al. Phys. Rev., 1985, D32: 547.
[26] Thomas A W. arXiv: nucl-th/9609052.
[27] Gell-Mann M, levy M. Nuovo Cimento, 1960, 16: 705; Bernstein J, Fubini S, Gell-Mann M, et al. Nuovo Cimento, 1960, 17: 757; Chou K C. Soviet physics, 1961, 12: 492[JEPT, 1963, 39: 703].
[28] Lee T D, Yang C N. Phys. Rev., 1955, 98: 1501; Lee T D, Oehme R, Yang C N. Phys. Rev., 1957, 106: 340.
[29] Weisskopf V F, Wigner E P. Z. Phys., 1930, 63: 54; ibid , 1930, 65: 18.
[30] Kabir P K. The CP Puzzle. New York: Academic Press, 1968, appendix.
[31] Gell-Mann M. Phys. Rev., 1953, D92: 833.
[32] Nakano T, Nishijima K. Prog. Theor. Phys., 1953, 10: 580.
[33] Beringer J, et al. (Particle Data Group). Phys. Rev., 2012, D86: 010001.
[34] Gewenger C, et al. Phys. Lett., 1974, B48: 483; Fitch V L, et al. Phys. Rev. Lett., 1973, 31: 1524; Williams H H, et al. Phys. Rev. Lett., 1973, 31: 1521.
[35] Wu T T, Yang C N. Phys. Rev. Lett., 1964, 13: 380.
[36] Herb J W, et al. Phys. Rev. Lett., 1977, 39: 252.
[37] Albrecht H, et al. (ARGUS Collaboration) Phys. Lett., 1987, B192: 245.
[38] Du D S, Zhao Z Y. Phys. Rev. Lett., 1987, 59: 1072; Ellis J, Hagelin J S, Rudaz S. Phys. Lett., 1987, B192: 201.
[39] Hagelin J S. Nucl. Phys., 1981, B193: 123; Branco G C, Lavoura L, and Silva J P. CP Violation. Oxford: Clarendon Press, 1999, Appendix B.
[40] HFAG (Heavy Flavor Averaging Group) 2010.
[41] Datta A, Kumbhakar D. Z. Phys., 1985, C27: 515 ; Cheng H Y. Phys. Rev., 1982, D26: 143; Donoghue J F, Golowich E, Volencia G. Phys. Rev., 1986, D33: 1387.
[42] Petrov A A. Phys. Rev., 1997, D56: 1685.
[43] Georgi H. Phys. Lett., 1992, B297: 353; Bigi I I, Uraltsev N G. Nucl. Phys., 2001, B592: 92; Donoghue J F, Golowich E, Holstein B R, et al. Phys. Rev., 1986, D33: 179.
[44] Heavy Flavor Averaging Group, www. slac. stanford. edu/xorg/hfag/charm/March12 /results_mixtcpv. html

[45] Grassman Y, Kagan A, Nir Y. Phys. Rev., 2007, D75: 036008.

[46] Aaij R, et al. (LHCb Collaboration) Phys. Rev. Lett., 2012, 108: 111602.

[47] Aaltonen T, et al. (CDF Collaboration) Phys. Rev. Lett., 2012, 109: 111801; Ko B R, et al. (Belle Collaboration), ArXiv: 1212.1975 (hep-ex).

[48] Asner D, et al. (HFAG). arXiv: 1010.1589 (hep-ex), www. slac. stanford. edu/xorg/hfag/charm/ ICHEP12 /DCPV/ direct_ indirect_ cpv. html.

[49] LHCb Collaboration, arXiv: 1405.2797 July 2014

第 8 章　弱电统一的规范理论
—— 粒子物理的标准模型

电磁相互作用具有定域 U(1) 规范不变性. 在第 6 章, 我们是在经典电磁相互作用的基础之上, 将经典理论形式向量子理论推广而得到电磁相互作用的量子理论的. 之后, 我们检验了这一理论具有定域 U(1) 规范不变性. 在逻辑上我们也可以反过来看这个问题. 若要求描述电子运动形式的拉格朗日量 $\mathcal{L}$ 具有定域规范不变性, 则必须有电磁场的存在. 从这个角度看, 电磁场是一种规范场, 电磁力是一种 "规范力".

描述电磁相互作用的对称群是 U(1) 群, 这是阿贝尔群. 1954 年, 杨振宁和米尔斯 (R.L. Mills) 将定域规范不变性的思想推广到非阿贝尔群 ——SU(2) 群的情况[1]. 他们讨论了 p 和 n 组成的同位旋为 1/2 的粒子系统中相互作用保持规范不变的可能性, 并指出若相互作用具有 SU(2) 定域规范不变性, 则必须有传递相互作用的规范场存在, 这种规范场的量子可以带有电荷 ±e 和 0. 这一理论很容易推广到 SU(n) 群的情况.

20 世纪 60 年代, 温伯格 (S. Weinberg)、萨拉姆 (A. Salam)、格拉肖 (S.L. Glashow 将弱相互作用也用规范场来描述[2−4]. 他们用一组更大的对称群 $\mathrm{SU(2)_L}\times\mathrm{U(1)_Y}$ 将电磁相互作用和弱相互作用统一在一起. 弱相互作用也像电磁相互作用一样是一种规范力, 它们是同一种力 —— 弱电力的两个不同方面. 在这个模型中, 粒子质量项的存在会破坏规范对称性, 因此在初始的拉氏量中不能存在质量项, 即所有粒子都是无质量的. 粒子质量是通过真空自发对称性破缺获得的. 下面我们先来介绍真空自发对称性破缺机制 ——Higgs 机制[5−10].

8.1　Higgs 机制

考虑一个由 N 个相互作用的实标量场 ϕ_i, $i=1,\cdots,N$ 组成的系统, 描述这一系统的拉格朗日量密度为

$$\mathcal{L}(x)=\sum_{j=1}^{N}\frac{1}{2}[\partial_\mu\phi_j][\partial^\mu\phi_j)]-U(\phi_i)\tag{8.1.1}$$

(8.1.1) 式中第一项为此系统中粒子的动能项, 第二项为相互作用势. 标量场 ϕ_i 为时空坐标 x 的函数, 相互作用势为标量场的函数.

设系统相互作用势的最小值并不在 $\phi_i = 0$ 点. 通常将一个相互作用系统的能量最低态定义为系统的真空态. 如果系统相互作用势的最小值并不在 $\phi_i = 0$ 点, 则系统的真空并不与 $\phi_i = 0$ 点重合. 设系统的能量最小值发生在 $\phi_i = \phi_i^{(0)}$ 处, 我们考虑系统在 $\phi_i^{(0)}$ 附近的一个微小振动的情况, 将相互作用势 $U(\phi_i)$ 在 $\phi_i^{(0)}$ 处作泰勒展开

$$
\begin{aligned}
U(\phi_i) =& U\left(\phi_i^{(0)}\right) + \frac{1}{2}\sum_{j,k=1}^{N} \left.\frac{\partial^2 U}{\partial\phi_j\partial\phi_k}\right|_{\phi_i=\phi_i^{(0)}} \left(\phi_j - \phi_j^{(0)}\right)\left(\phi_k - \phi_k^{(0)}\right) \\
&+ \frac{1}{3!}\sum_{j,k,l=1}^{N} \left.\frac{\partial^3 U}{\partial\phi_j\partial\phi_k\partial\phi_l}\right|_{\phi_i=\phi_i^{(0)}} \left(\phi_j - \phi_j^{(0)}\right)\left(\phi_k - \phi_k^{(0)}\right)\left(\phi_l - \phi_l^{(0)}\right) \\
&+ \cdots
\end{aligned} \tag{8.1.2}
$$

因为 $\phi_i^{(0)}$ 为 U 的最小值点, 此处

$$
\left.\frac{\partial U}{\partial\phi_j}\right|_{\phi_i=\phi_i^{(0)}} = 0
$$

所以 (8.1.2) 式中没有 $\left(\phi_j - \phi_j^{(0)}\right)$ 的一次项. 定义

$$
\left(M^2\right)_{jk} = \left.\frac{\partial^2 U}{\partial\phi_j\partial\phi_k}\right|_{\phi_i=\phi_i^{(0)}} \tag{8.1.3}
$$

它称为 N 个标量场的质量矩阵. 因为质量矩阵 $\left(M^2\right)_{jk}$ 有非零对角元, 即质量矩阵是非对角化的, 所以 ϕ_j 不能解释为具有确定质量的粒子场. $\left(M^2\right)_{jk}$ 为对称的实矩阵, 它可以通过幺正变换对角化. 对于实对称矩阵, 其对角化所需的幺正变换矩阵可以是实矩阵, 设其为 R_{ij}, 则

$$
\left(R^+\right)_{ij} = R_{ji} \tag{8.1.4}
$$

因为 R 是将质量矩阵对角化的矩阵, 所以有

$$
\sum_{j,k=1}^{N} \left(R^+\right)_{ij}\left(M^2\right)_{jk} R_{kl} = M_i^2 \delta_{il} \tag{8.1.5}
$$

利用 R 的幺正性, 可以从 (8.1.5) 式反解出

$$
\begin{aligned}
\left(M^2\right)_{jk} &= \sum_{i,l=1}^{N} R_{ji} M_i^2 \delta_{il} \left(R^+\right)_{lk} \\
&= \sum_{i=1}^{N} R_{ji} M_i^2 \left(R^+\right)_{ik}
\end{aligned}
$$

$$= \sum_{i=1}^{N} M_i^2 R_{ji} R_{ki} \tag{8.1.6}$$

将 $\phi_j - \phi_j^{(0)}$ 作相应的幺正变换, 记

$$\tilde{\phi}_i = \sum_{j=1}^{N} (\phi_j - \phi_j^{(0)}) R_{ji} \tag{8.1.7}$$

则质量项可以变为

$$\begin{aligned} &\sum_{j,k=1}^{N} \left(M^2\right)_{jk} (\phi_j - \phi_j^{(0)})(\phi_k - \phi_k^{(0)}) \\ =& \sum_{j,k=1}^{N} \sum_{i=1}^{N} M_i^2 R_{ji} R_{ki} (\phi_j - \phi_j^{(0)})(\phi_k - \phi_k^{(0)}) \\ =& \sum_{i=1}^{N} M_i^2 \tilde{\phi}_i^2 \end{aligned} \tag{8.1.8}$$

因为 ϕ_i^0 点为 $U(\phi_i)$ 的极小值点, 转换为 $\tilde{\phi}_i$ 后, $\tilde{\phi}_i = 0$ 点为 $U(\tilde{\phi}_i)$ 的极小值点. 根据解析函数在极小值点的二次导数不小于 0, 得出

$$M_i^2 \geqslant 0 \tag{8.1.9}$$

因此, 幺正变换后, 标量场系统的拉格朗日量密度成为

$$\mathcal{L} = \sum_{i=1}^{N} \frac{1}{2} [\partial_\mu \tilde{\phi}_i \partial^\mu \tilde{\phi}_i - M_i^2 \tilde{\phi}_i^2] + O(\tilde{\phi}^3) - U(\phi_i^{(0)}) \tag{8.1.10}$$

(8.1.10) 式中最后一项是可以忽略的常数项. 第一项描述的是质量为 M_i 的标量场, 因为这一项所导致的方程是 Klein-Gordon 方程

$$\partial_\mu \partial^\mu \tilde{\phi}_i + M_i^2 \tilde{\phi}_i = 0 \tag{8.1.11}$$

而 (8.1.10) 式中标量场的三阶和更高阶项则可以解释为标量粒子间的相互作用项.

下面我们考虑一个复标量场的情况, 并给出一个具体的标量势的例子. 描述这个复标量场的拉格朗日量密度为

$$\mathcal{L} = \partial_\mu \phi^+ \partial^\mu \phi - U(\phi^+ \phi) \tag{8.1.12}$$

其相互作用势为

$$U(\phi^+ \phi) = -\mu^2 \phi^+ \phi + \lambda (\phi^+ \phi)^2 \tag{8.1.13}$$

当 μ^2 和 λ 都为大于 0 的实数时, 相互作用势的最小值并不发生在 $\phi=0$ 处. 因此 $\phi=0$ 并不是这个标量场系统的真空态, 如图 8.1 所示.

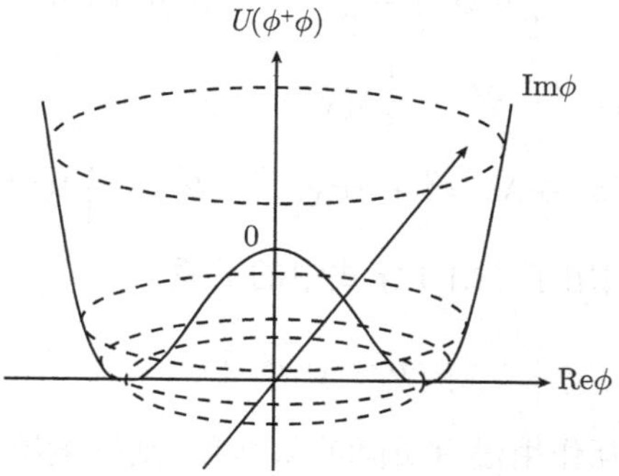

图 8.1

为了找出系统的真空点, 只需求出 $U(\phi^+\phi)$ 的最小值点. 容易求得最小值点为

$$\phi_0=\sqrt{\frac{\mu^2}{2\lambda}}\mathrm{e}^{i\alpha}\equiv\frac{v}{\sqrt{2}}\mathrm{e}^{\mathrm{i}\alpha} \tag{8.1.14}$$

不失一般性, 可以取任意相角 $\alpha=0$. 因为系统具有 U(1) 旋转不变性, 即使取

$$\phi_0=\frac{v}{\sqrt{2}} \tag{8.1.15}$$

任意相角 α 也可以通过 U(1) 变换

$$\phi\to\mathrm{e}^{\mathrm{i}\alpha}\phi$$

再次产生出来. 相角 α 并不是物理可观测量.

当真空点的相角取定之后, 系统的 U(1) 旋转对称性消失了. 这种系统所具有的对称性因物理真空点的移动而消失的现象称为真空自发对称性破缺.

考虑到物理真空点的移动, 我们重新定义标量场

$$\phi(x)=\frac{1}{\sqrt{2}}[v+\chi(x)+\mathrm{i}\theta(x)] \tag{8.1.16}$$

将 (8.1.16) 式代入标量场相互作用势 (8.1.13) 式得

$$\begin{aligned}U(\phi^+\phi)&=-\mu^2\phi^+\phi+\lambda(\phi^+\phi)^2\\&=-\frac{1}{2}\mu^2|v+\chi+\mathrm{i}\theta|^2+\frac{1}{4}\lambda|v+\chi+\mathrm{i}\theta|^4\\&=-\frac{1}{2}\mu^2[(v+\chi)^2+\theta^2]+\frac{1}{4}\lambda\,[(v+\chi)^2+\theta^2]^2\end{aligned}$$

$$
\begin{aligned}
&= -\frac{1}{2}\mu^2[v^2+2v\chi+\chi^2+\theta^2]+\frac{1}{4}\lambda[v^2+2v\chi+\chi^2+\theta^2]^2 \\
&= \left(\frac{1}{4}\lambda v^4-\frac{1}{2}\mu^2v^2\right)+\frac{1}{2}(\lambda v^2-\mu^2)(2v\chi+\chi^2+\theta^2)+\lambda v^2\chi^2 \\
&\quad +\lambda v\chi(\chi^2+\theta^2)+\frac{1}{4}\lambda(\chi^2+\theta^2)^2 \\
&= -\frac{1}{4}v^2\mu^2+\lambda v^2\chi^2+\lambda v\chi(\chi^2+\theta^2)+\frac{1}{4}\lambda(\chi^2+\theta^2)^2
\end{aligned}
\tag{8.1.17}
$$

(8.1.17) 式中最后一步利用了 (8.1.14) 式中的关系

$$
v=\sqrt{\mu^2/\lambda} \tag{8.1.18}
$$

去掉 (8.1.17) 式中对相互作用没有贡献的常数项, 则标量场系统的拉格朗日量密度可用实标量场 χ 和 θ 表示出来

$$
\begin{aligned}
\mathcal{L} &= \frac{1}{2}\partial_\mu\chi\partial^\mu\chi+\frac{1}{2}\partial_\mu\theta\partial^\mu\theta-\lambda v^2\chi^2-\lambda v\chi(\chi^2+\theta^2)-\frac{1}{4}\lambda(\chi^2+\theta^2)^2 \\
&= \frac{1}{2}\partial_\mu\chi\partial^\mu\chi-\frac{1}{2}(2\lambda v^2)\chi^2+\frac{1}{2}\partial_\mu\theta\partial^\mu-\lambda v\chi(\chi^2+\theta^2) \\
&\quad -\frac{1}{4}\lambda(\chi^2+\theta^2)^2
\end{aligned}
\tag{8.1.19}
$$

(8.1.19) 式说明场 χ 获得了质量, 而 θ 依然无质量

$$
m_\chi^2=2\lambda v^2,\quad m_\theta^2=0 \tag{8.1.20}
$$

对称性破缺后, 标量场 χ 和 θ 的质量为

$$
m_\chi^2=\left.\frac{\partial^2U}{\partial\chi^2}\right|_{\chi,\theta=0},\quad m_\theta^2=\left.\frac{\partial^2U}{\partial\theta^2}\right|_{\chi,\theta=0} \tag{8.1.21}
$$

可以利用 (8.1.17) 式验证, (8.1.21) 式和 (8.1.20) 式相符. 通过 (8.1.16) 式可知

$$
\begin{aligned}
\mathrm{Re}\phi &= \frac{1}{\sqrt{2}}(v+\chi(x)) \\
\mathrm{Im}\phi &= \frac{1}{\sqrt{2}}\theta(x)
\end{aligned}
\tag{8.1.22}
$$

因此, 从图 8.1 可以看出, 在破缺之后的真空点处, 相互作用势沿 χ 增加方向的二次导数不为零, 从物理效果上看, 这相当于 χ 获得了质量. 而沿 θ 增加的方向, 即在势函数的谷底方向, 旋转对称性依然存在, 在此方向相互作用势的二次导数为零, 标量场 θ 仍无质量. 这里, 我们看到, 对称性破缺会使场获得质量, 同时在正切于对称性破缺方向会产生零质量粒子, 这是自发对称性破缺机制的一个必然结果. 这样产生的零质量粒子称为古德斯通 (Goldstone) 粒子[11,12].

8.2 Yang-Mills 理论

带电费米子与电磁场相互作用的量子理论可以通过对经典电磁理论进行量子化而得到. 由此所得到的理论在定域 U(1) 规范变换下是不变的. 其物理意义是, 对于带电费米子与电磁场相互作用系统, 可以在不同的时空点为费米子场任意选取不同的相角, 由此引起的变化会由相应的电磁场的改变而给予补偿, 从而使整个相互作用系统的状态保持不变. 因此从定域规范不变性的要求来看, 只要相互作用保持定域规范不变性, 理论上就必须要求费米子的周围有电磁场的存在.

对于带电费米子场, 其规范变换是相位的变换, $e^{ie\alpha(x)}$, 在数学上这种变换构成 U(1) 群. 也可以将规范不变的思想推广到非阿贝尔群的情况. 考虑一个由费米子场 ψ_1 和 ψ_2 构成的同位旋二重态, 记为

$$\psi=\begin{pmatrix}\psi_1\\ \psi_2\end{pmatrix} \tag{8.2.1}$$

其中 ψ_1 和 ψ_2 可以是质子和中子, 也可以是 u, d 夸克, 或是中微子和电子等费米子组成的同位旋二重态. 在不考虑费米子质量及相互作用的情况下, 描述这个同位旋二重态的拉格朗日量密度为

$$\mathcal{L}=\bar{\psi}\mathrm{i}\gamma^{\mu}\partial_{\mu}\psi \tag{8.2.2}$$

若将 (8.2.1) 式代入 (8.2.2) 式, 此式即是描述两个自由费米子场 ψ_1 和 ψ_2 的拉氏量. 此拉氏量具有整体 SU(2) 不变性, 即在变换

$$\psi\to\psi'=U\psi\equiv \mathrm{e}^{\mathrm{i}gT^i\beta^i}\psi \tag{8.2.3}$$

下, 拉氏量保持不变. (8.2.3) 式中 g 称为耦合常数, β^i, $i=1,2,3$ 为任意变换参数. (8.2.3) 式中对重复指标求和, 以下不作特殊说明, 都将表示对重复指标求和. T^i 为 SU(2) 群生成元, $T^i=\dfrac{1}{2}\tau^i$, 对于基础表示, τ^i 可以取为泡利矩阵: $\tau^i=\sigma_i$. 当 β^i 变为依赖于时空点的参数 $\beta^i(x)$ 时, (8.2.2) 式不再具有定域 SU(2) 不变性

$$\psi\to\psi'=U\psi\equiv \mathrm{e}^{\mathrm{i}gT^i\beta^i(x)}\psi \tag{8.2.4}$$

这是因为此时

$$\partial_{\mu}U\neq 0 \tag{8.2.5}$$

若要求描述费米子场二重态的拉氏量在定域 SU(2) 变换 (8.2.4) 式下具有不变性, 则与定域 U(1) 规范变换情况类似, 必须引进 SU(2) 规范场 A_{μ}^i. 引进规范场 A_{μ}^i 后, 拉氏量 (8.2.2) 式变为

$$\mathcal{L}=\bar{\psi}\mathrm{i}\gamma^{\mu}(\partial_{\mu}-\mathrm{i}gT^iA_{\mu}^i)\psi \tag{8.2.6}$$

(8.2.6) 式中规范场在费米子场作规范变换 (8.2.4) 式的同时也作相应的变换, 以保持整个相互作用的形式不变. 下面我们来推导规范场 A_μ^i 的规范变换形式. 令 $A_\mu'^i$ 为变换后的规范场, 则

$$\begin{aligned}&\overline{\psi}'\mathrm{i}\gamma^\mu(\partial_\mu - \mathrm{i}gT^iA_\mu'^i)\psi'\\&=\overline{\psi}U^{-1}\mathrm{i}\gamma^\mu(\partial_\mu - \mathrm{i}gT^iA_\mu'^i)U\psi\\&=\overline{\psi}\mathrm{i}\gamma^\mu U^{-1}(\partial_\mu - \mathrm{i}gT^iA_\mu'^i)U\psi\end{aligned}\tag{8.2.7}$$

(8.2.7) 式应与规范变换前的拉氏量相等, 即

$$\overline{\psi}\mathrm{i}\gamma^\mu U^{-1}(\partial_\mu - \mathrm{i}gT^iA_\mu'^i)U\psi = \overline{\psi}\mathrm{i}\gamma^\mu(\partial_\mu - \mathrm{i}gT^iA_\mu^i)\psi \tag{8.2.8}$$

比较 (8.2.8) 式左右两边, 则发现下面的算符等式

$$U^{-1}(\partial_\mu - \mathrm{i}gT^iA_\mu'^i)U = \partial_\mu - \mathrm{i}gT^iA_\mu^i \tag{8.2.9}$$

定义协变导数为

$$\begin{aligned}D_\mu' &= \partial_\mu - \mathrm{i}gT^iA_\mu'^i\\D_\mu &= \partial_\mu - \mathrm{i}gT^iA_\mu^i\end{aligned}\tag{8.2.10}$$

则 (8.2.9) 式可简洁地表示为

$$D_\mu' = UD_\mu U^{-1} \tag{8.2.11}$$

从 (8.2.9) 式可以推得规范场 A_μ^i 在规范变换下的变换形式

$$T^iA_\mu'^i = UT^iA_\mu^iU^{-1} + \frac{\mathrm{i}}{g}U(\partial_\mu U^{-1}) \tag{8.2.12}$$

拉氏量 (8.2.6) 式包括二重态费米子场的动能项及其与规范场的相互作用项, 我们并没有引入费米子场的质量项. 若有这样的质量项, 其一般形式应为

$$\overline{\psi}M\psi \tag{8.2.13}$$

式中 M 为一 2×2 矩阵, 因为这样的矩阵一般情况下与 SU(2) 群生成元 τ^i 不对易, 因而

$$U^{-1}MU \neq M \tag{8.2.14}$$

所以质量项的存在会破坏规范不变性. 容易看出规范场的质量项 $A_\mu^iA^{i\mu}$, 在 (8.2.12) 式的变换下也不是不变的, 所以在 Yang-Mills 理论中, 为了保持规范不变性, 费米子场和规范场必须是无质量的. 后面我们将会看到, 费米子和规范场的质量可以通过 Higgs 机制产生出来.

与电磁场的情况类似, 在一个描述费米子场二重态与规范场相互作用的理论中还应包括规范场的动能项. 对于电磁场的情况, 其动能项为

$$-\frac{1}{4}F_{\mu\nu}F^{\mu\nu} \tag{8.2.15}$$

式中 $F_{\mu\nu}$ 为电磁场场强张量,

$$F_{\mu\nu} = \partial_\mu A_\nu - \partial_\nu A_\mu \tag{8.2.16}$$

对于非阿贝尔规范场, 我们也应找到相应的动能项, 并且这样的动能项还应该是规范不变的. 我们依然通过与电磁场的类比来得到非阿贝尔规范场的动能项. 对于电磁场, 其协变导数为

$$D_\mu = \partial_\mu + \mathrm{i}eA_\mu \tag{8.2.17}$$

可以证明其场强张量 $F_{\mu\nu}$ 与 D_μ 具有关系

$$[D_\mu, D_\nu] = \mathrm{i}eF_{\mu\nu} \tag{8.2.18}$$

为了找到非阿贝尔群下规范场场强张量的形式, 我们来计算非阿贝尔规范场协变导数 (8.2.10) 式的对易子

$$\begin{aligned}
[D_\mu, D_\nu] &= [\partial_\mu - \mathrm{i}gT^iA^i_\mu, \partial_\nu - \mathrm{i}gT^jA^j_\nu] \\
&= [\partial_\mu, -\mathrm{i}gT^jA^j_\nu] + [-\mathrm{i}gT^iA^i_\mu, \partial_\nu] + [-\mathrm{i}gT^iA^i_\mu, -\mathrm{i}gT^jA^j_\nu] \\
&= -\mathrm{i}gT^i(\partial_\mu A^i_\nu - \partial_\nu A^i_\mu) + (-\mathrm{i}g)^2[T^i, T^j]A^i_\mu A^j_\nu \\
&= -\mathrm{i}gT^i(\partial_\mu A^i_\nu - \partial_\nu A^i_\mu) - \mathrm{i}g^2\varepsilon^{ijk}A^i_\mu A^j_\nu T^k \\
&= -\mathrm{i}gT^i(\partial_\mu A^i_\nu - \partial_\nu A^i_\mu + g\varepsilon^{ijk}A^j_\mu A^k_\nu)
\end{aligned} \tag{8.2.19}$$

(8.2.19) 式中利用了 SU(2) 群生成元的对易关系

$$[T^i, T^j] = \mathrm{i}\varepsilon^{ijk}T^k \tag{8.2.20}$$

从 (8.2.19) 式可知, 类比于 (8.2.18) 式, 若定义非阿贝尔规范场场张量 $F^i_{\mu\nu}$ 与协变导数的关系为

$$[D_\mu, D_\nu] = -\mathrm{i}gF^i_{\mu\nu}T^i \tag{8.2.21}$$

则

$$F^i_{\mu\nu} = \partial_\mu A^i_\nu - \partial_\nu A^i_\mu + g\varepsilon^{ijk}A^j_\mu A^k_\nu \tag{8.2.22}$$

下面我们来证明若非阿贝尔规范场的动能项也取成

$$L_{\mathrm{NA}} = -\frac{1}{4}F^i_{\mu\nu}F^{i\mu\nu} \tag{8.2.23}$$

(8.2.23) 式中对重复指标求和, 则这样的动能项也是规范不变的①. 利用

$$\mathrm{Tr}[T^i T^j] = \frac{1}{2}\delta^{ij} \tag{8.2.24}$$

可将规范场动能项写成

$$\mathcal{L}_{\mathrm{NA}} = -\frac{1}{2}\mathrm{Tr}\left[(F^i_{\mu\nu}T^i)(F^{j\mu\nu}T^j)\right] \tag{8.2.25}$$

利用协变导数的规范变换形式 (8.2.11) 式及 (8.2.21) 式可得规范场场强张量的规范变换

$$F'^i_{\mu\nu}T^i = UF^i_{\mu\nu}T^iU^{-1} \tag{8.2.26}$$

于是规范场动能项在规范变换下为

$$\begin{aligned}\mathcal{L}'_{\mathrm{NA}} &= -\frac{1}{2}\mathrm{Tr}\left[(F'^i_{\mu\nu}T^i)(F'^{j\mu\nu}T^j)\right]\\ &= -\frac{1}{2}\mathrm{Tr}\left[UF^i_{\mu\nu}T^iU^{-1}UF'^{j\mu\nu}T^jU^{-1}\right]\\ &= -\frac{1}{2}\mathrm{Tr}\left[(F^i_{\mu\nu}T^i)(F^{j\mu\nu}T^j)\right]\\ &= \mathcal{L}_{\mathrm{NA}}\end{aligned} \tag{8.2.27}$$

即规范场的动能项 (8.2.23) 式是规范不变的.

于是保持 SU(2) 定域规范不变性的相互作用拉氏量为

$$\mathcal{L} = \overline{\psi}\mathrm{i}\gamma^\mu(\partial_\mu - \mathrm{i}gT^iA^i_\mu)\psi - \frac{1}{4}F^i_{\mu\nu}F^{i\mu\nu} \tag{8.2.28}$$

为了进一步看清楚 SU(2) 规范场的性质, 我们来看 (8.2.28) 式中规范场与费米子场相互作用项

$$g\bar{\psi}\gamma^\mu T^iA^i_\mu\psi$$

将 T^i 的矩阵形式

$$T^1 = \frac{1}{2}\begin{pmatrix} 0 & 1 \\ 1 & 0 \end{pmatrix}, \quad T^2 = \frac{1}{2}\begin{pmatrix} 0 & -\mathrm{i} \\ \mathrm{i} & 0 \end{pmatrix}, \quad T^3 = \frac{1}{2}\begin{pmatrix} 1 & 0 \\ 0 & -1 \end{pmatrix}$$

代入得

$$\begin{aligned}&\frac{1}{2}g\bar{\psi}\gamma^\mu\begin{pmatrix} A^3_\mu & A^1_\mu - \mathrm{i}A^2_\mu \\ A^1_\mu + \mathrm{i}A^2_\mu & -A^3_\mu \end{pmatrix}\psi\\ &= \frac{1}{2}g\bar{\psi}\gamma^\mu\begin{pmatrix} A^3_\mu & \sqrt{2}W^+ \\ \sqrt{2}W^- & -A^3_\mu \end{pmatrix}\psi\end{aligned} \tag{8.2.29}$$

① (8.2.23) 式中下标 “NA” 代表 “Non-Abelian”，即 “非阿贝尔”.

(8.2.29) 式中我们定义了两个新的场

$$W^{\pm}=\frac{A_{\mu}^{1}\mp \mathrm{i}A_{\mu}^{2}}{\sqrt{2}} \tag{8.2.30}$$

若考虑的是中微子和电子构成的同位旋二重态的情况, 即取

$$\psi=\begin{pmatrix}\nu\\ \mathrm{e}\end{pmatrix} \tag{8.2.31}$$

则 (8.2.29) 式成为

$$\frac{1}{2}g[\bar{\nu}\gamma^{\mu}A_{\mu}^{3}\nu+\sqrt{2}\bar{\nu}\gamma^{\mu}W_{\mu}^{+}\mathrm{e}+\sqrt{2}\bar{\mathrm{e}}\gamma^{\mu}W_{\mu}^{-}\nu-\bar{\mathrm{e}}\gamma^{\mu}A_{\mu}^{3}\mathrm{e}] \tag{8.2.32}$$

(8.2.32) 式中拉氏量的每一项总体上都应该是电中性的, 因此从 $W_{\mu}^{\pm}, A_{\mu}^{3}$ 与 ν 和 e 的耦合情况可以判断出 $W_{\mu}^{\pm}$ 分别是带有一个单位正负电荷的场, 而 A_{μ}^{3} 则是电中性场. 这两种场的量子通常用 $W^{\pm}$ 和 A^{3} 来表示. 需要说明的是从 (8.2.32) 式判断 $W^{\pm}$ 和 A^{3} 的带电情况是准确的, 但若准确表达电子和中微子参与的弱相互作用, 则 (8.2.32) 式中 ν 和 e 都必须代换成左手场

$$\begin{aligned}\nu_{\mathrm{L}}&=\frac{1}{2}(1-\gamma_{5})\nu\\ \mathrm{e}_{\mathrm{L}}&=\frac{1}{2}(1-\gamma_{5})\mathrm{e}\end{aligned} \tag{8.2.33}$$

这是弱相互作用是 (V-A) 型的相互作用告诉我们的.

总之, Yang-Mills 理论说明若相互作用具有定域 SU(2) 规范不变性, 则必然有传递相互作用的规范场存在, 这种规范场是非阿贝尔规范场, 其中两种量子分别带有一个单位的正负电荷, 另一种量子为电中性的.

8.3 格拉肖–温伯格–萨拉姆弱电统一模型

弱相互作用和电磁相互作用表面上具有明显的不同: 首先, 弱相互作用的强度比电磁相互作用弱好几个数量级; 其次, 传递弱相互作用的中间玻色子比传递电磁相互作用的光子重得多, 因而弱相互作用的力程比电磁相互作用短得多; 最后, 中间玻色子 $\mathrm{W}^{\pm}$ 是带电的, 而光子是电中性的, 因而弱相互作用通常会改变粒子的电荷状态, 而电磁相互作用并不改变粒子的电荷. 虽然这两种相互作用表面上具有如此大的差异, 它们却可以用规范理论和对称性自发破缺的思想统一地来描述.

参与弱和电磁相互作用的粒子包括轻子和夸克. 根据这些粒子参与弱相互作用的带电流的结构, 可以将这些粒子分成一系列的二重态, 每一个二重态称为一代.

实验上共发现三代轻子, 它们为

$$\begin{pmatrix} \nu_e \\ e \end{pmatrix}, \quad \begin{pmatrix} \nu_\mu \\ \mu \end{pmatrix}, \quad \begin{pmatrix} \nu_\tau \\ \tau \end{pmatrix}$$

和三代夸克, 它们为

$$\begin{pmatrix} u \\ d \end{pmatrix}, \quad \begin{pmatrix} c \\ s \end{pmatrix}, \quad \begin{pmatrix} t \\ b \end{pmatrix}$$

弱相互作用下费米子左手场和右手场的行为是不相同的. 任意一个费米子场 ψ, 其左手场定义为

$$\psi_{\mathrm{L}} = \frac{1-\gamma_5}{2}\psi$$

右手场定义为

$$\psi_{\mathrm{R}} = \frac{1+\gamma_5}{2}\psi$$

在第 7 章的讨论中, 我们知道弱相互作用是 V-A 的流 — 流相互作用. 对于两个费米子场 ψ_1 和 ψ_2, 其在弱相互作用下的弱流为

$$j_\mu = \bar{\psi}_1\gamma_\mu(1-\gamma_5)\psi_2 \tag{8.3.1}$$

定义左手投影算符和右手投影算符分别为

$$L = \frac{1-\gamma_5}{2}, \quad R = \frac{1+\gamma_5}{2} \tag{8.3.2}$$

可以验证 L 和 R 具有如下性质:

$$L^2 = L, \quad R^2 = R, \quad LR = RL = 0 \tag{8.3.3}$$

根据左、右手投影算符的性质, (8.3.1) 式中的弱流可以改写为

$$\begin{aligned} j_\mu &= 2\bar{\psi}_1\gamma_\mu L\psi_2 \\ &= 2\bar{\psi}_1\gamma_\mu LL\psi_2 \\ &= 2\bar{\psi}_1 R\gamma_\mu L\psi_2 \\ &= 2\bar{\psi}_{1\mathrm{L}}\gamma_\mu\psi_{2\mathrm{L}} \end{aligned} \tag{8.3.4}$$

(8.3.4) 式中用到了 γ_μ 与 γ_5 的反对易性. (8.3.4) 式说明 V-A 的弱流中实际参与弱相互作用的只是左手场. 因此, 我们需要区别对待夸克和轻子的左手场和右手场. 左手场构成二重态, 右手场构成单态, 这样可以保证右手场不参与到带电弱流中去.

轻子二重态为

$$l_{\mathrm{L}}^i = \begin{pmatrix} \nu_{i\mathrm{L}} \\ l_{i\mathrm{L}} \end{pmatrix} = \frac{1-\gamma_5}{2}\begin{pmatrix} \nu_i \\ l_i \end{pmatrix} \tag{8.3.5}$$

式中 $i = \mathrm{e}, \mu, \tau$. $\nu_{i\mathrm{L}}$ 和 $l_{i\mathrm{L}}$ 分别代表三代中微子和轻子的左手场. 注意 i 为上标的符号 l_{L}^{i} 代表左手二重态, 而 i 为下标的符号 $l_{i\mathrm{L}}$ 代表轻子左手场. 在 SU(2) 群元素作用下, 左手二重态的变换为

$$l_{\mathrm{L}}^{\prime i} = \mathrm{e}^{\mathrm{i}gT^{j}\beta^{j}(x)} l_{\mathrm{L}}^{i} \tag{8.3.6}$$

其中 g 为一常数, g 和 $\beta^{j}(x)$ 的乘积构成 SU(2) 群变换参数.

右手轻子场为①

$$l_{i\mathrm{R}} = \frac{1+\gamma_5}{2} l_i$$

在 SU(2) 变换下右手场为单态, 即

$$T^{j} l_{i\mathrm{R}} = 0, \quad i, j = 1, 2, 3 \tag{8.3.7}$$

其中 T^{j} 是 SU(2) 生成元的单态表示, 实际上为 0.

夸克左手二重态为

$$q_{\mathrm{L}}^{i} = \begin{pmatrix} u_{i\mathrm{L}} \\ d_{i\mathrm{L}}^{\prime} \end{pmatrix} = \frac{1-\gamma_5}{2} \begin{pmatrix} u_i \\ d_i^{\prime} \end{pmatrix} \tag{8.3.8}$$

式中, $i = 1, 2, 3$, u_i 分别代表 u, c, t 夸克, $d_i^{\prime}$ 分别代表 d, s, b 夸克的弱作用本征态. 构成左手二重态的下夸克之所以选择其弱作用本征态, 是因为根据 Cabibbo 理论, 下夸克质量本征态与弱作用本征态不相同, 出现在原始拉氏量中的应是其弱作用本征态.

右手夸克场为

$$u_{i\mathrm{R}} = \frac{1+\gamma_5}{2} u_i, \quad d_{i\mathrm{R}}^{\prime} = \frac{1+\gamma_5}{2} d_i^{\prime}$$

在 SU(2) 变换下右手夸克场为单态, 与 (8.3.7) 式类似满足

$$T^{j} u_{i\mathrm{R}} = 0, \quad T^{j} d_{i\mathrm{R}}^{\prime} = 0 \tag{8.3.9}$$

上面定义的二重态和单态分别称为弱同位旋二重态和单态, 以便与前面讲过的强同位旋相区别.

我们依然假设轻子和夸克的电荷及弱同位旋第三分量满足盖尔曼–西岛关系式

$$Q = I_3 + \frac{Y}{2} \tag{8.3.10}$$

(8.3.10) 式中出现的量子数 Y 称为弱超荷, I_3 表示弱同位旋第三分量. 弱同位旋二重态的同位旋为 1/2, 上下分量的同位旋第三分量分别为 $\pm 1/2$. 单态的同位旋为

① 这里假设不存在右手中微子场, 稍后会看到这样会导致中微子的质量为零, 但若需要考虑中微子的微小质量, 引入右手中微子场是一种很容易实现的做法.

0. 根据已知的夸克和轻子的电荷数及弱同位旋第三分量值, 可以推得二重态和单态的弱超荷值. 轻子二重态的弱超荷为

$$Y(l_{\mathrm{L}}^i)=-1 \tag{8.3.11}$$

轻子右手单态的弱超荷:

$$Y(l_{i\mathrm{R}})=-2 \tag{8.3.12}$$

夸克左手二重态及右手单态的弱超荷分别为

$$Y(q_{\mathrm{L}}^i)=\frac{1}{3},\quad Y(u_{i\mathrm{R}})=\frac{4}{3},\quad Y(d_{i\mathrm{R}})=-\frac{2}{3} \tag{8.3.13}$$

假设弱电相互作用在 $\mathrm{SU(2)_L\times U(1)_Y}$ 群变换下保持不变, L 代表左手场, Y 代表弱超荷, 则根据 Yang-Mills 理论, 必有相应的 SU(2) 和 U(1) 规范场存在. 保持 $\mathrm{SU(2)_L\times U(1)_Y}$ 定域规范不变性的费米子场与规范场相互作用的拉氏量为

$$\begin{aligned}\mathcal{L}_{\mathrm{FG}}=&\bar{l}_{\mathrm{L}}^i\mathrm{i}\gamma^\mu\left(\partial_\mu-\mathrm{i}gT^jA_\mu^j-\mathrm{i}\frac{g'}{2}\hat{Y}B_\mu\right)l_{\mathrm{L}}^i\\&+\bar{q}_{\mathrm{L}}^i\mathrm{i}\gamma^\mu\left(\partial_\mu-\mathrm{i}gT^jA_\mu^j-\mathrm{i}\frac{g'}{2}\hat{Y}B_\mu\right)q_{\mathrm{L}}^i\\&+\bar{l}_{i\mathrm{R}}\mathrm{i}\gamma^\mu\left(\partial_\mu-\mathrm{i}\frac{g'}{2}\hat{Y}B_\mu\right)l_{i\mathrm{R}}\\&+\bar{u}_{i\mathrm{R}}\mathrm{i}\gamma^\mu\left(\partial_\mu-\mathrm{i}\frac{g'}{2}\hat{Y}B_\mu\right)u_{i\mathrm{R}}+\bar{d}'_{i\mathrm{R}}\mathrm{i}\gamma^\mu\left(\partial_\mu-\mathrm{i}\frac{g'}{2}\hat{Y}B_\mu\right)d'_{i\mathrm{R}}\end{aligned} \tag{8.3.14}$$

(8.3.14) 式中 g 和 g' 分别为 $\mathrm{SU(2)_L}$ 和 $\mathrm{U(1)_Y}$ 规范场与费米子场的耦合常数. 注意式中从耦合常数 g' 分离出去一个因子 1/2, 这是因为 SU(2) 群生成元 T^j 中都包含因子 1/2. 在 g' 也分离出去一个因子 1/2 会使后面 g 和 g' 的相对关系中表述形式更简单. $\hat{Y}$ 为弱超荷算符, 作用到相应场上会给出场的超荷值.

费米子场和规范场的 $\mathrm{U(1)_Y}$ 规范变换为

$$\begin{aligned}&\psi(x)\to\psi'(x)=\mathrm{e}^{\mathrm{i}\frac{g'}{2}Y\alpha(x)}\psi(x)\\&B_\mu\to B'_\mu(x)=B_\mu(x)+\partial_\mu\alpha(x)\end{aligned} \tag{8.3.15}$$

此处 $\psi(x)$ 可代表轻子和夸克的二重态和单态场.

$\mathrm{SU(2)_L}$ 规范变换为

$$\begin{aligned}&\psi(x)\to\psi'(x)=\mathrm{e}^{\mathrm{i}gT^j\beta^j(x)}\psi(x)\\&T^jA_\mu^j\to T^jA_\mu{}'^j=UT^jA_\mu^jU^{-1}+\frac{\mathrm{i}}{g}U(\partial_\mu U^{-1})\\&U\equiv\mathrm{e}^{\mathrm{i}gT^j\beta^j(x)}\end{aligned} \tag{8.3.16}$$

根据 8.2 节的讨论, 拉氏量 (8.3.14) 式在上述定域规范变换下是保持不变的.

下面改变 (8.3.14) 式的形式, 将拉氏量中的矢量场全部用其质量本征态表示出来. 为此, 将 SU(2) 群生成元基础表示的矩阵形式 $T^j = \dfrac{1}{2}\tau^j$ 代入协变导数

$$
\begin{aligned}
D_\mu &= \partial_\mu - \mathrm{i}g\frac{\tau^j}{2}A_\mu^j - \mathrm{i}\frac{g'}{2}YB_\mu \\
&= \partial_\mu - \frac{\mathrm{i}}{2}\begin{pmatrix} gA_\mu^3 + Yg'B_\mu & g(A_\mu^1 - \mathrm{i}A_\mu^2) \\ g(A_\mu^1 + \mathrm{i}A_\mu^2) & -gA_\mu^3 + Yg'B_\mu \end{pmatrix} \\
&= \partial_\mu - \frac{\mathrm{i}}{2}\begin{pmatrix} gA_\mu^3 + Yg'B_\mu & \sqrt{2}gW_\mu^+ \\ \sqrt{2}gW_\mu^- & -gA_\mu^3 + Yg'B_\mu \end{pmatrix}
\end{aligned} \tag{8.3.17}
$$

(8.3.17) 式中两个新的带电场 $W_\mu^\pm$ 的定义见 (8.2.30) 式, A_μ^3 和 B_μ 为两个中性矢量场.

在保持定域规范不变的拉氏量中规范场都是无质量的, 而实际上传递弱相互作用的中间玻色子 $W_\mu^\pm$ 是有质量的, 8.4 节我们将会看到规范场是通过真空自发破缺机制获得质量的. 规范场获得质量后, 便会发现中性矢量场 A_μ^3 和 B_μ 都不是质量本征态, 它们的质量本征态是两个相互正交的线性组合

$$
\begin{aligned}
A_\mu &= \cos\theta B_\mu + \sin\theta A_\mu^3 \\
Z_\mu &= -\sin\theta B_\mu + \cos\theta A_\mu^3
\end{aligned} \tag{8.3.18}
$$

其中, θ 称为 Weinberg 角, 它是通过耦合常数 g 和 $g\prime$ 来定义的

$$
\sin\theta = \frac{g'}{\sqrt{g^2 + g'^2}}, \quad \cos\theta = \frac{g}{\sqrt{g^2 + g'^2}} \tag{8.3.19}
$$

也可以反过来将 (8.3.18) 式中 B_μ, A_μ^3 用质量本征态来表示

$$
\begin{aligned}
A_\mu^3 &= \sin\theta A_\mu + \cos\theta Z_\mu \\
B_\mu &= \cos\theta A_\mu - \sin\theta Z_\mu
\end{aligned} \tag{8.3.20}
$$

将 (8.3.20) 式的结果代入 (8.3.17) 式并整理得

$$
\begin{aligned}
D_\mu &= \partial_\mu - \mathrm{i}g\frac{\tau^j}{2}A_\mu^j - \mathrm{i}\frac{g'}{2}YB_\mu \\
&= \partial_\mu - \frac{\mathrm{i}}{2}\begin{pmatrix} (g\sin\theta + Yg'\cos\theta)A_\mu + (g\cos\theta - Yg'\sin\theta)Z_\mu, & \sqrt{2}gW_\mu^+ \\ \sqrt{2}gW_\mu^-, & (-g\sin\theta + Yg'\cos\theta)A_\mu - (g\cos\theta + Yg'\sin\theta)Z_\mu \end{pmatrix} \\
&= \partial_\mu - \frac{\mathrm{i}}{2}\begin{pmatrix} g\sin\theta(1+Y)A_\mu + g\dfrac{\cos^2\theta - Y\sin^2\theta}{\cos\theta}Z_\mu, & \sqrt{2}gW_\mu^+ \\ \sqrt{2}gW_\mu^-, & g\sin\theta(-1+Y)A_\mu - g\dfrac{\cos^2\theta + Y\sin^2\theta}{\cos\theta}Z_\mu \end{pmatrix}
\end{aligned} \tag{8.3.21}
$$

考虑到 (8.3.20) 式和 (8.3.21) 式, 并将左手场二重态和右手场的定义, 以及各种场的超荷值 (8.3.11) 式 ~(8.3.13) 式代入, 则 (8.3.14) 式化为

$$
\begin{aligned}
\mathcal{L}_{\mathrm{FG}} =& \bar{l}_{\mathrm{L}}^{i}\mathrm{i}\gamma^{\mu}\partial_{\mu}l_{\mathrm{L}}^{i} + \bar{l}_{\mathrm{L}}^{i}\gamma^{\mu}\begin{pmatrix} \dfrac{g}{2\cos\theta}Z_{\mu} & \dfrac{g}{\sqrt{2}}W_{\mu}^{+} \\ \dfrac{g}{\sqrt{2}}W_{\mu}^{-} & -g\sin\theta A_{\mu} - g\dfrac{\cos 2\theta}{2\cos\theta}Z_{\mu} \end{pmatrix} l_{\mathrm{L}}^{i} \\
&+ \bar{q}_{\mathrm{L}}^{i}\mathrm{i}\gamma^{\mu}\partial_{\mu}q_{\mathrm{L}}^{i} + \bar{q}_{\mathrm{L}}^{i}\gamma^{\mu}\begin{pmatrix} \dfrac{2}{3}g\sin\theta A_{\mu} + g\dfrac{\cos^{2}\theta - \dfrac{1}{3}\sin^{2}\theta}{2\cos\theta}Z_{\mu}, & \dfrac{g}{\sqrt{2}}W_{\mu}^{+} \\ \dfrac{g}{\sqrt{2}}W_{\mu}^{-}, & -\dfrac{1}{3}g\sin\theta A_{\mu} - g\dfrac{\cos^{2}\theta + \dfrac{1}{3}\sin^{2}\theta}{2\cos\theta}Z_{\mu} \end{pmatrix} q_{\mathrm{L}}^{i} \\
&+ \bar{l}_{i\mathrm{R}}\mathrm{i}\gamma^{\mu}\partial_{\mu}l_{i\mathrm{R}} + \bar{l}_{i\mathrm{R}}\gamma^{\mu}\left(-g\sin\theta A_{\mu} + g\frac{\sin^{2}\theta}{\cos\theta}Z_{\mu}\right)l_{i\mathrm{R}} \\
&+ \bar{u}_{i\mathrm{R}}\mathrm{i}\gamma^{\mu}\partial_{\mu}u_{i\mathrm{R}} + \bar{u}_{i\mathrm{R}}\gamma^{\mu}\left(\frac{2}{3}g\sin\theta A_{\mu} - \frac{2}{3}g\frac{\sin^{2}\theta}{\cos\theta}Z_{\mu}\right)u_{i\mathrm{R}} \\
&+ \bar{d}'_{i\mathrm{R}}\mathrm{i}\gamma^{\mu}\partial_{\mu}d'_{i\mathrm{R}} + \bar{d}'_{i\mathrm{R}}\left(-\frac{1}{3}g\sin\theta A_{\mu} + \frac{1}{3}g\frac{\sin^{2}\theta}{\cos\theta}Z_{\mu}\right)d'_{i\mathrm{R}} \\
=& \bar{\nu}_{i\mathrm{L}}\mathrm{i}\gamma^{\mu}\partial_{\mu}\nu_{i\mathrm{L}} + \bar{l}_{i}\mathrm{i}\gamma^{\mu}\partial_{\mu}l_{i} + \bar{u}_{i}\mathrm{i}\gamma^{\mu}\partial_{\mu}u_{i} + \bar{d}'_{i}\mathrm{i}\gamma^{\mu}\partial_{\mu}d'_{i} \\
&+ \frac{g}{2\sqrt{2}}\left[\bar{l}_{i}\gamma^{\mu}(1-\gamma_{5})\nu_{i} + \bar{d}'_{i}\gamma^{\mu}(1-\gamma_{5})u_{i}\right]W_{\mu}^{-} \\
&+ \frac{g}{2\sqrt{2}}\left[\bar{\nu}_{i}\gamma^{\mu}(1-\gamma_{5})l_{i} + \bar{u}_{i}\gamma^{\mu}(1-\gamma_{5})d'_{i}\right]W_{\mu}^{+} \\
&+ \frac{g}{4\cos\theta}\Bigg[\bar{\nu}_{i}\gamma^{\mu}(1-\gamma_{5})\nu_{i} + \bar{l}_{i}\gamma^{\mu}\left(-(1-4\sin^{2}\theta)+\gamma_{5}\right)\ l_{i} \\
&+ \bar{u}_{i}\gamma^{\mu}\left((1-\frac{8}{3}\sin^{2}\theta)-\gamma_{5}\right)u_{i} + \bar{d}'_{i}\gamma^{\mu}\left(-\left(1-\frac{4}{3}\sin^{2}\theta\right)+\gamma_{5}\right)d'_{i}\Bigg]Z_{\mu} \\
&+ g\sin\theta\left[-\bar{l}_{i}\gamma^{\mu}l_{i} + \frac{2}{3}\bar{u}_{i}\gamma^{\mu}u_{i} - \frac{1}{3}\bar{d}'_{i}\gamma^{\mu}d'_{i}\right]A_{\mu}
\end{aligned} \tag{8.3.22}
$$

(8.3.22) 式中前四项为轻子和夸克的动能项, 第五、六项为弱带电流项, 传递这种相互作用的是带电中间玻色子 W$^{\pm}$, 这两项互为厄米共轭, 它们描述了费米子与带电中间玻色子之间的相互作用. 第七项为弱中性流项, 传递这种相互作用的是电中性中间玻色子 Z^0, 这是定域非阿贝尔规范理论所预言的弱相互作用的一种新的形式. 规范理论说明弱相互作用不只是由带电流引起, 也可以由中性流引起, 弱相互作用下粒子的电荷状态也可以不发生改变. 除了中微子弱中性流为 V-A 形式外, 轻子和夸克弱中性流都不是单纯的 V-A 流, 它们的一般形式为 $\gamma_{\mu}(g_{\mathrm{V}} - g_{\mathrm{A}}\gamma_5)$, 其中 g_{V} 和

g_{A} 都是 Weinberg 角的函数. 原则上可以通过中微子–轻子散射实验

$$\nu_{\mathrm{e}} + \mathrm{e} \to \nu_{\mathrm{e}} + \mathrm{e}$$

来确定 g_{V} 和 g_{A}, 从而测定 Weinberg 角. 实验所测量的值为

$$\sin^2\theta \approx 0.23 \tag{8.3.23}$$

(8.3.22) 式最后一项为矢量流耦合, 而且后面将会讲到矢量场 A_μ 的质量为 0, 所有这些都与电磁场的性质相吻合, 所以这一项就是电磁流项, 其耦合常数就是电磁耦合常数 e, 即

$$e = g\sin\theta \tag{8.3.24}$$

于是弱耦合常数 g 和 g', 以及电磁耦合常数 e 的关系可以用图 8.2 表示出来.

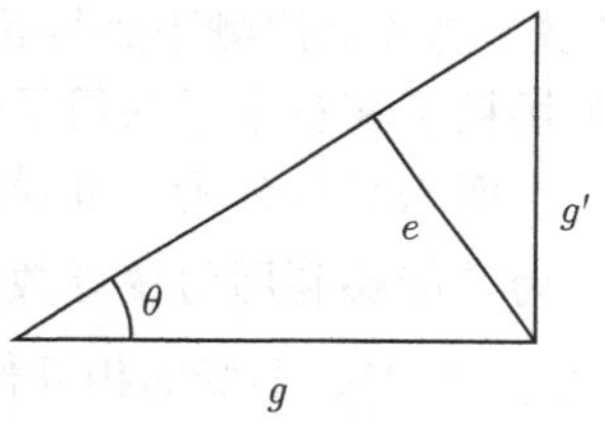

图 8.2 耦合常数关系图

将 (8.3.24) 式的结果代入到 (8.3.22) 式, 得到用弱耦合常数和电磁耦合常数表达的费米子场及其与规范场相互作用的拉氏量部分

$$\begin{aligned}
\mathcal{L}_{\mathrm{FG}} = {} & \bar{\nu}_{i\mathrm{L}}\mathrm{i}\gamma^\mu\partial_\mu\nu_{i\mathrm{L}} + \bar{l}_i\mathrm{i}\gamma^\mu\partial_\mu l_i + \bar{u}_i\mathrm{i}\gamma^\mu\partial_\mu u_i + \bar{d}'_i\mathrm{i}\gamma^\mu\partial_\mu d'_i \\
& + \frac{g}{2\sqrt{2}}\left[\bar{l}_i\gamma^\mu(1-\gamma_5)\nu_i + \bar{d}'_i\gamma^\mu(1-\gamma_5)u_i\right]W_\mu^- \\
& + \frac{g}{2\sqrt{2}}\left[\bar{\nu}_i\gamma^\mu(1-\gamma_5)l_i + \bar{u}_i\gamma^\mu(1-\gamma_5)d'_i\right]W_\mu^+ \\
& + \frac{g}{4\cos\theta}\Big[\bar{\nu}_i\gamma^\mu(1-\gamma_5)\nu_i + \bar{l}_i\gamma^\mu\left(-(1-4\sin^2\theta)+\gamma_5\right)l_i \\
& + \bar{u}_i\gamma^\mu\left(\left(1-\frac{8}{3}\sin^2\theta\right)-\gamma_5\right)u_i + \bar{d}'_i\gamma^\mu\left(-\left(1-\frac{4}{3}\sin^2\theta\right)+\gamma_5\right)d'_i\Big]Z_\mu \\
& + e\left[-\bar{l}_i\gamma^\mu l_i + \frac{2}{3}\bar{u}_i\gamma^\mu u_i - \frac{1}{3}\bar{d}'_i\gamma^\mu d'_i\right]A_\mu
\end{aligned} \tag{8.3.25}$$

(8.3.25) 式中最后一项为夸克、轻子的电磁流项, 其与电磁场 A_μ 的耦合常数为 e, 其中每一分项前的系数 -1, $\frac{2}{3}$, $-\frac{1}{3}$ 分别为轻子和夸克的电荷量子数, 这一结果并非偶然, 而是盖尔曼–西岛关系的直接结果. 弱中性流项的耦合系数与弱带电流耦合系数并不相同, 它们相差因子 $\frac{1}{\sqrt{2}\cos\theta}$.

(8.3.25) 式是定域规范对称性 $\mathrm{SU(2)_L \times U(1)_Y}$ 理论的结果, 为了保持定域规范对称性, 费米子和规范场量子都必须是零质量的. 而现实中除了光子之外, 其他粒子都是有质量的①. 标准模型中, 规范玻色子和费米子的质量是通过真空自发对称性破缺机制, 即 Higgs 机制获得的.

① 现在实验上已经有了中微子具有微小质量的证据.

8.4 真空自发对称性破缺：Higgs 机制

假设自然界中存在一种标量场 $\Phi(x)$, 它通过保持定域规范对称性的方式与规范场和费米子场发生相互作用. 通过假设合适的标量场相互作用势, 可以使标量场场强为零的状态并不是系统的最低能量态. 量子理论中, 一个系统的真空态是这个系统的能量最低态, 因此场强为零的点不是标量场系统的真空点, 而在系统的真空态, 此标量场的场强并不为零. 在标量场的真空态, 标量场与规范场和费米子场的相互作用在物理上并不表现为标量场参与了相互作用. 此时标量场系统处于"真空"态, 物理上探测不到标量场量子的存在, 所以此种相互作用在效果上只表现为规范场粒子和费米子获得了非零质量.

下面来具体分析标准模型中这个使得规范场粒子和费米子获得质量的机制.

为了能够利用协变导数 $D_\mu = \partial_\mu - \mathrm{i}gT^jA_\mu^j - \mathrm{i}\frac{g'}{2}YB_\mu$ 与标量场 $\Phi(x)$ 构成定域 $\mathrm{SU(2)_L\times U(1)_Y}$ 不变的相互作用, 因为基础表示下 T^j 为 2×2 矩阵, 所以 $\Phi(x)$ 必须为一个二重态. 稍后我们将会看到能够构成 $\mathrm{SU(2)_L\times U(1)_Y}$ 不变的标量场与费米子场耦合项的最简单的情况是标量场二重态的弱超荷

$$Y = 1 \tag{8.4.1}$$

的情况, 因此我们来讨论 $Y = 1$ 的情况. 我们依然假设对于标量场盖尔曼–西岛关系依然成立, 即标量场电荷

$$Q = I_3 + \frac{Y}{2} \tag{8.4.2}$$

于是我们就可以算出标量场弱同位旋第三分量 $I_3 = \frac{1}{2}$ 的分量电荷 Q=1, 而 $I_3 = -\frac{1}{2}$ 的分量电荷 Q=0, 因此我们可以将标量场二重态明确写成

$$\Phi(x) = \begin{pmatrix} \phi^+(x) \\ \phi^0(x) \end{pmatrix} \tag{8.4.3}$$

其中 $\phi^+(x)$ 和 $\phi^0(x)$ 都是复数场. $\Phi(x)$ 总共具有 4 个实自由度, 后面我们也会用到 $(\phi^+)^+ = \phi^-$.

保持 $\mathrm{SU(2)_L\times U(1)_Y}$ 定域规范不变的标量场拉氏量为

$$(D_\mu\Phi)^+D^\mu\Phi$$

为了给出真空自发对称性破缺, 还需要一个势能项

$$V(\Phi) = -\mu^2\Phi^+\Phi + \lambda(\Phi^+\Phi)^2 \tag{8.4.4}$$

其中 μ, λ 都是大于 0 的实参数. 这样的势能项最小值并不发生在场强为零处, 于是描述标量场及其与规范场相互作用的拉氏量为

$$\mathcal{L}_H = (D_\mu \Phi)^+ D^\mu \Phi - V(\Phi) \tag{8.4.5}$$

此处的 Φ 定义为相应的场算符 $\hat{\Phi}$ 在标量场所处本征态 $|\Phi\rangle$ 的本征值

$$\hat{\Phi}\,|\Phi\rangle = \Phi\,|\Phi\rangle \tag{8.4.6}$$

因此 Φ 为一常数. 根据 (8.4.4) 式, $V(\Phi)$ 的最小值发生在

$$\Phi^+\Phi|_{\min} = \frac{\mu^2}{2\lambda} \tag{8.4.7}$$

处, 即

$$\Phi|_{\min} = \frac{1}{\sqrt{2}}\begin{pmatrix} 0 \\ v \end{pmatrix}, \quad v \equiv \sqrt{\mu^2/\lambda} \tag{8.4.8}$$

可以将此时标量场所处的状态定义为真空态, 即

$$\Phi|_{\min} = \langle 0|\,\hat{\Phi}\,|0\rangle = \frac{1}{\sqrt{2}}\begin{pmatrix} 0 \\ v \end{pmatrix} \tag{8.4.9}$$

(8.4.9) 式的结果相当于只让 Φ^0 有非零的真空期望值

$$\langle 0|\,\hat{\Phi}^0\,|0\rangle = \frac{1}{\sqrt{2}}v$$

因为 Φ^0 的电荷为 0, 这样的选取才能保证真空对称性自发破缺后电磁 U(1) 对称性仍能保持.

根据 (8.4.9) 式重新定义几个真空期望值为 0 的场

$$\Phi(x) \equiv \begin{pmatrix} \phi^+(x) \\ [v + H(x) + \mathrm{i}\chi(x)]/\sqrt{2} \end{pmatrix} = \frac{1}{\sqrt{2}}\begin{pmatrix} 0 \\ v \end{pmatrix} + \begin{pmatrix} \phi^+(x) \\ [H(x) + \mathrm{i}\chi(x)]/\sqrt{2} \end{pmatrix} \tag{8.4.10}$$

(8.4.10) 式中 H 和 χ 都是实标量场, 真空期望值都为 0. 若将 (8.4.10) 式代入 $\mathcal{L}_H$, 则因为

$$\frac{1}{\sqrt{2}}\begin{pmatrix} 0 \\ v \end{pmatrix}$$

的存在, 这一项是常数, 不具有场的规范变换, 就会发现拉氏量 $\mathcal{L}_H$ 的 $\mathrm{SU(2)_L \times U(1)_Y}$ 的对称性遭到破坏, 但电磁 U(1) 对称性仍能保持. 举例来说, 对于 $\Phi^+\Phi$ 这一项, 在 $\Phi(x)$ 的 $\mathrm{SU(2)_L}$ 变换

$$\Phi(x) \to \Phi'(x) = \mathrm{U}_2\Phi(x) \equiv \mathrm{e}^{\mathrm{i}gT^j\beta^j(x)}\Phi(x) \tag{8.4.11}$$

和 $\mathrm{U(1)_Y}$ 变换

$$\varPhi(x) \to \varPhi'(x) = \mathrm{U}_1\varPhi(x) \equiv \mathrm{e}^{\mathrm{i}\frac{g'}{2}Y\alpha(x)}\varPhi(x) \tag{8.4.12}$$

的联合变换下保持不变, 但在作 (8.4.10) 式的替换后

$$\begin{aligned}\varPhi^+\varPhi =& \begin{pmatrix} \phi^+ \\ [H+\mathrm{i}\chi]/\sqrt{2} \end{pmatrix}^+ \begin{pmatrix} \phi^+ \\ [H+\mathrm{i}\chi]/\sqrt{2} \end{pmatrix} + \begin{pmatrix} \phi^+ \\ [H+\mathrm{i}\chi]/\sqrt{2} \end{pmatrix}^+ \frac{1}{\sqrt{2}}\begin{pmatrix} 0 \\ \upsilon \end{pmatrix} \\ &+ \frac{1}{\sqrt{2}}\begin{pmatrix} 0 \\ \upsilon \end{pmatrix}^+ \begin{pmatrix} \phi^+ \\ [H+\mathrm{i}\chi]/\sqrt{2} \end{pmatrix} + \frac{1}{2}\upsilon^2\end{aligned} \tag{8.4.13}$$

很显然, 第二项和第三项在变换

$$\begin{pmatrix} \phi^+ \\ [H+\mathrm{i}\chi]/\sqrt{2} \end{pmatrix} \to U_1U_2\begin{pmatrix} \phi^+ \\ [H+\mathrm{i}\chi]/\sqrt{2} \end{pmatrix} \tag{8.4.14}$$

下不具有不变性, 所以 $\varPhi^+\varPhi$ 项 $\mathrm{SU(2)_L\times U(1)_Y}$ 对称性消失了. 将 (8.4.13) 式进一步展开

$$\varPhi^+\varPhi = \phi^+\phi^- + \frac{1}{2}\left(H^2+\chi^2\right) + \upsilon H + \frac{1}{2}\upsilon^2 \tag{8.4.15}$$

(8.4.15) 式中场 ϕ^+, ϕ^-, H 和 χ 的电磁 $\mathrm{U(1)_{em}}$ 变换为

$$\phi^+ \to \mathrm{e}^{\mathrm{i}e\hat{Q}\alpha(x)}\phi^+ = \mathrm{e}^{\mathrm{i}e\alpha(x)}\phi^+ \tag{8.4.16a}$$

$$\phi^- \to \mathrm{e}^{\mathrm{i}e\hat{Q}\alpha(x)}\phi^- = \mathrm{e}^{-\mathrm{i}e\alpha(x)}\phi^- \tag{8.4.16b}$$

$$H \to \mathrm{e}^{\mathrm{i}e\hat{Q}\alpha(x)}H = H \tag{8.4.16c}$$

$$\chi \to \mathrm{e}^{\mathrm{i}e\hat{Q}\alpha(x)}\chi = \chi \tag{8.4.16d}$$

上面各式中 $\hat{Q}$ 为电荷算符. 因为 H 和 χ 为电中性场, $\hat{Q}H=0$, $\hat{Q}\chi=0$, 所以在 $\mathrm{U(1)_{em}}$ 变换下 H 和 χ 保持不变. 容易看出 (8.4.15) 式在 (8.4.16a) 式 ~(8.4.16d) 式的 $\mathrm{U(1)_{em}}$ 变换下仍然保持不变. 与此相似若将 (8.4.10) 式代入 $\mathcal{L}_H$, 便会发现其对称性由 $\mathrm{SU(2)_L\times U(1)_Y}$ 破缺到 $\mathrm{U(1)_{em}}$. 而电磁相互作用保持 U(1) 对称性正是现实所要求的.

将真空对称性自发破缺后的 $\varPhi(x)$ 表达式 (8.4.10) 式代入 $\mathcal{L}_H$(8.4.5) 式, 可得出各标量场、规范场本征振动及相互作用的情况.

1. 标量场的动能项、质量项及自相互作用项

略去协变导数中的规范场, 即可得纯标量场部分的拉氏量

$$\mathcal{L}_H = (\partial_\mu\varPhi)^+\partial^\mu\varPhi - V(\varPhi) \tag{8.4.17}$$

先看标量场势能项, 将 (8.4.15) 式代入 (8.4.4) 式, 整理后得

$$V(\varPhi) =\mu^2H^2 + 2v\lambda\left(\phi^+\phi^- + \frac{1}{2}H^2 + \frac{1}{2}\chi^2\right)H + \lambda\left(\phi^+\phi^- + \frac{1}{2}H^2 + \frac{1}{2}\chi^2\right)^2 + \frac{1}{4}\lambda v^4 - \frac{1}{2}\mu^2 v^2 \tag{8.4.18}$$

而动能项为

$$(\partial_\mu\varPhi)^+\partial^\mu\varPhi = \left(\partial_\mu\phi^-, \frac{1}{\sqrt{2}}\partial_\mu H - \frac{\mathrm{i}}{\sqrt{2}}\partial_\mu\chi\right)\begin{pmatrix}\partial^\mu\phi^+\\ \frac{1}{\sqrt{2}}\partial^\mu H + \frac{\mathrm{i}}{\sqrt{2}}\partial^\mu\chi\end{pmatrix} = \partial_\mu\phi^-\partial^\mu\phi^+ + \frac{1}{2}\partial_\mu H\partial^\mu H + \frac{1}{2}\partial_\mu\chi\partial^\mu\chi \tag{8.4.19}$$

两项合在一起得纯标量场项为

$$\mathcal{L}_H = \partial_\mu\phi^-\partial^\mu\phi^+ + \frac{1}{2}\partial_\mu H\partial^\mu H + \frac{1}{2}\partial_\mu\chi\partial^\mu\chi - \mu^2H^2 - 2v\lambda\left(\phi^+\phi^- + \frac{1}{2}H^2 + \frac{1}{2}\chi^2\right)H - \lambda\left(\phi^+\phi^- + \frac{1}{2}H^2 + \frac{1}{2}\chi^2\right)^2 \tag{8.4.20}$$

上面的结果中已经略去了无关紧要的常数项. (8.4.20) 式说明标量场 H 获得了质量, 而 $\phi^\pm$ 和 χ 仍然无质量, $\phi^\pm$ 和 χ 为 Goldstone 粒子. 中性标量场 H 的动能项及质量项应有如下的形式

$$\frac{1}{2}\partial_\mu H\partial^\mu H - \frac{1}{2}m_H^2H^2$$

上式与 (8.4.20) 式中第四项比较可得

$$m_H = \sqrt{2}\mu \tag{8.4.21}$$

$\mathcal{L}_H$ 中总共出现了四种标量粒子 ——H, ϕ^+, ϕ^-, χ. 其中 H 获得了质量, 而 $\phi^\pm$ 和 χ 为零质量的 Goldstone 粒子. 它们都是物理上可探测的粒子吗?

标量场二重态 $\varPhi(x)$ 共有 4 个实自由度, (8.4.10) 式并不是唯一的定义真空期望值为零的标量场的方法. 有别于 (8.4.10) 式, 在数学上 $\varPhi(x)$ 总可以表示成

$$\varPhi(x) = \mathrm{e}^{-\mathrm{i}gT^j\phi^j(x)}\begin{pmatrix}0\\ [v+H(x)]/\sqrt{2}\end{pmatrix} \tag{8.4.22}$$

其中 $\phi^j, j=1,2,3,$ 和 $H(x)$ 均为真空期望值为零的实标量场, 总数为 4, 自由度是相符的. 因为拉氏量在 $\mathrm{SU(2)_L}$ 变换下具有不变性, 可以对标量场二重态做一 SU(2) 规范变换, 规范变换参数取为 $\beta^j(x) = \phi^j(x)$, 即

$$\varPhi(x) \to U_2\varPhi(x)$$

$$
\begin{aligned}
&= \mathrm{e}^{\mathrm{i}gT^j\phi^j(x)}\Phi(x) \\
&= \frac{1}{\sqrt{2}}\begin{pmatrix} 0 \\ v+H(x) \end{pmatrix}
\end{aligned} \tag{8.4.23}
$$

因为相互作用具有规范变换的不变性, 所以此规范变换不改变相互作用的物理实质. 然而 (8.4.23) 式与 (8.4.10) 式比较, 却少了标量场 $\phi^{\pm}$ 和 χ 这说明 $\phi^{\pm}$ 和 χ 只是规范自由度, 不代表物理粒子. 物理粒子只有标量场 $H(x)$ 的量子. $H(x)$ 称为 Higgs 场, 其量子称为 Higgs 粒子.

(8.4.23) 式相当于选取了一种特定的规范. 在这种规范下只包括物理粒子, 从而使理论中需要处理的场的数量大为减少. 这种规范称为幺正规范 (unitary gauge). 以下我们将在幺正规范下讨论问题.

在幺正规范下以

$$
\Phi(x) = \frac{1}{\sqrt{2}}\begin{pmatrix} 0 \\ v+H(x) \end{pmatrix} \tag{8.4.24}
$$

重新代入 (8.4.17) 式, 这相当于在 (8.4.20) 式中去掉含标量场 $\phi^{\pm}$ 和 χ 的项

$$
\begin{aligned}
\mathcal{L}_H &= \frac{1}{2}\partial_\mu H\partial^\mu H - \frac{1}{2}m_H^2H^2 - v\lambda H^3 - \frac{\lambda}{4}H^4 \\
&= \frac{1}{2}\partial_\mu H\partial^\mu H - \frac{1}{2}m_H^2H^2 - \frac{m_H^2}{2v}H^3 - \frac{m_H^2}{8v^2}H^4
\end{aligned} \tag{8.4.25}
$$

(8.4.25) 式的第二步用到了 $\lambda = m_H^2/(2v^2)$(这个关系可以根据 (8.4.8) 式和 (8.4.21) 式求得), (8.4.25) 式前两项分别为 Higgs 场的动能项和质量场, 按照微扰论此两项给出 Higgs 场的传播子

$$
- - - - \rightarrow - - - \quad \frac{\mathrm{i}}{k^2 - m_H^2 + \mathrm{i}\varepsilon} \quad \text{(B-D 度规)}
$$

后两项代表 Higgs 场的自相互作用, 在微扰论下给出 Higgs 场的三点和四点顶角

$-3\mathrm{i}\dfrac{m_H^2}{v}$　　　　　　$-3\mathrm{i}\dfrac{m_H^2}{v^2}$

2. 规范场的质量项

标量场及其与规范场相互作用的拉氏量 (8.4.5) 式中协变导数

$$
D_\mu = \partial_\mu - \mathrm{i}gT^iA_\mu^i - \mathrm{i}\frac{g'}{2}YB_\mu
$$

$$= \partial_\mu - \frac{\mathrm{i}}{2}\begin{pmatrix} gA_\mu^3 + g'B_\mu & \sqrt{2}gW_\mu^+ \\ \sqrt{2}gW_\mu^- & -gA_\mu^3 + g'B_\mu \end{pmatrix} \tag{8.4.26}$$

(8.4.26) 式亦见 (8.3.17) 式，这里已将标量场二重态的弱超荷 $Y=1$ 代入. 只要将 (8.4.24) 式 $\varPhi(x)$ 的真空期望值项代入 (8.4.5) 式, 即可得规范场的二次项

$$\begin{aligned}
\mathcal{L}_{\mathrm{GM}} &= \left|\left[\partial_\mu - \frac{\mathrm{i}}{2}\begin{pmatrix} gA_\mu^3 + g'B_\mu & \sqrt{2}gW_\mu^+ \\ \sqrt{2}gW_\mu^- & -gA_\mu^3 + g'B_\mu \end{pmatrix}\right]\frac{1}{\sqrt{2}}\begin{pmatrix} 0 \\ \upsilon \end{pmatrix}\right|^2 \\
&= \left|-\frac{\mathrm{i}}{2\sqrt{2}}\begin{pmatrix} gA_\mu^3 + g'B_\mu & \sqrt{2}gW_\mu^+ \\ \sqrt{2}gW_\mu^- & -gA_\mu^3 + g'B_\mu \end{pmatrix}\begin{pmatrix} 0 \\ \upsilon \end{pmatrix}\right|^2 \\
&= \left|-\frac{\mathrm{i}}{2\sqrt{2}}\upsilon\begin{pmatrix} \sqrt{2}gW_\mu^+ \\ -gA_\mu^3 + g'B_\mu \end{pmatrix}\right|^2 \\
&= \frac{1}{4}g^2\upsilon^2 W_\mu^+ W^{-\mu} + \frac{1}{8}\upsilon^2\left(g^2 A_\mu^3 A^{3\mu} - 2gg'A_\mu^3 B^\mu + g'^2 B_\mu B^\mu\right) \\
&= \frac{1}{4}g^2\upsilon^2 W_\mu^+ W^{-\mu} + \frac{1}{8}\upsilon^2\left(A_\mu^3, B_\mu\right)\begin{pmatrix} g^2 & -gg' \\ -gg' & g'^2 \end{pmatrix}\begin{pmatrix} A_\mu^3 \\ B^\mu \end{pmatrix}
\end{aligned} \tag{8.4.27}$$

(8.4.27) 式中第一项为 $W^\pm$ 的质量项, 后面我们将会看到, $W^\pm$ 的动能项为 $\partial_\mu W_\nu^+ \partial^\nu W^{-\mu} - \partial_\mu W_\nu^+ \partial^\mu W^{-\nu}$, 与此相应其质量项应形如 $m_{\mathrm{W}}^2 W_\mu^+ W^{-\mu}$, 因此

$$m_{\mathrm{W}}^2 = \frac{1}{4}g^2\upsilon^2$$

即

$$m_{\mathrm{W}} = \frac{1}{2}g\upsilon \tag{8.4.28}$$

在 7.8 节我们已经得到了费米常数 G_{F} 与 m_{W} 和 g 的关系

$$\frac{G_{\mathrm{F}}}{\sqrt{2}} = \frac{g^2}{8m_{\mathrm{W}}^2}$$

将 (8.4.28) 式的结果代入上式, 可解出

$$\upsilon = \sqrt{\frac{1}{\sqrt{2}G_{\mathrm{F}}}} = 246.3\ \mathrm{GeV} \tag{8.4.29}$$

(8.4.29) 式说明标量场的真空期望值为 246.3GeV, 此值称为弱电对称性破缺能标.

(8.4.27) 式的第二项是中性矢量场 A_μ^3 和 B_μ 的质量项, 其质量矩阵是非对角化的, 说明 A_μ^3 和 B_μ 都不是质量本征态. 容易求得质量矩阵

$$\begin{pmatrix} g^2 & -gg' \\ -gg' & g'^2 \end{pmatrix}$$

的本征值分别为 $m_1^2 = g^2 + g'^2$, $m_2^2 = 0$, 相应的归一化本征矢量为

$$x_1 = \frac{1}{\sqrt{g^2+g'^2}}\begin{pmatrix} g \\ -g' \end{pmatrix}, \quad x_2 = \frac{1}{\sqrt{g^2+g'^2}}\begin{pmatrix} g' \\ g \end{pmatrix} \tag{8.4.30}$$

根据 (8.4.30) 式, 中性矢量场的质量本征态应为

$$\begin{aligned} Z_\mu &= \frac{1}{\sqrt{g^2+g'^2}}(gA_\mu^3 - g'B_\mu) \\ A_\mu &= \frac{1}{\sqrt{g^2+g'^2}}(g'A_\mu^3 + gB_\mu) \end{aligned} \tag{8.4.31}$$

定义

$$\sin\theta = \frac{g'}{\sqrt{g^2+g'^2}}, \quad \cos\theta = \frac{g}{\sqrt{g^2+g'^2}} \tag{8.4.32}$$

其中 θ 称为 Weinberg 角. 利用 Weinberg 角的定义, (8.4.31) 式表示为

$$\begin{aligned} A_\mu &= \cos\theta B_\mu + \sin\theta A_\mu^3 \\ Z_\mu &= -\sin\theta B_\mu + \cos\theta A_\mu^3 \end{aligned} \tag{8.4.33}$$

(8.4.33) 式即为 8.3 节使用过的 (8.3.18) 式. 从 (8.4.33) 式反解出 A_μ^3 和 B_μ, 得

$$\begin{aligned} A_\mu^3 &= \sin\theta A_\mu + \cos\theta Z_\mu \\ B_\mu &= \cos\theta A_\mu - \sin\theta Z_\mu \end{aligned} \tag{8.4.34}$$

将 (8.4.34) 式代入 (8.4.27) 式可得规范场质量项

$$\mathcal{L}_{\rm GM} = \frac{1}{4}g^2\upsilon^2 W_\mu^+ W^{-\mu} + \frac{1}{8}\upsilon^2(g^2+g'^2)Z_\mu Z^\mu \tag{8.4.35}$$

(8.4.35) 式说明 Z 粒子获得了质量, 而光子 A_μ 仍无质量. 后面将会推得 Z_μ 的动能项为 $\frac{1}{2}(\partial_\mu Z_\nu \partial^\nu Z^\mu - \partial_\mu Z^\nu \partial^\mu Z^\nu)$, 与此相应 Z_μ 的质量项应为 $\frac{1}{2}m_{\rm Z}^2 Z_\mu Z^\mu$, 因此从 (8.4.35) 式得到

$$\frac{1}{8}\upsilon^2(g^2+g'^2) = \frac{1}{2}m_{\rm Z}^2$$

即

$$m_{\rm Z} = \frac{1}{2}\upsilon\sqrt{g^2+g'^2} \tag{8.4.36}$$

比较 (8.4.28) 式和 (8.4.36) 式, 得到 W 和 Z 粒子质量之间的关系

$$\frac{m_{\rm W}}{m_{\rm Z}} = \cos\theta \tag{8.4.37}$$

另外, 考虑到 (8.4.29) 式及 (8.4.34) 式得

$$m_{\mathrm{W}}=\frac{1}{2}gv=\frac{1}{2}\frac{\mathrm{e}}{\sin\theta}v=\frac{1}{2}\sqrt{\frac{4\pi\alpha}{\sqrt{2}\sin^2\theta G_{\mathrm{F}}}} \approx 78\mathrm{GeV} \tag{8.4.38}$$

及

$$m_{\mathrm{Z}}=\frac{m_{\mathrm{W}}}{\cos\theta}\approx 89\mathrm{GeV} \tag{8.4.39}$$

以上两式是 Glashow-Weinberg-Salam 弱电统一模型对弱相互作用中间玻色子质量的预言. 以上结果没有考虑微扰论高阶修正及重整化效应带来的影响. 考虑这些因素之后, 理论预言值会有所上升, 从而与后来实验测量得到的结果完好吻合.

3. 标量场与规范场相互作用项

(8.4.5) 式 $\mathcal{L}_H$ 中除去纯标量场和纯规范场部分外, 其余项描述的是标量场和规范场之间的相互作用.

将 (8.4.34) 式代入 (8.4.26) 式并考虑到 Weinberg 角与耦合常数 g 和 g' 之间的关系, 可以将协变导数用规范场的质量本征态来表示

$$D_\mu=\partial_\mu-\mathrm{i}\begin{pmatrix} eA_\mu+g\dfrac{\cos 2\theta}{2\cos\theta}Z_\mu & \dfrac{g}{\sqrt{2}}W_\mu^+ \\ \dfrac{g}{\sqrt{2}}W_\mu^- & -\dfrac{g}{2\cos\theta}Z_\mu \end{pmatrix} \tag{8.4.40}$$

于是

$$\begin{aligned}(D_\mu\varPhi)^+D^\mu\varPhi &= \left|\left[\partial_\mu-\mathrm{i}\begin{pmatrix} eA_\mu+g\dfrac{\cos 2\theta}{2\cos\theta}Z_\mu & \dfrac{g}{\sqrt{2}}W_\mu^+ \\ \dfrac{g}{\sqrt{2}}W_\mu^- & -\dfrac{g}{2\cos\theta}Z_\mu \end{pmatrix}\right]\frac{1}{\sqrt{2}}\begin{pmatrix}0\\ v+H\end{pmatrix}\right|^2 \\ &= \frac{1}{2}\left|\begin{pmatrix} -\mathrm{i}\dfrac{g}{\sqrt{2}}W_\mu^+(v+H) \\ \partial_\mu H+\mathrm{i}\dfrac{g}{2\cos\theta}Z_\mu(v+H)\end{pmatrix}\right|^2 \\ &= \frac{1}{4}g^2W_\mu^+W^{-\mu}(v+H)^2+\frac{1}{2}\partial_\mu H\partial^\mu H+\frac{g^2}{8\cos^2\theta}Z_\mu Z^\mu(v+H)^2\end{aligned} \tag{8.4.41}$$

其中描述规范场与标量场相互作用的项为

$$\begin{aligned}\mathcal{L}_{\mathrm{HG}}=&\frac{1}{2}g^2vW_\mu^+W^{-\mu}H+\frac{1}{4}g^2W_\mu^+W^{-\mu}H^2+\frac{g^2v}{4\cos^2\theta}Z_\mu Z^\mu H \\ &+\frac{g^2}{8\cos^2\theta}Z_\mu Z^\mu H^2\end{aligned} \tag{8.4.42}$$

根据微扰展开, 这些项所对应的费曼规则为

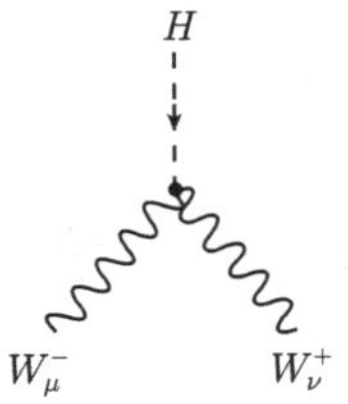

$$\mathrm{i}\frac{1}{2}g^2 v g_{\mu\nu}=\mathrm{i}gm_w\, g_{\mu\nu}$$

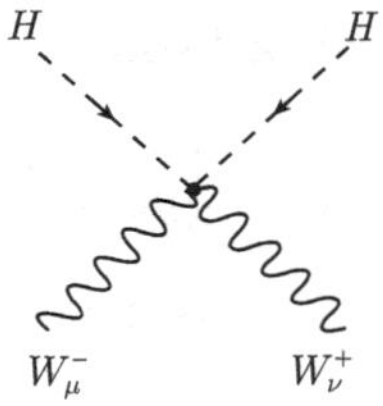

$$\mathrm{i}\frac{1}{2}g^2 g_{\mu\nu}$$

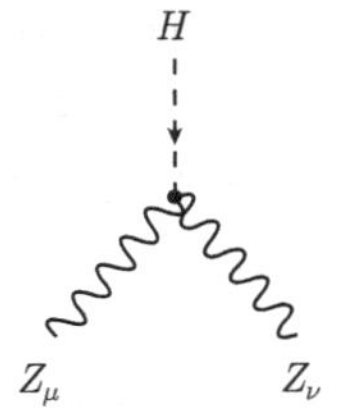

$$\mathrm{i}\frac{g^2 v}{2\cos^2\theta}g_{\mu\nu}=\mathrm{i}\frac{2m_Z^2}{v}g_{\mu\nu}$$

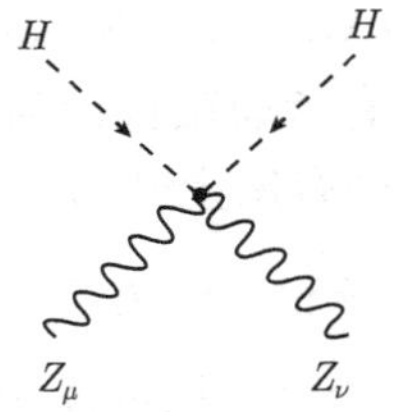

$$\mathrm{i}\frac{g^2}{2\cos^2\theta}g_{\mu\nu}=\mathrm{i}\frac{2m_Z^2}{v^2}g_{\mu\nu}$$

8.5　费米子质量的获得: Yukawa 耦合

在保持定域规范对称性的情况下, 费米子也可以和标量场二重态 $\Phi(x)$ 相互作用, 其耦合方式可以按核子与 π 介子相互作用的耦合方式写出, 称为 Yukawa 耦合.

对于轻子场, 我们需要考虑的是轻子左手二重态和轻子右手单态

$$\begin{aligned} l_{\mathrm{L}}^i &= \begin{pmatrix} \nu_{\mathrm{eL}} \\ \mathrm{e_L} \end{pmatrix}, \quad \begin{pmatrix} \nu_{\mu\mathrm{L}} \\ \mu_{\mathrm{L}} \end{pmatrix}, \quad \begin{pmatrix} \nu_{\tau\mathrm{L}} \\ \tau_{\mathrm{L}} \end{pmatrix} \\ l_{i\mathrm{R}} &= e_{\mathrm{R}}, \quad \mu_{\mathrm{R}}, \quad \tau_{\mathrm{R}} \end{aligned} \tag{8.5.1}$$

这里假设自然界中不存在右手中微子场. 对于夸克场, 需要考虑的是夸克左手二重态和右手单态

$$\begin{aligned} q_{\mathrm{L}}^i &= \begin{pmatrix} u_{\mathrm{L}} \\ d'_{\mathrm{L}} \end{pmatrix}, \quad \begin{pmatrix} c_{\mathrm{L}} \\ s'_{\mathrm{L}} \end{pmatrix}, \quad \begin{pmatrix} t_{\mathrm{L}} \\ b'_{\mathrm{L}} \end{pmatrix} \\ u_{i\mathrm{R}} &= u_{\mathrm{R}}, \quad c_{\mathrm{R}}, \quad t_{\mathrm{R}} \\ d'_{i\mathrm{R}} &= d'_{\mathrm{R}}, \quad s'_{\mathrm{R}}, \quad b'_{\mathrm{R}} \end{aligned} \tag{8.5.2}$$

其中 d'_i 代表弱相互作用本征态, 而质量本征态用 d_i 表示. (8.5.1) 式和 (8.5.2) 式中的情况相当于只考虑下夸克的混合而不考虑上夸克和轻子的混合

$$\begin{pmatrix} d' \\ s' \\ b' \end{pmatrix} = U \begin{pmatrix} d \\ s \\ b \end{pmatrix}, \quad U^+U=1 \tag{8.5.3}$$

然而更一般的情况是上夸克、下夸克以及轻子都有混合，但实际上这是没有必要的．对于夸克，无论上夸克或下夸克的混合，只需要考虑一种就够了，在物理效果上是相同的．我们用带电流来说明这个问题，我们从上、下夸克都有混合的情况出发，设

$$u_i' = P_{ij}u_j, \quad d_i' = R_{ij}d_j \tag{8.5.4}$$

其中 P 和 R 均为幺正变换矩阵，满足

$$P^+P = 1, \quad R^+R = 1$$

那么弱带电流

$$\begin{aligned}\bar{u}_i'\hat{O}d_i' &= \bar{u}_j(P^+)_{ji}\hat{O}R_{ik}d_k \\ &= (P^+)_{ji}R_{ik}\bar{u}_j\hat{O}d_k \\ &= V_{jk}\bar{u}_j\hat{O}d_k\end{aligned} \tag{8.5.5}$$

其中 $\hat{O}$ 代表任意旋量空间算符，$V_{jk} = (P^+)_{ji}R_{ik}$．而对于只有下夸克混合的情况，设

$$d_i' = U_{ij}d_j \tag{8.5.6}$$

弱带电流为

$$\begin{aligned}\bar{u}_i\hat{O}d_i' &= \bar{u}_i\hat{O}U_{ik}d_k \\ &= U_{ik}\bar{u}_i\hat{O}d_k \\ &= U_{jk}\bar{u}_j\hat{O}d_k\end{aligned} \tag{8.5.7}$$

对于 (8.5.5) 式和 (8.5.7) 式的结果，具有物理测量效果的是 V_{jk} 或 U_{jk}，而 P_{ij} 和 R_{ij} 并不对应物理可观测量，因此对同一过程的物理测量，V 和 U 将取相同的结果，所以 (8.5.5) 式和 (8.5.7) 式在物理上是等价的．与此类似可以证明只有上夸克混合与只有下夸克混合的情况类似也导致同样的物理结果．

对于轻子的情况，设中微子和带电轻子的混合分别为

$$\nu_i' = P_{ij}'\nu_j, \quad e_i' = R_{ij}'e_i \tag{8.5.8}$$

则轻子弱带电流为

$$\begin{aligned}\bar{\nu}_i'\hat{O}e_i' &= \bar{\nu}_j(P'^+)_{ji}\hat{O}R_{ik}'e_k \\ &= (P'^+)_{ji}R_{ik}'\bar{\nu}_j\hat{O}e_k\end{aligned} \tag{8.5.9}$$

若只考虑中微子质量为零的情况, 则因为中微子只能通过弱作用产生, 三种零质量中微子无法通过质量来区分, 只能通过与其相伴发生弱相互作用的轻子来区分, 因此对于混合的情况, 可以取

$$P' = R' \tag{8.5.10}$$

根据 P', R' 的幺正性, 有

$$(P'^{+})_{ji}R'_{ik} = \delta_{jk} \tag{8.5.11}$$

于是 (8.5.9) 式就会变成

$$\bar{\nu}'_i \hat{O} e'_i = \bar{\nu}_j \hat{O} e_j \tag{8.5.12}$$

即若中微子是无质量的, 则轻子有无混合都是等价的.

下面讨论如何由 (8.5.1) 式和 (8.5.2) 式中的轻子场、夸克场, 以及标量场二重态构造规范不变的相互作用项. 下面的组合

$$(\Phi^{+} l^i_{\mathrm{L}})$$

是 SU(2) 不变量, 但因其中只包括一次费米子场 l^i_{L}, 它不是一个 Dirac 旋量空间的标量, 即它包含有 Dirac 旋量矩阵, 而拉氏量必须是一个 C 数. 为了使组合 $(\Phi^{+} l^i_{\mathrm{L}})$ 构成 C 数, 并且保持 SU(2) 不变性, 只需给它左乘 $\bar{l}_{i\mathrm{R}}$,

$$\bar{l}_{i\mathrm{R}} \Phi^{+} l^i_{\mathrm{L}}$$

因为 $\bar{l}_{i\mathrm{R}}$ 是 SU(2) 单态, 所以上面的组合整体上是 SU(2) 不变量.

下面我们来看 $(\bar{l}_{i\mathrm{R}} \Phi^{+} l^i_{\mathrm{L}})$ 在 $\mathrm{U(1)_Y}$ 变换下的行为. 左手轻子场的弱超荷 $Y_1 = -1$, 右手轻子场的弱超荷 $Y_2 = -2$, 标量场二重态的弱超荷记为 Y, 则在 $\mathrm{U(1)_Y}$ 变换下,

$$\begin{aligned}
{l_{\mathrm{L}}}'^{i} &= \mathrm{e}^{\mathrm{i}\frac{g'}{2}Y_1\alpha} l^i_{\mathrm{L}} \\
l'_{i\mathrm{R}} &= \mathrm{e}^{\mathrm{i}\frac{g'}{2}Y_2\alpha} l_{i\mathrm{R}} \\
\Phi' &= \mathrm{e}^{\mathrm{i}\frac{g'}{2}Y\alpha} \Phi
\end{aligned}$$

于是项 $(\bar{l}_{i\mathrm{R}} \Phi^{+} l^i_{\mathrm{L}})$ 的变换为

$$\begin{aligned}
\bar{l}'_{i\mathrm{R}} \Phi'^{+} l'^{i}_{\mathrm{L}} &= \bar{l}_{i\mathrm{R}} \mathrm{e}^{-\mathrm{i}\frac{g'}{2}Y_2\alpha} \Phi^{+} \mathrm{e}^{-\mathrm{i}\frac{g'}{2}Y\alpha} \mathrm{e}^{\mathrm{i}\frac{g'}{2}Y_1\alpha} l^i_{\mathrm{L}} \\
&= \mathrm{e}^{\mathrm{i}\frac{g'}{2}(-Y_2-Y+Y_1)\alpha} \bar{l}_{i\mathrm{R}} \Phi^{+} l^i_{\mathrm{L}}
\end{aligned} \tag{8.5.13}$$

易见若标量场二重态的弱超荷

$$Y = Y_1 - Y_2 = (-1) - (-2) = 1 \tag{8.5.14}$$

则 $(\bar{l}_{i\mathrm{R}}\varPhi^{+}l_{\mathrm{L}}^{i})$ 也是 $\mathrm{U}(1)_{\mathrm{Y}}$ 不变的，因此它也是 $\mathrm{SU}(2)_{\mathrm{L}}\times\mathrm{U}(1)_{\mathrm{Y}}$ 不变的，否则标量场与费米子场的耦合 Yukawa 项会具有更为复杂的形式，所以，出于简单性的原则，我们取标量场二重态的弱超荷为 $\mathrm{Y}=1$.

与此类似，也可以构造出规范不变的夸克场与标量场的耦合项，它们与轻子 Yukawa 项合在一起即为全部费米子与标量场的 Yukawa 项，其结果为

$$\mathcal{L}_{\mathrm{Yukawa}}=-g_i^L\bar{l}_{i\mathrm{R}}\varPhi^{+}l_{\mathrm{L}}^{i}-g_{ij}^{d}\bar{d}'_{i\mathrm{R}}\varPhi^{+}q_{\mathrm{L}}^{j}-g_i^u\bar{u}_{i\mathrm{R}}\tilde{\varPhi}^{+}q_{\mathrm{L}}^{i}+\mathrm{h.c.} \tag{8.5.15}$$

(8.5.15) 式中第一项为轻子耦合项，第二、三项为夸克耦合，h.c. 代表所有项的厄米共轭项. g_i^L, g_{ij}^d, g_i^u 为 Yukawa 耦合系数. 第一、三项关于 i、j=1,2,3 的取法代表不取轻子和上夸克的混合，只在第二项中取下夸克的混合. (8.5.15) 式中

$$\begin{aligned}\tilde{\varPhi}&=\mathrm{i}\sigma_2\varPhi^{*}=\mathrm{i}\begin{pmatrix}0&-\mathrm{i}\\ \mathrm{i}&0\end{pmatrix}\begin{pmatrix}\phi^{+}\\ \phi^{0}\end{pmatrix}^{*}\\ &=\begin{pmatrix}0&1\\ -1&0\end{pmatrix}\begin{pmatrix}\phi^{-}\\ \phi^{0*}\end{pmatrix}=\begin{pmatrix}\phi^{0*}\\ -\phi^{-}\end{pmatrix}\end{aligned} \tag{8.5.16}$$

之所以在右手上夸克场的耦合中标量场取为 $\tilde{\varPhi}$，是为了对称性破缺后使 u 型夸克获得质量，且利用 (4.1.30) 式可以证明在 SU(2) 变换下 $\tilde{\varPhi}$ 的变换规则与 $\varPhi$ 相同，即

$$\tilde{\varPhi}\to\tilde{\varPhi}'=U\tilde{\varPhi}=\mathrm{e}^{\mathrm{i}gT^j\beta^j}\tilde{\varPhi} \tag{8.5.17}$$

从而保证 (8.5.15) 式第三项也是规范不变的. (8.5.15) 式第一和第二项及其厄米共轭项在对称性破缺后分别使轻子及 d 型夸克获得质量.

将对称性破缺后 $\varPhi(x)$ 和 $\tilde{\varPhi}$ 的表达式

$$\varPhi(x)=\frac{1}{\sqrt{2}}\begin{pmatrix}0\\ \upsilon+H(x)\end{pmatrix},\quad \tilde{\varPhi}(x)=\frac{1}{\sqrt{2}}\begin{pmatrix}\upsilon+H(x)\\ 0\end{pmatrix} \tag{8.5.18}$$

代入 $\mathcal{L}_{\mathrm{Yukawa}}$(8.5.15) 式，得

$$\begin{aligned}\mathcal{L}_{\mathrm{Yukawa}}=&-\frac{g_i^{\mathrm{L}}}{\sqrt{2}}\bar{l}_{i\mathrm{R}}\begin{pmatrix}0&\upsilon+H\end{pmatrix}\begin{pmatrix}\nu_{i\mathrm{L}}\\ l_{i\mathrm{L}}\end{pmatrix}-\frac{g_{ij}^{d}}{\sqrt{2}}\bar{d}'_{i\mathrm{R}}\begin{pmatrix}0&\upsilon+H\end{pmatrix}\begin{pmatrix}u_{j\mathrm{L}}\\ d'_{j\mathrm{L}}\end{pmatrix}\\ &-\frac{g_i^{u}}{\sqrt{2}}\bar{u}_{i\mathrm{R}}\begin{pmatrix}\upsilon+H&0\end{pmatrix}\begin{pmatrix}u_{i\mathrm{L}}\\ d'_{i\mathrm{L}}\end{pmatrix}+\mathrm{h.c.}\\ =&-\frac{g_i^{\mathrm{L}}}{\sqrt{2}}\bar{l}_{i\mathrm{R}}l_{i\mathrm{L}}(\upsilon+H)-\frac{g_{ij}^{d}}{\sqrt{2}}\bar{d}'_{i\mathrm{R}}d'_{j\mathrm{L}}(\upsilon+H)\end{aligned}$$

$$-\frac{g_i^u}{\sqrt{2}}\bar{u}_{i\mathrm{R}}u_{i\mathrm{L}}(\upsilon+H)+\mathrm{h.c.} \tag{8.5.19}$$

(8.5.19) 式中矩阵 (g_{ij}^d) 是非对角的, 反映了 d' 并非质量本征态. 数学上, 对任意一个 $n\times n$ 矩阵 M, 总存在 $n\times n$ 幺正矩阵 U 和 V, 使得 U^+MV 是对角化的, 而且可以进一步适当地选取 U 和 V 的相角, 使得对角化之后的矩阵元素都不小于 0.

设可以使矩阵 (g_{ij}^d) 对角化的两个幺正矩阵为 P_R^d 和 P_L^d, 即

$$(P_\mathrm{R}^{d+})_{ki}g_{ij}^d(P_\mathrm{L}^d)_{jl}=g_k^d\delta_{kl} \tag{8.5.20}$$

等式右边不对重复指标求和, g_k^d, $k=1,\ 2,\ 3$, 代表 (g_{ij}^d) 对角化之后的对角元, 对 $d'_{i\mathrm{R}}$ 和 $d'_{i\mathrm{L}}$ 作变换

$$\begin{aligned} d'_{i\mathrm{R}}&=(P_\mathrm{R}^d)_{ik}d_{k\mathrm{R}}\\ d'_{j\mathrm{L}}&=(P_\mathrm{L}^d)_{jl}d_{l\mathrm{L}} \end{aligned} \tag{8.5.21}$$

则 (8.5.19) 式变为

$$\begin{aligned} \mathcal{L}_{\mathrm{Yukawa}}&=-\frac{g_i^\mathrm{L}}{\sqrt{2}}\bar{l}_{i\mathrm{R}}l_{i\mathrm{L}}(\upsilon+H)-\frac{g_i^d}{\sqrt{2}}\bar{d}_{i\mathrm{R}}d_{i\mathrm{L}}(\upsilon+H)-\frac{g_i^u}{\sqrt{2}}\bar{u}_{i\mathrm{R}}u_{i\mathrm{L}}(\upsilon+H)+\mathrm{h.c.}\\ &=-\frac{g_i^\mathrm{L}}{\sqrt{2}}\bar{l}_il_i(\upsilon+H)-\frac{g_i^d}{\sqrt{2}}\bar{d}_id_i(\upsilon+H)-\frac{g_i^u}{\sqrt{2}}\bar{u}_iu_i(\upsilon+H)\\ &=-\left[\frac{m_{li}}{\upsilon}\,\bar{l}_il_i+\frac{m_{di}}{\upsilon}\bar{d}_id_i+\frac{m_{ui}}{\upsilon}\bar{u}_iu_i\right]H-m_{li}\bar{l}_il_i-m_{di}\bar{d}_id_i-m_{ui}\bar{u}_iu_i \end{aligned} \tag{8.5.22}$$

(8.5.22) 式中第二步已经利用了左手场和右手场的定义, 并将厄米共轭项考虑进去. 最后结果中

$$m_{li}\equiv\frac{g_i^\mathrm{L}}{\sqrt{2}}\upsilon,\quad m_{di}\equiv\frac{g_i^d}{\sqrt{2}}\upsilon,\quad m_{ui}\equiv\frac{g_i^u}{\sqrt{2}}\upsilon \tag{8.5.23}$$

(8.5.22) 式前三项为轻子、夸克与 Higgs 场的耦合项, 后三项为费米子场的质量项, 即真空对称性自发破缺后费米子获得质量. 前三项在微扰展开下给出费米子和 Higgs 耦合的费曼规则

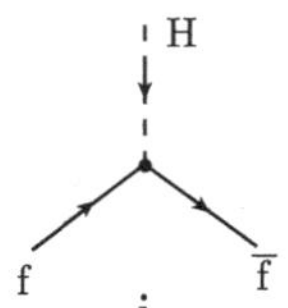

$$-\frac{\mathrm{i}}{\upsilon}m_\mathrm{f}$$

其中 f 代表任意一种费米子.

8.6 费米子与规范场相互作用 II

经过 (8.5.21) 式的幺正变换, 下夸克由弱相互作用本征态变换为质量本征态 $d' \to d$. (8.3.25) 式中的下夸克都变换为质量本征态, 动能项的变换为

$$\begin{aligned}\bar{d}'_i \mathrm{i}\gamma^\mu \partial_\mu d'_i &= \bar{d}'_{i\mathrm{R}} \mathrm{i}\gamma^\mu \partial_\mu d'_{i\mathrm{R}} + \bar{d}'_{i\mathrm{L}} \mathrm{i}\gamma^\mu \partial_\mu d'_{i\mathrm{L}} \\ &= \bar{d}_{i\mathrm{R}} \mathrm{i}\gamma^\mu \partial_\mu d_{i\mathrm{R}} + \bar{d}_{i\mathrm{L}} \mathrm{i}\gamma^\mu \partial_\mu d_{i\mathrm{L}} \\ &= \bar{d}_i \mathrm{i}\gamma^\mu \partial_\mu d_i \end{aligned} \tag{8.6.1}$$

(8.6.1) 式中第二步用到了变换矩阵 P^d_{R} 和 P^d_{L} 的幺正性. 其他中性流项变换的结果也是在原式基础上作 (8.5.21) 式的代换 $d'_i \to d_i$. 而带电流项在形式上有所改变

$$\begin{aligned}\bar{d}'_i \gamma^\mu (1-\gamma_5) u_i &= \bar{d}'_{i\mathrm{L}} \gamma^\mu (1-\gamma_5) u_i \\ &= (P^{d+}_{\mathrm{L}})_{ji} \bar{d}_{j\mathrm{L}} \gamma^\mu (1-\gamma_5) u_i \\ &= (P^{d+}_{\mathrm{L}})_{ji} \bar{d}_j \gamma^\mu (1-\gamma_5) u_i \end{aligned} \tag{8.6.2}$$

定义矩阵

$$V \equiv P^d_{\mathrm{L}} \tag{8.6.3}$$

则 (8.6.2) 式成为

$$\bar{d}'_i \gamma^\mu (1-\gamma_5) u_i = V^*_{ij} \bar{d}_j \gamma^\mu (1-\gamma_5) u_i \tag{8.6.4}$$

这里 V^*_{ij} 是矩阵 V 第 (i,j) 元素的复共轭. (8.6.4) 式两边同时取厄米共轭得

$$\bar{u}_i \gamma^\mu (1-\gamma_5) d'_i = V_{ij} \bar{u}_i \gamma^\mu (1-\gamma_5) d_j \tag{8.6.5}$$

矩阵 V 称为 CKM 矩阵.

利用 (8.6.1) 式 ~(8.6.5) 式的变换, 则用质量本征态表示的费米子场与规范场的相互作用项 (8.3.25) 式变为

$$\begin{aligned}\mathcal{L}_{\mathrm{FG}} =& \bar{\nu}_{i\mathrm{L}} \mathrm{i}\gamma^\mu \partial_\mu \nu_{i\mathrm{L}} + \bar{l}_i \mathrm{i}\gamma^\mu \partial_\mu l_i + \bar{u}_i \mathrm{i}\gamma^\mu \partial_\mu u_i + \bar{d}_i \mathrm{i}\gamma^\mu \partial_\mu d_i \\ &+ \frac{g}{2\sqrt{2}} \left[\bar{l}_i \gamma^\mu (1-\gamma_5) \nu_i + V^*_{ij} \bar{d}_j \gamma^\mu (1-\gamma_5) u_i\right] W^-_\mu \\ &+ \frac{g}{2\sqrt{2}} \left[\bar{\nu}_i \gamma^\mu (1-\gamma_5) l_i + V_{ij} \bar{u}_i \gamma^\mu (1-\gamma_5) d_j\right] W^+_\mu \\ &+ \frac{g}{4\cos\theta} \Bigg[\bar{\nu}_i \gamma^\mu (1-\gamma_5) \nu_i + \bar{l}_i \gamma^\mu \left(-(1-4\sin^2\theta) + \gamma_5\right) l_i \\ &+ \bar{u}_i \gamma^\mu \left(\left(1 - \frac{8}{3}\sin^2\theta\right) - \gamma_5\right) u_i + \bar{d}_i \gamma^\mu \left(-\left(1 - \frac{4}{3}\sin^2\theta\right) + \gamma_5\right) d_i \Bigg] Z_\mu \\ &+ e\left[-\bar{l}_i \gamma^\mu l_i + \frac{2}{3} \bar{u}_i \gamma^\mu u_i - \frac{1}{3} \bar{d}_i \gamma^\mu d_i\right] A_\mu \end{aligned} \tag{8.6.6}$$

(8.6.6) 式加上 Yukawa 耦合项, 总的费米子部分拉氏量为

$$\mathcal{L}_{\rm F} = \mathcal{L}_{\rm FG} + L_{\rm Yukawa} \tag{8.6.7}$$

(8.6.7) 式给出费米子部分的费曼规则.

费米子传播子:

$$\frac{\mathrm{i}}{\not p - m + \mathrm{i}\varepsilon} = \frac{\mathrm{i}(\not p + m)}{p^2 - m^2 + \mathrm{i}\varepsilon}$$

费米子与规范场相互作用顶角:

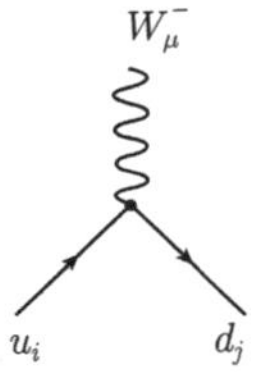

$\mathrm{i}\,\frac{g}{2\sqrt{2}}V_{ij}^*\gamma^\mu(1-\gamma_5)$

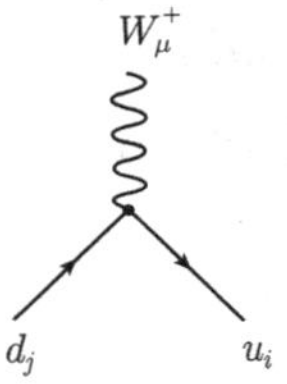

$\mathrm{i}\,\frac{g}{2\sqrt{2}}V_{ij}\gamma^\mu(1-\gamma_5)$

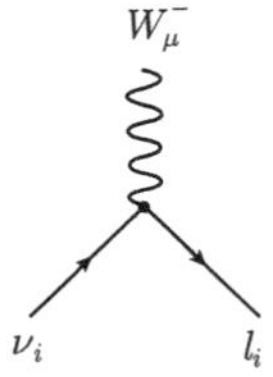

$\mathrm{i}\,\frac{g}{2\sqrt{2}}\gamma^\mu(1-\gamma_5)$

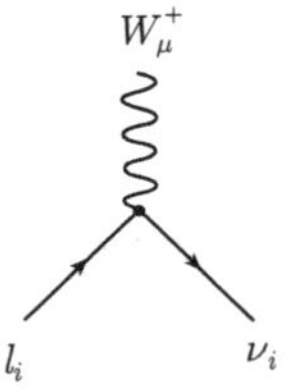

$\mathrm{i}\,\frac{g}{2\sqrt{2}}\gamma^\mu(1-\gamma_5)$

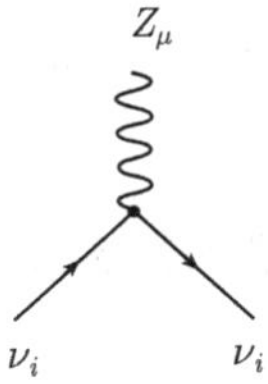

$\mathrm{i}\,\frac{g}{4\cos\theta}\gamma^\mu(1-\gamma_5)$

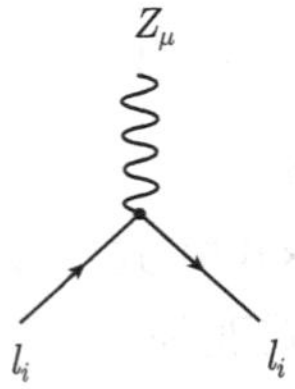

$\mathrm{i}\,\frac{g}{4\cos\theta}\gamma^\mu\cdot$
$[-(1-4\sin^2\theta)+\gamma_5]$

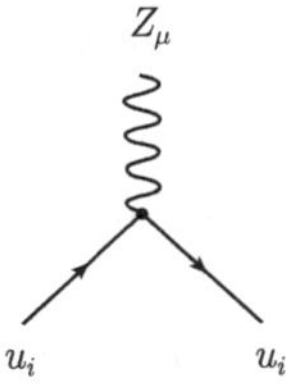

$\mathrm{i}\,\frac{g}{4\cos\theta}\gamma^\mu\cdot$
$\left[\left(1-\frac{8}{3}\sin^2\theta\right)-\gamma_5\right]$

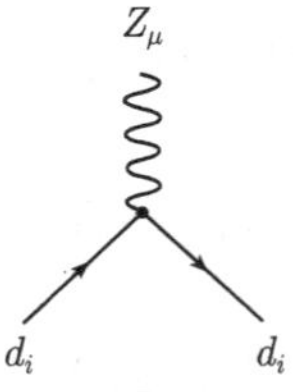

$\mathrm{i}\,\frac{g}{4\cos\theta}\gamma^\mu\cdot$
$\left[-\left(1-\frac{4}{3}\sin^2\theta\right)+\gamma_5\right]$

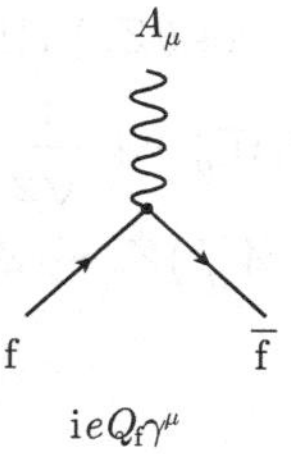

8.7 纯规范场相互作用

前面已经证明由纯规范场也可以构成保持规范不变性的相互作用项, 其拉格朗日量密度具有如下形式:

$$\mathcal{L}_\mathrm{G} = -\frac{1}{4}F^i_{\mu\nu}F^{i\mu\nu} - \frac{1}{4}B_{\mu\nu}B^{\mu\nu} \tag{8.7.1}$$

其中, $F^i_{\mu\nu}, i = 1, 2, 3$, 是 SU(2) 规范场场强张量, $B_{\mu\nu}$ 为 U(1) 规范场场强张量,

$$\begin{aligned} F^i_{\mu\nu} &= \partial_\mu A^i_\nu - \partial_\nu A^i_\mu + g\varepsilon^{ijk}A^j_\mu A^k_\nu \\ B_{\mu\nu} &= \partial_\mu B_\nu - \partial_\nu B_\mu \end{aligned} \tag{8.7.2}$$

(8.7.2) 规范场 A^i_μ 和 B_μ 都不是质量本征态. 为了能够与实验可探测到的规范场量子直接对应, 我们将规范场部分的拉格朗日量用规范场的质量本征态来表示. 通过前面的讨论, 规范场的质量本征态分别为 $W^\pm_\mu$, Z_μ 和电磁场 A_μ. 这些场的质量本征态与 A^i_μ, B_μ 的关系为

$$\begin{aligned} A^1_\mu &= \frac{1}{\sqrt{2}}(W^+_\mu + W^-_\mu) \\ A^2_\mu &= \frac{\mathrm{i}}{\sqrt{2}}(W^+_\mu - W^-_\mu) \end{aligned} \tag{8.7.3}$$

和

$$\begin{aligned} A^3_\mu &= \sin\theta A_\mu + \cos\theta Z_\mu \\ B_\mu &= \cos\theta A_\mu - \sin\theta Z_\mu \end{aligned} \tag{8.7.4}$$

将 (8.7.3) 及 (8.7.4) 式代入 (8.7.2) 式及 (8.7.1) 式即可得到用规范场质量本征态表示的拉格朗日量 $\mathcal{L}_\mathrm{G}$. 先来求 $F^i_{\mu\nu}$ 和 $B_{\mu\nu}$ 用质量本征态表示的表达式

$$\begin{aligned} F^1_{\mu\nu} &= \partial_\mu A^1_\nu - \partial_\nu A^1_\mu + g\varepsilon^{1jk}A^j_\mu A^k_\nu \\ &= \partial_\mu A^1_\nu - \partial_\nu A^1_\mu + g(A^2_\mu A^3_\nu - A^3_\mu A^2_\nu) \\ &= \frac{1}{\sqrt{2}}(\partial_\mu W^+_\nu + \partial_\mu W^-_\nu - \partial_\nu W^+_\mu - \partial_\nu W^-_\mu) + \frac{\mathrm{i}}{\sqrt{2}}g\left[(W^+_\mu - W^-_\mu)\right. \end{aligned}$$

$$\times(\sin\theta A_\nu+\cos\theta Z_\nu)-(\sin\theta A_\mu+\cos\theta Z_\mu)\,(W_\nu^+-W_\nu^-)]$$
$$=\frac{1}{\sqrt{2}}(\partial_\mu W_\nu^+-\partial_\nu W_\mu^++\partial_\mu W_\nu^--\partial_\nu W_\mu^-)+\frac{\mathrm{i}}{\sqrt{2}}g\left[\sin\theta[(W_\mu^+-W_\mu^-)\,A_\nu\right.$$
$$\left.-A_\mu(W_\nu^+-W_\nu^-)]+\cos\theta[(W_\mu^+-W_\mu^-)Z_\nu-Z_\mu(W_\nu^+-W_\nu^-)]\right] \tag{8.7.5a}$$

$$\begin{aligned}F_{\mu\nu}^2&=\partial_\mu A_\nu^2-\partial_\nu A_\mu^2+g\varepsilon^{2jk}A_\mu^jA_\nu^k\\&=\partial_\mu A_\nu^2-\partial_\nu A_\mu^2+g(A_\mu^3A_\nu^1-A_\mu^1A_\nu^3)\\&=\frac{\mathrm{i}}{\sqrt{2}}(\partial_\mu W_\nu^+-\partial_\mu W_\nu^--\partial_\nu W_\mu^++\partial_\nu W_\mu^-)+\frac{g}{\sqrt{2}}[(\sin\theta A_\mu+\cos\theta Z_\mu)\\&\quad\times(W_\nu^++W_\nu^-)-(W_\mu^++W_\mu^-)\,(\sin\theta A_\nu+\cos\theta Z_\nu)]\\&=\frac{\mathrm{i}}{\sqrt{2}}\left[\partial_\mu W_\nu^+-\partial_\nu W_\mu^+-(\partial_\mu W_\nu^--\partial_\nu W_\mu^-)\right]+\frac{g}{\sqrt{2}}\left[\sin\theta[A_\mu(W_\nu^++W_\nu^-)\right.\\&\quad\left.-(W_\mu^++W_\mu^-)A_\nu]+\cos\theta[Z_\mu(W_\nu^++W_\nu^-)-(W_\mu^++W_\mu^-)Z_\nu]\right]\end{aligned} \tag{8.7.5b}$$

$$\begin{aligned}F_{\mu\nu}^3&=\partial_\mu A_\nu^3-\partial_\nu A_\mu^3+g\varepsilon^{3jk}A_\mu^jA_\nu^k\\&=\partial_\mu A_\nu^3-\partial_\nu A_\mu^3+g(A_\mu^1A_\nu^2-A_\mu^2A_\nu^1)\\&=\partial_\mu(\sin\theta A_\nu+\cos\theta Z_\nu)-\partial_\nu(\sin\theta A_\mu+\cos\theta Z_\mu)\\&\quad+\frac{\mathrm{i}}{2}g\left[(W_\mu^++W_\mu^-)\,(W_\nu^+-W_\nu^-)-(W_\mu^+-W_\mu^-)(W_\nu^++W_\nu^-)\right]\\&=\sin\theta(\partial_\mu A_\nu-\partial_\nu A_\mu)+\cos\theta(\partial_\mu Z_\nu-\partial_\nu Z_\mu)\\&\quad-\mathrm{i}g(W_\mu^+W_\nu^--W_\mu^-W_\nu^+)\end{aligned} \tag{8.7.5c}$$

$$\begin{aligned}B_{\mu\nu}&=\partial_\mu B_\nu-\partial_\nu B_\mu\\&=\partial_\mu(\cos\theta A_\nu-\sin\theta Z_\nu)-\partial_\nu(\cos\theta A_\mu-\sin\theta Z_\mu)\\&=\cos\theta(\partial_\mu A_\nu-\partial_\nu A_\mu)-\sin\theta(\partial_\mu Z_\nu-\partial_\nu Z_\mu)\end{aligned} \tag{8.7.5d}$$

为了计算简洁, 我们不直接将 (8.7.5a) 式 ~(8.7.5d) 式代入 (8.7.1) 式, 而是先定义两个辅助参量

$$F_{\mu\nu}^+=\frac{1}{\sqrt{2}}(F_{\mu\nu}^1-\mathrm{i}F_{\mu\nu}^2),\quad F_{\mu\nu}^-=\frac{1}{\sqrt{2}}(F_{\mu\nu}^1+\mathrm{i}F_{\mu\nu}^2) \tag{8.7.6}$$

利用 (8.7.5a) 式和 (8.7.5b) 式得

$$\begin{aligned}F_{\mu\nu}^+&=\partial_\mu W_\nu^+-\partial_\nu W_\mu^++\mathrm{i}g[\sin\theta(W_\mu^+A_\nu-W_\nu^+A_\mu)\\&\quad+\cos\theta(W_\mu^+Z_\nu-W_\nu^+Z_\mu)]\end{aligned} \tag{8.7.7a}$$

$$F_{\mu\nu}^-=\partial_\mu W_\nu^--\partial_\nu W_\mu^--\mathrm{i}g\left[\sin\theta(W_\mu^-A_\nu-W_\nu^-A_\mu)\right.$$

$$+\cos\theta(W_\mu^- Z_\nu - W_\nu^- Z_\mu)] \tag{8.7.7b}$$

以上两式互为厄米共轭.

利用 $F_{\mu\nu}^{\pm}$ 的定义可以证明

$$\sum_{i=1}^{2} F_{\mu\nu}^i F^{i\mu\nu} = 2F_{\mu\nu}^+ F^{-\mu\nu} \tag{8.7.8}$$

于是利用 (8.7.8) 式及 (8.7.7) 式的结果, 经过少量的计算可得

$$\begin{aligned}
\sum_{i=1}^{2} F_{\mu\nu}^i F^{i\mu\nu} = 4\,\{&\partial_\mu W_\nu^+ \partial^\mu W^{-\nu} - \partial_\mu W_\nu^+ \partial^\nu W^{-\mu} - \mathrm{i}\,[e(\partial_\mu W_\nu^+ W^{-\mu} A^\nu \\
&- \partial_\mu W_\nu^+ W^{-\nu} A^\mu) + g\cos\theta(\partial_\mu W_\nu^+ W^{-\mu} Z^\nu - \partial_\mu W_\nu^+ W^{-\nu} Z^\mu)] \\
&+ \mathrm{i}\,[e(\partial_\mu W_\nu^- W^{+\mu} A^\nu - \partial_\mu W_\nu^- W^{+\nu} A^\mu) + g\cos\theta(\partial_\mu W_\nu^- W^{+\mu} Z^\nu \\
&- \partial_\mu W_\nu^- W^{+\nu} Z^\mu)] + [e^2(W_\mu^+ A_\nu W^{-\mu} A^\nu - W_\mu^+ A_\nu W^{-\nu} A^\mu) \\
&+ eg\cos\theta(2W_\mu^+ W^{-\mu} A_\nu Z^\nu - W_\mu^+ A_\nu W^{-\nu} Z^\mu - W_\mu^- A_\nu W^{+\nu} Z^\mu) \\
&+ g^2\cos^2\theta(W_\mu^+ Z_\nu W^{-\mu} Z^\nu - W_\mu^+ Z_\nu W^{-\nu} Z^\mu)]\}
\end{aligned} \tag{8.7.9}$$

利用 (8.7.5c) 式和 (8.7.5d) 式可得到

$$\begin{aligned}
F_{\mu\nu}^3 F^{3\mu\nu} = {}& 2\sin^2\theta\,(\partial_\mu A_\nu \partial^\mu A^\nu - \partial_\mu A_\nu \partial^\nu A^\mu) \\
&+ 2\cos^2\theta\,(\partial_\mu Z_\nu \partial^\mu Z^\nu - \partial_\mu Z_\nu \partial^\nu Z^\mu) \\
&- 2g^2\left(W_\mu^+ W_\nu^- W^{+\mu} W^{-\nu} - W_\mu^+ W_\nu^- W^{-\mu} W^{+\nu}\right) \\
&+ 2\sin\theta\cos\theta\,(\partial_\mu A_\nu - \partial_\nu A_\mu)\,(\partial^\mu Z^\nu - \partial^\nu Z^\mu) \\
&- 4\mathrm{i}e\left(\partial_\mu A_\nu W^{+\mu} W^{-\nu} - \partial_\mu A_\nu W^{-\mu} W^{+\nu}\right) \\
&- 4\mathrm{i}g\cos\theta\left(\partial_\mu Z_\nu W^{+\mu} W^{-\nu} - \partial_\mu Z_\nu W^{-\mu} W^{+\nu}\right)
\end{aligned} \tag{8.7.10a}$$

$$\begin{aligned}
B_{\mu\nu} B^{\mu\nu} = {}& 2\cos^2\theta\,(\partial_\mu A_\nu \partial^\mu A^\nu - \partial_\mu A_\nu \partial^\nu A^\mu) \\
&+ 2\sin^2\theta\,(\partial_\mu Z_\nu \partial^\mu Z^\nu - \partial_\mu Z_\nu \partial^\nu Z^\mu) \\
&- 2\sin\theta\cos\theta\,(\partial_\mu A_\nu - \partial_\nu A_\mu)\,(\partial^\mu Z^\nu - \partial^\nu Z^\mu)
\end{aligned} \tag{8.7.10b}$$

将上面两式相加, 则场 A 和 Z 的混合项会相互消去

$$\begin{aligned}
&F_{\mu\nu}^3 F^{3\mu\nu} + B_{\mu\nu} B^{\mu\nu} \\
&= 2\,(\partial_\mu A_\nu \partial^\mu A^\nu - \partial_\mu A_\nu \partial^\nu A^\mu) + 2\,(\partial_\mu Z_\nu \partial^\mu Z^\nu - \partial_\mu Z_\nu \partial^\nu Z^\mu) \\
&\quad - 2g^2\left(W_\mu^+ W^{+\mu} W_\nu^- W^{-\nu} - W_\mu^+ W^{-\mu} W_\nu^- W^{+\nu}\right)
\end{aligned}$$

$$
\begin{aligned}
&- 4\mathrm{ie}\left(\partial_\mu A_\nu W^{+\mu}W^{-\nu} - \partial_\mu A_\nu W^{-\mu}W^{+\nu}\right)\\
&- 4\mathrm{i}g\cos\theta\left(\partial_\mu Z_\nu W^{+\mu}W^{-\nu} - \partial_\mu Z_\nu W^{-\mu}W^{+\nu}\right)
\end{aligned}
\tag{8.7.11}
$$

将 (8.7.9) 式和 (8.7.11) 两式求和, 可得纯规范场部分拉氏量

$$
\begin{aligned}
\mathcal{L}_{\mathrm{G}} =& \partial_\mu W_\nu^+\partial^\nu W^{-\mu} - \partial_\mu W_\nu^+\partial^\mu W^{-\nu} + \frac{1}{2}(\partial_\mu A_\nu\partial^\nu A^\mu - \partial_\mu A_\nu\partial^\mu A^\nu)\\
&+ \frac{1}{2}(\partial_\mu Z_\nu\partial^\nu Z^\mu - \partial_\mu Z_\nu\partial^\mu Z^\nu) + \mathrm{ie}(\partial_\mu W_\nu^+ W^{-\mu}A^\nu - \partial_\mu W_\nu^+ W^{-\nu}A^\mu)\\
&- \mathrm{ie}(\partial_\mu W_\nu^- W^{+\mu}A^\nu - \partial_\mu W_\nu^- W^{+\nu}A^\mu) + \mathrm{ie}(\partial_\mu A_\nu W^{+\mu}W^{-\nu}\\
&- \partial_\mu A_\nu W^{-\mu}W^{+\nu}) + \mathrm{i}g\cos\theta(\partial_\mu W_\nu^+ W^{-\mu}Z^\nu - \partial_\mu W_\nu^+ W^{-\nu}Z^\mu)\\
&- \mathrm{i}g\cos\theta(\partial_\mu W_\nu^- W^{+\mu}Z^\nu - \partial_\mu W_\nu^- W^{+\nu}Z^\mu)\\
&+ \mathrm{i}g\cos\theta\left(\partial_\mu Z_\nu W^{+\mu}W^{-\nu} - \partial_\mu Z_\nu W^{-\mu}W^{+\nu}\right)\\
&- e^2(W_\mu^+ W^{-\mu}A_\nu A^\nu - W_\mu^+ A_\nu W^{-\nu}A^\mu) - g^2\cos^2\theta(W_\mu^+ Z_\nu W^{-\mu}Z^\nu\\
&- W_\mu^+ Z_\nu W^{-\nu}Z^\mu) - eg\cos\theta(2W_\mu^+ W^{-\mu}A_\nu Z^\nu - W_\mu^+ A_\nu W^{-\nu}Z^\mu\\
&- W_\mu^- A_\nu W^{+\nu}Z^\mu) + \frac{1}{2}g^2\left(W_\mu^+ W^{+\mu}W_\nu^- W^{-\nu} - W_\mu^+ W^{-\mu}W_\nu^- W^{+\nu}\right)
\end{aligned}
\tag{8.7.12}
$$

(8.7.12) 式描写了规范场之间相互作用的情况, 前三项分别为 $W^\pm$、光子和 Z 场的动能项. 动能项与规范场的质量项 (8.4.35) 式合在一起为

$$
\begin{aligned}
&\partial_\mu W_\nu^+\partial^\nu W^{-\mu} - \partial_\mu W_\nu^+\partial^\mu W^{-\nu} + m_W^2 W_\mu^+ W^{-\mu}\\
&+ \frac{1}{2}(\partial_\mu A_\nu\partial^\nu A^\mu - \partial_\mu A_\nu\partial^\mu A^\nu)\\
&+ \frac{1}{2}(\partial_\mu Z_\nu\partial^\nu Z^\mu - \partial_\mu Z_\nu\partial^\mu Z^\nu) + \frac{1}{2}m_Z^2 Z_\mu Z^\mu
\end{aligned}
\tag{8.7.13}
$$

这一部分拉氏量在微扰理论中给出规范场的传播子. 幺正规范下, 传播子为

$W_\mu^\pm$  $W_\nu^\pm$　　$\left(g_{\mu\nu} - \dfrac{k_\mu k_\nu}{m_W^2}\right)\dfrac{-\mathrm{i}}{k^2 - m_W^2 + \mathrm{i}\varepsilon}$

Z_μ  Z_ν　　$\left(g_{\mu\nu} - \dfrac{k_\mu k_\nu}{m_Z^2}\right)\dfrac{-\mathrm{i}}{k^2 - m_Z^2 + \mathrm{i}\varepsilon}$

A_μ  A_ν　　$\left(g_{\mu\nu} - (1-\xi)\dfrac{k_\mu k_\nu}{k^2 + \mathrm{i}\varepsilon}\right)\dfrac{-\mathrm{i}}{k^2 + \mathrm{i}\varepsilon}$

对于光子的传播子, ξ 称为规范参数, 可以取任意值. 因为相互作用具有规范不变性, ξ 取不同的值不改变物理结果.

(8.7.12) 式的其他项则描述了弱电规范场之间的相互作用. 它们在微扰展开下给出规范场相互作用顶角的费曼规则:

(1) WWA顶角

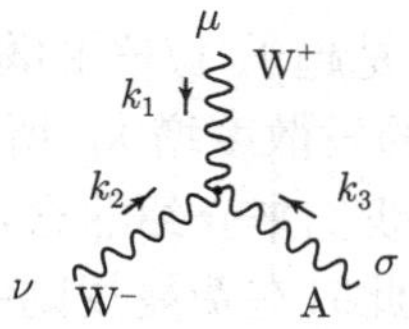

$$-\mathrm{i}e[g^{\mu\nu}(k_2-k_1)^\sigma+g^{\nu\sigma}(k_3-k_2)^\mu+g^{\sigma\mu}(k_1-k_3)^\nu]$$

(2) WWZ顶角

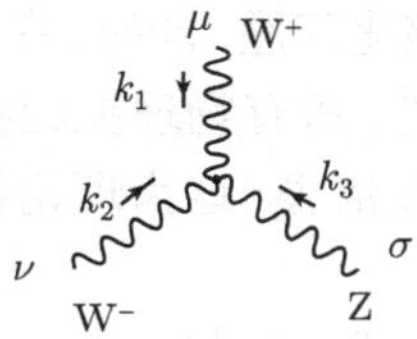

$$-\mathrm{i}g\cos\theta[g^{\mu\nu}(k_2-k_1)^\sigma+g^{\nu\sigma}(k_3-k_2)^\mu+g^{\sigma\mu}(k_1-k_3)^\nu]$$

(3) WWAA顶角

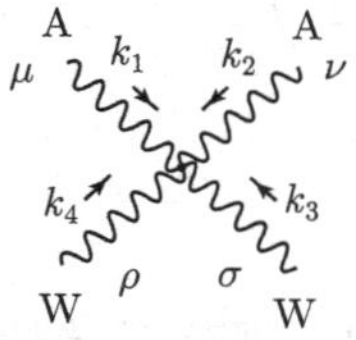

$$\mathrm{i}e^2\,(g^{\mu\sigma}g^{\nu\rho}+g^{\mu\rho}g^{\nu\sigma}-2g^{\mu\nu}g^{\sigma\rho})$$

(4) WWZZ顶角

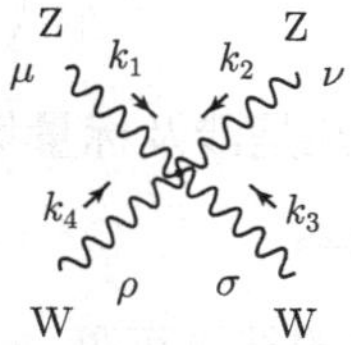

$$\mathrm{i}g^2\cos^2\theta\,(g^{\mu\sigma}g^{\nu\rho}+g^{\mu\rho}g^{\nu\sigma}-2g^{\mu\nu}g^{\sigma\rho})$$

(5) WWAZ顶角

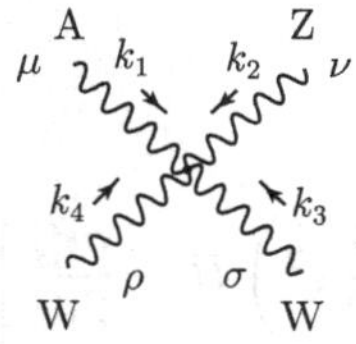

$$-\mathrm{i}eg\cos\theta(2g^{\mu\nu}g^{\sigma\rho}-g^{\mu\sigma}g^{\nu\rho}-g^{\mu\rho}g^{\nu\sigma})$$

(6) WWWW顶角

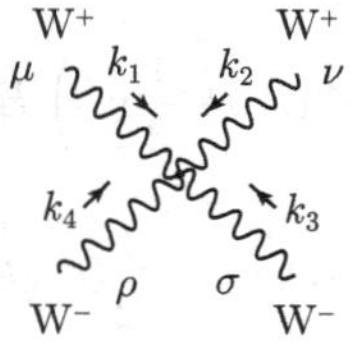

$$\mathrm{i}g^2(2g^{\mu\nu}g^{\sigma\rho}-g^{\mu\sigma}g^{\nu\rho}-g^{\mu\rho}g^{\nu\sigma})$$

8.8 重整化规范 (R_ξ 规范) 中的费曼规则

以上我们在幺正规范下讨论了弱电统一模型并给出了其中的费曼规则. 在幺正规范下, 理论中出现的粒子都是物理粒子, 而不包括非物理粒子 $\phi^\pm$ 和 χ 等, 这使得在考虑实际物理过程时需要计算的费曼图大为减少. 但在幺正规范下, 因矢量玻色子的传播子中包含 $-\dfrac{k_\mu k_\nu}{m_{\rm V}^2}$ 项 (见 $\rm W^\pm$ 和 $\rm Z^0$ 粒子的传播子, $m_{\rm V}$ 为矢量粒子的质量), 这使得在动量 $k\to\infty$ 时, 矢量粒子的传播子不是趋于 $1/k^2$ 的渐近行为, 而是趋于 $O(1)$, 因此当考虑弱电圈图修正时, 会使圈图的发散度增大. 所以, 在幺正规范下讨论圈图的计算及重整化问题是困难的. 本节我们来介绍非幺正规范下的费曼规则, 即在理论中保持 Goldstone 粒子 $\phi^\pm$ 和 χ, 此时在费曼规则中会包含 Goldstone 粒子的顶角和传播子. 本节讨论的规范称为重整化规范, 或 R_ξ 规范. 在 R_ξ 规范下, 矢量玻色子的传播子会发生变化, 这将使得弱电圈图修正的发散度大为减小, 因此 R_ξ 规范很适合讨论弱电圈图的计算及重整化问题. 同时, 在 R_ξ 规范下, 费曼振幅中会显含规范参数. 由于理论的规范不变性, 所有物理振幅都应该是规范无关的, 所以费曼振幅对规范参数的依赖最终会相互消去, 这为理论计算的可靠性提供了一个有力检验.

在自发对称性破缺后, 标量场若不取 (8.4.24) 式的形式, 而是取 (8.4.10) 式, 即

$$\varPhi(x)\equiv\begin{pmatrix}\phi^+(x)\\ [\upsilon+H(x)+{\rm i}\chi(x)]/\sqrt{2}\end{pmatrix}\tag{8.8.1}$$

则在费曼规则中, 凡是涉及标量场的部分都会有所改变.

1. 纯标量场部分

由 (8.4.20) 式的结果可见, 相比于 (8.4.25) 式, 在 R_ξ 规范下, 纯标量场部分会多出含 $\phi^\pm$ 和 χ 粒子的项

$$\begin{aligned}\mathscr{L}'_{\mathcal{H}}=&\partial_\mu\phi^-\partial^\mu\phi^++\frac{1}{2}\partial_\mu\chi\partial^\mu\chi-2\upsilon\lambda\left(\phi^+\phi^-+\frac{1}{2}\chi^2\right)H-\lambda\left[\left(\phi^+\phi^-+\frac{1}{2}\chi^2\right)^2\right.\\&\left.+\left(\phi^+\phi^-+\frac{1}{2}\chi^2\right)H^2\right]\\=&\partial_\mu\phi^-\partial^\mu\phi^++\frac{1}{2}\partial_\mu\chi\partial^\mu\chi-\frac{m_H^2}{\upsilon}\left(\phi^+\phi^-+\frac{1}{2}\chi^2\right)H-\frac{m_H^2}{2\upsilon^2}\left[(\phi^+\phi^-)^2\right.\\&\left.+\phi^+\phi^-\chi^2+\frac{1}{4}\chi^4+\phi^+\phi^-H^2+\frac{1}{2}\chi^2H^2\right]\end{aligned}\tag{8.8.2}$$

2. 标量场与规范场相互作用部分

以 (8.8.1) 式代入标量场的协变导数项, 则 (8.4.41) 式变为

$$
\begin{aligned}
&(D_\mu \Phi)^+ D^\mu \Phi \\
&= \left| \left[\partial_\mu - \mathrm{i} \begin{pmatrix} eA_\mu + g\dfrac{\cos 2\theta}{2\cos\theta} Z_\mu & \dfrac{g}{\sqrt{2}} W_\mu^+ \\ \dfrac{g}{\sqrt{2}} W_\mu^- & -\dfrac{g}{2\cos\theta} Z_\mu \end{pmatrix} \right] \begin{pmatrix} \phi^+ \\ \dfrac{v + H + \mathrm{i}\chi}{\sqrt{2}} \end{pmatrix} \right|^2 \\
&= \left| \begin{pmatrix} \partial_\mu \phi^+ \\ \dfrac{\partial_\mu H + \mathrm{i}\partial_\mu \chi}{\sqrt{2}} \end{pmatrix} - \mathrm{i} \begin{pmatrix} eA_\mu \phi^+ + g\dfrac{\cos 2\theta}{2\cos\theta} Z_\mu \phi^+ + \dfrac{g}{\sqrt{2}} W_\mu^+ \dfrac{v + H + \mathrm{i}\chi}{\sqrt{2}} \\ \dfrac{g}{\sqrt{2}} W_\mu^- \phi^+ - \dfrac{g}{2\cos\theta} Z_\mu \dfrac{v + H + \mathrm{i}\chi}{\sqrt{2}} \end{pmatrix} \right|^2 \\
&= \left| \begin{pmatrix} \partial_\mu \phi^+ - \mathrm{i}eA_\mu \phi^+ - \mathrm{i}g\dfrac{\cos 2\theta}{2\cos\theta} Z_\mu \phi^+ - \mathrm{i}\dfrac{g}{2} W_\mu^+ (v + H + \mathrm{i}\chi) \\ \dfrac{1}{\sqrt{2}} \partial_\mu H + \dfrac{\mathrm{i}}{\sqrt{2}} \partial_\mu \chi - \mathrm{i}\dfrac{g}{\sqrt{2}} W_\mu^- \phi^+ + \mathrm{i}\dfrac{g}{2\sqrt{2}\cos\theta} Z_\mu (v + H + \mathrm{i}\chi) \end{pmatrix} \right|^2
\end{aligned} \tag{8.8.3}
$$

将 (8.8.3) 式展开并整理得

$$
(D_\mu \Phi)^+ D^\mu \Phi = \frac{1}{2}\partial_\mu H \partial^\mu H + \partial_\mu \phi^+ \partial^\mu \phi^- + \frac{1}{2}\partial_\mu \chi \partial^\mu \chi
$$

带一次微商项

$$
\left\{
\begin{aligned}
&+\mathrm{i}\left(eA_\mu + g\frac{\cos 2\theta}{2\cos\theta} Z_\mu \right)(\partial^\mu \phi^+ \phi^- - \partial^\mu \phi^- \phi^+) + \frac{g}{2} W^{+\mu}(\partial_\mu \phi^- \chi - \phi^- \partial_\mu \chi) \\
&+\frac{g}{2} W^{-\mu}(\partial_\mu \phi^+ \chi - \phi^+ \partial_\mu \chi) + \mathrm{i}\frac{g}{2} W^{+\mu}(\partial_\mu H \phi^- - H \partial_\mu \phi^-) \\
&+\mathrm{i}\frac{g}{2} W^{-\mu}(H \partial_\mu \phi^+ - \partial_\mu H \phi^+) + \frac{g}{2\cos\theta} Z^\mu (\partial_\mu \chi H - \chi \partial_\mu H)
\end{aligned}
\right.
$$

三次场量项

$$
\left\{
\begin{aligned}
&+\left(\frac{1}{2} egv A_\mu - g m_Z \sin^2\theta Z_\mu \right)(W^{+\mu}\phi^- + W^{-\mu}\phi^+) \\
&+ g m_W W_\mu^+ W^{-\mu} H + \frac{g}{2\cos\theta} m_Z Z_\mu Z^\mu H
\end{aligned}
\right.
$$

四次场量项

$$
\left\{
\begin{aligned}
&+\mathrm{i}\left(\frac{1}{2} eg\chi A_\mu - \frac{g^2 \sin^2\theta}{2\cos\theta} \chi Z_\mu \right)(W^{+\mu}\phi^- - W^{-\mu}\phi^+) \\
&+\left(e^2 A_\mu A^\mu + eg\frac{\cos 2\theta}{\cos\theta} A_\mu Z^\mu + \left(\frac{g\cos 2\theta}{2\cos\theta} \right)^2 Z_\mu Z^\mu + \frac{g^2}{2} W_\mu^+ W^{-\mu} \right)\phi^+ \phi^- \\
&+\left(\frac{1}{2} eg A_\mu H - \frac{g^2 \sin^2\theta}{2\cos\theta} Z_\mu H \right)(W^{+\mu}\phi^- + W^{-\mu}\phi^+) \\
&+\frac{g^2}{4} W_\mu^+ W^{-\mu} \chi^2 + \frac{g^2}{8\cos^2\theta} Z_\mu Z^\mu \chi^2 + \frac{g^2}{4} W_\mu^+ W^{-\mu} H^2 + \frac{g^2}{8\cos^2\theta} Z_\mu Z^\mu H^2
\end{aligned}
\right.
$$

$$
\begin{aligned}
&+\mathrm{i}\frac{gv}{2}(\partial_\mu \phi^+ \ W^{-\mu} - \partial_\mu \phi^- \ W^{+\mu}) + \frac{gv}{2\cos\theta} \partial_\mu \chi \ Z^\mu \\
&+\frac{g^2 v^2}{4} W_\mu^+ W^{-\mu} + \frac{g^2 v^2}{8\cos^2\theta} Z_\mu Z^\mu
\end{aligned} \tag{8.8.4}
$$

(8.8.4) 式中第一行的三项分别为 Higgs 粒子、Goldstone 粒子 $\phi^{\pm}$ 和 χ 的动能项, 最后一行是规范场 $W^{\pm}$ 和 Z 的质量项, $m_W=\frac{1}{2}gv$, $m_Z=\frac{gv}{2\cos\theta}$. 第二行至倒数第三行为规范场与标量粒子的相互作用项, 与 (8.4.42) 式相比多出了许多包含 $\phi^{\pm}$ 和 χ 场的项. 倒数第二行为规范场与标量场的二次混合项, 这些项没有直接的物理解释. 这反映出在包含非物理粒子 $\phi^{\pm}$ 和 χ 的情况下, 规范场 $W^{\pm}$ 和 Z 包含了非物理自由度, 这些项可以通过选取规范固定项的方法消去.

规范固定项的选取原则上是任意的, 每一种选取相当于确定了一种规范. 为了消去 (8.8.4) 式中 $\phi^{\pm}$ 和 χ 与规范场的二次混合项

$$\begin{aligned}&\mathrm{i}\frac{gv}{2}(\partial_\mu\phi^+W^{-\mu}-\partial_\mu\phi^-W^{+\mu})+\frac{gv}{2\cos\theta}\partial_\mu\chi Z^\mu\\&=\mathrm{i}m_W(\partial_\mu\phi^+\,W^{-\mu}-\partial_\mu\phi^-W^{+\mu})+m_Z\partial_\mu\chi Z^\mu\end{aligned}\tag{8.8.5}$$

我们选取规范固定项为 (关于规范固定项的引入问题可见第 9 章关于规范场的量子化的讨论)

$$\mathcal{L}_{\text{fix}}=-\frac{1}{2}(F_\gamma^2+F_Z^2+2F_+F_-)\tag{8.8.6}$$

其中,

$$\begin{aligned}F_\gamma&=\frac{1}{\sqrt{\xi_\gamma}}G_\gamma,\quad G_\gamma=\partial^\mu A_\mu\\F_Z&=\frac{1}{\sqrt{\xi_Z}}G_Z,\quad G_Z=\partial^\mu Z_\mu-m_Z\xi_Z\chi\\F_\pm&=\frac{1}{\sqrt{\xi_W}}G_\pm,\quad G_\pm=\partial^\mu W^\pm\mp\mathrm{i}m_W\xi_W\phi^\pm\end{aligned}\tag{8.8.7}$$

消去场的混合二次项后, 规范固定项变为

$$\begin{aligned}\mathcal{L}_{\text{fix}}=&-\frac{1}{2\xi_\gamma}(\partial^\mu A_\mu)^2-\frac{1}{2\xi_Z}(\partial^\mu Z_\mu)^2-\frac{1}{\xi_W}(\partial^\mu W_\mu^+)(\partial^\nu W_\nu^-)\\&-\frac{1}{2}\xi_Z m_Z^2\chi^2-\xi_W m_W^2\phi^+\phi^-\end{aligned}\tag{8.8.8}$$

(8.8.8) 式中最后两项从形式上看分别是 χ 和 $\phi^{\pm}$ 的质量项, 但它们都依赖于规范固定参数 $\xi_{Z,W}$, 而规范参数可以任意变化, 因此, 这进一步说明 χ 和 $\phi^{\pm}$ 是非物理粒子. 它们是不能从实际的相互作用过程中产生出来的.

3. *鬼场部分*

按照法捷耶夫–波波夫方法[13], 在为规范场选取确定的规范的情况下, 会在理论中引入鬼场粒子, (对于详细过程, 可见第 9 章关于规范场的量子化的讨论, 或参阅文献 [14], 这里只给出主要步骤), 鬼场粒子对拉氏量的贡献为

$$\mathcal{L}_{gh}=-\bar{c}^aM^{ab}c^b\tag{8.8.9}$$

其中指标 $a,b=\gamma,Z,+,-$ 分别对应电磁场、Z 玻色子场和 $W^{\pm}$ 场, c^b 和 $\bar{c}^a$ 是鬼场和反鬼场, 它们是 Lorentz 标量, 但却是反对易的复数, 注意 c 和 $\bar{c}$ 并没有共轭关系. 由元素 M^{ab} 构成的矩阵称为法捷耶夫–波波夫矩阵. 矩阵元 M^{ab} 由规范固定项对规范变换参数的导数给出

$$M^{ab}=\frac{\partial G_a}{\partial \beta^b} \tag{8.8.10}$$

其中 $\beta^b(b=\gamma,Z,+,-)$ 分别对应 U(1) 和 SU(2) 规范变换的群参数. 为了求出法捷耶夫–波波夫矩阵, 首先需要知道在无穷小规范变换下 (8.8.7) 式中的规范固定函数 G_a 的改变量 $\mathrm{d}G_a$, 为此先要求出标量场 $\varPhi(x)$ 和规范场 W_μ^a, B_μ 在无穷小变换下的改变.

标量场的规范变换为

$$\varPhi(x)\to\varPhi'(x)=\mathrm{e}^{\mathrm{i}gT^j\beta^j+\mathrm{i}\frac{g'}{2}\alpha}\varPhi(x) \tag{8.8.11}$$

因此在无穷小变换下

$$\begin{aligned}\mathrm{d}\varPhi&=\mathrm{i}\left(gT^j\beta^j+\frac{g'}{2}\alpha\right)\varPhi(x)\\&=\frac{\mathrm{i}}{2}\begin{pmatrix} g\beta^3+g'\alpha & g(\beta^1-\mathrm{i}\beta^2)\\ g(\beta^1+\mathrm{i}\beta^2) & -g\beta^3+g'\alpha\end{pmatrix}\varPhi(x)\end{aligned} \tag{8.8.12}$$

定义

$$\begin{cases}\beta^{\pm}=\dfrac{1}{\sqrt{2}}(\beta^1\mp\mathrm{i}\beta^2)\\ \beta_Z=-\alpha\sin\theta+\beta^3\cos\theta\\ \beta_\gamma=\alpha\cos\theta+\beta^3\sin\theta\end{cases} \tag{8.8.13}$$

则

$$\begin{aligned}\mathrm{d}\varPhi&=\mathrm{i}\begin{pmatrix} e'\beta_Z+e\beta_\gamma & \dfrac{g}{\sqrt{2}}\beta^+\\ \dfrac{g}{\sqrt{2}}\beta^- & -\dfrac{g}{2\cos\theta}\beta_Z\end{pmatrix}\begin{pmatrix}\phi^+\\ \dfrac{1}{\sqrt{2}}(v+H+\mathrm{i}\chi)\end{pmatrix}\\&=\mathrm{i}\begin{pmatrix}(e'\beta_Z+e\beta_\gamma)\phi^++\dfrac{1}{2}g\beta^+(v+H+\mathrm{i}\chi)\\ \dfrac{g}{\sqrt{2}}\beta^-\phi^+-\dfrac{g}{2\sqrt{2}\cos\theta}\beta_Z(v+H+\mathrm{i}\chi)\end{pmatrix}\end{aligned} \tag{8.8.14}$$

其中,

$$e'=\frac{g^2-g'^2}{2\sqrt{g^2+g'^2}}=\frac{g\cos 2\theta}{2\cos\theta},\quad e=\frac{gg'}{\sqrt{g^2+g'^2}}$$

因为

$$d\varPhi \equiv \begin{pmatrix} d\phi^{+} \\ \dfrac{1}{\sqrt{2}}(dH + id\chi) \end{pmatrix} \tag{8.8.15}$$

所以, 比较 (8.8.15) 和 (8.8.14) 两式, 得

$$\begin{cases} d\phi^{+} = i(e'\beta_Z + e\beta_\gamma)\phi^{+} + \dfrac{i}{2}g\beta^{+}(v + H + i\chi) \\ d\phi^{-} = -i(e'\beta_Z + e\beta_\gamma)\phi^{-} - \dfrac{i}{2}g\beta^{-}(v + H - i\chi) \\ d\chi = \dfrac{1}{2}g(\beta^{-}\phi^{+} + \beta^{+}\phi^{-}) - \dfrac{g}{2\cos\theta}\beta_Z(v + H) \end{cases} \tag{8.8.16}$$

规范场的无穷小变换可以根据 (8.3.15) 式和 (8.3.16) 式求得. 由 (8.3.15) 式得

$$dB_\mu = \partial_\mu \alpha(x) \tag{8.8.17}$$

将 SU(2) 无穷小变换 $U = 1 + igT^j\beta^j(x)$ 代入 (8.3.16) 式并整理得

$$T^j A'^j_\mu = T^j(A^j_\mu + g\varepsilon^{lkj}A^l_\mu\beta^k + \partial_\mu\beta^j)$$

由此得

$$dA^j_\mu = g\varepsilon^{jkl}A^k_\mu\beta^l + \partial_\mu\beta^j \tag{8.8.18}$$

根据 (8.8.18) 式可以求出

$$dW^{+}_\mu = \frac{1}{\sqrt{2}}(dA^1_\mu - idA^2_\mu) = \partial_\mu\beta^{+} + igW^{+}_\mu\beta^3 - igA^3_\mu\beta^{+} \tag{8.8.19a}$$

$$dW^{-}_\mu = \frac{1}{\sqrt{2}}(dA^1_\mu + idA^2_\mu) = \partial_\mu\beta^{-} - igW^{-}_\mu\beta^3 + igA^3_\mu\beta^{-} \tag{8.8.19b}$$

$$dA^3_\mu = \partial_\mu\beta^3 + g(A^1_\mu\beta^2 - A^2_\mu\beta^1) = \partial_\mu\beta^3 + ig(W^{-}_\mu\beta^{+} - W^{+}_\mu\beta^{-}) \tag{8.8.20}$$

再根据 (8.3.18) 式及 (8.3.17) 式和 (8.8.20) 式可得 Z 和电磁场的无穷小规范变换

$$\begin{aligned} dZ_\mu &= -\sin\theta dB_\mu + \cos\theta dA^3_\mu = \partial_\mu\beta_Z + ig\cos\theta(W^{-}_\mu\beta^{+} - W^{+}_\mu\beta^{-}) \\ dA_\mu &= \cos\theta dB_\mu + \sin\theta dA^3_\mu = \partial_\mu\beta_\gamma + ie(W^{-}_\mu\beta^{+} - W^{+}_\mu\beta^{-}) \end{aligned} \tag{8.8.21}$$

现在我们来求规范固定项中 G_a 在无穷小规范变换下的改变

$$\begin{aligned} dG_\gamma &= d(\partial^\mu A_\mu) = \partial^\mu(dA_\mu) \\ &= \partial^\mu\partial_\mu\beta_\gamma + ie\partial^\mu(W^{-}_\mu\beta^{+} - W^{+}_\mu\beta^{-}) \\ &= \partial^\mu\partial_\mu\beta_\gamma + ie(\partial^\mu W^{-}_\mu\beta^{+} + W^{-}_\mu\partial^\mu\beta^{+}) - ie(\partial^\mu W^{+}_\mu\beta^{-} + W^{+}_\mu\partial^\mu\beta^{-}) \end{aligned}$$

$$= \partial^\mu\partial_\mu\beta_\gamma - \mathrm{ie}(\partial^\mu W_\mu^+ + W_\mu^+\partial^\mu)\beta^- + \mathrm{ie}(\partial^\mu W_\mu^- + W_\mu^-\partial^\mu)\beta^+ \tag{8.8.22a}$$

$$\begin{aligned}
\mathrm{d}G_Z &= \mathrm{d}(\partial^\mu Z_\mu - m_Z\xi_Z\chi) = \partial^\mu \mathrm{d}Z_\mu - m_Z\xi_Z\mathrm{d}\chi \\
&= \partial^\mu[\partial_\mu\beta_Z + \mathrm{i}g\cos\theta(W_\mu^-\beta^+ - W_\mu^+\beta^-)] \\
&\quad - m_Z\xi_Z\left[\frac{1}{2}g(\beta^-\phi^+ + \beta^+\phi^-) - \frac{g}{2\cos\theta}\beta_Z(v+H)\right] \\
&= (\partial^\mu\partial_\mu + \xi_Z m_Z^2 + \frac{g}{2\cos\theta}m_Z\xi_Z H)\beta_Z - [\mathrm{i}g\cos\theta(\partial^\mu W_\mu^+ + W_\mu^+\partial^\mu) \\
&\quad + \frac{1}{2}gm_Z\xi_Z\phi^+]\beta^- + [\mathrm{i}g\cos\theta(\partial^\mu W_\mu^- + W_\mu^-\partial^\mu) - \frac{1}{2}gm_Z\xi_Z\phi^-]\beta^+
\end{aligned} \tag{8.8.22b}$$

(8.8.22b) 式的推导过程中用到了 $m_Z = \dfrac{1}{2}v\sqrt{g^2+g'^2} = \dfrac{gv}{2\cos\theta}$.

$$\begin{aligned}
\mathrm{d}G_+ &= \mathrm{d}(\partial^\mu W^+ - \mathrm{i}m_W\xi_W\phi^+) = \partial^\mu \mathrm{d}W^+ - \mathrm{i}m_W\xi_W\mathrm{d}\phi^+ \\
&= \partial^\mu[\partial_\mu\beta^+ + \mathrm{i}gW_\mu^+\beta^3 - \mathrm{i}gA_\mu^3\beta^+] - \mathrm{i}m_W\xi_W[\mathrm{i}(e'\beta_Z + e\beta_\gamma)\phi^+ \\
&\quad + \frac{\mathrm{i}}{2}g\beta^+(v+H+\mathrm{i}\chi)] \\
&= [\mathrm{ie}(\partial^\mu W_\mu^+ + W_\mu^+\partial^\mu) + em_W\xi_W\phi^+]\beta_\gamma + [\mathrm{i}g\cos\theta(\partial^\mu W_\mu^+ + W_\mu^+\partial^\mu) \\
&\quad + e'm_W\xi_W\phi^+]\beta_Z + [\partial^\mu\partial_\mu - \mathrm{i}g(\partial^\mu A_\mu^3 + A_\mu^3\partial^\mu) + \frac{1}{2}gm_W\xi_W(H+\mathrm{i}\chi) \\
&\quad m_W^2\xi_W]\beta^+
\end{aligned} \tag{8.8.22c}$$

(8.8.22c) 式的推导过程中利用了 $m_W = \dfrac{1}{2}gv$, 以及从 (8.8.13) 式中后两式导出的

$$\beta^3 = \beta_Z\cos\theta + \beta_\gamma\sin\theta$$

而 $\mathrm{d}G_-$ 与 $\mathrm{d}G_+$ 互为厄米共轭, 所以有

$$\mathrm{d}G_- = (\mathrm{d}G_+)^+ \tag{8.8.22d}$$

根据法捷耶夫–波波夫矩阵的定义 (8.8.10) 式, 以及上述无穷小规范变换的结果, 可以求出法捷耶夫–波波夫矩阵. 我们将 $M^{a\pm}$ 定义为

$$M^{a\pm} = \frac{\partial G_a}{\partial\beta^\mp} \tag{8.8.23}$$

矩阵 M^{ab} 的最终结果为

$$\begin{cases}
M^{\gamma\gamma} = \partial^\mu\partial_\mu, \quad M^{\gamma Z} = 0 \\
M^{\gamma+} = -\mathrm{ie}(\partial^\mu W_\mu^+ + W_\mu^+\partial^\mu) \\
M^{\gamma-} = \mathrm{ie}(\partial^\mu W_\mu^- + W_\mu^-\partial^\mu)
\end{cases} \tag{8.8.24}$$

$$\begin{cases} M^{Z\gamma}=0, M^{ZZ}=\partial^{\mu}\partial_{\mu}+m_Z^2\xi_Z+\dfrac{\mathrm{g}}{2\cos\theta}\ m_Z\xi_Z H \\ M^{Z+}=-\mathrm{i}g\cos\theta(\partial^{\mu}W_{\mu}^{+}+W_{\mu}^{+}\partial^{\mu})-\dfrac{1}{2}gm_Z\xi_Z\phi^{+} \\ M^{Z-}=\mathrm{i}g\cos\theta(\partial^{\mu}W_{\mu}^{-}+W_{\mu}^{-}\partial^{\mu})-\dfrac{1}{2}gm_Z\xi_Z\phi^{-} \end{cases} \tag{8.8.25}$$

$$\begin{cases} M^{+\gamma}=\mathrm{ie}(\partial^{\mu}W_{\mu}^{+}+W_{\mu}^{+}\partial^{\mu})+em_W\xi_W\phi^{+} \\ M^{+Z}=\mathrm{i}g\cos\theta(\partial^{\mu}W_{\mu}^{+}+W_{\mu}^{+}\partial^{\mu})+\dfrac{\mathrm{g}\cos2\theta}{2\cos\theta}m_W\xi_W\phi^{+} \\ M^{++}=0 \\ M^{+-}=\partial^{\mu}\partial_{\mu}-\mathrm{i}g(\partial^{\mu}A_{\mu}^{3}+A_{\mu}^{3}\partial^{\mu})+\dfrac{1}{2}gm_W\xi_W(H+\mathrm{i}\chi)+m_W^2\xi_W \end{cases} \tag{8.8.26}$$

$$\begin{cases} M^{-\gamma}=-\mathrm{ie}(\partial^{\mu}W_{\mu}^{-}+W_{\mu}^{-}\partial^{\mu})+em_W\xi_W\phi^{-} \\ M^{-Z}=-\mathrm{i}g\cos\theta(\partial^{\mu}W_{\mu}^{-}+W_{\mu}^{-}\partial^{\mu})+\dfrac{\mathrm{g}\cos2\theta}{2\cos\theta}\ m_W\xi_W\phi^{-} \\ M^{--}=0 \\ M^{-+}=\partial^{\mu}\partial_{\mu}+\mathrm{i}g(\partial^{\mu}A_{\mu}^{3}+A_{\mu}^{3}\partial^{\mu})+\dfrac{1}{2}gm_W\xi_W(H-\mathrm{i}\chi)+m_W^2\xi_W \end{cases} \tag{8.8.27}$$

鬼场对拉氏量的贡献为

$$\begin{aligned}\mathcal{L}_{gh}=&-\left[\bar{c}^{z}M^{zz}c^{z}+\bar{c}^{z}M^{z+}c^{-}+\bar{c}^{z}M^{z-}c^{+}+\bar{c}^{\gamma}M^{\gamma\gamma}c^{\gamma}\right.\\&+\bar{c}^{\gamma}M^{\gamma+}c^{-}+\bar{c}^{\gamma}M^{\gamma-}c^{+}+\bar{c}^{-}M^{+-}c^{+}+\bar{c}^{-}M^{+z}c^{z}\\&\left.+\bar{c}^{-}M^{+\gamma}c^{\gamma}+\bar{c}^{+}M^{-+}c^{-}+\bar{c}^{+}M^{-z}c^{z}+\bar{c}^{+}M^{-\gamma}c^{\gamma}\right]\end{aligned} \tag{8.8.28}$$

4. R_ξ 规范下拉氏量的动能项

规范固定项 (8.8.8) 式会给出新增加的矢量场和标量场的动能项, 而 (8.8.28) 式会给出鬼场的动能项和相互作用项. 我们将拉氏量中矢量场和标量场的动能项总结如下:

$$\begin{aligned}&\partial_{\mu}W_{\nu}^{+}\partial^{\nu}W^{-\mu}-\partial_{\mu}W_{\nu}^{+}\partial^{\mu}W^{-\nu}+m_W^2W_{\mu}^{+}W^{-\mu}-\frac{1}{\xi_W}(\partial^{\mu}W_{\mu}^{+})(\partial^{\nu}W_{\nu}^{-})\\&+\frac{1}{2}(\partial_{\mu}Z_{\nu}\partial^{\nu}Z^{\mu}-\partial_{\mu}Z_{\nu}\partial^{\mu}Z^{\nu})+\frac{1}{2}m_Z^2Z_{\mu}Z^{\mu}-\frac{1}{2\xi_Z}(\partial^{\mu}Z_{\mu})(\partial^{\nu}Z_{\nu})\\&+\frac{1}{2}(\partial_{\mu}A_{\nu}\partial^{\nu}A^{\mu}-\partial_{\mu}A_{\nu}\partial^{\mu}A^{\nu})-\frac{1}{2\xi_{\gamma}}(\partial^{\mu}A_{\mu})^2\\&+\partial_{\mu}\phi^{+}\partial^{\mu}\phi^{-}-m_W^2\xi_W\phi^{+}\phi^{-}+\frac{1}{2}\partial_{\mu}\chi\partial^{\mu}\chi-\frac{1}{2}m_Z^2\xi_Z\chi^2\\&+\frac{1}{2}\partial_{\mu}H\partial^{\mu}H-\frac{1}{2}m_H^2H^2-\bar{c}^{\gamma}\partial^{\mu}\partial_{\mu}c^{\gamma}-\bar{c}^{Z}\partial^{\mu}\partial_{\mu}c^{Z}-m_Z^2\xi_Z\bar{c}^{Z}c^{Z}\end{aligned}$$

$$- \bar{c}^- \partial^\mu \partial_\mu c^+ - m_W^2 \xi_W \bar{c}^- c^+ - \bar{c}^+ \partial^\mu \partial_\mu c^- - m_W^2 \xi_W \bar{c}^+ c^- \tag{8.8.29}$$

而费米子场的动能项没有变化. 由动能项可以得出规范场 $W^\pm$, Z 和电磁场 A, 以及标量场和鬼场的传播子.

5. 标量场与费米子场的相互作用项

在标量场二重态 $\varPhi(x)$ 中保留 Goldstone 粒子 $\phi^\pm$ 和 χ 的情况下, 由于对称性自发破缺后

$$\varPhi \equiv \begin{pmatrix} \phi^+ \\ [v + H(x) + \mathrm{i}\chi]/\sqrt{2} \end{pmatrix} \tag{8.8.30}$$

所以根据 (8.5.16) 式, Yukawa 耦合项 (8.5.15) 式中的 $\tilde{\varPhi}$ 变为

$$\tilde{\varPhi} \equiv \begin{pmatrix} [v + H(x) - \mathrm{i}\chi]/\sqrt{2} \\ -\phi^- \end{pmatrix} \tag{8.8.31}$$

将 (8.8.30) 式和 (8.8.31) 式代入 Yukawa 耦合项 (8.5.15) 式, 得

$$\begin{aligned}\mathcal{L}_{\text{Yukawa}} = & -g_i^{\mathrm{L}} \bar{l}_{i\mathrm{R}} \left(\phi^-, \frac{v + H - \mathrm{i}\chi}{\sqrt{2}} \right) \begin{pmatrix} \nu_{i\mathrm{L}} \\ l_{i\mathrm{L}} \end{pmatrix} - g_{ij}^d \bar{d}'_{i\mathrm{R}} \left(\phi^-, \frac{v + H - \mathrm{i}\chi}{\sqrt{2}} \right) \begin{pmatrix} u_{j\mathrm{L}} \\ d'_{j\mathrm{L}} \end{pmatrix} \\ & - g_i^u \bar{u}_{i\mathrm{R}} \left(\frac{v + H + \mathrm{i}\chi}{\sqrt{2}}, -\phi^+ \right) \begin{pmatrix} u_{i\mathrm{L}} \\ d'_{i\mathrm{L}} \end{pmatrix} + \text{h.c.}\end{aligned} \tag{8.8.32}$$

与 (8.5.19) 式相比, 会多出含 $\phi^\pm$ 和 χ 的相互作用项, 新增的部分为

$$\begin{aligned}\mathcal{L}'_{\text{Yukawa}} = & -g_i^{\mathrm{L}} \bar{l}_{i\mathrm{R}} \left(\phi^-, \frac{-\mathrm{i}\chi}{\sqrt{2}} \right) \begin{pmatrix} \nu_{i\mathrm{L}} \\ l_{i\mathrm{L}} \end{pmatrix} - g_{ij}^d \bar{d}'_{i\mathrm{R}} \left(\phi^-, \frac{-\mathrm{i}\chi}{\sqrt{2}} \right) \begin{pmatrix} u_{j\mathrm{L}} \\ d'_{j\mathrm{L}} \end{pmatrix} \\ & - g_i^u \bar{u}_{i\mathrm{R}} \left(\frac{\mathrm{i}\chi}{\sqrt{2}}, -\phi^+ \right) \begin{pmatrix} u_{i\mathrm{L}} \\ d'_{i\mathrm{L}} \end{pmatrix} + \text{h.c.} \\ = & -g_i^{\mathrm{L}} \bar{l}_{i\mathrm{R}} \nu_{i\mathrm{L}} \phi^- + \frac{\mathrm{i}}{\sqrt{2}} g_i^{\mathrm{L}} \bar{l}_{i\mathrm{R}} l_{i\mathrm{L}} \chi - g_{ij}^d \bar{d}'_{i\mathrm{R}} u_{j\mathrm{L}} \phi^- + \frac{i}{\sqrt{2}} g_{ij}^d \bar{d}'_{i\mathrm{R}} d'_{j\mathrm{L}} \chi \\ & - \frac{\mathrm{i}}{\sqrt{2}} g_i^u \bar{u}_{i\mathrm{R}} u_{i\mathrm{L}} \chi + g_i^u \bar{u}_{i\mathrm{R}} d'_{i\mathrm{L}} \phi^+ + \text{h.c.}\end{aligned} \tag{8.8.33}$$

将 d' 用质量本征态表示出来, 即考虑到 (8.5.21) 式, 并利用 (8.5.23) 式和 (8.6.3) 式得

$$\begin{aligned}\mathcal{L}'_{\text{Yukawa}} = & -\frac{\sqrt{2} m_{li}}{v} \bar{l}_{i\mathrm{R}} \nu_{i\mathrm{L}} \phi^- + \frac{\mathrm{i} m_{li}}{v} \bar{l}_{i\mathrm{R}} l_{i\mathrm{L}} \chi - \frac{\sqrt{2} m_{dj}}{v} V_{ij}^* \bar{d}_{j\mathrm{R}} u_{i\mathrm{L}} \phi^- + \frac{\mathrm{i} m_{di}}{v} \bar{d}_{i\mathrm{R}} d_{i\mathrm{L}} \chi \\ & - \frac{\mathrm{i} m_{ui}}{v} \bar{u}_{i\mathrm{R}} u_{i\mathrm{L}} \chi + \frac{\sqrt{2} m_{ui}}{v} V_{ij} \bar{u}_{i\mathrm{R}} d_{j\mathrm{L}} \phi^+ + \text{h.c.}\end{aligned}$$

$$
\begin{aligned}
&= -\frac{m_{li}}{\sqrt{2}v}\bar{\nu}_i(1+\gamma_5)l_i\phi^+ - \frac{m_{li}}{\sqrt{2}v}\bar{l}_i(1-\gamma_5)\nu_i\phi^- + \frac{1}{\sqrt{2}v}V_{ij}\bar{u}_i[(m_{ui}-m_{dj}) \\
&\quad - \gamma_5(m_{ui}+m_{dj})]d_j\phi^+ + \frac{1}{\sqrt{2}v}V_{ij}^*\bar{d}_j[(m_{ui}-m_{dj})+\gamma_5(m_{ui}+m_{dj})]u_i\phi^- \\
&\quad - \frac{\mathrm{i}}{v}[m_{li}\bar{l}_i\gamma_5 l_i + m_{di}\bar{d}_i\gamma_5 d_i - m_{ui}\bar{u}_i\gamma_5 u_i]\chi
\end{aligned}
\tag{8.8.34}
$$

(8.8.34) 式给出 R_ξ 规范下新增加的标量场 $\phi^\pm$ 和 χ 与费米子场的相互作用项.

以上我们给出了在 R_ξ 规范下新增加的标量场 $\phi^\pm$ 和 χ 参与的相互作用项, 其他项与幺正规范相同. 新增加的相互作用项对应新增加的费曼规则. 与幺正规范相比, 由于规范固定项的引入, 矢量场的传播子会发生变化, 而费米子的传播子保持不变. 我们把发生变化及增加的传播子和顶角规则列在下面, 其他的费曼规则与幺正规范下相同.

传播子:

$W_\mu^\pm$ ∿∿∿∿∿ $W_\nu^\pm$　　$\left(g_{\mu\nu} - (1-\xi_W)\dfrac{k_\mu k_\nu}{k^2 - \xi_W m_W^2 + \mathrm{i}\varepsilon}\right)\dfrac{-\mathrm{i}}{k^2 - m_W^2 + \mathrm{i}\varepsilon}$

Z_μ ∿∿∿∿∿ Z_ν　　$\left(g_{\mu\nu} - (1-\xi_Z)\dfrac{k_\mu k_\nu}{k^2 - \xi_Z m_Z^2 + \mathrm{i}\varepsilon}\right)\dfrac{-\mathrm{i}}{k^2 - m_Z^2 + \mathrm{i}\varepsilon}$

A_μ ∿∿∿∿∿ A_ν　　$\left(g_{\mu\nu} - (1-\xi_\gamma)\dfrac{k_\mu k_\nu}{k^2 + \mathrm{i}\varepsilon}\right)\dfrac{-\mathrm{i}}{k^2 + \mathrm{i}\varepsilon}$

- - - - - - - - - - - - $\phi^\pm$　　$\dfrac{\mathrm{i}}{k^2 - \xi_W m_W^2 + \mathrm{i}\varepsilon}$

- - - - - - - - - - - - χ　　$\dfrac{\mathrm{i}}{k^2 - \xi_Z m_Z^2 + \mathrm{i}\varepsilon}$

c^γ - - - - - - - - - - - - $\bar{c}^\gamma$　　$\dfrac{\mathrm{i}}{k^2 + \mathrm{i}\varepsilon}$

c^Z - - - - - - - - - - - - $\bar{c}^Z$　　$\dfrac{\mathrm{i}}{k^2 - \xi_Z m_Z^2 + \mathrm{i}\varepsilon}$

c^+ - - - - - - - - - - - - $\bar{c}^-$　　$\dfrac{\mathrm{i}}{k^2 - \xi_W m_W^2 + \mathrm{i}\varepsilon}$

c^- - - - - - - - - - - - - $\bar{c}^+$　　$\dfrac{\mathrm{i}}{k^2 - \xi_W m_W^2 + \mathrm{i}\varepsilon}$

新增加的顶角规则:

1) 标量场相互作用顶角 (见 (8.8.2) 式)

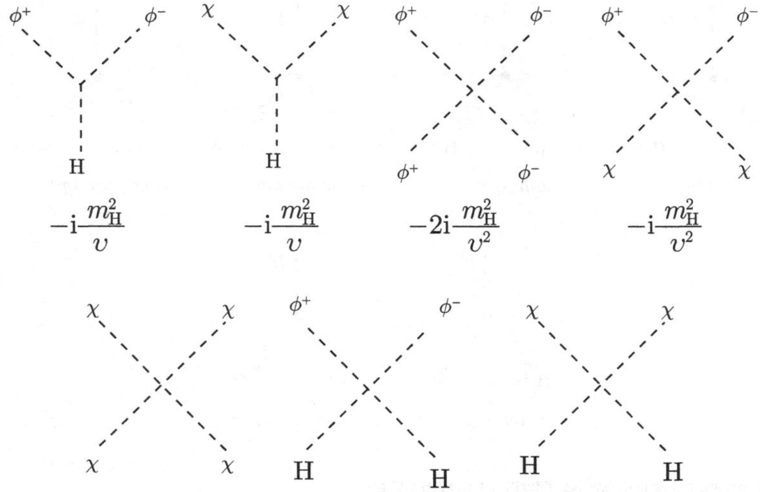

$-\mathrm{i}\frac{m_{\mathrm{H}}^2}{v}$ $\quad -\mathrm{i}\frac{m_{\mathrm{H}}^2}{v}$ $\quad -2\mathrm{i}\frac{m_{\mathrm{H}}^2}{v^2}$ $\quad -\mathrm{i}\frac{m_{\mathrm{H}}^2}{v^2}$

$-3\mathrm{i}\frac{m_{\mathrm{H}}^2}{v^2}$ $\quad -\mathrm{i}\frac{m_{\mathrm{H}}^2}{v^2}$ $\quad -\mathrm{i}\frac{m_{\mathrm{H}}^2}{v^2}$

2) 标量场与规范场相互作用顶角

根据 (8.8.4) 式, R_ξ 规范中新增加的顶角包括如下.

(1) 带一次微分项对应的顶角.

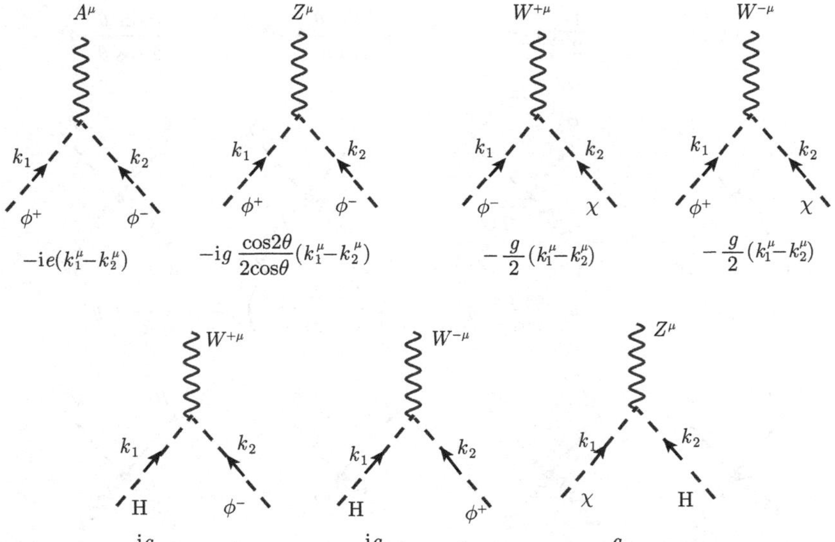

$-\mathrm{i}e(k_1^\mu-k_2^\mu)$ $\quad -\mathrm{i}g\,\frac{\cos 2\theta}{2\cos\theta}(k_1^\mu-k_2^\mu)$ $\quad -\frac{g}{2}(k_1^\mu-k_2^\mu)$ $\quad -\frac{g}{2}(k_1^\mu-k_2^\mu)$

$-\frac{\mathrm{i}g}{2}\left(k_1^\mu-k_2^\mu\right)$ $\quad \frac{\mathrm{i}g}{2}\left(k_1^\mu-k_2^\mu\right)$ $\quad -\frac{g}{2\cos\theta}\left(k_1^\mu-k_2^\mu\right)$

(2) 不带微商的三次场量项对应的顶角.

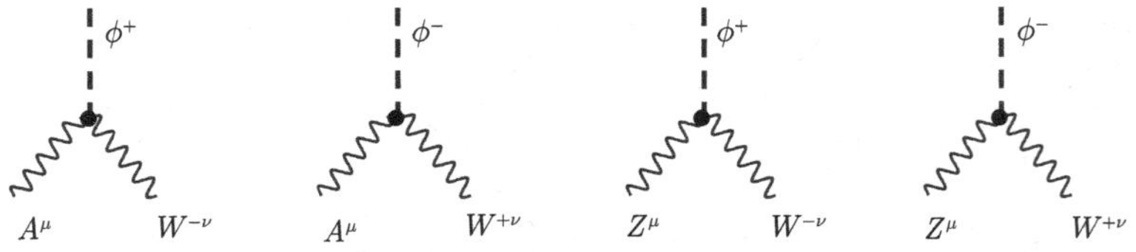

$\mathrm{i}em_W g^{\mu\nu}$ $\mathrm{i}em_W g^{\mu\nu}$ $-\mathrm{i}gm_Z\sin^2\theta g^{\mu\nu}$ $-\mathrm{i}gm_Z\sin^2\theta g^{\mu\nu}$

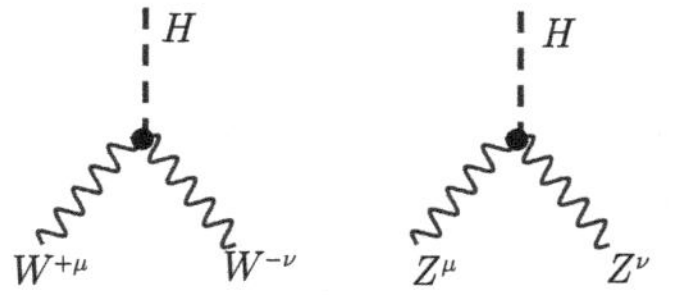

$\mathrm{i}gm_W g^{\mu\nu}$ $\mathrm{i}\dfrac{g}{\cos\theta}m_Z g^{\mu\nu}$

(3) 不带微商的四次场量项对应的顶角.

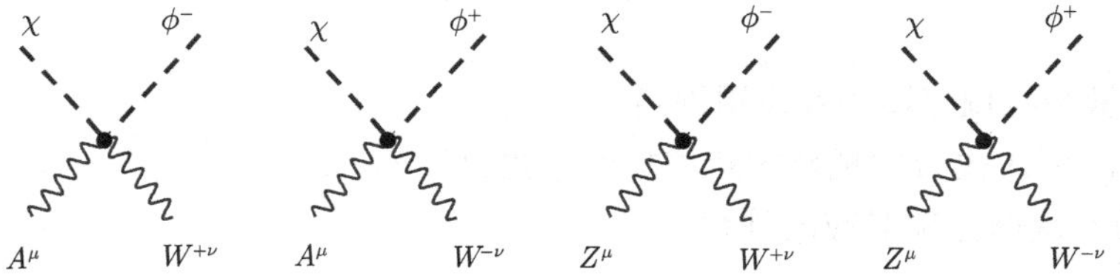

$-\dfrac{1}{2}eg\, g^{\mu\nu}$ $\dfrac{1}{2}eg\, g^{\mu\nu}$ $\dfrac{g^2\sin^2\theta}{2\cos\theta}g^{\mu\nu}$ $-\dfrac{g^2\sin^2\theta}{2\cos\theta}g^{\mu\nu}$

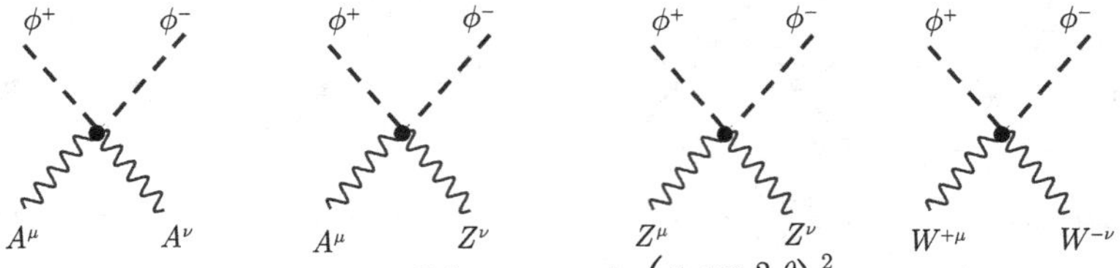

$2\mathrm{i}e^2\, g^{\mu\nu}$ $\mathrm{i}eg\,\dfrac{\cos 2\theta}{\cos\theta}g^{\mu\nu}$ $\mathrm{i}\,\dfrac{1}{2}\left(\dfrac{g\ \cos 2\theta}{\cos\theta}\right)^2 g^{\mu\nu}$ $\mathrm{i}\,\dfrac{1}{2}g^2\, g^{\mu\nu}$

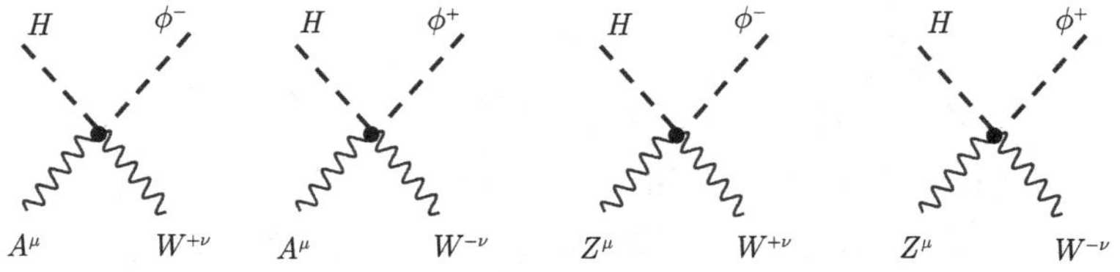

$\mathrm{i}\,\dfrac{1}{2}eg\, g^{\mu\nu}$ $\mathrm{i}\,\dfrac{1}{2}eg\, g^{\mu\nu}$ $-\mathrm{i}\,\dfrac{g^2\sin^2\theta}{2\cos\theta}g^{\mu\nu}$ $-\mathrm{i}\,\dfrac{g^2\sin^2\theta}{2\cos\theta}g^{\mu\nu}$

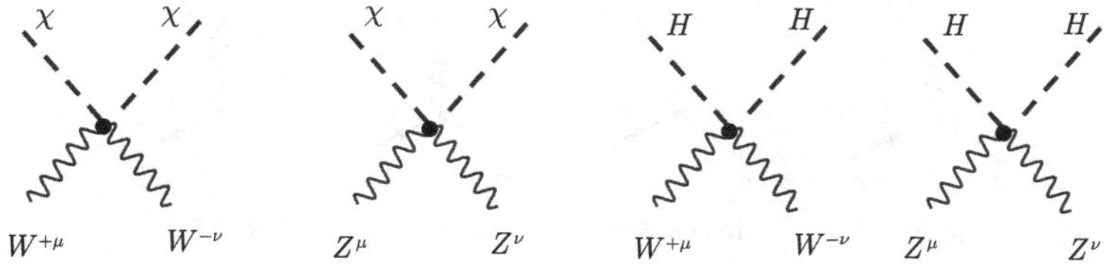

$\mathrm{i}\,\dfrac{1}{2}\,g^2\,g^{\mu\nu}$　　$\mathrm{i}\,\dfrac{g^2}{2\cos^2\theta}\,g^{\mu\nu}$　　$\mathrm{i}\,\dfrac{1}{2}\,g^2\,g^{\mu\nu}$　　$\mathrm{i}\,\dfrac{g}{2\cos^2\theta}\,g^{\mu\nu}$

3) 鬼场项顶角

鬼场的拉氏量为 $\mathcal{L}_{gh}=-\bar{c}^aM^{ab}c^b$, 其中法捷耶夫–波波夫矩阵由 (8.8.24) 式 ~(8.8.27) 式给出. 鬼场拉氏量中的动能项已经分离出去, 其余项给出与鬼场粒子有关的相互作用顶角. 在鬼场与规范场的相互作用中会出现形如

$$\bar{c}(\partial^\mu W_\mu^+ + W_\mu^+\partial^\mu)c$$

这样的项, 这些项可以作如下的变化:

$$\bar{c}(\partial^\mu W_\mu^+ + W_\mu^+\partial^\mu)c=\bar{c}\partial^\mu(W_\mu^+c)=\partial^\mu(\bar{c}W_\mu^+c)-(\partial^\mu\bar{c})\,W_\mu^+c$$

上式中的全微分项对作用量的贡献为零, 因此可以从拉氏量中去掉, 所以

$$\bar{c}(\partial^\mu W_\mu^+ + W_\mu^+\partial^\mu)c\to-(\partial^\mu\bar{c})\,W_\mu^+c$$

(1) 鬼场与规范场相互作用顶角.

根据 (8.8.24) 式 ~(8.8.28) 式以及如上的讨论, 可以总结出鬼场与规范场的相互作用项如下:

$$\begin{aligned}
&-\mathrm{i}g\cos\theta(\partial^\mu\bar{c}^z)W_\mu^+c^- + \mathrm{i}g\cos\theta(\partial^\mu\bar{c}^z)W_\mu^-c^+ - \mathrm{i}e(\partial^\mu\bar{c}^\gamma)\,W_\mu^+c^-\\
&+\mathrm{i}e\,(\partial^\mu\bar{c}^\gamma)\,W_\mu^-c^+ + \mathrm{i}e\,(\partial^\mu\bar{c}^-)\,W_\mu^+c^\gamma + \mathrm{i}g\cos\theta(\partial^\mu\bar{c}^-)\,W_\mu^+c^z\\
&-\mathrm{i}e(\partial^\mu\bar{c}^-)A_\mu c^+ - \mathrm{i}g\cos\theta(\partial^\mu\bar{c}^-)\,Z_\mu c^+ - \mathrm{i}e\,(\partial^\mu\bar{c}^+)\,W_\mu^-c^\gamma\\
&-\mathrm{i}g\cos\theta(\partial^\mu\bar{c}^+)\,W_\mu^-c^z + \mathrm{i}e\,(\partial^\mu\bar{c}^+)\,A_\mu c^- + \mathrm{i}g\cos\theta(\partial^\mu\bar{c}^+)\,Z_\mu c^-
\end{aligned}$$

对应的顶角为

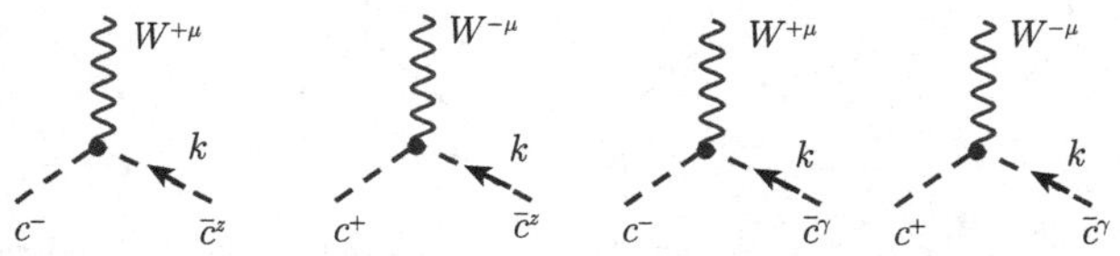

$\mathrm{i}g\cos\theta\;k^\mu$　　$-\mathrm{i}g\cos\theta\;k^\mu$　　$\mathrm{i}e\;k^\mu$　　$-\mathrm{i}e\;k^\mu$

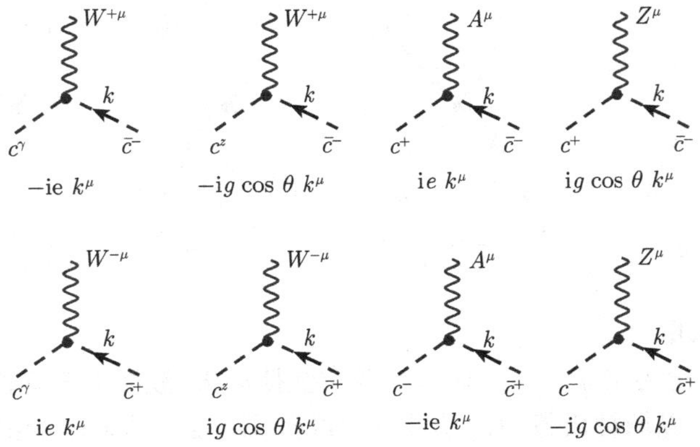

(2) 鬼场与标量场相互作用顶角.

鬼场与标量场的相互作用项为

$$
\begin{aligned}
&-\frac{g}{2\cos\theta}m_Z\xi_Z\bar{c}^z c^z H+\frac{1}{2}gm_Z\xi_Z\bar{c}^z c^-\phi^+ +\frac{1}{2}gm_Z\xi_Z\bar{c}^z c^+\phi^- \\
&-em_W\xi_W\bar{c}^- c^\gamma\phi^+ -\frac{g\cos 2\theta}{2\cos\theta}m_W\xi_W\bar{c}^- c^z\phi^+ -\frac{1}{2}gm_W\xi_W\bar{c}^- c^+ H \\
&-\frac{\mathrm{i}}{2}gm_W\xi_W\bar{c}^- c^+\chi-em_W\xi_W\bar{c}^+ c^\gamma\phi^- -\frac{g\cos 2\theta}{2\cos\theta}m_W\xi_W\bar{c}^+ c^z\phi^- \\
&-\frac{1}{2}gm_W\xi_W\bar{c}^+ c^- H+\frac{\mathrm{i}}{2}gm_W\xi_W\bar{c}^+ c^-\chi
\end{aligned}
$$

对应的顶角如下:

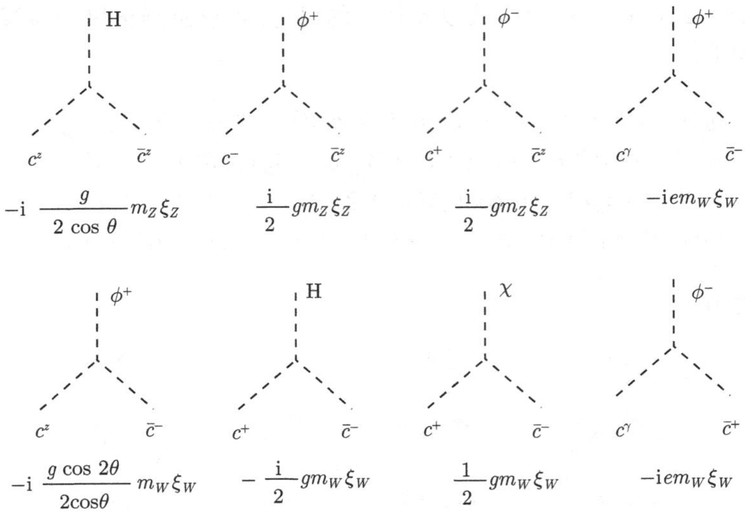

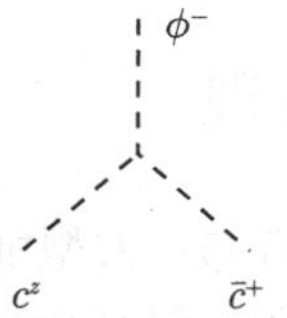

$-\mathrm{i}\ \dfrac{g\cos 2\theta}{2\cos\theta} m_W \xi_W$

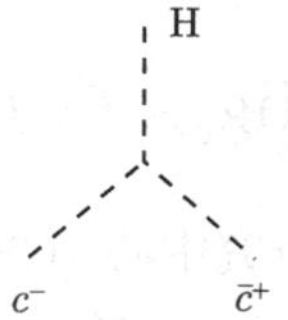

$-\dfrac{\mathrm{i}}{2} g m_W \xi_W$

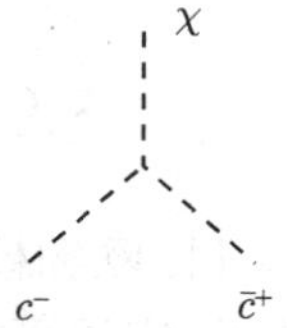

$-\dfrac{1}{2} g m_W \xi_W$

(3) 费米子与标量场相互作用顶角.

在 R_ξ 规范下会增加标量场 $\phi^\pm$ 和 χ 与费米子的耦合项, 这些耦合项会给出新增加的顶角规则, 根据 (8.8.34) 式, 新增加的顶角规则如下:

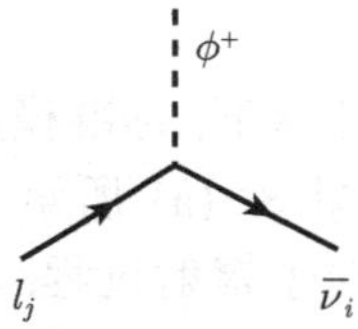

$-\dfrac{\mathrm{i}m_{li}}{\sqrt{2}v}(1+\gamma_5)\delta_{ij}$

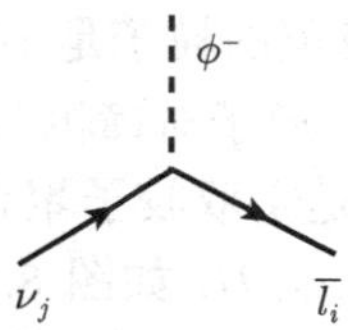

$-\dfrac{\mathrm{i}m_{li}}{\sqrt{2}v}(1-\gamma_5)\delta_{ij}$

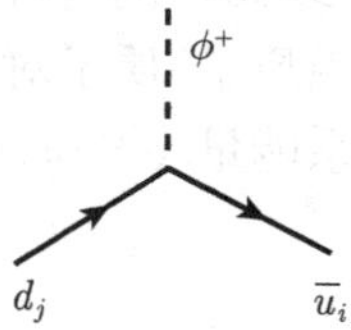

$\dfrac{\mathrm{i}}{\sqrt{2}v} V_{ij}[(m_{ui}-m_{dj})-\gamma_5(m_{ui}+m_{dj})]$

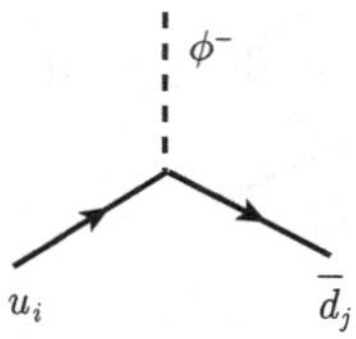

$\dfrac{\mathrm{i}}{\sqrt{2}v} V_{ij}^*[(m_{ui}-m_{dj})+\gamma_5(m_{ui}+m_{dj})]$

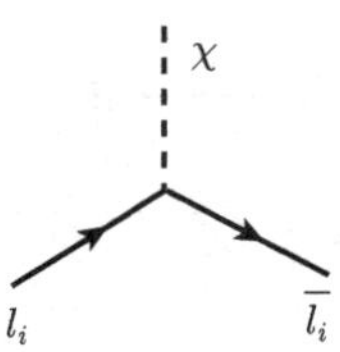

$\dfrac{m_{li}}{v}\gamma_5$

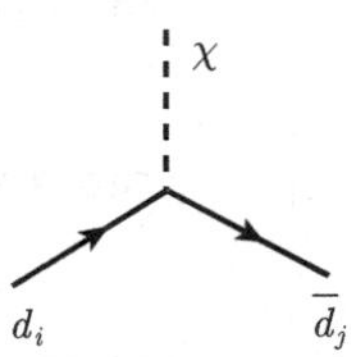

$\dfrac{m_{di}}{v}\gamma_5$

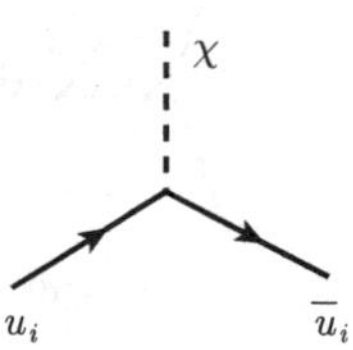

$-\dfrac{m_{ui}}{v}\gamma_5$

8.9　Higgs 粒子的发现

2012 年 7 月 4 日, 欧洲核子研究中心 (CERN) 宣布：大型强子对撞机 (LHC) 上发现了一个新粒子, 它很可能是 Higgs 粒子. 它的产生和衰变特征与标准模型中的 Higgs 玻色子一致. 工作于 LHC 上的 ATLAS 实验组测量到的新粒子的质量为 126.0±0.4 (stat.) ±0.4 (syst.) GeV, 新粒子信号超出背景的显著度达到 5.9 个标准偏差[15], 而 CMS 实验组测量到的新粒子质量为 125.3±0.4 (stat.)±0.5 (syst.) GeV, 信号超出背景的显著度为 5.0 个标准偏差[16].

2013 年 3 月 14 日, 欧洲核子研究中心再次发布新闻, 宣布对更多的实验数据的分析表明, 新发现的粒子是 Higgs 粒子.

LHC 是质子–质子对撞机. 在质子–质子对撞的环境下, 标准模型中产生 Higgs 粒子的主要过程是①双胶子聚合过程, $gg \to H$, 如图 8.3(a) 所示; ②矢量玻色子聚合过程, $qq' \to qq'H$, 如图 8.3(b) 所示; ③Higgs 粒子辐射过程, $qq' \to WH, ZH$, 如图 8.3(c) 所示; ④正反 t 夸克对伴随产生过程 $gg \to t\bar{t}H$, 如图 8.3(d) 所示, 以及 $q\bar{q} \to t\bar{t}H$. 这些过程已经在理论上经过了大量而仔细的研究, 考虑了 QCD 和弱电的高阶修正. 在 Higgs 粒子质量取 $m_H = 125\text{GeV}$ 的情况下, 标准模型对在 LHC 上产生 Higgs 粒子的总截面的预言值为：①当质子–质子对撞的质心系能量为 $\sqrt{S} = 7$ TeV 时, 总截面为 $\sigma = 17.5$ pb; ②当质心系能量 $\sqrt{S} = 8$ TeV 时, 总截面为 $\sigma = 22.3\text{pb}$[17,18].

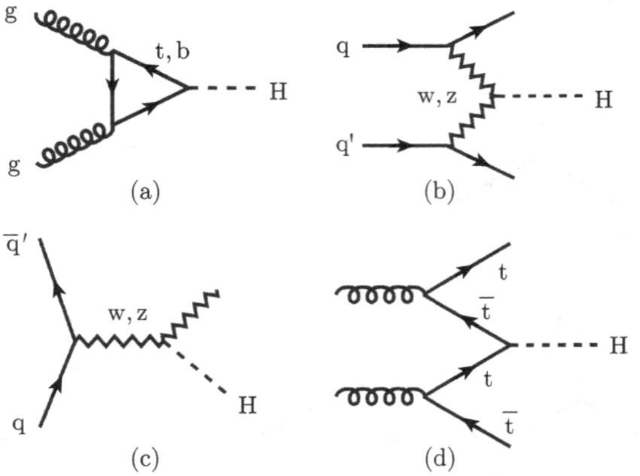

图 8.3　标准模型中 Higgs 粒子在质子–质子对撞中产生过程的费曼图

在标准模型中, 最有利于在 LHC 上探测的 Higgs 粒子的衰变方式有以下五种：①$H \to \gamma\gamma$, 这是一个圈图诱导的衰变方式, 在标准模型中没有树图级贡献; ②$H \to ZZ^*$, 接着 $ZZ^* \to (l^+l^-)(l^+l^-)$, 简写为 $H \to ZZ^* \to 4l$; ③$H \to WW^*$, 接着

$WW^* \to (l\bar{\nu})(l^+\nu)$，简写为 $H \to WW^* \to 2l2\nu$；④$H \to \tau^-\tau^+$，其中至少有一个 τ 子再接着发生轻子型衰变；⑤$H \to b\bar{b}$，接着 b 夸克再碎裂成强子喷注 (jet).

Higgs 粒子产生后，在极短的时间内就衰变了，它的寿命极短. 计算表明，当 $m_H = 125\text{GeV}$ 时，Higgs 粒子的总衰变宽度为 $\Gamma_H = 4.03 \times 10^{-3}\text{GeV}$[17]，对应的 Higgs 粒子寿命为 $\tau_H = \hbar/\Gamma_H = 1.63 \times 10^{-22}\text{s}$. 表 8.1 中列出了标准模型中取 $m_H = 125\text{GeV}$ 时理论计算出的 Higgs 粒子各种主要衰变道的分支比.

表 8.1 标准模型中取 $m_H = 125\textbf{GeV}$ 时，Higgs 粒子主要衰变道的分支比[17]

$H \to b\bar{b}$	$H \to \tau^-\tau^+$	$H \to c\bar{c}$	$H \to \gamma\gamma$	$H \to WW$	$H \to ZZ$
57.8%	6.37%	2.68%	0.23%	21.6%	2.67%

图 8.4 给出了 CMS 实验组测量的 Higgs 粒子衰变末态不变质量分布图[16]. 图 8.4(a)、(b)、(d) 中显示在 $m_H = 125\text{GeV}$ 处存在明显高于背景的峰结构. 图 8.4(c)

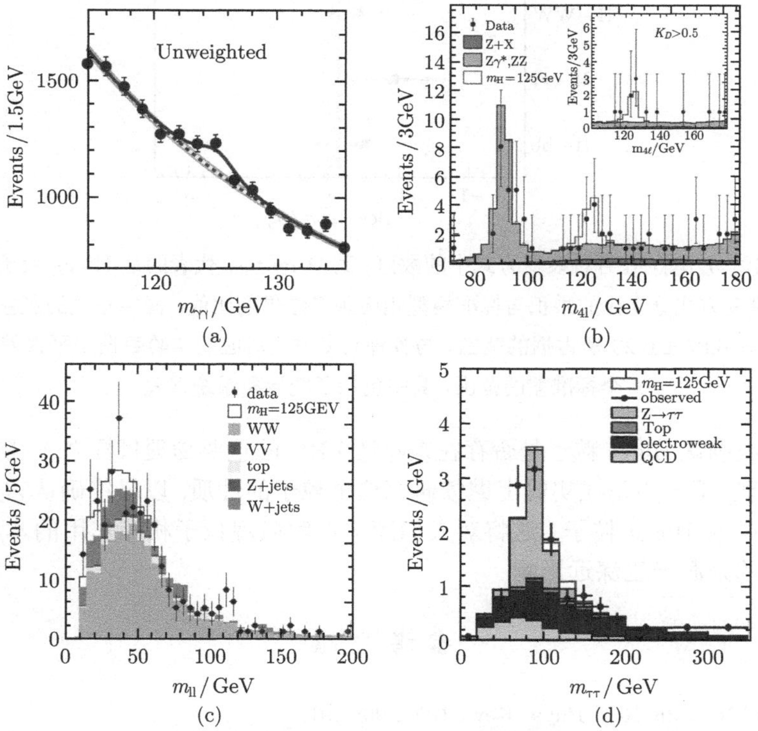

图 8.4 CMS 实验组测量的 Higgs 粒子衰变末态不变质量分布图

(a) $H \to \gamma\gamma$ 过程中双光子不变质量 $m_{\gamma\gamma}$ 分布曲线；(b) $H \to ZZ^* \to 4l$ 过程轻子不变质量分布；(c) $H \to WW^* \to 2l2\nu$ 过程中双轻子不变质量分布，图中实线是 $m_H = 125\text{GeV}$ 的 Higgs 粒子存在的情况下所期望的 m_{ll} 分布曲线；(d) $H \to \tau^+\tau^-$ 过程 τ 子对不变质量分布曲线. 图中的纵坐标是相应的过程中实验探测到的事例数

中因为过程 $\mathrm{H} \to \mathrm{WW}^* \to 2l2\nu$ 的末态含有中微子, 会带走丢失能量和动量, 所以余下的轻子对不变质量会偏离 m_{H}, 但 m_{ll} 分布与 $m_{\mathrm{H}} = 125\mathrm{GeV}$ 时 Higgs 粒子衰变所期望的分布形状相符.

如图 8.5 所示为 CMS 实验组测量的 Higgs 粒子的产生截面乘以相应衰变方式的分支比与标准模型相应理论预言结果的比值[16]. 图中测量结果显示实验数据与标准模型在误差范围内相符.

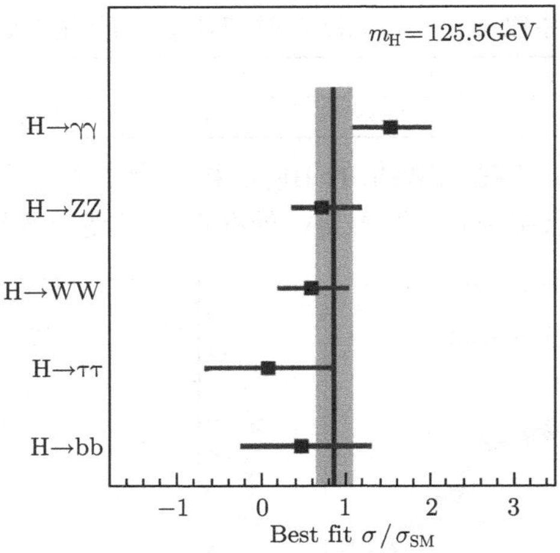

图 8.5　比值 $\sigma/\sigma_{\mathrm{SM}}$ 在各种衰变方式中的数值。其中 $\sigma/\sigma_{\mathrm{SM}}$ 代表的是 Higgs 粒子的产生截面与相应衰变方式分支比的乘积与标准模型相应预言结果的比值。图中垂直的灰色带表示的是 $\sigma/\sigma_{\mathrm{SM}} = 0.87 \pm 0.23$ 所占据的范围。与各种衰变方式对应的实验数据水平误差线代表一个标准差的范围, 其中包括了统计和系统误差

发现或确认 Higgs 粒子是否存在是建造 LHC 的重要物理目标之一. 随着 Higgs 粒子的发现, 下一步是在实验上继续研究这个粒子的性质, 以最终确认它是否就是标准模型中的 Higgs 粒子. 这将对人们深入理解微观粒子相互作用的本质及微观粒子质量的来源产生深远影响.

参 考 文 献

[1] Yang C N, Mills R L. Phys. Rev., 1954, 96: 191.

[2] Glashow S L. Nucl. Phys., 1961, 22: 579.

[3] Weinberg S. Phys. Rev. Lett., 1967, 19: 1264.

[4] Salam A. Elementary Particle Physics: Relativistic Groups and Analyticity// Svartholm N, ed. Proceedings of the eighth Nobel symposium. Almqvist & Wiskell, 1968: 367.

[5] Englert F, Brout R. Phys. Rev. Lett., 1964, 13: 321.

[6] Higgs P W. Phys. Lett., 1964, 12: 132.
[7] Higgs P W. Phys. Rev. Lett., 1964, 13: 508.
[8] Guralnik G S, Hagen C R, Kibble T W B. Phys. Rev. Lett., 1964, 13: 585.
[9] Higgs P W. Phys. Rev., 1966, 145: 1156.
[10] Kibble T W B. Phys. Rev., 1967, 155: 1554.
[11] Goldstone J. Nuovo Cim., 1961, 19: 154.
[12] Goldstone J, Salam A, Weinberg S. Phys. Rev., 1962, 127: 965.
[13] Faddeev L D, Popov V N. Phys. Lett., 1967, B25: 29.
[14] Muta T. Foundations of Quantum Chromadynamics: An Introduction to Perturbative Methods in Gauge Theories. World Scientific Publishing Co. Pte. Ltd, 1998.
[15] Aad G, et al. (ATLAS Collaboration). Phys. Lett., 2012, B716: 1-29.
[16] Chatrchyan S, et al. (CMS Collaboration). Phys. Lett., 2012, B716: 30-61.
[17] Dittmaier S, Mariotti C, Passarino G, et al. LHC Higgs Cross Section Working Group, Handbook of LHC Higgs Cross Section: 1. Inclusive observables, CERN-2011-002, arXiv: 2011, 1101: 0593.
[18] Dittmaier S, Mariotti C, Passarino G, et al. LHC Higgs Cross Section Working Group, Handbook of LHC Higgs Cross Section: 2. Differential Distributions, CERN-2012-002, arXiv: 2012, 1201: 3084.

第 9 章　强相互作用的理论 QCD

量子色动力学简称 QCD, 是描述夸克间强相互作用的理论, 它是建立在非阿贝尔规范对称性基础上的理论.

1967 年美国斯坦福大学直线加速器中心 (SLAC) 的大型电子直线加速器建成. 随后的几年中, 实验家们一直在这个加速器上从事电子–质子非弹性散射实验. 最后在深度非弹性散射过程中发现, 随着电子散射角的增大, 深度非弹性散射截面与电子和硬散射中心散射的截面行为相似[1]. 在这个实验结果的启发下, 1968 年必约肯 (J. Bjorken) 利用流代数方法预言了标度无关性 (scaling) 现象[2]. 随后费曼提出了部分子模型[3], 把质子看成是由部分子组成的复合体, 而电子–质子深度非弹性散射是电子与部分子之间发生的弹性散射. 计算表明部分子模型能够得出标度无关性规律. 部分子模型和夸克模型是统一的, 部分子就是价夸克和海夸克. 标度无关性现象预示着核子内部的部分子在大动量转移过程中可以看成是准自由的粒子, 即夸克之间的相互作用随着转移动量的增大而减弱, 这个现象称为渐近自由. 因此将夸克束缚在核子内部的动力学应该具有渐近自由的性质. 1973 年, D. Gross, F. Wilczek 和 H.D. Politzer 用重整化群方法研究了非阿贝尔规范场的性质, 发现 SU(3) 色规范群下的非阿贝尔规范场具有渐近自由的性质[4,5]. 这个发现对最终建立起描述强相互作用的理论起到了关键作用. 人们逐渐相信夸克之间的强相互作用应该是由一个非阿贝尔规范理论所描述. 这是一个建立在 SU(3) 颜色对称性基础上的规范场论, 称为量子色动力学. 颜色对称群有时也被简写为 $\mathrm{SU(3)_c}$. 理论和实验上都已显示夸克除了具有味量子数, 还具有颜色量子数, 实验表明夸克共有三种颜色量子数, 记为 R(红)、G(绿)、B(蓝). 在量子色动力学中假设强相互作用具有严格的颜色对称性. 传递强相互作用的粒子称为胶子 (gluon). 在夸克具有三种颜色的情况下, 胶子共有 8 种. 与量子电动力学中的光子不同的是, 胶子本身也带有颜色量子数或称色荷, 胶子之间也可以直接发生相互作用. 这是非阿贝尔规范场具有渐近自由性质的本质原因. QCD 建立起来以后, 很快被应用到深度非弹性散射过程中, 以检验 QCD 能否给出必约肯标度无关性. 在考虑了 QCD 修正后, 理论上发现必约肯标度无关性其实是被轻微破坏的, 破坏是呈对数形式的[6–8]. 因此在 QCD 理论中, 标度无关性只是个粗略的规律. 标度无关性的对数形式的破坏被以后的 μ 子–核子深度非弹性散射实验所证实[9,10]. 这是对 QCD 理论的一个强有力的支持. 几十年来 QCD 理论经受了大量的实验检验, 尤其是在微扰能区, 理论预言与实验符合良好.

9.1 颜色的 SU(3) 规范对称性

用 $\psi_i(x)$ 表示一个带有颜色的夸克场, 下标 "i" 表示颜色量子数, $i=1,\cdots,n$. 实验表明自然界中颜色量子数有三种, 即 $n=3$. n 个带颜色的夸克场构成 SU(n) 群的基础表示, 在 SU(n) 变换下

$$\psi_i'(x)=U_{ij}\psi_j(x), \tag{9.1.1}$$

其中 U_{ij} 是 SU(n) 群的群元素, 它可以写成

$$U=\mathrm{e}^{-\mathrm{i}T^a\theta^a}, \tag{9.1.2}$$

(9.1.2) 式中 T_a 是 SU(n) 群的生成元, 共有 n^2-1 个生成元, 即 $a=1,\cdots,n^2-1$. 生成元满足对易关系

$$[T^a,T^b]=\mathrm{i}f^{abc}T^c, \tag{9.1.3}$$

其中的 f^{abc} 称为群的结构常数. 上面的各式以及以后的各式中, 凡不做特别说明, 均代表对重复指标求和.

描述自由费米子场的拉格朗日量密度为

$$\mathcal{L}=\bar{\psi}_i(\mathrm{i}\gamma^\mu\partial_\mu-m)\psi_i \tag{9.1.4}$$

只要 (9.1.2) 式中 SU(n) 群的变换参数 θ^a 是不依赖于时空坐标 x 的参数, 自由费米子场的拉氏量就会在 (9.1.1) 式中的 SU(n) 变换下保持不变, 这称为自由费米子场的整体 SU(n) 对称性. 但若群变换参数变为依赖于时空坐标的, $\theta^a\to\theta^a(x)$, 则 (9.1.4) 式在 (9.1.1) 式的变换下不再是不变的. 因为此时 $\partial U\neq 0$, (9.1.4) 式会在 SU(n) 变换下多出不能抵消的项, 这样的项需要通过引入规范场来加以抵消. 此时需要将时空导数变成协变导数 $\partial_\mu\to D_\mu$, 而

$$D_\mu=\partial_\mu-\mathrm{i}gT^aA_\mu^a, \tag{9.1.5}$$

这里 A_μ^a 是对应颜色规范变换而引入的规范场, g 是费米子场和规范场之间的耦合参数. 如果明确写出颜色空间的分量形式, 则 (9.1.5) 式变为

$$D_\mu^{ij}=\delta_{ij}\partial_\mu-\mathrm{i}gT_{ij}^aA_\mu^a. \tag{9.1.6}$$

(9.1.6) 式中的生成元是基础表示中的矩阵形式. 引入规范场后, 拉氏量密度变为

$$\mathcal{L}=\bar{\psi}_i(\mathrm{i}\gamma^\mu D_\mu^{ij}-m\delta_{ij})\psi_j$$

$$=\bar{\psi}(\mathrm{i}\gamma^{\mu}D_{\mu}-m)\psi \tag{9.1.7}$$

群变换参数 θ^a 依赖于时空坐标情况下的规范变换称为定域规范变换. 可以通过要求 (9.1.7) 式在定域规范变换下具有不变性而求出规范场 A^a_μ 的规范变换. 要保持拉氏量密度 (9.1.7) 式在定域规范变换下具有不变性, 只需保证在规范变换下有

$$(D_\mu\psi)'=UD_\mu\psi \tag{9.1.8}$$

将协变导数 D_μ 的定义代入 (9.1.8) 式

$$(\partial_\mu-\mathrm{i}gT^aA'^a_\mu)\psi'=U(\partial_\mu-\mathrm{i}gT^aA^a_\mu)\psi \tag{9.1.9}$$

考虑到 $\psi'=U\psi$, 由 (9.1.9) 式可得

$$(U\partial_\mu+\partial_\mu U-\mathrm{i}gT^aA'^a_\mu U)\psi=U(\partial_\mu-\mathrm{i}gT^aA^a_\mu)\psi \tag{9.1.10}$$

消去两边相同的项, 并整理得

$$T^aA'^a_\mu=UT^aA^a_\mu U^{-1}-\frac{\mathrm{i}}{g}(\partial_\mu U)U^{-1} \tag{9.1.11}$$

在定域规范变换

$$\psi'=U\psi,\quad U=\mathrm{e}^{-\mathrm{i}T^a\theta^a(x)} \tag{9.1.12}$$

及 (9.1.11) 式共同变换下, 显然 $\bar{\psi}\gamma^\mu D_\mu\psi$ 是不变的, 因此拉氏量密度 (9.1.7) 式是规范不变的.

拉氏量密度 (9.1.7) 式描述的是费米子与规范场的相互作用及费米子自身的动能部分. 一个完整的描述带颜色自由度的费米子场与规范场构成的系统动力学行为的拉氏量还应包括描述颜色规范场自身动力学行为的项. 这样的项在规范变换 (9.1.11) 式下应该是不变的. 与阿贝尔规范场 (8.2.18) 式类似, 非阿贝尔规范场的场强张量是通过协变导数的对易子来定义的

$$[D_\mu,D_\nu]=-\mathrm{i}gT^aF^a_{\mu\nu} \tag{9.1.13}$$

计算 (9.1.13) 式中的对易子, 可得

$$F^a_{\mu\nu}=\partial_\mu A^a_\nu-\partial_\nu A^a_\mu+gf^{abc}A^b_\mu A^c_\nu \tag{9.1.14}$$

与电磁场的动能项类似, 颜色规范场的拉氏量密度取为

$$-\frac{1}{4}F^a_{\mu\nu}F^{a\mu\nu} \tag{9.1.15}$$

可以证明 (9.1.15) 式是规范不变的. 我们先来求得协变导数作为算符在规范变换下的行为. 由 (9.1.8) 式, 得

$$D'_\mu \psi' = UD_\mu \psi \tag{9.1.16}$$

代入 $\psi' = U\psi$, 得

$$D'_\mu U\psi = UD_\mu \psi \tag{9.1.17}$$

(9.1.17) 式对费米子场 ψ 的任意状态都是成立的, 所以形式上应有算符等式成立

$$D'_\mu U = UD_\mu \tag{9.1.18}$$

即在规范变换下, 协变导数的变换为

$$D'_\mu = UD_\mu U^{-1} \tag{9.1.19}$$

根据 (9.1.19) 式及 (9.1.13) 式, 可以推得规范场场强张量 $F^a_{\mu\nu}$ 在规范变换下的变换

$$T^a {F'}^a_{\mu\nu} = UT^a F^a_{\mu\nu} U^{-1} \tag{9.1.20}$$

利用 $\mathrm{Tr}[T^a T^b] = \frac{1}{2}\delta_{ab}$, 规范场动能项可以写成

$$-\frac{1}{4}F^a_{\mu\nu}F^{a\mu\nu} = -\frac{1}{2}\mathrm{Tr}[T^a F^a_{\mu\nu} T^b F^{b\mu\nu}] \tag{9.1.21}$$

在规范变换下, (9.1.21) 式的变换为

$$\begin{aligned}
-\frac{1}{4}{F'}^a_{\mu\nu}{F'}^{a\mu\nu} &= -\frac{1}{2}\mathrm{Tr}[T^a {F'}^a_{\mu\nu} T^b {F'}^{b\mu\nu}] \\
&= -\frac{1}{2}\mathrm{Tr}[UT^a F^a_{\mu\nu} U^{-1} UT^b F^{b\mu\nu} U^{-1}] \\
&= -\frac{1}{2}\mathrm{Tr}[T^a F^a_{\mu\nu} T^b F^{b\mu\nu}] \\
&= -\frac{1}{4}F^a_{\mu\nu}F^{a\mu\nu}
\end{aligned} \tag{9.1.22}$$

(9.1.22) 式说明规范场的动能项的确是规范不变的.

非阿贝尔规范变换下保持不变的拉氏量密度总结如下

$$\mathcal{L} = -\frac{1}{4}F^a_{\mu\nu}F^{a\mu\nu} + \bar{\psi}(\mathrm{i}\gamma^\mu D_\mu - m)\psi \tag{9.1.23}$$

上面的拉氏量是根据定域规范不变性的要求得到的, 但我们需要知道, 仅有规范不变性的约束, 并不排除还有由场强张量 $F^a_{\mu\nu}$ 和夸克场 ψ 构成的高阶项存在的可能性. 以后我们会知道, 这样的高阶项都会破坏理论的可重整性. 因此从要求理论具有可重整性的角度看, 这样的高阶项是可以排除的. 非阿贝尔规范场的另外一个有

别于阿贝尔规范场的一个特点是，拉氏量 (9.1.23) 式包含规范场的自相互作用项. 自相互作用是通过 $F_{\mu\nu}^a$ 中的 $gf^{abc}A_\mu^bA_\nu^c$ 项引入的. 这样的自相互作用是电磁相互作用所不具备的，它是 QCD 中渐近自由性质的主要来源.

(9.1.23) 式表示的是只有一种夸克场的情况. 若理论中包含多种味量子数的夸克场，则 QCD 拉氏量变为

$$\mathcal{L}=-\frac{1}{4}F_{\mu\nu}^aF^{a\mu\nu}+\sum_{k=1}^{N_f}\bar{\psi}^k(\mathrm{i}\gamma^\mu D_\nu-m_k)\psi^k \tag{9.1.24}$$

(9.1.24) 式中的求和遍布所有夸克种类，规范场场强张量和协变导数分别为

$$F_{\mu\nu}^a=\partial_\mu A_\nu^a-\partial_\nu A_\mu^a+gf^{abc}A_\mu^bA_\nu^c \tag{9.1.25}$$

$$D_\mu=\partial_\mu-\mathrm{i}gT^aA_\mu^a \tag{9.1.26}$$

对于 SU(3) 规范场 $a=1,\ 2,\ \cdots,8$，即共有八种颜色规范场.

9.2 规范场和费米子场的量子化

9.2.1 路径积分量子化

对于非阿贝尔规范场，更合适的量子化方法是路径积分量子化方法[11]. 本节我们先来介绍路径积分量子化方法. 为了减少问题的复杂性，我们考虑一个由纯标量场构成的系统. 这个标量场记为 $\phi(x)$，对应的标量粒子质量记为 m. 我们来推导 n 点格林函数在路径积分量子化方法中的表达形式. 在正则量子化方法中，n 点格林函数指的是 n 个标量场算符 $\hat{\phi}(x_1),\ \hat{\phi}(x_2),\cdots,\ \hat{\phi}(x_n)$ 编时乘积的真空平均值，$\langle 0|\,T[\hat{\phi}(x_1)\hat{\phi}(x_2)\cdots\hat{\phi}(x_n)]\,|0\rangle$. 格林函数可以通过约化公式与粒子散射矩阵元或粒子衰变振幅联系起来，因此格林函数是量子场论中一个非常重要的函数.

设场算符 $\hat{\phi}(x)$ 是 Heisenberg 表象中的算符，$\hat{H}$ 是系统的 Hamilton 算符，则 $\hat{\phi}(x)$ 满足 Heisenberg 方程

$$\frac{\partial\hat{\phi}(x)}{\partial t}=\mathrm{i}[\hat{H},\hat{\phi}(x)] \tag{9.2.1}$$

任意时刻 t 场算符 $\hat{\phi}(x)$ 与 $t=0$ 时刻场算符的关系为

$$\hat{\phi}(x)=\mathrm{e}^{\mathrm{i}\hat{H}t}\hat{\phi}(0,\vec{x})\mathrm{e}^{-\mathrm{i}\hat{H}t} \tag{9.2.2}$$

定义 $t=0$ 时刻场算符 $\hat{\phi}(0,\vec{x})$ 的本征态为 $|\phi(0,\vec{x})\rangle$，即

$$\hat{\phi}(0,\vec{x})|\phi(0,\vec{x})\rangle=\phi(0,\vec{x})|\phi(0,\vec{x})\rangle \tag{9.2.3}$$

则根据以上两式可知 $\hat{\phi}(x)$ 的本征态为 $\mathrm{e}^{\mathrm{i}\hat{H}t}|\phi(0,\vec{x})\rangle$, 本征值为 $\phi(0,\vec{x})$.

下面我们来分析两个场算符本征态之间的跃迁矩阵元. 设 $|\phi_i,t_i\rangle$ 和 $|\phi_f,t_f\rangle$ 分别是标量场的初态和末态, 则场 $\phi(x)$ 在初态和末态之间的跃迁矩阵元为

$$\langle\phi_f,t_f\mid\phi_i,t_i\rangle=\langle\phi_f|\,\mathrm{e}^{-\mathrm{i}\hat{H}(t_f-t_i)}\,|\phi_i\rangle\,. \tag{9.2.4}$$

场 $\phi(x)$ 分布在一个连续变化的无限大的时空体积中, 为了处理上述矩阵元, 我们先把空间限制在一个有限体积的空间中, 设这个体积是 V. 把这个有限的空间分成 N 个小体积元, 每个小体积元的体积是 v, 于是 $V=Nv$. 处理完矩阵元后, 再取极限 $N\to\infty$, $v\to 0$, 保持 V 不变, 最后再取 $V\to\infty$, 恢复到全空间的情况. 取每个小体积元中的任意一点 $\vec{x}_j(j=1,2,\cdots,N)$ 作为这个小体积元的代表点, 小体积元中的场也由场在这个代表点上的数值代替, 于是全空间连续分布的场被分割成一系列分立的场 $\phi_j\equiv\phi(0,\vec{x}_j)$. 初态到末态之间的时间段 t_f-t_i 也被分割成 $(M+1)$ 个小时间间隔, 令这个小时间间隔为 $\varDelta$, 并将这些时间间隔点记为

$$t_0=t_i,\quad t_1=t_i+\varDelta,\quad \cdots,t_{M+1}=t_i+(M+1)\varDelta=t_f \tag{9.2.5}$$

将时刻 $t_l(l=0,1,2,\cdots,M+1)$、空间坐标 $\vec{x}_j$ 上的场标记为 ϕ_j^l. 考虑到场状态的完备性,

$$\int\mathrm{d}\phi_j^l\,\left|\phi_j^l,t_l\right\rangle\left\langle\phi_j^l,t_l\right|=1 \tag{9.2.6}$$

先将场跃迁矩阵元写成场在一系列分立空间上的矩阵元, 再将 (9.2.6) 式的完备算符以一个分立的时间序列的形式插入到每一个矩阵元之间,

$$\begin{aligned}\langle\phi_f,t_f|\,\phi_i,t_i\rangle&=\lim_{N\to\infty}\langle\phi_{f1},\phi_{f2},\cdots,\phi_{fN},t_f|\,\phi_{i1},\phi_{i2},\cdots,\phi_{iN},t_i\rangle\\&=\lim_{N\to\infty}\prod_{j=1}^{N}\langle\phi_{fj},t_f|\,\phi_{ij},t_i\rangle\\&=\lim_{\substack{N\to\infty\\M\to\infty}}\int\prod_{j=1}^{N}\mathrm{d}\phi_j^M\cdots\mathrm{d}\phi_j^1\left\langle\phi_{fj},t_f\right|\left.\phi_j^M,t_M\right\rangle\\&\quad\cdot\left\langle\phi_j^M,t_M\right|\left.\phi_j^{M-1},t_{M-1}\right\rangle\cdots\left\langle\phi_j^1,t_1\right|\left.\phi_{ij},t_i\right\rangle\end{aligned} \tag{9.2.7}$$

上面在将时间间隔数取无限大 $M\to\infty$ 时, 时间间隔将趋于无穷小 $\varDelta\to 0$, 以保持 $M\varDelta$ 有限.

考虑到态的时间演化, 可以把 (9.2.7) 式中按时间序列排列的每一个因子依时间间隔 $\varDelta$ 作展开,

$$\begin{aligned}\left\langle\phi_j^{l+1},t_{l+1}\right|\left.\phi_j^l,t_l\right\rangle&=\left\langle\phi_j^{l+1},t_l\right|\mathrm{e}^{-\mathrm{i}\hat{H}\varDelta}\left|\phi_j^l,t_l\right\rangle\\&=\left\langle\phi_j^{l+1},t_l\right|\left.\phi_j^l,t_l\right\rangle-\mathrm{i}\varDelta\left\langle\phi_j^{l+1},t_l\right|\hat{H}\left|\phi_j^l,t_l\right\rangle+O(\varDelta^2)\end{aligned} \tag{9.2.8}$$

哈密顿量 $\hat{H}$ 也可以写成对每一个小体积元求和的形式

$$\hat{H} = \int \mathrm{d}^3x\hat{\mathcal{H}} = \sum_j \upsilon\hat{\mathcal{H}}_j \tag{9.2.9}$$

其中 $\hat{\mathcal{H}}_j$ 是第 j 个体积元上的哈密顿量密度. 为了进一步处理 (9.2.8) 式中的体积元, 我们把场算符的本征态展开成动量本征态. 设第 j 个体积元上的动量算符为 $\hat{p}_j$, 其本征态和本征值分别为 $|p_j^l\rangle$ 和 p_j^l, 则有

$$\langle p_j^l|\ \phi_j^l, t_l\rangle = \frac{1}{\sqrt{2\pi}}\mathrm{e}^{-\mathrm{i}p_j^l\phi_j^l} \tag{9.2.10}$$

$$\langle p_j^l|\ \phi_j^{l+1}, t_l\rangle = \frac{1}{\sqrt{2\pi}}\mathrm{e}^{-\mathrm{i}p_j^l\phi_j^{l+1}} \tag{9.2.11}$$

利用动量本征态的完备性 $\int \mathrm{d}p_j\,|p_j\rangle\langle p_j| = 1$, (9.2.8) 式变为

$$\begin{aligned}\langle \phi_j^{l+1}, t_{l+1}|\ \phi_j^l, t_l\rangle &= \int \mathrm{d}p_j^l\,\langle \phi_j^{l+1}, t_l|\ p_j^l\rangle\langle p_j^l|\ \phi_j^l, t_l\rangle \\ &\quad - \mathrm{i}\Delta\upsilon\int \mathrm{d}p_j^l\,\langle \phi_j^{l+1}, t_l|\ p_j^l\rangle\langle p_j^l|\ \hat{\mathcal{H}}_j\,|p_j^l\rangle\langle p_j^l|\ \phi_j^l, t_l\rangle + O(\Delta^2) \\ &= \int \frac{\mathrm{d}p_j^l}{2\pi}\mathrm{e}^{\mathrm{i}p_j^l\left(\phi_j^{l+1}-\phi_j^l\right)}\left(1 - \mathrm{i}\Delta\upsilon\mathcal{H}_j^l\right) + O(\Delta^2) \\ &= \int \frac{\mathrm{d}p_j^l}{2\pi}\mathrm{e}^{\mathrm{i}\left[p_j^l\left(\phi_j^{l+1}-\phi_j^l\right)-\Delta\upsilon\mathcal{H}_j^l\right]} + O(\Delta^2)\end{aligned} \tag{9.2.12}$$

这里 $\mathcal{H}_j^l = \langle p_j^l|\ \hat{\mathcal{H}}_j\,|p_j^l\rangle$ 是哈密顿算符在动量本征态 $|p_j^l\rangle$ 上的平均值. 把 (9.2.12) 式代入 (9.2.7) 式, 得

$$\begin{aligned}&\langle \phi_f, t_f|\ \phi_i, t_i\rangle \\ &= \lim_{\substack{N\to\infty \\ M\to\infty}} \int \prod_{j=1}^{N}\left(\prod_{l=1}^{M}\mathrm{d}\phi_j^l\prod_{l'}\frac{\mathrm{d}p_j^{l'}}{2\pi}\right)\exp\left\{\mathrm{i}\sum_{l=1}^{M}\sum_{j=1}^{N}\left[p_j^l\left(\phi_j^{l+1}-\phi_j^l\right) - \Delta\upsilon\mathcal{H}_j^l\right]\right\}\end{aligned} \tag{9.2.13}$$

引入动量密度 π_j^l, 它满足 $p_j^l = \upsilon\pi_j^l$, (9.2.13) 式变为

$$\begin{aligned}&\langle \phi_f, t_f|\ \phi_i, t_i\rangle \\ &= \lim_{\substack{N\to\infty \\ M\to\infty}} \int \prod_{j=1}^{N}\left(\prod_{l=1}^{M}\mathrm{d}\phi_j^l\prod_{l'}\frac{\upsilon\mathrm{d}\pi_j^{l'}}{2\pi}\right)\exp\left\{\mathrm{i}\sum_{l=0}^{M}\Delta\sum_{j=1}^{N}\upsilon\left(\pi_j^l\frac{\phi_j^{l+1}-\phi_j^l}{\Delta} - \mathcal{H}_j^l\right)\right\}\end{aligned} \tag{9.2.14}$$

(9.2.14) 式可以写成更紧凑的形式

$$\langle \phi_f, t_f|\ \phi_i, t_i\rangle = \int [\mathrm{d}\phi]\left[\frac{\upsilon\mathrm{d}\pi}{2\pi}\right]\exp\left\{\mathrm{i}\int_{t_i}^{t_f}\mathrm{d}t\int \mathrm{d}^3x\left[\pi(x)\dot{\phi}(x) - \mathcal{H}(x)\right]\right\} \tag{9.2.15}$$

对于标量场情形, 代入哈密顿量密度

$$\mathcal{H}=\frac{1}{2}\pi^2+\frac{1}{2}(\nabla\varphi)^2+\frac{1}{2}m^2\phi^2+V(\phi) \tag{9.2.16}$$

并对动量 π 作积分, 可以得到

$$\langle\phi_f,t_f|\,\phi_j,t_i\rangle=C\int[\mathrm{d}\phi]\exp\left(\mathrm{i}\int_{t_i}^{t_f}\mathrm{d}t\int\mathrm{d}^3x\mathcal{L}\right) \tag{9.2.17}$$

其中 $\mathcal{L}$ 是标量场的经典拉氏量密度

$$\mathcal{L}=\frac{1}{2}\left(\partial^\mu\phi\partial_\mu\phi-m^2\phi^2\right)-V(\phi) \tag{9.2.18}$$

C 是积分得到的常数.

(9.2.17) 式是两个标量场本征态之间的跃迁矩阵元. 下面再来考虑两个场本征态之间夹以场算符 $\hat{\phi}(x)$ 的矩阵元 $\langle\phi_f,t_f|\,\hat{\phi}(x)\,|\phi_i,t_i\rangle$. 如果场算符 $\hat{\phi}(x)$ 的时间变量处于 $t=t_l$, 按照如上的分析, 可以得到

$$\begin{aligned}\langle\phi_f,t_f|\,\hat{\phi}(x)\,|\phi_i,t_i\rangle=\lim_{\substack{N\to\infty\\M\to\infty}}\int\left(\prod_{jl}\mathrm{d}\phi_j^l\right)&\left\langle\phi_{fj},t_f\mid\phi_j^M,t_M\right\rangle\cdots\\&\left\langle\phi_j^{l+1},t_{l+1}\right|\hat{\phi}(x)\left|\phi_j^l,t_l\right\rangle\cdots\\&\left\langle\phi_j^1,t_1\mid\phi_{ij},t_i\right\rangle\end{aligned} \tag{9.2.19}$$

因为 $\left|\phi_j^l,t_l\right\rangle$ 是场算符 $\hat{\phi}(x)$ 的本征态, $\hat{\phi}(x)\left|\phi_j^l,t_l\right\rangle=\phi_j^l\left|\phi_j^l,t_l\right\rangle$, 所以 (9.2.19) 式可以最终变为

$$\langle\phi_f,t_f|\,\hat{\phi}(x)\,|\phi_i,t_i\rangle=C\int[\mathrm{d}\phi]\,\phi(x)\exp\left(\mathrm{i}\int_{t_i}^{t_f}\mathrm{d}t\int\mathrm{d}^3x\mathcal{L}\right) \tag{9.2.20}$$

用同样的步骤也可以得到场本征态之间插入两个场算符 $\hat{\phi}(x_1)$ 和 $\hat{\phi}(x_2)$ 乘积情况下的矩阵元. 对于 $t_1=t_k>t_2=t_l$ 的情况, 可以得到

$$\begin{aligned}\langle\phi_f,t_f|\,\hat{\phi}(x_1)\hat{\phi}(x_2)\,|\phi_i,t_i\rangle=\lim_{\substack{N\to\infty\\M\to\infty}}\int\left(\prod_{jl}\mathrm{d}\phi_j^l\right)&\left\langle\phi_{fj},t_f\mid\phi_j^M,t_M\right\rangle\cdots\\&\left\langle\phi_j^{k+1},t_{k+1}\right|\hat{\phi}(x_1)\left|\phi_j^k,t_k\right\rangle\cdots\\&\left\langle\phi_j^{l+1},t_{l+1}\right|\hat{\phi}(x_2)\left|\phi_j^l,t_l\right\rangle\cdots\\&\left\langle\phi_j^1,t_1\mid\phi_{ij},t_i\right\rangle\end{aligned} \tag{9.2.21}$$

考虑到 $\left|\phi_j^k,t_k\right\rangle$ 和 $\left|\phi_j^l,t_l\right\rangle$ 都是场算符的本征态, 最后得到

$$\langle\phi_f,t_f|\,\hat{\phi}(x_1)\hat{\phi}(x_2)\,|\phi_i,t_i\rangle=C\int[\mathrm{d}\phi]\,\phi(x_1)\phi(x_2)\exp\left(\mathrm{i}\int_{t_i}^{t_f}\mathrm{d}t\int\mathrm{d}^3x\mathcal{L}\right)$$

$$t_f > t_1 > t_2 > t_i \tag{9.2.22}$$

同理对于 $t_2 > t_1$ 的情况, (9.2.22) 式右边的结果代表的是矩阵元 $\langle\phi_f, t_f|\,\hat{\phi}(x_2)\hat{\phi}(x_1)$ $|\phi_i, t_i\rangle$. 因此对于 t_1 和 t_2 任意分布的情况, 我们会得到如下的结果

$$\langle\phi_f, t_f|\,T\left[\hat{\phi}(x_1)\hat{\phi}(x_2)\right]|\phi_i, t_i\rangle = C\int[\mathrm{d}\phi]\,\phi(x_1)\phi(x_2)\exp\left(\mathrm{i}\int_{t_i}^{t_f}\mathrm{d}t\int\mathrm{d}^3x\mathcal{L}\right) \tag{9.2.23}$$

(9.2.23) 式中的 T 符号代表编时乘积

$$T\left[\hat{\phi}(x_1)\hat{\phi}(x_2)\right] = \theta\,(t_1 - t_2)\,\hat{\phi}(x_1)\hat{\phi}(x_2) + \theta\,(t_2 - t_1)\,\hat{\phi}(x_2)\hat{\phi}(x_1) \tag{9.2.24}$$

其中 $\theta\,(t)$ 是 Heaviside 阶跃函数. 一般情况下, 对于具有任意多场算符编时乘积的跃迁矩阵元, 我们有

$$\begin{aligned}&\langle\phi_f, t_f|\,T[\hat{\phi}(x_1)\cdots\hat{\phi}(x_n)]\,|\phi_i, t_i\rangle\\ =&C\int[\mathrm{d}\phi]\,\phi(x_1)\cdots\phi(x_n)\exp\left(\mathrm{i}\int_{t_i}^{t_f}\mathrm{d}t\int\mathrm{d}^3x\mathcal{L}\right)\end{aligned} \tag{9.2.25}$$

任意 n 个场算符的编时乘积可以由两个场算符的编时乘积直接推广而来, 它含有 $n!$ 项.

下面我们来求场的基态对 (9.2.17) 式和 (9.2.25) 式的贡献. 为此我们把场算符的本征态 $|\phi(0,\vec{x}), t\rangle$ 用哈密顿算符的本征态即能量本征态 $|E_m\rangle$ 来展开:

$$|\phi(0,\vec{x}), t\rangle = \sum_m \mathrm{e}^{\mathrm{i}E_m t}|E_m\rangle\,\langle E_m|\,\phi(0,\vec{x})\rangle \tag{9.2.26}$$

对于 (9.2.26) 式中能量本征态有 $\hat{H}\,|E_m\rangle = E_m\,|E_m\rangle$, 当 $m = 0$ 时 $|E_0\rangle$ 对应真空态 $|0\rangle$, 而 $E_0 = 0$. 利用展开 (9.2.26) 式, 矩阵元 (9.2.25) 式可以写成

$$\begin{aligned}&\langle\phi_f, t_f|T[\hat{\phi}(x_1)\cdots\hat{\phi}(x_n)]\,|\phi_i, t_i\rangle\\ =&\sum_{m,m'}\mathrm{e}^{\mathrm{i}E_m t_i - iE_{m'}t_f}\,\langle\phi_f \mid E_{m'}\rangle\,\langle E_m \mid \phi_i\rangle\,\langle E_{m'}|\,T[\hat{\phi}(x_1)\cdots\hat{\phi}(x_n)]\,|E_m\rangle\end{aligned} \tag{9.2.27}$$

在 (9.2.27) 式中取 $t_i = \mathrm{i}T$, $t_f = -\mathrm{i}T$, 并取极限 $T \to \infty$, 则右侧除基态 $E_m = E_{m'} = 0$ 项的贡献外, 其他项的贡献都趋于 0, 于是在 $T \to \infty$ 的极限下, 只剩下真空态的贡献,

$$\begin{aligned}&\langle\phi_f, t_f|\,T[\hat{\phi}(x_1)\cdots\hat{\phi}(x_n)]\,|\phi_i, t_i\rangle\\ &\xrightarrow{T\to\infty}\langle\phi_f \mid 0\rangle\,\langle 0 \mid \phi_i\rangle\,\langle 0|\,T[\hat{\phi}(x_1)\cdots\hat{\phi}(x_n)]\,|0\rangle\end{aligned} \tag{9.2.28}$$

(9.2.28) 式中 $t_i = \mathrm{i}T$, $t_f = -\mathrm{i}T$.

对 (9.2.1) 式中的矩阵元采取同样的做法, 我们得到

$$\langle \phi_f, t_f \mid \phi_i, t_i \rangle \xrightarrow{T\to\infty} \langle \phi_f \mid 0\rangle \langle 0 \mid \phi_i \rangle \tag{9.2.29}$$

由以上两式以及 (9.2.17) 式和 (9.2.25) 式的结果, 可得

$$\begin{aligned}&\langle 0|\, T[\hat{\phi}(x_1)\ldots\hat{\phi}(x_n)]\, |0\rangle \\ &= \lim_{T\to\infty} \frac{\displaystyle\int [\mathrm{d}\phi]\, \phi(x_1)\cdots\phi(x_n) \exp\left(\mathrm{i}\int_{\mathrm{i}T}^{-\mathrm{i}T} \mathrm{d}t\mathrm{d}^3x\mathcal{L}\right)}{\displaystyle\int [\mathrm{d}\phi] \exp\left(\mathrm{i}\int_{\mathrm{i}T}^{-\mathrm{i}T} \mathrm{d}t\mathrm{d}^3x\mathcal{L}\right)}\end{aligned} \tag{9.2.30}$$

(9.2.30) 式中时间积分是在虚轴上进行的. 因为积分函数没有关于时间变量的奇点分布, 因此根据柯西定理, 可以将 (9.2.30) 式中对时间的积分在复平面上逆时针旋转 90° 转回实轴 (图 9.1), 由此得

$$\langle 0|\, T[\hat{\phi}(x_1)\cdots\hat{\phi}(x_n)]\, |0\rangle = \frac{\displaystyle\int [\mathrm{d}\phi]\, \phi(x_1)\cdots\phi(x_n) \exp(\mathrm{i}S)}{\displaystyle\int [\mathrm{d}\phi] \exp(\mathrm{i}S)} \tag{9.2.31}$$

此式中 $S = \int \mathrm{d}^4x\mathcal{L}$, 称为体系的作用量. 这是路径积分方法对格林函数的表达式.

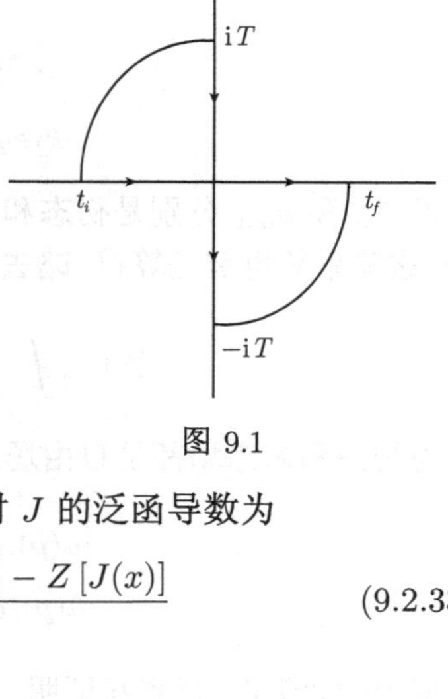

图 9.1

Schwinger 通过引入外源项的方法, 可使 (9.2.31) 式变得更为简洁[12]. 在这个方法中, 人为引入了一个外源函数 $J(x)$, 并在 (9.2.31) 式分母中的泛函积分中加入了一个外源 $\phi(x)J(x)$, 把它定义为生成泛函

$$Z[J] = \int [\mathrm{d}\phi] \exp\left(\mathrm{i}\int \mathrm{d}^4x\,(\mathcal{L} + \phi J)\right) \tag{9.2.32}$$

从形式上看 $Z[J]$ 是外源 $J(x)$ 的函数. 定义 $Z[J]$ 对 J 的泛函导数为

$$\frac{\delta Z[J]}{\delta J(y)} = \lim_{\varepsilon\to 0} \frac{Z[J(x) + \varepsilon\delta(x-y)] - Z[J(x)]}{\varepsilon} \tag{9.2.33}$$

根据泛函导数的定义, 我们发现

$$\frac{\delta^n Z[J]}{\delta J(x_1)\cdots\delta J(x_n)} = \mathrm{i}^n \int [\mathrm{d}\phi]\, \phi(x_1)\cdots\phi(x_n) \exp\left\{\mathrm{i}\int \mathrm{d}^4x\,(\mathcal{L} + \phi J)\right\} \tag{9.2.34}$$

由此可以得到

$$\langle 0| T[\hat{\phi}(x_1)\cdots\hat{\phi}(x_n)]|0\rangle = \frac{(-\mathrm{i})^n}{Z[0]}\left.\frac{\delta^n Z[J]}{\delta J(x_1)\cdots\delta J(x_n)}\right|_{J=0} \tag{9.2.35}$$

(9.2.35) 式告诉我们, 所有的格林函数都可以通过对 $Z[J]$ 求泛函导数而得到. 从这个意义上, $Z[J]$ 被称为生成泛函.

9.2.2　约化公式

格林函数可以和描述粒子散射过程的跃迁矩阵元联系起来, 从而可以通过首先计算出格林函数来计算出粒子之间的散射截面及粒子衰变宽度等. 本小节我们来推导格林函数和散射跃迁矩阵元之间的关系, 描述这个关系的公式称为约化公式[13].

作为一个简单的例子, 我们考虑两个标量粒子的弹性散射情况. 设初态粒子的动量分别为 p_1 和 p_2, 末态粒子的动量为 k_1 和 k_2, 粒子的质量为 m. 散射过程的 S 矩阵元定义为

$$\langle k_1 k_2| S |p_1 p_2\rangle = \langle k_1 k_2 \mathrm{out} \mid p_1 p_2 \mathrm{in}\rangle \tag{9.2.36}$$

这里 “in” 和 “out” 指的是粒子散射相互作用发生前的初始状态和相互作用发生后的末态. 它们是系统哈密顿量的本征态. 在数学处理上, 初态的时间取为无限过去, 末态时间取为无限将来. 初态和末态粒子都可以看作自由粒子, 可以用产生算符作用在真空态上表示出来

$$|p_1 p_2 \mathrm{in}\rangle = \hat{a}^+_{\mathrm{in}}(p_1)\hat{a}^+_{\mathrm{in}}(p_2)|0\rangle \tag{9.2.37}$$

$$|k_1 k_2 \mathrm{out}\rangle = \hat{a}^+_{\mathrm{out}}(k_1)\hat{a}^+_{\mathrm{out}}(k_2)|0\rangle \tag{9.2.38}$$

这里 $\hat{a}_{\mathrm{in}}$ 和 $\hat{a}_{\mathrm{out}}$ 分别是初态和末态标量场 Fourier 变换的系数, 因为标量场是场算符, 这些系数也都是算符, 略去下标, 它们可以统一地写成

$$\hat{\phi}(x) = \int \frac{\mathrm{d}^3 p}{(2\pi)^3 2p_0}\left[\hat{a}(p)\mathrm{e}^{-\mathrm{i}p\cdot x} + \hat{a}^+(p)\mathrm{e}^{\mathrm{i}p\cdot x}\right] \tag{9.2.39}$$

因为初态和末态场都是自由场, 产生、湮灭算符满足对易关系

$$\begin{aligned}&\left[\hat{a}(p), \hat{a}^+(p')\right] = (2\pi)^3 2p_0 \delta^3(p'-p)\\&[\hat{a}(p), \hat{a}(p')] = 0\end{aligned} \tag{9.2.40}$$

根据 (9.2.39) 式, 很容易证明

$$\hat{a}(p) = \mathrm{i}\int \mathrm{d}^3 x \mathrm{e}^{\mathrm{i}p\cdot x}\overleftrightarrow{\partial}_0\hat{\phi}(x) \tag{9.2.41}$$

(9.2.41) 式中算符 $\overleftrightarrow{\partial}_0$ 的定义为

$$f\overleftrightarrow{\partial}_0 g = f\partial_0 g - (\partial_0 f)\, g \tag{9.2.42}$$

初态和末态场 $\hat{\phi}_{\text{in}}(x)$ 和 $\hat{\phi}_{\text{out}}(x)$ 定义为

$$\hat{\phi}(x) \xrightarrow[x_0\to\pm\infty]{} \hat{\phi}_{\substack{\text{out}\\ \text{in}}}(x) \tag{9.2.43}$$

有了 (9.2.37) 式、(9.2.38) 式、(9.2.41) 式和 (9.2.43) 式, 我们就可以推导约化公式了,

$$\begin{aligned}\langle k_1k_2\text{out} \mid p_1p_2\text{in}\rangle =& \langle k_1|\, \hat{a}_{\text{out}}(k_2)\, |p_1p_2\text{in}\rangle \\ =&\text{i} \lim_{x_0\to+\infty}\int \text{d}^3x\text{e}^{\text{i}k_2\cdot x}\overleftrightarrow{\partial}_0 \langle k_1|\, \hat{\phi}(x)\, |p_1p_2\text{in}\rangle \\ =& \langle k_1|\, \hat{a}_{\text{in}}(k_2)\, |p_1p_2\text{in}\rangle \\ &+ \text{i}\int \text{d}^4x\partial_0[\text{e}^{\text{i}k_2\cdot x}\overleftrightarrow{\partial}_0 \langle k_1|\, \hat{\phi}(x)\, |p_1p_2\text{in}\rangle]\end{aligned} \tag{9.2.44}$$

(9.2.44) 式中最后一步利用了

$$\text{i}\lim_{x_0\to-\infty}\int \text{d}^3x\text{e}^{\text{i}k_2\cdot x}\overleftrightarrow{\partial}_0\hat{\phi}(x) = a_{\text{in}}(k_2) \tag{9.2.45}$$

注意到 $\partial_0\left(f\overleftrightarrow{\partial}_0 g\right) = f\overleftrightarrow{\partial}{}_0^2 g$, 以及 $\partial_0^2\text{e}^{\text{i}k_2\cdot x} = \left(\nabla^2 - m^2\right)\text{e}^{\text{i}k_2\cdot x}$, 进一步可得

$$\begin{aligned}\langle k_1k_2\text{out} \mid p_1p_2\text{in}\rangle =& \langle k_1|\, \hat{a}_{\text{in}}(k_2)\, |p_1p_2\text{in}\rangle \\ &+ \text{i}\int \text{d}^4x\text{e}^{\text{i}k_2\cdot x}\left(\square^2 + m^2\right)\langle k_1|\, \hat{\phi}(x)\, |p_1p_2\text{in}\rangle\end{aligned} \tag{9.2.46}$$

(9.2.46) 式中 $\square$ 是 d'Alembert 算符, $\square = \partial^\mu\partial_\mu = \partial^2/\partial t^2 - \nabla^2$. 重复上面步骤, 最终可得

$$\begin{aligned}&\langle k_1k_2\text{out} \mid p_1p_2\text{in}\rangle \\ =& \langle k_1k_2\text{in} \mid p_1p_2\text{in}\rangle + \text{i}^4\int \text{d}^4x_1\text{d}^4x_2\text{d}^4y_1\text{d}^4y_2\text{e}^{\text{i}(k_1\cdot x_1+k_2\cdot x_2-p_1\cdot y_1-p_2\cdot y_2)} \\ &\times \left(\square_{x_1} + m^2\right)\left(\square_{x_2} + m^2\right)\left(\square_{y_1} + m^2\right)\left(\square_{y_2} + m^2\right) \\ &\times \langle 0|\, T\left[\hat{\phi}(x_1)\hat{\phi}(x_2)\hat{\phi}(y_1)\hat{\phi}(y_2)\right]|0\rangle\end{aligned} \tag{9.2.47}$$

(9.2.47) 式就是约化公式. (9.2.47) 式中的第二项即为 $\langle k_1k_2|\, S - 1\, |p_1p_2\rangle$ 的结果, 因此它对应粒子散射的跃迁矩阵元

$$\begin{aligned}&(2\pi)^4\text{i}\delta^4\left(k_1 + k_2 - p_1 - p_2\right)\langle k_1k_2|\, T\, |p_1p_2\rangle \\ =&\text{i}^4\int \text{d}^4x_1\text{d}^4x_2\text{d}^4y_1\text{d}^4y_2\text{e}^{\text{i}(k_1\cdot x_1+k_2\cdot x_2-p_1\cdot y_1-p_2\cdot y_2)}\end{aligned}$$

$$
\begin{aligned}
&\times\left(\Box_{x_1}+m^2\right)\left(\Box_{x_2}+m^2\right)\left(\Box_{y_1}+m^2\right)\left(\Box_{y_2}+m^2\right)\\
&\times\langle 0|\,T[\hat{\phi}(x_1)\hat{\phi}(x_2)\hat{\phi}(y_1)\hat{\phi}(y_2)]\,|0\rangle
\end{aligned}\tag{9.2.48}
$$

上面等式的右侧在经过处理后也会出现与左侧同样的 δ 函数, 从而通过上面的等式可以计算出跃迁矩阵元 $\langle k_1k_2|\,T\,|p_1p_2\rangle$, 有了跃迁矩阵元就可以计算散射截面了.

9.2.3 规范场的量子化

在路径积分量子化方法中, 所有的格林函数都可以从生成泛函计算出来, 从而计算所有可能的物理量. 因此讨论场的量子化问题, 只需从讨论生成泛函开始即可. 本节我们从规范场的生成泛函开始讨论规范场的量子化.

按照 (9.2.31) 式的结果, 对于规范场的情况, 对应的生成泛函为

$$
Z[J]=\int[\mathrm{d}A]\exp\left\{\mathrm{i}\int\mathrm{d}^4x\left(\mathcal{L}+A_\mu^aJ^{a\mu}\right)\right\}\tag{9.2.49}
$$

这里 $[\mathrm{d}A]$ 代表 $\prod\limits_{\mu,a}[\mathrm{d}A_\mu^a]$, $\mathcal{L}$ 是规范场的拉氏量密度

$$
\mathcal{L}=-\frac{1}{4}F_{\mu\nu}^aF^{a\mu\nu}\tag{9.2.50}
$$

在 (9.2.49) 式中 $\mathcal{L}$ 是规范不变的, $[\mathrm{d}A]$ 也是规范不变的, 而外源项 $A_\mu^aJ^{a\mu}$ 不是规范不变的, 因此生成泛函 $Z[J]$ 不是规范不变的. $Z[J]$ 的规范相关性是和格林函数的规范相关性联系在一起的. 下面我们来证明 $[\mathrm{d}A]$ 的规范不变性.

我们考虑无穷小规范变换, 即 (9.1.11) 式、(9.1.12) 式中的变换参数 θ^a 是个小量的情况. 这里为了简洁, 我们略去了 θ^a 对 x 的显示依赖, 但它依然是依赖于时空坐标的函数. 根据 (9.1.11) 式和 (9.1.12) 式, 取 θ^a 为小参量并保留到 θ^a 的一阶, 可得规范场在无穷小规范变换下的变换

$$
A'^a_\mu=A_\mu^a+f^{abc}\theta^bA_\mu^c-\frac{1}{g}\partial_\mu\theta^a\tag{9.2.51}
$$

于是我们可以求得 $Z[J]$ 泛函积分测度 $[\mathrm{d}A]$ 在无穷小规范变换下的变换行为

$$
\begin{aligned}
[\mathrm{d}A']&=[\mathrm{d}A]\det\left(\frac{\partial A'^a_\mu}{\partial A_\nu^b}\right)\\
&=[\mathrm{d}A]\det\left(\delta^{ab}-f^{abc}\theta^c\right)\\
&=[\mathrm{d}A]\left(1+O(\theta^2)\right)
\end{aligned}\tag{9.2.52}
$$

在 (9.2.52) 式计算中的最后一步, 利用了关于行列式的展开式

$$
\det(1+L)=1+\mathrm{Tr}L+\cdots+\det L\tag{9.2.53}
$$

从 (9.2.52) 式, 我们看到略去 θ 的高于 1 次方的项, $[\mathrm{d}A]$ 是规范不变的.

如果去掉外源项, 则生成泛函是规范不变的. 我们用 $Z[0]$ 来讨论规范场的量子化问题. 由 (9.2.49) 式可知

$$Z[0]=\int[\mathrm{d}A]\exp(\mathrm{i}S) \tag{9.2.54}$$

其中 $S=\int\mathrm{d}^4x\mathcal{L}$, 是体系的作用量, 作用量具有规范不变性. (9.2.54) 式的泛函积分中, 规范场 A_μ^a 在全空间中变化, 即关于规范场的积分是在全空间中进行的. 但由于规范对称性, 对于一部分 A_μ^a 的取值, 作用量 S 是保持不变的. 设对于一定的规范参数 θ, 有规范场 $A'^a_\mu=A_\mu^{(\theta)a}$, 这里我们明确写出场对规范参数的依赖. 如果我们从一个具有特定值的 A_μ^a 开始做规范变换 $U(\theta)$, 让 θ 跑遍全空间, 得到的所有的 $A_\mu^{(\theta)a}$ 构成一个子集. 对于这个子集里的所有 $A_\mu^{(\theta)a}$, 因为作用量的规范不变性, (9.2.54) 式中的被积函数保持为一个常数. 而这个子集空间是无限大, 所以在这个子空间上的积分是无穷大. 因此在 (9.2.54) 式中对 $[\mathrm{d}A]$ 的积分只需取这个子集中 $A_\mu^{(\theta)a}$ 的贡献一次, 而将子集测度空间的无穷大因子分离出来. 为此, 我们给规范场 A_μ^a 一些限制, 这样的限制可以任意选取

$$G^\mu A_\mu^a=B^a, \tag{9.2.55}$$

(9.2.55) 式中 G^μ 和 B 是为对 A_μ^a 施加限制而选取的条件, 这个条件称为规范固定条件. 一般情况下, 我们会选取规范条件, 使得 (9.2.55) 式有唯一的解 A_μ^a, 从而使得 A_μ^a 对应的 SU(3) 群参数 θ^a 是确定的. 例如, 当取 $G^\mu=\partial^\mu$, $B^a=0$, 称为 Lorentz 规范, 而取 $G^\mu=(0,\nabla)$, $B^a=0$ 的条件称为库仑规范.

为了在生成泛函 $Z[0]$ 的泛函积分中考虑规范条件 (9.2.55) 式的限制, 用如下的方式定义一个泛函 $\Delta_G[A]$

$$\Delta_G[A]\int[\mathrm{d}g]\,\delta^n(G^\mu A_\mu^{(\theta)a}-B^a)=1 \tag{9.2.56}$$

(9.2.56) 式中的积分在规范群的全部元素 g 上进行, n 是群的维数, $a=1,2,\cdots,n$. $[\mathrm{d}g]$ 是对群元素积分的积分测度, 它可以选取为用群参数 θ^a 表达的形式

$$[\mathrm{d}g]=\prod_a[\mathrm{d}\theta^a] \tag{9.2.57}$$

对于规范群的具体表示, 总是可以选取合适的群元素积分测度 $[\mathrm{d}g]$, 使得 $[\mathrm{d}g]$ 在规范变换下是不变的. 这里我们约定 (9.2.56) 式的群积分测度 $[\mathrm{d}g]$ 取为规范不变的形式. 可以证明通过 (9.2.56) 式引入的泛函 $\Delta_G[A]$ 也是规范不变的. 根据 (9.2.56) 式

$$1/\Delta_G\left[A^{(\theta)}\right]=\int\prod_a[\mathrm{d}\theta'^a]\,\delta\left(G^\mu A_\mu^{(\theta\theta')a}-B^a\right) \tag{9.2.58}$$

因为积分测度具有规范群变换下的不变性, 可以对 (9.2.58) 式中的积分测度作变换 $[\mathrm{d}\theta'^a] \to \left[\mathrm{d}\left(\theta\theta'\right)^a\right]$, 于是 (9.2.58) 式变为

$$\begin{aligned}1/\Delta_G\left[A^{(\theta)}\right] =& \int\prod_a\left[\mathrm{d}\left(\theta\theta'\right)^a\right]\delta\left(G^\mu A_\mu^{(\theta\theta')a} - B^a\right)\\ =&1/\Delta_G\left[A\right]\end{aligned} \tag{9.2.59}$$

即泛函 $\Delta_G\left[A\right]$ 是规范不变的.

现在我们把 (9.2.56) 式的左侧插入到 (9.2.54) 式的泛函积分中, 因为它总体上等于 1, 这并不改变生成泛函的数值

$$Z\left[0\right] = \int\left[\mathrm{d}A\right]\prod_a\left[\mathrm{d}\theta^a\right]\delta^n\left(G^\mu A^{(\theta)a} - B^a\right)\Delta_G\left[A\right]\mathrm{e}^{\mathrm{i}S} \tag{9.2.60}$$

对 (9.2.60) 式改变群参数和规范场的积分顺序

$$Z\left[0\right] = \int\prod_a\left[\mathrm{d}\theta^a\right]\int\left[\mathrm{d}A\right]\delta^n\left(G^\mu A_\mu^{(\theta)a} - B^a\right)\Delta_G\left[A\right]\mathrm{e}^{\mathrm{i}S} \tag{9.2.61}$$

(9.2.61) 式整体上是规范不变的, 而群参数的积分测度 $\prod\limits_a\left[\mathrm{d}\theta^a\right]$ 也是规范不变的, 所以 (9.2.61) 式的第一重积分即对规范场的泛函积分 $\int\left[\mathrm{d}A\right]$ 是规范不变的. 于是我们对第一重积分作任意规范变换, 取规范变换使得 $A_\mu^{(\theta)a} \to A_\mu^a$, 在这样的变换下, (9.2.61) 式除了 δ 函数的变量有变化外, 其他项都没有发生变化

$$Z\left[0\right] = \int\prod_a\left[\mathrm{d}\theta^a\right]\int\left[\mathrm{d}A\right]\delta^n\left(G^\mu A_\mu^a - B^a\right)\Delta_G\left[A\right]\mathrm{e}^{\mathrm{i}S} \tag{9.2.62}$$

此时 $Z\left[0\right]$ 的被积函数中没有关于群参数的依赖, 所以可以把关于群参数的积分

$$\int\prod_a\left[\mathrm{d}\theta^a\right] \tag{9.2.63}$$

作为一个独立因子分离出去, 这是一个无穷大因子. 现在我们把分离出这个无穷大因子之后的部分重新定义为规范场的生成泛函

$$Z\left[0\right] = \int\left[\mathrm{d}A\right]\Delta_G\left[A\right]\delta^n\left(G^\mu A_\mu^a - B^a\right)\mathrm{e}^{\mathrm{i}S} \tag{9.2.64}$$

下面我们求出泛函 $\Delta_G\left[A\right]$ 的具体形式. 作出 (9.2.56) 式的泛函积分:

$$\begin{aligned}1 =&\Delta_G\left[A\right]\int\prod_a\left\{\left[\mathrm{d}\theta^a\right]\delta\left(G^\mu A_\mu^{(\theta)a} - B^a\right)\right\}\\ =&\Delta_G[A]/\det M_G\end{aligned} \tag{9.2.65}$$

其中矩阵 M_G 是求解复合函数的广义函数得到的

$$\left(M_G(x,y)^{ab}\right)=\frac{\delta\left(G^\mu A_\mu^{(\theta)a}(x)\right)}{\delta\theta^b(y)} \tag{9.2.66}$$

考虑 $\Delta_G[A]$ 的结果, 并在 (9.2.64) 式上加上外源项, 我们得到生成泛函 $Z[J]$

$$Z[J]=\int[\mathrm{d}A]\det M_G\prod_{a,x}\delta\left(G^\mu A_\mu^a(x)-B^a(x)\right)\exp\left\{\mathrm{i}\int\mathrm{d}^4x\left(\mathcal{L}+A_\mu^aJ^\mu\right)\right\} \tag{9.2.67}$$

因为限制条件中的 $B^a(x)$ 是可以任意选取的, 我们可以把生成泛函 $Z[J]$ 对 $B^a(x)$ 求平均, 并取一个合适的权重因子, 原则上这个因子是可以任意选取的, 这里我们取

$$\exp\left\{-(\mathrm{i}/2\alpha)\int\mathrm{d}^4x\left(B^a(x)\right)^2\right\} \tag{9.2.68}$$

其中 α 是个任意常数, 然后把这个因子乘到 (9.2.67) 式右侧, 并对 $B^a(x)$ 作泛函积分, 最后得

$$Z[J]=\int[\mathrm{d}A]\det M_G\exp\left\{\mathrm{i}\int\mathrm{d}^4x\left(\mathcal{L}-\frac{1}{2\alpha}\left(G^\mu A_\mu^a\right)^2+A_\mu^aJ^{a\mu}\right)\right\} \tag{9.2.69}$$

通过上面的技巧, δ 函数的限制条件转化成了一个指数因子项, 这一项通常称为规范固定项, α 称为规范固定参数.

$\det M_G$ 的出现对规范场的量子化有重要意义, 它会在原有规范场参与的相互作用的基础上添加新的相互作用项, 这一点我们会在稍后继续讨论. 下面作为一些例子, 我们对一些规范条件给出 M_G 的结果. 这样的结果是通过 (9.2.66) 式直接计算出来的, 只是略去了一个因子 $-1/g$.

1) 库仑规范 $G^\mu=(0,\nabla)$

$$\left(M_G(x,y)\right)^{ab}=\left(\delta^{ab}\nabla^2-gf^{abc}A^c\cdot\nabla\right)\delta^4(x-y) \tag{9.2.70}$$

2) Lorentz 规范 $G^\mu=\partial^\mu$

$$\left(M_G(x,y)\right)^{ab}=\left(\delta^{ab}\Box-gf^{abc}\partial^\mu A_\mu^c\right)\delta^4(x-y) \tag{9.2.71}$$

注意 (9.2.71) 式中的微分符号也要对后面的 δ 函数作微分计算.

3) 轴规范 $G^\mu=n^\mu$, n^μ 为一个类空常 4 矢量

$$\left(M_G(x,y)\right)^{ab}=\left(\delta^{ab}n\cdot\partial-gf^{abc}n\cdot A^c\right)\ \delta^4(x-y) \tag{9.2.72}$$

从上面的结果, 我们可以看到对于阿贝尔规范场 $f^{abc}=0$, M_G 是个与规范场无关的常数项, 所以不会增加新的相互作用. 对于非阿贝尔规范场, 尤其是在采用 Lorentz

规范的情况下, M_G 是与规范场有关的, 它会带来与规范场有关的新的相互作用项. 下面我们会将 M_G 也变成指数的形式, 从而把这一项也变成有效拉氏量的一部分. 这样会导致引入一个形式上的场, 它称为法捷耶夫–波波夫鬼场[14].

4) 费米子场的量子化和 Grassmann 代数

在正则量子化中, 费米子场算符是反对易的, 在路径积分方法中也需要正确反映费米子场的反对易性. 在关于规范场的路径积分公式中, 场的数值是用普通复数描述的, 普通复数是相互对易的, 这一点是与玻色子场的对易性相一致的. 但要在路径积分公式中描述费米子场, 用普通复数是不能反映费米子场的反对易性的. 要在路径积分公式中描述费米子场, 就需要引入新的数学工具 ——Grassmann 代数.

与普通复数不同, 假设存在一系列新的数 $\psi_j(j=1,2,\cdots,N)$, 它们相互之间是反对易的

$$\{\psi_i,\psi_j\}=0 \tag{9.2.73}$$

这 N 个相互反对易的数张成一个代数空间, 称为 Grassmann 代数. 这些反对易数称为 Grassmann 数, Grassmann 数与普通数是对易的. Grassmann 代数可以看成由一系列线性无关的基矢构成的线性空间, 这些基矢由 Grassmann 数的乘积构成:

$$1,\psi_i,\psi_i\psi_j,\cdots,\psi_1\psi_2\cdots\psi_N \tag{9.2.74}$$

基矢的数量是有限的, 与 Grassmann 数的个数有关. 若 Grassmann 数有 N 个, 则基矢最多由 N 个 Grassmann 数的乘积构成. 多于 N 个 Grassmann 数的乘积中必有重复数的出现, 所以这样的乘积项一定是 0, 因为对任意的 Grassmann 数 ψ_i, 由于反对易性, 必有 $\psi_i^2=0$.

Grassmann 代数基矢的数量与全部可能的非零乘积项数相等, 而非零的乘积项数为

$$1+\mathrm{C}_N^1+\mathrm{C}_N^2+\cdots+\mathrm{C}_N^N=2^N \tag{9.2.75}$$

(9.2.75) 式中 C_N^i 是二项数系数. 所以 Grassmann 代数是 2^N 维代数空间.

对于玻色子场, 我们把全空间分成一系列小空间元, 每一小空间元中代表点上的场 ϕ_j 都是对易复数. 对于费米子场的情况, 我们可以把每一小空间元中代表点上的场 ψ_j 看作 Grassmann 数. 这样费米子场的反对易性就得到了正确反映. 把分立的空间元个数趋于无穷大 $N\to\infty$, 就可以在路径积分公式中描述费米子场 $\psi(x)$. 为了看清在路径积分公式中反对易数积分的含义, 我们先来介绍关于 Grassmann 数的微分和积分运算.

关于单个 Grassmann 数的微分, 有如下定义

$$\frac{\partial}{\partial\psi_j}\psi_i=\delta_{ij} \tag{9.2.76}$$

对于多个 Grassmann 数乘积的微分, 例如, 将 $\psi_{i_1}\psi_{i_2}\cdots\psi_{i_k}$ 对 ψ_{i_l} 做微分, 若乘积中含有 ψ_{i_l}, 则先利用反对易关系将 ψ_{i_l} 左移至最左侧, 再对 ψ_{i_l} 微分, 相当于将 ψ_{i_l} 移动到最左侧后去掉 ψ_{i_l}; 若乘积项不含 ψ_{i_l}, 则微分结果为 0, 即有如下等式成立:

$$\frac{\partial}{\partial\psi_j}(\psi_{i_1}\psi_{i_2}\cdots\psi_{i_k}) = \begin{cases} (-1)^{l-1}\psi_{i_1}\psi_{i_2}\cdots(\psi_{i_l})\cdots\psi_{i_k}, & \text{若} i_l = j \\ 0, & \text{若不含}\psi_j \end{cases} \tag{9.2.77}$$

其中的 (ψ_{i_l}) 表示表达式中不再含有 ψ_{i_l}. 对于右侧的微分可以采取相似的办法来定义, 即把被微分的 ψ_{i_l} 右移, 然后再作微分运算

$$(\psi_{i_1}\psi_{i_2}\cdots\psi_{i_k})\frac{\overleftarrow{\partial}}{\partial\psi_j} = \begin{cases} (-1)^{k-l}\psi_{i_1}\psi_{i_2}\cdots(\psi_{i_l})\cdots\psi_{i_k}, & \text{若} i_l = j \\ 0, & \text{若不含}\psi_j \end{cases} \tag{9.2.78}$$

利用 (9.2.77) 式可以证明任意函数 F 对 Grassmann 数的二阶微分满足如下的关系:

$$\frac{\partial^2 F}{\partial\psi_i\partial\psi_j} = -\frac{\partial^2 F}{\partial\psi_j\partial\psi_i} \tag{9.2.79}$$

证明如下.

设 F 是由多个 Grassmann 数乘积构成的单项式组成, 对其中的某一个单项式 $\psi_{i_1}\cdots\psi_{i_k}$, 有

$$\frac{\partial}{\partial\psi_i}\frac{\partial}{\partial\psi_j}(\psi_{i_1}\cdots\psi_{i_k}) = (-1)^{m-1}(-1)^{l-1}\psi_{i_1}\cdots(\psi_{i_l})\cdots(\psi_{i_m})\cdots\psi_{i_k} \tag{9.2.80}$$

$$\frac{\partial}{\partial\psi_j}\frac{\partial}{\partial\psi_i}(\psi_{i_1}\cdots\psi_{i_k}) = (-1)^{l-1}(-1)^{m-2}\psi_{i_1}\cdots(\psi_{i_l})\cdots(\psi_{i_m})\cdots\psi_{i_k} \tag{9.2.81}$$

上面的两式中我们取 $i_l = i, i_m = j$. 由以上两式, 可以直接得出 (9.2.79) 式的结果. 作为 (9.2.79) 式的特殊情况, 我们有

$$\frac{\partial^2 F}{\partial\psi_i^2} = 0 \tag{9.2.82}$$

Grassmann 数积分规则定义为

$$\int \mathrm{d}\psi_i = 0, \quad \int \mathrm{d}\psi_i\psi_j = \delta_{ij} \tag{9.2.83}$$

其中

$$\{\mathrm{d}\psi_i, \psi_j\} = 0, \quad \{\mathrm{d}\psi_i, \mathrm{d}\psi_j\} = 0 \tag{9.2.84}$$

需要注意的是上面定义的积分规则与 Grassmann 数的微分并不具有互逆的关系. 对于 Grassmann 数, 积分与微分是两种相互独立的运算.

有了微分和积分规则, 我们就可以作各种关于反对易数的微分和积分运算. 下面作一个在路径积分量子化中非常有用的关于反对易数的积分运算. 计算如下的积分

$$I=\int \mathrm{d}\psi_1\mathrm{d}\psi_2\cdots\mathrm{d}\psi_N\mathrm{d}\bar{\psi}_1\mathrm{d}\bar{\psi}_2\cdots\mathrm{d}\bar{\psi}_N\exp(\bar{\psi}_iA_{ij}\psi_j) \tag{9.2.85}$$

(9.2.85) 式中对重复指标求和. A_{ij} 为复数, ψ_i 和 $\bar{\psi}_i(i=1,2,\cdots,N)$ 都是 Grassmann 数, $\bar{\psi}_i$ 可以理解成是 ψ_i 的复共轭数, 也可以是与 ψ_i 无关的新的反对易数. 由于 Grassmann 数的特性 $\psi_i^2=0$、$\bar{\psi}_i^2=0$, (9.2.84) 式中的被积函数只需要展开到 N 阶项, 高于 N 阶的项都为 0

$$\exp(\bar{\psi}_iA_{ij}\psi_j)=1+\bar{\psi}_iA_{ij}\psi_j+\cdots+\frac{1}{N!}(\bar{\psi}_iA_{ij}\psi_j)^N \tag{9.2.86}$$

于是根据积分规则 (9.2.83) 式只有 N 阶项的积分才不为 0, 即

$$I=\int\prod_{i=1}^N\mathrm{d}\psi_i\prod_{j=1}^N\mathrm{d}\bar{\psi}_j\frac{1}{N!}(\bar{\psi}_iA_{ij}\psi_j)^N \tag{9.2.87}$$

根据 Grassmann 数的反对易性, (9.2.87) 式中的 N 次方项可以进一步化为

$$\begin{aligned}(\bar{\psi}_iA_{ij}\psi_j)^N=&(-1)^{N(N-1)/2}\sum_{i_1\cdots i_N,j_1\cdots j_N}A_{i_1j_1}\cdots A_{i_Nj_N}\bar{\psi}_{i_1}\cdots\bar{\psi}_{i_N}\psi_{j_1}\cdots\psi_{j_N}\\=&(-1)^{N(N-1)/2}\sum_{i_1\cdots i_N,j_1\cdots j_N}\varepsilon_{i_1\cdots i_N}\varepsilon_{j_1\cdots j_N}A_{i_1j_1}\cdots A_{i_Nj_N}\\&\times\bar{\psi}_1\cdots\bar{\psi}_N\psi_1\cdots\psi_N\end{aligned} \tag{9.2.88}$$

其中 $\varepsilon_{i_1\cdots i_N}$ 是完全反对称张量. 由完全反对称张量的性质可以进一步化简 (9.2.88) 式

$$(\bar{\psi}_iA_{ij}\psi_j)^N=(-1)^{N(N-1)/2}N!\sum_{i_1\cdots i_N}\varepsilon_{i_1\cdots i_N}A_{1i_1}\cdots A_{Ni_N}\bar{\psi}_1\cdots\bar{\psi}_N\psi_1\cdots\psi_N \tag{9.2.89}$$

因为矩阵 $A=(A_{ij})$ 的行列式为

$$\det A=\sum_{i_1\cdots i_N}\varepsilon_{i_1\cdots i_N}A_{1i_1}\cdots A_{Ni_N} \tag{9.2.90}$$

所以

$$(\bar{\psi}_iA_{ij}\psi_j)^N=(-1)^{N(N-1)/2}N!\det A\bar{\psi}_1\cdots\bar{\psi}_N\psi_1\cdots\psi_N \tag{9.2.91}$$

将 (9.2.91) 式代回 (9.2.87) 式, 并对 ψ_i 和 $\bar{\psi}_j$ 积分, 得

$$I=(-1)^{N(N-1)/2}\det A \tag{9.2.92}$$

过渡到连续极限 $N\to\infty$, 由 (9.2.92) 式我们得到反对易数泛函积分的结果

$$\int[\mathrm{d}\psi]\left[\mathrm{d}\bar{\psi}\right]\exp\left\{\int \mathrm{d}^4x\mathrm{d}^4y\bar{\psi}(x)A(x,y)\psi(y)\right\}=\det A \tag{9.2.93}$$

(9.2.93) 式的结果可能会差一个正负号, 但这个结果应用到泛函积分表达的格林函数上时, 相差的正负号总会相消.

有了 Grassmann 数的泛函积分表达式 (9.2.93), 就可以把 (9.2.69) 式中的生成泛函推广到包含费米子场的情况. 为此, 我们先引入费米子场的外源函数 η 和 $\bar{\eta}$, 它们都是反对易数, 相应的外源项为 $\bar{\psi}\eta$ 和 $\bar{\eta}\psi$. 包含费米子场之后, QCD 的生成泛函为

$$\begin{aligned}Z[J,\eta,\bar{\eta}]=&\int[\mathrm{d}A][\mathrm{d}\psi]\left[\mathrm{d}\bar{\psi}\right]\det M_G\\&\times\exp\left\{\mathrm{i}\int \mathrm{d}^4x\left(\mathcal{L}-\frac{1}{2\alpha}\left(\partial^\mu A_\mu^a\right)^2+A_\mu^aJ^{a\mu}+\bar{\psi}\eta+\bar{\eta}\psi\right)\right\}\end{aligned} \tag{9.2.94}$$

其中的拉氏量密度为

$$\mathcal{L}=-\frac{1}{4}F_{\mu\nu}^aF^{a\mu\nu}+\bar{\psi}\left(\mathrm{i}\gamma^\mu D_\mu-m\right)\psi \tag{9.2.95}$$

费米子场的格林函数可以通过对 η 和 $\bar{\eta}$ 求泛函导数而求得, 这与玻色子场的情形类似. 需要注意的是 $\psi,\bar{\psi},\eta$ 和 $\bar{\eta}$ 都是反对易的 Grassmann 数, 在求泛函导数的过程中要注意到它们之间的反对易性

$$\left\{\psi(x),\bar{\psi}(y)\right\}=0,\quad\{\psi(x),\eta(y)\}=0,\quad\{\eta,\bar{\eta}\}=0,\cdots \tag{9.2.96}$$

因此在定义费米子场的格林函数的时候, 要注意到反对易关系带来的负号, 例如, 费米子场两点格林函数与生成泛函导数的关系应为

$$\langle 0|T\left[\hat{\psi}_\alpha(x)\hat{\bar{\psi}}_\beta(y)\right]|0\rangle=\frac{(-\mathrm{i})^2}{Z[0,0,0]}\left.\frac{\delta^2Z[J,\eta,\bar{\eta}]}{\delta\,\bar{\eta}_\alpha(x)\delta\left(-\eta_\beta(y)\right)}\right|_{J=\bar{\eta}=\eta=0} \tag{9.2.97}$$

9.3 QCD 的有效拉氏量和微扰论

9.3.1 QCD 的有效拉氏量

QCD 的生成泛函 (9.2.94) 式中除了拉氏量密度、规范固定项和外源项之外, 还有规范场量子化过程中导致的行列式 $\det M_G$. 这一项的出现使得对规范场参与的相互作用的处理变得不那么简单. 从 (9.2.70) 式 ~(9.2.72) 式, 我们看到除了在轴规范下 $(n\cdot A=0)$, $\det M_G$ 是个常数外, 在库仑规范和 Lorentz 规范下, $\det M_G$ 都与规范场有关, 因此在这样的规范下, 要考虑与规范场有关的相互作用, 必须要处

理 $\det M_G$ 项. 在 Lorentz 规范下, $G_\mu = \partial_\mu$ 理论具有明显的协变性, 这是 Lorentz 规范的优点, 因此 Lorentz 规范也称为协变规范. 下面我们在协变规范下讨论 QCD 的有效拉氏量, 并发展微扰展开方法, 得到 QCD 的费曼规则.

从 (9.2.93) 式, 我们知道对任意一个行列式 $\det A$, 我们总是可以把它写成一个具有反对易性的 Grassmann 数的泛函积分的形式. 利用这个关系, 首先引入两个反对易性的虚构的场, 记为 $\chi^a(x)$ 和 $\chi^b(y)$, 这两个场满足 Grassmann 代数, 它们具有费米子的反对易性, 但稍后我们会看到它们的传播子又具有玻色子的形式. 因为它们具有这样奇异的特性, 它们称为法捷耶夫–波波夫鬼场[14]. 通过引入鬼场, $\det M_G$ 可以写成指数泛函积分的形式

$$\det M_G = \int [\mathrm{d}\chi]\,[\mathrm{d}\bar{\chi}] \exp\left\{-\mathrm{i}\int \mathrm{d}^4x\mathrm{d}^4y\bar{\chi}^a(x)\left(M_G(x,y)\right)^{ab}\chi^b(y)\right\} \tag{9.3.1}$$

这里 $\chi^{a,b}(x)$ 视为复的 Grassmann 数, 并把 $\chi^a(x)$ 和 $\bar{\chi}^a(x)$ 视为相互独立的两个场. 当然也可以直接取为两个相对独立的实场 χ_1^a 和 χ_2^a, 对 χ^b 也可以这样取. 把协变规范下 $M_G(x,y)^{ab} = \left(\delta^{ab}\Box - gf^{abc}\partial^\mu A_\mu^c\right)\delta^4(x-y)$, 即 (9.2.71) 式代入 (9.3.1) 式, 并作分步积分, 得

$$\det M_G = \int [\mathrm{d}\chi]\,[\mathrm{d}\bar{\chi}] \exp\left\{\mathrm{i}\int \mathrm{d}^4x\left(\partial^\mu\bar{\chi}^a(x)\right)D_\mu^{ab}\chi^b(x)\right\} \tag{9.3.2}$$

其中的 D_μ^{ab} 是伴随表示中的协变导数. 因为伴随表示中 SU(3) 群的生成元为 $(T^a)_{bc} = -\mathrm{i}f^{abc}$, 所以

$$D_\mu^{ab} = \delta^{ab}\partial_\mu - gf^{abc}A_\mu^c \tag{9.3.3}$$

把 (9.3.2) 式代入 QCD 的生成泛函数 (9.2.94) 式, 得

$$\begin{aligned} Z\left[J,\xi,\bar{\xi},\eta,\bar{\eta}\right] = &\int [\mathrm{d}A]\,[\mathrm{d}\chi]\,[\mathrm{d}\bar{\chi}]\,[\mathrm{d}\psi]\,[\mathrm{d}\bar{\psi}] \\ &\times \exp\left\{\mathrm{i}\int \mathrm{d}^4x\left(\mathcal{L} + AJ + \bar{\chi}\xi + \bar{\xi}\chi + \bar{\psi}\eta + \bar{\eta}\psi\right)\right\} \end{aligned} \tag{9.3.4}$$

这里也为鬼场引入了外源 ξ^a 和 $\bar{\xi}^a$, 它们都是 Grassmann 数. AJ, $\bar{\chi}\xi$ 和 $\bar{\xi}\chi$ 是 (9.3.5) 式的缩写

$$AJ = A_\mu^a J^{a\mu}, \quad \bar{\chi}\xi = \bar{\chi}^a\xi^a, \quad \bar{\xi}\chi = \bar{\xi}^a\chi^a \tag{9.3.5}$$

(9.3.4) 式中的 $\mathcal{L}$ 是 QCD 的有效拉氏量密度, 它包含了行列式 $\det M_G$ 的效应, 把 $\mathcal{L}$ 写成

$$\mathcal{L} = \mathcal{L}_{\mathrm{G}} + \mathcal{L}_{\mathrm{GF}} + \mathcal{L}_{\mathrm{FP}} + \mathcal{L}_{\mathrm{F}} \tag{9.3.6}$$

$$\mathcal{L}_{\mathrm{G}} = -\frac{1}{4}F_{\mu\nu}^a F^{a\mu\nu}, \quad F_{\mu\nu}^a = \partial_\mu A_\nu^a - \partial_\nu A_\mu^a + gf^{abc}A_\mu^b A_\nu^c \tag{9.3.7}$$

$$\mathcal{L}_{\rm GF} = -\frac{1}{2\alpha}\left(\partial^\mu A_\mu^a\right)^2 \tag{9.3.8}$$

$$\mathcal{L}_{\rm FP} = \left(\partial^\mu \bar{\chi}^a\right) D_\mu^{ab} \chi^b \tag{9.3.9}$$

$$\mathcal{L}_{\rm F} = \bar{\psi}^i \left(\mathrm{i}\gamma^\mu D_\mu^{ij} - m\delta^{ij}\right)\psi^j \tag{9.3.10}$$

这里 i, j 是颜色指标, $D_\mu^{ij} = \delta^{ij}\partial_\mu - \mathrm{i}gT_{ij}^a A_\mu^a$, 是 SU(3) 群基础表示中的协变导数. 这里只写了一种夸克场 $\psi(x)$ 的情况, 很容易把 (9.3.10) 式推广到多夸克场的情况, 只要把 (9.3.10) 式改为对所有夸克场求和就可以了. $\mathcal{L}_{\rm G}$ 是纯规范场项, $\mathcal{L}_{\rm GF}$ 是规范固定项, $\mathcal{L}_{\rm FP}$ 是法捷耶夫–波波夫鬼场项, $\mathcal{L}_{\rm F}$ 是费米子场项. (9.3.6) 式是协变规范下 QCD 的基本有效拉氏量.

9.3.2 微扰展开

现在我们来讨论 QCD 的微扰展开理论, 其基础是 (9.3.6) 式及 (9.3.7) 式 ~ (9.3.10) 式给出的 QCD 的拉氏量. 我们把拉氏量中的耦合常数 g 看作小参量, 从而将 QCD 的生成泛函 (9.3.4) 式作小量展开. 为了能够更容易看清楚微扰展开的主要步骤, 作为一个例子, 我们先介绍标量场 ϕ^3 理论的微扰展开, 虽然这不是一个能够描述真实物理实在的理论, 但作为一个例子, 却具有非常好的简洁性.

1. ϕ^3 理论的微扰展开

标量场 ϕ^3 理论的拉氏量密度为

$$\mathcal{L} = \frac{1}{2}\left(\partial^\mu\phi\ \partial_\mu\phi - m^2\phi^2\right) - V(\phi) \tag{9.3.11}$$

$$V(\phi) = -\frac{g}{3!}\phi^3 \tag{9.3.12}$$

其中 g 是标量场的三次耦合常数, 因子 $1/3!$ 是为后续处理中理论公式的简洁而引入的. 我们将 $\mathcal{L}$ 区分为自由场和相互作用部分, 相互作用部分指的是与耦合常数 g 有关的部分

$$\mathcal{L} = \mathcal{L}_0 + \mathcal{L}_{\rm I} \tag{9.3.13}$$

$$\mathcal{L}_0 = \frac{1}{2}\left(\partial^\mu\phi\partial_\mu\phi - m^2\phi^2\right) \tag{9.3.14}$$

$$\mathcal{L}_{\rm I} = V(\phi) = \frac{g}{3!}\phi^3 \tag{9.3.15}$$

这里 $\mathcal{L}_0$ 是自由场拉氏量, $\mathcal{L}_{\rm I}$ 是相互作用拉氏量. 生成泛函为

$$\begin{aligned} Z[J] &= \int [\mathrm{d}\phi] \exp\left\{\mathrm{i}\int \mathrm{d}^4x \left(\mathcal{L}_0 + \mathcal{L}_{\rm I} + \phi J\right)\right\} \\ &= \int [\mathrm{d}\phi] \exp\left\{\mathrm{i}\int \mathrm{d}^4x \mathcal{L}_{\rm I}\right\} \exp\left\{\mathrm{i}\int \mathrm{d}^4x \left(\mathcal{L}_0 + \phi J\right)\right\} \end{aligned} \tag{9.3.16}$$

对 (9.3.16) 式中相互作用部分作泰勒展开

$$\exp\left\{\mathrm{i}\int \mathrm{d}^4x\mathcal{L}_\mathrm{I}\right\} = \sum_n \frac{1}{n!}\left(\mathrm{i}\int \mathrm{d}^4x\mathcal{L}_\mathrm{I}\right)^n = \sum_n \frac{1}{n!}\left\{\mathrm{i}\int \mathrm{d}^4x\left(\frac{g}{3!}\phi^3\right)\right\}^n \tag{9.3.17}$$

把上面的展开式代回 (9.3.16) 式, 得生成泛函

$$\begin{aligned} Z[J] &= \int [\mathrm{d}\phi]\sum_n \frac{1}{n!}\left\{\mathrm{i}\int \mathrm{d}^4x\left(\frac{g}{3!}\phi^3\right)\right\}^n \exp\left\{\mathrm{i}\int \mathrm{d}^4x\left(\mathcal{L}_0+\phi J\right)\right\} \\ &= \int [\mathrm{d}\phi]\sum_n \frac{1}{n!}\left\{\mathrm{i}\int \mathrm{d}^4x\frac{g}{3!}\left(-\mathrm{i}\frac{\delta}{\delta J(x)}\right)^3\right\}^n \exp\left\{\mathrm{i}\int \mathrm{d}^4x\left(\mathcal{L}_0+\phi J\right)\right\} \\ &= \int [\mathrm{d}\phi]\sum_n \frac{1}{n!}\left\{\mathrm{i}\int \mathrm{d}^4x\mathcal{L}_\mathrm{I}\left(-\mathrm{i}\frac{\delta}{\delta J(x)}\right)\right\}^n \exp\left\{\mathrm{i}\int \mathrm{d}^4x\left(\mathcal{L}_0+\phi J\right)\right\} \\ &= \sum_n \frac{1}{n!}\left\{\mathrm{i}\int \mathrm{d}^4x\mathcal{L}_\mathrm{I}\left(-\mathrm{i}\frac{\delta}{\delta J(x)}\right)\right\}^n \int [\mathrm{d}\phi]\exp\left\{\mathrm{i}\int \mathrm{d}^4x\left(\mathcal{L}_0+\phi J\right)\right\} \end{aligned} \tag{9.3.18}$$

(9.3.18) 式中第二步是利用了泛函微分运算. 若定义自由场的生成泛函为

$$Z_0[J] = \int [\mathrm{d}\phi]\exp\left\{\mathrm{i}\int \mathrm{d}^4x\left(\mathcal{L}_0+\phi J\right)\right\} \tag{9.3.19}$$

则 (9.3.18) 式可以表示为

$$Z[J] = \sum_n \frac{1}{n!}\left\{\mathrm{i}\int \mathrm{d}^4x\mathcal{L}_\mathrm{I}\left(-\mathrm{i}\frac{\delta}{\delta J(x)}\right)\right\}^n Z_0[J] \tag{9.3.20}$$

(9.3.20) 式就是生成泛函的微扰展开式, 这个表达式并不依赖于 $\mathcal{L}_\mathrm{I}$ 的具体形式, 它是一个普遍关系, 其证明过程可以从 (9.3.18) 式的推广而得到.

考虑 ϕ^3 理论 $\mathcal{L}_\mathrm{I}$ 的具体形式, 写出 (9.3.19) 式展开系列的前几项

$$Z[J] = \left\{1-\frac{g}{3!}\int \mathrm{d}^4x\left(\frac{\delta}{\delta J(x)}\right)^3 + \frac{1}{2}\left(\frac{g}{3!}\right)^2\left(\int \mathrm{d}^4x\left(\frac{\delta}{\delta J(x)}\right)^3\right)^2 + \cdots\right\} Z_0[J] \tag{9.3.21}$$

为了方便作出上面展开式中对 $J(x)$ 的泛函微分, 我们首先将 $Z_0[J]$ 中对 ϕ 的泛函积分作出. 经过分步积分, $Z_0[J]$ 可以表示为

$$Z_0[J] = \int [\mathrm{d}\phi]\exp\left\{\frac{-\mathrm{i}}{2}\int \mathrm{d}^4x\mathrm{d}^4y\phi(x)K(x,y)\phi(y) + \mathrm{i}\int \mathrm{d}^4x\phi(x)J(x)\right\} \tag{9.3.22}$$

这里的 $K(x,y)$ 为

$$K(x,y)=\delta^4(x-y)\left(\Box_y+m^2\right),\quad \Box_y=\frac{\partial}{\partial y^\mu}\frac{\partial}{\partial y_\mu} \tag{9.3.23}$$

为了进一步作出 (9.3.22) 式中对 $\phi(x)$ 的积分, 我们把 (9.3.22) 式写成空间分立的形式

$$Z_0[J]=\lim_{N\to\infty}\int \mathrm{d}\phi_1\cdots\mathrm{d}\phi_N\exp\left(\frac{-\mathrm{i}}{2}\sum_{i,j}\phi_iK_{ij}\phi_j+\mathrm{i}\sum_i\phi_iJ_i\right) \tag{9.3.24}$$

其中 K_{ij} 是 $K(x,y)$ 空间分立情况下形成的矩阵元, 在连续极限下 $K_{ij}\to K(x,y)$. 作积分变量代换, $\phi_i'=\phi_i-\sum\limits_j(k^{-1})_{ij}J_j$, 可得

$$Z_0[J]=\lim_{N\to\infty}\exp\left\{\mathrm{i}\frac{1}{2}\sum_{i,j}J_i(K^{-1})_{ij}J_j\right\}I_N \tag{9.3.25}$$

$$I_N=\int \mathrm{d}\phi'{}_1\cdots\mathrm{d}\phi_N'\exp\left(\frac{-\mathrm{i}}{2}\sum_{ij}\phi_i'K_{ij}\phi_j'\right) \tag{9.3.26}$$

其中 I_N 是与外源 J 无关的项, 其积分可以通过将矩阵 (K_{ij}) 对角化而作出, 给出一个高斯积分结果, 是个常数项. 忽略这个无关的常数项, 得

$$Z_0[J]=\exp\left\{\frac{\mathrm{i}}{2}\int \mathrm{d}^4x\mathrm{d}^4yJ(x)\Delta(x,y)J(y)\right\} \tag{9.3.27}$$

其中 $\Delta(x,y)$ 是 $K(x,y)$ 的逆, 即

$$\int \mathrm{d}^4zK(x,z)\Delta(z,y)=\delta^4(x-y) \tag{9.3.28}$$

可以通过 (9.3.28) 式求出

$$\Delta(x,y)=-\int\frac{\mathrm{d}^4k}{(2\pi)^4}\frac{\mathrm{e}^{-\mathrm{i}k\cdot(x-y)}}{k^2-m^2+\mathrm{i}\varepsilon} \tag{9.3.29}$$

(9.3.29) 式即为自由标量场的传播子, 其中的 ε 是正的无穷小量, 它是为保证 (9.3.22) 式高斯积分的收敛性而引入的. (9.3.29) 式也是自由标量场的两点格林函数, 即

$$\langle 0|T\left[\hat\phi(x)\hat\phi(y)\right]|0\rangle=\frac{(-\mathrm{i})^2}{Z_0[0]}\left.\frac{\delta^2Z_0[J]}{\delta J(x)\delta J(y)}\right|_{J=0}=-\mathrm{i}\Delta(x,y) \tag{9.3.30}$$

有了 (9.3.27) 式的结果, 将它代入 (9.3.21) 式, 就可以逐阶求出标量场的生成泛函 $Z[J]$. 这里我们给出 $Z[J]$ 展开到 g 的一阶项的结果

$$Z[J]=Z_0[J]\{1-gZ_1[J]+\cdots\} \tag{9.3.31}$$

其中

$$Z_1[J] = \frac{\mathrm{i}}{2!}\int \mathrm{d}^4x_1 \Delta_{11}(\Delta_1 J_1) + \frac{\mathrm{i}^3}{3!}\int \mathrm{d}^4x_1 (\Delta_1 J_1)(\Delta_1 J_2)(\Delta_1 J_3) \tag{9.3.32}$$

这里 Δ_{ij} 和 $(\Delta_i J_j)$ 作了如下的定义

$$\Delta_{ij} = \Delta(x_i, x_j), \quad (\Delta_i J_j) = \int \mathrm{d}^4y_j \Delta(x_i, y_j) J(y_j) \tag{9.3.33}$$

其中 i, j 是整数.

可以将 (9.3.32) 式用图形的方式表达出来. 为此我们作如下的图形和公式部分结构的对应:

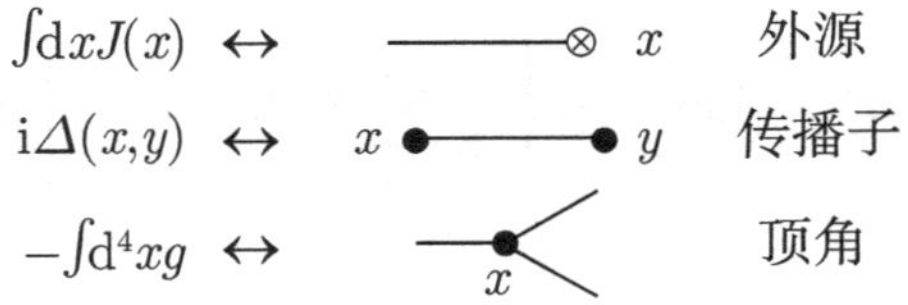

于是 (9.3.32) 式可以用如图 9.2 所示的图形来表示.

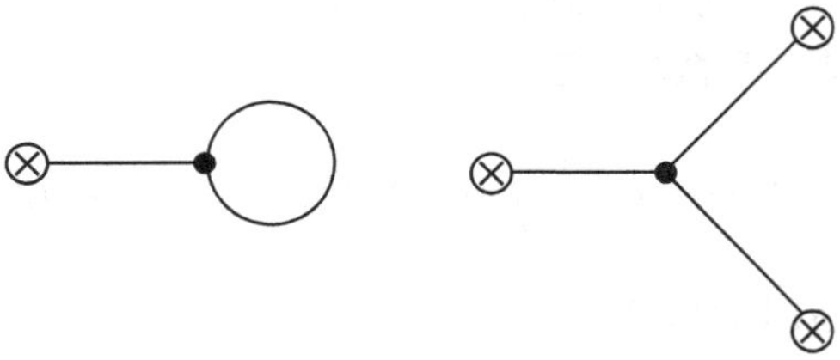

图 9.2　(9.3.32) 式的图形表示

为了求出格林函数, 我们还需要求出 $Z[0]$, 把 $J=0$ 代入 (9.3.31) 式, 得到保留到 g 一阶的结果

$$Z[0] = 1 + O(g) + \cdots \tag{9.3.34}$$

于是得

$$Z[J]/Z[0] = Z_0[J]\{1 - gZ_1[J] + \cdots\} \tag{9.3.35}$$

也可以经过更为冗长的计算, 把 $Z[J]/Z[0]$ 保留到耦合常数的更高阶, 从而利用 (9.2.35) 式计算出保留至更高阶的格林函数. 如前所述, 可以用图形的方式把格林函数的计算结果表达出来, 从而总结出用图形对应计算结果的规则, 这些规则称为费曼规则, 与格林函数对应的图形称为费曼图. 当然用 (9.3.35) 式计算出的格林函数对应的费曼图有部分图形是非连接的情况 (指的是有些费曼图是断开的). 而用于计算物理的散射振幅和衰变振幅的费曼图是要求连接的, 并且由约化公式可以看

出, 对应物理振幅的费曼图也是去掉外线的传播子. 在数学上可以在 $Z[J]$ 的基础上定义对应连接图的生成泛函, 称为连通格林函数生成泛函, 记为 $W[J]$, 其定义为

$$W[J] = -\mathrm{i}\ln Z[J] \tag{9.3.36}$$

由 $W[J]$ 作泛函微分可以生成连通的格林函数

$$G_n^c(x_1,\cdots,x_n) = (-\mathrm{i})^{n-1}\left.\frac{\delta^n W[J]}{\delta J(x_1)\cdots\delta J(x_n)}\right|_{J=0} \tag{9.3.37}$$

用 (9.3.37) 式计算出的格林函数对应的费曼图都是连通的, 这一点的证明从略.

下面我们给出通过微扰展开的计算总结出来的标量场 ϕ^3 理论动量空间的费曼规则.

(a) 跃迁矩阵元或称散射振幅 $\langle\cdots|T|\cdots\rangle$ 对应去掉外线的、连通的格林函数. 当计算 N 个外场的去掉外线的连通格林函数至 g^u 阶时, 需要画出包含 N 个外场点和 n 个顶点的所有拓扑上不等价的费曼图.

(b) 作出如下的对应

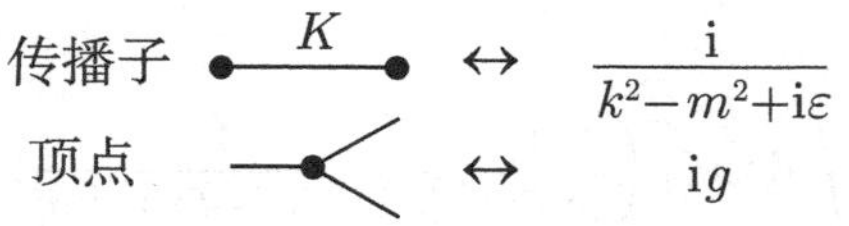

(c) 对每一个闭合的圈作积分 $\displaystyle\int\frac{\mathrm{d}^4k}{(2\pi)^4}$, 这里 k 是圈中的自由动量.

(d) 每一个闭合的圈需要乘上一个对称因子 $S = P\displaystyle\prod_{n=2,3}(n!)^{d_n}$, 其中 d_n 是 n 条线所连接的顶点数, P 是保持费曼图不变的所有可能的顶点置换数.

(e) 保持每一个顶点上的四动量守恒.

2. QCD 的微扰展开和费曼规则

有了标量场 ϕ^3 理论的微扰展开方法做基础, 现在我们可以讨论 QCD 的微扰展开理论. 我们将 QCD 的拉氏量分解为自由场拉氏量和相互作用拉氏量

$$\mathcal{L} = \mathcal{L}_0 + \mathcal{L}_\mathrm{I} \tag{9.3.38}$$

其中自由场拉氏量 $\mathcal{L}_0$ 为 (9.3.6) 式除去规范场与夸克场相互作用的部分, 即除去包含耦合常数 g 的部分. 规范固定项也归入自由场部分中. 相互作用拉氏量 $\mathcal{L}_\mathrm{I}$ 指的是 (9.3.6) 式中描述规范场与夸克场相互作用的部分.

$\mathcal{L}_0$ 中包括三部分: 纯规范场部分或称胶子场动能项、法捷耶夫–波波夫鬼场动能项、夸克场动能项

$$\mathcal{L}_0 = \mathcal{L}_0^\mathrm{G} + \mathcal{L}_0^\mathrm{FP} + \mathcal{L}_0^\mathrm{F} \tag{9.3.39}$$

$$\mathcal{L}_0^{\mathrm{G}} = -\frac{1}{4}\left(\partial_\mu A_\nu^a - \partial_\nu A_\mu^a\right)\left(\partial^\mu A^{a\nu} - \partial^\nu A^{a\mu}\right) - \frac{1}{2\alpha}\left(\partial^\mu A_\mu^a\right)^2 \tag{9.3.40}$$

$$\mathcal{L}_0^{\mathrm{FP}} = \left(\partial^\mu \bar{\chi}^a\right)\left(\partial_\mu \chi^a\right) \tag{9.3.41}$$

$$\mathcal{L}_0^{\mathrm{F}} = \bar{\psi}\left(\mathrm{i}\gamma^\mu \partial_\mu - m\right)\psi \tag{9.3.42}$$

需要注意的是, 由 (9.3.41) 式, 我们可以看到鬼场项与无质量的带电 (复场) 玻色子场的动能项形式相同, 由此鬼场在行为上有玻色子的特征, 但前面我们已经知道鬼场满足 Grassmann 代数, 是反对易的.

相互作用拉氏量 $\mathcal{L}_{\mathrm{I}}$ 包含全部与耦合常数有关的部分

$$\begin{aligned}\mathcal{L}_{\mathrm{I}} = & -\frac{g}{2} f^{abc}\left(\partial_\mu A_\nu^a - \partial_\nu A_\mu^a\right) A^{b\mu} A^{c\nu} - \frac{g^2}{4} f^{abe} f^{cde} A_\mu^a A_\nu^b A^{c\mu} A^{d\nu} \\ & - g f^{abc}\left(\partial^\mu \bar{\chi}^a\right) \chi^b A_\mu^c + g\bar{\psi}\, T^a \gamma_\mu \psi A^{a\mu}\end{aligned} \tag{9.3.43}$$

标量场 ϕ^3 理论中生成泛函的微扰展开式 (9.3.20) 很容易推广到 QCD 的情形. 与 (9.3.20) 式类似, QCD 中生成泛函可以写成展开式

$$\begin{aligned} & Z\left[J, \xi, \bar{\xi}, \eta, \bar{\eta}\right] \\ = & \sum_n \frac{1}{n!}\left\{\mathrm{i}\int \mathrm{d}^4x \mathcal{L}_{\mathrm{I}}\left(\frac{\delta}{\mathrm{i}\delta J^{a\mu}}, \frac{\delta}{\mathrm{i}\delta\bar{\xi}^a}, \frac{\delta}{\mathrm{i}\delta(-\xi^a)}, \frac{\delta}{\mathrm{i}\delta\bar{\eta}}, \frac{\delta}{\mathrm{i}\delta(-\eta)}\right)\right\}^n \\ & \cdot Z_0\left[J, \xi, \bar{\xi}, \eta, \bar{\eta}\right]\end{aligned} \tag{9.3.44}$$

(9.3.44) 式中的 Z_0 是自由场的生成泛函,

$$Z_0\left[J, \xi, \bar{\xi}, \eta, \bar{\eta}\right] = Z_0^{\mathrm{G}}[J]\, Z_0^{\mathrm{FP}}\left[\xi, \bar{\xi}\right] Z_0^{\mathrm{F}}[\eta, \bar{\eta}] \tag{9.3.45}$$

而 Z_0^{G}, Z_0^{FP}, Z_0^{F} 分别是规范场、鬼场和夸克场的生成泛函

$$Z_0^{\mathrm{G}} = \int [\mathrm{d}A] \exp\left\{\mathrm{i}\int \mathrm{d}^4x\left(\mathcal{L}_0^{\mathrm{G}} + AJ\right)\right\} \tag{9.3.46}$$

$$Z_0^{\mathrm{FP}}\left[\xi, \bar{\xi}\right] = \int [\mathrm{d}\chi][\mathrm{d}\bar{\chi}] \exp\left\{\mathrm{i}\int \mathrm{d}^4x\left(\mathcal{L}_0^{\mathrm{FP}} + \bar{\chi}\xi + \bar{\xi}\chi\right)\right\} \tag{9.3.47}$$

$$Z_0^{\mathrm{F}}[\eta, \bar{\eta}] = \int [\mathrm{d}\psi]\left[\mathrm{d}\bar{\psi}\right] \exp\left\{\mathrm{i}\int \mathrm{d}^4x\left(\mathcal{L}_0^{\mathrm{F}} + \bar{\psi}\eta + \bar{\eta}\psi\right)\right\} \tag{9.3.48}$$

为了使微扰展开式 (9.3.44) 中的泛函微分容易进行, 我们需要先将自由场生成泛函中关于规范场、鬼场和夸克场的泛函积分完成. 为此对 (9.3.46) 式 ~(9.3.48) 式中关于时空坐标的积分作分步积分, 并略去全微分项, 从而使得自由场的拉氏量可以表示成

$$\mathcal{L}_0^{\mathrm{G}} = -\frac{1}{2} A_\mu^a K^{ab\mu\nu} A_\nu^b, \quad K_{\mu\nu}^{ab} = \delta^{ab}\left(-g_{\mu\nu}\Box + \left(1 - \frac{1}{\alpha}\right)\partial_\mu \partial_\nu\right) \tag{9.3.49}$$

$$\mathcal{L}_0^{\mathrm{FP}} = -\bar{\chi}^a K^{ab} \chi^b, \quad K^{ab} = \delta^{ab} \Box \tag{9.3.50}$$

$$\mathcal{L}_0^{\mathrm{F}} = \bar{\psi} \Lambda \psi, \quad \Lambda = \mathrm{i}\gamma^\mu \partial_\mu - m \tag{9.3.51}$$

我们通过下列等式定义 $K_{\mu\nu}^{ab}$, K^{ab} 和 Λ 的逆函数

$$\int \mathrm{d}^4 z K_{\mu\lambda}^{ac}(x-z) g^{\lambda\rho} D_{\rho\nu}^{cb}(z-y) = \delta^{ab} g_{\mu\nu} \delta^4(x-y) \tag{9.3.52}$$

$$\int \mathrm{d}^4 z K^{ac}(x-z) D^{cb}(z-y) = \delta^{ab} \delta^4(x-y) \tag{9.3.53}$$

$$\int \mathrm{d}^4 z \Lambda(x-z) S(z-y) = \delta^4(x-y) \tag{9.3.54}$$

其中

$$K_{\mu\nu}^{ab}(x-z) = \delta^4(x-z) K_{\mu\nu}^{ab}(z)$$

$$K^{ab}(x-z) = \delta^4(x-z) K^{ab}(z)$$

$$\Lambda(x-z) = \delta^4(x-z) \Lambda(z)$$

求解 (9.3.52) 式 ~(9.3.54) 式三个积分等式, 得三个逆函数的解分别为

$$D_{\mu\nu}^{ab}(x-y) = \delta^{ab} \int \frac{\mathrm{d}^4 k}{(2\pi)^4} \frac{\mathrm{e}^{-\mathrm{i}k\cdot(x-y)}}{k^2 + \mathrm{i}\varepsilon} \left(g_{\mu\nu} - (1-\alpha) \frac{k_\mu k_\nu}{k^2} \right) \tag{9.3.55}$$

$$D^{ab}(x-y) = \delta^{ab} \int \frac{\mathrm{d}^4 k}{(2\pi)^4} \frac{-1}{k^2 + \mathrm{i}\varepsilon} \mathrm{e}^{-\mathrm{i}k\cdot(x-y)} \tag{9.3.56}$$

$$S(x-y) = \int \frac{\mathrm{d}^4 k}{(2\pi)^4} \frac{1}{\not{k} - m + \mathrm{i}\varepsilon} \mathrm{e}^{-\mathrm{i}k\cdot(x-y)} \tag{9.3.57}$$

利用这三个逆函数, 可以将 (9.3.46) 式 ~(9.3.48) 式中对 A_μ^a, χ, $\bar{\chi}$ 以及 ψ 和 $\bar{\psi}$ 的泛函积分作出. 略去一个无关紧要的积分常数, 可以得到自由场部分的生成泛函

$$Z_0^{\mathrm{G}}[J] = \exp\left\{ \frac{\mathrm{i}}{2} \int \mathrm{d}^4 x \mathrm{d}^4 y J^{a\mu}(x) D_{\mu\nu}^{ab}(x-y) J^{b\nu}(y) \right\} \tag{9.3.58}$$

$$Z_0^{\mathrm{FP}}[\xi, \bar{\xi}] = \exp\left\{ \mathrm{i} \int \mathrm{d}^4 x \mathrm{d}^4 y \bar{\xi}^a(x) D^{ab}(x-y) \xi^b(y) \right\} \tag{9.3.59}$$

$$Z_0^{\mathrm{F}}[\eta, \bar{\eta}] = \exp\left\{ \mathrm{i} \int \mathrm{d}^4 x \mathrm{d}^4 y \bar{\eta}(x) S(x-y) \eta(y) \right\} \tag{9.3.60}$$

把这里得到的自由场生成泛函代入 (9.3.44) 式, 就会得到生成泛函的微扰展开式

$$Z[J, \xi, \bar{\xi}, \eta, \bar{\eta}] = \left\{ 1 + \mathrm{i} \int \mathrm{d}^4 x \mathcal{L}_{\mathrm{I}}\left(\frac{\delta}{\mathrm{i}\delta J^{a\mu}(x)}, \cdots \right) + \cdots \right\} Z_0[J, \xi, \bar{\xi}, \eta, \bar{\eta}] \tag{9.3.61}$$

把 QCD 相互作用拉氏量 $\mathcal{L}_{\mathrm{I}}$ 的具体形式 (9.3.43) 式应用到 (9.3.61) 式中, 我们就可以逐级计算出生成泛函在微扰展开中的每一项. 作为一个例子, 我们来计算 (9.3.43) 式中的第二项, 即四胶子相互作用项对微扰展开一阶项的贡献

$$\begin{aligned}
&\mathrm{i}\int \mathrm{d}^4x\mathcal{L}_{\mathrm{I}}^{4\mathrm{G}}\left(\frac{\delta}{\mathrm{i}\delta J^{a\mu}}\right)Z_0^{\mathrm{G}}[J]\\
=&-\mathrm{i}\frac{g^2}{4}\int \mathrm{d}^4x f^{abe}f^{cde}\frac{\delta^4}{\delta J^{a\mu}\delta J^{b\nu}\delta J_\mu^c\delta J_\nu^d}Z_0^{\mathrm{G}}[J]
\end{aligned}\tag{9.3.62}$$

这里仅取胶子场的自由生成泛函, 因为自由场生成泛函的其他项对此无贡献.(9.3.62) 式中的微分不难作出, 经过一定的计算, 在仅保留具有四阶外源项的情况下, 可以得到

$$\begin{aligned}
&-\mathrm{i}\frac{g^2}{4}f^{abe}f^{cde}\\
&\cdot\int \mathrm{d}x\mathrm{d}y_1\cdots\mathrm{d}y_4 D_{\mu\mu_1}^{aa_1}(x-y_1)D_{\nu\mu_2}^{ba_2}(x-y_2)D_{\mu_3}^{ca_3\mu}(x-y_3)D_{\mu_4}^{ba_4\nu}(x-y_4)\\
&\times J^{a_1\mu_1}(y_1)\cdots J^{a_4\mu_4}(y_4)
\end{aligned}\tag{9.3.63}$$

利用这个结果, 可以进一步计算保留到一阶的四胶子场格林函数

$$\begin{aligned}
&G_{4\mu\nu\rho\sigma}^{ijkl}(x_1,x_2,x_3,x_4)\\
=&\langle 0|T\left[A_\mu^i(x_1)A_\nu^j(x_2)A_\rho^k(x_3)A_\sigma^l(x_4)\right]|0\rangle\\
=&\frac{(-\mathrm{i})^4}{Z[0,\cdots]}\left.\frac{\delta^4 Z[J,\cdots]}{\delta J^{i\mu}(x_1)\delta J^{j\nu}(x_2)\delta J^{k\rho}(x_3)\delta J^{l\sigma}(x_4)}\right|_{J=0}
\end{aligned}\tag{9.3.64}$$

把 (9.3.63) 式代入 (9.3.64) 式中 $Z[J,\cdots]$ 的位置, 并注意到在我们作泛函积分得到 $Z_0^{\mathrm{G}}, Z_0^{\mathrm{FP}}, Z_0^{\mathrm{F}}$, 即 (9.3.58) 式 ~(9.3.60) 式时略去相关积分常数的情况下 $Z[0,\cdots]=1$, 所以我们得到

$$\begin{aligned}
&G_{4\mu\nu\rho\sigma}^{ijkl}(x_1,x_2,x_3,x_4)\\
=&-\mathrm{i}g^2\left\{f^{i'j'm}f^{k'l'm}(g^{\mu'\rho'}g^{\nu'\sigma'}-g^{\mu'\sigma'}g^{\nu'\rho'})\right.\\
&+f^{i'k'm}f^{j'l'm}(g^{\mu'\nu'}g^{\rho'\sigma'}-g^{\mu'\sigma'}g^{\nu'\rho'})+f^{i'l'm}f^{j'k'm}\\
&\left.\cdot(g^{\mu'\nu'}g^{\rho'\sigma'}-g^{\mu'\rho'}g^{\nu'\sigma'})\right\}\int \mathrm{d}^4x D_{\mu'\mu}^{i'i}(x-x_1)D_{\nu'\nu}^{j'j}(x-x_2)D_{\rho'\rho}^{k'k}(x-x_3)\\
&\cdot D_{\sigma'\sigma}^{l'l}(x-x_4)
\end{aligned}\tag{9.3.65}$$

应用同样的方法, 我们也可以计算出其他格林函数, 如三胶子场三点格林函数

$$\langle 0|T\left[A_\mu^i(x_1)A_\nu^j(x_2)A_\rho^k(x_3)\right]|0\rangle$$

鬼场–鬼场–胶子场三点格林函数

$$\langle 0|\, T\left[\bar{\chi}^i(x_1)\chi^j(x_2)A_\mu^k(x_3)\right]|0\rangle$$

以及夸克–夸克–胶子场三点格林函数

$$\langle 0|\, T\left[\bar{\psi}(x_1)\psi(x_2)A_\mu^i(x_3)\right]|0\rangle$$

等. 计算出格林函数便可以从中读出费曼规则. 例如, 从 (9.3.65) 式可以读出四胶子顶点规则

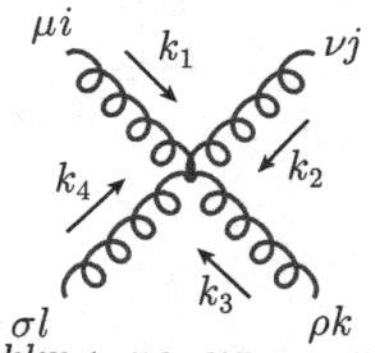

$$\begin{aligned}&-\mathrm{i}g^2\left\{f^{ijm}f^{klm}(g^{\mu\rho}g^{\nu\sigma}-g^{\mu\sigma}g^{\nu\rho})\right.\\&+f^{ikm}f^{jlm}(g^{\mu\nu}g^{\rho\sigma}-g^{\mu\sigma}g^{\nu\rho})+f^{ilm}f^{jkm}\\&\left.\cdot(g^{\mu\nu}g^{\rho\sigma}-g^{\mu\rho}g^{\nu\sigma})\right\}\delta^4(k_1+k_2+k_3+k_4)\end{aligned}\tag{9.3.66}$$

其中的四动量守恒因子是 (9.3.65) 式中关于时空坐标 x 的积分导致的结果. 这一点只需要将 (9.3.55) 式传播子 $D_{\mu\nu}^{ab}(x-y)$ 代入 (9.3.65) 式即可看出. 与此类似, 经过全面的计算也可以总结出其他的费曼规则. 下面列出 QCD 的费曼规则 (表 9.1).

表 9.1 QCD 费曼规则

传播子	胶子传播子	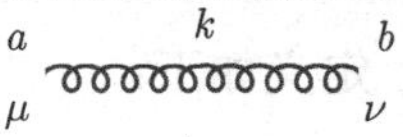	$\delta_{ab}\dfrac{-\mathrm{i}d\mu\nu(k)}{k^2+\mathrm{i}\varepsilon}$
	鬼场传播子	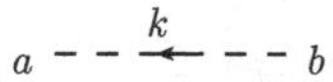	$\delta_{ab}\dfrac{\mathrm{i}}{k^2+\mathrm{i}\varepsilon}$
	夸克传播子	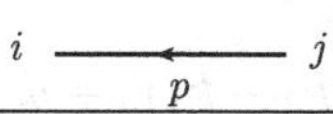	$\delta_{ij}\dfrac{\mathrm{i}}{\not p-m+\mathrm{i}\varepsilon}$
顶点	三胶子顶点	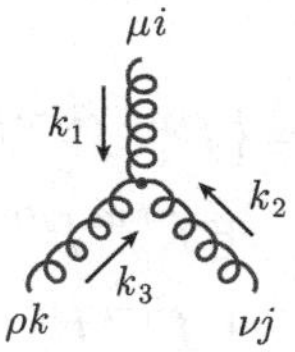	$gf^{ijk}V_{\mu\nu\rho}(k_1,k_2,k_3)$
	四胶子顶点	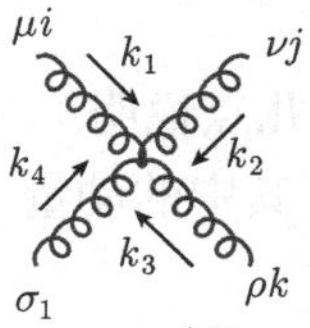	$-\mathrm{i}g^2W_{\mu\nu\rho\sigma}^{ijkl}$
	胶子-鬼场顶点	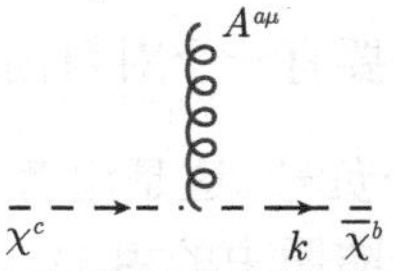	$gf^{abc}k^\mu$

续表

顶点	胶子-夸克顶点	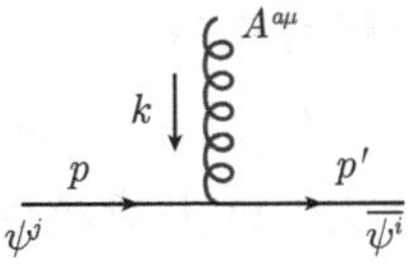	$\mathrm{i}g\,T^a_{ij}\gamma^\mu$
圈积分	胶子圈	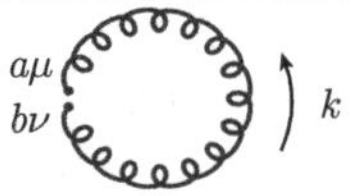	$\int\frac{\mathrm{d}^4k}{(2\pi)^4}\delta^{ab}g^{\mu\nu}$
	鬼场圈		$-\int\frac{\mathrm{d}^4k}{(2\pi)^4}\delta^{ab}$
	夸克圈	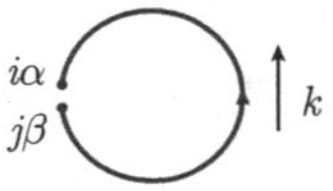	$-\int\frac{\mathrm{d}^4k}{(2\pi)^4}\delta^{ij}g^{\alpha\beta}$
	其他混合圈图		$\int\frac{\mathrm{d}^4k}{(2\pi)^4}$
对称因子	 $\frac{1}{2!}$ (a)	 $\frac{1}{2!}$ (b)	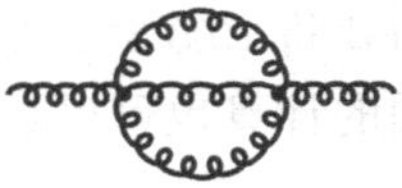 $\frac{1}{3!}$ (c)

其中函数 $d_{\mu\nu}, V_{\mu\nu\rho}, W^{ijkl}_{\mu\nu\rho\sigma}$ 定义如下:

$$d_{\mu\nu}(k) = g_{\mu\nu} - (1-\alpha)\frac{k_\mu k_\nu}{k^2+\mathrm{i}\varepsilon} \tag{9.3.67}$$

$$V_{\mu\nu\rho}(k_1,k_2,k_3) = g_{\mu\nu}(k_2-k_1)_\rho + g_{\nu\rho}(k_3-k_2)_\mu + g_{\rho\mu}(k_1-k_3)_\nu \tag{9.3.68}$$

$$\begin{aligned} W^{ijkl}_{\mu\nu\rho\sigma} = \{ & f^{ijm}f^{klm}(g^{\mu\rho}g^{\nu\sigma} - g^{\mu\sigma}g^{\nu\rho}) \\ & + f^{ikm}f^{jlm}(g^{\mu\nu}g^{\rho\sigma} - g^{\mu\sigma}g^{\nu\rho}) \\ & + f^{ilm}f^{jkm}(g^{\mu\nu}g^{\rho\sigma} - g^{\mu\rho}g^{\nu\sigma})\} \end{aligned} \tag{9.3.69}$$

关于费曼规则有如下的几点说明.

(1) 费米子场的传播子, 其中的动量 p 是与传播子箭头方向一致的. 否则传播子中动量的符号要相反.

(2) 每一个闭合的圈都要有一个对自由四动量的积分 $\int\frac{\mathrm{d}^4k}{(2\pi)^4}$. 对夸克圈和鬼场构成的圈图, 要加上一个负号, 这是由费米子场的反对易性决定的. 对于夸克场封闭构成的圈图, 要对整个圈图中的由 Dirac 旋量矩阵构成的振幅作求迹运算.

(3) 关于胶子圈的对称因子, 对于图 (a), 两个顶点可以互换给出一个可能性因子 2, 对每一个三胶子顶点可以有 3 种可能性选择一个胶子场作为外线, 这给出一个因子 3^2, 把每一个顶点的两条线互连构成内线有两种可能性, 这给出一个因子 2, 再考虑到二阶展开的因子 1/2!, 所以这个圈图的总因子为

$$\frac{1}{2!} \times 2 \times 3^2 \times 2$$

此外, 在直接用前述顶点规则计算这个圈图时, 每一个顶点已经包含了 3! 个项的贡献, 这可以从三胶子顶点 V 函数的项数看出来, 所以直接按顶点规则计算这个圈图, 实际上将包含 $(3!)^2$ 种可能性的贡献. 这与上边分析的实际因子相差了 1/2!, 所以要在这个圈图的计算结果上加上这个因子 1/2!. 对于图 (b) 和图 (c) 也可以用同样的方法分析. 只是需要注意四胶子顶点规则中实际上包含了 4! 种可能性. 总之, 这个对称因子是微扰展开的计算结果与直接应用费曼规则的计算之间相差的因子, 所以需要加以补偿.

(4) 鬼场是规范场量子化过程中出现的辅助场, 鬼粒子不是真实的物理粒子, 因此鬼粒子不作为外线出现在描述物理振幅的费曼图中.

9.4 圈图修正的发散和正规化

在完成了 QCD 拉氏量的建立并推导出微扰展开的费曼规则之后, 我们就可以作关于夸克及胶子散射过程的微扰计算了. 一般情况下, 树图级的计算是简单的, 但它不能反映 QCD 的特点. 只有考虑到圈图修正的贡献, 才能看出 QCD 作为非阿贝尔规范场论所具有的本质特征. 但圈图的贡献一般是发散的. 发散的出现具有两种根源, 一个是由于圈动量趋于无穷大而引起的, 这样的发散称为紫外发散. 另外一种发散是由于圈动量趋于零而引起的, 这样的发散称为红外发散. 紫外发散可以利用重整化方法加以处理. 这是一种通过重新定义场量、耦合常数, 以及粒子质量从而将无穷大吸收到这些量的重新定义中去的方法, 而粒子质量和耦合常数则代之以物理测量值. 本节首先来介绍紫外发散的正规化, 9.5 节再继续介绍紫外发散的处理 —— 重整化方法. 而红外发散则需要另外处理, 需要具体问题具体分析. 在有些情况下, 可以采取因子化方法将红外发散分离出来, 然后吸收到一些非微扰的物理参量中去.

作为处理 QCD 中圈图发散的例子, 我们考虑夸克自能的计算. 夸克自能是夸克两点格林函数的组成部分. 连接的两点格林函数 (或称全传播子) 可以分解为单粒子可约和单粒子不可约两种结构. 单粒子可约是指整个费曼图可以通过切断一条粒子线而断开为两个部分, 单粒子不可约是指不可能通过断开一条粒子线而使整个费曼图分成两个部分. 设 $\Sigma_{ij}(p)$ 是连通两点格林函数的单粒子不可约部分, 其中

i, j 是夸克的颜色指标, p 是夸克外线动量. Σ_{ij} 包含全部单粒子不可约费曼图之和. 记自由夸克传播子为 $S_0 = \dfrac{\mathrm{i}}{\not p - m}$, 则连通的两点格林函数, 即全传播子可以展开成

$$\begin{aligned}G^c_{2ij}(p) =& \int \mathrm{d}^4 x \mathrm{e}^{-\mathrm{i}p\cdot x} \langle 0| T\left[\psi_i(x)\bar{\psi}_j(0)\right]|0\rangle \\ =& \frac{\mathrm{i}\delta_{ij}}{\not p - m} + \frac{\mathrm{i}}{\not p - m}\sum\nolimits_{ij}(p)\frac{\mathrm{i}}{\not p - m} \\ &+ \frac{\mathrm{i}}{\not p - m}\sum\nolimits_{il}(p)\frac{\mathrm{i}}{\not p - m}\sum\nolimits_{lj}(p)\frac{\mathrm{i}}{\not p - m} + \cdots \\ =& S_0\delta_{ij} + S_0\Sigma_{ij}S_0 + S_0\Sigma_{il}S_0\Sigma_{lj}S_0\end{aligned} \tag{9.4.1}$$

(9.4.1) 式可以用图形表示为

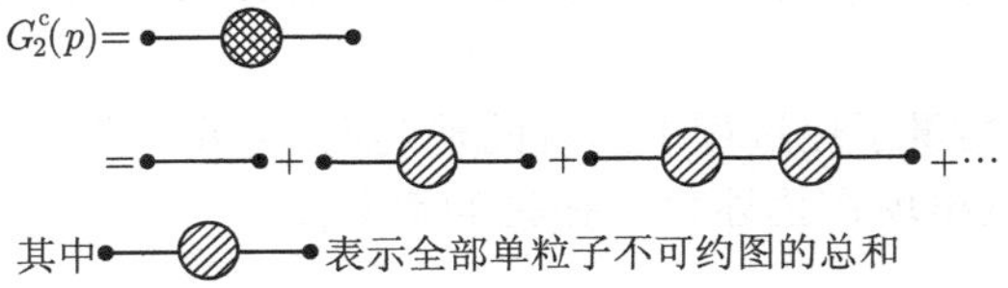

由真空是颜色中性的可知 $\Sigma_{ij} = \delta_{ij}\Sigma$, 所以 (9.4.1) 式可以写成

$$\begin{aligned}G^c_{2ij}(p) =& \delta_{ij}\left[S_0 + S_0\Sigma S_0 + S_0\Sigma S_0\Sigma S_0 + \cdots\right] \\ =& \delta_{ij}\frac{1}{\dfrac{1}{S_0} - \Sigma} = \frac{\delta_{ij}}{-i(\not p - m) - \Sigma}\end{aligned} \tag{9.4.2}$$

(9.4.2) 式的证明如下, 记

$$S = S_0 + S_0\Sigma S_0 + S_0\Sigma S_0\Sigma S_0 + \cdots \tag{9.4.3}$$

由于 (9.4.3) 式中右侧是个无限序列的求和, 因此从第二项开始每一项向左提出一个因子 $S_0\Sigma$, 则剩下的求和仍是 S, 即

$$S = S_0 + S_0\Sigma S \tag{9.4.4}$$

由 (9.4.4) 式可以解出

$$S = \frac{1}{\dfrac{1}{S_0} - \Sigma} \tag{9.4.5}$$

截掉外线的两点格林函数 G^{tc}_{2ij} 与 G^c_{2ij} 互逆 (因为截掉的正是全传播子 G^c_{2ij} 本身, 截一次为 1, 截两次则为倒数), 所以由 (9.4.2) 式, 得截掉外线的两点格林函数为

$$G_{2ij}^{tc}(p) = \delta_{ij}\left\{-\mathrm{i}(\not{p} - m) - \Sigma\right\} \tag{9.4.6}$$

考虑到 g^2 阶, 可以利用前面得到的费曼规则计算出 Σ_{ij}. 根据费曼图 9.3 可以写出夸克自能 Σ_{ij} 准确到 g^2 阶的表达式

$$\Sigma_{ij}(p) = \int \frac{\mathrm{d}^4 k}{(2\pi)^4} \mathrm{i}gT_{il}^a \gamma_\mu \frac{\mathrm{i}\delta_{ln}}{\not{p} - \not{k} - m + \mathrm{i}\varepsilon} \mathrm{i}gT_{nj}^b \gamma_\nu \frac{-\mathrm{i}\delta_{ab}}{k^2 + \mathrm{i}\varepsilon} \mathrm{d}^{\mu\nu}(k) \tag{9.4.7}$$

其中 $d_{\mu\nu}(k) = g_{\mu\nu} - (1-\alpha)\dfrac{k_\mu k_\nu}{k^2 + \mathrm{i}\varepsilon}$, 见 (9.3.67) 式. 对于 SU($N$) 群, 群生成元满足

$$T_{ij}^a T_{kl}^a = \frac{1}{2}\left(\delta_{il}\delta_{jk} - \frac{1}{N}\delta_{ij}\delta_{kl}\right) \tag{9.4.8}$$

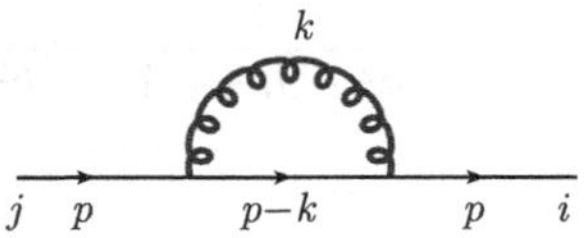

图 9.3 夸克单圈自能图

由 (9.4.8) 式, 可以推出

$$T_{ik}^a T_{kl}^a = (T^a T^a)_{il} = \frac{N^2 - 1}{2N}\delta_{il} \tag{9.4.9}$$

(9.4.9) 式也可以写成

$$T_{ik}^a T_{kj}^a = (T^a T^a)_{ij} = C_{\mathrm{F}}\delta_{ij}, \quad C_{\mathrm{F}} = \frac{N^2 - 1}{2N} \tag{9.4.10}$$

利用关系式 (9.4.10), 得到

$$\Sigma_{ij}(p) = \delta_{ij}\Sigma(p) \tag{9.4.11}$$

$$\Sigma(p) = -g^2 C_{\mathrm{F}} \int \frac{\mathrm{d}^4 k}{(2\pi)^4} \frac{\gamma_\mu(\not{p} - \not{k} + m)\gamma_\nu \mathrm{d}^{\mu\nu}(k)}{(k^2 + \mathrm{i}\varepsilon)\left((p-k)^2 - m^2 + \mathrm{i}\varepsilon\right)} \tag{9.4.12}$$

如果取费曼规范, 即取 $\alpha = 1$, 则 $\mathrm{d}^{\mu\nu}(k) = \mathrm{g}^{\mu\nu}$, 计算可以极大简化. 在费曼规范下

$$\Sigma(p) = -g^2 C_{\mathrm{F}} \int \frac{\mathrm{d}^4 k}{(2\pi)^4} \frac{\gamma_\mu(\not{p} - \not{k} - m)\gamma^\mu}{(k^2 + \mathrm{i}\varepsilon)\left((p-k)^2 - m^2 + \mathrm{i}\varepsilon\right)} \tag{9.4.13}$$

从 (9.4.13) 式可以很容易看出关于四动量的积分在高动量端的行为

$$\Sigma(p) \sim \int \mathrm{d}^4 k \frac{\not{k}}{k^2 k^2} \sim \lim_{k\to\infty} k \tag{9.4.14}$$

因此这个积分是发散的, 发散来源于高动量端的贡献, 并且由这个分析来看是线性发散. 为了使对自能修正的计算有意义, 第一步必须在数学上使这个积分变成收敛积分, 而实际上的发散作为某种极限行为存在, 这样的措施称为正规化.

正规化只是一个纯数学技巧, 不具有物理意义. 因此, 原则上正规化的方法可以有很多种, 目前主要的方法有以下四种.

1. 动量截断法

这个方法是取一个积分动量的最大值 Λ, 使动量积分只在小于 Λ 的空间范围内进行, 从而使得对圈动量的积分变成有限的, 而发散是在 $\Lambda \to \infty$ 时恢复. 动量截断法会破坏平移不变性和规范不变性.

2. 泡利–维拉斯 (Pauli-Villars) 正规化

这个方法是在原理论中的传播子上减去一个大质量的传播子, 即

$$\begin{aligned}\frac{1}{k^2-m^2+\mathrm{i}\varepsilon}-\frac{1}{k^2-M^2+\mathrm{i}\varepsilon}&=\frac{m^2-M^2}{(k^2-m^2+\mathrm{i}\varepsilon)(k^2-M^2+\mathrm{i}\varepsilon)}\\&\xrightarrow{k\to\infty}\frac{1}{k^4}\end{aligned}\tag{9.4.15}$$

即传播子由原来的 $O\left(1/k^2\right)$ 变成 $O\left(1/k^4\right)$, 从而使得被积函数在高动量端对动量依赖的方次大大降低, 于是积分可以成为收敛积分. 对动量积分后, 再令 $M^2 \to \infty$, 使得积分回到原来的值, 当然这个值仍然是发散的, 但发散已经被分离到包含 M^2 的项中, 从而实现了正规化的目的[15]. 在泡利–维拉斯正规化方法中, 平移不变性、Lorentz 不变性, 以及对于无质量的规范场情况下规范不变性都能得到保持, 但对于有质量规范场情况, 规范不变性会遭到破坏. 例如, 弱电统一模型中 W 粒子自能修正无法在泡利–维拉斯方法中实现规范无关的正规化[16].

3. 解析延拓法

这个方法是通过改变传播子分母的幂次, 从而降低整个被积函数在高动量端对动量依赖的幂次, 使得整个积分变得收敛, 即

$$\frac{1}{k^2-m^2}\to\frac{1}{(k^2-m^2)^\alpha}\tag{9.4.16}$$

这里 α 取一个实部大于 1 的复数, $\mathrm{Re}\alpha > 1$. 当 $\alpha \to 1$ 时, 积分恢复为原值. 这个方法也会破坏规范不变性.

4. 维数正规化

这个方法是通过改变空间维数使得对动量的积分变为收敛的方法. 从 (9.4.14) 式, 可以看到如果积分空间不是 4 维, 而是小于 4 的维度, 则积分在紫外的行为会变得趋于收敛. 因此在维数正规化方法中, 会取空间维数为小于 4 的数 D, 在 D 维下将积分做出, 此时积分在紫外的行为是收敛的, 只是在 $D \to 4$ 的极限下积分变为发散的[17−20]. 维数正规化保持了所有的对称性、平移不变性、Lorentz 不变性、规范对称性等, 因此这种正规化方法在规范理论的计算中得到了广泛采用.

下面采用维数正规化的方法来处理 (9.4.13) 式中的积分.

首先需要将 (9.4.13) 式中 4 维空间中的积分换成 D 维, 即 $d^4k \to d^Dk$. 为此, 我们需要先对 D 维空间中的一些运算关系做些约定, 以避免由 4 维转换到 D 维空间过程中带来的某些歧义性.

首先 D 维空间中空间指数因子 μ 变成从 0 取到 $D-1$, 因此动量也变成 D 维动量, 它的分量为

$$p^\mu = (p^0, p^1, \cdots, p^{D-1}) \tag{9.4.17}$$

从而动量空间的积分测度变为 D 维测度 $d^4k \to d^Dk$, 我们可以只作这个改变而保持因子 $(2\pi)^4$ 不变, 也可以同时作变换 $(2\pi)^4 \to (2\pi)^D$. 两种做法都可以, 只要积分后取极限 $D \to 4$, 结果回到 4 维就可以, 我们取通常的做法

$$\int \frac{\mathrm{d}^4k}{(2\pi)^4} \to \int \frac{\mathrm{d}^Dk}{(2\pi)^D} \tag{9.4.18}$$

对于空间度规矩阵元的收缩, 我们有

$$g^\mu_\mu = g^{\mu\nu} g_{\mu\nu} = D \tag{9.4.19}$$

Dirac γ 矩阵的代数关系也变成 D 维的, 即 γ^μ, $\mu = 0, \cdots, D-1$. 在 4 维空间中, γ 矩阵满足反对易关系

$$\{\gamma^\mu, \gamma^\nu\} = 2g^{\mu\nu} \tag{9.4.20}$$

为了避免歧义性, 在 D 维空间中, 依然保持这个反对易关系, 即 γ 矩阵仍然被当作 4×4 矩阵处理. 因此从 (9.4.20) 式, 我们也可以得出

$$\mathrm{Tr}\left[\gamma_\mu \gamma_\nu\right] = 4g_{\mu\nu} \tag{9.4.21}$$

在目前这个例子中不会遇到 γ_5, 但当将 QCD 用到弱相互作用过程中去的时候就会出现 γ_5, 因此讨论一下在 D 维空间下对 γ_5 的处理是必要的. 在 4 维时空中 γ_5 是这样定义的, $\gamma_5 = \mathrm{i}\gamma^0\gamma^1\gamma^2\gamma^3$. 在 D 维空间中, 一个直接的想法是将 γ_5 推广为 $\gamma_5 = \mathrm{i}\gamma^0\gamma^1\gamma^2\cdots\gamma^{D-1}$. 但严格的分析表明这样的简单推广是有逻辑问题的, 现在我们不就这个问题作深入讨论. 一个简单有效的做法是只需把 γ_5 看成一个与其他 γ 矩阵满足反对易关系的量即可, 即

$$\{\gamma_5, \gamma^\mu\} = 0, \quad \mu = 0, 1, 2, \cdots, D-1 \tag{9.4.22}$$

只要在我们处理的问题中不出现反常[21,22], 对 γ_5 做这样的处理就不会有问题. 有了这样的约定, 下面再列出一些在 D 维空间中关于 γ 矩阵的运算有用的等式:

$$\gamma_\mu \gamma^\mu = D, \quad \gamma_\mu \gamma^\alpha \gamma^\mu = (2-D)\gamma^\alpha, \quad \gamma_\mu \gamma_5 \gamma^\mu = -D\gamma_5$$

$$\gamma^\mu \gamma^\alpha \gamma^\beta \gamma_\mu = 4g^{\alpha\beta} + (D-4)\gamma^\alpha \gamma^\beta$$

$$\gamma^\mu\gamma^\alpha\gamma^\beta\gamma^\delta\gamma_\mu = -2\gamma^\delta\gamma^\beta\gamma^\alpha + (4-D)\gamma^\alpha\gamma^\beta\gamma^\delta$$
$$\mathrm{Tr}\left[\gamma^\mu\gamma^\nu\gamma^\alpha\gamma^\beta\right] = 4(g^{\mu\nu}g^{\alpha\beta} - g^{\mu\alpha}g^{\nu\beta} + g^{\mu\beta}g^{\nu\alpha}) \tag{9.4.23}$$

另外, 在任意的 D 维时空中, 规范场与费米子场的耦合常数也不再是无量纲的. 可以根据作用量 $S=\int d^Dx\mathcal{L}$ 无量纲, 求得耦合常数的量纲. 我们用一个方括号来表示任意量 A 的量纲, 即对于任意量 A 其量纲记为 $[A]$. 自由费米子场部分的拉氏量密度为 $\bar{\psi}(\mathrm{i}\,\not{\partial}-m)\psi$, 由作用量的无量纲性可得

$$2\,[\psi]+1-D=0 \tag{9.4.24}$$

由此得到费米子场在 D 维时空下的量纲

$$[\psi]=\frac{D-1}{2} \tag{9.4.25}$$

同理, 根据规范场作用量的无量纲性可得规范场 A_μ^a 在 D 维时空中的量纲为

$$[A]=\frac{D-2}{2} \tag{9.4.26}$$

规范场与费米子场相互作用部分的作用量为

$$\int \mathrm{d}^Dxg\bar{\psi}\,T^a\gamma_\mu\psi A^{a\mu} \tag{9.4.27}$$

根据作用量是无量纲的, 可得

$$[g]=\frac{4-D}{2} \tag{9.4.28}$$

引入常数 ε 代表 D 维时空与 4 维的偏离

$$D=4-2\varepsilon \tag{9.4.29}$$

则耦合常数的量纲为

$$[g]=\varepsilon \tag{9.4.30}$$

引入一个新的无量纲耦合常数 g_0 和一个具有质量量纲的标度 μ, 使得耦合常数 g 表示为

$$g=g_0\mu^\varepsilon \tag{9.4.31}$$

有了上面的准备工作, 我们就可以开始在 D 维时空下计算夸克自能图了. 在 D 维时空下 (9.4.13) 式变为

$$\Sigma(p) = -g^2C_\mathrm{F}\int\frac{\mathrm{d}^Dk}{(2\pi)^D}\frac{(2-D)(\not{p}-\not{k})+Dm}{(k^2+\mathrm{i}\varepsilon)\left((p-k)^2-m^2+\mathrm{i}\varepsilon\right)} \tag{9.4.32}$$

(9.4.32) 式中利用了 (9.4.23) 式中的前两个等式. 接着利用等式

$$\frac{1}{AB}=\int_0^1\mathrm{d}x\frac{1}{(xA+(1-x)B)^2} \tag{9.4.33}$$

(9.4.32) 式可以写成

$$\Sigma(p)=-g^2C_{\mathrm{F}}\int\frac{\mathrm{d}^Dk}{(2\pi)^D}\int_0^1\mathrm{d}x\frac{(2-D)(\not{p}-\not{k})+Dm}{\{x((p-k)^2-m^2+\mathrm{i}\varepsilon)+(1-x)(k^2+\mathrm{i}\varepsilon)\}^2} \tag{9.4.34}$$

(9.4.33) 式称为费曼参数化, 而关于 x 的积分称为费曼参数积分. (9.4.33) 式可以用于计算只有两个传播子内线的圈图, 而对于具有更多传播子的圈图, 还需要更为复杂的费曼参数化公式, 为此我们给出一个更为一般的费曼参数化公式

$$\prod_{i=1}^n\frac{1}{A_i^{\alpha_i}}=\frac{\Gamma(\alpha)}{\prod\limits_{i=1}^n\Gamma(\alpha_i)}\int_0^1\left(\prod_{i=1}^n\mathrm{d}x_ix_i^{\alpha_i-1}\right)\frac{\delta(1-x)}{\left(\sum\limits_{i=1}^nx_iA_i\right)^\alpha} \tag{9.4.35}$$

其中 $\alpha=\sum\limits_{i=1}^n\alpha_i$, $x=\sum\limits_{i=1}^nx_i$. (9.4.35) 式可以利用递推法来证明, 这里从略.

(9.4.34) 式的分母经过重新配方、整理得

$$\Sigma(p)=g^2C_{\mathrm{F}}\int_0^1\mathrm{d}x\int\frac{\mathrm{d}^Dk}{(2\pi)^D}\frac{(2-D)(\not{k}-\not{p})-Dm}{\{(k-xp)^2+x(1-x)p^2-xm^2+\mathrm{i}\varepsilon\}^2} \tag{9.4.36}$$

在得到上式的时候, 我们已经改变了对于 k-积分和 x-积分的顺序, 因为只要 $D<3$, 这个积分就是收敛的. 对于收敛积分, 改变积分的先后顺序并不改变积分结果. 下面我们定义一个新的积分变量

$$k'=k-xp \tag{9.4.37}$$

于是

$$\begin{aligned}\Sigma(p)=&g^2C_{\mathrm{F}}\int_0^1\mathrm{d}x\int\frac{\mathrm{d}^Dk'}{(2\pi)^D}\frac{(2-D)(\not{k}'-(1-x)\not{p})-Dm}{\{k'^2+x(1-x)p^2-xm^2+\mathrm{i}\varepsilon\}^2}\\=&g^2C_{\mathrm{F}}\int_0^1\mathrm{d}x\int\frac{\mathrm{d}^Dk'}{(2\pi)^D}\frac{-(2-D)(1-x)\not{p}-Dm}{\{k'^2+x(1-x)p^2-xm^2+\mathrm{i}\varepsilon\}^2}\end{aligned} \tag{9.4.38}$$

其中第二步利用了对于奇函数的全空间积分为 0, 即分子中 $\not{k}'$ 项的积分为 0. 定义

$$L=-x(1-x)p^2+xm^2-\mathrm{i}\varepsilon \tag{9.4.39}$$

并把 (9.4.38) 式中与动量无关的项移出动量积分之外, 得

$$\Sigma(p) = g^2 C_{\rm F} \int_0^1 {\rm d}x \left\{-(2-D)(1-x)\ \not{p} - Dm\right\} \int \frac{{\rm d}^{D'} k'}{(2\pi)^D} \frac{1}{(k'^2 - L)^2} \tag{9.4.40}$$

下面开始作对于 k' 的积分, 这是一个 Minkowski 空间中的积分. 将 k'^0 延拓为复数, 因为 k'^0 离开实轴的区域上被积函数无奇点, 所以可以把对于 k'^0 在实轴上的积分旋转 90°, 使得积分在虚轴上进行, 而积分结果不变. 这个转动称为 Wick 转动, 这相当于定义一个实数动量 K^0, 保持

$$k'^0 = {\rm i}K^0 \tag{9.4.41}$$

再令 $\vec{k'} = \vec{K}$, 则积分测度变为

$${\rm d}^D k' = {\rm i}{\rm d}^D K \tag{9.4.42}$$

并且

$$k'^2 = -K^2, \quad K^2 = K^{0^2} + \vec{K}^2 \tag{9.4.43}$$

经过 Wick 转动, 积分变为欧氏 (Euclidean) 空间的积分

$$\Sigma(p) = \int \frac{{\rm d}^D k'}{(2\pi)^D} \frac{1}{(k'^2 - L)^2} = \int \frac{{\rm i}{\rm d}^D K}{(2\pi)^D} \frac{1}{(K^2 + L)^2} \tag{9.4.44}$$

现在我们把 D 维动量 K 用极坐标表示出来

$$\begin{aligned} K^0 &= K\cos\theta_1 \\ K^1 &= K\cos\theta_2 \sin\theta_1 \\ K^2 &= K\cos\theta_3 \sin\theta_2 \sin\theta_1 \\ &\cdots\cdots \\ K^{D-1} &= K\sin\theta_{D-1}\sin\theta_{D-2}\cdots\sin\theta_1 \end{aligned} \tag{9.4.45}$$

这里 $K = (K^{0^2} + \vec{K}^2)^{1/2}$ 是 D 维动量 K 的大小. 在极坐标系中

$${\rm d}^D K = K^{D-1}{\rm d}K{\rm d}\Omega_D \tag{9.4.46}$$

其中

$${\rm d}\Omega_D = \prod_{i=1}^{D-1} \sin^{D-1-i}\theta_i {\rm d}\theta_i \tag{9.4.47}$$

于是积分变为

$$I = \frac{\rm i}{(2\pi)^D} \int {\rm d}\Omega_D \int_0^\infty {\rm d}K \frac{K^{D-1}}{(K^2 + L)^2} \tag{9.4.48}$$

利用积分公式

$$\int_0^{\infty} \mathrm{d}t \frac{t^{p-1}}{(1+t)^{p+q}} = B(p,q), \quad B(p,q) = \frac{\Gamma(p)\Gamma(q)}{\Gamma(p+q)} \tag{9.4.49}$$

以及

$$\int \mathrm{d}\Omega_D = \int_0^{\pi} \mathrm{d}\theta_1 \sin^{D-2}\theta_1 \cdots \int_0^{\pi} \mathrm{d}\theta_{D-2} \sin\theta_{D-2} \int_0^{\pi} \mathrm{d}\theta_{D-1} = \frac{2\pi^{D/2}}{\Gamma(D/2)} \tag{9.4.50}$$

得

$$I = \int \frac{\mathrm{d}^D k'}{(2\pi)^D} \frac{1}{(k'^2 - L)^2} = \frac{i}{(4\pi)^{D/2}} \Gamma(2 - D/2) L^{D/2-2} \tag{9.4.51}$$

对于更复杂的圈图积分，往往需要一个更为普遍的关于 D 维 Minkowski 空间动量积分的表达式

$$\int \frac{\mathrm{d}^D k}{(2\pi)^D} \frac{(k^2)^R}{(k^2 - a)^m} = \frac{\mathrm{i}(-1)^{R-m}}{(4\pi)^{D/2}} a^{R-m+D/2} \frac{\Gamma(R + D/2)\ \Gamma(m - R - D/2)}{\Gamma(D/2)\Gamma(m)} \tag{9.4.52}$$

这个积分等式的证明可以用上面的方法进行. (9.4.51) 式只是 (9.4.52) 式的一个特例.

将 (9.4.51) 式代入 (9.4.40) 式，得

$$\Sigma(p) = g^2 C_{\mathrm{F}} \int_0^1 \mathrm{d}x \{-(2-D)(1-x)\not{p} - Dm\} \frac{\mathrm{i}}{(4\pi)^{D/2}} L^{D/2-2} \Gamma(2 - D/2) \tag{9.4.53}$$

将 (9.4.29) 式和 (9.4.31) 式代入 (9.4.53) 式并稍作整理可得

$$\Sigma(p) = \mathrm{i}\frac{g_0^2}{(4\pi)^2} C_{\mathrm{F}} \int_0^1 \mathrm{d}x \{2(1-\varepsilon)(1-x)\not{p} - 2(2-\varepsilon)m\} \left(\frac{L}{4\pi\mu^2}\right)^{-\varepsilon} \Gamma(\varepsilon) \tag{9.4.54}$$

因为最终的计算结果要回到 4 维时空，即 $\varepsilon \to 0$，所以可把 (9.4.54) 式按 ε 的幂次展开，只需要保留到 ε 的零次方项，利用展开式

$$\Gamma(\varepsilon) = \frac{1}{\varepsilon} - \gamma + O(\varepsilon) \tag{9.4.55}$$

$$\left(\frac{L}{4\pi\mu^2}\right)^{-\varepsilon} = 1 - \varepsilon \ln \frac{L}{4\pi\mu^2} + O(\varepsilon) \tag{9.4.56}$$

并整理得

$$\begin{aligned} \Sigma(p) =& \mathrm{i}\frac{g_0^2}{(4\pi)^2} C_{\mathrm{F}} \left\{ \not{p} \left(\frac{1}{\varepsilon} - \gamma + \ln 4\pi - 1 - 2\int_0^1 \mathrm{d}x(1-x) \ln \frac{L}{\mu^2} \right) \right. \\ & \left. - 4m \left(\frac{1}{\varepsilon} - \gamma + \ln 4\pi - \frac{1}{2} - \int_0^1 \mathrm{d}x \ln \frac{L}{\mu^2} \right) \right\} + O(\varepsilon) \end{aligned} \tag{9.4.57}$$

(9.4.57) 式中当取 $\varepsilon \to 0$ 时, 发散被再现出来, 而此时发散被作为 ε 的奇点正规化出来, 式中的其他项是有限的. (9.4.55) 式中的 $\gamma = 0.57721\cdots$, 是欧拉 (Euler) 常数.

(9.4.57) 式是在费曼规范下, 即取规范参数 $\alpha = 1$ 的情况下夸克自能单圈修正的结果. 也可以在任意规范下, 即规范参数 α 不取特定值的情况下, 计算夸克自能单圈修正, 计算过程只是变得稍微复杂一些. 下面直接给出任意规范下的结果:

$$\begin{aligned}\Sigma(p) =& \mathrm{i}\frac{g_0^2}{(4\pi)^2}C_F\left\{\alpha \not{p}\left(\frac{1}{\varepsilon} - \gamma + \ln 4\pi - 1 - 2\int_0^1 \mathrm{d}x(1-x)\ln\frac{L}{\mu^2}\right)\right.\\ &\left. -m(3+\alpha)\left(\frac{1}{\varepsilon} - \gamma + \ln 4\pi - \frac{1}{2} - \int_0^1 \mathrm{d}x \ln\frac{L}{\mu^2}\right)\right\} + O(\varepsilon) \qquad (9.4.58)\end{aligned}$$

9.5 发散的重整化

9.4 节介绍了维数正规化方法, 把圈图修正中的发散积分变为有限的, 发散被分离到发散项 $1/\varepsilon$ 中. 本节介绍消除发散的重整化方法. 重整化方法的基本思想是通过重新定义场量、粒子质量和耦合常数来消除发散. 重新定义之后的物理量与之前各量之间相差一个常数, 称为重整化常数. 重整化常数中包含着无穷大, 用这个无穷大去消除圈图修正中出现的发散项, 而留下的结果是有限的, 这个有限的结果作为圈图修正的最终结果. 这相当于把无穷大吸引到场量、质量和耦合常数的重新定义中去, 而把粒子质量和耦合常数代之以物理测量值. 这样消除发散, 首先需要回答的问题是, 对于一个确定的理论, 需要用于消除发散的无穷大常数的数量是有限的还是无限的. 如果需要的常数是有限的, 则这个理论称为可重整化的理论; 若是无限的, 则称这个理论是不可重整化的. 因此, 我们需要寻找一个判据来判断理论的可重整性. 首先需要用来标记一个确定的费曼图所代表的圈动量积分发散程度的量, 这个量称为费曼图的表观发散度.

9.5.1 表观发散度

以图 9.3 中的夸克单圈自能图为例, 大动量区域对圈图动量积分的贡献为

$$\Sigma(p) \sim \int \mathrm{d}^D k \frac{1}{\not{k}}\frac{1}{k^2} \qquad (9.5.1)$$

其中 $d^D k$ 是圈动量积分的贡献, $\dfrac{1}{\not{k}}$ 是费米子内线的贡献, $\dfrac{1}{k^2}$ 是玻色子内线的贡献. 对于夸克自能圈, 它在大动量极限下的发散行为是

$$\Sigma(p) \sim \lim_{k\to\infty} k^{D-1-2} \qquad (9.5.2)$$

因此, 这个费曼图的表观发散度可以定义为

$$d = D - 1 - 2 \tag{9.5.3}$$

其中 D 是单圈动量积分测度的贡献, -1 和 -2 分别是费米子和玻色子内线各一条的贡献. 一般来说, 对于 l 圈的费曼图, 会有 l 个 D 维动量积分测度 $\int \mathrm{d}^D k_1 \int \mathrm{d}^D k_2 \cdots \int \mathrm{d}^D k_l$, 当限制在考虑这些圈动量一致趋于无穷大的行为时, l 个 D 维动量积分测度对表观发散度的贡献为 Dl. 如果费曼图中玻色子和费米子内线数分别是 n_{B} 和 n_{F}, 则各自对表观发散度的贡献是 $-2n_{\mathrm{B}}$ 和 $-n_{\mathrm{F}}$. 对于本例中的夸克自能图, 涉及的两个顶点不含动量, 所以这样的顶点对表观发散度没有贡献. 但一般情况下, 有些顶点的费曼规则是有动量的, 例如, 三胶子顶点的费曼规则含动量的一次方. 如果我们要计算的费曼图中包含的顶点含有的动量次数是 δ_v, 则这样的顶点对表观发散度的贡献为 δ_v, 如果有多个这样的顶点, 则需要把它们都求和起来 $\sum\limits_v \delta_v$. 所以一般情况下, 一个费曼图的表观发散度是

$$d = Dl + \sum_v \delta_v - 2n_{\mathrm{B}} - n_{\mathrm{F}} \tag{9.5.4}$$

这里 l 是费曼图中包含的圈数, δ_v 是顶点中含有的动量因子, n_{B} 是玻色子内线数, n_{F} 是费米子内线数.

对于单圈图, $d < 0$ 意味着这个费曼图对应的振幅是有限的, $d = 0$ 对应的振幅则是对数发散的, 而 $d > 0$ 则是幂次发散的. 但这个结论不能简单推广到多圈图. 因为 (9.5.4) 式的结论是在假设当圈动量趋向于无穷大时, 所有的内线动量都有趋于无穷大的行为, 但有些多圈图, 有些内线动量不具有趋于无穷大的行为. 例如, 图 9.4 所示的两圈图, 两个单圈之间的费米子内线动量是确定的, 并不具有趋于无穷大的行为. 因此由 (9.5.4) 式估计的发散度与这个双圈图的实际行为并不相符. 实际上, 对于夸克单圈自能图, 其表观发散度与实际的发散行为也并不相符. 根据 (9.5.4) 式估计的表观发散度 $d = D - 1 - 2$, 对于 $D = 4$ 的情况 $d = 1$, 对应线性发散. 但实际计算给出的 (9.4.40) 式表明夸克单圈自能图是对数发散的. 这是因为 Lorentz 不变性导致积分过程中分子上正比于动量的一次方项积分为零, 从而使得实际发散度下降. 因此, 散射振幅所具有的对称性, 如 Lorentz 不变性、规范不变性等都有可能使实际的发散度下降. 正是因为这一点, (9.5.4) 式给出的发散度才称为表观发散度.

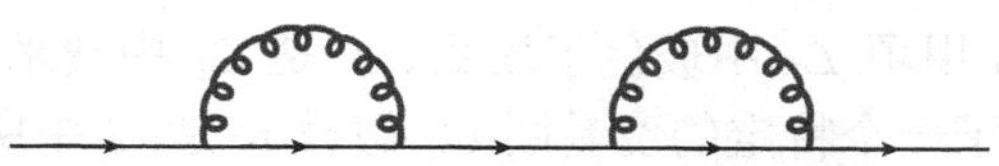

图 9.4 夸克自能双圈图

对于高阶图还有这样的情况发生, 即估计的表观发散度 $d < 0$, 但实际上这个费曼图对应的振幅是发散的. 例如, 两圈夸克–夸克散射图 9.5. 这个费曼图的表观发散度为 $d = 2D - 4 \times 1 - 3 \times 2 = 2D - 10$, 对于 $D = 4$ 的情况 $d = -2$. 因此从这个结果来看, 这个图对应的费曼振幅应该是收敛的, 但显然它是发散的, 它的发散来源于中间的单圈夸克自能图. 所以对于高阶图表观发散度并不能准确反映它所对应振幅的发散性. 有些费曼图虽然它的表观发散度 $d < 0$, 但它是发散的. 它的发散来源于它的子图. 子图指的是一个费曼图的某一部分构成的图形, 它仍然是一个费曼图. 对于高阶费曼图, 它的发散性需要做一个仔细的划分. 把一个发散的费曼图的任意一条内线断开, 使它成为两条外线, 构成的新费曼图如果不再发散, 则这样的发散称为整体性发散 (overall divergence), 否则称为非整体性发散.

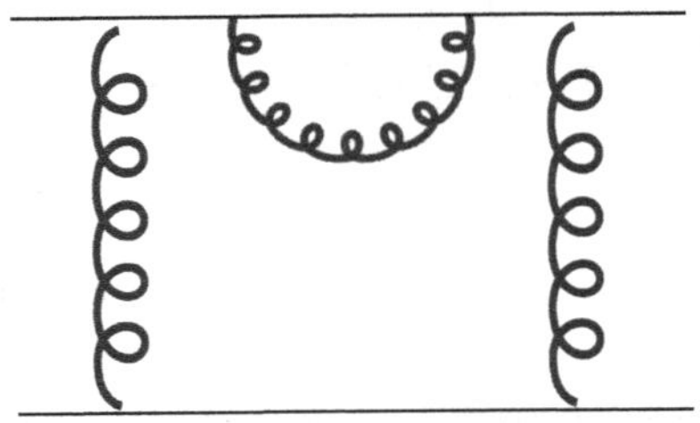

图 9.5　双圈夸克–夸克散射图

判断一个费曼图是否发散, 不能只看它的表观发散度, 而要看它所有可能的子图的表观发散度. 对于一个费曼图, 一般来说, 如果它所有的子图中至少有一个子图的表观发散度不小于 0, 则这个图的费曼积分是发散的, 除非有某种对称性使它实际的发散度有所减少. 相反的情况, 我们有如下的定理.

收敛性定理：对于一个费曼图 G, 找出它所有可能的子图 H(包括 $H = G$ 的情况), 如果所有的子图 H 的表观发散度都是负的, 即 $d_H < 0$, 则这个费曼图 G 的费曼积分是绝对收敛的.

这个定理的证明超出了本书的范围, 这里不再给出. 有兴趣的读者可以查阅它的原始文献 [23–26].

9.5.2　相互作用的可重整性

我们可以利用表观发散度来判断一个关于某种相互作用的理论是否是可重整化的. 我们先来考虑一种简单的情况, 即在某种相互作用理论的拉氏量 $\mathcal{L}$ 中仅有一个相互作用项 $\mathcal{L}_\mathrm{I}$.

在 (9.5.4) 式中, 表观发散度的表达式依赖于一个具体费曼图的玻色子内线和费米子内线数. 这对判断一个具体费曼图的发散性是有利的. 但用它去判断一个关于相互作用的理论是否可重整化并不方便. 因此, 我们希望把表观发散度直接表示成依赖相互作用特征量的形式, 即依赖于相互作用项中有多少玻色子线、有多少费米子线, 以及它的动量因子 (即对时空微商的次数) 是多少.

假设 b 是相互作用项 $\mathcal{L}_\mathrm{I}$ 中玻色子场数、f 是 $\mathcal{L}_\mathrm{I}$ 中费米子场数、δ 是 $\mathcal{L}_\mathrm{I}$ 中时空微商算符数, 对于一个特定的费曼图 G, 假设 n 是 G 中所含的相互作用顶点数、N_B 是费曼图 G 的玻色子场外线数、N_F 是的费米子场外线数.

对任意一个费曼图, 一条内线要连接到顶点上两次, 而外线只连接到顶点一次, 所以对于一个有 n 个顶点的费曼图 G, 玻色子线和费米子线各自满足如下的数量关系

$$2n_{\mathrm{B}} + N_{\mathrm{B}} = nb \tag{9.5.5}$$

$$2n_{\mathrm{F}} + N_{\mathrm{F}} = nf \tag{9.5.6}$$

其中 n_{B} 和 n_{F} 分别是玻色子内线和费米子内线数. 对于一个具有 l 圈的费曼图, 它有 l 个自由动量的积分, 但实际上最初每一条内线对应一个四动量积分, 所以最初应有 $n_{\mathrm{B}} + n_{\mathrm{F}}$ 个积分. 每一个顶点上会有一个保持四动量守恒的 δ 函数, n 个顶点会有 n 个 δ 函数, 这相当于 n 个约束条件, n 个约束条件中有一个是总体的四动量守恒, 与内部四动量的自由度数无关, 所以总共有 $n-1$ 个对自由动量数的约束, 最终自由动量的积分数为 $n_{\mathrm{B}} + n_{\mathrm{F}} - (n-1)$, 所以有下列关系式

$$l = n_{\mathrm{B}} + n_{\mathrm{F}} - n + 1 \tag{9.5.7}$$

最后, (9.5.4) 式中的动量因子数 $\sum\limits_v \delta_v$ 与 n 个顶点上总的动量数相等

$$\sum_v \delta_v = n\delta \tag{9.5.8}$$

用 (9.5.5) 式、(9.5.6) 式消去 (9.5.7) 式中的内线数得

$$l = \left(\frac{b+f}{2} - 1\right) n - \frac{n_{\mathrm{B}} + n_{\mathrm{F}}}{2} + 1 \tag{9.5.9}$$

把 (9.5.9) 式代入 (9.5.4) 式并再次利用 (9.5.5) 式、(9.5.6) 式消去内线数 n_{B} 和 n_{F}, 得到表观发散度

$$d = rn - \frac{D-2}{2} N_{\mathrm{B}} - \frac{D-1}{2} N_{\mathrm{F}} + D \tag{9.5.10}$$

其中 r 为

$$r = \frac{D-2}{2} b + \frac{D-1}{2} f + \delta - D \tag{9.5.11}$$

上面的 r 只与拉氏量的相互作用部分 $\mathcal{L}_{\mathrm{I}}$ 有关, 它称为相互作用项 $\mathcal{L}_{\mathrm{I}}$ 的发散指数. 而 (9.5.10) 式中的表观发散度只与 r 和费曼图的外线数有关. 对于任意一个具体的散射过程, 费曼图的外线数总是确定的, 它与费曼图的阶数无关, 因此 (9.5.10) 式表观发散度的表达式更有利于分析理论的可重整性.

(9.5.11) 式中的 r 有一个更明确的意义, 它是负的耦合常数量纲. 拉氏量的相互作用部分可以形式上写为

$$\mathcal{L}_{\mathrm{I}} \sim g(\partial)^{\delta}(\phi)^{b}(\psi)^{f} \tag{9.5.12}$$

因为作用量 $S_{\mathrm{I}}=\int \mathrm{d}^D x\mathcal{L}_{\mathrm{I}}$ 的无量纲性, 有

$$0=-D+[g]+\delta+\frac{D-2}{2}b+\frac{D-1}{2}f \tag{9.5.13}$$

从 (9.5.13) 式可得

$$[g]=-\left(\frac{D-2}{2}b+\frac{D-1}{2}f+\delta-D\right) \tag{9.5.14}$$

即 $[g]=-r$.

(9.5.10) 式很容易推广到具有多个相互作用项的情况. 假设一个相互作用的理论中, 相互作用部分由多项组成, 即 $\mathcal{L}_{\mathrm{I}}=\sum\limits_i \mathcal{L}_i$, 与 $\mathcal{L}_i$ 相关联的耦合常数为 g_i, 玻色子场和费米子场数分别为 b_i 和 f_i, 时空微分数为 δ_i. 费曼图 G 中有 $\mathcal{L}_i$ 的顶点数为 n_i, 则表面发散度 (9.5.10) 式推广为

$$d=\sum_i r_i n_i-\frac{D-2}{2}N_{\mathrm{B}}-\frac{D-1}{2}N_{\mathrm{F}}+D \tag{9.5.15}$$

其中

$$r_i=\frac{D-2}{2}b_i+\frac{D-1}{2}f_i+\delta_i-D \tag{9.5.16}$$

也可以直接把 (9.5.15) 式中的 r_i 替换成 $-[g_i]$, 即

$$d=-\sum n_i\,[g_i]-\frac{D-2}{2}N_{\mathrm{B}}-\frac{D-1}{2}N_{\mathrm{F}}+D \tag{9.5.17}$$

(9.5.17) 式中的第二项和第三项的意义也是明确的, 它们分别是费曼图 G 所含有的外线玻色场总量纲的负值和外线费米子场总量纲的负值. 所以 (9.5.17) 式说明费曼图 G 的表观发散度等于 D 维动量量纲减去全部顶点耦合常数量纲, 再减去外线场总量纲.

如果一个理论中, 它的全部相互作用项 $\mathcal{L}_i$ 中至少有一个发散指数大于零, 即 $r_i>0$, 则随着阶数的增加, 费曼图中发散的种类会无穷地增加. 这样的理论不可能采用有限数量的常数来抵消所有的发散, 这样的理论是不可重整化的理论; 如果一个理论, 它的全部 $r_i\leqslant 0$, 则无论它的费曼阶数如何, 它的发散种类是有限的, 这样的理论是可以采用有限常数来抵消发散的, 这样的理论是可以重整化的. 全部 $r_i=0$ 的理论称为可重整化的理论, 全部 $r_i<0$ 的理论称为超可重整化的理论.

对于 QCD, 它的全部四项相互作用项 $r_i\propto D-4$, 所以 QCD 是 4 维时空可重整化的理论. 在考虑 QCD 理论中的费曼图时, 鬼场外线是作为玻色子外线来处理的①, 即

$$N_{\mathrm{B}}=N_{\mathrm{G}}+N_{\mathrm{FP}} \tag{9.5.18}$$

①虽然鬼场粒子不是物理粒子, 不能以外线出现在费曼图中, 这里指的是物理散射的总的费曼图, 而现在讨论的费曼图包括某个费曼图的子图.

其中 N_{G} 是胶子外线, N_{FP} 是法捷耶夫–波波夫鬼场外线. 另外, 在胶子–鬼场的顶点费曼规则中动量因子 k_μ 只是出现在鬼场线向顶点外流动的一侧. 总是有相当于鬼场外线数量一半的 k_μ 因子对发散指数, 即 (9.5.4) 式中 $\sum\limits_v \delta_v$ 没有贡献, 所以需要在 (9.5.4) 式或 (9.5.15) 式、(9.5.17) 式中减去 $\dfrac{1}{2}N_{\mathrm{FP}}$, 因而包括鬼场粒子后, QCD 中费曼图的表观发散度变为

$$d=\sum_i r_i n_i-\frac{D-2}{2}N_{\mathrm{B}}-\frac{D-1}{2}N_{\mathrm{F}}+D-\frac{1}{2}N_{\mathrm{FP}} \tag{9.5.19}$$

把 (9.5.18) 式代入 (9.5.19) 式得

$$d=\sum_i r_i n_i-\frac{D-2}{2}N_{\mathrm{G}}-\frac{D-1}{2}(N_{\mathrm{FP}}+N_{\mathrm{F}})+D \tag{9.5.20}$$

对 4 维时空 $D=4$ 的情况, $r_i=0$, 所以

$$d=4-N_{\mathrm{G}}-\frac{3}{2}(N_{\mathrm{FP}}+N_{\mathrm{F}}) \tag{9.5.21}$$

根据 (9.5.21) 式可以判断出 QCD 中表观发散的费曼图的数量是有限的. 取 $d\geqslant 0$, 可以发现只有几种情况符合条件, 扣除费米场线和鬼场线取单数的情况, 则有 $(N_{\mathrm{G}},N_{\mathrm{FP}},N_{\mathrm{F}})=(0,0,0),(1,0,0),(2,0,0),(3,0,0),(4,0,0),(0,2,0),(1,2,0),(0,0,2),(1,0,2)$. 这九种情况中, $(0,0,0)$ 是真空图, 已经被吸收到生成泛函的归一化中去了, $(1,0,0)$ 的情况因 Lorentz 不变性而被去掉了, 所以只有七种发散图, 如图 9.6 所示.

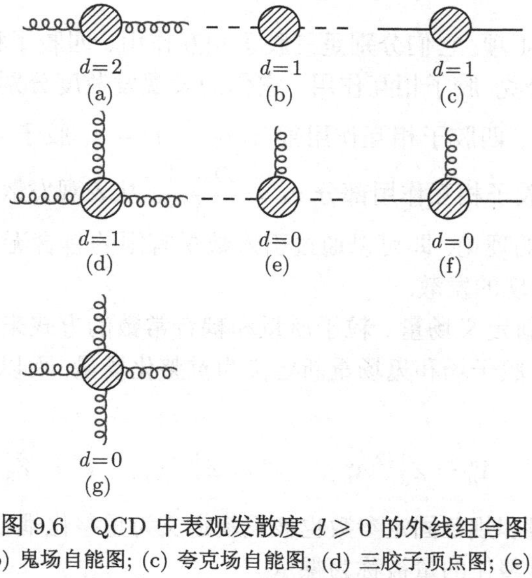

图 9.6 QCD 中表观发散度 $d\geqslant 0$ 的外线组合图

(a) 胶子自能图; (b) 鬼场自能图; (c) 夸克场自能图; (d) 三胶子顶点图; (e) 鬼场–胶子顶点图; (f) 夸克–胶子顶点图; (g) 四胶子顶点图

9.5.3 QCD 的重整化

现在我们开始讨论消除计算 QCD 高阶修正时出现的发散, 即 QCD 的重整化问题. QCD 的拉氏量已经在 (9.3.6) 式中给出, 即

$$\begin{aligned}\mathcal{L}=&-\frac{1}{4}F_{\mu\nu}^{a}F^{a\mu\nu}-\frac{1}{2\alpha}(\partial^{\mu}A_{\mu}^{a})^{2}+(\partial^{\mu}\bar{\chi}^{a})D_{\mu}^{ab}\chi^{b}\\&+\bar{\psi}^{i}(\mathrm{i}\gamma^{\mu}D_{\mu}^{ij}-m\delta^{ij})\psi^{j}\end{aligned}\tag{9.5.22}$$

其中协变导数 D_{μ}^{ij} 和 D_{μ}^{ab} 分别采用颜色 SU(3) 群的基础表示和伴随表示

$$F_{\mu\nu}^{a}=\partial_{\mu}A_{\nu}^{a}-\partial_{\nu}A_{\mu}^{a}+gf^{abc}A_{\mu}^{b}A_{\nu}^{c}\tag{9.5.23}$$

$$D_{\mu}^{ij}=\delta^{ij}\partial_{\mu}-\mathrm{i}gT_{ij}^{c}A_{\mu}^{c}\tag{9.5.24}$$

$$D_{\mu}^{ab}=\delta^{ab}\partial_{\mu}-\mathrm{i}gT_{ab}^{c}A_{\mu}^{c},\quad T_{ab}^{c}=-\mathrm{i}f^{cab}\tag{9.5.25}$$

QCD 的拉氏量可以分为自由场部分 $\mathcal{L}_0$ 和相互作用部分 $\mathcal{L}_{\mathrm{I}}$,

$$\mathcal{L}=\mathcal{L}_0+\mathcal{L}_{\mathrm{I}}\tag{9.5.26}$$

$$\begin{aligned}\mathcal{L}_0=&-\frac{1}{4}(\partial_{\mu}A_{\nu}^{a}-\partial_{\nu}A_{\mu}^{a})(\partial^{\mu}A^{a\nu}-\partial^{\nu}A^{a\mu})-\frac{1}{2\alpha}(\partial^{\mu}A_{\mu}^{a})^{2}\\&+(\partial^{\mu}\bar{\chi}^{a})\partial_{\mu}\chi^{a}+\bar{\psi}^{i}(\mathrm{i}\gamma^{\mu}\partial_{\mu}-m)\psi^{i}\end{aligned}\tag{9.5.27}$$

$$\begin{aligned}\mathcal{L}_{\mathrm{I}}=&-\frac{1}{2}gf^{abc}(\partial_{\mu}A_{\nu}^{a}-\partial_{\nu}A_{\mu}^{a})A^{b\mu}A^{c\nu}-\frac{1}{4}g^{2}f^{abe}f^{cde}A_{\mu}^{a}A_{\nu}^{b}A^{c\mu}A^{d\nu}\\&-gf^{abc}A_{\mu}^{c}(\partial^{\mu}\bar{\chi}^{a})\chi^{b}+g\bar{\psi}^{i}T_{ij}^{a}\gamma^{\mu}\psi^{j}A_{\mu}^{a}\end{aligned}\tag{9.5.28}$$

相互作用部分共有 4 项, 它们分别是三胶子相互作用、四胶子相互作用、胶子–鬼场相互作用, 以及夸克–胶子相互作用. 它们的表观发散度分别是：三胶子相互作用部分 $r_1=\dfrac{D-4}{2}$, 四胶子相互作用部分 $r_2=D-4$, 胶子–鬼场相互作用部分 $r_3=\dfrac{D-4}{2}$, 夸克–胶子相互作用部分 $r_4=\dfrac{D-4}{2}$. 从表观发散度看 QCD 在 4 维时空下是可重整化的理论, 即可以通过引入数量有限的包含无穷大的常数来吸收 QCD 高阶修正中出现的发散.

我们是通过重新定义场量、粒子质量和耦合常数的方式来引入用于抵消发散的常数的. 夸克场、胶子场和鬼场重新定义为重整化场量, 而以前所讨论的未经重整化的场称为裸场

$$\psi=Z_2^{1/2}\psi_r,\quad A_{\mu}^{a}=Z_3^{1/2}A_{r\mu}^{a},\quad \chi^{a}=\tilde{Z}_3^{1/2}\chi_r^{a},\quad \bar{\chi}^{a}=\tilde{Z}_3^{1/2}\bar{\chi}_r^{a}\tag{9.5.29}$$

耦合常数、夸克质量和规范固定参数也被重新定义为重整化耦合常数、质量和规范固定参数, 而未经重整化的量被称为裸量

$$g=Z_g g_r,\quad m=Z_m m_r,\quad \alpha=Z_3\alpha_r\tag{9.5.30}$$

以上 Z_2, Z_3, $\tilde{Z}_3$ 分别称为夸克场、胶子场和鬼场的重整化常数, 而 Z_g 和 Z_m 分别是耦合常数和夸克质量的重整化常数. 规范参数的重整化常数与胶子场重整化常数相同, 这样使得规范固定项 $\frac{1}{2\alpha}(\partial^\mu A_\mu^a)^2$ 在重整化前后保持不变.

把 (9.5.29) 式和 (9.5.30) 式代入 QCD 拉氏量 (9.5.22) 式, 得到用重整化后的场量、质量和耦合常数表达的拉氏量

$$\mathcal{L}=\mathcal{L}_{r0}+\mathcal{L}_{r\mathrm{I}}+\mathcal{L}_c \tag{9.5.31}$$

其中 $\mathcal{L}_{r0}$ 和 $\mathcal{L}_{r\mathrm{I}}$ 是重整化后的自由场拉氏量部分和相互作用部分, 它们在形式上等于 $\mathcal{L}_0$ 和 $\mathcal{L}_\mathrm{I}$ 中的场量、质量、耦合常数、规范参数替换成重整化后各量的形式. 而 $\mathcal{L}_c$ 称为抵消项, 它等于

$$\begin{aligned}\mathcal{L}_c=&-(Z_3-1)\frac{1}{4}(\partial_\mu A_{r\nu}^a-\partial_\nu A_{r\mu}^a)(\partial^\mu A_r^{a\nu}-\partial^\nu A_r^{a\mu})\\&+(\tilde{Z}_3-1)(\partial^\mu\bar{\chi}_r^a)(\partial_\mu\chi_r^a)+(Z_2-1)\bar{\psi}_r^i\mathrm{i}\gamma^\mu\partial_\mu\psi_r\\&-(Z_2Z_m-1)m_r\bar{\psi}_r^i\psi_r^i\\&-(Z_gZ_3^{3/2}-1)\frac{1}{2}g_rf^{abc}(\partial_\mu A_{r\nu}^a-\partial_\nu A_{r\mu}^a)A_r^{b\mu}A_r^{c\nu}\\&-(Z_g^2Z_3^2-1)\frac{1}{4}g_r^2f^{abe}f^{cde}A_{r\mu}^aA_{r\nu}^bA_r^{c\mu}A_r^{d\nu}\\&-(Z_g\tilde{Z}_3Z_3^{1/2}-1)g_rf^{abc}A_{r\mu}^c(\partial^\mu\bar{\chi}_r^a)\chi_r^b\\&+(Z_gZ_2Z_3^{1/2}-1)g_r\bar{\psi}_r^iT_{ij}^a\gamma^\mu\psi_r^jA_{r\mu}^a\end{aligned} \tag{9.5.32}$$

可以把上式的一些常数组合作出新的定义, 以使上式的表达更为简洁. 为此定义

$$\begin{aligned}&Z_1\equiv Z_gZ_3^{3/2},\qquad Z_4\equiv Z_g^2Z_3^2\\&\tilde{Z}_1\equiv Z_g\tilde{Z}_3Z_3^{1/2},\quad Z_{1\mathrm{F}}\equiv Z_gZ_2Z_3^{1/2}\end{aligned} \tag{9.5.33}$$

于是抵消项重新表达为

$$\begin{aligned}\mathcal{L}_c=&-(Z_3-1)\frac{1}{4}(\partial_\mu A_{r\nu}^a-\partial_\nu A_{r\mu}^a)(\partial^\mu A_r^{a\nu}-\partial^\nu A_r^{a\mu})\\&+(\tilde{Z}_3-1)(\partial^\mu\bar{\chi}_r^a)(\partial_\mu\chi_r^a)+(Z_2-1)\bar{\psi}_r^i\mathrm{i}\gamma^\mu\partial_\mu\psi_r\\&-(Z_2Z_m-1)m_r\bar{\psi}_r^i\psi_r^i\\&-(Z_1-1)\frac{1}{2}g_rf^{abc}(\partial_\mu A_{r\nu}^a-\partial_\nu A_{r\mu}^a)A_r^{b\mu}A_r^{c\nu}\\&-(Z_4-1)\frac{1}{4}g_r^2f^{abe}f^{cde}A_{r\mu}^aA_{r\nu}^bA_r^{c\mu}A_r^{d\nu}\\&-(\tilde{Z}_1-1)g_rf^{abc}A_{r\mu}^c(\partial^\mu\bar{\chi}_r^a)\chi_r^b\\&+(Z_{1\mathrm{F}}-1)g_r\bar{\psi}_r^iT_{ij}^a\gamma^\mu\psi_r^jA_{r\mu}^a\end{aligned} \tag{9.5.34}$$

用 (9.5.34) 式中的抵消项, 根据微扰展开步骤, 可以得到抵消项对应的费曼规则如表 9.2 所示.

表 9.2　抵消项的费曼规则

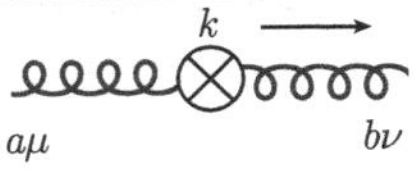	$\mathrm{i}(Z_3-1)\delta_{ab}(k_\mu k_\nu-k^2 g_{\mu\nu})$	胶子抵消项
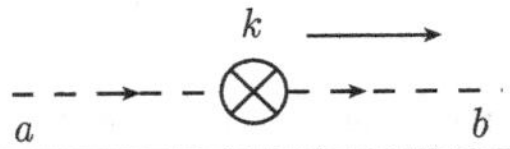	$\mathrm{i}(\tilde{Z}_3-1)\delta_{ab}k^2$	鬼场抵消项
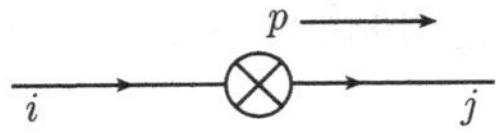	$\mathrm{i}[(Z_2-1)\not{p}-(Z_2 Z_m-1)m_r]\delta_{ij}$	夸克场抵消项
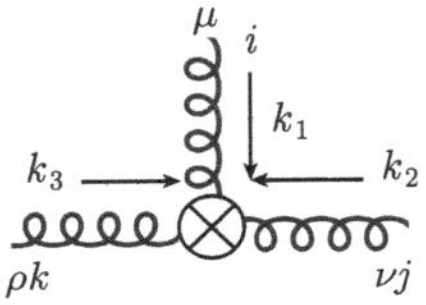	$(Z_1-1)g_r f^{ijk}V_{\mu\nu\rho}(k_1,k_2,k_3)$	三胶子抵消项
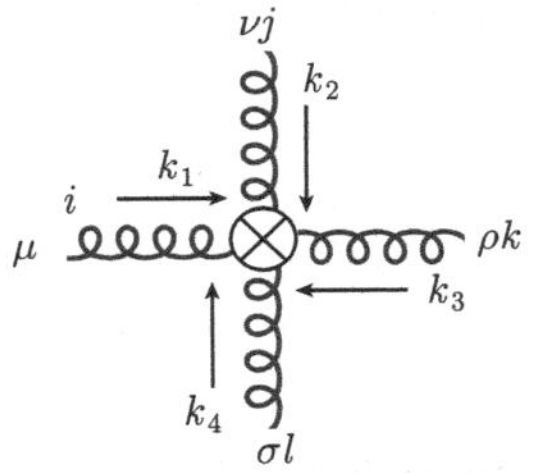	$(Z_4-1)(-\mathrm{i})g_r^2 W_{\mu\nu\rho\sigma}^{ijkl}$	四胶子抵消项
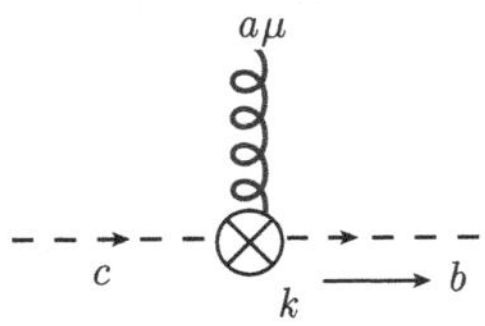	$(\tilde{Z}_1-1)g_r f^{abc}k^\mu$	胶子-鬼场抵消项
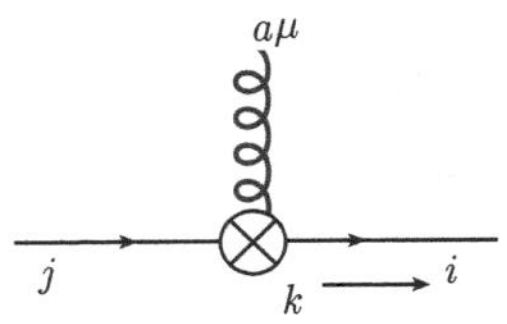	$\mathrm{i}(Z_{1\mathrm{F}}-1)g_r T_{ij}^a\gamma_\mu$	胶子-夸克抵消项

重整数常数中包含着无穷大, 在 QCD 高阶修正的计算中, 通过调节重整化常数的形式以逐级抵消微扰圈图修正的发散. 这相当于把圈积分的发散吸收到对场量、夸克质量, 以及耦合常数的重新定义中去. 在重整化的过程中, 总是用低一阶的抵消项的结果去抵消高一阶微扰修正中出现的发散. 重整化常数也是按阶数展开

的一个序列的和. 例如, 树图级抵消项用来抵消微扰修正的单圈发散; 抵消项计算到单圈的结果用以抵消微扰修正的双圈发散, 等等, 以此类推.

从 (9.5.33) 式和 (9.5.34) 式可以看出, 确定耦合常数的重整化常数 Z_g 的方式有四种, 即利用 $\mathcal{L}_c$ 中的后四项. 一个重要的问题是用四种方式确定的 Z_g 是否都相等. 如果这样确定的重整化常数 Z_g 都相等, 则从 (9.5.33) 式可以看出 Z_1, Z_4, $\tilde{Z}_1$ 和 $Z_{1\mathrm{F}}$ 应满足如下的等式

$$\frac{Z_1}{Z_3}=\frac{\tilde{Z}_1}{\tilde{Z}_3}=\frac{Z_{1\mathrm{F}}}{Z_2}=\frac{Z_4}{Z_1} \tag{9.5.35}$$

(9.5.35) 式称为狭义的斯拉夫诺夫–泰勒 (Slavnov-Taylor) 恒等式. 稍后我们会看到, 到单圈近似, 这个等式的确满足. 这不是一个巧合, 这是量子化之后 QCD 拉氏量仍然具有的对称性的结果, 这种对称性称为 BRST 对称性. 我们将在下一节讨论这个对称性. 由 BRST 对称性可以导出推广的 Ward-Takahashi 恒等式, 这个恒等式限制了一些格林函数之间的关系. 可以证明由 BRST 对称性能够推出 (9.5.35) 式.

现在作为一个例子, 我们来看看在夸克自能的单圈修正的计算中, 如何通过选择 Z_2 和 Z_m 来抵消发散的. 此时在精确到单圈的计算中, 除了图 9.3 中费曼图的贡献外, 还应考虑夸克抵消项的贡献, 如图 9.7 所示.

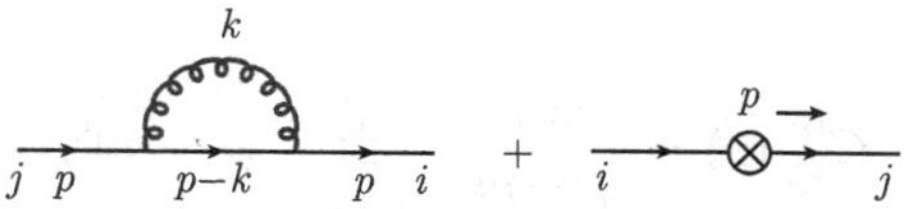

图 9.7 夸克单圈自能图和抵消项

重整化后的单圈自能记为 $\Sigma^{\mathrm{R}}_{ij}(p)$, 它等于单圈自能图的贡献 $\Sigma_{ij}(p)$ 加上抵消项后的总和

$$\Sigma^{\mathrm{R}}_{ij}(p)=\Sigma_{ij}(p)+\Sigma^{\mathrm{c}}_{ij}(p) \tag{9.5.36}$$

其中 $\Sigma^{\mathrm{c}}_{ij}(p)$ 是抵消项的贡献, 根据抵消项的费曼规则

$$\Sigma^{\mathrm{c}}_{ij}(p)=\mathrm{i}\left[(Z_2-1)\ \not{p}-(Z_2Z_m-1)m_r\right]\delta_{ij} \tag{9.5.37}$$

考虑到 $\Sigma_{ij}(p)=\delta_{ij}\Sigma(p)$, 见 (9.4.11) 式, $Z^{\mathrm{R}}_{ij}(p)$ 可以写成

$$\Sigma^{\mathrm{R}}_{ij}(p)=\delta_{ij}\Sigma^{\mathrm{R}}(p) \tag{9.5.38}$$

综合考虑以上三式, 重整化后的单圈自能为

$$\Sigma^{\mathrm{R}}(p)=\Sigma(p)+\mathrm{i}\left[(Z_2-1)\ \not{p}-(Z_2Z_m-1)m_r\right] \tag{9.5.39}$$

把 9.4 节计算的单圈自能结果 (9.4.57) 式代入上式得

$$\begin{aligned}\Sigma^{\mathrm{R}}(p) =&\mathrm{i}\frac{g_r^2}{(4\pi)^2}C_{\mathrm{F}}\left\{\not p\left(\frac{1}{\varepsilon}-\gamma+\ln 4\pi-1-2\int_0^1\mathrm{d}x(1-x)\ln\frac{L}{\mu^2}\right)\right.\\&\left.-4m_r\left(\frac{1}{\varepsilon}-\gamma+\ln 4\pi-\frac{1}{2}-\int_0^1\mathrm{d}x\ln\frac{L}{\mu^2}\right)\right\}+O(\varepsilon)\\&+\mathrm{i}\left[(Z_2-1)\not p-(Z_2Z_m-1)m_r\right]\end{aligned}\tag{9.5.40}$$

在代入 (9.4.57) 式时, 已经将 (9.4.57) 式中的质量项作了替换 $m\to m_r$, 我们也略去了 ε 的非奇异项. 比较 (9.5.40) 式中的各项, 选择重整化常数 Z_2 和 Z_2Z_m 分别与 $\not p$ 和 m_r 项的发散部分数值相等、符号相反, 则可以消去发散得到有限的单圈修正. 但现在一个重要的问题是, 如何清楚界定 $\Sigma(p)$ 中的发散项, 因为一个发散项加上任意有限项仍然是发散项. 这将导致定义发散项的任意性, 为了去掉这种任意性, 我们必须确切定义好发散部分, 定义好格林函数中的哪些部分将随无穷大一起被消掉. 这种确定哪些项被作为无穷大一起消掉的具体做法称为重整化方案的选择. 重整化方案的选择不是唯一的, 它依赖于与 $1/\varepsilon$ 一起减除掉的有限项的取法. 下面我们介绍几种常用的减除方案.

1. **在壳减除** (on-shell subtraction)

选择 Z_2 和 Z_m, 使得当 $\not p\sim m_r$ 时, 夸克的全传播子具有自由夸克传播子的形式, 即

$$G_{2ij}^{\mathrm{R}}(p)\sim\frac{\mathrm{i}\delta_{ij}}{\not p-m},\quad 当\quad \not p\sim m时\tag{9.5.41}$$

传播子的表达式 (9.4.2) 经重整化后为

$$G_{2ij}^{\mathrm{R}}(p)=\frac{\delta_{ij}}{-\mathrm{i}(\not p-m_r)-\Sigma^{\mathrm{R}}(p)}\tag{9.5.42}$$

这相当于把 (9.4.2) 式中的 m 和 Σ 作替换 $m\to m_r$, $\Sigma\to\Sigma^{\mathrm{R}}$. 要使 (9.5.42) 式在 $\not p\sim m_r$ 时趋于 (9.5.41) 式, 只需当 $\not p\sim m_r$ 时使

$$\Sigma^{\mathrm{R}}(p)\sim 0\tag{9.5.43}$$

当 $\not p\sim m_r$ 时

$$\begin{aligned}L=&-x(1-x)p^2+xm_r^2-\mathrm{i}\varepsilon\\&\sim m_r^2x^2-\mathrm{i}\varepsilon\end{aligned}\tag{9.5.44}$$

将上面 L 的结果代入 (9.5.40) 式, 得当 $\not p\sim m_r$ 时

$$\Sigma^{\mathrm{R}}(p)\sim\mathrm{i}\frac{g_r^2}{(4\pi)^2}C_{\mathrm{F}}\left\{\not p\left(\frac{1}{\varepsilon}-\gamma+\ln 4\pi+2-\ln\frac{m_r^2}{\mu^2}\right)\right.$$

$$
\begin{aligned}
& -4m_r\left(\frac{1}{\varepsilon}-\gamma+\ln 4\pi+\frac{3}{2}-\ln\frac{m_r^2}{\mu^2}\right)\Bigg\} \\
& +\mathrm{i}\left[(Z_2-1)\not p-(Z_2Z_m-1)m_r\right]
\end{aligned}
\tag{9.5.45}
$$

要求 (9.5.45) 式趋于 0, 可得

$$
Z_2=1-\frac{g_r^2}{(4\pi)^2}C_{\mathrm{F}}\left(\frac{1}{\varepsilon}-\gamma+\ln 4\pi+2-\ln\frac{m_r^2}{\mu^2}\right) \tag{9.5.46}
$$

$$
Z_2Z_m=1-\frac{4g_r^2}{(4\pi)^2}C_{\mathrm{F}}\left(\frac{1}{\varepsilon}-\gamma+\ln 4\pi+\frac{3}{2}-\ln\frac{m_r^2}{\mu^2}\right) \tag{9.5.47}
$$

将 (9.5.47) 式左边的 Z_2 除到右边, 代入 (9.5.46) 式的结果, 并按 g_r 展开, 得

$$
\begin{aligned}
Z_m= & 1-\frac{4g_r^2}{(4\pi)^2}C_{\mathrm{F}}\left(\frac{1}{\varepsilon}-\gamma+\ln 4\pi+\frac{3}{2}-\ln\frac{m_r^2}{\mu^2}\right) \\
& +\frac{g_r^2}{(4\pi)^2}C_{\mathrm{F}}\left(\frac{1}{\varepsilon}-\gamma+\ln 4\pi+2-\ln\frac{m_r^2}{\mu^2}\right)+O(g_r^4) \\
= & 1-\frac{3g_r^2}{(4\pi)^2}C_{\mathrm{F}}\left(\frac{1}{\varepsilon}-\gamma+\ln 4\pi+\frac{4}{3}-\ln\frac{m_r^2}{\mu^2}\right)+O(g_r^4)
\end{aligned}
\tag{9.5.48}
$$

2. **离壳减除** (off-shell subtraction)

对于夸克质量 $m_r\sim 0$ 的情况, 要求当 p^2 为某一小于零的数值, 即 $p^2=-\lambda^2<0$ 时, 传播子趋于零质量的自由传播子

$$
G_{2ij}^{\mathrm{R}}(p)\sim\frac{\mathrm{i}\delta_{ij}}{\not p},\quad \text{当}\quad p^2\sim-\lambda^2\text{时} \tag{9.5.49}
$$

把 $m_r=0$ 代入 (9.5.40) 式, 注意 $L=-x(1-x)p^2+m_r^2x-\mathrm{i}\varepsilon$, 得对于零质量的情况

$$
\Sigma^{\mathrm{R}}(p)=\mathrm{i}\frac{g_r^2}{(4\pi)^2}C_{\mathrm{F}}\not p\left(\frac{1}{\varepsilon}-\gamma+\ln 4\pi+1-\ln\frac{-p^2}{\mu^2}\right)+\mathrm{i}(Z_2-1)\not p \tag{9.5.50}
$$

当 $m_r=0$ 时, 由 (9.5.42) 式得

$$
G_{2ij}^{\mathrm{R}}(p)=\frac{\delta_{ij}}{-\mathrm{i}\not p-\Sigma^{\mathrm{R}}(p)} \tag{9.5.51}
$$

因此, (9.5.49) 式的条件相当于 $p^2\sim-\lambda^2$ 时, $\Sigma^P(p)\sim 0$. 于是, 由 (9.5.50) 式得出

$$
Z_2=1-\frac{g_r^2}{(4\pi)^2}C_{\mathrm{F}}\left(\frac{1}{\varepsilon}-\gamma+\ln 4\pi+1-\ln\frac{\lambda^2}{\mu^2}\right) \tag{9.5.52}
$$

所以重整化后的传播子为

$$
G_{2ij}^{\mathrm{R}}(p)=\frac{\mathrm{i}\delta_{ij}}{\not p\left(1-\dfrac{g_r^2}{(4\pi)^2}C_{\mathrm{F}}\ln\dfrac{-p^2}{\lambda^2}\right)} \tag{9.5.53}
$$

3. 最小减除方案 (MS)

在维数正规化方法中, 只减除 $1/\varepsilon$ 的极点项, 这种减除方案称为最小减除方案[27]. 最小减除方案中减除的项数最少, 它广泛应用于微扰 QCD 的计算中. 在最小减除方案中

$$Z_2 = 1 - \frac{g_r^2}{(4\pi)^2} C_\mathrm{F} \frac{1}{\varepsilon} \tag{9.5.54}$$

$$Z_2 Z_m = 1 - \frac{4g_r^2}{(4\pi)^2} C_\mathrm{F} \frac{1}{\varepsilon} \tag{9.5.55}$$

重整化的全传播子变为

$$\begin{aligned} G_{2ij}^\mathrm{R}(p) =& \mathrm{i}\delta_{ij} \left\{ \not p \left[1 + \frac{g_r^2}{(4\pi)^2} C_\mathrm{F} \left(-\gamma + \ln 4\pi - 1 - 2\int_0^1 \mathrm{d}x (1-x) \ln \frac{L}{\mu^2} \right) \right] \right. \\ & \left. - m_r \left[1 + \frac{4g_r^2}{(4\pi)^2} C_\mathrm{F} \left(-\gamma + \ln 4\pi - \frac{1}{2} - \int_0^1 \mathrm{d}x \ln \frac{L}{\mu^2} \right) \right] \right\}^{-1} \end{aligned} \tag{9.5.56}$$

其中 $L = -x(1-x)p^2 + xm_r^2 - \mathrm{i}\varepsilon$.

4. 修正的最小减除方案 ($\overline{\mathrm{MS}}$)

从 (9.5.40) 式的结果可以看出, 发散的极点项 $1/\varepsilon$ 总是伴随着欧拉常数 γ 和 $\ln 4\pi$, 以如下的组合形式出现

$$\frac{1}{\varepsilon} - \gamma + \ln 4\pi \tag{9.5.57}$$

这个组合也总是出现在 QCD 的单圈修正的计算中, 它是与维数正规化方法相关联的. 因此, 在重整化过程中把这个组合作为发散项一起减除掉, 将会使计算结果更为简洁. 这种减除方法称为修正的最小减除方案, 简称 $\overline{\mathrm{MS}}$ 方案[28]. 在 $\overline{\mathrm{MS}}$ 方案中重整化常数为

$$Z_2 = 1 - \frac{g_r^2}{(4\pi)^2} C_\mathrm{F} \left(\frac{1}{\varepsilon} - \gamma + \ln 4\pi \right) \tag{9.5.58}$$

$$Z_2 Z_m = 1 - \frac{4g_r^2}{(4\pi)^2} C_\mathrm{F} \left(\frac{1}{\varepsilon} - \gamma + \ln 4\pi \right) \tag{9.5.59}$$

重整化的夸克传播子为

$$\begin{aligned} G_{2ij}^\mathrm{R}(p) =& \mathrm{i}\delta_{ij} \left\{ \not p \left[1 + \frac{g_r^2}{(4\pi)^2} C_\mathrm{F} \left(-1 - 2\int_0^1 \mathrm{d}x (1-x) \ln \frac{L}{\mu^2} \right) \right] \right. \\ & \left. - m_r \left[1 + \frac{4g_r^2}{(4\pi)^2} C_\mathrm{F} \left(-\frac{1}{2} - \int_0^1 \mathrm{d}x \ln \frac{L}{\mu^2} \right) \right] \right\}^{-1} \end{aligned} \tag{9.5.60}$$

其中 $L = -x(1-x)p^2 + xm_r^2 - \mathrm{i}\varepsilon$.

以上我们介绍了四种常用的减除方案, 我们可以看到在不同的减除方案中, 重整化后的传播子结果不尽相同, 这称为重整化方案的依赖性. 事实上, 不只是传播子, 其他格林函数以及粒子质量、耦合常数等都是与重整化方案相关的.

9.5.4 重整化常数的单圈计算结果

9.5.3 节在费曼规范下 $\alpha = 1$ 给出了夸克单圈自能图的重整化过程, 计算了重整化常数 Z_2 和 Z_m. 本节给出在任意规范下, 全部重整化常数精确至单圈修正的结果, 而省去计算过程.

1. 胶子自能

胶子自能图如图 9.8 所示.

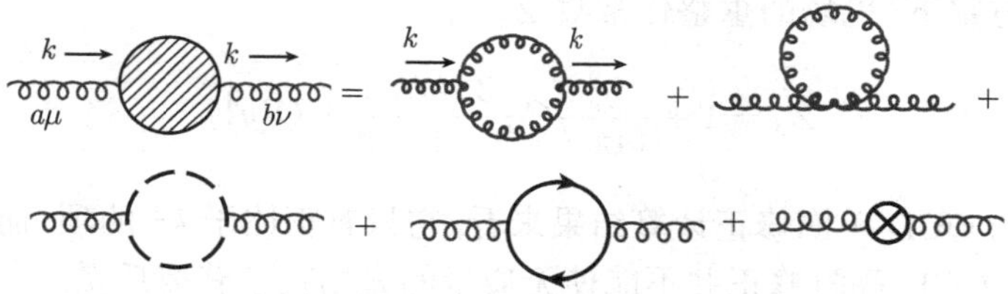

图 9.8 胶子自能单圈图及抵消项

胶子自能函数为

$$\prod_{\mu\nu}^{ab}(k) = \mathrm{i}\delta_{ab}(k_\mu k_\nu - k^2 g_{\mu\nu})\prod(k^2) \tag{9.5.61}$$

$$\prod(k^2) = \frac{g_r^2}{(4\pi)^2}\left[\frac{4}{3}T_{\mathrm{R}}N_{\mathrm{f}} - \frac{1}{2}C_{\mathrm{G}}\left(\frac{13}{3} - \alpha_r\right)\right]\frac{1}{\varepsilon} + Z_3 - 1 + \text{有限项} \tag{9.5.62}$$

其中 N_{f} 是夸克 “味” 数, T_{R} 和 C_{G} 是如下定义的常数

$$\begin{aligned} \mathrm{Tr}\left[T^a T^b\right] &= \delta_{ab}T_{\mathrm{R}} \\ f^{acd}f^{bcd} &= \delta_{ab}C_{\mathrm{G}} \end{aligned} \tag{9.5.63}$$

对于 SU(n) 群, $T_{\mathrm{R}} = 1/2$、$C_{\mathrm{G}} = N$. (9.5.61) 式中因子 $(k_\mu k_\nu - k^2 g_{\mu\nu})$ 的出现是规范不变性的必然结果. 正是这一规范不变因子的出现使得 $\prod_{\mu\nu}^{ab}(k)$ 的实际发散度比表观发散度减少 2. 这是对称性能够减小圈图动量积分发散度的一个具体例子. (9.5.61) 式中并没有类似质量的项的出现, 所以胶子在重整化后仍是无质量的. 圈图修正并不能使无质量的粒子获得质量. 由 (9.5.62) 式可得, 在 MS 方案下

$$Z_3 = 1 - \frac{g_r^2}{(4\pi)^2}\left[\frac{4}{3}T_{\mathrm{R}}N_{\mathrm{f}} - \frac{1}{2}C_{\mathrm{G}}\left(\frac{13}{3} - \alpha_r\right)\right]\frac{1}{\varepsilon} + O(g_r^4) \tag{9.5.64}$$

2. **鬼场自能**

鬼场自能图如图 9.9 所示.

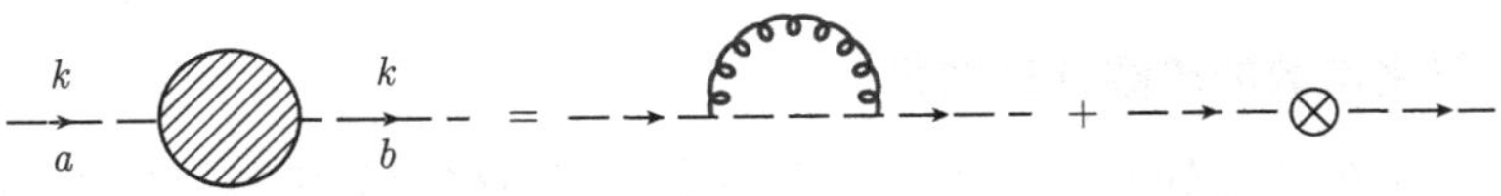

图 9.9　鬼场单圈自能图和抵消项

准确至 QCD 一圈图的鬼场自能函数为

$$\tilde{\prod}^{ab}(k) = \mathrm{i}\delta_{ab}k^2\left[-\frac{g_r^2}{(4\pi)^2}C_{\mathrm{G}}\frac{3-\alpha_r}{4}\frac{1}{\varepsilon}+\tilde{Z}_3-1\right]+\text{有限项} \tag{9.5.65}$$

在 MS 减除方案下, 鬼场的重整化常数 $\tilde{Z}_3$ 为

$$\tilde{Z}_3 = 1+\frac{g_r^2}{(4\pi)^2}C_{\mathrm{G}}\frac{3-\alpha_r}{4}\frac{1}{\varepsilon}+O(g_r^4) \tag{9.5.66}$$

从鬼场自能的 QCD 单圈修正计算结果来看, 它只有正比于 k^2 的项, 而没有形如质量的项, 说明 QCD 高阶修正并不能使无质量的鬼场粒子获得质量.

3. **夸克自能**

夸克自能图如图 9.10 所示.

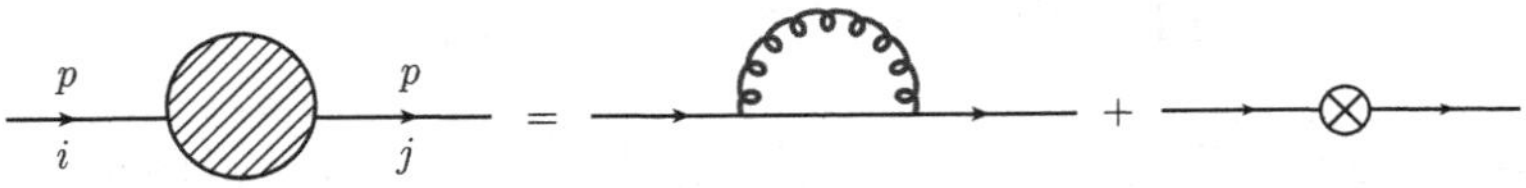

图 9.10　夸克单圈自能图和抵消项

夸克自能函数准确至 QCD 单圈的结果为

$$\Sigma^{ij}(p) = \mathrm{i}\delta_{ij}C_F\left[A\ \not{p}-Bm_r+(Z_2-1)\ \not{p}-(Z_2Z_m-1)m_r\right]+\text{有限项}$$

$$A = \frac{g_r^2}{(4\pi)^2}C_{\mathrm{F}}\alpha_r\frac{1}{\varepsilon}+O(g_r^4)$$

$$B = \frac{g_r^2}{(4\pi)^2}C_{\mathrm{F}}(3+\alpha_r)\frac{1}{\varepsilon}+O(g_r^4) \tag{9.5.67}$$

在 MS 减除方案下, 重整化常数为

$$\begin{aligned} Z_2 &= 1+A+O(g_r^4) \\ Z_m &= 1+B-A+O(g_r^4) \end{aligned} \tag{9.5.68}$$

4. 三胶子顶点

三胶子顶点的 QCD 单圈贡献图如图 9.11 所示.

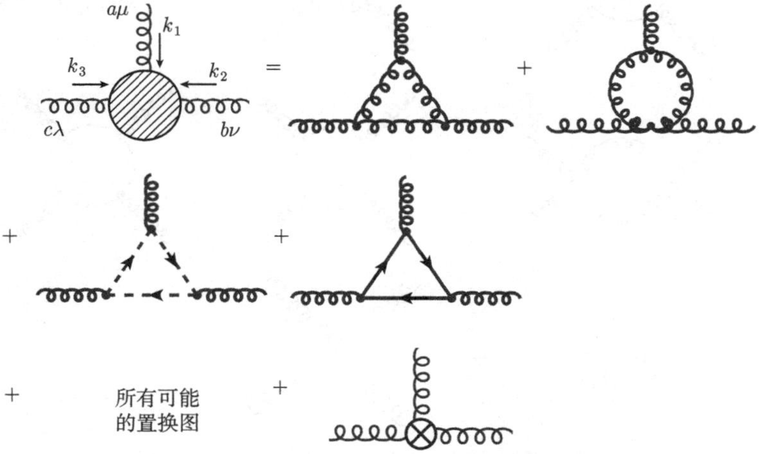

图 9.11 三胶子顶点 QCD 单圈修正图及抵消项

三胶子顶点的 QCD 单圈修正为

$$\Lambda^{abc}_{\mu\nu\lambda}(k_1,k_2,k_3)=g_r f^{abc}V_{\mu\nu\lambda}(k_1,k_2,k_3)\cdot\left[\frac{g_r^2}{(4\pi)^2}\left(C_{\rm G}\left(-\frac{17}{12}+\frac{3\alpha_r}{4}\right)+\frac{4}{3}T_{\rm R}N_{\rm f}\right)\frac{1}{\varepsilon}+Z_1-1\right]+\text{有限项} \tag{9.5.69}$$

由此可得三胶子顶点的重整化常数 Z_1 在 MS 减除方案下的结果

$$Z_1=1-\frac{g_r^2}{(4\pi)^2}\left[C_{\rm G}\left(-\frac{17}{12}+\frac{3\alpha_r}{4}\right)+\frac{4}{3}T_{\rm R}N_{\rm f}\right]\frac{1}{\varepsilon}+O(g_r^4) \tag{9.5.70}$$

5. 四胶子顶点

四胶子顶点 QCD 单圈贡献如图 9.12 所示.

四胶子顶点的单圈修正为

$$\Lambda^{ijkl}_{\mu\nu\rho\sigma}(k_1,k_2,k_3,k_4)=-\mathrm{i}g_r^2W^{ijkl}_{\mu\nu\rho\sigma}\cdot\left[\frac{g_r^2}{(4\pi)^2}\left(\left(-\frac{2}{3}+\alpha_r\right)C_{\rm G}+\frac{4}{3}T_{\rm R}N_{\rm f}\right)\frac{1}{\varepsilon}+Z_4-1\right]+\text{有限项} \tag{9.5.71}$$

由此可得 MS 减除方案下四胶子顶点的重整化常数为

$$Z_4=1-\frac{g_r^2}{(4\pi)^2}\left[\left(-\frac{2}{3}+\alpha_r\right)C_{\rm G}+\frac{4}{3}T_{\rm R}N_{\rm f}\right]\frac{1}{\varepsilon}+O(g_r^4) \tag{9.5.72}$$

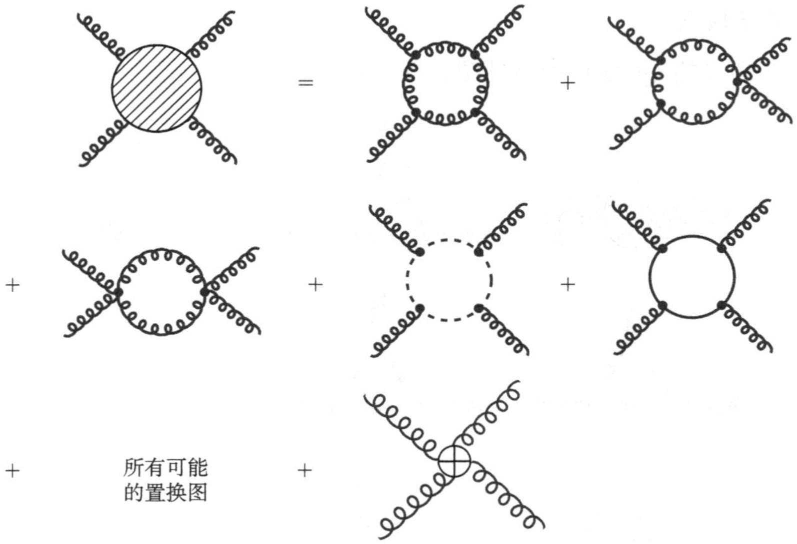

图 9.12　四胶子顶点 QCD 单圈图及抵消项

6. 胶子–鬼场相互作用顶点

胶子–鬼场相互作用顶点的 QCD 单圈修正图如图 9.13 所示.

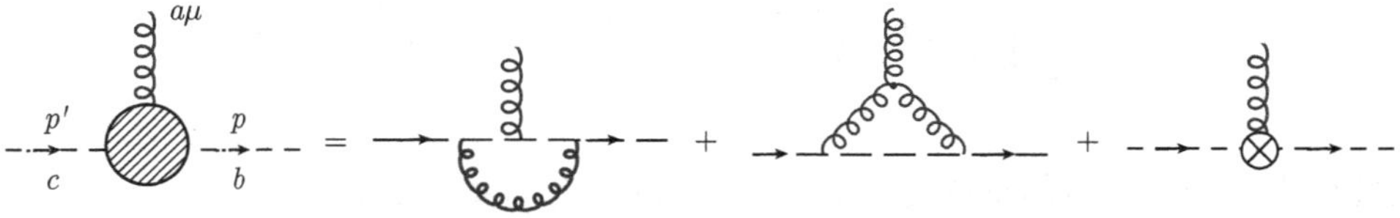

图 9.13　胶子–鬼场相互作用 QCD 单圈修正及抵消项

胶子–鬼场相互作用顶点的 QCD 单圈修正为

$$\tilde{\Lambda}_\mu^{abc}(k,p,p') = g_r f^{abc} p_\mu \left[\frac{g_r^2}{(4\pi)^2} C_{\mathrm{G}} \frac{\alpha_r}{2}\frac{1}{\varepsilon} + \tilde{Z}_1 - 1\right] + \text{有限项} \tag{9.5.73}$$

因此在 MS 减除方案中, 胶子–鬼场相互作用顶点的重整化常数为

$$\tilde{Z}_1 = 1 - \frac{g_r^2}{(4\pi)^2} C_{\mathrm{G}} \frac{\alpha_r}{2}\frac{1}{\varepsilon} + O(g_r^4) \tag{9.5.74}$$

7. 夸克–胶子顶点

夸克–胶子相互作用顶点的 QCD 单圈修正图如图 9.14 所示.

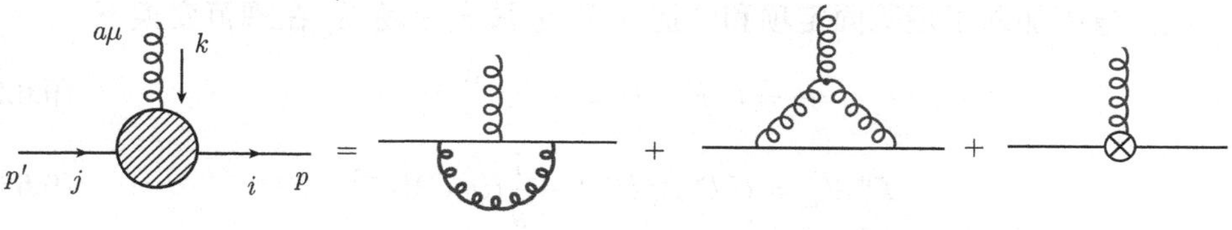

图 9.14 夸克–胶子相互作用单圈自能图和抵消项

夸克–胶子相互作用顶点的 QCD 单圈修正为

$$\Lambda_\mu^{aij}(k,p,p')=\mathrm{i}g_r\gamma_\mu T_{ij}^a\left[\frac{g_r^2}{(4\pi)^2}\left(\frac{3+\alpha_r}{4}C_{\rm G}+\alpha_r C_{\rm F}\right)\frac{1}{\varepsilon}+Z_{1\rm F}-1\right]+\text{有限项} \tag{9.5.75}$$

在 MS 减除方案中, 重整化常数 $Z_{1\rm F}$ 为

$$Z_{1\rm F}=1-\frac{g_r^2}{(4\pi)^2}\left(\frac{3+\alpha_r}{4}C_{\rm G}+\alpha_r C_{\rm F}\right)\frac{1}{\varepsilon}+O(g_r^4) \tag{9.5.76}$$

以上给出了 QCD 中全部 7 个表观发散的费曼图的计算结果, 由发散项确定了 8 个重整化常数: Z_3, $\tilde{Z}_3$, Z_2, Z_m, Z_1, Z_4, $\tilde{Z}_1$, $Z_{1\rm F}$. 在 QCD 中这 8 个常数中的 7 个并不独立. 如果 QCD 的重整化过程是自洽的, 除去 Z_m 之外的其他 7 个重整化常数应满足 Slavnov-Taylor 恒等式 (9.5.35). 利用以上给出的 QCD 单圈计算得出的重整化常数, 我们可以验证它们的确满足

$$\frac{Z_1}{Z_3}=\frac{\tilde{Z}_1}{\tilde{Z}_3}=\frac{Z_{1\rm F}}{Z_2}=\frac{Z_4}{Z_1}=1-\frac{g_r^2}{(4\pi)^2}C_{\rm G}\frac{3+\alpha_r}{4}\frac{1}{\varepsilon}+O(g_r^4) \tag{9.5.77}$$

这相当于在单圈水平上, 经过实际计算证明了 QCD 的可重整性. 这样的证明并未考虑 QCD 的规范对称性. QCD 在加入规范固定项之后, $\mathrm{SU}(3)_C$ 规范对称性消失了. 但若同时考虑鬼场的变换, 则经过量子化之后 QCD 仍然具有新的规范对称性, 这种对称性称为 BRST 对称性. 用 BRST 对称性可以导出一系列的生成泛函或格林函数之间所满足的关系式, 这些关系式称为推广的 Ward-Takahashi 恒等式, 或称 Slavnov-Taylor 恒等式. (9.5.77) 式是 Slavnov-Taylor 恒等式的一种具体情况. 利用规范对称性, 可以逐阶证明 QCD 的可重整性, 原则上可以证明到无穷阶. 这个证明读者可以参阅文献 [29] 和其中的原始文献.

9.6 BRST 对称性和推广的 Ward-Takahashi 恒等式

9.6.1 BRST 对称性

经量子化后 QCD 的拉氏量由 (9.3.6) 式描述, 即

$$\mathcal{L}=-\frac{1}{4}(F_{\mu\nu}^a F^{a\mu\nu})+\bar{\psi}(\mathrm{i}\not{D}-m)\psi-\frac{1}{2\alpha}(\partial^\mu A_\mu^a)^2+(\partial^\mu\bar{\chi}^a)D_\mu^{ab}\chi^b \tag{9.6.1}$$

由于拉氏量中加入了规范固定项和法捷耶夫–波波夫鬼场项, 在规范变换下

$$\psi' = U\psi, \quad U = \mathrm{e}^{-\mathrm{i}T^a\theta^a(x)} \tag{9.6.2}$$

$$T^a A'^a_\mu = UT^a A^a_\mu U^{-1} - \frac{\mathrm{i}}{g}(\partial_\mu U)U^{-1} \tag{9.6.3}$$

拉氏量不再是不变的, 当 $\theta^a(x)$ 是个无穷小量时, (9.6.2) 和 (9.6.3) 式变为

$$\delta\psi = -\mathrm{i}T^a\theta^a\psi \tag{9.6.4}$$

$$\delta A^a_\mu = f^{abc}\theta^b A^c_\mu - \frac{1}{g}\partial_\mu\theta^a = -\frac{1}{g}D^{ab}_\mu\theta^b \tag{9.6.5}$$

这里 D^{ab}_μ 是协变导数在伴随表示中的表达式, 由 (9.3.3) 式给出. 虽然拉氏量 $\mathcal{L}$ 整体不再具有规范不变性, 但 $\mathcal{L}$ 中的前两项在 (9.6.4) 式和 (9.6.5) 式的规范变换下仍然是不变的. 如果在规范变换下, 鬼场也采取某种合适的变换形式, 经规范固定后的拉氏量 $\mathcal{L}$ 仍然可以是不变的吗? 1975∼1976 年, Becchi、Rouet、Stora 和 Tyutin 为规范固定后的拉氏量引入一个包含鬼场变换的新的对称变换, 在这种变换下, 量子化后 QCD 的拉氏量保持不变[30−32]. 这种变换的基本思想是在规范变换 (9.6.4) 式和 (9.6.5) 式中取变换参数

$$\theta^a(x) = -g\epsilon\chi^a(x) \tag{9.6.6}$$

其中的 ϵ 是一个不依赖于时空坐标的、无穷小的 Grassmann 数

$$\{\epsilon, \chi^a(x)\} = 0 \tag{9.6.7}$$

由 (9.6.6) 式可知 ϵ 必须限制为能够保证 $\epsilon\chi^a$ 是实数.

在 (9.6.6) 式的取法下, 定域规范变换成为

$$\delta\psi = \mathrm{i}\epsilon g T^a\chi^a\psi \tag{9.6.8}$$

$$\delta A^a_\mu = \epsilon D^{ab}_\mu\chi^b \tag{9.6.9}$$

在以上的定域规范变换下, $\mathcal{L}$ 中的前两项当然是不变的. 下面需要确定在 (9.6.8) 和 (9.6.9) 式变换的同时, 鬼场 χ^a 和 $\bar{\chi}^a$ 如何变换, 才能保证 (9.6.1) 式 $\mathcal{L}$ 中的规范固定项加鬼场项也是不变的. 将鬼场的无穷小变换记为 $\delta\chi^a$ 和 $\delta\bar{\chi}^a$, 则 (9.6.1) 式后两项的无穷小变换为

$$\begin{aligned}&\delta\left(-\frac{1}{2\alpha}(\partial^\mu A^a_\mu)^2 + (\partial^\mu\bar{\chi}^a)D^{ab}_\mu\chi^b\right)\\ &= -\frac{1}{\alpha}(\partial^\mu A^a_\mu)(\partial^\nu\delta A^a_\nu) + (\partial^\mu\delta\bar{\chi}^a)D^{ab}_\mu\chi^b + (\partial^\mu\bar{\chi}^a)\delta(D^{ab}_\mu\chi^b)\end{aligned} \tag{9.6.10}$$

而

$$\begin{aligned}\delta(D_\mu^{ab}\chi^b) =&\delta\left((\delta^{ab}\partial_\mu - gf^{abc}A_\mu^c)\chi^b\right)\\ =&\delta^{ab}\partial_\mu\delta\chi^b - gf^{abc}(\delta A_\mu^c)\chi^b - gf^{abc}A_\mu^c\delta\chi^b\\ =&\delta^{ab}\partial_\mu\delta\chi^b - \epsilon gf^{abc}(D_\mu^{cd}\chi^d)\chi^b - gf^{abc}A_\mu^c\delta\chi^b\end{aligned}\tag{9.6.11}$$

(9.6.11) 式中的第二步到第三步利用了 (9.6.9) 式. 把 (9.6.9) 式和 (9.6.11) 式代入 (9.6.10) 式并稍作整理, 在略去一个四散度项后, 则 (9.6.10) 式的结果, 也就是整个拉氏量 $\mathcal{L}$ 的改变为

$$\begin{aligned}\delta\mathcal{L} =& -\left(\frac{\epsilon}{\alpha}(\partial^\mu A_\mu^a) + \delta\bar{\chi}^a\right)\partial^\nu(D_\nu^{ab}\chi^b)\\ &+ (\partial^\mu\bar{\chi}^a)\partial_\mu(\delta\chi^a + \frac{1}{2}\epsilon gf^{abc}\chi^b\chi^c)\\ &+ g(\partial^\mu\bar{\chi}^a)A_\mu^e(-f^{abe}\delta\chi^b - \epsilon gf^{abc}f^{cde}\chi^b\chi^d)\end{aligned}\tag{9.6.12}$$

从 (9.6.12) 式的前两项可以很容易看出, 若使 $\delta\mathcal{L} = 0$, 则鬼场的改变应为

$$\delta\bar{\chi}^a = -\frac{\epsilon}{\alpha}(\partial^\mu A_\mu^a)\tag{9.6.13}$$

$$\delta\chi^a = -\frac{1}{2}\epsilon gf^{abc}\chi^b\chi^c\tag{9.6.14}$$

在以上两式的变换下, (9.6.12) 式的前两项自然消除. 我们需要证明 (9.6.12) 式的最后一项也是零. 将 (9.6.14) 式代入 (9.6.12) 式中的最后一项, 括号中的部分为

$$\begin{aligned}&-f^{abe}\delta\chi^b - \epsilon gf^{abc}f^{cde}\chi^b\chi^d\\ =&\frac{1}{2}\epsilon gf^{abe}f^{bcd}\chi^c\chi^d - \epsilon gf^{abc}f^{cde}\chi^b\chi^d\\ =&\frac{1}{2}\epsilon gf^{ace}f^{cbd}\chi^b\chi^d - \epsilon gf^{abc}f^{cde}\chi^b\chi^d\\ =&\frac{1}{2}\epsilon gf^{ace}f^{cbd}\chi^b\chi^d - \frac{1}{2}\epsilon g(f^{abc}f^{cde} + f^{adc}f^{ceb})\chi^b\chi^d\\ =&-\frac{1}{2}\epsilon g(f^{aec}f^{cbd} + f^{abc}f^{cde} + f^{adc}f^{ceb})\chi^b\chi^d\\ =&0\end{aligned}\tag{9.6.15}$$

(9.6.15) 式中的最后一步是根据 SU(3) 群结构常数所满足的 Jacobi 恒等式

$$f^{abc}f^{cde} + f^{bdc}f^{cae} + f^{dac}f^{cbe} = 0\tag{9.6.16}$$

因此, 我们已经证明在变换 (9.6.8) 式、(9.6.9) 式、(9.6.13) 式和 (9.6.14) 式的联合变换下, 量子化后 QCD 的拉氏量是不变的

$$\delta\mathcal{L} = 0\tag{9.6.17}$$

虽然在量子化后, 由于规范固定项和鬼场项的存在, QCD 的拉氏量 $\mathcal{L}$ 在经典的定域规范变换下不再是不变的, 但它却在新的变换式 (9.6.8) 式、(9.6.9) 式、(9.6.13) 式和 (9.6.14) 式下是不变的. 这是 QCD 拉氏量的一种新的对称性, 可以把它视为一种量子化后的定域规范对称性, 称为 BRST 对称性, 而这种变换称为 BRST 变换. 我们把它总结如下

$$\begin{aligned}
&\delta\psi = \mathrm{i}\epsilon g T^a \chi^a \psi, \quad \delta\bar{\psi} = -\mathrm{i}\epsilon g \chi^a \bar{\psi} T^a \\
&\delta A_\mu^a = \epsilon D_\mu^{ab} \chi^b \\
&\delta\bar{\chi}^a = -\frac{\epsilon}{\alpha}(\partial^\mu A_\mu^a) \\
&\delta\chi^a = -\frac{1}{2}\epsilon g f^{abc} \chi^b \chi^c
\end{aligned} \tag{9.6.18}$$

BRST 对称性是导出推广的 Ward-Takahashi 恒等式的基础.

9.6.2　推广的 Ward-Takahashi 恒等式 (Slavnov-Taylor 恒等式)

QCD 的拉氏量经量子化之后, 由于规范固定项和鬼场的引入, 经典的规范对称性被 BRST 对称性所取代. 由于量子化的拉氏量仍然满足某种对称性, 即 BRST 对称性, 这使得某些格林函数之间并不完全独立. 也就是说, 格林函数或生成泛函被 BRST 对称性施加了一些限制关系. 格林函数或生成泛函因 BRST 对称性的原因而存在的一些相互关系等式称为推广的 Ward-Takahashi 恒等式, 或 Slavnov-Taylor 恒等式. 这些恒等式对逐阶证明 QCD 的可重整性具有重要作用. 历史上, 't Hooft 在研究非阿贝尔规范场的可重整性时, 首先部分讨论了推广的 Ward-Takahashi 恒等式[16]. 随后, Slovnov 和 Taylor 各自做了完整的研究[33,34]. 现在我们来介绍如何由 BRST 对称性导出推广的 Ward-Takahashi 恒等式.

考虑 (9.3.4) 式中 QCD 的生成泛函

$$\begin{aligned}
Z\left[J,\xi,\bar{\xi},\eta,\bar{\eta}\right] = &\int [\mathrm{d}A]\,[\mathrm{d}\chi]\,[\mathrm{d}\bar{\chi}]\,[\mathrm{d}\psi]\,\left[\mathrm{d}\bar{\psi}\right] \\
&\times \exp\left\{\mathrm{i}\int \mathrm{d}x\left(\mathcal{L} + AJ + \bar{\chi}\xi + \bar{\xi}\chi + \bar{\psi}\eta + \bar{\eta}\psi\right)\right\}
\end{aligned} \tag{9.6.19}$$

不难证明 (9.6.19) 式中泛函积分测度在 BRST 变换下是不变的, 即

$$[\mathrm{d}A]\,[\mathrm{d}\chi]\,[\mathrm{d}\bar{\chi}]\,[\mathrm{d}\psi]\,\left[\mathrm{d}\bar{\psi}\right] = [\mathrm{d}A']\,[\mathrm{d}\chi']\,[\mathrm{d}\bar{\chi}']\,[\mathrm{d}\psi']\,\left[\mathrm{d}\bar{\psi}'\right] \tag{9.6.20}$$

这里 A', χ', $\bar{\chi}'$, ψ', $\bar{\psi}'$ 是经 BRST 变换后的各种场.

我们已经证明, 在 BRST 变换下, 拉氏量 $\mathcal{L}$ 保持不变. 所以对所有的场量作代换, 即代换成 BRST 变换后的场量

$$A \to A', \quad \chi \to \chi', \quad \bar{\chi} \to \bar{\chi}', \quad \psi \to \psi', \quad \bar{\psi} \to \bar{\psi}' \tag{9.6.21}$$

在这样的变换下，生成泛函变成

$$Z\left[J,\xi,\bar{\xi},\eta,\bar{\eta}\right]=\int[\mathrm{d}A]\,[\mathrm{d}\chi]\,[\mathrm{d}\bar{\chi}]\,[\mathrm{d}\psi]\,[\mathrm{d}\bar{\psi}]$$
$$\times\exp\left\{\mathrm{i}\int\mathrm{d}x\left(\mathcal{L}+A'J+\bar{\chi}'\xi+\bar{\xi}\chi'+\bar{\psi}'\eta+\bar{\eta}\psi'\right)\right\}\tag{9.6.22}$$

在上面的结果中已经考虑了泛函积分测度和拉氏量 $\mathcal{L}$ 在 BRST 变换下的不变性. 因为对生成泛函作 BRST 变换，实际上只是积分变量符号的改变，所以生成泛函当然应该是不变的，也就是说 (9.6.22) 式和 (9.6.19) 两式应该相等. 这将导致从 (9.6.19) 式和 (9.6.22) 两式推出的格林函数应该是相等的

$$\langle 0|\,T[\hat{A}^a_\mu(x)\cdots]\,|0\rangle=\langle 0|\,T[\hat{A}'^a_\mu(x)\cdots]\,|0\rangle\tag{9.6.23}$$

(9.6.23) 式也可以表达为

$$\delta\,\langle 0|\,T[\hat{A}^a_\mu(x)\cdots]\,|0\rangle=0\tag{9.6.24}$$

(9.6.24) 式是说，格林函数在 BRST 变换下是不变的，这就是格林函数所满足的推广的 Ward-Takahashi 恒等式. 而 (9.5.35) 式给出的狭义 Slavnov-Taylor 恒等式是能够从格林函数所满足的推广的 Ward-Takahashi 恒等式推导出来的. 这只需要通过选取特定的合适的场的格林函数就可以做到. 例如，(9.5.35) 式中的第一个等式可以选取如下的胶子鬼场格林函数所满足的恒等式来证明[33]，

$$\delta\,\langle 0|\,T[\hat{A}^a_\mu(x)\hat{A}^b_\nu(y)\bar{\chi}^c(z)]\,|0\rangle=0\tag{9.6.25}$$

利用 (9.6.18) 式，(9.6.25) 式导致

$$\begin{aligned}&\langle 0|\,T[\left(\hat{D}^{ad}_\mu\hat{\chi}^d(x)\right)\hat{A}^b_\nu(y)\bar{\chi}^c(z)]\,|0\rangle\\&+\langle 0|\,T[\hat{A}^a_\mu(x)\left(\hat{D}^{bd}_\nu\hat{\chi}^d(y)\right)\bar{\chi}^c(z)]\,|0\rangle\\&-\frac{1}{\alpha}\frac{\partial}{\partial z_\lambda}\langle 0|\,T[\hat{A}^a_\mu(x)\hat{A}^b_\nu(y)\hat{A}^c_\lambda(z)]\,|0\rangle=0\end{aligned}\tag{9.6.26}$$

利用 (9.6.26) 等式可以最终证明 (9.5.35) 式中的第一个等式，而 (9.5.35) 式的另外两个等式则可以通过选取其他场的格林函数恒等式来证明.

推广的 Ward-Takahashi 恒等式也通过对生成泛函的约束来表达. 记 BRST 变换后的场与变换前的关系为

$$\begin{aligned}A'&=A+\delta A,\quad \bar{\chi}'=\bar{\chi}+\delta\bar{\chi},\quad \chi'=\chi+\delta\chi,\\\psi'&=\psi+\delta\psi,\quad \bar{\psi}'=\bar{\psi}+\delta\psi\end{aligned}\tag{9.6.27}$$

(9.6.22) 式和 (9.6.19) 两式相减，保留到 BRST 无穷小变换的一阶得

$$\int [\mathrm{d}A]\,[\mathrm{d}\chi]\,[\mathrm{d}\bar{\chi}]\,[\mathrm{d}\psi]\,\left[\mathrm{d}\bar{\psi}\right] \int \mathrm{d}^4x\,\left(\delta AJ + \delta\bar{\chi}\xi + \bar{\xi}\delta\chi + \delta\bar{\psi}\eta + \bar{\eta}\delta\psi\right)$$
$$\times \exp\left\{\mathrm{i}\int \mathrm{d}^4x\,\left(\mathcal{L} + AJ + \bar{\chi}\xi + \bar{\xi}\chi + \bar{\psi}\eta + \bar{\eta}\psi\right)\right\} = 0 \tag{9.6.28}$$

将 BRST 变换 (9.6.18) 式代入 (9.6.28) 式, 并把其中的各种场量替换成相应的泛函微商, 我们就可以得到生成泛函所必须满足的微分方程. 但这些方程中有些微分算符是非线性的, 这使得这样的方程应用起来并不方便. 为了使微分方程是线性的, 我们引入一些新的外源项, 它们分别对应复合场 $\hat{D}_\mu^{ab}\chi^b$, $\dfrac{1}{2}gf^{abc}\chi^b\chi^c$ 和 $\mathrm{i}gT^a\chi^a\psi$. 用如下的外源项 $\varSigma$ 代替 (9.6.19) 式中的外源项[35],

$$\begin{aligned}\varSigma \equiv & A_\mu^a J^{a\mu} + \bar{\chi}^a\xi^a + \bar{\xi}^a\chi^a + \bar{\psi}\eta + \bar{\eta}\psi \\ & + K^{a\mu}D_\mu^{ab}\chi^b - \frac{1}{2}gf^{abc}\zeta^a\chi^b\chi^c \\ & + \mathrm{i}gT^a\bar{\omega}\chi^a\psi - \mathrm{i}g\chi^a\bar{\psi}T^a\omega\end{aligned} \tag{9.6.29}$$

这里 $K^{a\mu}$, ζ^a 和 $\omega,\bar{\omega}$ 是新的源函数, 其中 $K^{a\mu}$ 是 Grassmann 数, 而 ζ^a 和 $\omega,\bar{\omega}$ 都是普通复数.

BRST 有一个重要特性, 对任何场量连续作两次 BRST 变换, 结果为零, 即

$$\delta_{\mathrm{B}}(\delta_{\mathrm{B}}\phi) = 0 \tag{9.6.30}$$

(9.6.30) 式中 ϕ 代表 A_μ^a, χ^a, $\bar{\chi}^a$ 和 ψ 中的任何场, 变分符号 δ 的下标 "B" 代表 BRST 变换. 这个结论的证明并不困难, 只需直接利用 BRST 变换式 (9.6.18) 连续变换两次, 并考虑到 SU(3) 群结构常数所满足的 Jacobi 恒等式 (9.6.16) 即可, 证明过程从略. 考虑到这种特性, 并且 $\varSigma$ 中新引入的源项实际上分别对应 A_μ^a, χ^a 和 ψ, $\bar{\psi}$ 的一次 BRST 变换, 如果再考虑 $\varSigma$ 的 BRST 变换 $\delta\Sigma$, 则新引入的外源项已经构成连续两次 BRST 变换, 由此这些项将全部为 0, 即

$$\delta\varSigma = \delta A_\mu^a J^{a\mu} + \delta\bar{\chi}^a\xi^a + \bar{\xi}^a\delta\chi^a + \delta\bar{\psi}\eta + \bar{\eta}\delta\psi \tag{9.6.31}$$

这里我们规定源函数是 BRST 不变的.

如果将 (9.6.19) 式和 (9.6.22) 两式中的外源项替换成 $\varSigma$, 重复以上的过程, 并利用 (9.6.31) 式, 则我们会得到一个类似于 (9.6.28) 式的恒等式

$$\int [\mathrm{d}A]\,[\mathrm{d}\chi]\,[d\bar{\chi}]\,[d\psi]\,\left[\mathrm{d}\bar{\psi}\right] \int \mathrm{d}^4x\,\left(\delta AJ + \delta\bar{\chi}\xi + \bar{\xi}\delta\chi + \delta\bar{\psi}\eta + \bar{\eta}\delta\psi\right)$$
$$\times \exp\left\{\mathrm{i}\int \mathrm{d}^4x\,(\mathcal{L} + \varSigma)\right\} = 0 \tag{9.6.32}$$

引入一个符号 $\langle\ \rangle$, 对任何变量 F, $\langle F\rangle$ 定义成

$$\langle F\rangle=\int[\mathrm{d}A]\,[\mathrm{d}\chi]\,[\mathrm{d}\bar{\chi}]\,[\mathrm{d}\psi]\,\left[\mathrm{d}\bar{\psi}\right]F\exp\left\{\mathrm{i}\int\mathrm{d}^4x\,(\mathcal{L}+\varSigma)\right\}\tag{9.6.33}$$

则 (9.6.32) 式可以简记为

$$\int\mathrm{d}^4x\left(\langle\delta A\rangle J+\langle\delta\bar{\chi}\rangle\xi+\bar{\xi}\langle\delta\chi\rangle+\left\langle\delta\bar{\psi}\right\rangle\eta+\bar{\eta}\langle\delta\psi\rangle\right)=0\tag{9.6.34}$$

在生成泛函 (9.6.19) 式中的源项都替换成 $\varSigma$ 的情况下, 有

$$\begin{aligned}\epsilon\frac{\delta Z}{\delta K_\mu^a}=&\mathrm{i}\left\langle\delta A^{a\mu}\right\rangle,\quad\epsilon\frac{\delta Z}{\delta\zeta^a}=\mathrm{i}\left\langle\delta\chi^a\right\rangle\\\epsilon\frac{\delta Z}{\delta\omega}=&\mathrm{i}\left\langle\delta\bar{\psi}\right\rangle,\quad\epsilon\frac{\delta Z}{\delta\bar{\omega}}=\mathrm{i}\left\langle\delta\psi\right\rangle\end{aligned}\tag{9.6.35}$$

考虑到以上各式, 则 (9.6.34) 式可以写成

$$\int\mathrm{d}^4x\left(\frac{\delta Z}{\delta K_\mu^a}J_\mu^a-\frac{1}{\alpha}\left(\partial_\mu\frac{\delta Z}{\delta J_\mu^a}\xi^a\right)+\bar{\xi}^a\frac{\delta Z}{\delta\zeta^a}+\frac{\delta Z}{\delta\omega}\eta+\bar{\eta}\frac{\delta Z}{\delta\bar{\omega}}\right)=0\tag{9.6.36}$$

(9.6.36) 式就是推广的 Ward-takahashi 恒等式用生成泛函 Z 表达的形式.

在 (9.3.36) 式, 我们给出过连通格林函数生成泛函 W, 它与 Z 的关系为 $Z=\exp(\mathrm{i}W)$. 把这个关系代入 (9.6.36) 式会得到 W 所需满足的恒等式, 我们发现它与 (9.6.36) 式形式相同

$$\int\mathrm{d}^4x\left(\frac{\delta W}{\delta K_\mu^a}J_\mu^a-\frac{1}{\alpha}\left(\partial_\mu\frac{\delta W}{\delta J_\mu^a}\xi^a\right)+\bar{\xi}^a\frac{\delta W}{\delta\zeta^a}+\frac{\delta W}{\delta\omega}\eta+\bar{\eta}\frac{\delta W}{\delta\bar{\omega}}\right)=0\tag{9.6.37}$$

(9.6.37) 式是连通格林函数生成泛函 W 所满足的推广的 Ward-takahashi 恒等式.

推广的 Ward-takahashi 恒等式也可以通过有效作用量所满足的方程来表达. 这种表达形式更适合于讨论规范理论的可重整性. 有效作用量是单粒子不可约格林函数的生成泛函, 它是通过生成泛函 W 来定义的

$$\begin{aligned}&\varGamma\left[\upsilon_A,\upsilon_\chi,\upsilon_{\bar{\chi}},\upsilon_\psi,\upsilon_{\bar{\psi}};K,\zeta,\omega,\bar{\omega}\right]\\=&W\left[J,\xi,\bar{\xi},\eta,\bar{\eta},K,\zeta,\omega,\bar{\omega}\right]\\&-\int\mathrm{d}^4x\left(\upsilon_A^{a\mu}J_\mu^a+\upsilon_{\bar{\chi}}^a\xi^a+\bar{\xi}^a\upsilon_\chi^a+\upsilon_{\bar{\psi}}\eta+\bar{\eta}\upsilon_\psi\right)\end{aligned}\tag{9.6.38}$$

其中的新变量 υ_A, υ_χ, $\upsilon_{\bar{\chi}}$, υ_ψ, $\upsilon_{\bar{\psi}}$ 定义为

$$\upsilon_A^{a\mu}=\frac{\delta W}{\delta J_\mu^a},\quad\upsilon_\chi^a=\frac{\delta W}{\delta\bar{\xi}^a},\quad\upsilon_{\bar{\chi}}^a=-\frac{\delta W}{\delta\xi^a},\quad\upsilon_{\bar{\psi}}=-\frac{\delta W}{\delta\eta},\quad\upsilon_\psi=\frac{\delta W}{\delta\eta}\tag{9.6.39}$$

根据 $\varGamma$ 的定义式 (9.6.38), 可以将 W 所满足的恒等式 (9.6.37) 换成关于 $\varGamma$ 的恒等式

$$\int\mathrm{d}^4x\left[\frac{\delta\varGamma}{\delta K_\mu^a}\frac{\delta\varGamma}{\delta\upsilon_A^{a\mu}}-\frac{1}{\alpha}(\partial_\mu\upsilon_A^{a\mu})\frac{\delta\varGamma}{\delta\upsilon_{\bar{\chi}}^a}-\frac{\delta\varGamma}{\delta\upsilon_\chi^a}\frac{\delta\varGamma}{\delta\zeta^a}+\frac{\delta\varGamma}{\delta\omega}\frac{\delta\varGamma}{\delta\upsilon_{\bar{\psi}}}+\frac{\delta\varGamma}{\delta\upsilon_\psi}\frac{\delta\varGamma}{\delta\bar{\omega}}\right]=0\tag{9.6.40}$$

考虑有效拉氏量 $\mathcal{L}+\Sigma$, 可以得到 χ^a 所满足的运动方程

$$\partial^{\mu}(D_{\mu}^{ab}\chi^b)-\xi^a=0 \tag{9.6.41}$$

由此, 有

$$\left\langle\left[\partial^{\mu}(D_{\mu}^{ab}\chi^b)-\xi^a\right]\right\rangle=0 \tag{9.6.42}$$

而 (9.6.42) 式第二项 $\langle\xi^a\rangle$ 中, ξ^a 与场量的泛函积分无关, 可以拿到积分号外, 所以

$$\langle\xi^a\rangle=\xi^a\langle 1\rangle=\xi^a Z \tag{9.6.43}$$

考虑到 (9.6.43) 式的结果, (9.6.42) 式可以写成

$$\partial_{\mu}\frac{\delta Z}{\mathrm{i}\delta K_{\mu}^a}=\xi^a Z \tag{9.6.44}$$

再考虑到 Z 和 W 以及 $\varGamma$ 的关系, (9.6.44) 式最终可以写成

$$\partial_{\mu}\frac{\delta\varGamma}{\delta K_{\mu}^a}=-\frac{\delta\varGamma}{\delta\upsilon_{\bar{\chi}}^a} \tag{9.6.45}$$

将 (9.6.45) 式代入 (9.6.40) 式, 并作分步积分, 得

$$\int \mathrm{d}^4x\left[\frac{\delta\varGamma}{\delta K_{\mu}^a}\left(\frac{\delta\varGamma}{\delta\upsilon_A^{a\mu}}-\frac{1}{\alpha}\partial_{\mu}\partial_{\nu}\upsilon_A^{a\nu}\right)-\frac{\delta\varGamma}{\delta\upsilon_{\chi}^a}\frac{\delta\varGamma}{\delta\zeta^a}+\frac{\delta\varGamma}{\delta\omega}\frac{\delta\varGamma}{\delta\upsilon_{\bar{\psi}}}+\frac{\delta\varGamma}{\delta\upsilon_{\psi}}\frac{\delta\varGamma}{\delta\bar{\omega}}\right]=0 \tag{9.6.46}$$

为了化简 (9.6.46) 式, 可以定义一个新的生成泛函 $\tilde{\varGamma}$

$$\tilde{\varGamma}=\varGamma+\frac{1}{2\alpha}\int \mathrm{d}^4x(\partial_{\nu}\upsilon_A^{a\nu})^2 \tag{9.6.47}$$

利用新的生成泛函 $\tilde{\varGamma}$, 推广的 Ward-takahashi 恒等式可以写成

$$\int \mathrm{d}^4x\left[\frac{\delta\tilde{\varGamma}}{\delta K_{\mu}^a}\frac{\delta\tilde{\varGamma}}{\delta\upsilon_A^{a\mu}}-\frac{\delta\tilde{\varGamma}}{\delta\upsilon_{\chi}^a}\frac{\delta\tilde{\varGamma}}{\delta\zeta^a}+\frac{\delta\tilde{\varGamma}}{\delta\omega}\frac{\delta\tilde{\varGamma}}{\delta\upsilon_{\bar{\psi}}}+\frac{\delta\tilde{\varGamma}}{\delta\upsilon_{\psi}}\frac{\delta\tilde{\varGamma}}{\delta\bar{\omega}}\right]=0 \tag{9.6.48}$$

(9.6.48) 式在证明规范理论的可重整性时经常被利用到.

9.7 重整化群方程及其解

9.7.1 重整化群

从重整化过程我们知道, 计算格林函数时高阶贡献中出现的发散是利用抵消项逐级消除的. 这样就会产生一个不确定性, 一个如何确切定义无穷大项的不确定性,

即在消除无穷大极点项的同时，有多少有限项被一同消掉. 这就是我们前面所讨论过的重整化方案的不确定性.

重整化过程中另外一个不确定性是在减除发散的过程中不可避免地会出现一个能量标度 μ, 称为重整化标度. 某些不同的减除方案是与重整化标度的选择相对应的. 例如, 在质壳重整化方案中, 重整化减除条件被选在了粒子质壳上, 这相当于把重整化标度 μ 选在了质壳上. 而在离壳重整化方案中, 重整化标度被选在了粒子四动量平方不在质壳的某个数值上, 即 $p^2=\mu^2\neq m^2$. 在最小减除方案 (MS) 或修正的最小减除方案 ($\overline{\text{MS}}$) 中, 会自然地出现一个能量标度, 这就是耦合常数在 D 维时空中出现的质量量纲 μ, $g=g_0\mu^\varepsilon$. 这里的 μ 就是 MS 或 $\overline{\text{MS}}$ 减除方案中的重整化标度. 除去质壳重整化方案外, 重整化标度 μ 完全是一个可任意变化的不确定量. 它是在减除掉无穷大量之后仍然保留在有限的格林函数中的任意量.

因为在重整化过程中不可避免地会出现这样的不确定性, 相应于不同的减除方案和不同的重整化标度的选取, 对于一个物理量, 我们可能会有各种不同的表达形式. 一个自然的问题是, 这些不同的表达形式会是等价的吗? 因为这些不同的表达形式是从一个单一的拉氏量推得的, 同一个物理量的表达形式, 它们必须是等价的. 这要求量子场论中所计算的物理量必须具有对于不同的减除方案和不同的重整化标度选取的不变性.

在不同的减除方案及不同的重整化标度下, 物理量的不同表达形式之间相差一个有限的变换, 这种有限的变换称为有限重整化. 由 (9.5.29) 式和 (9.5.30) 式, 重整化后的场量及耦合常数、夸克质量以及规范固定参数与未经重整化的裸量之间的关系为

$$\psi=Z_2^{1/2}\psi_{\mathrm{r}},\quad A_\mu^a=Z_3^{1/2}A_{\mathrm{r}\mu}^a,\quad \chi^a=\tilde{Z}_3^{1/2}\chi_{\mathrm{r}}^a,\quad \bar{\chi}^a=\tilde{Z}_3^{1/2}\bar{\chi}_{\mathrm{r}}^a \tag{9.7.1}$$

$$g=Z_g g_{\mathrm{r}},\quad m=Z_m m_{\mathrm{r}},\quad \alpha=Z_3\alpha_{\mathrm{r}} \tag{9.7.2}$$

与场量的重整化相对应, 生成泛函 (9.3.4) 式中的源函数也需要重整化

$$\begin{gathered}J_\mu^a=Z_3^{-1/2}J_{\mathrm{r}\mu}^a,\quad \xi=\tilde{Z}_3^{-1/2}\xi_{\mathrm{r}},\quad \bar{\xi}=\tilde{Z}_3^{-1/2}\bar{\xi}_{\mathrm{r}}\\ \eta=Z_2^{-1/2}\eta_{\mathrm{r}},\quad \bar{\eta}=Z_2^{-1/2}\bar{\eta}_{\mathrm{r}}\end{gathered} \tag{9.7.3}$$

上面各式中源函数所带下标 “r” 代表重整化量. (9.7.3) 式中重整化量之所以这样选取, 是为了使得生成泛函中的源项总体上在重整化后是不变的. 下面为了讨论的简单, 在不引起歧义的情况下, 我们把 (9.7.3) 式简写成

$$J_i=Z_i^{-1/2}J_{i\mathrm{r}} \tag{9.7.4}$$

其中的小标 “i” 代表各种可能的源函数. 由于重整化过程所具有的任意性, 可以选取任意一种减除方案, 以及任意的重整化标度. 我们也可以选取有别于上述重整化

方案的另外一种重整化程序. 在新的重整化方案中, 重整化后的各物理量与裸量之间的关系记为

$$\psi = Z'^{1/2}_2 \psi'_{\mathrm{r}}, \quad A^a_\mu = Z'^{1/2}_3 A'^a_{\mathrm{r}\mu}, \quad \chi^a = \tilde{Z}'^{1/2}_3 \chi'^a_{\mathrm{r}}, \quad \bar{\chi}^a = \tilde{Z}'^{1/2}_3 \bar{\chi}'^a_{\mathrm{r}} \tag{9.7.5}$$

$$g = Z'_g g'_{\mathrm{r}}, \quad m = Z'_m m'_{\mathrm{r}}, \quad m' = Z'_3 \alpha'_{\mathrm{r}} \tag{9.7.6}$$

$$J_i = Z'^{-1/2}_i J'_{i\mathrm{r}} \tag{9.7.7}$$

这里减除方案和重整化标度都可以改变, 假设在新的重整化方案中重整化标度由 (9.7.1) 式 ~(9.7.4) 式的 μ 变成 μ'. 比较两种重整化过程, 可知两种重整化方案中重整化量之间相差一个变换

$$\psi'_{\mathrm{r}} = z^{1/2}_2 \psi_{\mathrm{r}}, \quad A'^a_{\mathrm{r}\mu} = z^{1/2}_3 A^a_{\mathrm{r}\mu}, \quad \chi'^a_{\mathrm{r}} = \tilde{z}^{1/2}_3 \chi^a_{\mathrm{r}}, \quad \bar{\chi}'^a_{\mathrm{r}} = \tilde{z}^{1/2}_3 \bar{\chi}^a_{\mathrm{r}} \tag{9.7.8}$$

$$g'_{\mathrm{r}} = z_g g_{\mathrm{r}}, \quad m'_{\mathrm{r}} = z_m m_{\mathrm{r}}, \quad \alpha'_{\mathrm{r}} = z_3 \alpha_{\mathrm{r}} \tag{9.7.9}$$

$$J'_{i\mathrm{r}} = z^{-1/2}_i J_{i\mathrm{r}} \tag{9.7.10}$$

其中 z_2, z_3, $\tilde{z}_3$, z_g, z_m 的定义为

$$\begin{aligned} &z_2 = Z_2/Z'_2, \quad z_3 = Z_3/Z'_3, \quad \tilde{z}_3 = \tilde{Z}_3/\tilde{Z}'_3 \\ &z_g = Z_g/Z'_g, \quad z_m = Z_m/Z'_m, \quad z_i = Z_i/Z'_i \end{aligned} \tag{9.7.11}$$

(9.7.11) 式中的变换常数是有限的, 因为分子分母中重整化常数包含的无穷大量在比值中相消. 这正是两种重整化方案之间相差的变换称为有限重整化的原因.

因为在两种不同的重整化方案中对同一物理量的预言值必须相同, 所以不同的重整化方案下生成泛函必须保持相等

$$Z'_{\mathrm{r}}[J'_{i\mathrm{r}}, g'_{\mathrm{r}}, m'_{\mathrm{r}}, \mu'] = Z_{\mathrm{r}}[J_{i\mathrm{r}}, g_{\mathrm{r}}, m_{\mathrm{r}}, \mu] \tag{9.7.12}$$

以及连通格林函数的生成泛函也必须相等

$$W'_{\mathrm{r}}[J'_{i\mathrm{r}}, g'_{\mathrm{r}}, m'_{\mathrm{r}}, \mu'] = W_{\mathrm{r}}[J_{i\mathrm{r}}, g_{\mathrm{r}}, m_{\mathrm{r}}, \mu] \tag{9.7.13}$$

将生成泛函对源函数 $J_{i\mathrm{r}}$ 作泛函导数可以求得格林函数, 从格林函数可以求得描述粒子散射的 S 矩阵元: $S[p, g_{\mathrm{r}}, m_{\mathrm{r}}, \mu]$, 其中的 p 代表全部参与散射的粒子的动量集合. 由于物理量预言的唯一性, 要求 S 矩阵元在有限重整化变换下是不变的,

$$S'[p, g'_{\mathrm{r}}, m'_{\mathrm{r}}, \mu'] = S[p, g_{\mathrm{r}}, m_{\mathrm{r}}, \mu] \tag{9.7.14}$$

S 和 S' 分别是两种不同的重整化方案下计算的 S 矩阵元. 它们分别是重整化后的耦合常数、夸克质量的函数. 当然, S' 对 g'_{r}, m'_{r} 依赖的函数形式与 $S[p, g_{\mathrm{r}}, m_{\mathrm{r}}, \mu]$

的函数形式显然是不同的. 但它们的数值必须相同. 一般情况下, 我们会通过 S 矩阵元 $S[p, g_{\rm r}, m_{\rm r}, \mu]$ 计算出粒子的散射截面, 将计算出的散射截面与实验结果比较, 得出符合实验结果的 $g_{\rm r}$, $m_{\rm r}$, 然后预言散射截面随动量 p 的变化关系. 我们也可以在另一种重整化方案下通过 S 矩阵元 $S'[p, g'_{\rm r}, m'_{\rm r}, \mu']$ 计算出散射截面, 并与实验比较, 得出符合实验的 $g'_{\rm r}$, $m'_{\rm r}$, 然后预言散射截面对动量 p 的依赖关系. 值得指出的是, 这两次预言的散射截面对动量 p 的依赖关系必须相同. 从实验拟合出的 $g'_{\rm r}$, $m'_{\rm r}$ 与 $g_{\rm r}$, $m_{\rm r}$ 必须符合有限重整化关系 (9.7.9) 式. 如果我们能够计算出 S 矩阵元 $S[p, g_{\rm r}, m_{\rm r}, \mu]$ 的精确函数形式, 我们就可以验证上述论断. 但在微扰论中, 我们只能按微扰展开逐级计算散射的 S 矩阵元. 为了保证微扰展开有效, 我们总是采取一种重整化方案, 使得其中的耦合常数足够小. 在微扰展开方法中, 由于高阶项被忽略, $S'[p, g'_{\rm r}, m'_{\rm r}, \mu']$ 和 $S[p, g_{\rm r}, m_{\rm r}, \mu]$ 并不严格相等. 它们只是在计算所及的精确度内约略相等. 当我们把微扰展开计算到 n 阶时, $S'[p, g'_{\rm r}, m'_{\rm r}, \mu']$ 和 $S[p, g_{\rm r}, m_{\rm r}, \mu]$ 会有所差别, 只是这个差别会是 $g_{\rm r}^{n+2}$ 以上量级的, 即

$$S'[p, g'_{\rm r}, m'_{\rm r}, \mu'] - S[p, g_{\rm r}, m_{\rm r}, \mu] = O(g_{\rm r}^{n+2}) \tag{9.7.15}$$

这个差别将导致微扰计算结果的重整化方案的依赖性. 理论上总是把微扰展开计算到更高阶, 以使这个差别逐级减小.

下面继续回到关于有关重整化的讨论.

1. 关于耦合常数的有限重整化

重整化后的耦合常数 $g_{\rm r}$ 是依赖于重整化标度的, 因为重整化常数 Z_g 是依赖于重整化标度的, 而 $g_{\rm r}$ 与裸耦合常数 g 的关系为

$$g_{\rm r}(\mu) = Z_g^{-1}(\mu)g \tag{9.7.16}$$

这里我们明确写出了 $g_{\rm r}$ 和 Z_g 对标度 μ 的依赖. 在另外一种新的重整化方案下, 用 μ' 来标记这种新的重整化程序, 得到新的重整化耦合常数

$$g_{\rm r}(\mu') = Z_g^{-1}(\mu')g \tag{9.7.17}$$

比较 (9.7.17) 式和 (9.7.16) 两式, 得到从 $g_{\rm r}(\mu) \to g_{\rm r}(\mu')$ 的变换关系

$$g_{\rm r}(\mu') = z_g(\mu', \mu)g_{\rm r}(\mu) \tag{9.7.18}$$

$$z_g(\mu', \mu) = Z_g(\mu)/Z_g(\mu') \tag{9.7.19}$$

(9.7.18) 式中的 $Z_g(\mu', \mu)$ 给出了一个从 $g_{\rm r}(\mu) \to g_{\rm r}(\mu')$ 变换的有限重整化. 所有满足 (9.7.18) 式和 (9.7.19) 两式的 $z_g(\mu', \mu)$ 构成一个集合, 记为 $\{z_g(\mu', \mu)\}$. 这个集合满足群的全部特征[36].

首先, 可以定义这个集合中的两个元素 $z_g(\mu'', \mu')$ 和 $z_g(\mu', \mu)$ 的乘积为

$$z_g(\mu'', \mu') z_g(\mu', \mu) \tag{9.7.20}$$

需要注意的是, 当两个有限重整化元素 $z_g(\mu'', \mu')$ 和 $z_g(\mu', \mu)$ 相乘时, 它们必须有一个公共匹配的标度 μ'. 这个乘积代表从标度 $\mu \to \mu' \to \mu''$ 的连续变换. 从有限重整化元素的定义式 (9.7.19) 可以看出, 这个乘积正是从 $\mu \to \mu''$ 的变换 $z_g(\mu'', \mu')$, 因此它也属于集合 $\{z_g(\mu', \mu)\}$.

其次, 可以定义元素 $z_g(\mu', \mu)$ 的逆元

$$z_g^{-1}(\mu', \mu) = z_g(\mu, \mu') \tag{9.7.21}$$

它代表从标度 $\mu' \to \mu$ 的变换. 另外, 从 (9.7.19) 式显然可以看出

$$z_g(\mu, \mu) = 1 \tag{9.7.22}$$

它是这个有限重整化集合中的恒元. 因此这个集合满足群的全部特征, 它构成群, 并且从它的群元素乘积 (9.7.20) 式可知, 这个群的两个群元素的乘积是对易的, 因此这个群是阿贝尔群.

2. 关于夸克质量的有限重整化

以上关于耦合常数重整化的讨论也适用于夸克质量的重整化. 重整化后夸克质量 m_{r} 也是依赖于重整化标度的

$$m_{\mathrm{r}}(\mu) = Z_m^{-1}(\mu) m \tag{9.7.23}$$

在另外一种重整化方案下

$$m_{\mathrm{r}}(\mu') = Z_m^{-1}(\mu') m \tag{9.7.24}$$

所以有

$$m_{\mathrm{r}}(\mu') = z_m(\mu', \mu) m_{\mathrm{r}}(\mu) \tag{9.7.25}$$

$$z_m(\mu', \mu) = Z_m(\mu)/Z_m(\mu') \tag{9.7.26}$$

夸克质量有限重整化的集合 $\{z_m(\mu', \mu)\}$ 也构成一个阿贝尔群.

3. 关于格林函数的有限重整化

我们以 n 个胶子场 $A_{\mu_1}^{a_1}(x_1), A_{\mu_2}^{a_2}(x_2), \cdots, A_{\mu_n}^{a_n}(x_n)$ 为例来讨论格林函数的有限重整化. n 个胶子场算符的格林函数为

$$G_n(x_1, \cdots, x_n) = \langle 0 | T[\hat{A}_{\mu_1}^{a_1}(x_1) \hat{A}_{\mu_2}^{a_2}(x_2) \cdots \hat{A}_{\mu_n}^{a_n}(x_n)] | 0 \rangle \tag{9.7.27}$$

这里在 G_n 的记号中我们略去了 Lorentz 指标和颜色指标, 因为这些指标暂不是讨论的重点. 在动量空间中 n 点格林函数用 $\tilde{G}_n$ 来表示

$$\begin{aligned}&(2\pi)^4\delta^4(p_1+\cdots+p_n)\tilde{G}_n(p,g,m,\alpha)\\&=\int \mathrm{d}^4x_1\cdots\mathrm{d}^4x_n\mathrm{e}^{-\mathrm{i}(p_1\cdot x_1+\cdots+p_n\cdot x_n)}G_n(x_1,\cdots,x_n)\end{aligned} \tag{9.7.28}$$

这里 p 代表全部动量的集合 $\{p_1,p_1,\cdots,p_n\}$, g 是耦合常数, m 是夸克质量, α 是规范固定参数. 虽然现在讨论的是 n 个胶子场的格林函数, 但胶子场的格林函数依然是夸克质量的函数, 因为夸克场可以作为内线贡献到胶子场格林函数中来.

而连通格林函数是在格林函数中去掉非连接费曼图的贡献之后的结果, 我们用标记 "c" 来表示

$$G_n^{\mathrm{c}}(x_1,\cdots,x_n)=\langle 0|\,T[\hat{A}_{\mu_1}^{a_1}(x_1)\hat{A}_{\mu_2}^{a_2}(x_2)\cdots\hat{A}_{\mu_n}^{a_n}(x_n)]\,|0\rangle_{\mathrm{c}} \tag{9.7.29}$$

连通格林函数可以通过对连通生成泛函 $W[J,g,m,\alpha]$ 作泛函导数求出

$$G_n^{\mathrm{c}}(x_1,\cdots,x_n)=(-\mathrm{i})^{n-1}\left.\frac{\delta^n W[J,g,m,\alpha]}{\delta J_{\mu_1}^{a_1}(x_1)\cdots\delta J_{\mu_n}^{a_n}(x_n)}\right|_{J=0} \tag{9.7.30}$$

从胶子场的重整化 $A_\mu^a=Z_3^{1/2}A_{\mathrm{r}\mu}^a$ 可以看出重整化后的连通格林函数与未重整化的格林函数的关系为

$$G_{\mathrm{r}n}^{\mathrm{c}}=Z_3^{-n/2}G_n^{\mathrm{c}} \tag{9.7.31}$$

$$\tilde{G}_{\mathrm{r}n}^{\mathrm{c}}=Z_3^{-n/2}\tilde{G}_n^{\mathrm{c}} \tag{9.7.32}$$

截掉外线的连通格林函数 $\tilde{G}_n^{\mathrm{tc}}$ 对应粒子散射的费曼振幅, $\tilde{G}_n^{\mathrm{tc}}$ 是通过下面的等式定义的

$$\begin{aligned}&(2\pi)^4\delta^4(p_1+\cdots+p_n)\tilde{G}_2(p_1)\cdots\tilde{G}_2(p_n)\tilde{G}_n^{\mathrm{tc}}(p,g,m,\alpha)\\&=\int \mathrm{d}^4x_1\cdots\mathrm{d}^4x_n\mathrm{e}^{-\mathrm{i}(p_1\cdot x_1+\cdots+p_n\cdot x_n)}G_n^{\mathrm{c}}(x_1+\cdots+x_n)\end{aligned} \tag{9.7.33}$$

将 (9.7.31) 式和 (9.7.32) 式应用到 (9.7.33) 式中, 并消去等式两边多余的 $Z_3^{1/2}$, 得

$$\begin{aligned}&(2\pi)^4\delta^4(p_1+\ldots+p_n)\tilde{G}_{\mathrm{r}2}(p_1)\cdots\tilde{G}_{\mathrm{r}2}(p_n)Z_3^{n/2}\tilde{G}_n^{\mathrm{tc}}(p,g,m,\alpha)\\&=\int \mathrm{d}^4x_1\cdots\mathrm{d}^4x_n\mathrm{e}^{-\mathrm{i}(p_1\cdot x_1+\cdots+p_n\cdot x_n)}G_{\mathrm{r}n}^{\mathrm{c}}(x_1,\cdots,x_n)\end{aligned} \tag{9.7.34}$$

而重整化后截掉外线的连通格林函数 $\tilde{G}_{\mathrm{r}n}^{\mathrm{tc}}$ 是通过如下等式定义的

$$\begin{aligned}&(2\pi)^4\delta^4(p_1+\cdots+p_n)\tilde{G}_{\mathrm{r}2}(p_1)\cdots\tilde{G}_{\mathrm{r}2}(p_n)\tilde{G}_{\mathrm{r}n}^{\mathrm{tc}}(p,g_{\mathrm{r}},m_{\mathrm{r}},\alpha_{\mathrm{r}})\\&=\int \mathrm{d}^4x_1\cdots\mathrm{d}^4x_n\mathrm{e}^{-\mathrm{i}(p_1\cdot x_1+\cdots+p_n\cdot x_n)}G_{\mathrm{r}n}^{\mathrm{c}}(x_1,\cdots,x_n)\end{aligned} \tag{9.7.35}$$

比较 (9.7.34) 式和 (9.7.35) 式可得

$$\tilde{G}_{\mathrm{r}n}^{\mathrm{tc}}(p,g_{\mathrm{r}},m_{\mathrm{r}},\alpha_{\mathrm{r}})=Z_3^{n/2}(\mu)\tilde{G}_n^{\mathrm{tc}}(p,g,m,\alpha) \tag{9.7.36}$$

重整化后截掉外线的连通格林函数定义为重整化的费曼振幅 F_n, 由 (9.7.36) 式可知 F_n 是依赖于重整化标度 μ 的. 明确写出费曼振幅 F_n 对标度 μ 的依赖

$$F_n\left(p,g_{\mathrm{r}}(\mu),m_{\mathrm{r}}(\mu),\alpha_{\mathrm{r}}(\mu),\mu\right)=\tilde{G}_{\mathrm{r}n}^{\mathrm{tc}}\left(p,g_{\mathrm{r}}(\mu),m_{\mathrm{r}}(\mu),\alpha_{\mathrm{r}}(\mu),\mu\right) \tag{9.7.37}$$

由 (9.7.36) 式和 (9.7.37) 式, 我们得到在两种不同的重整化方案下, F_n 的有限重整化为

$$\begin{aligned}&F_n\left(p,g_{\mathrm{r}}(\mu'),m_{\mathrm{r}}(\mu'),\alpha_{\mathrm{r}}(\mu'),\mu'\right)\\=&z_n(\mu',\mu)F_n\left(p,g_{\mathrm{r}}(\mu),m_{\mathrm{r}}(\mu),\alpha_{\mathrm{r}}(\mu),\mu\right)\end{aligned} \tag{9.7.38}$$

$$z_n(\mu',\mu)=Z_3^{n/2}(\mu')/Z_3^{n/2}(\mu) \tag{9.7.39}$$

即重整化标度的改变 $\mu\to\mu'$, 对应着一个有限的变换 $z_n(\mu',\mu)$. 这些变换的集合 $\{z_n(\mu',\mu)\}$ 构成一个阿贝尔群.

关于格林函数的重整化可以很容易推广到包括夸克场的情况. 对 n_{G} 个胶子场、n_{F} 个夸克场的情况, (9.7.36) 式变为

$$\tilde{G}_{\mathrm{r}n}^{\mathrm{tc}}(p,g_{\mathrm{r}},m_{\mathrm{r}},\alpha_{\mathrm{r}})=Z_3^{n_{\mathrm{G}}/2}(\mu)Z_2^{n_{\mathrm{F}}/2}(\mu)\tilde{G}_n^{\mathrm{tc}}(p,g,m,\alpha) \tag{9.7.40}$$

或

$$F_n\left(p,g_{\mathrm{r}}(\mu),m_{\mathrm{r}}(\mu),\alpha_{\mathrm{r}}(\mu),\mu\right)=Z_3^{n_{\mathrm{G}}/2}(\mu)Z_2^{n_{\mathrm{F}}/2}(\mu)\tilde{G}_n^{\mathrm{tc}}(p,g,m,\alpha) \tag{9.7.41}$$

其中 Z_2 是夸克场的重整化常数, $\psi=Z_2^{1/2}\psi_{\mathrm{r}}$, $n=n_{\mathrm{G}}+n_{\mathrm{F}}$. 而 (9.7.39) 式推广为

$$z_n(\mu',\mu)=Z_3^{n_{\mathrm{G}}/2}(\mu')Z_2^{n_{\mathrm{F}}/2}(\mu')/[Z_3^{n_{\mathrm{G}}/2}(\mu)Z_2^{n_{\mathrm{F}}/2}(\mu)] \tag{9.7.42}$$

以上我们讨论了三个由有限重整化产生的阿贝尔群: $\{z_g(\mu',\mu)\}$, $\{z_m(\mu',\mu)\}$, $\{z_n(\mu',\mu)\}$. 它们对应着标度变换 $\mu\to\mu'$, 称为重整化群[37−39].

9.7.2　重整化群方程

经重整化后, 理论中的参数: 耦合常数 $g_{\mathrm{r}}(\mu)$、夸克质量 $m_{\mathrm{r}}(\mu)$、规范固定参数 $\alpha_{\mathrm{r}}(\mu)$, 以及粒子散射的费曼振幅 $F_n\left(p,g_{\mathrm{r}}(\mu),m_{\mathrm{r}}(\mu),\alpha_{\mathrm{r}}(\mu),\mu\right)$ 都是随重整化标度而改变的. 如果使重整化标度作一微小改变, 则耦合常数、质量、规范参数及费曼振幅也会随着作一微小改变. 这个改变会给出一系列的微分方程. 描述理论参数及费曼振幅或重整化后的格林函数随重整化标度而变化的微分方程称为重整化群方程[27,37−42].

我们首先从 (9.7.2) 式推导耦合常数、夸克质量、规范固定参数所满足的重整化群方程. 我们先把 (9.7.2) 式写成

$$g_{\mathrm{r}}(\mu) = Z_g^{-1}(\mu) g \tag{9.7.43}$$

$$m_{\mathrm{r}}(\mu) = Z_m^{-1}(\mu) m \tag{9.7.44}$$

$$\alpha_{\mathrm{r}}(\mu) = Z_3^{-1}(\mu) \alpha \tag{9.7.45}$$

我们在 MS(或 $\overline{\mathrm{MS}}$) 减除方案中推导重整化群方程. 在 $D = 4 - 2\varepsilon$ 维时空中, 耦合常数带有质量量纲, 把耦合常数的质量量纲分离出来

$$g = g_0 \mu_0^{\varepsilon}, \quad g_{\mathrm{r}} = g_{\mathrm{R}} \mu^{\varepsilon} \tag{9.7.46}$$

这里裸耦合常数的质量标度 μ_0 是固定的, 而 g_{r} 的质量标度 μ 是可变量, 它被视为 MS 或 $\overline{\mathrm{MS}}$ 减除方案中的重整化标度. 利用 (9.7.46) 式把 (9.7.43) 式写成

$$g_{\mathrm{R}}(\mu) = \left(\frac{\mu_0}{\mu}\right)^{\varepsilon} Z_g^{-1}(\mu) g_0 \tag{9.7.47}$$

裸参数 g, m, α 都被视为与重整化标度 μ 无关的常数,

$$\frac{\mathrm{d}g}{\mathrm{d}\mu} = 0, \quad \frac{\mathrm{d}m}{\mathrm{d}\mu} = 0, \quad \frac{\mathrm{d}\alpha}{\mathrm{d}\mu} = 0 \tag{9.7.48}$$

于是从 (9.7.47) 式和 (9.7.44) 式、(9.7.45) 式, 我们可以得到 $g_{\mathrm{R}}, m_{\mathrm{R}}, \alpha_{\mathrm{R}}$ 的微分方程 (这里我们把 m_{r} 和 α_{r} 都统一写成了 m_{R} 和 α_{R}, 即 $m_{\mathrm{R}} = m_{\mathrm{r}}$, $\alpha_{\mathrm{R}} = \alpha_{\mathrm{r}}$),

$$\mu \frac{\mathrm{d}g_{\mathrm{R}}}{\mathrm{d}\mu} = \beta \tag{9.7.49}$$

$$\mu \frac{\mathrm{d}m_{\mathrm{R}}}{\mathrm{d}\mu} = -m_{\mathrm{R}} \gamma_m \tag{9.7.50}$$

$$\mu \frac{\mathrm{d}\alpha_{\mathrm{R}}}{\mathrm{d}\mu} = -\alpha_{\mathrm{R}} \gamma_\alpha \tag{9.7.51}$$

其中的函数 β, γ_m 和 γ_α 为

$$\beta = -\varepsilon g_{\mathrm{R}} - \frac{\mu}{Z_g} \frac{\mathrm{d}Z_g}{\mathrm{d}\mu} g_{\mathrm{R}} \tag{9.7.52}$$

$$\gamma_m = \frac{\mu}{Z_m} \frac{\mathrm{d}Z_m}{\mathrm{d}\mu} \tag{9.7.53}$$

$$\gamma_\alpha = \frac{\mu}{Z_3} \frac{\mathrm{d}Z_3}{\mathrm{d}\mu} \tag{9.7.54}$$

虽然 Z_g, Z_m 和 Z_3 中包含无穷大项, 但这里定义的函数 β, γ_m 和 γ_α 是 μ 的有限函数, 因为当取 $\varepsilon \to 0$ 时, Z_g, Z_m 和 Z_3 中的发散项会在以上三式的分子分母中相

互消去. β, γ_m 和 γ_α 对 μ 的依赖部分是直接依赖, 部分是通过 $g_{\rm R}(\mu)$, $m_{\rm R}(\mu)$ 和 $\alpha_{\rm R}(\mu)$ 的间接依赖. 一般情况下, Z_g, Z_m 和 Z_3 同时是 $g_{\rm R}$ 和 $\alpha_{\rm R}$ 的函数, 所以原则上以上三个函数是相互关联的, 从而 (9.7.49)~(9.7.51) 三个方程也是相互关联的. 因为函数 β, γ_m 和 γ_α 原则上是规范相关的, 所以它们都不是物理可观测量. 但在 MS 或 $\overline{\rm MS}$ 减除方案下, β 函数和 γ_m 函数是规范无关的, 这是 MS 减除方案下实际计算给出的结果[43,44,29]. 在 MS 减除方案下, 重整化常数 Z_g 有如下的形式

$$Z_g = 1 + \frac{a_1(g_{\rm R},\alpha_{\rm R})}{\varepsilon} + \frac{a_2(g_{\rm R},\alpha_{\rm R})}{\varepsilon^2} + \cdots \tag{9.7.55}$$

其中 $a_1(g_{\rm R},\alpha_{\rm R})$, $a_2(g_{\rm R},\alpha_{\rm R})$, $\cdots$ 是计算出来的 $g_{\rm R}$ 和 $\alpha_{\rm R}$ 的函数. 因为裸耦合常数是规范无关的, 所以

$$\frac{\rm d}{{\rm d}\alpha_{\rm R}}(Z_{\rm g} g_{\rm R}) = 0 \tag{9.7.56}$$

把 (9.7.55) 式代入 (9.7.56) 式, 并按 $1/\varepsilon$ 的幂次重新配项, 得

$$\frac{{\rm d}g_{\rm R}}{{\rm d}\alpha_{\rm R}} + \frac{1}{\varepsilon}\left(a_1\frac{{\rm d}g_{\rm R}}{{\rm d}\alpha_{\rm R}} + \frac{{\rm d}a_1}{{\rm d}\alpha_{\rm R}}g_{\rm R}\right) + \frac{1}{\varepsilon^2}\left(a_2\frac{{\rm d}g_{\rm R}}{{\rm d}\alpha_{\rm R}} + \frac{{\rm d}a_2}{{\rm d}\alpha_{\rm R}}g_{\rm R}\right) + \cdots = 0 \tag{9.7.57}$$

因为 $1/\varepsilon$ 不同幂次的项相互独立, 所以它们必须各自为零, 由此得

$$\frac{{\rm d}g_{\rm R}}{{\rm d}\alpha_{\rm R}} = 0, \quad \frac{{\rm d}a_1}{{\rm d}\alpha_{\rm R}} = 0, \quad \frac{{\rm d}a_2}{{\rm d}\alpha_{\rm R}} = 0 \tag{9.7.58}$$

这说明 $g_{\rm R}$, a_1, a_2, $\cdots$ 实际上都是规范无关的. 因而从 (9.7.52) 式可以很快得出结论, β 函数在 MS 减除方案下是规范无关的. 同样的说明也适用于 γ_m 函数.

值得一提的是, 在 MS 或 $\overline{\rm MS}$ 以外的其他重整化方案下, 重整化的耦合函数 Z_g 一般是规范相关的, 这是因为在其他减除方案下, Z_g 的结果有别于 (9.7.55) 式, 形式如下

$$Z_g = 1 + a_0(g_{\rm R},\alpha_{\rm R}) + \frac{a_1(g_{\rm R},\alpha_{\rm R})}{\varepsilon} + \frac{a_2(g_{\rm R},\alpha_{\rm R})}{\varepsilon^2} + \cdots \tag{9.7.59}$$

与 (9.7.55) 式相比多出了一项 $a_0(g_{\rm R},\alpha_{\rm R})$, 正是 $a_0(g_{\rm R},\alpha_{\rm R})$ 的出现使得上述证明失效.

下面我们再从 (9.7.41) 式出发推导与 n 点格林函数相关的费曼振幅 F_n 所满足的微分方程. 我们知道只要固定裸参数 g, m 和 α, 则未经重整化的 n 点格林函数 $\tilde{G}_n^{\rm tc}(p,g,m,\alpha)$ 是与重整化标度 μ 无关的, 即

$$\left.\frac{\rm d}{{\rm d}\mu}\tilde{G}_n^{\rm tc}(p,g,m,\alpha)\right|_{g,m,\alpha} = 0 \tag{9.7.60}$$

这里下标 g, m, α 表示 g, m, α 是固定的. 再考虑 (9.7.41) 式, 我们得到如下的等式

$$\frac{\rm d}{{\rm d}\mu}\Big[Z_3^{-n_{\rm G}/2}(\mu,g,m,\alpha)Z_2^{-n_{\rm F}/2}(\mu,g,m,\alpha)$$

$$\cdot F_n\left(p, g_{\mathrm{R}}(\mu,g,m,\alpha), m_{\mathrm{R}}(\mu,g,m,\alpha), \alpha_{\mathrm{R}}(\mu,g,m,\alpha), \mu\right)\big] = 0 \tag{9.7.61}$$

(9.7.61) 式中明确写出了重整化常数 Z_2, Z_3 以及耦合常数、夸克质量、规范参数对 μ, g, m, α 的依赖, 并且 g_{r}, m_{r}, α_{r} 换成了 g_{R}, m_{R}, α_{R}. 利用微分的链式规则, 由 (9.7.61) 式得到

$$\begin{aligned}&\left.\frac{\partial Z_3^{-n_{\mathrm{G}}/2}}{\partial\mu}\right|_{g,m} Z_2^{-n_{\mathrm{F}}/2}F_n + Z_3^{-n_{\mathrm{G}}/2}\left.\frac{\partial Z_2^{-n_{\mathrm{F}}/2}}{\partial\mu}\right|_{g,m} F_n\\&+Z_3^{-n_{\mathrm{G}}/2}Z_2^{-n_{\mathrm{F}}/2}\left(\frac{\partial}{\partial\mu}+\frac{\partial g_{\mathrm{R}}}{\partial\mu}\frac{\partial}{\partial g_{\mathrm{R}}}+\frac{\partial m_{\mathrm{R}}}{\partial\mu}\frac{\partial}{\partial m_{\mathrm{R}}}+\frac{\partial\alpha_{\mathrm{R}}}{\partial\mu}\frac{\partial}{\partial\alpha_{\mathrm{R}}}\right)F_n\bigg|_{g,m} = 0\end{aligned} \tag{9.7.62}$$

(9.7.62) 式可以进一步整理成

$$\begin{aligned}&\left[\mu\frac{\partial}{\partial\mu}+\beta(g_{\mathrm{R}},\alpha_{\mathrm{R}})\frac{\partial}{\partial g_{\mathrm{R}}}-\gamma_m(g_{\mathrm{R}},\alpha_{\mathrm{R}})m_{\mathrm{R}}\frac{\partial}{\partial m_{\mathrm{R}}}\right.\\&\left.+\delta(g_{\mathrm{R}},\alpha_{\mathrm{R}})\frac{\partial}{\partial\alpha_{\mathrm{R}}}-n_{\mathrm{G}}\gamma_{\mathrm{G}}(g_{\mathrm{R}},\alpha_{\mathrm{R}})-n_{\mathrm{F}}\gamma_{\mathrm{F}}(g_{\mathrm{R}},\alpha_{\mathrm{R}})\right]F_n=0\end{aligned} \tag{9.7.63}$$

其中 β, γ_m, δ, γ_{G}, γ_{F} 称为重整化群函数, 而 β 又特别称为 β 函数, γ_{G}, γ_{F} 分别称为胶子和夸克场的反常量纲, 它们的定义为

$$\beta(g_{\mathrm{R}},\alpha_{\mathrm{R}}) = \mu\left.\frac{\partial g_{\mathrm{R}}}{\partial\mu}\right|_{g,m,\alpha} \tag{9.7.64}$$

$$\gamma_m(g_{\mathrm{R}},\alpha_{\mathrm{R}}) = -\frac{\mu}{m_{\mathrm{R}}}\left.\frac{\partial m_{\mathrm{R}}}{\partial\mu}\right|_{g,m,\alpha} \tag{9.7.65}$$

$$\delta(g_{\mathrm{R}},\alpha_{\mathrm{R}}) = \mu\left.\frac{\partial\alpha_{\mathrm{R}}}{\partial\mu}\right|_{g,m,\alpha} = -2\alpha_{\mathrm{R}}\gamma_{\mathrm{G}}(g_{\mathrm{R}},\alpha_{\mathrm{R}}) \tag{9.7.66}$$

$$\gamma_{\mathrm{G}}(g_{\mathrm{R}},\alpha_{\mathrm{R}}) = \frac{\mu}{2Z_3}\left.\frac{\partial Z_3}{\partial\mu}\right|_{g,m,\alpha} \tag{9.7.67}$$

$$\gamma_{\mathrm{F}}(g_{\mathrm{R}},\alpha_{\mathrm{R}}) = \frac{\mu}{2Z_2}\left.\frac{\partial Z_2}{\partial\mu}\right|_{g,m,\alpha} \tag{9.7.68}$$

在 (9.7.66) 式的第二步利用了 $Z_3\alpha_{\mathrm{R}} = \alpha$. 重整化群函数对于导出 QCD 的许多基本特性起着重要作用. 尤其是 β 函数, 可以从它导出 QCD 的渐近自由特性. 这一点稍后再做讨论. 如前所述, 重整化群函数一般是规范相关的. 但在 MS 或 $\overline{\mathrm{MS}}$ 减除方案下, β 函数和 γ_m 函数都是与规范无关的.

(9.7.63) 式及 (9.7.64) 式 ~(9.7.68) 式共同构成费曼振幅 F_n 在 MS 减除方案下的重整化群方程. (9.7.63) 式称为't Hooft-Weinberg 方程[42,45,46].

重整化群方程一般与重整化过程中所采取的减除方案有关, 不同的减除方案下, 重整化群方程的具体形式会略有差别, 但推导这个方程的总体思想不变. 例如, 在对标量场重整化群方程的处理中, 重整化后的标量场质量取为极点质量, 而耦合常数和标量场的重整化采取离壳重整化方案, 这样得到的格林函数的重整化群方程称为 Gell-Mann-Low 方程[38]. Symanzik[40] 和 Callan[41] 采取在壳减除方案, 这样得到的重整化群方程称为 Callan-Symanzik 方程, 而 Georgi 和 Politzer 完全采取了离壳重整化方法, 他们得到的重整化群方程称为 Georgi-Politzer 方程[47].

9.7.3 重整群方程的解

现在我们来求解重整化群方程. 我们继续在 MS 减除方案下讨论这个问题, 在 MS 方案下的重整化群方程是't Hooft-Weinberg 方程, 如 (9.7.63) 式所示. 现在为了形式简洁, 在不引起混淆的情况下, 我们去掉重整化量的下标 "R". 't Hooft-Weinberg 方程为

$$\left[\mu\frac{\partial}{\partial\mu}+\beta(g,\alpha)\frac{\partial}{\partial g}-\gamma_m(g,\alpha)m\frac{\partial}{\partial m}+\delta(g,\alpha)\frac{\partial}{\partial\alpha}-n_{\mathrm{G}}\gamma_{\mathrm{G}}(g,\alpha)-n_{\mathrm{F}}\gamma_{\mathrm{F}}(g,\alpha)\right]$$
$$\times F_n(\lambda p,g,m,\alpha,\mu)=0 \tag{9.7.69}$$

这里 p 代表全部粒子动量的集合, $p=\{p_1,p_2,\cdots,p_n\}$, $n=n_{\mathrm{G}}+n_{\mathrm{F}}$. 我们也引入了一个表示动量标度的无量纲参数 λ, 以方便地表示动量的变化行为. 而方程中的重整化群函数则由 (9.7.64) 式 ~(9.7.68) 式给出.

考虑 F_n 是 n_{G} 个胶子场和 n_F 个夸克场的截掉外线的格林函数, 因此可以根据 (9.7.35) 式、(9.7.37) 式以及 (9.7.41) 式计算出它的量纲

$$[F_n]=D-(n_{\mathrm{G}}d_A+n_{\mathrm{F}}d_\psi) \tag{9.7.70}$$

这里的 D 是时空维数, d_A 和 d_ψ 分别是胶子场和夸克场的量纲, $d_A=(D-2)/2$, $d_\psi=(D-1)/2$. 从费曼振幅 F_n 所具有的量纲考虑, 它应具有如下的最一般形式

$$F_n(\lambda p,g,m,\alpha,\mu)=\mu^{D-d_0}\phi_n\left(\frac{\lambda p}{\mu},g,\frac{m}{\mu},\alpha\right) \tag{9.7.71}$$

其中 ϕ_n 是无量纲函数, d_0 是胶子场和夸克场的总量纲

$$d_0=n_{\mathrm{G}}d_A+n_{\mathrm{F}}d_\psi \tag{9.7.72}$$

考虑到 F_n 所应具有的一般形式 (9.7.71), F_n 满足如下的微分恒等式

$$\left(\mu\frac{\partial}{\partial\mu}+m\frac{\partial}{\partial m}+\lambda\frac{\partial}{\partial\lambda}-D+d_0\right)F_n(\lambda p,g,m,\alpha,\mu)=0 \tag{9.7.73}$$

把 (9.7.69) 式和 (9.7.73) 两式左右两边相减, 可得

$$\left[-\lambda\frac{\partial}{\partial\lambda}+\beta(g,\alpha)\frac{\partial}{\partial g}-(1+\gamma_m(g,\alpha))\,m\frac{\partial}{\partial m}+\delta(g,\alpha)\frac{\partial}{\partial\alpha}+D-d_0\right.$$
$$\left.-n_{\mathrm{G}}\gamma_{\mathrm{G}}-n_{\mathrm{F}}\gamma_{\mathrm{F}}\right]F_n(\lambda p,g,m,\alpha,\mu)=0 \tag{9.7.74}$$

引入

$$t=-\ln\lambda,\quad \omega_n(g,\alpha)=D-d_0-n_{\mathrm{G}}\gamma_{\mathrm{G}}-n_{\mathrm{F}}\gamma_{\mathrm{F}} \tag{9.7.75}$$

则 (9.7.74) 式可以重新写成

$$\left[\frac{\partial}{\partial t}+\beta(g,\alpha)\frac{\partial}{\partial g}-(1+\gamma_m(g,\alpha))\,m\frac{\partial}{\partial m}\right.$$
$$\left.+\delta(g,\alpha)\frac{\partial}{\partial\alpha}+\omega_n(g,\alpha)\right]F_n(\lambda p,g,m,\alpha,\mu)=0 \tag{9.7.76}$$

方程 (9.7.76) 是一阶齐次线性偏微分方程, 在 MS 方案中重整化群函数 β, γ_m 和 δ 都不显示依赖标度 μ, 它们对标度 μ 的依赖是通过 $g(\mu)$ 和 $\alpha(\mu)$ 隐示依赖的, 这使得这个方程的求解变得容易. 我们把这个方程看成是关于变量 t 的方程, 即求解费曼振幅关于动量变化的行为. 需要注意的是, 方程 (9.7.76) 中 m, g, α 都是 μ 的函数, 与 t 并无关系. 为了求解方程, 我们引入跑动耦合函数 $\bar{g}(t)$、跑动质量 $\bar{m}(t)$ 和跑动规范参数 $\bar{\alpha}(t)$, 它们都是 t 的函数, 它们是定义在标度 μ/λ 处的重整化后的耦合常数、质量和规范函数, 定义它们满足如下方程

$$\frac{\mu}{\lambda}\frac{\mathrm{d}\bar{g}}{\mathrm{d}\,(\mu/\lambda)}=\beta(\bar{g},\bar{\alpha})$$
$$\frac{\mu}{\lambda}\frac{1}{\bar{m}}\frac{\mathrm{d}\bar{m}}{\mathrm{d}\,(\mu/\lambda)}=-1-\gamma_m(\bar{g},\bar{\alpha}) \tag{9.7.77}$$
$$\frac{\mu}{\lambda}\frac{\mathrm{d}\bar{\alpha}}{\mathrm{d}\,(\mu/\lambda)}=\delta(\bar{g},\bar{\alpha})$$

把 (9.7.77) 式中的 λ 看成变量, 可得

$$\frac{\mathrm{d}\bar{g}}{\mathrm{d}t}=\beta(\bar{g},\bar{\alpha}),\quad \frac{1}{\bar{m}}\frac{\mathrm{d}\bar{m}}{\mathrm{d}t}=-1-\gamma_m(\bar{g},\bar{\alpha}),\quad \frac{\mathrm{d}\bar{\alpha}}{\mathrm{d}t}=\delta(\bar{g},\bar{\alpha}) \tag{9.7.78}$$

将方程 (9.7.76) 中的 g, m, α 都替换成新引入的跑动参量 $\bar{g}$, $\bar{m}$, $\bar{\alpha}$, 则根据 (9.7.78) 式, 方程 (9.7.76) 可以变成一个全微分方程

$$\left[\frac{\mathrm{d}}{\mathrm{d}t}+\omega_n(\bar{g},\bar{\alpha})\right]F_n(\mathrm{e}^{-t}p,\bar{g},\bar{m},\bar{\alpha},\mu)=0 \tag{9.7.79}$$

由 (9.7.77) 式可知当 $\lambda=1$ 或 $t=0$ 时, $\bar{g}$, $\bar{m}$, $\bar{\alpha}$ 分别回到 g, m, α, 即

$$\bar{g}(0)=g,\quad \bar{m}(0)=m,\quad \bar{\alpha}(0)=\alpha \tag{9.7.80}$$

将上式作为跑动参量的初始条件, 则通过对 (9.7.79) 式的积分得到

$$F_n\left(\mathrm{e}^{-t}p,\bar{g}(t),\bar{m}(t),\bar{\alpha}(t),\mu\right)=F_n(p,g,m,\alpha,\mu)\mathrm{e}^{-\int_0^t \mathrm{d}t'\omega_n\left(\bar{g}(t'),\bar{\alpha}(t')\right)} \tag{9.7.81}$$

这就是't Hooft-Weinberg 方程的一般解. 通过它可以讨论费曼振幅在大动量极限下的渐近行为. 把 $\mathrm{e}^{-t}p\to p$, 将 (9.7.81) 式的形式稍作变化, 可得

$$\begin{aligned}F_n\left(\mathrm{e}^{t}p,g,m,\alpha,\mu\right)=&F_n(p,\bar{g}(t),\bar{m}(t),\bar{\alpha}(t),\mu)\\&\times\exp\left[(D-d_0)t-\int_0^t\mathrm{d}t'\left(n_G\gamma_G(\bar{g}(t'),\bar{\alpha}(t'))+n_F\gamma_F\left(\bar{g}(t'),\bar{\alpha}(t')\right)\right)\right]\end{aligned} \tag{9.7.82}$$

这个解给出了费曼振幅与动量的变化关系, 变量 t 从 $-\infty$ 到 $+\infty$ 变化. $t\to+\infty$ 称为紫外极限, $t\to-\infty$ 称为红外极限. 跑动耦合常数、跑动质量和跑动规范参数由方程 (9.7.78) 的解确定, 其积分形式

$$t=\int_g^{\bar{g}(t)}\frac{\mathrm{d}g'}{\beta(g')} \tag{9.7.83}$$

$$\bar{m}(t)=m\mathrm{e}^{-t-\int_0^t\mathrm{d}t'\gamma_m\left(\bar{g}(t')\right)} \tag{9.7.84}$$

$$t=\int_\alpha^{\bar{\alpha}(t)}\frac{\mathrm{d}\alpha'}{\delta\left(\bar{g}(t),\alpha'\right)} \tag{9.7.85}$$

在 (9.7.83) 式和 (9.7.84) 式中已经考虑到了在 MS 方案中 β 函数和 γ_m 函数都是规范无关的. 在 QCD 中, 它们的计算结果稍后再做讨论.

9.8 渐 近 自 由

从重整化群方程的解来看, 重整化群函数决定了解随动量变化的渐近行为. 重整化群函数也决定了跑动耦合常数、跑动质量和规范参数随动量变化的渐近行为. 我们先来讨论跑动耦合常数 $\bar{g}(t)$ 的行为, 尤其着重考虑 $\bar{g}(t)$ 在 $t\to\infty$ 时的行为. 因为在 QCD 的微扰论中, β 函数是通过计算圈图修正得到的, 它具有这样的形式 $\beta(g)=bg^n+O(g^{n+1})$, 其中 $n\geqslant1$, 所以我们有 $\beta(0)=0$. 下面我们分几种情况分别讨论.

(1) 除了在 $\bar{g}=0$ 处的零点外, 如果 $\beta(\bar{g})$ 没有其他零点, 并且是大于零的, 如图 9.15(a) 所示, 则由 (9.7.83) 式可以分析出 $\bar{g}(t)$ 有如下的渐近行为

$$\begin{cases}\bar{g}(t)\to\infty, & t\to+\infty\\ \bar{g}(t)\to0, & t\to-\infty\end{cases} \tag{9.8.1}$$

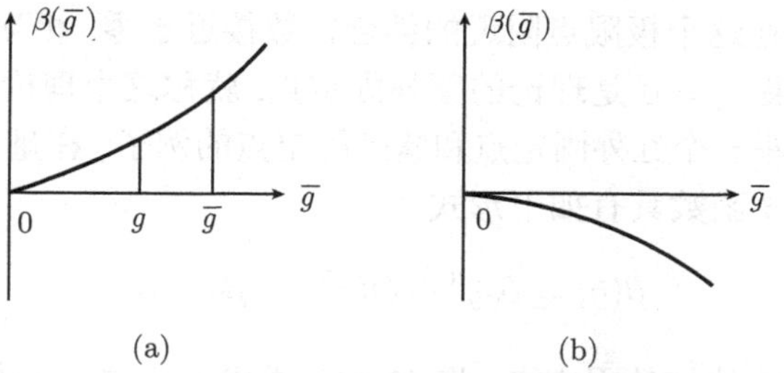

图 9.15 β 函数随 $\bar{g}$ 变化的函数曲线

(a)$\beta(\bar{g})$ 随 $\bar{g}$ 单调上升 (b)$\beta(\bar{g})$ 随 $\bar{g}$ 单调下降

如果除了 $\beta(0)=0$ 的零点外, $\beta(\bar{g})$ 无其他零点并且是小于零的, 如图 9.15(b) 所示, 则 $\bar{g}(t)$ 有如下的渐近行为

$$\begin{cases} \bar{g}(t) \to 0, & t \to +\infty \\ \bar{g}(t) \to \infty, & t \to -\infty \end{cases} \tag{9.8.2}$$

(2) 如果除了 $\beta(0)=0$ 外, β 函数在 $\bar{g}=g_{\mathrm{c}}$ 处还有一个零点 $\beta(g_{\mathrm{c}})=0$, 并且 β 函数在 $\bar{g}=g_{\mathrm{c}}$ 处的导数小于零 $\beta'(g_{\mathrm{c}})<0$, 如图 9.16(a) 所示, 则有

$$\bar{g}(t) \to g_c, \quad 当 \quad t \to +\infty \tag{9.8.3}$$

如果 $\beta'(g_{\mathrm{c}})>0$, 如图 9.16(b) 所示, 则有

$$\bar{g}(t) \to g_c, \quad 当 \quad t \to -\infty \tag{9.8.4}$$

情形 (1) 可被视为情形 (2) 的特殊情况, 所以我们只要讨论情形 (2) 就可以了. 因为 t 增大对应动量尺度增大, 所以 $t\to\infty$ 称为紫外极限 (ultraviolet limit, UV); $t\to-\infty$ 的极限称为红外极限 (infrared limit, IR). 当 $t\to+\infty$ 时 $\bar{g}(t)$ 的极限点 g_{c} 称为紫外固定点, 而当 $t\to-\infty$ 是 $\bar{g}(t)$ 的极限点 g_{c} 称为红外固定点.

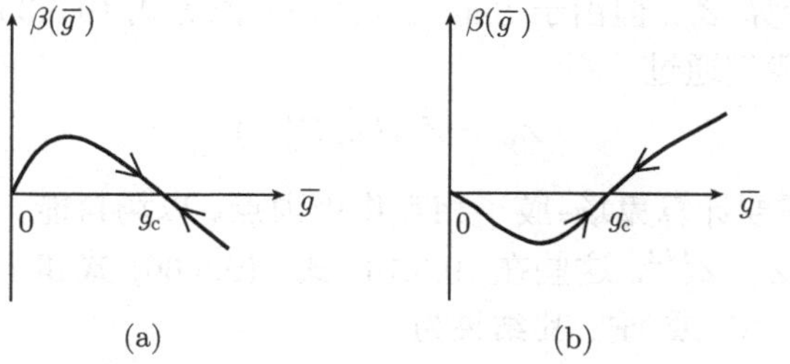

图 9.16 β 函数随 $\bar{g}$ 变化的函数曲线, 除 $\bar{g}=0$ 的零点外,
在 $\bar{g}=g_{\mathrm{c}}$ 处有另外一个零点 $\beta(g_{\mathrm{c}})=0$

(a)$\beta'(g_{\mathrm{c}})<0$ 的情形, 箭头所指方向代表使 $t\to\infty$ 时 $\bar{g}(t)$ 移动的方向;

b)$\beta'(g_{\mathrm{c}})>0$ 的情形, 箭头所指方向代表使 $t\to-\infty$ 时 $\bar{g}(t)$ 移动的方向

当 $g_c = 0$ 时, 在这个极限点附近的耦合常数接近于零, 相互作用减弱, 理论趋于自由场理论. 如果 $g_c = 0$ 是理论的紫外固定点, 就称这个理论是渐近自由的.

下面我们分别举一个红外固定点和紫外固定点的例子. 在量子电动力学 (QED) 中, 计算到单圈的 β 函数具有如下形式

$$\beta(\bar{g}) = \beta_0 \bar{g}^3 + O(\bar{g}^5), \quad \beta_0 > 0 \tag{9.8.5}$$

由此, $\bar{g} = 0$ 是 QED 的红外固定点. 将 (9.8.5) 式代入 (9.7.83) 式积分得出

$$\bar{g}(t)^2 = \frac{g^2}{1 - 2\beta_0 g^2 t} \tag{9.8.6}$$

当 $t \to -\infty$ 时 $\bar{g}(t) \to 0$, 的确是红外固定点. 当我们考虑 $t > 0$ 的区域时, 当 $t = \dfrac{1}{2\beta_0 g^2 t}$ 时, 也就是说当动量尺度达到 $\mathrm{e}^t = \exp\left(\dfrac{1}{2\beta_0 g^2 t}\right)$ 时, 跑动耦合常数 $\bar{g}(t)$ 会趋于无穷大, 此时微扰论不再适用. 这相当于存在一个关于动量尺度的极点, 这个极点称为朗道 (Landau) 极点[48,49].

对于如下的 β 函数

$$\beta(\bar{g}) = -\beta_0 \bar{g}^3 + O(\bar{g}^5), \quad \beta_0 > 0 \tag{9.8.7}$$

同样代入 (9.7.83) 式并积分得出

$$\bar{g}(t)^2 = \frac{g^2}{1 + 2\beta_0 g^2 t} \tag{9.8.8}$$

当 $t \to +\infty$ 时有 $\bar{g}(t) \to 0$, 这是紫外固定点.

现在我们计算 QCD 中的 β 函数, 我们继续省去标记重整化量的下标 "R", 首先讨论单圈级的计算. 由 β 函数的定义 (9.7.52) 式, 注意现在把下标 "R" 都省去了, 要计算 β 函数, 我们需要知道耦合常数的重整化常数 Z_g. 从 (9.5.33) 式可知, 我们有四种方法可以计算 Z_g. 但由于 Slavnov-Taylor 恒等式 (9.5.35), 四种方式计算得出的 Z_g 都相等. 我们通过

$$Z_g = \tilde{Z}_1 / (\tilde{Z}_3 Z_3^{1/2}) \tag{9.8.9}$$

来计算 Z_g. 我们需要计算鬼场–胶子相互作用顶点、鬼场自能、胶子自能至单圈级贡献, 以得到 $\tilde{Z}_1$, $\tilde{Z}_3$, $Z_3^{1/2}$. 这些在 (9.5.74) 式、(9.5.66) 式和 (9.5.64) 式中都已计算过了, 去掉下标 "R" 或 "r", 其结果为

$$\tilde{Z}_1 = 1 - \frac{g^2}{(4\pi)^2} C_{\mathrm{G}} \frac{\alpha}{2} \frac{1}{\varepsilon} + O(g^4) \tag{9.8.10}$$

$$\tilde{Z}_3 = 1 + \frac{g^2}{(4\pi)^2} C_{\mathrm{G}} \frac{3 - \alpha}{4} \frac{1}{\varepsilon} + O(g^4) \tag{9.8.11}$$

$$Z_3 = 1 + \frac{g^2}{(4\pi)^2}\left[\frac{1}{2}C_{\mathrm{G}}\left(\frac{13}{3} - \alpha\right) - \frac{4}{3}T_{\mathrm{R}}N_{\mathrm{f}}\right]\frac{1}{\varepsilon} + O(g^4) \tag{9.8.12}$$

将以上三个结果代入 (9.8.9) 式可得

$$Z_g = 1 - \frac{g^2}{(4\pi)^2}\frac{1}{\varepsilon}\frac{1}{6}(11C_{\mathrm{G}} - 4T_{\mathrm{R}}N_f) + O(g^4) \tag{9.8.13}$$

正如 9.7.2 小节中指出的那样, 对规范参数 α 的依赖在计算 Z_g 时相互消去, Z_g 的结果并不再依赖于 α. 现在我们把 (9.8.13) 式代入 (9.7.52) 式得

$$\begin{aligned}\beta(g) &= -\varepsilon g - \frac{\mu}{Z_g}\frac{\mathrm{d}Z_g}{\mathrm{d}\mu}g \\ &= -\varepsilon g + \frac{11C_{\mathrm{G}} - 4T_{\mathrm{R}}N_{\mathrm{f}}}{3}\frac{g^2}{(4\pi)^2}\frac{1}{\varepsilon}\beta(g) + O(g^4)\end{aligned} \tag{9.8.14}$$

再把 (9.8.14) 式本身迭代入右侧的 $\beta(g)$, 保留到 g^3 项并取 $\varepsilon \to 0$ 得

$$\beta(g) = -\frac{1}{(4\pi)^2}\frac{11C_{\mathrm{G}} - 4T_{\mathrm{R}}N_{\mathrm{f}}}{3}g^3 + O(g^5) \tag{9.8.15}$$

此结果具有形式

$$\beta(\bar{g}) = -\beta_0 g^3 + O(g^5) \tag{9.8.16}$$

$$\beta_0 = \frac{1}{(4\pi)^2}\frac{11C_{\mathrm{G}} - 4T_{\mathrm{R}}N_{\mathrm{f}}}{3} \tag{9.8.17}$$

只要 $\beta_0 > 0$, QCD 就会有渐近自由的性质, 此时需要 $11C_{\mathrm{G}} - 4T_{\mathrm{R}}N_{\mathrm{f}} > 0$. 对于 SU(3) 群, $C_{\mathrm{G}} = 3$, $T_{\mathrm{R}} = 1/2$, 所以渐近自由的条件是

$$N_{\mathrm{f}} < 33/2 \tag{9.8.18}$$

即只要自然界中夸克的 "味" 数小于 16, QCD 就具有渐近自由的性质. 出现上述结果的根本原因可以追溯到 QCD 拉氏量中的三胶子耦合项, 这是胶子场的自相互作用项. 因为规范场具有自相互作用是 Yang-Mills 理论的特点, 所以渐近自由是存在于 Yang-Mills 理论中的本质特色.

其他重整化群函数 γ_m, δ, γ_{G}, γ_{F} 可以很方便地根据定义及 9.5.4 小节计算出来的重整化常数计算出来, 这里就不再深入讨论了.

超出单圈的重整化群函数的计算变得非常困难. 现在对于 β 函数的计算已经在 MS 减除方案下进行到四圈图. 最初的完整两圈图计算是由 Jones[50] 和 Caswell[51] 完成的. 而三圈图和四圈图的计算任务已经非常艰巨, 它们也已于 1980 年和 1997 年完成[52,53]. β 函数至三圈图的结果为

$$\beta(g) = -\beta_0 g^3 - \beta_1 g^5 - \beta_2 g^7 + O(g^9) \tag{9.8.19}$$

其中 β_0 于 (9.8.17) 式给出, 而

$$\beta_1 = \frac{1}{(4\pi)^4}\left[\frac{34}{3}C_{\rm G}^2 - 4\left(\frac{5}{3}C_{\rm G} + C_{\rm F}\right)T_{\rm R}N_{\rm f}\right] \tag{9.8.20}$$

$$\begin{aligned}\beta_2 = &\frac{1}{(4\pi)^6}\left[\frac{2857}{54}C_{\rm G}^3 - \left(\frac{1415}{27}C_{\rm G}^2 + \frac{205}{9}C_{\rm G}C_{\rm F} - 2C_{\rm F}^2\right)T_{\rm R}N_{\rm f}\right.\\ &\left. + \left(\frac{158}{27}C_{\rm G} + \frac{44}{9}C_{\rm F}\right)T_{\rm R}^2N_{\rm f}^2\right]\end{aligned} \tag{9.8.21}$$

对于 SU(3) 颜色规范群, β_0, β_1, β_2 的结果为

$$\beta_0 = \frac{1}{(4\pi)^2}\left(11 - \frac{2}{3}N_{\rm f}\right) \tag{9.8.22}$$

$$\beta_1 = \frac{1}{(4\pi)^4}\left(102 - \frac{38}{3}N_{\rm f}\right) \tag{9.8.23}$$

$$\beta_2 = \frac{1}{(4\pi)^6}\left(\frac{2857}{2} - \frac{5033}{18}N_{\rm f} + \frac{325}{54}N_{\rm f}^2\right) \tag{9.8.24}$$

将 (9.8.19) 式代入 (9.7.83) 式, 可得跑动耦合常数至三圈的积分方程

$$t = -\int_g^{\bar{g}(t)} \frac{{\rm d}g'}{g'^3\left(\beta_0 + \beta_1 g'^2 + \beta_2 g'^4 + O(g'^6)\right)} \tag{9.8.25}$$

为了后面表示的方便, 我们把动量的标度取为

$$\mathrm{e}^t = \sqrt{q^2}/\mu \tag{9.8.26}$$

这里 q 是所处理的散射过程中的典型动量, 它是类时的, 即 $q^2 > 0$, 而 μ 是个固定的标度, 当 $t = 0$, 即 $\sqrt{q^2} = \mu$ 时, $\bar{g}(0) = g$, 即 g 是对应标度 μ 的耦合常数值. 如果在计算中取合适的标度 μ, 使得 g 足够小, 并且 $\bar{g}(t) < g$, 则 g' 也是足够小, 则 (9.8.25) 式对于 g' 的展开序列可以截断到有限项. 保留到单圈, 由 (9.8.25) 式得

$$t = \frac{1}{2\beta_0}\left(\frac{1}{\bar{g}^2} - \frac{1}{g^2}\right) \tag{9.8.27}$$

解出跑动耦合常数为

$$\begin{aligned}\bar{g}^2 = &\frac{g^2}{1 + 2\beta_0 g^2 t} = \frac{g^2}{1 + 2\beta_0 g^2 \ln\dfrac{\sqrt{q^2}}{\mu}}\\ = &\frac{1}{\beta_0\left(\dfrac{1}{\beta_0 g^2} + \ln\dfrac{q^2}{\mu^2}\right)} = \frac{1}{\beta_0\left(\ln \mathrm{e}^{1/(\beta_0 g^2)} + \ln\dfrac{q^2}{\mu^2}\right)}\\ = &\frac{1}{\beta_0 \ln\dfrac{q^2}{\mu^2 \mathrm{e}^{-1/(\beta_0 g^2)}}}\end{aligned} \tag{9.8.28}$$

定义参数

$$\Lambda = \mu e^{-\frac{1}{2\beta_0 g^2}} \tag{9.8.29}$$

则 (9.8.28) 式可以简写成

$$\bar{g}^2 = \frac{1}{\beta_0 \ln \dfrac{q^2}{\Lambda^2}} \tag{9.8.30}$$

从 Λ 的定义 (9.8.29) 式看, Λ 表面上与标度 μ 有关, 但实际上它是一个与标度无关的常数. 因为 g^2 是对应标度 μ 的耦合常数, g^2 对 μ 的依赖性可以消去 (9.8.29) 式中 Λ 对 μ 的依赖性, 其证明如下.

假设在另一个新的标度 μ' 处, 对应的耦合常数为 $g(\mu')$, 按照 (9.8.29) 式定义一个新的参数

$$\Lambda' = \mu' e^{-\frac{1}{2\beta_0 \bar{g}^2(\mu')}} \tag{9.8.31}$$

根据 (9.8.30) 式, 将 q^2 换成标度 μ' 得

$$\bar{g}^2(\mu') = \frac{1}{\beta_0 \ln \dfrac{\mu'^2}{\Lambda^2}} \tag{9.8.32}$$

将 (9.8.32) 式代入 (9.8.31) 式, 经简单处理可得

$$\Lambda' = \Lambda \tag{9.8.33}$$

即 (9.8.29) 式定义的 Λ 是一个与标度 μ 无关的常数.

参数 Λ 称为 QCD 能标, 它是 QCD 中除夸克质量外唯一的参数. 它的数值需要根据 QCD 对散射截面的理论预言与实验值的比较而确定.

考虑到 QCD 两圈图贡献, (9.8.30) 式会被进一步修正. 将 (9.8.25) 式取到 β_1 项, 再次作积分可得

$$t = \frac{1}{2\beta_0}\left[\frac{1}{\bar{g}^2} - \frac{1}{g^2} + \frac{\beta_1}{\beta_0}\ln\frac{\bar{g}^2(\beta_0 + \beta_1 g^2)}{g^2(\beta_0 + \beta_1 \bar{g}^2)}\right] \tag{9.8.34}$$

将 (9.8.34) 式中含 $\bar{g}$ 的项分离出来, 并利用 $t = \ln(\sqrt{q^2}/\mu)$ 得

$$\frac{1}{\bar{g}^2} + \frac{\beta_1}{\beta_0}\ln\frac{\beta_0 \bar{g}^2}{1 + \dfrac{\beta_1}{\beta_0}\bar{g}^2} = \beta_0 \ln\frac{q^2}{\mu^2} + \frac{1}{g^2} - \frac{\beta_1}{\beta_0}\ln\frac{1 + \beta_1 g^2/\beta_0}{\beta_0 g^2} \tag{9.8.35}$$

(9.8.35) 式的右侧可以进一步整理, 最终可得

$$\frac{1}{\bar{g}^2} + \frac{\beta_1}{\beta_0}\ln\frac{\beta_0 \bar{g}^2}{1 + \dfrac{\beta_1}{\beta_0}\bar{g}^2} = \beta_0 \ln\frac{q^2}{\Lambda^2} \tag{9.8.36}$$

其中的 Λ 定义为

$$\Lambda = \mu \mathrm{e}^{-1/(2\beta_0 g^2)} \left(\frac{1+\beta_1 g^2/\beta_0}{\beta_0 g^2}\right)^{\beta_1/(2\beta_0^2)} \tag{9.8.37}$$

在取 $\beta_1 = 0$ 的情况下, (9.8.37) 式即可回到 Λ 的单圈结果 (9.8.29) 式. 方程 (9.8.36) 可以采用迭代法求解. 在 $q^2 \gg \Lambda^2$ 的情况下, 迭代解得

$$\bar{g}^2 = \frac{1}{\beta_0 \ln \dfrac{q^2}{\Lambda^2}} \left(1 - \frac{\beta_1}{\beta_0} \frac{\ln\ln \dfrac{q^2}{\Lambda^2}}{\ln \dfrac{q^2}{\Lambda^2}} + \cdots\right) \tag{9.8.38}$$

(9.8.38) 式给出的跑动耦合常数随转移动量 q^2 的增大而减小, 其中第一项是单圈图贡献, 而第二项是双圈图贡献. 当 q^2 足够大时, 可以保证 $\bar{g}^2$ 足够小以使微扰展开有效. 当 $q^2 \to \infty$ 时 $\bar{g}^2 \to 0$, 理论变成自由场理论.

渐近自由使得 QCD 的微扰展开方法在计算夸克、胶子在大动量转移情况下的散射成为可能. 但自然界中并不存在自由的夸克和胶子, 夸克和胶子总是被束缚在强子内部. 将夸克和胶子束缚在一起的动力学并不是以高动量转移为主, 所以将夸克和胶子作为自由个体的微扰计算并不能直接应用到以强子为初、末态的散射过程中去. 尽管如此, 渐近自由使得夸克和胶子在小距离下成为准自由的粒子, 这使得对以夸克和胶子作为自由粒子的散射过程的计算并非完全没有意义. 以算符乘积展开为基础的因子化方法可以将小距离的相互作用与长距离的相互作用分开, 使得对小距离散射的微扰计算能够合理的应用到强子散射过程中去.

9.9 结构函数、部分子分布函数及其在微扰 QCD 中的应用

我们在 6.5~6.7 节简要介绍了 e-p 深度非弹性散射中出现的结构函数及其与核子中部分子分布函数的关系. 本节再就轻子–核子深度非弹性散射结构函数及其与核子中部分子分布函数之间的关系作进一步的说明. 最后举例说明它们在微扰 QCD 计算中的应用.

9.9.1 深度非弹性散射过程的结构函数

轻子–核子深度非弹性散射 $lN \to l'\mathrm{X}$ 过程可由图 9.17 表示. k 和 k' 分别代表入射和出射轻子的四动量, P 和 M 分别表示核子的四动量和质量. W 为末态 X 的不变质量, 交换粒子可以是 γ, $W^{\pm}$ 和 Z, 其四动量 $q = k - k'$. 我们先列出几个有用的不变量:

$$\nu = q \cdot p/M = E - E'$$

为核子静止系中轻子的能量损失, E 和 E' 为轻子在散射中始末态能量;

$$Q^2 = -q^2 = 2(EE' - \vec{k}\cdot\vec{k'}) - m_l^2 - m_{l'}^2$$
$$x = Q^2/(2M\nu)$$

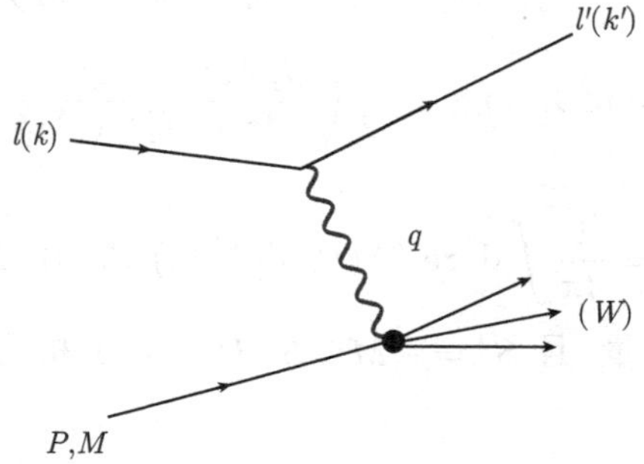

图 9.17 轻子–核子非弹性散射

在部分子模型中 x 为核子中参与碰撞的夸克所带核子动量的分数;

$$y = q\cdot p/k\cdot p = \nu/E$$

为核子静止系中轻子能量损失的份额;

$$W^2 = (p+q)^2 = M^2 + 2M\nu - Q^2$$

为末态 X 系统的不变质量平方;

$$s = (k+P)^2 = \frac{Q^2}{xy} + M^2 + m_l^2$$

为轻子–核子系统质心系能量的平方. 深度非弹性散射过程的标志是 $Q^2 \gg M^2$.

最低阶微扰下, 图 9.17 过程的截面对于极化轻子在极化核子上的深度非弹散射微分截面可表示为

$$\frac{\mathrm{d}^2\sigma}{\mathrm{d}x\mathrm{d}y} = \frac{2\pi y\alpha^2}{Q^4}\sum_j \eta_j L_j^{\mu\nu} W_{\mu\nu}^j \tag{9.9.1}$$

对中性流: j 求和取为 $j=\gamma$(交换光子), $j=Z$(交换 Z 玻色子), $j=\gamma\ Z$(交换 γ 和 Z 的干涉项);

对带电流: j 求和只有 $j=W$(交换 W 玻色子);

对入射轻子, 电荷为 $e=\pm1$, 螺旋度 $\lambda=\pm1$, (9.9.1) 式中轻子流张量为

$$L_{\mu\nu}^{\gamma} = 2(k_\mu k'_\nu + k'_\mu k_\nu - k\cdot k' g_{\mu\nu} - \mathrm{i}\lambda\varepsilon_{\mu\nu\alpha\beta}k^\alpha k'^\beta)$$

$$L_{\mu\nu}^{\gamma Z}=(g_{\rm V}^{\rm e}+e\lambda g_{\rm A}^{\rm e})L_{\mu\nu}^{\gamma},\quad L_{\mu\nu}^{Z}=(g_{\rm V}^{\rm e}+e\lambda g_{\rm A}^{\rm e})^2L_{\mu\nu}^{\gamma}$$
$$L_{\mu\nu}^{W}=(1+e\lambda)^2L_{\mu\nu}^{\gamma},\quad g_{\rm V}^{\rm e}=-\frac{1}{2}+2\sin^2\theta_W,\quad g_{\rm A}^{\rm e}=-\frac{1}{2} \tag{9.9.2}$$

其中

$$\eta_\gamma=1,\quad \eta_{\gamma Z}=\left(\frac{G_FM_Z^2}{2\sqrt{2}\pi\alpha}\right)\frac{Q^2}{Q^2+M_Z^2}$$
$$\eta_Z=\eta_{\gamma Z}^2,\quad \eta_W=\frac{1}{2}\left(\frac{G_{\rm F}M_W^2}{4\pi\alpha}\frac{Q^2}{Q^2+M_W^2}\right)^2 \tag{9.9.3}$$

强子张量为

$$W_{\mu\nu}=\frac{1}{4\pi}\int{\rm d}^4z{\rm e}^{{\rm i}q\cdot z}\left\langle P,S\right|[J_\mu^+(z),J_\nu(0)]\left|P,S\right\rangle \tag{9.9.4}$$

其中 S 为核子自旋四矢量, 且 $S^2=-M^2$, $S\cdot P=0$. 分析得出[54] 对极化轻子与极化核子散射

$$\begin{aligned}W_{\mu\nu}=&\left(-g_{\mu\nu}+\frac{q_\mu q_\nu}{q^2}\right)F_1(x,Q^2)+\frac{\hat{P}_\mu\hat{P}_\nu}{P\cdot q}F_2(x,Q^2)-{\rm i}\varepsilon_{\mu\nu\alpha\beta}\frac{q^\alpha P^\beta}{2P\cdot q}F_3(x,Q^2)\\&+{\rm i}\varepsilon_{\mu\nu\alpha\beta}\frac{q^\alpha}{P\cdot q}\left[S^\beta g_1(x,Q^2)+\left(S^\beta-\frac{S\cdot q}{P\cdot q}P^\beta\right)g_2(x,Q^2)\right]\\&+\frac{1}{P\cdot q}\left[\frac{1}{2}(\hat{P}_\mu\hat{S}_\nu+\hat{S}_\mu\hat{P}_\nu)-\frac{S\cdot q}{P\cdot q}\hat{P}_\mu\hat{P}_\nu\right]g_3(x,Q^2)\\&+\frac{S\cdot q}{P\cdot q}\left[\frac{\hat{P}_\mu\hat{P}_\nu}{P\cdot q}g_4(x,Q^2)+\left(-g_{\mu\nu}+\frac{q_\mu q_\nu}{q^2}\right)g_5(x,Q^2)\right]\end{aligned} \tag{9.9.5}$$

其中

$$\hat{P}_\mu=P_\mu-\frac{P\cdot q}{q^2}q_\mu,\quad \hat{S}_\mu=S_\mu-\frac{S\cdot q}{q^2}q_\mu \tag{9.9.6}$$

如果核子不极化, 则极化轻子通过中性流或带电流对非极化核子的深度非弹性散射截面为

$$\begin{aligned}\frac{{\rm d}^2\sigma}{{\rm d}x{\rm d}y}=&\frac{4\pi\alpha^2}{xyQ^2}\eta^i\left\{\left(1-y-\frac{x^2y^2M^2}{Q^2}\right)F_2^i(x,Q^2)+y^2xF_1^i(x,Q^2)\right.\\&\left.\mp\left(y-\frac{y^2}{2}\right)xF_3^i(x,Q^2)\right\}\end{aligned} \tag{9.9.7}$$

其中 i = NC(中性流 eN → eX), i = CC(带电流 eN → νX 或 νN → eX). 对中微子入射时 (9.9.2) 式中的 $L_{\mu\nu}^W$ 仍然成立, 只是此时的 e, λ 对应出射带电轻子.

(9.9.7) 式最后一项负号对应 $\rm e^+$ 或 $\bar{\nu}$ 入射, 正号对应 $\rm e^-$ 或 ν 入射. 系数 η^i 为

$$\begin{aligned}&\eta^{\rm NC}=1\quad(\text{对非极化}{\rm e}^\pm)\\&\eta^{\rm CC}=(1\pm\lambda)^2\eta_W\end{aligned} \tag{9.9.8}$$

(9.9.8) 第二式中 ± 对 $l^{\pm}$ 入射, λ 为入射轻子的螺旋度, η_W 见 (9.9.3) 式.

对中微子入射情况 $\eta^{\rm CC} = 4\eta_W$.

对 W 交换产生的带电流相应的结构函数

$$F_1^{\rm CC} = F_1^W, \quad F_2^{\rm CC} = F_2^W, \quad xF_3^{\rm CC} = xF_3^W \tag{9.9.9}$$

对 NC 相应的结构函数 F_2^{γ}, $F_2^{\gamma Z}$, F_2^Z, 对 $\mathrm{e}^{\pm}N \to \mathrm{e}^{\pm}\mathrm{X}$

$$F_2^{\rm NC} = F_2^{\gamma} - (g_{\rm V}^{\rm e} \pm \lambda g_{\rm A}^{\rm e})\eta_{\gamma Z} F_2^{\gamma Z} + [(g_{\rm V}^{\rm e})^2 + (g_{\rm A}^{\rm e})^2 \pm 2\lambda g_{\rm V}^{\rm e} g_{\rm A}^{\rm e}] \cdot \eta_Z F_2^Z \tag{9.9.10}$$

$$xF_3^{\rm NC} = -(g_{\rm A}^{\rm e} \pm \lambda g_{\rm V}^{\rm e})\eta_{\gamma Z} xF_3^{\gamma Z} + [2g_{\rm V}^{\rm e} g_{\rm A}^{\rm e} \pm \lambda((g_{\rm V}^{\rm e})^2 + (g_{\rm A}^{\rm e})^2)] \cdot \eta_Z xF_3^Z \tag{9.9.11}$$

我们给出以上式子只是想说明, 考虑极化轻子与极化核子散射时结构函数要复杂得多, 绝不是不考虑极化时 e-p 深度非弹性散射那样简单. 具体推导及分析可参阅 PDG 组的综述[55] 及其中引用的文献.

9.9.2 QCD 对结构函数随 Q^2 变化的预言

在核子的部分子模型下, 当在质子无穷大动量坐标系 $Q^2 \to \infty$, $\nu \to \infty$, 而 x 固定时, 结构函数 $F_i(x, Q^2) \to F_i(x)$. 这种 Scaling 行为是在质子无穷大动量系中忽略部分子横动量的情况下实现的. 但是在 QCD 理论框架下, 夸克会辐射胶子, 这将破坏 Scaling 假设, 这种破坏是对数性的. 当 Q^2 增加时辐射的胶子又分裂为 $q\bar{q}$ 对, 造成初始夸克动量分布的软化和 $q\bar{q}$ 海的增加, x 越小 (Q^2 越大), 这种过程越强. 图 9.18 给出 $x \sim 0.25$ 时 $F_2(x, Q^2)$ 随 Q^2 的变化[56]. 显然 Scaling 很好地保持, $F_2(x, Q^2)$ 几乎与 Q^2 无关. 但当 x 变小时情况就大不相同了. 图 9.19 的实验曲线清楚的表明了这一点[55].

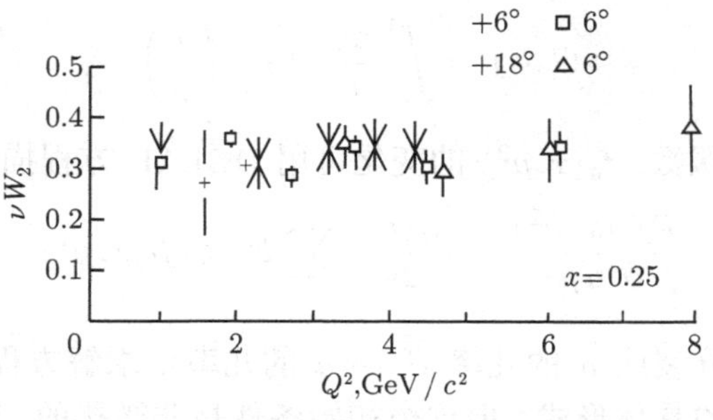

图 9.18 质子 $F_2(x, Q^2)$ 随 Q^2 的变化表现出很好的 Scaling 行为

QCD 中上述过程可用部分子分布函数 (parton distribution function, PDF) $f_a(x, \mu^2)$ 的变化来描写. 其中 a 代表 q, $\bar{\mathrm{q}}$ 或胶子 g, $\mu^2 = Q^2$ 即散射的动量转移平方 (μ 即探测的能标的大小). $f_a(x, \mu^2)$ 代表质子中动量为 xP、横动量从零积分到 μ 的部分子 a 的密度.

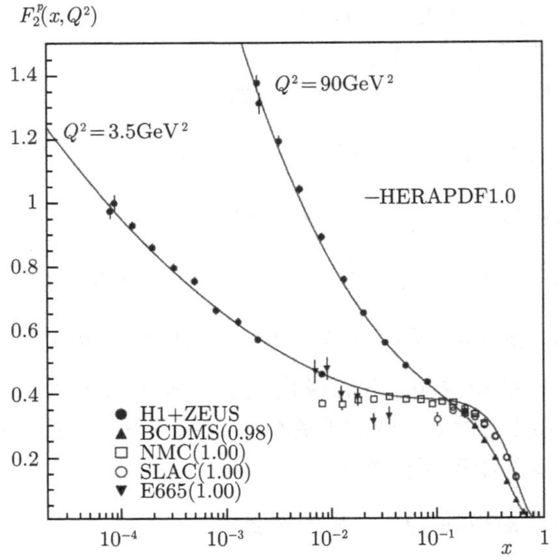

图 9.19　质子结构函数 $F_2^p(x,Q^2)$ 在 $Q^2=3.5\ \text{GeV}^2$ 和 $Q^2=90\ \text{GeV}^2$ 以及不同的 x 值处的实验曲线. 其中不同的实验点来自不同的实验组, 实线为 HERAPDF 组的结构函数参数化形式. 图中可见在 $x\sim 0.14$ 时显示了 Scaling 行为

对 $Q^2\gg M^2$, 结构函数 F_i 可用 PDF 表示

$$F_i=\sum_i C_i^a\otimes f_a \tag{9.9.12}$$

这里 $\otimes$ 表示卷积 (convolution integral)

$$C\otimes f=\int_x^1\frac{\mathrm{d}y}{y}C(y)f\left(\frac{x}{y}\right) \tag{9.9.13}$$

C_i^a 是 α_s 展开的幂级数. $f_a(x,\mu^2)$ 的变化可用 DGLAP 方程描写

$$\frac{\partial f_a(x,\mu^2)}{\partial\ln\mu^2}\sim\frac{\alpha_s(\mu^2)}{2\pi}\sum_b P_{ab}\otimes f_b(x,\mu^2) \tag{9.9.14}$$

P_{ab} 描写部分子 b 分裂成 a 的几率 ($b\to a$ 的几率). 求解方程 (9.9.14) 需要初始条件, 即 $f_a(x,\mu_0^2)$ 的具体形式. 但这个初始条件是非微扰的, 目前不能利用 QCD 计算出来, 只能从实验确定. 有了初始 PDF, 通过方程 (9.9.14), QCD 就可以预言 PDF 随 $Q^2=\mu^2$ 的发展变化, 并给出 PDF—$f_a(x,\mu^2)$ 在任何其他标度 μ 下的值.

目前国际上有六个不同的组[55] 给出了质子和中子部分子分布函数的参数化形式. 他们先猜测一个初始分布, 即某个 $\mu^2=Q_0^2$ 处 $f_a(x,Q_0^2)$ 的形式, 再计算出 $xf_a(x,Q^2)$ 并与 $lp\to l'\text{X}$, $pp\to(W^\pm\to l^\pm\nu)\text{X}$ 等过程比较, 使参数化形式更接近实际. 再利用这个参数化的 PDF 来预言其他实验. 具体细节请参阅文献 [55] 及其引文, 这里不再讨论.

9.9.3 应用举例

本节在微扰 QCD 框架下举例说明部分子分布函数如何用于微扰计算.

我们只讨论 $p\bar{p} \to b\bar{b}\mathrm{X}$ 过程[57], 这个过程的 Feynman 图如图 9.20 所示.

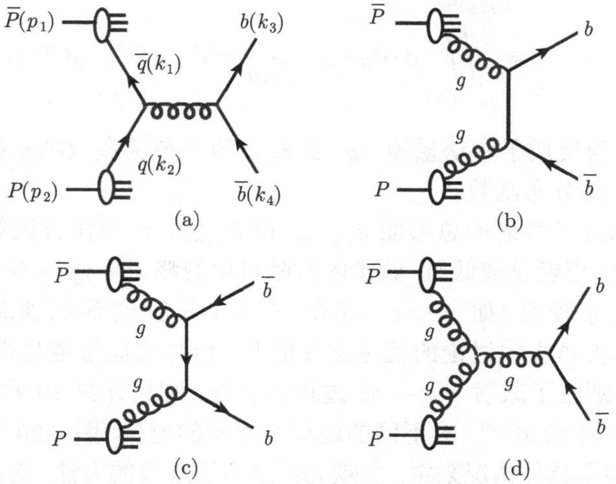

图 9.20 $p\bar{p} \to b\bar{b}\mathrm{X}$ 过程的最低阶微扰费曼图

如图 9.20(a) 所示, 令 $k_1 = xp_1$, $k_2 = yp_2$, 子过程的能量动量守恒给出

$$(xp_1 + yp_2)^2 = (k_3 + k_4)^2 \tag{9.9.15}$$

$\bar{p}p$ 对撞的质心系能量平方, 即 $s = (p_1 + p_2)^2$, 当 s 大于几百 GeV^2 时, (9.9.15) 式左方 $\sim xys$, 所以要想产生 $b\bar{b}$ 对, 要求

$$xys \geqslant 4m_b^2 \tag{9.9.16}$$

$p\bar{p} \to b\bar{b}\mathrm{X}$ 总截面包括两大部分, 即 $q\bar{q} \to b\bar{b}$ 的总截面 $\sigma_{\mathrm{tot}}^{q\bar{q}\to b\bar{b}}$ 和 $gg \to b\bar{b}$ 的总截面 $\sigma_{\mathrm{tot}}^{gg\to b\bar{b}}$

$$\begin{aligned}\sigma_{\mathrm{tot}}^{q\bar{q}\to b\bar{b}}(p\bar{p} \to b\bar{b}\mathrm{X}) &= \iint\limits_{xys\geqslant 4m_b^2} \mathrm{d}x\mathrm{d}y\hat{\sigma}_{q\bar{q}\to b\bar{b}}\bar{q}^{\bar{p}}(x, Q^2)q^p(y, Q^2) \\ &= \iint\limits_{xys\geqslant 4m_b^2} \mathrm{d}x\mathrm{d}y\hat{\sigma}_{q\bar{q}\to b\bar{b}}\frac{1}{xy}[x\bar{q}^{\bar{p}}(x, Q^2) \cdot yq^p(y, Q^2)]\end{aligned} \tag{9.9.17}$$

其中 $\bar{q}^{\bar{p}}(x, Q^2)$ 为反质子 $\bar{p}$ 中动量为 xp_1 的反夸克的数量, $q^p(y, Q^2)$ 为质子中动量为 yp_2 的夸克的数量. (9.9.17) 式中我们提出了因子 $1/(xy)$ 是因为结构函数或部分

子分布函数 PDF 的参数化形式都是以 $xf(x,Q^2)$ 的形式给出的. 所以中括号 [ ] 内给出的正是这个参数化形式. 它们的数值可以在六种不同的参数化中给出[55], 并可付诸计算.

图 9.20 中 (b)~(d) 的贡献为

$$\begin{aligned}\sigma_{\text{tot}}^{gg\to b\bar{b}}(p\bar{p}\to b\bar{b}\text{X}) &= \iint\limits_{xys\geqslant 4m_b^2} \mathrm{d}x\mathrm{d}y\hat{\sigma}_{gg\to b\bar{b}}G^{\bar{p}}(x,Q^2)G^p(y,Q^2)\\ &= \iint\limits_{xys\geqslant 4m_b^2} \mathrm{d}x\mathrm{d}y\hat{\sigma}_{gg\to b\bar{b}}\frac{1}{xy}[xG^{\bar{p}}(x,Q^2)\cdot yG^p(y,Q^2)] \qquad (9.9.18)\end{aligned}$$

其中 $G^{\bar{p}}(x,Q^2)$ 为反质子中动量为 xp_1 的胶子的分布函数, $G^p(y,Q^2)$ 为质子中动量为 yp_2 的胶子的分布函数.

上两式中部分子散射的总截面 $\hat{\sigma}_{q\bar{q}\to b\bar{b}}$ 和 $\hat{\sigma}_{gg\to b\bar{b}}$ 可由微扰论算出[57]. 需要指出的是, 当碰撞过程能量较低时, 胶子的贡献可以忽略, 即 $gg\to b\bar{b}$ 过程可忽略. 并且, 因为此时 x, y 较大 (如 $x\sim y\sim 0.3$), 海夸克贡献也不大, 此时只考虑价夸克的贡献即可. 文献 [57] 中讨论的就是这种情况. 但如果碰撞能量很高, 如 LHC 能量下 $x,y\ll 1$, 则胶子散射 $gg\to b\bar{b}$ 过程占主导, 则只计算 (9.9.18) 式就可以了. 这可以从图 9.21 中看出[58]. 对不同的过程和不同的能量, 图 9.20 子过程的取舍和 PDF 的选取要根据具体情况来定. 文献 [57] 给出了选取的方法. 有兴趣的读者可以一阅.

下面 9.10 节和 9.11 节我们将讨论和 QCD 非微扰有关的问题. 先讨论束缚态问题, 再讨论格点规范理论.

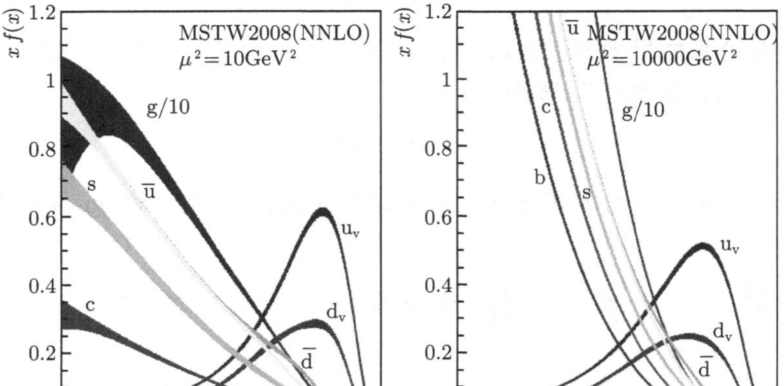

图 9.21　质子非极化的部分子分布函数 $f(x)$ 与 x 的乘积 $xf(x)$ 与 x 的关系曲线. 图中给出了质子内价夸克、海夸克和胶子随 x 的分布. μ^2 取 10GeV^2 和 10^4GeV^2 两个值

9.10 QCD 中部分束缚态简介

9.10.1 e^+e^- 对撞、粲偶素和底偶素

e^+e^- 对撞机最重要的特点是通过 e^+e^- 的电磁作用产生末态粒子, 因此本底非常低. 世界上已建立运行的 e^+e^- 对撞机很多, 有 e^+ 和 e^- 能量相等的对称对撞机, 如美国 SLAC 的 SPEAR、Cornell 大学的 CESR、中国的 BEPC、欧洲的 LEP 等, 还有 e^+e^- 能量不相等的非对称对撞机, 如美国的 PEP-II、日本的 KEK-B 等. 已有 e^+e^- 对撞机的名称、能量等各种参数可参阅 PDG 的综述文章[59].

通过 e^+e^- 对撞实验对 $c-\bar{c}$ 束缚态 (粲偶素 ——charmonium) 和 $b-\bar{b}$ 束缚态 (底偶素 ——bottomonium) 的能级和衰变做了仔细测量. 结果表明, 粲偶素和底偶素的能级基本上可用非相对论量子力学来描写. 如对粲偶素, 若选取 $c-\bar{c}$ 间的相互作用势 $V(r)$ 为[60]

$$V(r) = -\frac{k}{r} + \frac{r}{a^2} \tag{9.10.1}$$

可以相当好地给出粲偶素的能级. (9.10.1) 式第一项为库仑势, 描写 $c-\bar{c}$ 小距离的作用, $\frac{r}{a^2}$ 线性势描写 $c-\bar{c}$ 大距离的作用, 这是 QCD 色紧闭所要求的. 所以 (9.10.1) 式可看成以 QCD 为基础的维象势.

实验上已测量的粲偶素和底偶素的能级图 9.22 和图 9.23[61].

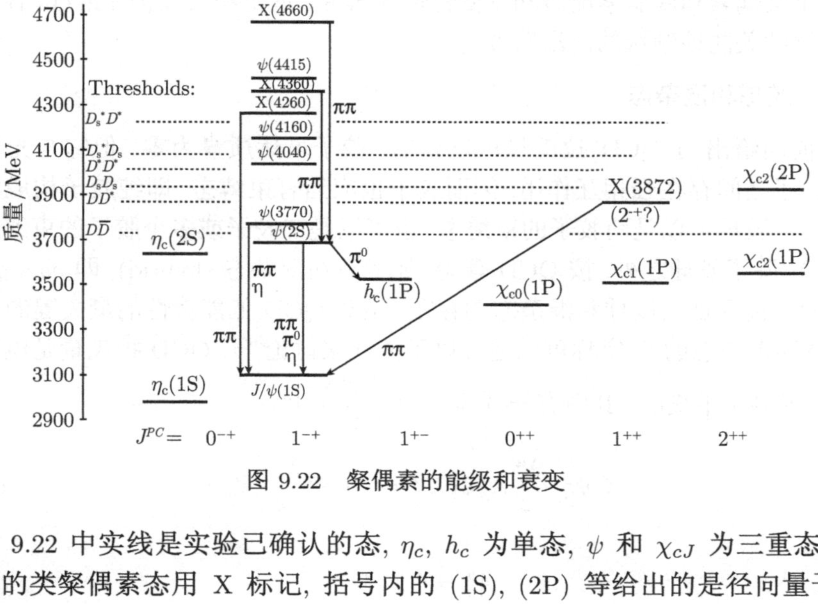

图 9.22 粲偶素的能级和衰变

图 9.22 中实线是实验已确认的态, η_c, h_c 为单态, ψ 和 χ_{cJ} 为三重态, 未完全定名的类粲偶素态用 X 标记, 括号内的 (1S), (2P) 等给出的是径向量子数和

轨道角动量. 图 9.22 中给出了强子跃迁, 但单光子跃迁, 如 $\psi(ns)\to\gamma\eta_c(mp)$, $\psi(ns)\to\gamma\chi_{cJ}(mp)$ 和 $\chi_{cJ}(1P)\to\gamma J/\psi$ 没有标出.

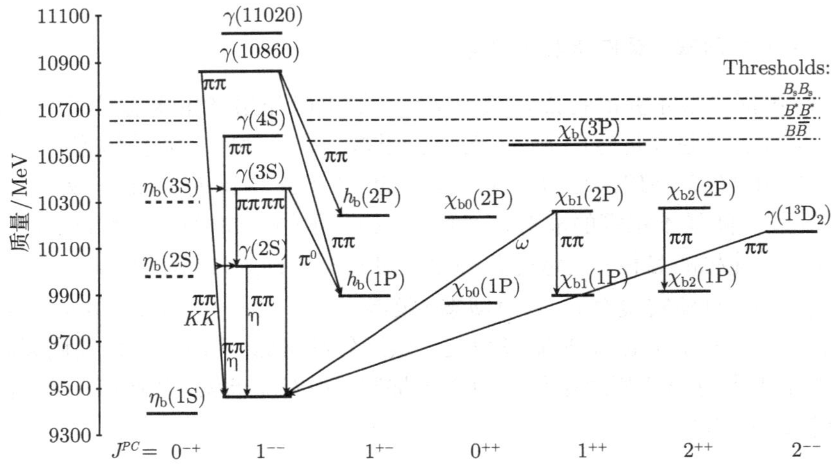

图 9.23　底偶素的能级和衰变

图 9.23 中实线代表实验已确认的态, η_b, h_b 为单态, γ 和 χ_{bJ} 为三重态, 括号内给出的是径向量子数和轨道角动量. 如 $h_b(2P)$ 指 2^1P_1 态 ($n=2$, $L=1$, $S=0$, $J=1$, $PC=+-$). 图 9.23 中还标出了强子跃迁, 但单光子跃迁, 如 $\underline{\gamma}(ns)\to\gamma\eta_b(mp)$, $\underline{\gamma}(ns)\to\gamma\chi_{bJ}(mp)$ 和 $\chi_{bJ}(nP)\to\gamma\underline{\gamma}(ms)$ 等没有标出.

对于粲偶素和底偶素能级和衰变特性的研究、理论和实验仍在继续. 有兴趣的读者可继续关注该领域的前沿发展.

9.10.2　胶球和混杂态

从前面给出的 QCD 拉氏量可以看出, 胶子虽然质量为零, 但它与光子不同的是, 胶子之间存在强相互作用, 因而胶子也应当有束缚态, 即纯胶子构成的胶球 (glueball). 胶球可以是两胶子的束缚态, 也可以是三胶子或多个胶子的束缚态 (gg, ggg, $\cdots$). 除了胶球之外, 按 QCD 理论, 还应有在混杂态 (hybrid), 即 $q\bar{q}g$, $q\bar{q}gg$ 等态. 实验上能否证实胶球和混杂态的存在, 是对 QCD 低能特性的最关键的检验之一. 胶球和混杂态的 C 宇称可以通过以下方式来讨论[62]. QCD 拉氏量是电荷共轭变换 ($\hat{C}$ 变换) 不变的. 其中有一项为 $\bar{\psi}\gamma^\mu\left(\dfrac{\lambda^a}{2}\right)A_\mu^a\psi$.

$$\hat{C}\bar{\psi}\gamma^\mu\frac{\lambda^a}{2}A_\mu^a\psi\hat{C}^{-1}=-\bar{\psi}\gamma^\mu\frac{\lambda^{a*}}{2}\bar{A}_\mu^a\psi \tag{9.10.2}$$

其中

$$\bar{A}_\mu^a=\hat{C}A_\mu^a\hat{C}^{-1} \tag{9.10.3}$$

$\hat{C}$ 变换包括对 Dirac 旋量空间和色空间的变换.

显然, 由 (9.10.2) 式、(9.10.3) 式, $\hat{C}$ 不变要求

$$\lambda^{a*}\bar{A}^a_\mu = -\lambda^a A^a_\mu \tag{9.10.4}$$

但是

$$\begin{cases} \lambda^{a*} = -\lambda^a, & a = 2,5,7 \\ \lambda^{a*} = \lambda^a, & a = 1,3,4,6,8 \end{cases} \tag{9.10.5}$$

所以 (9.10.4) 式给出

$$\begin{cases} \bar{A}^a_\mu = \delta(a)A^a_\mu \\ \delta(a) = \begin{cases} 1, & 对 a = 2,5,7 \\ -1, & 对 a = 1,3,4,6,8 \end{cases} \end{cases} \tag{9.10.6}$$

由于在 $\hat{C}$ 变换下 $\bar{\psi}\gamma_\mu\psi \to -\bar{\psi}\gamma_\mu\psi$, (9.10.2) 式可等价地看成在 $\hat{C}$ 变换下

$$\lambda^a A^a_\mu \xrightarrow{\hat{C}} -\lambda^a A^a_\mu \tag{9.10.7}$$

这与 QED 中光子场 A_μ 在变换下

$$A_\mu \xrightarrow{\hat{C}} -A_\mu \tag{9.10.8}$$

相似.

对胶球相应的场算符, 我们必须用 $\mathrm{SU}(3)_C$ 规范不变量来表示. 如两胶子场 gg 有标量

$$G^a_{\mu\nu}G^{a\mu\nu} \tag{9.10.9}$$

和赝标量

$$G^a_{\mu\nu}\tilde{G}^{a\mu\nu} \tag{9.10.10}$$

其中 $G^a_{\mu\nu} = \partial_\mu A^a_\nu - \partial_\nu A^a_\mu + f^{abc}A^b_\mu A^c_\nu$, $\tilde{G}^{a\mu\nu} = \varepsilon^{\mu\nu\rho\sigma}G^a_{\rho\sigma}$. 因此, 上两式中还包含三胶子和四胶子的态. 由 (9.10.6) 式显然有

$$\begin{gathered} G^a_{\mu\nu} \xrightarrow{\hat{C}} \bar{G}^a_{\mu\nu} = \delta(a)G^a_{\mu\nu} \\ \begin{cases} G^a_{\mu\nu}G^{a\mu\nu} \xrightarrow{\hat{C}} [\delta(a)]^2 G^a_{\mu\nu}G^{a\mu\nu} \\ G^a_{\mu\nu}\tilde{G}^{a\mu\nu} \xrightarrow{\hat{C}} [\delta(a)]^2 G^a_{\mu\nu}\tilde{G}^{a\mu\nu} \end{cases} \end{gathered} \tag{9.10.11}$$

即 (9.10.9) 式、(9.10.10) 式的算符 $\hat{C}$ 宇称均为正, 所以 gg 胶球最低角动量可能为 0^{++}(参阅 (9.10.9) 式) 或 0^{-+}(参阅 (9.10.10) 式).

三胶子场算符中不含微商且满足规范不变性的有两项 (略去 Lorentz 指标)

$$f^{abc}A^aA^bA^c \tag{9.10.12}$$

$$d^{abc}A^aA^bA^c \tag{9.10.13}$$

f^{abc} 和 d^{abc} 分别为 $SU(3)_C$ 群的全反对称和全对称的结构常数. 由 (9.10.6) 式和非零 f^{abc}, d^{abc} 的值可知 $f^{abc}A^aA^bA^c$ 的 $\hat{C}$ 宇称为正, $d^{abc}A^aA^bA^c$ 的 $\hat{c}$ 宇称为负.

对混杂态 $\bar{q}qg$, 相应的规范不变的场算符为

$$J_\mu = \bar{\psi}\gamma^\nu G^a_{\mu\nu}\frac{\lambda^a}{2}\psi \tag{9.10.14}$$

由 (9.10.12) 式和 (9.10.7) 式可知, (9.10.14) 式 $\hat{C}$ 宇称为正, 在 $\hat{P}$ 变换下 (9.10.14) 式按矢量变换

$$\bar{\psi}\gamma^\nu G^a_{\mu\nu}\frac{\lambda^a}{2}\psi \xrightarrow{\hat{P}} \bar{\psi}\gamma_\nu G^{a\mu\nu}\frac{\lambda^a}{2}\psi \tag{9.10.15}$$

所以, (9.10.15) 式 $\mu = 1,2,3$ 时 $J^{PC} = 1^{-+}$, $\mu = 0$ 时 $J^{PC} = 0^{++}$.

如果在 (9.10.15) 式中用 $\gamma^\nu\gamma^5$ 取代 γ^ν, 即

$$\bar{\psi}\gamma^\nu\gamma^5 G^a_{\mu\nu}\frac{\lambda^a}{2}\psi \tag{9.10.16}$$

给出 $J^{PC} = 1^{+-}$ 和 0^{-+} 两种混杂态. 我们还可以构造出张量算符, 从而包含 $J = 2$ 的混杂态, 这里不再讨论.

(9.10.15) 式含 $J^{PC} = 1^{-+}$ 的态, 这是 $\bar{q}q$ 介子态中没有的, 因而是例外态 (exotic state).

对胶球和混杂态的质量谱, 文献中有许多不同的方法来计算, 如 Bag model、flux tube model、Lattice QCD 和 QCD Sum Rule 等. 下面我们列出一些理论预言.

对最轻的胶球 0^{++} 态、Lattice QCD quench 近似给出 m_{++} =1750(50)(80) MeV[63]、1710±100 MeV[64]、1650 MeV[65] 和 1550 MeV[66] 等.

对 1^{-+} 混杂态, flux tube 模型预言[67]$m_{1-+} \cong 1.9$GeV, Lattice QCD 预言[68]$m_{1-+} \sim 1.8 - 1.9$GeV, Bag model 预言[69]$m_{1-+} \geqslant 1.4$GeV.

实验上, 由于胶球会与质量相近且有相同量子数的 $q\bar{q}$ 的态混合, 所以纯胶球态一般是不存在的, 除非在某个胶球态质量附近没有质量相近的 $q\bar{q}$ 态存在. 例如, 质量在 1500MeV 附近的 0^{++} 介子会与质量也在附近的纯基态的 0^{++} 胶球混合而产生实验上观测到的 $f_0(1370)$, $f_0(1500)$ 和 $f_0(1710)$[70].

实验上目前认为[71]$\pi_1(1400)$, $\pi_1(1600)$ 可能是 $J^{PC} = 1^{-+}$ 的混杂态, 但并不肯定, 也可能是四夸克态.

9.11 非微扰 QCD 和格点规范理论 (Lattice QCD)

前面主要讨论微扰 QCD 或称 QCD 理论的高能行为. 大量实验证明, QCD 微扰计算对大动量转移的过程是成功的. 对于 QCD 的低能行为或者说是非微扰行

为, 我们还没有讨论. 由于低能下强作用耦合常数 $\alpha_s \geqslant 1$. 所以微扰计算不再适用. 非微扰最强有力的理论是近年来发展起来的格点规范理论 (Lattice gauge theory), 或简称 Lattice QCD(LQCD). LQCD 定义在四维欧氏空间的超立方体内. 这个超立方体可用 $a(n_1, n_2, n_3, n_4)$ 表示, 其中 a 为格点之间的距离 (Lattice Spacing), n_1, n_2, n_3 是三维空间的格点数目, n_4 是时间格点的数目. 我们可以想象, 将时间轴做一个 Wick 转动到实轴, Minkowski $3+1$ 维时空就变成了欧氏空间的四维时空. 与无穷大体积的场论极限比较可以看出, a 越小 (即格子分得越密)$n_i(i=1,2,3,4)$ 越大时计算结果越接近连续场论的极限. 由于时空被分割成有限长度的格子, 因此理论不会出现紫外发散. 这就是为什么格点规范理论可处理非微扰的计算.

LQCD 中费米子放在格点上, 而规范场 (胶子场) 放在相邻两格点之间的连线上. LQCD 可以保持理论的规范不变性, 这将限制算符的形式, 使计算大大简化.

LQCD 用路径积分方法计算各种物理量. 首先选定作用量 (Action), 再定义四维欧氏空间的配分函数, 进而用 Monte-Carlo 方法或两点、三点格林函数来计算各种物理量. 由于定义的物理算符依赖于夸克–反夸克场, 做路径积分时将会遇到费米子行列式 (fermion determinant). 早期计算中忽略海夸克的贡献 (称之为淬火近似 ——quench approximation). 由于计算机和计算技术的进步, 现在也可以考虑海夸克的贡献.

目前超立方格的尺度已达到 $a(64^3 \times 144)$, 即 $a \sim (0.1-0.05)\,\mathrm{fm}$, $n_1 = n_2 = n_3 = 64$, $n_4 = 144$.

当前 LQCD 可以计算的物理量包括以下四个.

(1) 强子谱: u, d, s 夸克组成的强子的质量谱, 一重一轻夸克组成的强子质量及重–重夸克组成的强子质量, 还可计算胶球及混杂态的质量.

(2) 衰变常数 f_π, f_K, f_D, f_{D_s}, f_B, f_{B_s} 等, 还可计算 bag parameterB_K, B_B 等.

(3) 跃迁形状因子, 如 $K \to \pi l\nu$, $D \to Kl\nu$, $B \to \pi l\nu$, $B \to D^{(*)}l\nu$ 等过程的跃迁形状因子.

(4) 强耦合常数 $\alpha_s(Q^2)$.

未来几年随着计算能力的提高, LQCD 还可能计算跃迁矩阵元, 如计算 $\dfrac{\varepsilon'}{\varepsilon}$.

LQCD 的误差包含两类: 一类是统计误差, 由 Monte-Carlo 数字计算及样本的大小产生的; 另一类是系统误差, 如向连续极限过渡产生的误差, 有限体积产生的误差, LQCD 计算用的 u, d, s 夸克质量偏大, 当延拓到较小的夸克的流质量时也产生误差, 等等. 总体上讲, 上述误差基本可控, 总的 LQCD 误差 $\leqslant 6\%$, 有些物理量的计算误差只有 2%. 因此, 格点计算的结果对实验可测量的物理量有很强的限制.

有关上述内容的详细讨论可参阅 PDG 小组*Review of Particle Physics*上的综述文章*Lattice Quantum Chromodynamics*[72] 及综述中所列相关文献.

参 考 文 献

[1] Bloom E D, et al. Phys. Rev. Lett., 1969, 23: 930-934;
Breidenbach M, et al. Phys. Rev. Lett., 1969, 23: 935-939.
[2] Bjorken J D. Phys. Rev., 1969, 179: 1547.
[3] Feynman R P. Phys. Rev. Lett., 1969, 23: 1415.
[4] Gross D J, Wilczek F. Phys. Rev. Lett., 1973, 30: 1343.
[5] Politzer H D. Phys. Rev. Lett., 1973, 30: 1346.
[6] Gross D J, Wilczek F. Phys. Rev., 1973, D8: 3633.
[7] Gross D J, Wilczek F. Phys. Rev., 1974, D9: 980.
[8] Georgi H, Politzer H D. Phys. Rev., 1974, D9: 416.
[9] Watanabe Y, et al. Phys. Rev. Lett., 1975, 35: 898.
[10] Chang C, et al. Phys. Rev. Lett., 1975, 35: 901.
[11] Feynman R P. Rev. Mod. Phys., 1948, 20: 367.
[12] Schwinger J. Proc. Nat. Acad. Sci., 1951, 37: 452, 455.
[13] Lehmann H, Symanzik K, Zimmermann W. Nuovo Cim., 1955, 1: 205.
[14] Faddeev L D, Popov V N. Phys. Lett., 1967, B25: 29.
[15] Pauli W, Villars F. Rev. Mod. Phys., 1949, 21: 434.
[16] 't Hooft G. Nucl. Phys., 1971, B33: 173.
[17] Ashmore J F. Lett. Nuovo Cim., 1972, 4: 289.
[18] Bollini C G, Giambiagi J J. Phys. Lett., 1972, B40: 566.
[19] Cicuta G M, Moutaldi E. Lett. Nuovo Cim., 1972, 4: 329.
[20] 't Hooft G, Veltman M. Nucl. Phys., 1972, B44: 189.
[21] Adler S L. Phys. Rev., 1969, 177: 2426.
[22] Bell J S, Jackiw R. Nuovo Cim., 1969, A60: 47.
[23] Weinberg S. Phys. Rev., 1960, 118: 838.
[24] Nakanishi N. Prog. Theor. Phys., 1957, 17: 401; J. Math. Phys., 1963, 4: 1385.
[25] Hahn Y, Zimmermann W. Comm. Math. Phys., 1968, 10: 330.
[26] Zimmermann W. Comm. Math. Phys., 1968, 11: 1.
[27] 't Hooft G. Nucl. Phys., 1973, B61: 455.
[28] Bardeen W A, Buras A J, Duke D W, et al. Phys. Rev., 1978, D18: 3998.
[29] Muta T. Foundations of Quantum Chromodynanics. World Scientific Publishing Co. Pte. Ltd, 1998.
[30] Becchi C, Rouet A, Stora R. Ann. Phys., 1976, 98: 287.
[31] Tyutin I V. Lebedev Institute preprint(unpublished),1975.
[32] Iofa M Z, Tyutin I V. Theor. Math. Phys., 1976, 27: 316.
[33] Slavnov A A. Theor. Mat. Fiz., 1972, 10: 153; Theor. Math. Phys., 1973, 10: 99.
[34] Taylor J C. Nucl. Phys., 1971, B33: 436.

[35] Kluberg-Stern H, Zuber J B. Phys. Rev., 1975, D12: 467.
[36] Wilson K G. Phys. Rev., 1971, D3: 1818.
[37] Stueckelberg E C G, Petermann A. Helv. Phys. Acta, 1953, 26: 499.
[38] Gell-Mann M, Low F E. Phys. Rev., 1954, 95: 1300.
[39] Ovsyannikov L V. Dokl. Acad. Nauk SSSR, 1956, 109: 1112.
[40] Symanzik K. Comm. Math. Phys., 1970, 18: 227.
[41] Callan Jr. C G. Phys. Rev., 1970, D2: 1541.
[42] Weinberg S. Phys. Rev., 1973, D8: 3497.
[43] Caswell W E, Wilczek F. Phys. Lett., 1974, B49: 291.
[44] Gross D J. Methods in Field Theory//Baliass R, Zinn-Justin J. North-Holland, 1976: 141.
[45] Holwerda M J, van Neerven W L, van Royen R P. Nucl. Phys., 1974, B75: 302.
[46] Collins J C, Macfarlane A J. Phys. Rev., 1974, D10: 1201.
[47] Georgi H, Politzer H D. Phys. Rev., 1976, D14: 1829.
[48] Landau L D, Abrikosov A A, Khalatnikov I M. Dokl. Akad. Nauk USSR, 1954, 95: 497, 773, 1177.
[49] Landau L D, Abrikosov A A, Khalatnikov I M. Nuovo Cim. Suppl. Ser. X, 1956, 3: 80.
[50] Jones D R T. Nucl. Phys., 1974, B75: 531.
[51] Caswell W E. Phys. Rev. Lett., 1974, 33: 244.
[52] Tarasov O V, Vladimirov A A, Zharkov A Y. Phys. Lett., 1980, B93: 429.
[53] van Ritbergen T, Vermaseren J A M, Larin S A. Phys. Lett., 1997, B400: 379.
[54] Blümlein J, Kochelev N. Nucl. Phys., 1997, B498: 285;
Forte S, et al. Nucl. Phys., 2001, B602: 585;
Anselmino M, et al. Z. Phys., 1994, C64: 267.
[55] PDG Collaboration. Phys. Rev., 2012, D86: 237, 010001.
[56] Friedman J T, Kendall H W. Ann. Rev. Nucl. Science, 1972, 22: 203.
[57] 杜东生. Phys. Lett. 1980, B89: 237.
[58] MSTW Collaboration, Martin A D, et al. Euro. Phys. J., 2009, C63: 189.
[59] PDG Collaboration. Phys. Rev., 2012, D86: 317, 010001.
[60] Eichten E, Gottfried K, Kinoshita T, et al. Phys. Rev., 1978, D17: 3090.
[61] PDG Collaboration. Phys. Rev., 2012, D86: 1146, 1223.
[62] 确定胶球和混杂态 C 宇称方法是由北京大学物理系朱世琳教授提供的，特此致谢.
[63] Morningstar C, Peardon M. Phys. Rev., 1999, D60: 034509.
[64] Chen Y, et al. Phys. Rev., 2006, D73: 014516.
[65] Lee W J, Weingarten D. Phys. Rev., 2000, D61: 014015.
[66] Bali G S, et al. Phys. Lett., 1993, B309: 378;
Michael C. AIP Conf. Proc., 1998, 432: 657.
[67] Isgur N, Paton J. Phys. Rev., 1985, D31: 2910.

[68] Lacock P, et al. Phys. Lett., 1997, B401: 308;
Bernard C, et al. Phys. Rev., 1997, D56: 7039; 2003, D68: 074505.

[69] Chanowitz M, Sharpe S. Nucl. Phys., 1983, B222: 211;
Barnes T, et al. Nucl. Phys., 1983, B224: 241.

[70] Amsler C, Close F E. Phys. Rev., 1996, D53: 295;
Close F E, Kirk A. Eur. Phys. J., 2001, C21: 531.

[71] Amsler C, Tömqvist N A. Phys. Rep., 2004, 389: 61.

[72] PDG Collaboration. Phys. Rev., 2012, D86: 225, 010001.

第 10 章　中微子振荡

自从 1930 年泡利提出中微子假设[1] 来解释原子核 β 衰变以来, 中微子就和物理学家结下了不解之缘. 此后, 它的神秘面纱被一层层揭开. 现在实验上已经证实[2] 存在三种不同的中微子 $\nu_{\rm e}$, ν_μ, ν_τ, 它们的质量都几乎为零, 相应的轻子数 $L_{\rm e}$, L_μ, L_τ 分别守恒. 科学家们还发现, 这些中微子与物质的相互作用是如此之弱, 以至于它们可以轻而易举地穿越太阳、地球和宇宙中的各个星球. 中微子在宇宙的形成和发展过程中也起着重要作用. 按照宇宙大爆炸理论, 在大爆炸 1s 后, 中微子将与宇宙中的其他物质一起退耦[3]. 宇宙经过长时间的冷却后, 光子和中微子都会形成宇宙中的背景辐射. 今天, 我们已经精确地测量了光子的背景辐射, 即 3°K 微波背景辐射 CMB($T_\gamma = 2.725 \pm 0.001$°K), 但对于中微子的背景辐射 C$\nu$B, 我们还没有观测到. 根据热大爆炸[3] 模型的预言, CνB 的温度 $T_\nu = 1.945 \pm 0.001$°K, 且相应的中微子能量 $E_\nu = 1.6 \times 10^{-4}$eV. 这样低能的中微子与物质作用截面在 $(G_{\rm F}E_\nu)^2 \sim 1.4 \times 10^{-63}{\rm cm}^2$ 量级. 这样小的截面使测量 CνB 变得非常困难. 虽然是严峻的挑战, 但这正是当前中微子天文学家要研究的重要课题. 近年来的实验表明, 中微子有质量, 而且三种中微子的质量不同. 虽然非常微小, 却不等于零, 这将导致中微子振荡, $L_{\rm e}, L_\mu, L_\tau$ 也不再严格守恒.

与夸克类似, 标准模型下, 轻子带电流的相互作用拉氏量可写为

$$L_{CC} = \frac{g}{\sqrt{2}} (\bar{\rm e}, \bar{\mu}, \bar{\tau})_L \gamma^\mu \begin{pmatrix} \nu_{\rm e} \\ \nu_\mu \\ \nu_\tau \end{pmatrix}_L W_\mu^- + {\rm h.c.} \tag{10.1}$$

(10.1) 式中, 我们选用了特殊的基, 使得带电粒子 e, μ, τ 的弱作用本征态或味本征态 (flavor eigenstate) 与质量本征态 (mass eigenstate) 重合. 如果中微子质量为零, 则其味本征态与质量本征态也重合. 但是如果中微子有非零质量, 则 10.1 中的味本征态 $\nu_{\rm e}$, ν_μ, ν_τ 与质量本征态 ν_1, ν_2, ν_3 就不可能重合了. 这样一来, 可以写成

$$L_{\rm CC} = \frac{g}{\sqrt{2}} (\bar{\rm e}, \bar{\mu}, \bar{\tau})_L \gamma^\mu U \begin{pmatrix} \nu_1 \\ \nu_2 \\ \nu_3 \end{pmatrix}_L W_\mu^- + {\rm h.c.} \tag{10.2}$$

其中,

$$\begin{pmatrix} \nu_e \\ \nu_\mu \\ \nu_\tau \end{pmatrix} = U \begin{pmatrix} \nu_1 \\ \nu_2 \\ \nu_3 \end{pmatrix}, \quad U = \begin{pmatrix} U_{e1} & U_{e2} & U_{e3} \\ U_{\mu 1} & U_{\mu 2} & U_{\mu 3} \\ U_{\tau 1} & U_{\tau 2} & U_{\tau 3} \end{pmatrix} \tag{10.3}$$

(10.2) 式、(10.3) 式是用粒子的场算符写出的. 如果用 bra-ket 态矢量 $|\nu_\alpha\rangle$ $(\alpha = e, \mu, \tau)$ 和 $|\nu_i\rangle$ $(i = 1, 2, 3)$ 表示, 注意 $\nu_\alpha^+(x)$ 作用到真空态 $|0\rangle$ 上产生态矢量 $|\nu_\alpha\rangle$, 则应当有

$$|\nu_\alpha\rangle = \nu_\alpha^+(x)\,|0\rangle \tag{10.4}$$

和

$$\begin{cases} |\nu_\alpha\rangle = \sum\limits_i U_{\alpha i}^*(x)\,|\nu_i\rangle \\ |\nu_i\rangle = \sum\limits_\alpha U_{\alpha i}(x)\,|\nu_\alpha\rangle \end{cases} \tag{10.5}$$

注意 (10.3) 式中的 U 矩阵为幺正矩阵, 满足 $U^+U = UU^+ = 1$ 才能保证轻子味守恒, 即 ν_α 通过带电流 (10.1)、(10.2) 与物质作用时总会产生 $l_\alpha(\alpha = e, \mu, \tau)$. 矩阵 U 被称作 Maki-Nakagawa-Sakata 轻子混合矩阵[4]. 以后我们再给出它的参数化形式.

10.1　中微子振荡的实验证据

本节我们将给出四种不同的实验证据, 证明中微子确实有振荡, 现分述如下.

10.1.1　大气中微子振荡

大气中微子振荡最早是 1998 年在日本的深层地下实验室 Super-Kamiokande (SK) 探测器上测量到的[5]. 这个探测器是一个装有 5 万吨水的柱形容器, 器壁上覆盖着 1 万多个光电倍增管的切伦科夫探测器. 宇宙线射入地球大气层后与大气中的物质碰撞产生的中微子及其反粒子 $\nu_e\,(\bar\nu_e)$, $\nu_\mu\,(\bar\nu_\mu)$ 从四面八方射入 SK 探测器. 如果没有中微子振荡, 则每种味道 (flavor) 的中微子在不同方向上入射和出射 SK 探测器的事例数应当是球对称的. 当然, 从 SK 探测器中观测到的下行 (Down) 和上行 (Up) 的中微子事例数应当完全相同. 但是 SK 的观测结果显示, 对 $\nu_e\,(\bar\nu_e)$, 下行和上行事例数几乎相同; 对 $\nu_\mu\,(\bar\nu_\mu)$, 下行和上行事例数明显不同. 令垂直 SK 探测器的方向为 z 轴、极角为 Θ, 在 SK 探测器内, 中微子事例的反应过程为

$$\nu_\alpha\,(\bar\nu_\alpha) + N \to l_\alpha\,(\bar l_\alpha) + X, \quad \alpha = e, \mu$$

$l_\alpha\,(\bar l_\alpha)$ 为与 $\nu_\alpha\,(\bar\nu_\alpha)$ 同味的轻子 (反轻子). 我们把 $\nu_e\,(\bar\nu_e)$ 事例称为 e-like 事例, $\nu_\mu\,(\bar\nu_\mu)$ 事例称为 μ-like 事例. 用 $U\,(-1 < \cos\Theta < -0.2)$ 代表上行事例数, $D(0.2 < \cos\Theta < 1)$ 代表下行事例数. SK 探测器的结果为[6]:

对 multi-GeV e-like 事例, 上行和下行事例数之比为

$$\frac{U_{\mathrm{e}}}{D_{\mathrm{e}}}=0.961\begin{array}{l}+0.086\\-0.079\end{array}\pm 0.016 \tag{10.1.1}$$

对 Single-ring multi-GeV μ-like 事例, 上、下行之比

$$\frac{U_{\mu}}{D_{\mu}}=0.551\begin{array}{l}+0.035\\-0.033\end{array}\pm 0.004 \tag{10.1.2}$$

上两式中第一个误差为统计误差, 第二个为系统误差. 单环 (single-ring) 是指 SK 探测器内单个切伦科夫光环事例.

理论上如何解释 (10.1.2) 式的结果呢? 假定只有两种中微子 ν_μ, ν_τ, 则 (10.3) 式、(10.5) 式变得很简单:

$$\begin{cases}\nu_\mu=\nu_1\cos\theta+\nu_2\sin\theta\\ \nu_\tau=-\nu_1\sin\theta+\nu_2\cos\theta\end{cases} \tag{10.1.3}$$

在真空中, 当 $\nu_\alpha(\alpha=\mu,\tau)$ 飞行距离 L 时变为 ν_β 的几率为

$$P\left(\nu_\alpha\to\nu_\beta\right)=\sin^2 2\theta\sin^2\left(1.27\frac{\Delta m^2\left(\mathrm{eV}^2\right)}{E\left(\mathrm{GeV}\right)}L\left(\mathrm{km}\right)\right) \tag{10.1.4}$$

(10.1.4) 式的详细推导将在 10.2 节中给出.

需要指出, (10.1.4) 式对 $\nu_\mu\to\nu_\tau$ 振荡在真空中和物质中都适用. 利用 (10.1.4) 式完全可解释 (10.1.2) 式的结果, 即上行的 ν_μ 穿过地球时, 部分 ν_μ 振荡到了 ν_τ, 所以上行 ν_μ 减少了.

SK 还测量了 $\nu_\mu\to\nu_\tau$ 的几率 $P\left(\nu_\mu\to\nu_\tau\right)$ 与 $\dfrac{L}{E}$ 的关系曲线 (图 10.1). 图 10.1 中给出了实验值与无振荡 Monte-Carlo 模拟值之比和 $\dfrac{L}{E}$ 的关系[7]. 显然, 只有 $\nu_\mu\to\nu_\tau$ 振荡假设 (10.1.4) 式, 才能给出实验曲线显示出的低谷. 而 $\nu_\mu\to\nu_{\mathrm{e}}$, $\nu_\mu\to\nu_{\mathrm{S}}$(Sterile ν) 都不能解释实验.

由图 10.1 拟合的实验点可定出 $1.9\times10^{-3}<\left|\Delta m^2\right|<3.0\times10^{-3}\mathrm{eV}^2$, $\sin^2 2\theta>0.9$ 在 90%CL.

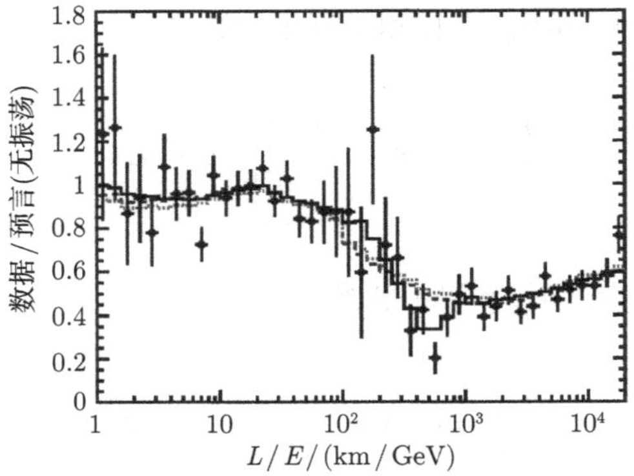

图 10.1　黑点为实验值和 Monte Carlo 值 (无振荡) 之比与 L/E 的关系, 实线为 $\nu_\mu \to \nu_\tau$ 的最佳似合, 虚线是中微子衰变模型的最佳期望值, 点线是中微子退相干模型的最佳期望值

10.1.2　加速器中微子振荡

上面提到, 大气中微子 ν_μ 上行穿过地球后数量减少, 可归结为部分 ν_μ 穿越地球过程中振荡到 ν_τ, 称之为 ν_μ 失踪 (disappearance). 这种 ν_μ 失踪现象也应当在加速器产生的 ν_μ 束飞行过程中观测到. 当然必须飞行一定的距离, 这就是长基线 (long-baseline) 中微子实验. 已经观测到 ν_μ 中微子失踪 (即中微子振荡) 的实验有两个. 一个是 K2K[8], 其 ν_μ 中微子束由日本的 KEK 加速器上产生后飞行到 250km 处的 SK 探测器中被观测. 另一个实验是 MINOS[9], ν_μ 束在美国费米实验室的加速器上产生后飞行 735km 后在明尼苏达州的 Soudan 铁矿井下的量能器中被观测. 两个实验都看到了 ν_μ 飞行后的减少, 这种减少的数据完全可以由 $\nu_\mu \to \nu_\tau$ 的振荡来解释.

图 10.2 给出了 MINOS 实验对 Δm^2, $\sin^2 2\theta$ 的限制曲线[10]. 在同一个图中还

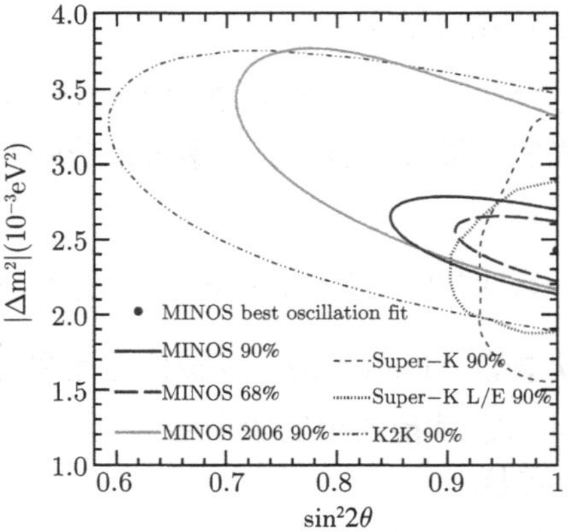

图 10.2　2008 年 MINOS 数据拟合曲线

图中还列了 Super-K 和 K2K 的数据拟合曲线

画出了 Super-K 大气中微子实验和 K2K 实验给出的实验曲线. MINOS 数据的最佳拟合给出

$$\left|\Delta m^2\right| = 2.43 \times 10^{-3}\mathrm{eV}^2, \quad \sin^2 2\theta = 1.0$$

10.1.3 太阳中微子振荡

太阳中微子失踪之谜的研究已有 30 多年的历史. 最早进行太阳中微子 ν_e 失踪实验研究的是美国 Homestake 实验组[11]. 该组把一柱形容器内装满 39 万升液体 C_2Cl_4(相当于 520t 液态氯), 放入 4850 英尺深的 Homestake 金矿内 (South Dakota 州). 利用 $\nu_e + {}^{37}\mathrm{Cl} \to {}^{37}\mathrm{Ar} + \mathrm{e}^-$ 过程来探测 ν_e. 此后又有其他实验组[12]GALLEX 和 GNO(意大利的山洞 Gran Sasso) 和 SAGE(俄罗斯) 用

$$\nu_e + {}^{71}\mathrm{Ga} \to {}^{71}\mathrm{Ge} + \mathrm{e}^-$$

过程来探测太阳中微子 ν_e.

这些实验给出的结果表明, 地球上接收到的太阳中微子 ν_e 比用标准太阳模型 (SSM) 预言的[13]ν_e 通量要小很多. 其结果见表 10.1[14].

表 10.1 各组用放射化学方法测量的太阳中微子通量
(以 Solar Neutrino Unit-SNU 为单位, SNU=$10^{-36}\nu_e$capture per atom per second)

	${}^{37}\mathrm{Cl} \to {}^{37}\mathrm{Ar}$	${}^{71}\mathrm{Ga} \to {}^{71}\mathrm{Ge}$
Homestake	$2.56\pm0.16\pm0.16$	
GALLEX		$73.4^{+6.1}_{-6.0}{}^{+3.7}_{-4.1}$
GNO		$62.9^{+5.5}_{-5.3}\pm2.5$
GNO+GALLEX		$67.6^{+4.0}_{-4.0}{}^{+3.2}_{-3.2}$
SAGE		$65.4^{+3.1}_{-3.0}{}^{+2.6}_{-2.8}$
SSM 预言	$8.46^{+0.87}_{-0.88}$	$127.9^{+8.1}_{-8.2}$

比较决定性的实验是由 SNO(Sudbury Neutrino Observatory) 合作组做出的[15]. 该组用太阳的 ^{8}B 中微子 (能量 E_{ν_e} 为 6 ～ 7MeV) 来测量 ν_e 与重水通过 3 种不同的相互作用 (带电流作用 (CC), 中性流作用 (NC), 和弹性散射 (ES)) 给出的 ν_e 通量. 其中, CC 作用过程为 $\nu_e \mathrm{D} \to \mathrm{e}^- \mathrm{pp}$, NC 过程为 $\nu_\alpha \mathrm{D} \to \nu_\alpha \mathrm{pn} (\alpha = \mathrm{e}, \mu, \tau)$, ES 过程为 $\nu_\alpha \mathrm{e}^- \to \nu_\alpha \mathrm{e}^-$. 如果没有中微子振荡发生, 太阳中微子 ν_e 到达 SNO 探测器时, 其通量没有任何改变, 因此通过 3 种作用 CC, NC, ES 测出的 ν_e 通量都应当

相同, 并且都应和用标准太阳模型算出的通量相等. 但实验结果并非如此! 实际上, CC 事例只能测 ν_e 通量 ϕ_e, NC 事例 ν_e, ν_μ, ν_τ 的通量都可以测, 并且 NC 作用与中微子的 "味" 无关. 我们把 NC 事例的通量 ϕ_{NC} 记作 $\phi_{NC} = \phi_e + \phi_{\mu\tau}$, $\phi_{\mu\tau}$ 表示 ν_μ, ν_τ 通量之和. ES 事例通量也是 ν_e, ν_μ, ν_τ 通量总和. 但 ν_μ, ν_τ 与物质弹性散射的截面比 ν_e 小, 压低因子记作 σ_μ/σ_e, 其大小约为 0.155, 所以

$$\phi_{CC} = \phi_e, \quad \phi_{NC} = \phi_e + \phi_{\mu\tau}, \quad \phi_{ES} = \phi_e + \frac{\phi_\mu}{\phi_e}\phi_{\mu\tau} \approx \phi_e + 0.155\phi_{\mu\tau} \tag{10.1.5}$$

SNO 测量的结果为[16]

$$\phi_{CC}^{SNO} = 1.68 \pm 0.06(\text{stat.}) \begin{matrix} +0.08 \\ -0.09 \end{matrix} (\text{syst.}) \times 10^6\text{cm}^{-2}\text{s}^{-1} \tag{10.1.6}$$

$$\phi_{ES}^{SNO} = 2.35 \pm 0.02(\text{stat.}) \pm 0.15(\text{syst.}) \times 10^6\text{cm}^{-2}\text{s}^{-1} \tag{10.1.7}$$

$$\phi_{NC}^{SNO} = 4.94 \pm 0.21(\text{stat.}) \begin{matrix} +0.38 \\ -0.34 \end{matrix} (\text{syst.}) \times 10^6\text{cm}^{-2}\text{s}^{-1} \tag{10.1.8}$$

ϕ_{NC}^{SNO} 应当等于标准太阳模型算出的 ν_e 总通量 (因为它包括了 ν_e 到达地球路程中转化到 ν_μ 和 ν_τ 的通量). 因此, ϕ_{NC}^{SNO} 测量值 (10.1.8) 也是对标准太阳模型正确性的检验. 我们高兴地看到 (10.1.8) 式的值与标准太阳模型 (SSM) 预言的值[13] 完全一致 (SSM 预言 $\phi_{\nu_e}^{SSM} = 5.05 \begin{matrix} +1.01 \\ -0.81 \end{matrix} (\text{syst.}) \times 10^6\text{cm}^{-2}\text{s}^{-1}$).

图 10.3 给出了 $\nu_\mu + \nu_\tau$ 通量 $\phi_{\mu\tau}$ 与 ν_e 通量 ϕ_e 的关系图. 实验数据完全可用 $\nu_e \to \nu_\mu$、$\nu_e \to \nu_\tau$ 的振荡来解释. 由 (10.1.6) 式、(10.1.8) 式、(10.1.5) 式可得

$$\phi_{\mu\tau} = \left(3.26 \pm 0.25 \begin{matrix} +0.40 \\ -0.35 \end{matrix}\right) \times 10^6\text{cm}^{-2}\text{s}^{-1} \tag{10.1.9}$$

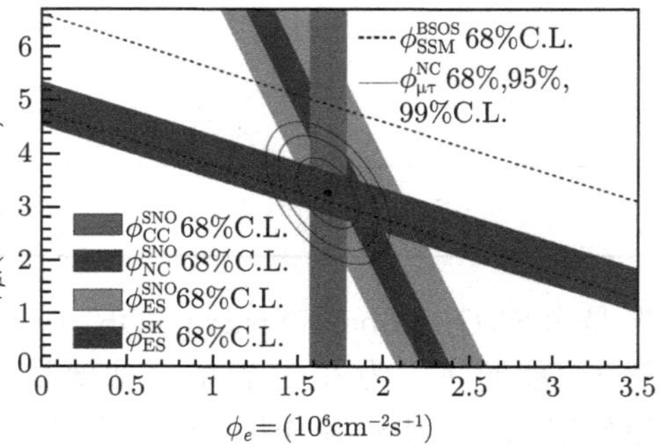

图 10.3 $\phi_{\mu\tau}$ 和 ϕ_e 的关系图

虚线包围的宽带为 SSM 预言的 ν_e 通量[17], 与其平行的蓝色宽带是 SNO 测量的 NC 通量, 在垂直方向的红色宽带为 ϕ_{CC}^{SNO}, 稍斜一点的绿色宽带为 ϕ_{ES}^{SNO}, 其中间的黑色宽带为 Super-K 的 ϕ_{ES}^{SK}

$\phi_{\mu\tau} \neq 0$ 说明部分 ν_e 在到地球的路上振荡到了 ν_μ, ν_τ, 才导致太阳中微子 ν_e 到达地球时会部分失踪.

10.1.4 反应堆中微子振荡

决定性的实验是由 KamLand 实验组做出的. KamLand 是放置在日本 Kamiokande 矿井内 1000t 超纯液态闪烁体组成的中微子探测器. 日本核反应堆产生的 $\bar{\nu}_e$ 飞行约 180km(这里指加权平均距离) 到达 KamLand 探测器. 实验通过 $\bar{\nu}_e + p \to e^+ + n$ 反应过程来测 $\bar{\nu}_e$ 束流打到探测器时的存活几率 $P(\bar{\nu}_e \to \bar{\nu}_e)$[18].

图 10.4 给出了实验曲线, 其纵坐标为 ($\bar{\nu}_e$ 数据减掉本底再减去 Geo$\bar{\nu}_e$) 与无振荡时 $\bar{\nu}_e$ 谱之比, 横坐标为 L_0/E, L_0 为 $\bar{\nu}_e$ 穿过的加权平均基线距离 (180km). 而 Geo$\bar{\nu}_e$ 是指地球上重放射性元素产生的 $\bar{\nu}_e$ 本底.

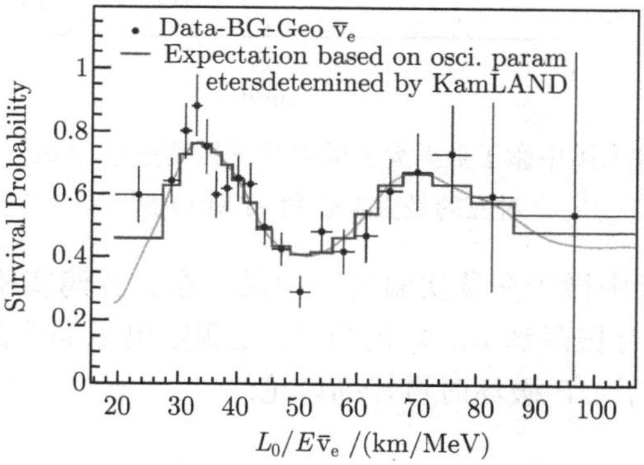

图 10.4 (Data-BG-Geo-$\bar{\nu}_e$)/$\bar{\nu}_e$ spectrum(无振荡)——$L_0/E_{\bar{\nu}_e}$ 曲线

图 10.4 中的实验曲线显示出明显的 $\sin^2\left(\dfrac{\Delta m^2 L}{E}\right)$ 的特性.

注意, 如果假定 CPT 不变, 则 (10.1.4) 式对反中微子也是成立的, 所以可以写成

$$P(\bar{\nu}_e \to \bar{\nu}_\mu) = \sin^2 2\theta \sin^2\left(1.27\frac{\Delta m^2}{E}L\right) \tag{10.1.10}$$

则 $\bar{\nu}_e$ 飞行距离 L(km) 后存活的几率

$$P(\bar{\nu}_e \to \bar{\nu}_e) = 1 - P(\bar{\nu}_e \to \bar{\nu}_\mu) = 1 - \sin^2 2\theta \sin^2\left(1.27\frac{\Delta m^2}{E}L\right) \tag{10.1.11}$$

图 10.4 的结果正可由 (10.1.11) 式来解释, 即由部分 $\bar{\nu}_e$ 振荡到 $\bar{\nu}_\mu$ 来解释.

由于太阳中微子振荡为 $\nu_e \to \nu_\mu, \nu_\tau$, 反应堆中微子振荡 $\bar{\nu}_e \to \bar{\nu}_\mu$ 得到 Δm^2 应当与太阳中微子振荡给出的 $\Delta m^2_\odot$ 一致. 由图 10.4 给出的曲线拟合给出

$$\Delta m^2_\odot = (7.59 \pm 0.21) \times 10^{-5}\text{eV}^2, \quad \tan^2\theta_\odot = 0.47\begin{matrix}+0.06\\-0.05\end{matrix} \tag{10.1.12}$$

把反应堆数据 (10.1.12) 与太阳中微子数据画在一个图 10.5 上时, 两种不同实验的共同最佳拟合就是大混合角解 (10.1.12).

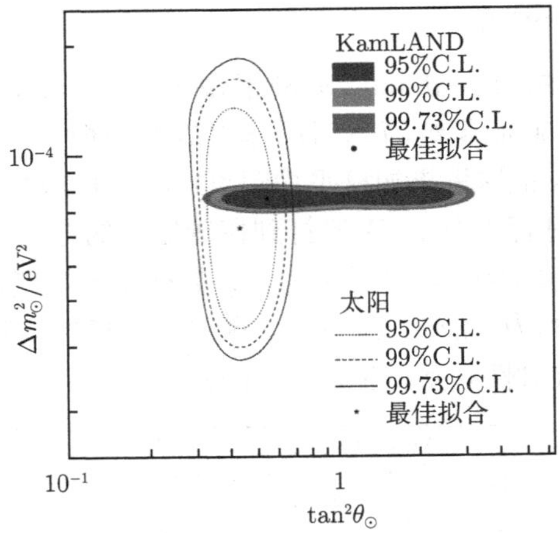

图 10.5　KamLAND 和太阳中微子数据允许的中微子振荡参数 $\Delta m^2_{\odot}$ 和 $\tan^2\theta_{\odot}$ 最佳拟合点对应的是大混合角 (LMA) 解

还有一个反应堆中微子振荡实验是由中国广东大亚湾实验组给出的[19]. 这个实验不仅证实 $\bar{\nu}_e$ 束有振荡到 $\bar{\nu}_\mu$, $\bar{\nu}_\tau$ 的事实, 还测定出了 $\sin^2 2\theta_{13}$ 的数值. 这个实验, 我们在讨论中微子 CP 破坏时再仔细讨论.

10.2　中微子振荡的理论描述

我们知道, 自然界现在有三种中微子已被实验发现, 有无其他中微子, 我们还不知道. 所以我们以下的讨论是假定有三种不同的中微子时理论上如何描述中微子振荡.

10.2.1　真空中的中微子振荡

按照 (10.3) 式定义, 中微子态随时间的变化应当由质量本征态满足的薛定谔方程来描写, 即

$$i\frac{\partial}{\partial t}\big|\nu_i(t)\rangle = H\big|\nu_i(t)\rangle, \quad i = 1, 2, 3 \tag{10.2.1}$$

令 $|\nu_i(t=0)\rangle = |\nu_i\rangle$, 则由 (10.2.1) 式可得

$$|\nu_i(t)\rangle = \mathrm{e}^{-\mathrm{i}E_i t}\,|\nu_i\rangle \tag{10.2.2}$$

由于中微子在真空中沿直线传播, 所以用一维空间来描述就足够了.

假定 $t=0$ 时, 在 $x=0$ 处产生 $|\nu_i\rangle$ 态, ν_i 飞行距离 L 所用的时间为

$$t = L/v_i \tag{10.2.3}$$

因为中微子质量 m_i 非常小, 其速度 $v_i=\dfrac{p_i}{E_i}\approx 1$, 即接近光速, 所以

$$t = L/v_i \approx L \tag{10.2.4}$$

在 $x=L, t=L/v_i\approx L$ 时的中微子态

$$|\nu_i(t=L)\rangle = \mathrm{e}^{-\mathrm{i}E_i t}|\nu_i\rangle \approx \mathrm{e}^{-\mathrm{i}E_i L}|\nu_i\rangle \tag{10.2.5}$$

此外,

$$E_i=\sqrt{p_i^2+m_i^2}\approx p_i\left(1+\frac{m_i^2}{2p_i^2}\right)=p_i+\frac{m_i^2}{2p_i}\approx E+\frac{m_i^2}{2E} \tag{10.2.6}$$

(10.2.6) 式中的 E 可理解为中微子的平均能量, 也可理解为 $m_i=0$ 时的中微子能量. 我们这里取了近似 $p_i\approx E$. 实际上, 从宇宙学的限制看 (见 10.3 节), 不同中微子的质量都小于 1eV, 因此 (10.2.3) 式是非常好的近似. 例如, 对静止的 π^+ 介子衰变到 $\mu^+\nu_\mu$ 过程, 当 $m_\nu\approx 0$ 时

$$E_\nu = E = \frac{m_\pi}{2}\left(1-m_\mu^2/m_\pi^2\right)\approx 30\text{MeV} \tag{10.2.7}$$

当 $m_\nu\neq 0$ 时, 对 $\pi^+\to\mu^+\nu_i$, 由 (10.2.6) 式

$$E_i = E + m_i^2/2m_\pi = E\left(1+1.2\times10^{-16}\right) \tag{10.2.8}$$

$$p_i=\left|\vec{p}_i\right|\approx E\left(1-4.4\times10^{-16}\right) \tag{10.2.9}$$

(10.2.8) 式、(10.2.9) 式中的 E 就是 (10.2.7) 式中 $m_\nu=0$ 时的 E. 显然, 这是一个非常好的近似. 利用 (10.2.6) 式, (10.2.5) 式可改写为

$$|\nu_i(t=L)\rangle = \mathrm{e}^{-\mathrm{i}\left(E+\frac{m_i^2}{2E}\right)L}|\nu_i\rangle \tag{10.2.10}$$

当 $x=0, t=0$ 时, 按 (10.2.5) 式有

$$|\nu_\alpha\rangle=\sum_i U_{\alpha i}^*|\nu_i\rangle \tag{10.2.11}$$

当 $x=L, t=L$ 时, 按 (10.2.10) 式 $|\nu_\alpha\rangle$ 变为 $|\nu_\alpha\rangle'$

$$|\nu_\alpha\rangle'=\sum_i U_{\alpha i}^*\mathrm{e}^{-\mathrm{i}\left(E+\frac{m_i^2}{2E}\right)L}|\nu_i\rangle \tag{10.2.12}$$

因此, $x=L, t=L$ 时 $|\nu_\alpha\rangle'$ 中含有 $|\nu_\beta\rangle$ 的几率振幅为

$$\langle\nu_\beta\,|\nu_\alpha\rangle' = \mathrm{e}^{-\mathrm{i}EL}\sum_i U_{\alpha i}^* U_{\beta i}\mathrm{e}^{-\mathrm{i}\frac{m_i^2}{2E}L} \tag{10.2.13}$$

(10.2.13) 式的因子 $\mathrm{e}^{-\mathrm{i}EL}$ 与中微子种类 (flavor) 无关, 因此可以去掉而不影响几率. 故几率振幅可简写为

$$A\left(\nu_\alpha\to\nu_\beta\right) = \sum_i U_{\alpha i}^* U_{\beta i}\mathrm{e}^{-\mathrm{i}\frac{m_i^2}{2E}L} \tag{10.2.14}$$

ν_α 飞行距离 L 后变为 ν_β 的几率

$$\begin{aligned}P\left(\nu_\alpha\to\nu_\beta\right) &= \left|A\left(\nu_\alpha\to\nu_\beta\right)\right|^2 = \sum_{j,k} U_{\alpha j}U_{\beta k}U_{\alpha k}^*U_{\beta j}^*\mathrm{e}^{-\mathrm{i}\frac{\Delta m_{kj}^2}{2E}L}\\ &= \sum_{j=1}^3\left|U_{\alpha j}U_{\beta j}^*\right|^2 + 2\mathrm{Re}\left\{\sum_{j<k}^3 U_{\alpha j}U_{\beta k}U_{\alpha k}^*U_{\beta j}^*\mathrm{e}^{-\mathrm{i}\frac{\Delta m_{kj}^2}{2E}L}\right\}\end{aligned} \tag{10.2.15}$$

其中,

$$\Delta m_{kj}^2 = m_k^2 - m_j^2 \tag{10.2.16}$$

(10.2.15) 式还可改写为

$$\begin{aligned}P\left(\nu_\alpha\to\nu_\beta\right) =& \sum_j\left|U_{\alpha j}U_{\beta j}^*\right|^2 + 2\sum_{j<k}\mathrm{Re}\left(U_{\alpha j}U_{\beta k}U_{\alpha k}^*U_{\beta j}^*\right)\cos\frac{\Delta m_{kj}^2}{2E}L\\ &+ 2\sum_{j<k}\mathrm{Im}\left(U_{\alpha j}U_{\beta k}U_{\alpha k}^*U_{\beta j}^*\right)\sin\frac{\Delta m_{kj}^2}{2E}L\\ =& \left|\sum_j U_{\alpha j}U_{\beta j}^*\right|^2 - 4\sum_{j<k}\mathrm{Re}\left(U_{\alpha j}U_{\beta k}U_{\alpha k}^*U_{\beta j}^*\right)\sin^2\frac{\Delta m_{kj}^2}{4E}L\\ &+ 2\sum_{j<k}\mathrm{Im}\left(U_{\alpha j}U_{\beta k}U_{\alpha k}^*U_{\beta j}^*\right)\sin\frac{\Delta m_{kj}^2}{2E}L\\ =& \delta_{\alpha\beta} - 4\sum_{j<k}\mathrm{Re}\left(U_{\alpha j}U_{\beta k}U_{\alpha k}^*U_{\beta j}^*\right)\sin^2\frac{\Delta m_{kj}^2}{4E}L\\ &+ 8J\sum_\gamma\varepsilon_{\alpha\beta\gamma}\sin\frac{\Delta m_{21}^2}{4E}L\sin\frac{\Delta m_{31}^2}{4E}L\sin\frac{\Delta m_{32}^2}{4E}L\end{aligned} \tag{10.2.17}$$

(10.2.17) 式已用了 U 矩阵的幺正性 $\sum\limits_j U_{\alpha j}U_{\beta j}^* = \delta_{\alpha\beta}$, 并且也用了 U 矩阵的标准参数化形式与夸克混合矩阵 V_{CKM} 相同这一事实, 即 (7.7.3) 式和 (7.7.5) 式、(7.7.6)

式. J 为 Jarlskog 不变量, (10.2.17) 式最后一步还用了三角函数和差化积的公式

$$
\begin{aligned}
&\sin A\sin B\sin C=\frac{1}{2}\left[\cos\left(A-B\right)-\cos\left(A+B\right)\right]\sin C\\
=&\frac{1}{4}\left[\sin\left(C+A-B\right)+\sin\left(C-A+B\right)\right.\\
&\left.-\sin\left(C+A+B\right)-\sin\left(C-A-B\right)\right]
\end{aligned}
\tag{10.2.18}
$$

其中 $A=\dfrac{\Delta m_{21}^2}{4E}L,\ B=\dfrac{\Delta m_{31}^2}{4E}L,\ C=\dfrac{\Delta m_{32}^2}{4E}L.$

对 $\bar{\nu}_\alpha\to\bar{\nu}_\beta$ 的振荡几率, 在 CPT 不变的条件下 $\bar{\nu}_\alpha\to\bar{\nu}_\beta$ 是 $\nu_\beta\to\nu_\alpha$ 的 CPT 镜像过程, 即

$$
P\left(\bar{\nu}_\alpha\to\bar{\nu}_\beta\right)=P\left(\nu_\beta\to\nu_\alpha\right)
\tag{10.2.19}
$$

即由 (10.2.17) 式

$$
\begin{aligned}
P\left(\bar{\nu}_\alpha\to\bar{\nu}_\beta\right)=&\delta_{\alpha\beta}-4\sum_{j<k}\mathrm{Re}\left(U_{\alpha j}U_{\beta k}U_{\alpha k}^*U_{\beta j}^*\right)\sin^2\frac{\Delta m_{kj}^2}{4E}L\\
&-8J\sum_\gamma\varepsilon_{\alpha\beta\gamma}\sin\frac{\Delta m_{21}^2}{4E}L\sin\frac{\Delta m_{31}^2}{4E}L\sin\frac{\Delta m_{32}^2}{4E}L
\end{aligned}
\tag{10.2.20}
$$

(10.2.20) 式也可由 (10.2.17) 作变换 $U\to U^*,\ J\to -J$ 得到.

当只有两种味道的中微子 ν_α,ν_β 时, 质量本征态也只有两种 ν_1,ν_2, 则 $\Delta m^2=m_2^2-m_1^2$, 也只有一个. U 矩阵化为

$$
U=\begin{pmatrix}U_{\alpha1} & U_{\alpha2}\\ U_{\beta1} & U_{\beta2}\end{pmatrix}=\begin{pmatrix}\cos\theta & \sin\theta\\ -\sin\theta & \cos\theta\end{pmatrix}
\tag{10.2.21}
$$

由 (10.2.17) 式看出, 此时

$$
\begin{aligned}
P\left(\nu_\alpha\to\nu_\beta\right)&=\sin^2 2\theta\sin^2\left(\Delta m^2\frac{L}{4E}\right)\\
&=\sin^2 2\theta\sin^2\left(1.27\frac{\Delta m^2(\mathrm{eV}^2)}{E(\mathrm{GeV})}L\,(\mathrm{km})\right)
\end{aligned}
\tag{10.2.22}
$$

这正是前面 10.1 节用过的 (10.1.4) 式.

10.2.2 物质中的中微子振荡

本小节将采用与真空中振荡类比的方法讨论物质中的振荡. 因此, 我们先给出用哈密顿量描写的真空中振荡的标准形式, 然后再推广至物质中的情形. 为简单起见, 先讨论两种味道中微子的情况.

真空中哈密顿量 H_{vac} 的矩阵元 $\langle\nu_\alpha|H_{\text{vac}}|\nu_\beta\rangle$ 可由 (10.5) 式写出

$$\begin{aligned}\langle\nu_\alpha|H_{\text{vac}}|\nu_\beta\rangle &= \sum_{i,j} U_{\alpha i}U_{\beta j}^*\langle\nu_i|H_{\text{vac}}|\nu_j\rangle \\ &= \sum_j U_{\alpha j}U_{\beta j}^*\sqrt{p_j^2+m_j^2} \\ &\cong \sum_j U_{\alpha j}U_{\beta j}^*\sqrt{p^2+m_j^2}\end{aligned} \tag{10.2.23}$$

上面用了 $\langle\nu_i|\nu_j\rangle=\delta_{ij}$ 和 $H_{\text{vac}}|\nu_j\rangle=E_j|\nu_j\rangle$, 并采用近似 $E_j=\sqrt{p_j^2+m_j^2}\approx\sqrt{p^2+m_j^2}$, 即用了近似 $p_j\approx p$, p 为 $m_\nu=0$ 时的动量或能量 $E=p$.

10.1 节讨论中已知, 讨论中微子味道改变 (或振荡) 时只有相对相位才重要, 对不同味道都一样 (相同) 的位相可去掉. 同样对不同味道都一样的公共能量因子也可去掉, 因它与振荡无关. 因此, 在 H_{vac} 矩阵表示 (2×2 矩阵) 中任何 $E_0\begin{pmatrix}1&0\\0&1\end{pmatrix}$ 因子可去掉.

将 $\sqrt{p_j^2+m_j^2}\approx p+\dfrac{m_j^2}{2p}$ 代入 (10.2.23) 有

$$\langle\nu_\alpha|H_{\text{vac}}|\nu_\beta\rangle = p\delta_{\alpha\beta}+\frac{1}{2p}\sum_j U_{\alpha j}U_{\beta j}^*m_j^2 \tag{10.2.24}$$

(10.2.24) 中第一项为 $p\begin{pmatrix}1&0\\0&1\end{pmatrix}$ 的形式, 故可去掉, 因它与中微子振荡无关. (10.2.2) 简化为

$$\langle\nu_\alpha|H_{\text{vac}}|\nu_\beta\rangle = \frac{1}{2p}\sum_j U_{\alpha j}U_{\beta j}^*m_j^2 = \frac{1}{2E}\sum_j U_{\alpha j}U_{\beta j}^*m_j^2 \tag{10.2.25}$$

将 (10.2.21) 式 U 的矩阵元代入 (10.2.25), 得出

$$H_{\text{vac}} = \frac{\Delta m^2}{4E}\begin{pmatrix}-\cos 2\theta+\dfrac{m_1^2+m_2^2}{\Delta m^2} & \sin 2\theta \\ \sin 2\theta & \cos 2\theta+\dfrac{m_1^2+m_2^2}{\Delta m^2}\end{pmatrix} \tag{10.2.26}$$

上式中的常数项 $\dfrac{\Delta m^2}{4E}\begin{pmatrix}\dfrac{m_1^2+m_2^2}{\Delta m^2} & 0 \\ 0 & \dfrac{m_1^2+m_2^2}{\Delta m^2}\end{pmatrix}=\dfrac{m_1^2+m_2^2}{4E}\begin{pmatrix}1&0\\0&1\end{pmatrix}$, 可去掉, 则 H_{vac} 的矩阵表示式化为

$$H_{\text{vac}} = \frac{\Delta m^2}{4E}\begin{pmatrix}-\cos 2\theta & \sin 2\theta \\ \sin 2\theta & \cos 2\theta\end{pmatrix} \tag{10.2.27}$$

(10.2.27) 是在 $|\nu_\alpha\rangle$、$|\nu_\beta\rangle$ 基底上写出的, 因 $|\nu_\alpha\rangle$、$|\nu_\beta\rangle$ 不是 H_{vac} 的本征态, $|\nu_1\rangle$、$|\nu_2\rangle$ 才是本征态, 因此 (10.2.27) 不是对角矩阵. 对 ν_{e}、ν_{μ} 两种味道, 按 (10.2.21) 式

$$
\begin{aligned}
|\nu_{\text{e}}\rangle &= |\nu_1\rangle\cos\theta + |\nu_2\rangle\sin\theta \\
|\nu_{\mu}\rangle &= -|\nu_1\rangle\sin\theta + |\nu_2\rangle\cos\theta
\end{aligned}
\tag{10.2.28}
$$

解 (10.2.27) 本征方程, 它有两个本征值

$$
\lambda_1 = -\frac{\Delta m^2}{4E}, \quad \lambda_2 = \frac{\Delta m^2}{4E} \tag{10.2.29}
$$

$|\nu_1\rangle$, $|\nu_2\rangle$ 的时间发展由 (10.2.29) 决定, 所以有

$$
|\nu_{\text{e}}(t)\rangle = \mathrm{e}^{\mathrm{i}\frac{\Delta m^2}{4E}t}|\nu_1\rangle\cos\theta + \mathrm{e}^{-\mathrm{i}\frac{\Delta m^2}{4E}t}|\nu_2\rangle\sin\theta \tag{10.2.30}
$$

ν_{e} 飞行距离 L 时, $t=L$, ν_{e} 变为 ν_{μ} 的几率为

$$
\begin{aligned}
P(\nu_{\text{e}}\to\nu_{\mu}) &= \left|\langle\nu_{\mu}|\nu_{\text{e}}(t=L)\rangle\right|^2 = \left|\sin\theta\cos\theta\left(-\mathrm{e}^{\mathrm{i}\frac{\Delta m^2}{4E}L} + \mathrm{e}^{-\mathrm{i}\frac{\Delta m^2}{4E}L}\right)\right|^2 \\
&= \sin^2 2\theta\sin^2\left(\frac{\Delta m^2}{4E}L\right)
\end{aligned}
\tag{10.2.31}
$$

这正是 10.1 节中用过的 (10.1.4) 式和 (10.2.22) 式.

现在我们用与 (10.2.23) 式 ~(10.2.31) 式完全平行的类比方法讨论 ν_{e} 穿过物质时的情形.

按照标准模型, ν_{e} 穿过物质时有带电流 (交换 W) 作用也有中性流 (交换 Z) 作用. 中性流作用对所有中微子 (ν_{e}、ν_{μ}、ν_{τ}) 都相同, 但带电流 $\nu_{\text{e}}-e$、$\bar{\nu}_{\text{e}}-e$ 相互作用反号. $\nu_{\text{e}}-e$ 带电流作用的有效哈密顿量

$$
V_{\text{W}} = \sqrt{2}G_{\text{F}}N_{\text{e}} \tag{10.2.32}
$$

其中 N_{e} 为物质中单位体积内的电子密度.

对 $\bar{\nu}_{\text{e}}-e$ 作用相应的

$$
\bar{V}_{\text{W}} = -V_{\text{W}} = -\sqrt{2}G_F N_{\text{e}} \tag{10.2.33}
$$

对中性流作用, ν_{e} 和电子 e、质子 p 的作用相消, 所以 ν_{e}、ν_{μ} 中性流作用 (通过交换 Z 玻色子) 有效哈密顿量为

$$
V_{\text{Z}} = -\frac{1}{\sqrt{2}}G_{\text{F}}N_{\text{n}} \tag{10.2.34}
$$

其中 N_{n} 为物质中的中子密度.

(10.2.32) 式 ~(10.2.34) 式的理论推导可参阅文献[20]. 对 ν_μ 而言, 其与物质的作用只能通过中性流进行, 所以对只有 ν_e、ν_μ 两种味道的中微子, 物质中的有效哈密顿量 H_M 为

$$H_M = H_{\text{vac}} + V_W \begin{pmatrix} 1 & 0 \\ 0 & 0 \end{pmatrix} + V_Z \begin{pmatrix} 1 & 0 \\ 0 & 1 \end{pmatrix} \tag{10.2.35}$$

因 V_Z 对不同味中微子都相同, 不影响振荡故可以去掉. H_M 简化为

$$H_M = H_{\text{vac}} + V_W \begin{pmatrix} 1 & 0 \\ 0 & 0 \end{pmatrix} = H_{\text{vac}} + \frac{V_W}{2} \begin{pmatrix} 1 & 0 \\ 0 & -1 \end{pmatrix} + \frac{V_W}{2} \begin{pmatrix} 1 & 0 \\ 0 & 1 \end{pmatrix} \tag{10.2.36}$$

上式第三项又可以去掉, 得

$$\begin{aligned} H_M =& H_{\text{vac}} + \frac{V_W}{2} \begin{pmatrix} 1 & 0 \\ 0 & -1 \end{pmatrix} \\ =& \frac{\Delta m^2}{4E} \begin{pmatrix} -(\cos 2\theta - x) & \sin 2\theta \\ \sin 2\theta & \cos 2\theta - x \end{pmatrix} \end{aligned} \tag{10.2.37}$$

其中,

$$x = \frac{V_W/2}{\Delta m^2/4E} = \frac{2\sqrt{2} G_F N_e E}{\Delta m^2} \tag{10.2.38}$$

定义

$$\begin{cases} \Delta m_M^2 = \Delta m^2 \sqrt{\sin^2 2\theta + (\cos 2\theta - x)^2} \\ \sin^2 2\theta_M = \dfrac{\sin^2 2\theta}{\sin^2 2\theta + (\cos 2\theta - x)^2} \end{cases} \tag{10.2.39}$$

H_M 可改写为

$$H_M = \frac{\Delta m_M^2}{4E} \begin{pmatrix} -\cos 2\theta_M & \sin 2\theta_M \\ \sin 2\theta_M & \cos 2\theta_M \end{pmatrix} \tag{10.2.40}$$

可以看出, 把 (10.2.27) 式中作代换 $\theta \to \theta_M$、$\Delta m^2 \to \Delta m_M^2$ 就得到 (10.2.40) 式. 显然, 物质中的质量本征态 $|\nu_1\rangle_M$、$|\nu_2\rangle_M$ 与真空中的质量本征态 $|\nu_1\rangle$、$|\nu_2\rangle$ 是不相同的, 混合角 $\theta_M \neq \theta$. 由 (10.2.40) 物质中 $\nu_e \to \nu_\mu$ 的几率

$$P_M(\nu_e \to \nu_\mu) = \sin^2 2\theta_M \sin^2 \left(\frac{\Delta m_M^2}{4E} L \right) \tag{10.2.41}$$

由 (10.2.39) 看出, 若 $\sin 2\theta << 1$, 而 $x \sim \cos 2\theta$, 则 $\sin^2 2\theta_M$ 可能很大 (如逼近 1), 这即所谓共振.

最早讨论中微子穿过物质振荡的共振效应的是 Mikheyev-Smirnov-Wolfenstein[21], 所以又称 MSW 效应.

以上我们只讨论了简单的情况, 这种方法取自文献 [22], 对三种不同味中微子情况可参阅文献 [20].

注意, (10.2.37) 式, (10.2.38) 式中的参数 x 对 ν_{e} 和 $\bar{\nu}_{\mathrm{e}}$ 符号相反, 这会导致 ν_{e} 振荡到 ν_{μ}, $\bar{\nu}_{\mathrm{e}}$ 振荡到 $\bar{\nu}_{\mu}$ 的几率不相等, 即 $P\left(\nu_{\mathrm{e}} \rightarrow \nu_{\mu}; t\right) \neq P\left(\bar{\nu}_{\mathrm{e}} \rightarrow \bar{\nu}_{\mu}; t\right)$. 但这并不意味着 CP 破坏. 这部分由于物质效应导致的不对称, 应当在讨论物质中的 CP 不对称性时扣除掉.

10.3 Dirac 中微子和 Majorana 中微子

10.3.1 Dirac 中微子

在 $\mathrm{SU(2)_L \times U(1)_Y}$ 弱电统一标准模型中, 中微子只有左手分量 ν_L, 没有右手分量 ν_R, 所以不能构成 Dirac 质量项, 因而中微子质量严格等于零. 如果我们把标准模型稍加扩充, 引入 SU(2) 单态的右手中微子分量 N_R, 并引入 Yukawa 耦合

$$\begin{aligned} -L_{\text{Dirac}} &= \bar{l}_L Y_\nu \tilde{H} N_R + \text{h.c.} \\ &= \bar{l}_{\alpha L} Y_\nu^{\alpha j} \tilde{H} N_{jR} + \text{h.c.} \end{aligned} \tag{10.3.1}$$

其中 $\alpha = e, \mu, \tau$, $j = 1, 2, 3$, $l_{eL} = \begin{pmatrix} \nu_{\mathrm{e}} \\ e \end{pmatrix}_L$, $l_{\mu L} = \begin{pmatrix} \nu_{\mu} \\ \mu \end{pmatrix}_L$, $l_{\tau L} = \begin{pmatrix} \nu_{\tau} \\ \tau \end{pmatrix}_L$, $\tilde{H} = i\sigma_2 H^*$, $H = \begin{pmatrix} H^+ \\ H^0 \end{pmatrix}$, $Y_\nu^{\alpha j}$ 为 Yukawa 耦合常数.

当 $\mathrm{SU(2)_L \times U(1)_Y}$ 自发破缺到 $\mathrm{U(1)_{em}}$ 时, $\left\langle \tilde{H} \right\rangle = \begin{pmatrix} v \\ 0 \end{pmatrix}$, (10.3.1) 式变为

$$-L'_{\text{Dirac}} = \bar{\nu}_L M_D N_R + \text{h.c.} \tag{10.3.2}$$

其中,

$$\nu_L = \begin{pmatrix} \nu_{\mathrm{e}L} \\ \nu_{\mu L} \\ \nu_{\tau L} \end{pmatrix}, \quad N_R = \begin{pmatrix} N_{1R} \\ N_{2R} \\ N_{3R} \end{pmatrix}, \quad M_D = vY_\nu = v \begin{pmatrix} Y_\nu^{\mathrm{e}1} & Y_\nu^{\mathrm{e}2} & Y_\nu^{\mathrm{e}3} \\ Y_\nu^{\mu 1} & Y_\nu^{\mu 2} & Y_\nu^{\mu 3} \\ Y_\nu^{\tau 1} & Y_\nu^{\tau 2} & Y_\nu^{\tau 3} \end{pmatrix} \tag{10.3.3}$$

M_D 为中微子质量矩阵, 它可以用两个幺正矩阵 U, V 对角化,

$$U^+ M_D V = M_\nu = \text{diag}\,(m_1, m_2, m_3) \tag{10.3.4}$$

其中 $m_i (i = 1, 2, 3)$ 正是中微子质量本征态 ν_1, ν_2, ν_3 的质量. 下面可以看出, U 正是我们在 (10.3) 式中引入的轻子混合矩阵.

实际上, M_D 对角化后, (10.3.2) 式可改写为

$$\begin{aligned}-L'_{\text{Dirac}} &= \bar{\nu}_L M_D N_R + \text{h.c.}\\ &= \bar{\nu}_L U M_\nu V^+ N_R + \text{h.c.}\\ &= \bar{\nu}'_L M_\nu N'_R + \text{h.c.}\end{aligned} \tag{10.3.5}$$

其中,

$$\nu'_L = U^+ \nu_L,\ N'_R = V^+ N_R \tag{10.3.6}$$

令

$$\nu' = \nu'_L + N'_R = \begin{pmatrix}\nu_1\\ \nu_2\\ \nu_3\end{pmatrix} \tag{10.3.7}$$

$$-L'_{\text{Dirac}} = \bar{\nu}' M_\nu \nu' = \sum_{i=1}^{3} m_i \cdot \bar{\nu}_i \cdot \nu_i \tag{10.3.8}$$

轻子带电流相互作用拉氏量 (10.1) 式中的 ν_L 按 (10.3.6) 式正好为 $U\nu'_L = U\begin{pmatrix}\nu_1\\ \nu_2\\ \nu_3\end{pmatrix}_L$, 即 (注意 N_R 为 SU(2) 单态)

$$L_{\text{CC}} = \frac{g}{\sqrt{2}}\left(\bar{e}\ \bar{\mu}\ \bar{\tau}\right)_L \gamma^\mu U \begin{pmatrix}\nu_1\\ \nu_2\\ \nu_3\end{pmatrix}_L W_\mu^- + \text{h.c.} \tag{10.3.9}$$

这正是 (10.2) 式, 所以 (10.3.4) 式、(10.3.6) 式中的 U 矩阵就是 (10.3) 引入的轻子混合矩阵.

10.3.2　Majorana 中微子

令 $\nu_i (i = 1, 2, 3)$ 为中微子质量本征态, 则满足条件[23]

$$\nu_i^C \equiv C\bar{\nu}_i^{\text{T}} = \nu_i \tag{10.3.10}$$

的粒子称 Majorana 中微子.

(10.3.10) 表明, Majorana 中微子的反粒子与其本身相同. Majorana 中微子质量项可写为

$$-L'_{\text{Majorana}} = \frac{1}{2}\bar{\nu}_L M \left(\nu_L\right)^C + \text{h.c.} \tag{10.3.11}$$

利用电荷共轭矩阵 $C = i\gamma^2\gamma^0$ 的性质可以证明

$$(\nu_L)^C = \left(\nu^C\right)_R, \quad (\nu_R)^C = \left(\nu^C\right)_L \tag{10.3.12}$$

(10.3.11) 式右方为 Lorentz 标量, 因此有

$$\begin{aligned}\bar{\nu}_L M (\nu_L)^C =& \left[\bar{\nu}_L M (\nu_L)^C\right]^{\mathrm{T}} = -\bar{\nu}_L C^T M^T (\bar{\nu}_L)^{\mathrm{T}} \\ =& \bar{\nu}_L M^{\mathrm{T}} (\bar{\nu}_L)^C\end{aligned} \tag{10.3.13}$$

上式中负号的出现源于费米场交换, 且用了 $C^{\mathrm{T}} = -C$. 由此可知 $M^{\mathrm{T}} = M$, 即 M 为对称矩阵, 故可由幺正交换 U 对角化:

$$U^+ M U^* = \hat{M}_\nu = \mathrm{diag}\,(m_1, m_2, m_3) \tag{10.3.14}$$

(10.3.11) 式改写为

$$-L'_{\text{Majorana}} = \frac{1}{2}\bar{\nu}'_L \hat{M}_\nu \left(\nu'_L\right)^C + h.c. \tag{10.3.15}$$

其中,

$$\begin{aligned}&\nu'_L = U^+ \nu_L, \quad \left(\nu'_L\right)^C = C\bar{\nu}'^{\mathrm{T}}_L \\ &\nu' = \nu'_L + \left(\nu'_L\right)^C = \nu'_L + \left(\nu'^C\right)_R = \nu'_L + \nu'_R = \begin{pmatrix}\nu_1 \\ \nu_2 \\ \nu_3\end{pmatrix}\end{aligned} \tag{10.3.16}$$

上面最后一步用了 (10.3.10) 式 $\nu'^C = \nu'$(即 $\nu_i^C = \nu_i$).

可将 (10.3.15) 式进一步简化为

$$-L'_{\text{Majorana}} = \frac{1}{2}\bar{\nu}' \hat{M}_\nu \nu' = \frac{1}{2}\sum_{i=1}^{3} m_i \cdot \bar{\nu}_i \cdot \nu_i \tag{10.3.17}$$

只具有 Higgs 二重态的标准模型不能容纳 (10.3.17) 式 Majorana 质量项, 因为它破坏 $\mathrm{SU(2)_L \times U(1)_Y}$ 的规范不变性. 但引入 $\mathrm{SU(2)_L}$ 三重态 Higgs 到标准模型中, 则可容纳 Majorana 中微子.

显然, Majorana 质量项破坏轻子数守恒, 因为它使轻子数改变两个单位, 即 $\Delta L = 2$. (10.3.11), (10.3.15) 两式的因子 1/2 是为保证 ν_i 满足 Dirac 方程而放置的. 具体推导见文献 [20].

Dirac 中微子带电流相互作用的拉氏量由 (10.3.9) 式表示, 而相对 Majorana 中微子 L_{CC} 与 Dirac 中微子形式完全相同, 只是 (10.3.9) 中的轻子混合矩阵要换成 Majorana 中微子混合矩阵, 即多一个因子 $P' = \mathrm{diag}\left(\mathrm{e}^{\mathrm{i}\rho}, \mathrm{e}^{\mathrm{i}\sigma}, 1\right)$. 具体形式请参阅后面的 10.5 节.

要区分 Dirac 中微子和 Majorana 中微子是困难的, 因两者参与弱作用时都是通过相同的味本征态 $(\nu_{\mathrm{e}L}, \nu_{\mu L}, \nu_{\tau L})$. 目前知道的能区分两种中微子的实验是无中

微子的双 β 衰变 (0ν2β 衰变), 即原子核的跃迁 $(A,Z) \to (A,Z+2)+2e^-$ 过程. 如图 10.6 所示, 这种过程轻子数改变 2 单位, 并且只能通过 Majorana 质量项诱导的 $\bar{\nu}_i - \nu_i$ 混合才能实现的.

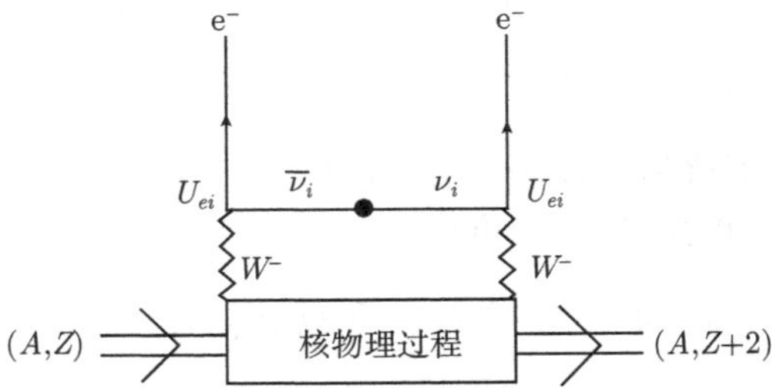

图 10.6　偶–偶核交换虚的 Majorana 中微子产生 0ν2β 衰变

10.4　中微子质量和跷跷板机制

实验上已经确定, 三种味道的中微子质量都很小. 宇宙学观测实验给出[24]

$$m_e + m_\mu + m_\tau < 0.28\text{eV}$$

更严格的 $\bar{\nu}_e$ 质量限制为[25]

$$m_{\bar{\nu}_e} < 2.05\text{eV}, 95\%\text{C.L.}$$

中微子质量这样小, 如何保证能获得如此小的质量呢? 如果中微子是 Dirac 中微子, 一般而言, 其 Dirac 质量应该与其他轻子 e、μ、τ 的质量同量级, 很难理解为什么中微子的 Dirac 质量会这么小. 下面我们讨论一种能给中微子小质量的跷跷板机制 (See-Saw Mechanism). 其基本思想是在保证规范对称和 Lorentz 不变条件下, 在标准模型基础上引入新的重粒子并允许 B-L 破坏. 目前国际上有三种不同类型的跷跷板机制. 我们本节已讨论其中一种, 即 Type-I See-Saw[26]. 另外两种可参阅有关文献[27].

我们先来讨论只有一代轻子 (ν_e, e) 的情形. 此时只需引入一个 $SU(2)_L$ 单态的右手 Majorana 中微子 N_R.

$$-L_{\text{lepton}} = \bar{l}_L Y_l H e_R + \bar{l}_L Y_\nu \tilde{H} N_R + \frac{1}{2}\bar{N}_R^C M_R N_R + \text{h.c.} \tag{10.4.1}$$

其中,

$$\begin{cases} l_L = \begin{pmatrix} \nu_e \\ e \end{pmatrix}_L, \quad \tilde{H} = i\sigma_2 H^*, \quad H = \begin{pmatrix} H^+ \\ H^0 \end{pmatrix} \\ N_R^C = C\bar{N}_R^{\text{T}} \end{cases} \tag{10.4.2}$$

(10.4.1) 式最后一项为 N_R 的 Majorana 质量项, 第一项为电子的质量项, 第二项为中微子 ν_e 的 Dirac 质量项. 当 Higgs 取真空期望值时, $\langle H\rangle=\begin{pmatrix}0\\v\end{pmatrix},\left\langle\tilde{H}\right\rangle=\begin{pmatrix}v\\0\end{pmatrix}$. 我们感兴趣的是中微子质量项, 将 (10.4.1) 式中的中微子质量部分拿出来写为

$$-L'_{\text{Neutrino}}=\bar{\nu}_{eL}M_DN_R+\frac{1}{2}\bar{N}_R^CM_RN_R+\text{h.c.} \tag{10.4.3}$$

注意 (10.4.1) 式、(10.4.3) 式中的 N_R 的 Majorana 质量项破坏轻子数守恒, 但保持 $\mathrm{SU(2)_L\times U(1)_Y}$ 的规范不变性.

利用

$$\bar{N}_R^CM_D^{\mathrm{T}}\nu_L^C=\left[N_R^{\mathrm{T}}CM_D^{\mathrm{T}}C\bar{\nu}_L^{\mathrm{T}}\right]^{\mathrm{T}}=\bar{\nu}_LM_DN_R \tag{10.4.4}$$

(10.4.3) 式可改写为

$$-L'_{\text{Neutrino}}=\frac{1}{2}\left(\bar{\nu}_{eL}\bar{N}_R^C\right)\begin{pmatrix}0&M_D\\M_D^{\mathrm{T}}&M_R\end{pmatrix}\begin{pmatrix}\nu_{eL}^C\\N_R\end{pmatrix}+\text{h.c.} \tag{10.4.5}$$

(10.4.5) 式也适于三代轻子的情形, 此时将 ν_{eL} 改为 ν_L.

$$\nu_L=\begin{pmatrix}\nu_{eL}\\\nu_{\mu L}\\\nu_{\tau L}\end{pmatrix},\quad N_R=\begin{pmatrix}N_{1R}\\N_{2R}\\N_{3R}\end{pmatrix} \tag{10.4.6}$$

M_D, M_D^{T}, M_R 都为 3×3 矩阵.

对一代轻子的情形, M_D, $M_D^{\mathrm{T}}=M_D$ 都是 C 数, 质量矩阵 $\begin{pmatrix}0&M_D\\M_D&M_R\end{pmatrix}$ 可对角化为

$$\begin{pmatrix}-2M_D^2/M_R&0\\0&M_R+M_D^2/M_R\end{pmatrix} \tag{10.4.7}$$

上面的负号很容易通过改变 ν_{eL}、ν_{eL}^C 的位相而消去, 所以对角化后的质量矩阵为

$$\begin{pmatrix}2M_D^2/M_R&0\\0&M_R+M_D^2/M_R\end{pmatrix} \tag{10.4.8}$$

当我们假定 $M_R\gg M_D$ 时, (10.4.8) 式就得到了中微子 $\mathrm{\nu}'$ 的小质量

$$M'_\nu=2M_D^2/M_R \tag{10.4.9}$$

其中 $\mathrm{\nu}'$ 是轻中微子质量本征态, 是 ν_e 和 N 的线性组合.

以上就是 Type-I See-Saw 机制获得中微子小质量的基本思想.

对有三代轻子的情形, 可照文献 [20] 中 3.2.3 小节的方法将中微子质量矩阵对角化. 不同的是, 我们没有考虑 ν_L 的 Majorana 质量项, 即 $M_L=0$, 此时拉式函数中微子质量部分为

$$-L'_{\text{Neutrino}}=\bar{\nu}_L M_D N_R+\frac{1}{2}\bar{N}_R^C M_R N_R+\text{h.c.} \tag{10.4.10}$$

其中 ν_L、N_R 都是 3 行 1 列的矩阵 (10.4.6) 式. 利用 (10.4.4) 式, (10.4.10) 式可改写为

$$-L'_{\text{Neutrino}}=\frac{1}{2}\left(\bar{\nu}_L,\bar{N}_R^C\right)\begin{pmatrix}0 & M_D\\ M_D^{\text{T}} & M_R\end{pmatrix}\begin{pmatrix}\nu_L^C\\ N_R\end{pmatrix}+\text{h.c.} \tag{10.4.11}$$

(10.4.11) 式中的 6×6 质量矩阵可用 6×6 的幺正矩阵对角化, 即

$$\begin{pmatrix}V & R\\ S & U\end{pmatrix}^+\begin{pmatrix}0 & M_D\\ M_D^T & M_R\end{pmatrix}\begin{pmatrix}V & R\\ S & U\end{pmatrix}^*=\begin{pmatrix}\hat{M}_\nu & 0\\ 0 & \hat{M}_N\end{pmatrix} \tag{10.4.12}$$

其中,

$$\hat{M}_\nu=\text{diag}\left(m_1,m_2,m_3\right)\quad,\quad\hat{M}_N=\text{diag}\left(M_1,M_2,M_3\right)$$

并且子矩阵 V, R, S, U 满足幺正条件

$$\begin{cases}VV^++RR^+=SS^++UU^+=1\\ V^+V+S^+S=R^+R+U^+U=1\\ VS^++RU^+=V^+R+S^+U=0\end{cases} \tag{10.4.13}$$

对角化后 (10.4.10) 式变为

$$-L'_{\text{Neutrino}}=\frac{1}{2}\left(\bar{\nu}'_L,\overline{N_R'^C}\right)\begin{pmatrix}\hat{M}_\nu & 0\\ 0 & \hat{M}_N\end{pmatrix}\begin{pmatrix}\nu_L'^C\\ N'_R\end{pmatrix}+\text{h.c.} \tag{10.4.14}$$

其中,

$$\begin{cases}\nu'_L=V^+\nu_L+S^+\left(N_R\right)^C,\quad N'_R=R^{\text{T}}\left(\nu_L\right)^C+U^{\text{T}}N_R\\ \nu_L'^C=C\bar{\nu}_L'^{\text{T}},\quad N_R'^C=C\bar{N}_R'^{\text{T}}\end{cases} \tag{10.4.15}$$

定义新场 ν':

$$\nu'=\begin{pmatrix}\nu'_L\\ \left(N'_R\right)^C\end{pmatrix}+\begin{pmatrix}\left(\nu'_L\right)^C\\ N'_R\end{pmatrix}=\begin{pmatrix}\nu_1\\ \nu_2\\ \nu_3\\ N_1\\ N_2\\ N_3\end{pmatrix} \tag{10.4.16}$$

则

$$-L'_{\text{Neutrino}}=\frac{1}{2}\bar{\nu}'\begin{pmatrix}\hat{M}_\nu & 0\\ 0 & \hat{M}_N\end{pmatrix}\nu'=\frac{1}{2}\sum_{i=1}^{3}\left(m_i\bar{\nu}_i\nu_i+M_i\bar{N}_iN_i\right)\tag{10.4.17}$$

由 (10.4.16) 式, 显然 $(\bar{\nu}')^C=\nu'$, 即 ν' 是 6 个 Majorana 中微子, 即 (10.4.17) 式中的 ν_i、N_i.

现在来讨论中微子如何获得小质量.

与只有一代轻子情况类似, 在质量项 (10.4.11) 式中只要 $M_R\gg M_D$, 则可解决这个问题.

实际上, $M_D\sim\langle H\rangle\approx 174\text{GeV}$(弱电破缺能标). 而 $M_R\gg\langle H\rangle$ 是合理的, 因为右手中微子 N_R 是 $\text{SU}(2)_\text{L}$ 单态, 不受弱电破缺标度的影响, 所以 $M_R\gg M_D$ 可以成立. 由 (10.4.12) 式左乘 $\begin{pmatrix}V & R\\ S & U\end{pmatrix}$ 得

$$\begin{cases}R\hat{M}_N=M_DU^*\\ S\hat{M}_\nu=M_D^\text{T}V^*+M_RS^*\end{cases}\tag{10.4.18}$$

$$\begin{cases}U\hat{M}_N=M_D^\text{T}R^*+M_RU^*\\ V\hat{M}_\nu=M_DS^*\end{cases}\tag{10.4.19}$$

当 $M_R\gg M_D$ 时, 由 (10.4.18) 式、(10.4.19) 式看出, $R\sim S\sim O\left(M_D/M_R\right)$, U 和 V 差不多为幺正矩阵, 精确度为 $O\left(M_D^2/M_R^2\right)$[28]. 由 (10.4.19) 式可得

$$U\hat{M}_NU^\text{T}=M_D^\text{T}\left(R^*U^\text{T}\right)+M_R\left(UU^+\right)^\text{T}\approx M_R\tag{10.4.20}$$

$$V\hat{M}_\nu V^\text{T}=M_D\left(S^*V^\text{T}\right)\tag{10.4.21}$$

由 (10.4.18) 式第二式右乘 V^T 得

$$S^*V^\text{T}=M_R^{-1}S\hat{M}_\nu V^\text{T}-M_R^{-1}M_D^\text{T}\left(VV^+\right)^\text{T}\approx -M_R^{-1}M_D^\text{T}\tag{10.4.22}$$

将 (10.4.22) 式代入 (10.4.21) 式得

$$V\hat{M}_\nu V^\text{T}\approx M_\nu\approx -M_DM_R^{-1}M_D^\text{T}\tag{10.4.23}$$

第一个 "≈" 相当于取矩阵 $R\sim S\sim 0$. 这与 (10.4.7) 式中的结果一致, 即三种已观察到的中微子都获得了小质量.

Type- Ⅱ、Ⅲ Seesaw 机制, 请参阅文献 [27].

10.5　中微子混合矩阵的参数化形式

在第 7 章中, 我们已给出了夸克混合矩阵 V_{CKM} 的两种参数化形式 (7.7.5) 式和 (7.7.6) 式. 对中微子混合矩阵 U_{MNS}, 其形式与 V_{CKM} 类似, 差别只在于要包含 Majorana 中微子. 详细讨论请参阅书 [20], 这里只给出结果.

一般情况下, U_{MNS} 可参数化为

$$U_{\mathrm{MNS}}=(V_{\mathrm{CKM}})\cdot P' \tag{10.5.1}$$

其中,

$$P'=\operatorname{diag}\left(\mathrm{e}^{\mathrm{i}\rho},\mathrm{e}^{\mathrm{i}\sigma},1\right) \tag{10.5.2}$$

为 Majorana 相位矩阵. 对夸克 (d,s,b) 或纯粹的 Dirac 中微子, 可用场的相位变换消除 P' 中的相位 (如 $d\to\mathrm{e}^{\mathrm{i}\varphi_d}d$、$s\to\mathrm{e}^{\mathrm{i}\varphi_s}s$、$b\to\mathrm{e}^{\mathrm{i}\varphi_b}b$), 使 $P'=\operatorname{diag}(1,1,1)$, 因而可去掉, 只剩 V_{CKM}.

但对 Majorana 中微子, 由于条件 $\nu_i^C=\nu_i$ 的限制, $\nu_i=e^{i\varphi_i}\nu_i$ 变换只能取 $\varphi_i=0$, 因而 P' 中的相位 ρ、σ 不能去掉.

10.6　中微子振荡中的 CP 破坏

中微子振荡也可被用来研究 CP、T、CPT 破坏问题.

CP 破坏导致 $P\left(\nu_\alpha\to\nu_\beta;t\right)\neq P\left(\bar{\nu}_\alpha\to\bar{\nu}_\beta;t\right)$;

T 破坏导致 $P\left(\nu_\alpha\to\nu_\beta;t\right)\neq P\left(\nu_\beta\to\nu_\alpha;t\right)$;

CPT 破坏导致 $P\left(\nu_\alpha\to\nu_\beta;t\right)\neq P\left(\bar{\nu}_\beta\to\bar{\nu}_\alpha;t\right)$.

以下我们只讨论真空中中微子振荡的情形, 并且假定 CPT 不变性成立, 因本章前面所有的讨论都是在假定 CPT 不变条件下进行的.

先看 CP 破坏, 由 (10.2.17) 式和 (10.2.20) 式,

$$\begin{aligned}\Delta P_{CP}=&P\left(\nu_\alpha\to\nu_\beta\right)-P\left(\bar{\nu}_\alpha\to\bar{\nu}_\beta\right)\\=&16J\sum_\gamma\varepsilon_{\alpha\beta\gamma}\sin\left(\frac{\Delta m_{21}^2}{4E}L\right)\sin\left(\frac{\Delta m_{31}^2}{4E}L\right)\sin\left(\frac{\Delta m_{32}^2}{4E}L\right)\end{aligned} \tag{10.6.1}$$

由 (7.10.14) 式 J 的定义看出, Majorana 位相 ρ、σ 不进入 J 的表达式, 即 J 与 ρ、σ 无关, 所以 ΔP_{CP} 也与 ρ、σ 无关. 由于

$$J=\cos\theta_{12}\cos^2\theta_{13}\cos\theta_{23}\sin\theta_{12}\sin\theta_{13}\sin\theta_{23}\sin\delta_{13} \tag{10.6.2}$$

所以 ΔP_{CP} 与 3 个混合角 θ_{12}、θ_{13}、θ_{23} 都有关系.

目前, PDG 小组给出的世界平均值为[29]

$$\begin{aligned}
\sin^2\theta_{12} &= 0.306 \begin{array}{l} +0.018 \\ -0.015 \end{array} \\
\sin^2\theta_{23} &= 0.42 \begin{array}{l} +0.08 \\ -0.03 \end{array} \\
\sin^2\theta_{13} &= 0.021 \begin{array}{l} +0.007 \\ -0.008 \end{array} \text{或} 0.0251 \pm 0.0034
\end{aligned} \tag{10.6.3}$$

中国广东大亚湾核反应堆测量了 $P(\bar{\nu}_e \to \bar{\nu}_e)$, 即 $\bar{\nu}_e$ 存活几率, 从而对 $\sin^2 2\theta_{13}$ 做了决定性的测量[30]. 在 5.2σ 显示度下的实验结果为

$$\sin^2 2\theta_{13} = 0.092 \pm 0.016(\text{stat.}) \pm 0.005(\text{syst.}) \tag{10.6.4}$$

由此导出

$$\sin^2\theta_{13} \approx 0.0236 \tag{10.6.5}$$

与 (10.6.3) 式中的世界平均值相符. 应当指出, 大亚湾实验组是世界上最早有可信显示度的测量 $\sin\theta_{13}$ 的小组.

由于 (10.6.1) 式 CP 破坏 ΔP_{CP} 太小, 至今还没有任何实验观测到了 CP 破坏效应.

对 T 破坏, 由 (10.2.17) 式, T 破坏的强度

$$\begin{aligned}
\Delta P_T =& P(\nu_\alpha \to \nu_\beta) - P(\nu_\beta \to \nu_\alpha) \\
=& 16J \sum_\gamma \varepsilon_{\alpha\beta\gamma} \sin\left(\frac{\Delta m_{21}^2}{4E}L\right) \sin\left(\frac{\Delta m_{31}^2}{4E}L\right) = \Delta P_{CP}
\end{aligned} \tag{10.6.6}$$

显然, $\Delta P_{CP} = \Delta P_T$ 是因为我们已经假定 CPT 不变的结果. 当然, 目前也没有任何中微子振荡实验观测到了 T 破坏效应.

10.7 中微子质量等级问题

中微子质量等级分两类：正常的 (normal) 和逆反的 (inverted). 对正常的, $\Delta m_{32}^2 \sim \Delta m_{31}^2 \gg \Delta m_{21}^2 > 0$; 对逆反的, $\Delta m_{32}^2 \sim \Delta m_{31}^2 < 0$(图 10.7).

因为地球的物质密度不大, 在大气中微子 ν_μ 穿过地球的振荡实验和加速器产生的 ν_μ 穿越地球一段距离后失踪的实验 (如 MINOS) 都可忽略物质效应. 在这种情况下, 只有两种味道的中微子 ν_μ、ν_τ 的振荡公式 (10.1.4) 是可用的. 显然从 (10.1.4) 式定不出 Δm^2 的符号. 所以 ν_μ 的振荡实验给出 $|\Delta m_{31}^2| \sim |\Delta m_{32}^2| \sim 2.4\times10^{-3}\text{eV}^2$(见 10.1 节).

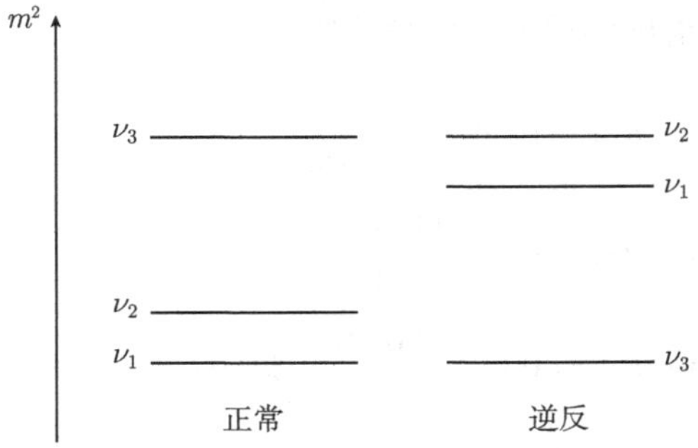

图 10.7　正常和逆反质量等级

太阳中微子振荡实验则不同. 太阳物质密度很大, 太阳中微子 ($\nu_{\rm e}$) 穿过太阳到地球过程中发生共振的条件为 (参阅 (10.2.38) 式和 (10.2.39) 式)

$$x=\frac{2\sqrt{2}G_{\rm F}N_{\rm e}E}{\Delta m^2}\cong\cos2\theta \tag{10.7.1}$$

由 (10.1.12) 式 $\tan^2\theta=0.47$ 可得出 $\cos2\theta>0$. 所以 (10.7.1) 式给出 $x>0$, 推出

$$\Delta m^2=\Delta m_{21}^2>0 \tag{10.7.2}$$

不论正常还是逆反质量等级都有 (10.1.12) 式

$$\Delta m_{21}^2\sim7.59\times10^{-5}{\rm eV}^2>0 \tag{10.7.3}$$

对 Δm_{32}^2、Δm_{31}^2, 正常和逆反等级符号相反, 这将影响与 Δm_{32}^2、Δm_{31}^2 有关的物理量的实验测量结果. 例如 T2K 实验组[31] 用加速器产生的 ν_μ 束流来测量 $\nu_\mu\to\nu_{\rm e}$ 的振荡几率 $P_{\mu e}\equiv P\left(\nu_\mu\to\nu_{\rm e}\right)$. $P_{\mu{\rm e}}$ 的表达式为[32]

$$\begin{aligned}P_{\mu{\rm e}}\equiv&P\left(\nu_\mu\to\nu_{\rm e}\right)=\sin^22\theta_{13}\sin^2\theta_{23}\frac{\sin^2(A-1)\Delta}{(A-1)^2}\\&+\alpha\sin2\theta_{13}\sin2\theta_{12}\sin2\theta_{23}\cos(\Delta+\delta)\frac{\sin A\Delta}{A}\frac{\sin(A-1)\Delta}{A-1}\\&+\alpha^2\sin^22\theta_{12}\cos^2\theta_{23}\frac{\sin^2A\Delta}{A^2}\end{aligned} \tag{10.7.4}$$

其中,

$$\Delta=\frac{\Delta m_{31}^2L}{4E},\quad A=\frac{2EV}{\Delta m_{31}^2},\quad \alpha=\frac{\Delta m_{21}^2}{\Delta m_{31}^2},\quad V=\sqrt{2}G_{\rm F}N_{\rm e} \tag{10.7.5}$$

从 (10.7.4) 式、(10.7.5) 式两式看出 Δm_{31}^2、Δm_{32}^2 的符号将影响 $P_{\mu{\rm e}}$ 的数值, 从而与正常和逆反质量等级有关. T2K 测量了 $P_{\mu{\rm e}}$, 并给出了 $\sin^22\theta_{13}$ 值的上下限[31].

对于 CP 位相 $\delta = 0$ 和正常 (逆反) 质量等级测量结果为

$$0.03(0.04) < \sin^2 2\theta_{13} < 0.28(0.34) \tag{10.7.6}$$

其显示度为 2.5σ. 由于实验误差太大, 无法根据 (10.110) 来判断中微子质量等级到底是正常还是逆反类型.

10.8 未来的发展

未来要研究的问题主要有下面几个.

1. Δm_{31}^2 和 Δm_{32}^2 的符号问题

这个问题在 10.7 小节中已讨论过. 实际上是中微子质量等级问题. 目前, 世界上已有的中微子实验组都想解决这一问题, 不久的将来会有答案.

2. 中微子到底是 Dirac 型还是 Majorana 型

从质量本征态层面上看, 理论上区分这两种中微子很容易, 即 (10.3.7) 式的 Dirac 中微子与其反粒子 (电荷共轭态) 不同, 即 $\nu'^C \neq \nu'$, 但对 (10.3.16) 式的 Majorana 中微子而言, 其反粒子与粒子态相同, 即 $\nu'^C = \nu'$. 所以理论上区分不成问题.

但在实验上, 中微子参与弱相互作用的不是质量本征态, 而是味本征态 (相互作用本征态). 此时不管是 Dirac 还是 Majorana 型中微子, 它们参与弱作用都是通过味本征态 $\nu_L = (\nu_{eL}, \nu_{\mu L}, \nu_{\mu L})$, 所以一般的弱作用过程无法区分 Dirac 型还是 Majorana 型中微子. 但是拉氏函数中的质量项对 Majorana 型中微子而言破坏轻子数守恒 ($\Delta L = 2$), 且可诱导出 $\nu - \bar{\nu}$ 混合, 而正是这种混合可产生原子核的 $0\nu2\beta$ 跃迁 (见图 10.6). 因此, 测量到原子核的 $0\nu2\beta$ 跃迁可以区分 Majorana 中微子和 Dirac 中微子. 目前, 世界各实验室还没有找到原子核的 $0\nu2\beta$ 跃迁.

3. 中微子质量的绝对测量

10.4 节已给出了宇宙学观测对中微子质量的限制 $\sum\limits_{i=e,\mu,\tau} m_i^2 < 0.28\text{eV}$[24], 而氚的 β 衰变给出的当前最严格的上限为 $m_{\bar{\nu}_e}^2 < 2.05\text{eV}$[25]. 这类测量还会继续, 质量上限还会进一步缩小. 此外, 原子核的 $0\nu2\beta$ 跃迁也可给出对中微子质量的限制.

4. 在中微子振荡实验中寻找 CP 破坏

由于 θ_{13} 也很小, 这类实验可以在长基线中微子振荡实验中进行. 美国正在改造费米实验室的加速器 (PIP-II), 以实现这个可能. 还有一种可能是在中微子工厂来做. 这需要造 μ 介子贮存环, 从大量 μ 衰变中得到大量中微子. 但是造 μ 贮存环最大的技术难关是, 如何把 π 介子衰变来的飞向四面八方的 μ 介子准直收集注入贮存环, 即所谓 μ 介子冷却技术. 这一难题世界上重要的实验室正在加紧研究.

5. 宇宙空间超高能中微子的研究

当前一门新的交叉学科中微子天文学正在兴起. 南极正在建造的立方千米尺度冰块中微子探测器[33] (IceCube) 和立方千米尺度的水下中微子望远镜[34] (KM3NeT) 不久的将来就会发挥巨大作用.

6. 探测宇宙中微子背景 ($C\nu B$)

目前还没有实验结果. 国际上许多实验组正在试图用不同方法进行测量.

7. 中微子宇宙学研究

另一门中微子有关的交叉学科, 中微子宇宙学也正在兴起. 科学家们正在研究中微子在宇宙的形成过程和发展过程中到底起什么作用. 例如, 宇宙形成过程重子–反重子不对称性的产生和中微子有关吗?

当然, 还有许多其他问题需要研究.

参 考 文 献

[1] 1930 年，泡利在给 Meitner L 和 Geiger 的信中提出中微子假设，但正式发表是在 1933 年. Pauli W. Proc. Solvary Congr., 1933: 324.

[2] Danby G, et al. 利用美国 AGS 加速器产生的 π 介子束流证实 ν_e, ν_μ 的不同, 参阅 Danby G. 1962 Conference at CERN, P809. 1975 年重轻子 τ 被发现, 参阅 Perl M L, et al. Phys. Rev. Lett., 1975, 35: 1489. 此后其相应的中微子 ν_τ 被证实与 ν_e, ν_μ 不同.

[3] Alpher R A, Bethe H, Gamo G W. Phys. Rev., 1948, 73: 803.

[4] Maki Z, Nakagawa M, Sakata S. Prog. Theor. Phys., 1962, 28: 870.

[5] Fukuda Y, et al. (Super-K Collaboration). Phys. Rev. Lett., 1998, 81: 1562.

[6] Ashine Y, et al. (Super-K Collaboration). Phys. Rev., 2005, D71: 112005.

[7] Ashine Y, et al. (Super-K Collaboration). Phys. Rev. Lett., 2004, 93: 101801.

[8] Ahn M H, et al. (Super-K Collaboration). Phys. Rev. Lett., 2003, 90: 041801.

[9] Michael D, et al. (MINOS Collaboration). Phys. Rev. Lett., 2006, 97: 191801.

[10] Adamson P, et al. (MINOS Collaboration). Phys. Rev. Lett., 2008, 101: 131802.

[11] Davis Jr. R, Harmer D S, Hoffman K C. Phys. Rev. Lett., 1968, 20: 1205.

[12] Hampel W, et al. Phys. Lett., 1999, B 447: 127; Altmann M, et al. Phys. Lett., 2005, B 616, 174; Abdurashitov J N, et al. Phys. Rev., 2009, C80: 015087.

[13] Bahcall J N, Pinsonneault M H, Basu S. Astrophys. J, 2001, 555: 990.

[14] PDG Collaboration. Rev. of Particle Physics. Phys. Rev., 2012, D86: 010001.

[15] Ahmad Q R, et al. (SNO Collaboration). Phys. Rev. Lett., 2002, 89: 011301.
[16] Aharmim B, et al. (SNO Collaboration). Phys. Rev., 2005, C72: 055502.
[17] Bahcall J N, Serenelli A M, Basu S. Astrophys. J, 2005, 621: L85.
[18] Eguchi K, et al. (KamLand Collaboration). Phys. Rev. Lett., 2003, 90: 021802; Abe S, et al. (KamL and Collaboration). Phys. Rev. Lett., 2008, 100: 221803.
[19] An F P, et al. (Daya Bay Collaboration). Phys. Rev. Lett., 2012, 108: 171803.
[20] Xing Z Z, Zhou S. Neutinos in Particle Physics, Astronomy and Cosmology. Hangzhou: Zhejiang University press, 2011.
[21] Wolfenstein L. Phys. Rev., 1978, D17: 2369; Mikheyev S, Smirnov A. Sov. J. Nucl. Phys., 1985, 42: 913.
[22] Kayser B. arXiv: hep-ph, 2005, 0506165.
[23] Majorana E. Nuovo Cim, 1937, 14: 171.
[24] Thomas S A, Abdalla F B, Lahav O. Phys. Rev. Lett., 2010, 105: 031301.
[25] Aseev V N, et al. Phys. Rev. D, 2011, 84: 112003; Lobashev V, et al. Nucl. Phys. A, 2003, 719: 153c.
[26] Fritzsch H, Gell-Mann M, Minkowski P. Phys. Lett. B, 1975, 59: 256; Minkowski P. Phys. Lett. B, 1977, 67: 421; Yanagida T. Proc. of the Workshop on Unified theory and the Baryon Number of the Universe. Tsukuba: KEK, 1979: 95; Gell-Mann M, Ramond P, Slansky R. Supergravity. Amsterdam: North-Holland, 1979: 315; Glashow S L. Quarks and Leptons. New York: Plenum, 1980: 707; Mohapatra R N, Senjanovic G. Phys. Rev. Lett., 1980, 44: 912.
[27] Konetschny W, Kummer W. Phys. Lett. B, 1977, 70: 443; Magg M, Wetterich C. Phys. Lett. B, 1980, 94: 61; Schechter J, Valle J W F. Phys. Rev. D, 1980, 22: 2227; Cheng T D, Li L F. Phys. Rev. D, 1980, 22: 2860; Lazarides G, Shafi Q, Wetterich C. Nucl. Phys. B, 1981, 181: 287; Mohapatra R N, Senjanovic G. Phys. Rev. D, 1981, 23: 265; Foot R, et al. Z. Phys. C, 1989, 44: 441; Ma E. Phys. Rev. Lett., 1998, 81: 1171.
[28] Xing Z Z, Zhou S. High Ener. Phys. Nucl. Phys. 2006, 30: 828.
[29] Particle Data Group, Phys. Rev. D, 2012, 86: 010001.
[30] An F P, et al. (Daya Bay Collaboration). Phys. Rev. Lett., 2012, 108: 171803.
[31] Abe K, et al. (T2K Collaboration). Phys. Rev. Lett., 2011, 107: 041801.
[32] Mezzetto M, Schwetz T, J. Phys. G: Nucl. Part. Phys., 2010, 37: 103001.
[33] Abbasi R, et al. (Ice Cube Collaboration). Astrophys. J., 2010, 710: 346.
[34] Carr J, et al. (KM3NeT Collaboration). arXiv, 2007, 0711. 2145.

第 11 章　标准模型的扩充

这里的标准模型是指描写强作用的 QCD($\mathrm{SU}(3)_\mathrm{C}$ 规范理论) 和描写弱电统一的理论 ($\mathrm{SU}(2)\times\mathrm{U}(1)$ 规范理论), 所以把 $\mathrm{SU}(3)_\mathrm{C}\times\mathrm{SU}(2)\times\mathrm{U}(1)$ 的规范理论称为标准模型. 迄今, 所有实验都与标准模型的预言一致, 但标准模型也有不足之处.

(1) 中微子振荡实验证明中微子有质量 (虽然很小), 但标准模型中中微子质量严格为零. 这点上标准模型至少应当做简单扩充.

(2) 标准模型下, CP 破坏靠的是夸克混合的 CKM 矩阵的复位相, 这使 CP 破坏的强度不足以产生宇宙早期演化中的重子–反重子不对称, 因此需要引入新的 CP 破坏机制.

(3) 标准模型规范群是三个单纯群的直积, 因而有三个独立的耦合常数 g_3, g_2, g_1, 所以没有做到真正的相互作用的统一, 即使是弱、电也没真正统一, 虽然我们仍称 $\mathrm{SU}(2)\times\mathrm{U}(1)$ 规范理论为弱电统一理论.

(4) 对电荷量子化无任何解释.

(5) 标准模型下夸克和轻子之间无联系.

(6) 为什么夸克、轻子只有三代? 为何三代要重复填同样的表示?

(7) 标准模型有太多的自由参数, 起码有 19 个, 即:

3 个规范耦合 g_3, g_2, g_1, 或等价的 $\alpha_S=\dfrac{g_3^2}{4\pi}$, $\alpha_{em}=\dfrac{\mathrm{e}^2}{4\pi}\,(\mathrm{e}=g_2\sin\theta_W)$ 和 $\sin\theta_W=\dfrac{g_1^2}{(g_1^2+g_2^2)}$;

9 个费米子质量;

4 个 CKM 矩阵参数 (3 个混合角 θ_{12}, θ_{23}, θ_{13}, 1 个复位相 δ);

2 个 Higgs 势参数, 即真空期望值 v 和 ϕ^4 系数 λ 或等价地用 m_Z, m_H;

1 个强 CP 破坏项参数 θ(或重整化后的 $\bar{\theta}$).

如果我们再考虑中微子混合矩阵的参数, 还会多出 9 个新参数, 即:

3 个中微子质量 m_{ν_1}, m_{ν_2}, m_{ν_3}(或等价的 m_{ν_e}, m_{ν_μ}, m_{ν_τ});

6 个轻子矩阵混合参数 θ_1, θ_2, θ_3, δ, ρ, σ, 前 4 个与 CKM 矩阵类似, 后两个为 Majorana 中微子混合矩阵参数. 当然, 这是假定有 3 种 Majorana 中微子.

(8) 标准模型下 Higgs 粒子质量的单圈修正平方发散, 模型中粒子质量等级在圈图修正下不能保持.

以上这些问题, 只有把标准模型加以扩充才能解决. 下面, 我们将讨论一些扩充的可能性.

11.1 强、弱、电三种相互作用的大统一理论

11.1.1 SU(5) 大统一模型

标准模型扩充的一个重要方向是强、弱、电三种力的大统一. SU(5) 大统一模型是由 Georgi 和 Glashow 1974 年提出的[1]. 虽然 SU(5) 大统一模型 (Grand Unified Theory) 已被质子衰变实验所排除 (见后面的讨论), 但由于该模型的简洁和颇具代表性, 我们还是先来讨论它, 并以它来阐明大统一模型的基本特点. 顺便指出, 超对称 SU(5) 大统一模型并没有被质子衰变实验排除.

1. SU(N) *群表示的* Adler *反常*

为了讨论 SU(5) 模型, 费米子填充的表示必须保证 Adler 反常相消. 这里我们只给出结果而不证明, 详细的证明可参阅文献 [2].

对 $N \geqslant 3$, SU(N) 群左手费米子表示相应的 Adler 反常如下：对 m 个方格组成的全反对称表示 $\left.\begin{array}{|c|}\hline \ \\ \hline \ \\ \hline \vdots \\ \hline \end{array}\right\} m$ 个方格

$$A_a\left(\begin{array}{|c|}\hline \ \\ \hline \ \\ \hline \vdots \\ \hline \end{array}\right) = \frac{(N-2m)\,(N-3)!}{(N-m-1)!\,(m-1)!} \tag{11.1.1}$$

对 m 个方格组成的全对称杨图

$$A_s\left(\begin{array}{|c|c|c|}\hline \ & \ & \cdots \\ \hline \end{array}\right) = \frac{(N+2m)\,(N+m)}{(N+2)!\,(m-1)!} \tag{11.1.2}$$

显然, 由 (11.1.1) 式、(11.1.2) 式可有

$$A(\square)=1,\ A\left(\begin{array}{|c|}\hline \ \\ \hline \ \\ \hline \end{array}\right)=N-4,\ A\left(\begin{array}{|c|}\hline \ \\ \hline \ \\ \hline \ \\ \hline \end{array}\right)=\frac{1}{2}(N-3)(N-6),\ A\left(\begin{array}{|c|c|}\hline \ & \ \\ \hline \end{array}\right)=N+4 \tag{11.1.3}$$

等等.

以上是左手费米子填充的表示给出的反常, 对右手费米子表示, Adler 反常改变符号, 即对表示 R,

$$A\,(R_R) = -A\,(R_L) \tag{11.1.4}$$

对复共轭表示 R^*, 有

$$A\,(R^*) = -A\,(R) \tag{11.1.5}$$

对 SU(5) 群, 因 $\begin{array}{|c|}\hline \ \\ \hline \ \\ \hline \ \\ \hline \end{array} = \begin{array}{|c|}\hline \ \\ \hline \ \\ \hline \end{array}^{\,*}$, 所以有

$$A\left(\begin{array}{|c|}\hline \\ \hline \\ \hline \\ \hline\end{array}\right)=-A\left(\begin{array}{|c|}\hline \\ \hline \\ \hline\end{array}\right) \tag{11.1.6}$$

同样地, 对表示的乘积和相加, Adler 反常满足

$$A\left(R_1 \times R_2\right)=D\left(R_1\right) A\left(R_2\right)+A\left(R_1\right) D\left(R_2\right) \tag{11.1.7}$$

$$A\left(R_1+R_2\right)=A\left(R_1\right)+A\left(R_2\right) \tag{11.1.8}$$

其中 $D(R)$ 为表示 R 的维数, $A(R)$ 为 Adler 反常.

在 5.1 节, 我们已给出了杨图表示的乘积分解及表示维数的计算公式. 由 (11.1.7) 式、(11.1.8) 式及表示的杨图分解等, 可算出任何杨图对应的 Adler 反常.

2. SU(5) 大统一模型中费米子和规范介子的填充

描写一个有质量的费米子场量 ψ 需要两个 Weyl 旋量

$$\psi_{\mathrm{L}}=\frac{1-\gamma_5}{2} \psi, \quad \psi_{\mathrm{R}}=\frac{1+\gamma_5}{2} \psi \tag{11.1.9}$$

我们这里用 Bjorken-Drell 度规及 γ 矩阵的定义. 定义

$$\left.\begin{array}{l}
\psi^C=C \bar{\psi}^{\mathrm{T}}, \psi_{\mathrm{L}}^C=\left(\psi^C\right)_{\mathrm{L}}=\dfrac{1-\gamma_5}{2} \psi^C \\
\psi_{\mathrm{R}}^C=\left(\psi^C\right)_{\mathrm{R}}=\dfrac{1+\gamma_5}{2} \psi^C
\end{array}\right\} \tag{11.1.10}$$

所以一个有质量的费米子可用四分量的 Dirac 旋量场 ψ 描写, 也可用下面三对等价的旋量场中的任何一对来描写, 即

$$\left(\psi_{\mathrm{L}}, \psi_{\mathrm{R}}\right), \quad\left(\psi_{\mathrm{L}}, \psi_{\mathrm{L}}^C\right), \quad\left(\psi_{\mathrm{R}}, \psi_{\mathrm{R}}^C\right) \tag{11.1.11}$$

标准模型中第一代费米子有 u_α, d_α, e, ν_{e}(α=1,2,3 为色指标), 用 Weyl 旋量描写有 15 个分量, 即

$$\left(\begin{array}{c}\mathrm{u}_{\mathrm{L}}^\alpha \\ \mathrm{d}_{\mathrm{L}}^\alpha\end{array}\right), \quad \mathrm{u}_{\mathrm{R}}^\alpha, \quad \mathrm{d}_{\mathrm{R}}^\alpha, \quad\left(\begin{array}{c}\nu_{\mathrm{eL}} \\ \mathrm{e}_{\mathrm{eL}}\end{array}\right), \quad \mathrm{e}_{\mathrm{R}} \tag{11.1.12}$$

这 15 个分量应填充 SU(5) 的 Adler 反常相消表示中, 一个可能的选择是

$$\begin{array}{|c|}\hline \\ \hline \\ \hline\end{array}_{\,\mathrm{L}}+\begin{array}{|c|}\hline \\ \hline \\ \hline \\ \hline \\ \hline\end{array}_{\,\mathrm{L}}=10_{\mathrm{L}}+5_{\mathrm{L}}^{*} \tag{11.1.13}$$

或等价地用

$$\begin{array}{|c|}\hline \\ \hline \\ \hline\end{array}_{\,\mathrm{L}}+\begin{array}{|c|}\hline \\ \hline\end{array}_{\,\mathrm{R}}=10_{\mathrm{L}}+5_{\mathrm{R}} \tag{11.1.14}$$

由 (11.1.1) 式、(11.1.2) 式和 (11.1.5) 式可以看出, (11.1.13) 式、(11.1.14) 式都是反常相消的选择. 下面我们采用 (11.1.14) 式, 即令

$$\psi_{\mathrm{R}}^{i} \equiv 5_{\mathrm{R}}, \quad \psi_{\mathrm{L}}^{ij} \equiv 10_{\mathrm{L}} \tag{11.1.15}$$

ψ_{L}^{ij} 对 i, j 反对称, $i, j=1,2,\cdots,5$. 写出来为

$$\psi_{\mathrm{R}}^{i} \equiv 5_{\mathrm{R}} = \begin{pmatrix} \mathrm{d}_1 \\ \mathrm{d}_2 \\ \mathrm{d}_3 \\ \mathrm{e}^c \\ -\nu_{\mathrm{e}}^c \end{pmatrix}_{\mathrm{R}} \tag{11.1.16}$$

其中 $\begin{pmatrix} \mathrm{e}^c \\ -\nu_{\mathrm{e}}^c \end{pmatrix}$ 来源于 $\begin{pmatrix} \nu_{\mathrm{e}} \\ \mathrm{e} \end{pmatrix} \to \mathrm{i}\sigma_2 \begin{pmatrix} \nu_{\mathrm{e}} \\ \mathrm{e} \end{pmatrix}^* = \begin{pmatrix} \mathrm{e}^c \\ -\nu_{\mathrm{e}}^c \end{pmatrix}$.

$$\psi_{\mathrm{L}}^{ij} \equiv 10_{\mathrm{L}} = \frac{1}{\sqrt{2}} \begin{pmatrix} 0 & \mathrm{u}_3^c & -\mathrm{u}_2^c & -\mathrm{u}_1 & -\mathrm{d}_1 \\ -\mathrm{u}_3^c & 0 & \mathrm{u}_1^c & -\mathrm{u}_2 & -\mathrm{d}_2 \\ \mathrm{u}_2^c & -\mathrm{u}_1^c & 0 & -\mathrm{u}_3 & -\mathrm{d}_3 \\ \mathrm{u}_1 & \mathrm{u}_2 & \mathrm{u}_3 & 0 & -\mathrm{e}^c \\ \mathrm{d}_1 & \mathrm{d}_2 & \mathrm{d}_3 & \mathrm{e}^c & 0 \end{pmatrix}_{\mathrm{L}} \tag{11.1.17}$$

由 (11.1.16) 式可看出电荷算子为对角矩阵 Q:

$$Q = \begin{pmatrix} -1/3 & & & & \\ & -1/3 & & & \\ & & -1/3 & & \\ & & & 1 & \\ & & & & 0 \end{pmatrix} \tag{11.1.18}$$

对于规范场的填充, 因为 SU(5) 有 24 个独立的生成元, 所以有 24 个规范场 $A_\mu^a(x)\,(a=1,2,\cdots,24)$. 为写下具体表示式, 我们先给出 SU(5) 的生成元.

SU(5) 群元素可写为

$$\begin{cases} u = \mathrm{e}^{\mathrm{i}\frac{1}{2}T_a\theta_a} \\ \mathrm{Tr}T_a^2 = 2, a=1,2,\cdots,24 \end{cases} \tag{11.1.19}$$

其中,

$$T_1=\begin{pmatrix}\lambda_1 & & 0 & \\ & & 0 & 0\\ 0 & & & \\ & & 0 & 0\end{pmatrix},\quad T_2=\begin{pmatrix}\lambda_2 & & 0 & \\ & & 0 & 0\\ 0 & & & \\ & & 0 & 0\end{pmatrix},\cdots,T_8=\begin{pmatrix}\lambda_8 & & 0 & \\ & & 0 & 0\\ 0 & & & \\ & & 0 & 0\end{pmatrix}$$

$$T_9=\begin{pmatrix} & & & 1 & 0\\ & 0 & & 0 & 0\\ & & & 0 & 0\\ 1 & 0 & 0 & & \\ 0 & 0 & 0 & 0 & \\ 0 & 0 & 0 & & \end{pmatrix},\quad T_{10}=\begin{pmatrix} & & & -\mathrm{i} & 0\\ & 0 & & 0 & 0\\ & & & 0 & 0\\ \mathrm{i} & 0 & 0 & & \\ 0 & 0 & 0 & 0 & \\ 0 & 0 & 0 & & \end{pmatrix}$$

$$T_{11}=\begin{pmatrix} & & & 0 & 0\\ & 0 & & 1 & 0\\ & & & 0 & 0\\ 0 & 1 & 0 & & \\ 0 & 0 & 0 & 0 & \\ 0 & 0 & 0 & & \end{pmatrix},\quad T_{12}=\begin{pmatrix} & & & 0 & 0\\ & 0 & & -\mathrm{i} & 0\\ & & & 0 & 0\\ 0 & \mathrm{i} & 0 & & \\ 0 & 0 & 0 & 0 & \\ 0 & 0 & 0 & & \end{pmatrix},\cdots$$

$$T_{15}=\frac{1}{\sqrt{6}}\begin{pmatrix}1 & & & & \\ & 1 & & & \\ & & 1 & & \\ & & & -3 & \\ & & & & 0\end{pmatrix},\quad T_{16}=\begin{pmatrix} & & & 0 & 1\\ & 0 & & 0 & 0\\ & & & 0 & 0\\ 0 & 0 & 0 & & \\ 1 & 0 & 0 & 0 & \\ 0 & 0 & 0 & & \end{pmatrix},\cdots$$

$$T_{24}=\frac{1}{\sqrt{10}}\begin{pmatrix}1 & & & & \\ & 1 & & & \\ & & 1 & & \\ & & & 1 & \\ & & & & -4\end{pmatrix}\tag{11.1.20}$$

其中 $\lambda_i\,(i=1,2,\cdots,8)$ 为 Gell-Mann SU(3) 生成元

$$\lambda_1=\begin{pmatrix}0 & 1 & 0\\ 1 & 0 & 0\\ 0 & 0 & 0\end{pmatrix},\quad \lambda_2=\begin{pmatrix}0 & -\mathrm{i} & 0\\ \mathrm{i} & 0 & 0\\ 0 & 0 & 0\end{pmatrix},\cdots,\lambda_8=\frac{1}{\sqrt{3}}\begin{pmatrix}1 & & \\ & 1 & \\ & & -2\end{pmatrix}\tag{11.1.21}$$

定义

$$A_\mu=\frac{1}{2}\sum_a T_a A_{a\mu}=\frac{1}{\sqrt{2}}\hat{A}_\mu \tag{11.1.22}$$

$\hat{A}_\mu$ 才有正确的归一化, 这点后面的 (11.1.25) 式可看清楚. 利用 (11.1.20) 式 T_a 表达式, 可有

$$\begin{aligned}A=&\frac{1}{\sqrt{2}}\hat{A}\\=&\left(\begin{matrix}\frac{A_3}{2}+\frac{A_8}{2\sqrt{3}}+\frac{A_{15}}{2\sqrt{6}}+\frac{A_{24}}{2\sqrt{10}}, & \frac{A_1-\mathrm{i}A_2}{2},\\ \frac{A_1+\mathrm{i}A_2}{2}, & \frac{-A_3}{2}+\frac{A_8}{2\sqrt{3}}+\frac{A_{15}}{2\sqrt{6}}+\frac{A_{24}}{2\sqrt{10}},\\ \frac{A_4+\mathrm{i}A_5}{2}, & \frac{A_6+\mathrm{i}A_7}{2},\\ \frac{A_9+\mathrm{i}A_{10}}{2}, & \frac{A_{11}+\mathrm{i}A_{12}}{2},\\ \frac{A_{16}+\mathrm{i}A_{17}}{2}, & \frac{A_{18}+\mathrm{i}A_{19}}{2},\end{matrix}\right.\\ &\left.\begin{matrix}\frac{A_4-\mathrm{i}A_5}{2}, & \frac{A_9-\mathrm{i}A_{10}}{2}, & \frac{A_{16}-\mathrm{i}A_{17}}{2}\\ \frac{A_6-\mathrm{i}A_7}{2}, & \frac{A_{11}-\mathrm{i}A_{12}}{2}, & \frac{A_{18}-\mathrm{i}A_{19}}{2}\\ \frac{-2A_8}{2\sqrt{3}}+\frac{A_{15}}{2\sqrt{6}}+\frac{A_{24}}{2\sqrt{10}}, & \frac{A_{13}-\mathrm{i}A_{14}}{2}, & \frac{A_{20}-\mathrm{i}A_{21}}{2}\\ \frac{A_{13}+\mathrm{i}A_{14}}{2}, & \frac{-3A_{15}}{2\sqrt{6}}+\frac{A_{24}}{2\sqrt{10}}, & \frac{A_{22}-\mathrm{i}A_{23}}{2}\\ \frac{A_{20}+\mathrm{i}A_{21}}{2}, & \frac{A_{22}+\mathrm{i}A_{23}}{2}, & \frac{-4A_{24}}{2\sqrt{10}}\end{matrix}\right)\end{aligned} \tag{11.1.23}$$

定义

$$\begin{aligned}&\frac{1}{\sqrt{2}}\left(\frac{A_{15}}{\sqrt{6}}+\frac{A_{24}}{\sqrt{10}}\right)=\frac{-2B}{\sqrt{30}}\\&\frac{1}{\sqrt{2}}\left(\frac{-3A_{15}}{\sqrt{6}}+\frac{A_{24}}{\sqrt{10}}\right)=\frac{W^3}{\sqrt{2}}+\frac{3B}{\sqrt{30}}\\&\frac{-4}{\sqrt{2}}\cdot\frac{A_{24}}{\sqrt{10}}=-\frac{W^3}{\sqrt{2}}+\frac{3B}{\sqrt{30}}\\&W^+=\frac{A_{22}-\mathrm{i}A_{23}}{\sqrt{2}},\quad W^-=\frac{A_{22}+\mathrm{i}A_{23}}{2}\\&G_2^1=\frac{A_1-\mathrm{i}A_2}{\sqrt{2}},\quad G_3^1=\frac{A_4-iA_5}{\sqrt{2}},\quad G_3^2=\frac{A_6-\mathrm{i}A_7}{\sqrt{2}}\end{aligned}$$

$$
\begin{aligned}
&G_1^1 = \frac{A_3}{\sqrt{2}} + \frac{A_8}{\sqrt{6}}, \quad G_2^2 = \frac{-A_3}{\sqrt{2}} + \frac{A_8}{\sqrt{6}}, \quad G_3^3 = -\frac{2A_8}{\sqrt{6}} \\
&X_1 = \frac{A_9 + \mathrm{i}A_{10}}{\sqrt{2}}, \quad X_2 = \frac{A_{11} + \mathrm{i}A_{12}}{\sqrt{2}}, \quad X_3 = \frac{A_{13} + \mathrm{i}A_{14}}{\sqrt{2}}
\end{aligned}
\tag{11.1.24}
$$

$\bar{X}_j\,(j = 1,2,3)$ 只是将 (11.1.24) 式 X_j 定义中的 $\mathrm{i} \to -\mathrm{i}$

$$
Y_1 = \frac{A_{16} + \mathrm{i}A_{17}}{\sqrt{2}}, \quad Y_2 = \frac{A_{18} + \mathrm{i}A_{19}}{\sqrt{2}}, \quad Y_3 = \frac{A_{20} + \mathrm{i}A_{21}}{\sqrt{2}}
$$

$\bar{Y}_j\,(j = 1,2,3)$ 可由上式 Y_j 定义中的 $\mathrm{i} \to -\mathrm{i}$ 得到.

由此定义可将 (11.1.23) 式改写为

$$
\hat{A} = \begin{pmatrix}
G_1^1 - \dfrac{2B}{\sqrt{30}} & G_2^1 & G_3^1 & \bar{X}_1 & \bar{Y}_1 \\
G_1^2 & G_2^2 - \dfrac{2B}{\sqrt{30}} & G_3^2 & \bar{X}_2 & \bar{Y}_2 \\
G_1^3 & G_2^3 & G_3^3 - \dfrac{2B}{\sqrt{30}} & \bar{X}_3 & \bar{Y}_3 \\
X_1 & X_2 & X_3 & \dfrac{W^3}{\sqrt{2}} + \dfrac{3B}{\sqrt{30}} & W^+ \\
Y_1 & Y_2 & Y_3 & W^- & \dfrac{-W^3}{\sqrt{2}} + \dfrac{3B}{\sqrt{30}}
\end{pmatrix}
\tag{11.1.25}
$$

这样我们已经填充好了第一代费米子和 24 个规范场. $G_j^i\,(i,j = 1,2,3)$ 只有 8 个独立的胶子场. 在 SU(5) 大统一模型中, 要容纳三代夸克和轻子需要重复填充 $\underline{10}_\mathrm{L} + \underline{5}_\mathrm{R}$ 表示三次, 这是该模型的缺点.

3. Higgs 机制

SU(5) 必须在某个很高的能标破缺到标准模型的 $\mathrm{SU(3)_C \times SU(2) \times U(1)}$. 这个能标可由 $\mathrm{SU(3)_C}$, SU(2), U(1) 三个耦合常数随动量转移 Q^2 增高而最终相交一点来确定. 这可由示意图 11.1 看出. 各耦合常数 $\alpha_i\left(Q^2\right)$ $(i = 1,2,3)$ 随 Q^2 的演化由重整化方程确定. 结果表明, $\alpha_3\left(Q^2\right)$, $\alpha_2\left(Q^2\right)$, $\alpha_1\left(Q^2\right)$ 基本上相交于 $Q \cong 10^{15}\mathrm{GeV}$ 能标处. 这里 $\alpha_i\left(Q^2\right) = \dfrac{g_i^2\left(Q^2\right)}{4\pi}$.

按照物理的要求, $\mathrm{SU(3)_C \times SU(2) \times U(1)}$ 规范对称, 还应在 $Q \sim M_Z \sim 100\mathrm{GeV}$ 处进一步破缺到 $\mathrm{SU(3)_C \times U(1)_{em}}$. 这样 SU(5) 大统一模型自发破缺链为

$$
\mathrm{SU(5)} \xrightarrow{M_X \sim 10^{15}\mathrm{GeV}} \mathrm{SU(3)_C \times SU(2) \times U(1)} \xrightarrow{M_Z \sim 100\mathrm{GeV}} \mathrm{SU(3)_C \times U(1)_{em}} \tag{11.1.26}
$$

第一步破缺可通过引入 24 维伴随表示 Higgs 场 $\varPhi = \left(\phi_j^i\right)\left(\phi_i^i = 0\right)$ 来实现. 这里重复指标求和. ϕ_j^i 的真空期望值为对角矩阵 (注意 $\varPhi$ 是 5×5 矩阵),

$$\langle\phi_j^i\rangle=\begin{pmatrix}-2/3&&&&\\&-2/3&&&\\&&-2/3&&\\&&&1&\\&&&&1\end{pmatrix}a \tag{11.1.27}$$

其中 $a\sim10^{15}\mathrm{GeV}$. 很容易证明 (11.1.27) 式真空期望值破坏 SU(5), 但却保持 $\mathrm{SU(3)_C}\times\mathrm{SU(2)}\times\mathrm{U(1)}$ 不变.

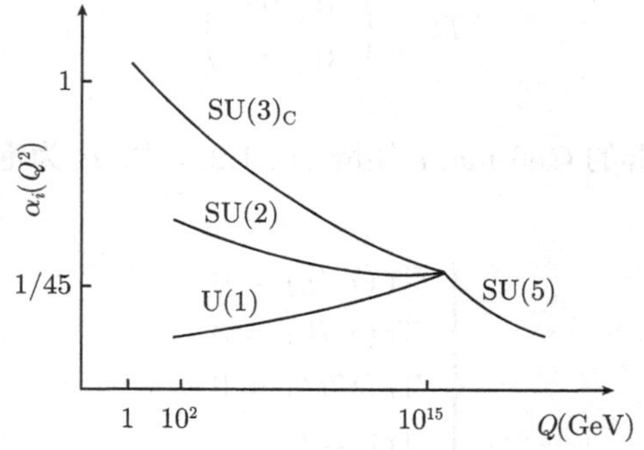

图 11.1 SU(5) 大统一模型耦合常数随能标的演化

实际上, 令 u 为 $\mathrm{SU(3)_C}$ 子群的变换矩阵, 则 ϕ_j^i 在 $\mathrm{SU(3)_C}$ 变换下为

$$\phi_j^i\to\phi_j^{i'}=\left(u^+\right)_j^k u_l^i\phi_k^l,\quad i,j,k,l=1,2,3 \tag{11.1.28}$$

真空期望值变为

$$\langle\phi_j^i\rangle\to\left\langle\phi_j^{i'}\right\rangle=\left(u^+\right)_j^k u_l^i\left\langle\phi_k^l\right\rangle \tag{11.1.29}$$

由 (11.1.27) 式, 对 $i,j=1,2,3$

$$\langle\phi_j^i\rangle=-\frac{2}{3}a\delta_j^i \tag{11.1.30}$$

(11.1.28) 式变为

$$\begin{aligned}\left\langle\phi_j^{i'}\right\rangle&=\left(u^+\right)_j^k u_l^i\left(-\frac{2}{3}a\right)\delta_l^k=-\frac{2}{3}a\left(u^+\right)_j^k u_k^i\\&=-\frac{2}{3}a\delta_J^i=\langle\phi_j^i\rangle\end{aligned} \tag{11.1.31}$$

最后一步利用了 $u^+u=1$. (11.1.31) 式表示真空期望值 $\langle\phi_j^i\rangle$ 在 $\mathrm{SU(3)_C}$ 下不变. 类似地对 SU(2) 子群, 前面公式令 $i,j,k,l=4,5$, 则可证明 $\langle\phi_j^i\rangle$ 在 SU(2) 子群变换下不变.

现在我们找出剩余的 U(1) 群. 假定这个 U(1) 群的生成元为 Y 且 $\mathrm{Tr}Y^2=2$, 则 $\mathrm{SU}(5)\to\mathrm{SU}(3)_\mathrm{C}\times\mathrm{SU}(2)\times\mathrm{U}(1)_Y$ 时, Y 应与 $\mathrm{SU}(3)_\mathrm{C}$ 和 SU(2) 的所有生成元正交.

$\mathrm{SU}(3)_\mathrm{C}$ 的对角生成元为

$$T_8=\begin{pmatrix}\lambda_3 & 0\\ 0 & 0\end{pmatrix},\quad T_8=\begin{pmatrix}\lambda_8 & 0\\ 0 & 0\end{pmatrix} \tag{11.1.32}$$

SU(2) 群的对角生成元为

$$T_3'=\begin{pmatrix}0 & 0\\ 0 & \sigma_3\end{pmatrix} \tag{11.1.33}$$

其中 λ_3,λ_8 为 SU(3) 群的 Gell-mann 矩阵 (11.1.21) 式, σ_3 为泡利矩阵 $\begin{pmatrix}1 & 0\\ 0 & -1\end{pmatrix}$. 由

$$\begin{cases}\mathrm{Tr}\,(YT_3)\ =0\\ \mathrm{Tr}\,(YT_8)\ =0\\ \mathrm{Tr}\,(YT_3')\ =0\\ \mathrm{Tr}Y=0\\ \mathrm{Tr}Y^2=2\end{cases} \tag{11.1.34}$$

可唯一定出对角矩阵 Y

$$Y=\sqrt{\frac{5}{3}}\begin{pmatrix}-2/3 & & & & \\ & -2/3 & & & \\ & & -2/3 & & \\ & & & 1 & \\ & & & & 1\end{pmatrix} \tag{11.1.35}$$

现在证明 $\langle\phi_j^i\rangle$ 在 $\mathrm{U}(1)_Y$ 变换下不变. 这只要证明 $\langle\phi_j^i\rangle$ 在无穷小 $\mathrm{U}(1)_Y\sim 1+\mathrm{i}Y\theta/2$ 变换下不变就可以了. 由 (11.1.27) 式, $\langle\phi_k^l\rangle=\omega_k\delta_k^l$, 其中对 $k=1,2,3,\ \omega_k=-\dfrac{2}{3}a$; 对 $k=4,5,\ \omega_k=a$. 将 $\mathrm{U}(1)_Y=\mathrm{e}^{\mathrm{i}\frac{\theta}{2}Y}$ 的无穷小变换代入 (11.1.27) 式

$$\begin{aligned}\langle\phi_j^i\rangle\to\left\langle\phi_j^{i'}\right\rangle&=\left(1-\frac{\mathrm{i}}{2}Y\theta\right)_j^k\left(1+\mathrm{i}\frac{1}{2}Y\theta\right)_l^i\omega_k\delta_k^l\\ &=\omega_k\left(1-\mathrm{i}\frac{Y}{2}\theta\right)_j^k\left(1+\mathrm{i}\frac{Y}{2}\theta\right)_k^i\\ &=\omega_i\delta_j^i-\frac{\mathrm{i}}{2}\theta\left(\omega_i-\omega_j\right)Y_j^i\\ &=\omega_i\delta_j^i=\langle\phi_j^i\rangle\end{aligned} \tag{11.1.36}$$

这就证明了 $\langle\phi_j^i\rangle$ 确定把 SU(5) 破缺到 $\mathrm{SU(3)_C}\times\mathrm{SU(2)}\times\mathrm{U(1)}_Y$.

第二步破缺由基础表示的 Higgs 场 φ^i 来实现. 其中 φ^i 的真空期望值取如下形式:

$$\langle\varphi^i\rangle=\begin{pmatrix}0\\0\\0\\0\\v\end{pmatrix},\quad v\sim M_Z\sim 100\mathrm{GeV}\tag{11.1.37}$$

对变换

$$u=\mathrm{e}^{\mathrm{i}\frac{1}{2}T_a\theta_a}=\sum_{n=0}^{\infty}\left(\frac{\mathrm{i}}{2}\right)^n\frac{\theta_a^nT_a^n}{n!}\tag{11.1.38}$$

对 $u\in\mathrm{SU}(3)_C$, $u=\begin{pmatrix}3\times3 & 0 & \\ 0 & 0 & 0\\ & 0 & 0\end{pmatrix}$, $\mathrm{SU(3)_C}$ 生成元 T_a 也是同样形式, 所以

$$T_a\langle\varphi^i\rangle=\begin{pmatrix}3\times3 & 0 & \\ 0 & 0 & 0\\ & 0 & 0\end{pmatrix}\begin{pmatrix}0\\0\\0\\0\\v\end{pmatrix}=0\tag{11.1.39}$$

所以 $u\langle\varphi^i\rangle=\langle\varphi^i\rangle$, 即 $\mathrm{SU(3)_C}$ 保持不变. 对 $u\in\mathrm{SU}(2)$, 生成元 $T_a=\begin{pmatrix}0&0\\0&\sigma_i\end{pmatrix}$, $i=1,2,3$. 显然

$$T_a\langle\varphi^i\rangle\neq0\tag{11.1.40}$$

所以 $u\langle\varphi^i\rangle\neq\langle\varphi^i\rangle$, SU(2) 被破坏.

对 $u\in\mathrm{U}(1)$, $Y\langle\varphi^i\rangle\neq0$, 导致 $u\langle\varphi^i\rangle\neq\langle\varphi^i\rangle$, 所以 $\mathrm{U}(1)_Y$ 也被破坏. 但是从 (11.1.18) 式看出

$$Q\langle\varphi^i\rangle=0\tag{11.1.41}$$

说明虽然 $\mathrm{U}(1)_Y$ 被破坏, 但以 Q 为生成元的 $\mathrm{U(1)_{em}}$ 对称仍保留. 最后有

$$\mathrm{SU(3)_C}\times\mathrm{SU(2)}\times\mathrm{U(1)}_Y\xrightarrow{\langle\varphi^i\rangle}\mathrm{SU(3)_C}\times\mathrm{U(1)_{em}}\tag{11.1.42}$$

4. 费米子质量

SU(5) 大统一模型中有两种 Yukawa 耦合, 即

$$L_Y = A\bar{\psi}_{ij\text{L}}\varphi^i\psi^j_{\text{R}} + \text{h.c.} \tag{11.1.43}$$

$$L'_Y = B\frac{2}{2!2!}\varepsilon_{ijklm}\psi^{T_{ij}}_{\text{L}}C^{-1}\varphi^k\psi^{lm}_{\text{L}} + \text{h.c.} \tag{11.1.44}$$

其中 A, B 为耦合常数, C 为 Dirac 电荷共轭矩阵, ε_{ijklm} 为 Levy-Civita 张量, $i,j,h,l,m = 1,2,\cdots,5$. (11.1.43) 式、(11.1.44) 式都是 SU(5) 不变的耦合. 我们不可能用 ψ^{ij}_{L}, ψ^k_{R} 和 ϕ^i_j 构造出 SU(5) 不变的 Yukawa 耦合拉氏量, 因此在 SU(5) 大统一模型中不可能给出超重费米子, 即不可能有质量在 $\langle\phi^i_j\rangle$ 量级的费米子.

将 $\langle\varphi^i\rangle$, $\langle\phi^i_j\rangle$ 代入 (11.1.43) 式、(11.1.44) 式得

$$L_Y = Av\left(\bar{d}_{\text{L}}d_{\text{R}} + \bar{e}_{\text{L}}e_{\text{R}}\right) + \text{h.c.} \tag{11.1.45}$$

$$L'_Y = 2Bv\left(\bar{u}_{\text{L}}u_{\text{R}}\right) + \text{h.c.} \tag{11.1.46}$$

由 (11.1.45) 式和 (11.1.46) 式可得

$$\begin{cases} m_{\text{d}} = m_{\text{e}} = Av \\ m_{\text{u}} = 2Bv \\ m_{\nu_{\text{e}}} = 0 \end{cases} \tag{11.1.47}$$

(11.1.47) 式只在大统一能标 $M_{\text{X}} \sim 10^{15}$GeV 才成立. 原因是耦合常数 A, B 只在 SU(5) 不变的耦合下, 即大统一能标下才对所有费米子取同样的值. SU(5) 破坏后, A, B 将随不同的能标而改变. 因此 SU(5) 破坏后, A, B 对夸克和轻子并不相同. 特别是重整化群方程随能标的演化对强子 (夸克) 的影响远大于对轻子 (只有弱、电作用) 的影响, 所以对三代夸克轻子, 在大统一能标有

$$m_{\text{d}} = m_{\text{e}}, \quad m_{\text{s}} = m_{\mu}, \quad m_{\text{b}} = m_{\tau} \tag{11.1.48}$$

利用重整化方程可以算出[3]

$$m_{\text{b}}(10\text{GeV}) \sim 3m_{\tau} \sim 5\text{GeV} \tag{11.1.49}$$

这与实验吻合. 但是对轻夸克, 由 (11.1.48) 式

$$m_{\text{d}}/m_{\text{s}} = m_{\text{e}}/m_{\mu} \sim 1/200 \tag{11.1.50}$$

这个比值与重整化群无关, 因而与实验值 $m_{\text{d}}/m_{\text{s}} \sim 1/20$ 相矛盾.

上面讨论的 SU(5) 大统一模型具有 24 维伴随表示 Higgs ϕ_j^i 和 5 维基础表示的 Higgs φ^i. 这个模型称为最小 SU(5) 大统一模型. 要解决 (11.1.50) 式的矛盾, 可引入三个 5 维 Higgs $\varphi_\alpha^i\,(\alpha=1,2,3)$ 和一个 45 维 Higgs ϕ_{jk}^i[4]. 此时在大统一能标可有如下的质量关系

$$\begin{cases} m_{\mathrm{b}}=m_\tau \\ m_{\mathrm{d}}=3m_{\mathrm{e}} \\ m_{\mathrm{s}}=\dfrac{1}{3}m_\mu \end{cases} \tag{11.1.51}$$

所以

$$m_{\mathrm{d}}/m_{\mathrm{s}}=9m_{\mathrm{e}}/m_\mu\sim 1/20 \tag{11.1.52}$$

显然, 由 (11.1.47) 式, u 夸克 (c, t 夸克) 质量是自由参数, 理论不能做任何预言. 对中微子, 由于 B-L 仍然守恒, 所以最小 SU(5) 大统一理论不允许 Dirac 或 Majorana 质量项, 中微子质量严格为零. 这个问题我们不再详细讨论.

5. 规范介子质量

大统一能标的重规范介子是在第一步破缺时, 即 $\mathrm{SU}(5)\xrightarrow{10^{15}\mathrm{GeV}}\mathrm{SU}(3)_{\mathrm{C}}\times\mathrm{SU}(2)\times\mathrm{U}(1)$ 获得质量的. 规范介子的二次项来自

$$(D^\mu\Phi)^+\left(D_\mu\Phi\right) \tag{11.1.53}$$

其中,

$$\begin{cases} D_\mu\Phi=\partial_\mu\Phi-\mathrm{i}g\left[A_\mu,\Phi\right] \\ (D^\mu\Phi)^+=\partial_\mu\Phi^++\mathrm{i}g\left[A^\mu,\Phi\right]^+ \\ A_\mu=\dfrac{1}{2}T_aA_\mu^a \end{cases} \tag{11.1.54}$$

取 (11.1.54) 式矩阵方程的 ^i_j 分量

$$\begin{cases} D_\mu\phi_j^i=\partial_\mu\phi_j^i-\mathrm{i}gA_{\mu k}^i\phi_j^k+\mathrm{i}gA_{\mu j}^l\phi_l^i \\ D^\mu\phi_i^j=\partial^\mu\phi_i^j+\mathrm{i}gA_k^{\mu j}\phi_i^k-\mathrm{i}gA_i^{\mu l}\phi_l^j \end{cases} \tag{11.1.55}$$

$$\left\langle D^\mu\phi_i^jD_\mu\phi_j^i\right\rangle=-g^2\left(\omega_i-\omega_j\right)^2A_i^{\mu j}A_{\mu j}^i \tag{11.1.56}$$

其中由 (11.1.27) 式

$$\omega_1=\omega_2=\omega_3=-\frac{2}{3}a,\quad \omega_4=\omega_5=a \tag{11.1.57}$$

显然, 当 $i,j=1,2,3$ 或 $i,j=4,5$ 时相应的规范介子在第一步破缺时都不获得质量, 即胶子 $(i,j=1,2,3)$ 和光子、$\mathrm{W}^\pm$、$\mathrm{Z}^0\,(i,j=4,5)$ 仍保持零质量. 但由 (11.1.25)

式看出 $i=1, j=4$ 给出 X 介子质量, $i=1, j=5$ 给出 Y 介子质量, 即

$$m_{\mathrm{X}}^2 = m_{\mathrm{Y}}^2 = \frac{1}{2}\cdot\frac{25}{9}g^2a^2 \tag{11.1.58}$$

这因为按 (11.1.25) 式, $\hat{A}_\mu$ 才是正确归一化的介子, 而 A_μ 不是. 利用 (11.1.22) 式是 $A_\mu = \frac{1}{\sqrt{2}}\hat{A}_\mu$, 质量项用 $\hat{A}_j^{\mu^i}\hat{A}_{\mu_i}^j$ 时在 (11.1.58) 式出现因子 $\frac{1}{2}$.

现在看第二步破缺时规范介子质量的获得. 第二步是由 $\mathrm{SU(3)_C\times SU(2)\times U(1)}\xrightarrow{10^2\mathrm{GeV}}\mathrm{SU}(3)_C\times \mathrm{U}(1)_{\mathrm{em}}$, 相应的规范场为

$$G_\mu = \frac{1}{2}T_\alpha G_\mu^\alpha = \begin{pmatrix} G_\mu & 0 \\ 0 & \begin{matrix} 0 & 0 \\ 0 & 0 \end{matrix} \end{pmatrix} \tag{11.1.59}$$

$$W_\mu = \frac{1}{2}\vec{T}\cdot\vec{W}_\mu = \begin{pmatrix} 0 & 0 \\ 0 & \frac{1}{2}\vec{\sigma}\cdot\vec{W} \end{pmatrix} \tag{11.1.60}$$

$$E_\mu = \frac{1}{2}YB_\mu = \frac{1}{2}\sqrt{\frac{3}{5}}B_\mu\begin{pmatrix} -2/3 & & & & \\ & -2/3 & & & \\ & & -2/3 & & \\ & & & 1 & \\ & & & & 1 \end{pmatrix} \tag{11.1.61}$$

$$\left\{\begin{aligned} &D_\mu\varphi^i = \partial_\mu\varphi^i - \mathrm{i}g_3G_{\mu k}^i\varphi^k - \mathrm{i}g_2W_{\mu k}^i\varphi^k - \mathrm{i}g_1E_{\mu k}^i\varphi^k \\ &\left(D^\mu\varphi^i\right)^+ = \partial^\mu\varphi_i + \mathrm{i}g_3G_i^{\mu l}\varphi_l + \mathrm{i}g_2W_i^{\mu l}\varphi_l + \mathrm{i}g_1E_i^{\mu l}\varphi_l \end{aligned}\right. \tag{11.1.62}$$

利用 $\langle\varphi^i\rangle = \upsilon\delta_5^i$, $\mathrm{W}^\pm = \frac{W_1\mp \mathrm{i}W_2}{\sqrt{2}}$, 则

$$\begin{aligned}\left\langle\left(D^\mu\varphi^i\right)^+\left(D_\mu\varphi^i\right)\right\rangle =& \upsilon^2\left\{\frac{1}{2}g_2^2W_\mu^-W^{+\mu} + \frac{1}{4}g_2^2W_\mu^3W^{3\mu}\right. \\ &\left. + \frac{1}{4}g_1^2\frac{3}{5}B^\mu B_\mu + \frac{1}{4}g_1g_2\sqrt{\frac{3}{5}}(-2)B^\mu W_\mu^3\right\}\end{aligned} \tag{11.1.63}$$

所以, 胶子质量仍保持为零, 即

$$m_{\mathrm{G}}^2 = 0 \tag{11.1.64}$$

$$m_{\mathrm{W}^\pm}^2 = \frac{1}{2}g_2^2\upsilon^2 \tag{11.1.65}$$

W^3 和 B 有混合, 其质量混合矩阵为

$$\frac{v^2}{4}\begin{pmatrix} g_2^2 & -\sqrt{\frac{3}{5}}g_1g_2 \\ -\sqrt{\frac{3}{5}}g_1g_2 & \frac{3}{5}g_1^2 \end{pmatrix} \tag{11.1.66}$$

将 (11.1.66) 式对角化给出相应的本征值和本征矢

$$\begin{cases} \lambda_1 = 0, & \text{本征矢为 } A_\mu = B_\mu\cos\theta_\mathrm{W} + W_\mu^3\sin\theta_\mathrm{W} \\ \lambda_2 = \left(\frac{3}{5}g_1^2 + g_2^2\right)\frac{v^2}{4}, & \text{本征矢 } Z_\mu = -B_\mu\sin\theta_\mathrm{W} + W_\mu^3\cos\theta_\mathrm{W} \end{cases} \tag{11.1.67}$$

其中,

$$\tan\theta_\mathrm{W} = \sqrt{\frac{3}{5}}g_1/g_2 \tag{11.1.68}$$

所以光子场 A_μ 质量为零

$$\begin{cases} m_\gamma^2 = 0 \\ m_\mathrm{Z}^2 = \left(\frac{3}{5}g_1^2 + g_2^2\right)\frac{v^2}{2} \end{cases} \tag{11.1.69}$$

$$\frac{m_{\mathrm{W}^\pm}^2}{m_\mathrm{Z}^2} = \frac{g_2^2}{g_2^2 + \frac{3}{5}g_1^2} = \frac{1}{1+\tan^2\theta_\mathrm{W}} = \cos^2\theta_\mathrm{W} \tag{11.1.70}$$

这正是 SU(2) × U(1) 弱电统一标准模型中的关系式.

由 (11.1.70) 式易推出

$$\sin^2\theta_\mathrm{W} = \frac{g_1^2}{g_1^2 + \frac{5}{3}g_2^2} \tag{11.1.71}$$

在大统一能标 M, $g_1^2(M) = g_2^2(M) = g_3^2(M) = g^2$,

$$\sin^2\theta_\mathrm{W}\big|_M = \sin^2\theta_\mathrm{W}(M) = 3/8 \tag{11.1.72}$$

要想获得低能 $M_0 = M_\mathrm{Z}$ 时 $\sin^2\theta_\mathrm{W}$ 的值, 可用重整化方程

$$\begin{cases} \frac{\mathrm{d}g_i(\mu)}{\mathrm{d}t} = \beta_i(g_j) = b_i g_i^3 + O\left(g_i^5\right) \\ t = \ln\mu, \quad i,j = 1,2,3 \end{cases} \tag{11.1.73}$$

略去 g_i^5 项,

$$\frac{\mathrm{d}g_i(\mu)}{\mathrm{d}t} = b_i g_i^3 \tag{11.1.74}$$

对 (11.1.74) 式取积分

$$\frac{1}{g_i^2\,(M_0)}=\frac{1}{g_i^2\,(M)}+2b_i\ln(M/M_0) \tag{11.1.75}$$

$b_i\,(i,j=1,2,3)$ 的取值为

$$\left.\begin{aligned}\text{对}\quad \mathrm{U}(1),\quad & b_1=\frac{1}{48\pi^2}2n_{\mathrm{f}}\\ \mathrm{SU}(2),\quad & b_2=\frac{1}{48\pi^2}\,(-11\times 2+2n_{\mathrm{f}})\\ \mathrm{SU}(3),\quad & b_3=\frac{1}{48\pi^2}\,(-11\times 3+2n_{\mathrm{f}})\end{aligned}\right\} \tag{11.1.76}$$

其中 n_{f} 为质量 $\leqslant M$ 的费米子味道数.

现在看 g_2, g_1 与 $\mathrm{SU}(2)\times\mathrm{U}(1)$ 弱电统一理论中的 g, g' 的关系.

在 SU(5) 第二步将 $\mathrm{SU}(3)_{\mathrm{C}}\times\mathrm{SU}(2)\times\mathrm{U}(1)$ 破缺到 $\mathrm{SU}(3)_{\mathrm{C}}\times\mathrm{U}(1)_{\mathrm{em}}$ 时 $\mathrm{SU}(3)_{\mathrm{C}}$ 并不破缺. 但 $\mathrm{SU}(2)\times\mathrm{U}(1)$ 要破缺, 其协变微分

$$D_\mu=\partial_\mu-\mathrm{i}g_2\frac{\vec{T}}{2}\cdot\vec{W}_\mu-\mathrm{i}g_1\frac{Y}{2}B_\mu \tag{11.1.77}$$

而在弱电统一理论中协变微分

$$D_\mu=\partial_\mu-\mathrm{i}g\,\vec{I}\cdot\vec{W}-\mathrm{i}g'\,(Q-I_3)\,B_\mu \tag{11.1.78}$$

但 (11.1.77) 式中的

$$\frac{T}{2}=\begin{pmatrix}0 & 0\\ 0 & \frac{1}{2}\vec{\sigma}\end{pmatrix}=\vec{I} \tag{11.1.79}$$

所以

$$g_2=g \tag{11.1.80}$$

而

$$\left\{\begin{aligned}I_3&=\mathrm{diag}\,(0,0,0,1/2,-1/2)\\ Q&=\mathrm{diag}\,(-1/3-1/3,-1/3,1,0)\end{aligned}\right. \tag{11.1.81}$$

$$Q-I_3=\mathrm{diag}\,(-1/3,-1/3,-1/3,1/2,1/2)=\sqrt{\frac{5}{3}}\frac{Y}{2} \tag{11.1.82}$$

对比 (11.1.77) 式、(11.1.78) 式、(11.1.82) 式给出

$$g_1=\sqrt{\frac{5}{3}}g' \tag{11.1.83}$$

由此可按弱电统一理论与 SU(5) 在第二步破缺时的对应可得

$$e\left(M_0\right)=g_2\left(M_0\right)\sin\theta_{\mathrm{W}}\left(M_0\right)=g\left(M_0\right)\sin\theta_{\mathrm{W}}\left(M_0\right)=g'\left(M_0\right)\cos\theta_{\mathrm{W}}\left(M_0\right) \tag{11.1.84}$$

导致

$$\frac{g_2^2\left(M_0\right)}{4\pi}=\frac{\alpha\left(M_0\right)}{\sin^2\theta_{\mathrm{W}}\left(M_0\right)} \tag{11.1.85}$$

其中,

$$\alpha\left(M_0\right)=\frac{\mathrm{e}^2\left(M_0\right)}{4\pi} \tag{11.1.86}$$

将 (11.1.83) 式代入 (11.1.85) 式, 并用 (11.1.84) 式

$$\frac{g_1^2\left(M_0\right)}{4\pi}=\frac{5}{3}\frac{\alpha\left(M_0\right)}{\cos^2\theta_{\mathrm{W}}\left(M_0\right)} \tag{11.1.87}$$

定义

$$\alpha_s\left(M_0\right)=\frac{g_3^2\left(M_0\right)}{4\pi} \tag{11.1.88}$$

将 (11.1.76) 式代入 (11.1.75) 式, 并消去 n_{f} 和 $\ln M/M_0$ 得

$$\sin^2\theta_{\mathrm{W}}\left(M_0\right)=\frac{1}{6}+\frac{5}{9}\frac{\alpha\left(M_0\right)}{\alpha_s\left(M_0\right)} \tag{11.1.89}$$

若消去 n_{f} 和 $\sin^2\theta_{\mathrm{W}}$, 则有

$$\frac{\alpha\left(M_0\right)}{\alpha_s\left(M_0\right)}=\frac{3}{8}-\frac{33}{8\pi}\alpha\left(M_0\right)\ln(M/M_0) \tag{11.1.90}$$

由上面两式导出

$$\sin^2\theta_{\mathrm{W}}\left(M_0\right)=\frac{3}{8}-\frac{55}{24\pi}\alpha\left(M_0\right)\ln(M/M_0) \tag{11.1.91}$$

利用 $M\sim10^{15}\mathrm{GeV}$, $M_0\sim100\mathrm{GeV}$, $\alpha\left(M_0\right)\sim1/128.5$, (11.1.91) 式给出

$$\sin^2\theta_{\mathrm{W}}\left(100\mathrm{GeV}\right)\sim0.2 \tag{11.1.92}$$

这和实验值[5]

$$\sin^2\theta_{\mathrm{W}}\left(M_Z\right)=0.23116\pm0.00018 \tag{11.1.93}$$

相近.

6. 质子衰变

由费米子填充 $\underline{10}_{\mathrm{L}}+\underline{5}_{\mathrm{R}}$ 可看出夸克和轻子填入同一表示, 因而可以互相变来变去, 这将引起质子衰变. 当然, 质子衰变寿命必须足够长, 否则世间万物将消失得太快而与实验不符.

在 SU(5) 大统一模型中质子衰变是由超重规范介子 X ($|Q|=4/3$) 和 Y ($|Q|=1/3$), 以及超重 Higgs 粒子诱导的. 可以证明[3] 超重 Higgs 诱导的衰变比超重的介子 X, Y 诱导的衰变来得慢, 因而可以忽略. X, Y 诱导的质子衰变的相互作用拉氏量为

$$\begin{aligned}L_i=&\frac{1}{\sqrt{2}}g\mathrm{X}_{i\mu}^{-}\left(-\bar{d}_{i\mathrm{R}}\gamma^{\mu}e_{\mathrm{R}}^{+}+\varepsilon_{ijk}\bar{u}_{k\mathrm{L}}^{c}\gamma^{\mu}u_{j\mathrm{L}}+\bar{d}_{i\mathrm{L}}\gamma^{\mu}e_{\mathrm{L}}^{+}\right)\\&+\frac{1}{\sqrt{2}}gY_{i\mu}^{-}\left(\bar{d}_{i\mathrm{R}}\gamma^{\mu}\nu_{e\mathrm{R}}^{c}+\varepsilon_{ijk}\bar{u}_{k\mathrm{L}}^{c}\gamma^{\mu}d_{j\mathrm{L}}+\bar{u}_{i\mathrm{L}}\gamma^{\mu}e_{\mathrm{L}}^{+}\right)+\mathrm{h.c.}\end{aligned}\tag{11.1.94}$$

相应的费曼图如图 11.2 所示.

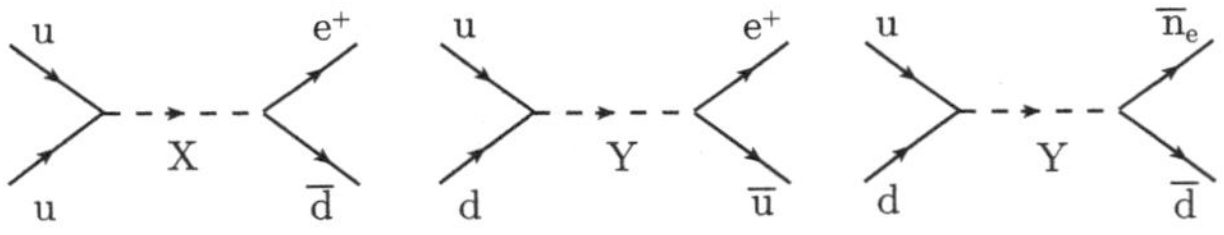

图 11.2　产生质子衰变的费曼图

在最小 SU(5) 大统一模型中仔细地计算给出[6] 质子寿命

$$\begin{cases}\tau_{\mathrm{p}}\approx 2\times 10^{29\pm1.7}\mathrm{yr}(\text{年})\\ \tau_{\mathrm{p}\to\mathrm{e}^{+}\pi^{0}}=1/\Gamma(p\to\mathrm{e}^{+}\pi^{0})=4.5\times10^{29\pm1.7}\mathrm{yr}\end{cases}\tag{11.1.95}$$

其中 $\mathrm{p}\to\mathrm{e}^{+}\pi^{0}$ 是最小 SU(5) 大统一模型中质子的主要衰变道.

最近的超级神冈 (Super-Kamiokande) 的实验测量为[7]

$$\begin{cases}\tau_{\mathrm{p}\to\mathrm{e}^{+}\pi^{0}}=1/\Gamma(p\to\mathrm{e}^{+}\pi^{0})>1.0\times10^{34}\mathrm{yr}\\ \tau_{\mathrm{p}\to\mathrm{K}^{+}\bar{\nu}}=1/\Gamma(p\to\mathrm{K}^{+}\bar{\nu})>3.3\times10^{33}\mathrm{yr}\quad \mathrm{at}90\%\mathrm{C.L.}\\ \tau_{\mathrm{n}\to\mathrm{e}^{+}\pi^{-}}=1/\Gamma(n\to\mathrm{e}^{+}\pi^{-})>2\times10^{33}\mathrm{yr}\end{cases}\tag{11.1.96}$$

比较 (11.1.95) 式与 (11.1.96) 式就可看出, 实验排除了最小 SU(5) 大统一模型 (minimal SU(5) GUT). 当然, Non-minimal SU(5) GUT(引入 3 个 5 维 Higgs ϕ_{α}^{i} ($\alpha=1,2,3$) 和一个 45 维 Higgs ϕ_{jk}^{i} 就是一例) 并没有被实验排除.

11.1.2　SO(2N) 大统一模型

在文献中被详细讨论的首先是 SO(10) 模型. minimal SO(10) GUT[8] 将费米子填充 16 维旋量表示, 其按 SU(5) 的分解为

$$\underline{16}=[10+\bar{5}+1]\tag{11.1.97}$$

这样在 SU(5) 中缺失的中微子右手分量可填入上面的单态，使中微子自然地获得 Dirac 质量.

SO (10)GUT 模型的另一个优点是质子衰变与实验不矛盾. 其缺点与 SU(5) GUT 一样只能容纳一代费米子. 三代只能重复填同一个 16 维旋量表示.

自发破缺机制比 SU(5) 要复杂一些，可有不同的途径而最终破到 $\mathrm{SU(3)_C} \times \mathrm{U(1)_{em}}$. 我们这里不再详细讨论，有兴趣的读者可转向原文及有关文献.

需要指出，SO (10) 模型与当前质子衰变实验并不矛盾，因而还没有被排除. 文献中对 SO (14), SO (18) 等 GUT 模型也有讨论，以后还会提到.

11.1.3 味统一

前面已看到，SU(5) 和 SO (10) 大统一 (GUT) 模型只能是三代费米子重复填充同一个表示. 这种重复填充并不自然，三代夸克轻子没有完全统一在一个群表示中，这称作 "代的问题"(generation problem).

为解决这一问题，Georgi 提出了构造 $\mathrm{SU}(N)(N>5)$ 的 GUT 模型的三原则.

(1) 左手费米子表示对 $\mathrm{SU(3)_C}$ 子群必须是实表示，以保证 $\mathrm{SU(3)_C}$ 不被破缺;

(2) 左手费米子表示对 $\mathrm{SU(3)_C} \times \mathrm{SU(2)} \times \mathrm{U(1)}$ 子群应当是复表示;

(3) 左手费米子表示中任何不可约表示只能出现一次.

根据上面的三个原则，只有 $\mathrm{SU}(N)$ 群 $N \geqslant 11$ 时才能同时容纳三代费米子.

上面的三个原则中 (1) 和 (3) 都不能破坏，但 (2) 可以适当改变，因而低秩群也可容纳三代费米子.

实际上，大统一规范群第一步破缺到 $G_1 = \mathrm{SU(3)_C} \times \mathrm{SU(2)} \times \mathrm{U(1)}$ 是可以改变的. 如第一步破缺到 $G_1' = \mathrm{SU(3)_C} \times \mathrm{SU(2)} \times \mathrm{U(1)} \times \mathrm{U(1)}'$ 或 $G_1' = \mathrm{SU(3)_C} \times \mathrm{SU(2)} \times \mathrm{U(1)} \times G_D$, G_D 为一分立对称群，则低秩群可以容纳三代费米子. 也就是说，轻费米子表示可以对 $G_1 = \mathrm{SU(3)_C} \times \mathrm{SU(2)} \times \mathrm{U(1)}$ 是实表示，但对 $G_1' = \mathrm{SU(3)_C} \times \mathrm{SU(2)} \times \mathrm{U(1)} \times \begin{cases} \mathrm{U(1)}' \\ G_D \end{cases}$ 是复表示，照样可以阻止轻费米子第一步破缺获得超重质量. 按这个思路 SU(7) GUT 可容纳二代轻费米子 [9], SU(8) GUT 可容纳三代具有 V−A 弱耦合的轻费米子，还有两代 V + A 耦合的轻费米子、半代具有 V−A 和 V + A 混合的轻费米子[10].

同样方法也可构造容纳多代轻费米子的 GUT 模型 SO (14)[11], SO (18)[12].

当然，还有很多别的模型，我们不再讨论，有兴趣的读者可参阅有关文献.

11.2 超对称模型

标准模型扩充的另一个重要方向是超对称. 超对称是费米子和玻色子之间的

对称. 最早引入超对称是从美学的角度, 即每个费米子应当对应有一个玻色子, 反之亦然. 但从技术角度, 超对称的引入使质量的规范等级 (mass hierarchy) 能保持而不受辐射修正的影响. 实际上, 在标准模型中 Higgs 粒子的质量在单圈辐射修正下平方发散, 即质量修正项正比于截断能标的平方. 这显然是灾难性的, 因为标准模型中费米子和玻色子 (规范介子) 的质量都与 Higgs 粒子的真空期望值有关, 因而在单圈辐射修正下也是不稳定的. 但引入超对称之后, Higgs 粒子质量的标量粒子单圈修正平方发散被该标量粒子对应的超对称伴子 (费米子) 圈的贡献完全消掉, 从而质量的规范等级将保持. 这种费米子圈图和相应的玻色子圈图发散项相消是超对称模型的特性, 因而被认为是引入超对称的最重要的理由.

引入超对称还有第三个理由, 即通常大统一理论 (如 SU(5) 模型) 中弱、电、强三种作用的耦合常数在大统一能标 ($\sim 10^{15}$GeV) 相交于一点而统一为一种相互作用, 从微观看实际上是做不到的, 即没有真正相交于一点. 但引入超对称后, 三种力的耦合常数在大统一能标则可以交于一点, 如图 11.3 所示[13].

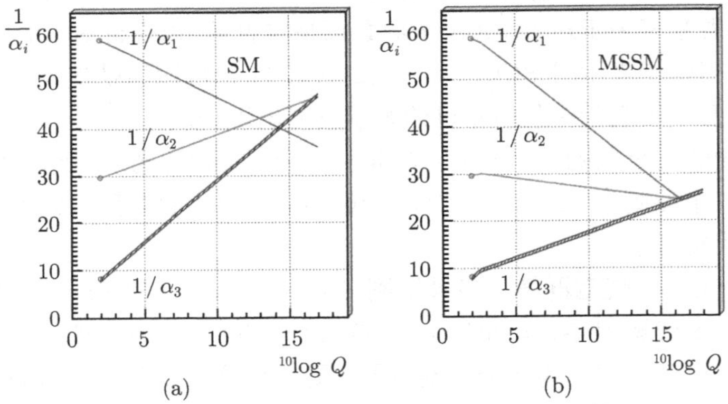

图 11.3　耦合常数随能标的演化

(a) 为没有超对称的大统一理论, (b) 为有超对称时的情形; 耦合常数实验值取自 1991 年 LEP 的测量值; 两个图的不同在于右图中耦合常数的演化包含了超对称粒子的贡献

当然, 这个理由还可有讨论的地方, 因为如果你认为这三种相互作用力根本就不需要统一, 也就不用相交在一点上. 这样一来, 这个理由就不成立了.

如前所述, 超对称变换是将玻色子和费米子互相转换, 因而超对称变换的生成元应当是费米型的算符, 并且携带自旋量子数 1/2 和遵从反对易关系. 我们用 Weyl 旋量算符 $Q_\alpha\,(\alpha=1,2)$ 来表示. 显然,

$$Q\,|\text{Boson}\rangle = |\text{Fermion}\rangle\,, \quad Q\,|\text{Fermion}\rangle = |\text{Boson}\rangle \tag{11.2.1}$$

Q_α 在 Lorentz 变换下按表示 (1/2,0) 变. 令

$$\bar{Q} \equiv Q^+ \tag{11.2.2}$$

则 $\{Q_\alpha, \bar{Q}_{\dot{\alpha}}\}$ 按 Lorentz 群表示 (1/2,1/2) 变. 由 Coleman-Mandula 定理 [14], 超对称变换允许能量–动量 P^μ 守恒, 因此有

$$\begin{cases} \left[Q_\alpha^A, P^\mu\right] = \left[\bar{Q}_{\dot{\beta}B}, P^\mu\right] = 0 \\ \left\{Q_\alpha^A, \bar{Q}_{\dot{\beta}B}\right\} = 2\sigma^\mu_{\alpha\dot{\beta}} P_\mu \delta^A_B \\ \left\{Q_\alpha^A, Q_\beta^B\right\} = \left\{\bar{Q}_{\dot{\alpha}A}, \bar{Q}_{\dot{\beta}B}\right\} = 0 \end{cases} \tag{11.2.3}$$

其中, $\alpha, \beta, \cdots, \dot{\alpha}, \dot{\beta}, \cdots$ 取 1 或 2, $\mu = 0, 1, 2, 3$. $\sigma_\mu = \left(1, \vec{\sigma}\right)$ 即 $\sigma_0 = 1$, $\sigma_i(i\text{=}1,2,3)$ 为泡利矩阵. 时空度规 $g_{\mu\nu} = g^{\mu\nu} = \mathrm{diag}\,(1, -1, -1, -1)$. $A, B = 1, 2, \cdots, N, \cdots$ 相应的超对称为 $N = 1, N = 2, \cdots, N = N, \cdots$ 的超对称.

本书只讨论 $N = 1$ 的超对称, 故只涉及 (11.2.3) 式的特例

$$\begin{cases} \left[Q_\alpha, P^\mu\right] = \left[\bar{Q}_{\dot{\beta}}, P^\mu\right] = 0 \\ \left\{Q_\alpha, \bar{Q}_{\dot{\beta}}\right\} = 2\sigma^\mu_{\alpha\dot{\beta}} P_\mu \\ \left\{Q_\alpha, Q_\beta\right\} = \left\{\bar{Q}_{\dot{\alpha}}, \bar{Q}_{\dot{\beta}}\right\} = 0 \end{cases} \tag{11.2.4}$$

超对称常用的符号规则见文献 [15].

由 (11.2.4) 式第二式易看出

$$H \equiv P^0 = \frac{1}{4}\left(\bar{Q}_1 Q_1 + Q_1 \bar{Q}_1 + \bar{Q}_2 Q_2 + Q_2 \bar{Q}_2\right) \tag{11.2.5}$$

如果真空态 $|0\rangle$ 是超对称不变的, 即

$$Q_\alpha |0\rangle = 0, \quad \langle 0| \bar{Q}_\alpha = 0 \tag{11.2.6}$$

则有

$$\langle 0| H |0\rangle = E_{\text{vac}} = 0 \tag{11.2.7}$$

即真空态能量 E_{vac} 永远是能量的绝对极小.

但如果超对称是自发破缺的, 即拉氏量超对称不变, 但真空态不满足超对称变换不变, 即

$$Q_\alpha |0\rangle \neq 0, \quad \langle 0| \bar{Q}_\alpha \neq 0 \tag{11.2.8}$$

这意味着真空态能量 $E_{\text{vac}} > 0$, 即由 (11.2.5) 式

$$E_{\text{vac}} = \langle 0| H |0\rangle > 0 \tag{11.2.9}$$

所以, 超对称自发破缺定有 $E_{\text{vac}} > 0$.

由于目前实验上没有看到超对称伴子 (super partner), 所以低能下超对称必须破缺. 但超对称破缺实现起来并不容易. 在粒子物理常用的超对称模型, 如最小超对称标准模型 (MSSM) 中, 一般用人为引进的软破缺项 (soft supersymmetry breaking) 来破缺超对称. 而更有吸引力的超对称自发破缺模型则相当复杂并且很难构造出现实的模型.

由于篇幅所限, 本书对超对称只介绍基本概念, 在以下的章节中对许多公式将不做证明或推导. 有意在超对称领域从事研究的人需要转向原始文献. 可先从以下几篇综述 [16] 入手来查找不同的原始文献.

11.2.1　超空间和超场

在通常的时空坐标 t, x, y, z 基础上再加上四个反对易的 Grassmann 参数 θ^α, $\bar{\theta}^{\dot{\beta}}\left(\alpha, \dot{\beta} = 1, 2\right)$ 就构成了超空间流形. 在超空间中讨论超对称更加方便和简洁, 其中

$$\left\{\theta^\alpha, \theta^\beta\right\} = \left\{\bar{\theta}^{\dot{\alpha}}, \bar{\theta}^{\dot{\beta}}\right\} = \left\{\theta^\alpha, \bar{\theta}^{\dot{\beta}}\right\} = 0 \tag{11.2.10}$$

在超空间, 超对称代数可写为

$$\begin{cases} \left[\theta Q, \bar{Q}\bar{\theta}\right] = 2\theta\sigma_\mu\bar{\theta}P^\mu \\ \left[\theta Q, \theta Q\right] = \left[\bar{Q}\bar{\theta}, \bar{Q}\bar{\theta}\right] = 0 \end{cases} \tag{11.2.11}$$

其中 σ_μ 在前面已经定义, 即

$$\begin{cases} \sigma_\mu = \left(1, \vec{\sigma}\right), \quad \text{即}\sigma_0 = 1, \quad \sigma_1 = \begin{pmatrix} 0 & 1 \\ 1 & 0 \end{pmatrix}, \quad \sigma_2 = \begin{pmatrix} 0 & -\mathrm{i} \\ \mathrm{i} & 0 \end{pmatrix} \\ \sigma_3 = \begin{pmatrix} 1 & 0 \\ 0 & -1 \end{pmatrix} \text{为泡利矩阵} \end{cases} \tag{11.2.12}$$

$$\theta Q = \theta^\alpha Q_\alpha = \theta^\alpha Q^\beta \varepsilon_{\alpha\beta}, \quad \varepsilon_{12} = 1, \quad \varepsilon_{21} = -1 \tag{11.2.13}$$

一个有限的超对称变换定义为

$$S\left(x, \theta, \bar{\theta}\right) = \mathrm{e}^{\mathrm{i}\left(\theta Q + \bar{Q}\bar{\theta} + x_\mu P^\mu\right)} \tag{11.2.14}$$

两个相继的超对称变换可由 Hausdorff 公式给出:

$$S\left(x, \theta, \bar{\theta}\right) S\left(y, \alpha, \bar{\alpha}\right) = S\left(x + y - \mathrm{i}\alpha\sigma_\mu\bar{\theta} + \mathrm{i}\theta\sigma_\mu\bar{\alpha},\ \theta + \alpha,\ \bar{\theta} + \bar{\alpha}\right) \tag{11.2.15}$$

任意一个超场 $\phi\left(x, \theta, \bar{\theta}\right)$ 定义为 $x, \theta, \bar{\theta}$ 的函数, 且满足如下的超对称变换关系:

$$S\left(y, \alpha, \bar{\alpha}\right) \phi\left(x, \theta, \bar{\theta}\right) = \phi\left(x + y - \mathrm{i}\alpha\sigma_\mu\bar{\theta} + \mathrm{i}\theta\sigma_\mu\bar{\alpha},\ \theta + \alpha,\ \bar{\theta} + \bar{\alpha}\right) \tag{11.2.16}$$

以后我们还会讨论超场的性质.

11.2.2 整体超对称和定域超对称 (超引力)

如果超对称变换 $S(x,\theta,\bar{\theta})$ 中超空间的参数 θ, $\bar{\theta}$ 与时空坐标 x_μ 无关, 我们就称 $S(x,\theta,\bar{\theta})$ 为整体超对称变换. 满足这类整体超对称变换不变的理论称为整体超对称理论. 但如果上述超对称变换参数 θ, $\bar{\theta}$ 依赖于时空坐标, 即 $\theta(x)$, $\bar{\theta}(x)$, 则此类超对称变换 $S(x,\theta(x),\bar{\theta}(x))$ 称作定域超对称变换. 在定域超对称变换下不变的理论称为定域超对称理论. 可以想见, 由于 θ, $\bar{\theta}$ 与时空坐标 x_μ 有关, 引力必然会出现在这类理论中. 所以定域超对称理论又称作超引力理论. 实际上, 当今文献中通常把整体超对称 (global supersymmetry) 理论简单地称为超对称理论而省去 "整体" 二字. 而把定域超对称 (local supersymmetry) 理论就称为超引力理论. 在粒子物理中应用的最多的是整体超对称理论.

11.2.3 整体超对称理论和最小超对称标准模型

1. 标量 (手征) 超场和矢量超场

对任意一个超场 $\phi(x,\theta,\bar{\theta})$, (11.2.16) 式已经给出了在超对称变换下的变换公式. 对一个无穷小超对称变换 $S(0,\varepsilon,\bar{\varepsilon})$, 由 (11.2.14) 式

$$S(0,\varepsilon,\bar{\varepsilon}) = \mathrm{e}^{\mathrm{i}\left(\varepsilon Q+\bar{Q}\bar{\varepsilon}\right)} \tag{11.2.17}$$

(11.2.16) 式变为

$$S(0,\varepsilon,\bar{\varepsilon})\,\phi(x,\theta,\bar{\theta}) = \phi\left(x-\mathrm{i}\varepsilon\sigma_\mu\theta+\mathrm{i}\theta\sigma_\mu\bar{\varepsilon},\theta+\varepsilon,\bar{\theta}+\bar{\varepsilon}\right) \tag{11.2.18}$$

$$\begin{aligned}\delta\varphi(x,\theta,\bar{\theta}) &= \varphi\left(x-\mathrm{i}\varepsilon\sigma_\mu\bar{\theta}+\mathrm{i}\theta\sigma_\mu\bar{\varepsilon},\theta+\varepsilon,\bar{\theta}+\bar{\varepsilon}\right)-\varphi(x,\theta,\bar{\theta})\\ &= \left[\varepsilon\frac{\partial}{\partial\theta}+\bar{\varepsilon}\frac{\partial}{\partial\bar{\theta}}-\mathrm{i}\left(\varepsilon\sigma_\mu\bar{\theta}-\theta\sigma_\mu\bar{\varepsilon}\right)\partial^\mu\right]\varphi(x,\theta,\bar{\theta})\end{aligned} \tag{11.2.19}$$

由此导出

$$\begin{cases} P_\mu = -\mathrm{i}\dfrac{\partial}{\partial x^\mu} = -\mathrm{i}\partial_\mu \\ Q_\alpha = \dfrac{\partial}{\partial\theta^\alpha} - \mathrm{i}\sigma^\mu_{\alpha\dot{\beta}}\bar{\theta}^{\dot{\beta}}\partial_\mu \\ \bar{Q}_{\dot{\alpha}} = -\dfrac{\partial}{\partial\bar{\theta}^{\dot{\alpha}}} + \mathrm{i}\theta^\beta\sigma^\mu_{\beta\dot{\alpha}}\partial_\mu \end{cases} \tag{11.2.20}$$

在超空间定义协变微商 D_α, $\bar{D}_{\dot{\alpha}}$, 要求它们与超对称变换反对易, 即

$$D_\alpha(\delta\phi) = -\delta(D_\alpha\phi) \tag{11.2.21}$$

则有

$$\left\{\begin{array}{l} D_{\alpha}=\left(\dfrac{\partial}{\partial\theta^{\alpha}}+\mathrm{i}\sigma^{\mu}_{\alpha\dot{\beta}}\bar{\theta}^{\dot{\beta}}\dfrac{\partial}{\partial x^{\mu}}\right) \\ \bar{D}_{\dot{\alpha}}=\left(-\dfrac{\partial}{\partial\bar{\theta}^{\dot{\alpha}}}-\mathrm{i}\theta^{\beta}\sigma^{\mu}_{\beta\dot{\alpha}}\dfrac{\partial}{\partial x^{\mu}}\right) \end{array}\right. \tag{11.2.22}$$

我们还可以定义左手表示和右手表示下的生成元和协变微商, 左手表示为

$$\left\{\begin{array}{l} Q_{\mathrm{L}}=\dfrac{\partial}{\partial\theta},\quad \bar{Q}_{\mathrm{L}}=-\dfrac{\partial}{\partial\bar{\theta}}+2\mathrm{i}\theta\sigma_{\mu}\partial^{\mu} \\ D_{\mathrm{L}}=\dfrac{\partial}{\partial\theta}+2\mathrm{i}\sigma_{\mu}\bar{\theta}\partial^{\mu},\quad \bar{D}_{\mathrm{L}}=-\dfrac{\partial}{\partial\bar{\theta}} \end{array}\right. \tag{11.2.23}$$

右手表示为

$$\left\{\begin{array}{l} Q_{\mathrm{R}}=\dfrac{\partial}{\partial\theta}-2\mathrm{i}\sigma^{\mu}\bar{\theta}\partial_{\mu},\quad \bar{Q}_{\mathrm{R}}=-\dfrac{\partial}{\partial\bar{\theta}} \\ D_{\mathrm{R}}=\dfrac{\partial}{\partial\theta},\quad \bar{D}_{\mathrm{R}}=-\dfrac{\partial}{\partial\bar{\theta}}-2\mathrm{i}\theta\sigma_{\mu}\partial^{\mu} \end{array}\right. \tag{11.2.24}$$

我们把 $\bar{D}\phi=0$ 或 $D\phi=0$ 的超场 ϕ 称为标量超场 (scalar superfield) 或手征超场 (chiral superfield). 有时还把满足 $\bar{D}\phi=0$ 的超场 ϕ 称为左手手征超场 (left-handed chiral superfield), 而把满足 $D\phi=0$ 的 ϕ 称为右手手征超场 (right-handed chiral superfield).

一般而言, 标量超场或左 (右) 手手征超场都是 $(x,\theta,\bar{\theta})$ 的函数. 但在特殊表示下可以化简. 如在左手表示下, 利用 (11.2.23) 式,

$$\bar{D}_{\mathrm{L}}\phi_{\mathrm{L}}=0 \tag{11.2.25}$$

则 ϕ_{L} 只是 (x,θ) 的函数, 因 (11.2.25) 式表明了这一点. 因此

$$\phi_{\mathrm{L}}(x,\theta)=\varphi(x)+\theta^{\alpha}\psi_{\alpha}(x)+\theta^{\alpha}\theta^{\beta}\varepsilon_{\alpha\beta}F(x) \tag{11.2.26}$$

注意 θ 为 Grassmann 数, $\theta^{n}\ (n\geqslant 3)$ 的项都为零, 且 $\varphi(x)$, $F(x)$ 都是复标量场. 以质量为 M 标准, θ 量纲为 $M^{-1/2}$, $F(x)$ 量纲为 M^{2}, $\varphi(x)$ 为 M.

在无穷小超对称变换下

$$\delta\phi_{\mathrm{L}}(x,\theta)=\delta\varphi(x)+\theta\delta\psi(x)+\theta\theta\delta F(x) \tag{11.2.27}$$

其中,

$$\left\{\begin{array}{l} \delta\varphi=\sqrt{2}\varepsilon\psi \\ \delta\psi=\sqrt{2}\varepsilon F+\mathrm{i}\sqrt{2}\sigma_{\mu}\bar{\varepsilon}\partial^{\mu}\varphi \\ \delta F=-\mathrm{i}\sqrt{2}\partial^{\mu}\psi\sigma_{\mu}\bar{\varepsilon} \end{array}\right. \tag{11.2.28}$$

从 (11.2.28) 式可以看出, F 项在超对称变换下的改变是一个全微商. 这个特点可用来构造拉氏量 (见下节). 还可看出超对称确实把费米子变为玻色子, 把玻色子变为费米子.

(11.2.26) 式中的手征超场只含自旋为零的标量场 φ, F, 和自旋 1/2 的旋量场 ψ. 我们还需要引进自旋为 1 的矢量场 $V(x,\theta,\bar{\theta})$. 在一般超场上加上自共轭条件 $V^{+}(x,\theta,\bar{\theta})=V(x,\theta,\bar{\theta})$ 就可得矢量超场, 其一般形式为

$$\begin{aligned} V(x,\theta,\bar{\theta}) =& \left(1+\frac{1}{4}\theta\theta\bar{\theta}\bar{\theta}\Box\right)C(x) \\ &+\left(i\theta+\frac{1}{2}\theta\theta\sigma^{\mu}\bar{\theta}\partial_{\mu}\right)\chi(x)+\frac{1}{2}\mathrm{i}\theta\theta(M(x)+\mathrm{i}N(x)) \\ &+\left(-\mathrm{i}\bar{\theta}+\frac{1}{2}\bar{\theta}\bar{\theta}\theta\sigma_{\mu}\partial^{\mu}\right)\bar{\chi}(x)-\frac{1}{2}\mathrm{i}\bar{\theta}\bar{\theta}(M(x)-\mathrm{i}N(x)) \\ &-\theta\partial_{\mu}\bar{\theta}V^{\mu}(x)+\mathrm{i}\theta\theta\bar{\theta}\bar{\lambda}(x)-\mathrm{i}\bar{\theta}\bar{\theta}\theta\lambda(x)+\frac{1}{2}\theta\theta\bar{\theta}\bar{\theta}D(x) \end{aligned} \tag{11.2.29}$$

其中, $\Box=\partial_{\mu}\partial^{\mu}$, C, M, N, D 为实标量场 (自旋为零), χ, λ 为 Weyl 旋量场, V^{μ} 为矢量场, 显然

$$V^{+}=V \tag{11.2.30}$$

由 (11.2.16) 式取 $S(y,\alpha,\bar{\alpha})$ 为无穷小超对称变换 $S(0,\varepsilon,\bar{\varepsilon})$ 可以导出

$$\delta\phi(x,\theta,\bar{\theta})=\left[\varepsilon\frac{\partial}{\partial\theta}+\bar{\varepsilon}\frac{\partial}{\partial\bar{\theta}}-\mathrm{i}\left(\varepsilon\sigma_{\mu}\bar{\theta}-\theta\sigma_{\mu}\bar{\varepsilon}\right)\partial^{\mu}\right]\phi \tag{11.2.31}$$

因此, 在 $S(0,\varepsilon,\bar{\varepsilon})$ 无穷小超对称变换下

$$\delta V=\left[\varepsilon\frac{\partial}{\partial\theta}+\bar{\varepsilon}\frac{\partial}{\partial\bar{\theta}}-\mathrm{i}\left(\varepsilon\sigma_{\mu}\bar{\theta}-\theta\sigma_{\mu}\bar{\varepsilon}\right)\partial^{\mu}\right]V \tag{11.2.32}$$

可看出

$$\left\{\begin{array}{l} \delta C=\mathrm{i}\varepsilon\chi-\mathrm{i}\bar{\varepsilon}\bar{\chi},\ \delta\chi=\varepsilon(M+\mathrm{i}N)+\sigma^{\mu}\bar{\varepsilon}(\partial_{\mu}C+\mathrm{i}V_{\mu}) \\ \delta\bar{\chi}=\bar{\varepsilon}(M-\mathrm{i}N)+\varepsilon\sigma^{\mu}(\partial_{\mu}C-\mathrm{i}V_{\mu}), \\ \delta N=\varepsilon(\mathrm{i}\lambda-\sigma_{\mu}\partial^{\mu}\bar{\chi})+\bar{\varepsilon}\left(-\mathrm{i}\bar{\lambda}+\bar{\sigma}_{\mu}\partial^{\mu}\chi\right), \\ \delta M=\varepsilon(\lambda+\mathrm{i}\sigma_{\mu}\partial^{\mu}\bar{\chi})+\bar{\varepsilon}\left(\bar{\lambda}+\mathrm{i}\bar{\sigma}_{\mu}\partial^{\mu}\chi\right), \\ \delta V_{\mu}=\varepsilon\partial_{\mu}\chi+\bar{\varepsilon}\partial_{\mu}\bar{\chi}+\mathrm{i}\varepsilon\sigma_{\mu}\bar{\lambda}+\mathrm{i}\bar{\varepsilon}\bar{\sigma}_{\mu}\lambda, \\ \delta\lambda=\varepsilon\sigma^{\mu\nu}V_{\mu\nu}+\varepsilon D,\ \delta\bar{\lambda}=\bar{\varepsilon}\bar{\sigma}^{\mu\nu}V_{\mu\nu}+\bar{\varepsilon}D \\ \delta D=-\varepsilon\sigma^{\mu}\partial_{\mu}\bar{\lambda}+\bar{\varepsilon}\sigma^{\mu}\partial_{\mu}\lambda \end{array}\right. \tag{11.2.33}$$

其中,

$$\left\{\begin{array}{l} \sigma^{\mu}=\left(1,\vec{\sigma}\right),\ \bar{\sigma}^{\mu}=\left(1,-\vec{\sigma}\right),\ V_{\mu\nu}=\partial_{\mu}V_{\nu}-\partial_{\nu}V_{\mu} \\ \sigma^{\mu\nu}=\dfrac{1}{4}(\sigma^{\mu}\bar{\sigma}^{\nu}-\sigma^{\nu}\bar{\sigma}^{\mu}),\quad \bar{\sigma}^{\mu\nu}=\dfrac{1}{4}(\bar{\sigma}^{\mu}\sigma^{\nu}-\bar{\sigma}^{\nu}\sigma^{\mu}) \end{array}\right. \tag{11.2.34}$$

从 (11.2.33) 式看出, D 项的改变 δD 也是正比于全微商项.

2. 构造拉氏量

(11.2.28) 式 δF 和 (11.2.33) 式 δD 为时空的全微商, 假定场在无穷远趋于零, 则 $\int \mathrm{d}^4x\delta F$ 和 $\int \mathrm{d}^4x\delta D$ 都趋于零. 所以 $\int \mathrm{d}^4xF$ 和 $\int \mathrm{d}^4xD$ 在超对称变换下是不变的, 因此可利用这一点构造拉氏函数.

实际上, 拉氏函数密度 (Lagrange density)$\mathscr{L}$ 可写成

$$\mathscr{L} = \mathscr{L}_F + \mathscr{L}_D \tag{11.2.35}$$

注意到

$$\begin{cases} \int \mathrm{d}\theta = 0, \quad \int \mathrm{d}\theta \cdot \theta = 1, \quad \int \mathrm{d}^2\theta \cdot \theta\theta = 1 \\ \int \mathrm{d}\bar{\theta} = 0, \quad \int \mathrm{d}\bar{\theta} \cdot \bar{\theta} = 1, \quad \int \mathrm{d}^2\bar{\theta} \cdot \bar{\theta}\bar{\theta} = 1 \end{cases} \tag{11.2.36}$$

$\theta\theta F$, $\theta\theta\bar{\theta}\bar{\theta}D$ 中的 F 和 D 可通过对 $\theta, \bar{\theta}$ 的积分提取出来. 因此拉氏量

$$L = \int \mathrm{d}^4x \left[\int \mathrm{d}^2\theta \ \mathrm{d}^2\bar{\theta}\mathscr{L}_D + \int \mathrm{d}^2\theta\mathscr{L}_F + \text{h.c.}\right] \tag{11.2.37}$$

要构造拉氏量, 我们需要双线型超场, 即 $\phi\phi^+$ 之类的项.

注意到满足 $\bar{D}\phi = 0$ 的左手手征超场 ϕ, ϕ^2, ϕ^n 都满足 $\bar{D}\phi^2 = \bar{D}\phi^n = 0$, 即 ϕ^2, $\phi^n\,(n \geqslant 2)$ 都是左手手征超场. 由 (11.2.26) 式看出, ϕ^+ 和 $(\phi^+)^n\,(n \geqslant 2)$ 是右手手征超场 (满足 $D_{\mathrm{R}}\phi^+ = 0$, $D_{\mathrm{R}}\,(\phi^+)^n = 0$). 因此, 左手手征超场的乘积永远是左手手征超场, 右手手征超场的乘积永远是右手手征超场.

由 (11.2.26) 式

$$\phi_{\mathrm{L}}^2\,(x,\theta) = \varphi^2\,(x) + 2\varphi\,(x)\,\theta^\alpha\psi_\alpha\,(x) + (\theta\theta)\left[2\varphi F - \frac{1}{2}\psi^\alpha\psi_\alpha\right] \tag{11.2.38}$$

$$\int \mathrm{d}^2\theta\varphi_{\mathrm{L}}^2\,(x,\theta) = 2\varphi F - \frac{1}{2}\psi^\alpha\psi_\alpha \tag{11.2.39}$$

可见拉氏量中的 F 项总是来自左手手征超场的乘积项 (才会有 $\theta\theta$ 项). 可以证明, ϕ_{L}, ϕ_{R} 之间有如下关系[16]:

$$\phi_{\mathrm{L}}\left(x_\mu + \mathrm{i}\theta\sigma_\mu\bar{\theta}, \theta, \bar{\theta}\right) = \phi_{\mathrm{R}}\left(x_\mu - \mathrm{i}\theta\sigma_\mu\bar{\theta}, \theta, \bar{\theta}\right) \tag{11.2.40}$$

构造拉氏量需要 $\phi\phi^+$ 的双线型, 我们要构造 $\phi\phi^+$ 项需要 ϕ 和 ϕ^+ 都在同一左手表示, 但 $(\phi_{\mathrm{L}})^+$ 是在右手表示, 所以需要利用 (11.2.40) 式把 $(\phi_{\mathrm{L}})^+$ 转为左手表示.

从 (11.2.26) 式取共轭得到右手手征超场

$$\phi_{(\mathrm{R})}^+\,(x,\bar{\theta}) = \varphi^* + \left(\bar{\theta}\bar{\psi}\right) + \left(\bar{\theta}\bar{\theta}\right)F^* \tag{11.2.41}$$

由 (11.2.40) 式将 (11.2.41) 式化为左手表示

$$\phi^+_{(\mathrm{L})}\left(x_\mu,\theta,\bar{\theta}\right)=\phi^+_{(\mathrm{R})}\left(x_\mu-2\mathrm{i}\left(\theta\sigma_\mu\bar{\theta}\right),\theta,\bar{\theta}\right) \tag{11.2.42}$$

将 (11.2.42) 式代入 (12.2.41) 式并在 x_μ 点展开为

$$\begin{aligned}\phi^+_{(\mathrm{L})}\left(x_\mu,\theta,\bar{\theta}\right)=&\varphi^*-2\mathrm{i}\left(\theta\sigma_\mu\bar{\theta}\right)\partial^\mu\varphi^*-2\left(\theta\sigma_\mu\bar{\theta}\right)\left(\theta\sigma_\nu\bar{\theta}\right)\partial^\mu\partial^\nu\varphi^*\\&+\left(\bar{\theta}\bar{\psi}\right)-2\mathrm{i}\left(\theta\sigma_\mu\bar{\theta}\right)\partial^\mu\left(\bar{\theta}\bar{\psi}\right)+\left(\bar{\theta}\bar{\theta}\right)F^*\end{aligned} \tag{11.2.43}$$

因此, (11.2.26) 式与 (11.2.43) 式相乘有

$$\begin{aligned}\phi\left(x,\theta\right)\phi^+\left(x,\theta,\bar{\theta}\right)=&\phi\left(x,\theta\right)\phi^+\left(x-2\mathrm{i}\left(\theta\sigma\bar{\theta}\right),\bar{\theta}\right)\\=&\phi\left(x,\theta\right)\left[\mathrm{e}^{-2\mathrm{i}\theta\sigma_\mu\bar{\theta}\partial^\mu}\right]\phi^+\left(x,\bar{\theta}\right)\end{aligned} \tag{11.2.44}$$

(11.2.44) 式中 $\phi\left(x,\theta\right)$ 即 (11.2.26) 式, $\phi^+\left(x,\bar{\theta}\right)$ 即 (11.2.41) 式. (11.2.44) 式为一矢量超场, 由此可以算出

$$\left(\phi\phi^+\right)_D=FF^*-\varphi\Box\varphi^*+\frac{1}{2}\psi^\beta\sigma^\mu_{\beta\dot{\alpha}}\partial_\mu\bar{\psi}^{\dot{\alpha}} \tag{11.2.45}$$

根据 (11.2.22) 式, $\int \mathrm{d}^4x\left(\phi\phi^+\right)_D$ 是超对称不变量. (11.2.45) 式显然可以代表复量场 φ 和 Weyl 旋量场 ψ 的动能项. 其质量项和相互作用项可由 F 项给出. F 项 $\mathscr{L}_F$ 又称作超势 (super potential)$W(\phi)$

$$W(\phi)=\mathscr{L}_\mathrm{F}=m\phi^2+\lambda\phi^3 \tag{11.2.46}$$

拉氏量可写为

$$\mathscr{L}=\left(\phi\phi^+\right)_\mathrm{D}+m\left(\phi^2\right)_\mathrm{F}+\lambda\left(\phi^3\right)_\mathrm{F}+\mathrm{h.c.} \tag{11.2.47}$$

略去全微商项, (11.2.47) 式用分量场写为

$$\begin{aligned}\mathscr{L}=&\left(\partial_\mu\varphi\right)\left(\partial^\mu\varphi^*\right)+\frac{1}{2}\mathrm{i}\psi\sigma_\mu\partial^\mu\bar{\psi}+FF^*+m\left(2\varphi F-\frac{1}{2}\left(\psi\psi\right)+\mathrm{h.c.}\right)\\&+\lambda\left(3\varphi^2F-\frac{3}{2}\varphi\left(\psi\psi\right)+\mathrm{h.c.}\right)\end{aligned} \tag{11.2.48}$$

由此导出运动方程

$$\left\{\begin{aligned}&\partial^\mu\partial_\mu\phi=2mF^*-\frac{3}{2}\lambda\left(\bar{\psi}\bar{\psi}\right)+6\lambda\varphi^*F^*\\&\mathrm{i}\sigma_\mu\partial^\mu\bar{\psi}=2m\psi+3\lambda\varphi\psi\\&F^*+2m\varphi+3\lambda\varphi^2=0\end{aligned}\right. \tag{11.2.49}$$

由 (11.2.49) 式第三个方程可以消去辅助场 F, 即将 $F = -2m\varphi^* - 2\lambda\varphi^{*2}$ 代入 (11.2.48) 式有

$$\begin{aligned}\mathscr{L} =& |\partial_\mu\varphi|^2 + \frac{1}{2}\mathrm{i}\psi\sigma_\mu\partial^\mu\bar{\psi} + \left|2m\varphi + 3\lambda\varphi^2\right|^2 \\ & - m\left[2\varphi\left(2m\varphi^* + 3\lambda\varphi^{*2}\right) + \frac{1}{2}(\psi\psi) + \text{h.c.}\right] \\ & - \lambda\left[3\varphi^2\left(2m\varphi^* + 3\lambda\varphi^{*2}\right) + \frac{3}{2}\varphi(\psi\psi) + \text{h.c.}\right]\end{aligned} \tag{11.2.50}$$

(11.2.50) 式是描写自旋为 0 和自旋为 1/2 的场的拉氏量.

如果把拉氏函数不含费米子和任何微商项的部分定义为标量势 (scalar potential), 并且用 $V(\varphi)$ 表示, 则 $V(\varphi)$ 可由超势给出[17]

$$V(\varphi) = |\partial W(\varphi)/\partial\varphi|^2 \tag{11.2.51}$$

其中 $W(\varphi)$ 是把超势 $W(\phi) \equiv \mathscr{L}_F$(见 (11.2.46)) 式中的手征超场 ϕ 换为其标量场 φ 得来. 显然

$$V(\varphi) = |\partial W(\varphi)/\partial\varphi|^2 = \left|2m\varphi + 3\lambda\varphi^2\right| \tag{11.2.52}$$

将 (11.2.50) 式中的 h.c 项显示写出并整理, 得出

$$\begin{aligned}\mathscr{L} =& |\partial_\mu\varphi|^2 + \frac{1}{2}\mathrm{i}\psi\sigma_\mu\partial^\mu\bar{\psi} - \frac{1}{2}m\left(\psi\psi + \bar{\psi}\bar{\psi}\right) \\ & - \frac{3}{2}\lambda\left(\varphi\psi\psi + \varphi^*\bar{\psi}\bar{\psi}\right) - \left|2m\varphi + 3\lambda\varphi^2\right|^2\end{aligned} \tag{11.2.53}$$

对含规范场的超对称 Yang-Mills 理论, 我们只给出结果而不做证明, 有兴趣的读者可转向原始文献.

先看阿贝尔规范场. 此时需要引入矢量超场 $V\ (x,\theta,\bar{\theta})$ (11.2.29) 式. 其矢量分量 V_μ 在 Abel 场情形的规范变换为

$$V_\mu \to V_\mu + \partial_\mu\varphi \tag{11.2.54}$$

φ 为实标量场. 为了加上超对称, φ 必须属于一个超多重态. 在 Wess-Zumino Gauge[18], 矢量超场 V 按

$$V \to V + \mathrm{i}\left(\Lambda - \Lambda^+\right) \tag{11.2.55}$$

变换. 其中 Λ 为一手征超场, 它包含一个复标量场 η 和一个 Weyl 费米场. 而 (11.2.54) 式中的 $\varphi = (\eta + \eta^*)/2$. 在 Wess-Zumino Gauge 中 (11.2.29) 式矢量超场中的 C, χ, M, N 都可规范掉, 而 λ, D 是规范不变的, V_μ 仍按 (11.2.54) 式变换. 此时矢量超场简化为

$$V_{\mathrm{WZ}}\left(x,\theta,\bar{\theta}\right) \ = -\theta\sigma_{\mu}\bar{\theta}V^{\mu} + \mathrm{i}\theta\theta\bar{\theta}\bar{\lambda} - \mathrm{i}\bar{\theta}\bar{\theta}\theta\lambda + \frac{1}{2}\theta\theta\bar{\theta}\bar{\theta}D \tag{11.2.56}$$

Wess-Zumino Gauge 是一种幺正规范 (Unitary Gauge), 适于构造拉氏量, 但对微扰计算并不方便.

为推广至非阿贝尔规范场的情况, 引入手征超场

$$W_{\alpha} = \left(\bar{D}\bar{D}\right) D_{\alpha}V \tag{11.2.57}$$

其中 $\bar{D}_{\dot{\alpha}}$, D_{α} 见 (11.2.22) 式. 在左手 (L) 表示下,

$$\begin{aligned} W_{\alpha}\left(x,\theta\right) =& 4\mathrm{i}\lambda_{\alpha} - 4\theta_{\alpha}D + 4\mathrm{i}\theta^{\beta}\sigma_{\nu\alpha\dot{\beta}}\sigma_{\mu\beta}^{\dot{\beta}}\left(\partial^{\mu}V^{\nu} - \partial^{\nu}V^{\mu}\right) \\ & - 4\left(\theta\theta\right)\sigma_{\nu\alpha\dot{\beta}}\partial^{\mu}\bar{\lambda}^{\dot{\beta}} \end{aligned} \tag{11.2.58}$$

其中 D, λ, $V_{\mu\nu} = \partial_{\mu}V_{\nu} - \partial_{\nu}V_{\mu} \equiv F_{\mu\nu}$ 都是规范不变的. 因此, 手征超场 $W^{\alpha}W_{\alpha}$ 的 F 项既是规范不变的, 也是超对称不变的,

$$\begin{aligned} \frac{1}{32}\left(W^{\alpha}W_{\alpha}\right)_{F} =& -\frac{1}{4}V_{\mu\nu}V^{\mu\nu} - \frac{1}{2}\mathrm{i}\lambda^{\alpha}\sigma_{\mu\alpha\dot{\gamma}}\partial^{\mu}\bar{\lambda}^{\dot{\gamma}} \\ & - \frac{1}{2}\mathrm{i}\sigma_{\mu\dot{\beta}}^{\alpha}\left(\partial^{\mu}\bar{\lambda}^{\dot{\beta}}\right)\lambda_{\alpha} + \frac{1}{2}D^{2} \end{aligned} \tag{11.2.59}$$

这正是超对称化的纯 Abel Yang-Mills 理论的拉氏量, 辅助场 D 可通过运动方程消去, 而 λ 正是 V^{μ} 的超对称伴子 gaugino. 与物质场 $\phi = (\varphi, \psi, F)$ 的最小耦合为

$$\begin{aligned} \left(\phi^{+}\exp\left(2gV\right)\phi\right)_{D} =& \left|D_{\mu}\varphi\right|^{2} - \frac{1}{2}\mathrm{i}\left[\bar{\psi}^{\dot{\beta}}\sigma_{\mu\alpha\dot{\beta}}D^{\mu}\psi^{\alpha}\right] \\ & + g\varphi^{*}D\varphi + \mathrm{i}g\left[\varphi^{*}\left(\lambda\psi\right) - \left(\bar{\lambda}\bar{\psi}\right)\varphi\right] + \left|F\right|^{2} \end{aligned} \tag{11.2.60}$$

其中 g 为与物质场的耦合常数, $D_{\mu} = \partial_{\mu} + \mathrm{i}gV_{\mu}$ 为 Wess-Zumino Gauge 下的规范协变微商.

推广到非阿贝尔情形[19] 时可令

$$V = V^{a}T^{a}, \quad \Lambda = \Lambda^{a}T^{a} \tag{11.2.61}$$

其中 T^{a} 为非阿贝尔群的生成元. 此时 W_{α} 推广为

$$W_{\alpha} = \bar{D}\bar{D}\left[\exp\left(-gV\right)D_{\alpha}\exp\left(gV\right)\right] \tag{11.2.62}$$

其中 g 为规范耦合常数. 规范变换

$$\begin{cases} \mathrm{e}^{gV} \rightarrow \mathrm{e}^{-\mathrm{i}g\Lambda^{+}}\mathrm{e}^{gV}\mathrm{e}^{\mathrm{i}g\Lambda} \\ W_{\alpha} \rightarrow \mathrm{e}^{-\mathrm{i}g\Lambda}W_{\alpha}\mathrm{e}^{\mathrm{i}g\Lambda} \end{cases} \tag{11.2.63}$$

拉氏函数密度为

$$\begin{aligned}\mathscr{L} =&\frac{1}{32}g^2\left(W^\alpha W_\alpha\right)_{\mathrm{F}}+\left(\phi^+\mathrm{e}^{2gV}\phi\right)_{\mathrm{D}}\\=&-\frac{1}{4}G_{\mu\nu}G^{\mu\nu}+\frac{1}{2}D^2-\frac{1}{2}\mathrm{i}\left\{\lambda^\alpha\sigma_{\mu\alpha\dot\beta}\left(\partial^\mu\bar\lambda^{\dot\beta}+\mathrm{i}g\left[V^\mu,\bar\lambda^{\dot\beta}\right]\right)\right.\\&\left.-\left(\partial^\mu\bar\lambda^{\dot\beta}+\mathrm{i}g\left[V^\mu,\bar\lambda^{\dot\beta}\right]\right)\sigma_{\mu\alpha\dot\beta}\lambda^\alpha\right\}+\left(\phi^+\mathrm{e}^{2gV}\phi\right)_{\mathrm{D}}\end{aligned}\tag{11.2.64}$$

最后一项是与物质场的最小耦合 (11.2.60) 式.

以上我们简要地给出计算拉氏函数的方法. 有志在这一类超对称领域从事研究的读者必须去阅读有关的原始文献.

3. 最小超对称标准模型 (MSSM)

如果将标准模型 $\mathrm{SU(3)_C\times SU(2)\times U(1)}$ 规范理论超对称化就变成了最小超对称标准模型 (minimal supersymmetric standard model, MSSM).

为了把标准模型超对称化, 需要引入一系列的超场, 其超多重态包含标准模型的粒子和相应的超对称伴子. 这些超场 (超多重态) 列于表 11.1 和表 11.2 中. 其中 $i=1,2,3$ 为 "代"(generation or family) 指数, $\alpha=1,2$ 为弱同位旋指标, $\mathrm{SU(3)_C}$ 色指标没有列出.

表 11.1　MSSM 中的手征超场

spin0 的场为复标量场, spin1/2 的场是左手两分量 Weyl 旋量

超场		spin1/2	spin0	$\mathrm{SU}(3)_C,\mathrm{SU}(2)_L,\mathrm{U}(1)_Y$
quarks, squarks (×3 families)	Q_i^α	$(u_{i\mathrm{L}},d_{i\mathrm{L}})$	$\left(\tilde u_{i\mathrm{L}},\tilde d_{i\mathrm{L}}\right)$	$(3,2,1/6)$
	$\bar U_i$	$u_{i\mathrm{R}}^+$	$\tilde u_{i\mathrm{R}}^*$	$(\bar 3,1,-2/3)$
	$\bar D_i$	$d_{i\mathrm{R}}^+$	$\tilde d_{i\mathrm{R}}^*$	$(\bar 3,1,1/3)$
leptons、sleptons (×3 families)	L_i^α	$(\nu_i,e_{i\mathrm{L}})$	$(\tilde\nu_i,\tilde e_{i\mathrm{L}})$	$(1,2,-1/2)$
	$\bar E_i$	$e_{i\mathrm{R}}^+$	$\tilde e_{i\mathrm{R}}^*$	$(1,1,1)$
Higgs、higgsinos	H_u^α	$\left(\tilde H_u^+,\tilde H_u^0\right)$	$\left(H_u^+,H_u^0\right)$	$(1,2,+1/2)$
	H_d^α	$\left(\tilde H_d^0,\tilde H_d^-\right)$	$\left(H_d^0,H_d^-\right)$	$(1,2,-1/2)$

表 11.2　MSSM 中的规范超多重态

	Spin1	spin 1/2	$\mathrm{SU(3)_C},\mathrm{SU}(2)_L,\mathrm{U}(1)_Y$
gluon、gluino	g	$\tilde g$	$(8,1,0)$
Wbosons、winos	$W^\pm,W^0$	$\tilde W^\pm,\tilde W^0$	$(1,3,0)$
Bboson、bino	B^0	$\tilde B^0$	$(1,1,0)$

W^0 和 B^0 并不是弱作用本征态, 它们混合后变为 γ 和 Z^0, 相应的超对称伴子称为 photino 和 zino. 表 11.1 和表 11.2 中的超对称伴子多有混合, $\tilde W^\pm$ 和 $\tilde H^\pm$ 混

合后的质量本征态统称 charginos, 用 $\tilde{\chi}^{\pm}_{1,2}$ 表示. 中性伴子混合后的质量本征态统称 neutralinos, 用 $\tilde{\chi}^{0}_{i}$ 表示.

有了以上超场, 我们就可用构造拉氏量的方法构造 MSSM 的拉氏量, 这里不详细讨论, 但给出超势 W_{MSSM}, 即

$$W_{\text{MSSM}} = \bar{U}y_u QH_u + \bar{D}y_d QH_d + \bar{E}y_e LH_d + \mu H_u H_d \tag{11.2.65}$$

式中压缩了所有指标, y_u, y_d, y_e 为 Yukawa 耦合的 3×3 矩阵. $\bar{U}y_u QH_u = \bar{U}^a_i y_{uij} Q^\alpha_{ja} H_{u\beta}\varepsilon^{\alpha\beta}$, $a = 1,2,3$ 为 SU(3)_C 色指标. α, β 为弱同位旋指标, $i,j = 1,2,3$ 为 family 指标.

如果把 (11.2.65) 式作 $\int \mathrm{d}^2\theta W_{\text{MSSM}}$, 则得到 F 项的 Yukawa 耦合

$$L_Y = \lambda_{ij}\bar{u}_{i\text{L}} H^0_u u_{j\text{R}} + \lambda'_{ij}\bar{d}_{i\text{L}} H^0_d d_{j\text{R}} + \lambda''_{ij}\bar{E}_{i\text{L}} H^0_d E_{j\text{R}} \tag{11.2.66}$$

可见要想同时给出 up-quark 和 down-quark 质量必须引入两套 Higgs 场. 当然, 也只有两套 Higgs 场才能消去圈图发散项.

上面给出的超势 (11.2.65) 式没有包含下面两种允许存在的超对称不变的项, 它们分别破坏轻子数和重子数.

$$W_{\Delta L=1} = \frac{1}{2}\lambda^{ijk} L_i L_j \bar{E}_k + \lambda'^{ijk} L_i Q_j \bar{D}_k + \mu'^{i} L_i H_u \tag{11.2.67}$$

$$W_{\Delta B=1} = \frac{1}{2}\lambda''^{ijk} \bar{U}_i \bar{D}_j \bar{D}_k \tag{11.2.68}$$

$W_{\Delta L=1}$ 破坏总轻子数守恒, 是实验不允许的, 而 $W_{\Delta L=1}$ 和 $W_{\Delta B=1}$ 使质子衰变过快, 也违反实验限制. 质子衰变图如图 11.4 所示.

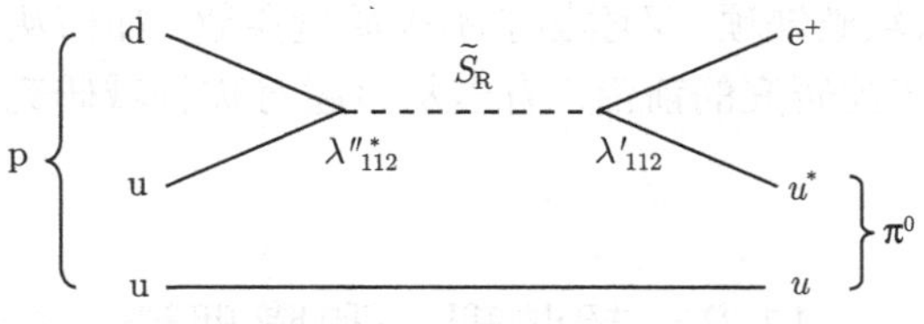

图 11.4 由 s 夸克超对称伴子交换产生的 $\text{p}\to \text{e}^+\pi^0$ 质子衰变的分支比将比实验上限大几个量级

为了禁戒 (11.2.57) 式和 (11.2.68) 式两项引起麻烦的项 $W_{\Delta L=1}$ 和 $W_{\Delta B=1}$, 我们可以在 MSSM 模型中引进 R-symmetry[20] 还可以有最经济的办法来禁戒 $W_{\Delta L=1}$ 和 $W_{\Delta B=1}$ 项, 这就是分立的相乘性的 R-parity, 规定所有标准模型的粒子具有 R-parity $R_p = 1$, 而所有它们的超对称伴子具有 $R_p = -1$. 这就要求实验上末态产生的超对称伴子必须是成对的. 所以 R_p 守恒如果严格成立, 则有三个重要的唯象上的结论.

(1) 最轻的超对称伴子 (lightest supersymmetric particle) 又称 LSP, 应当是绝对稳定的, 因为它的 $R_p = -1$, 无法再衰变到任何末态粒子. 如果这个 LSP 是中性粒子 (电荷为零), 它只能与物质有弱作用, 因此可能成为非重子类的暗物质候选者. 这正是目前实验上寻找的热门粒子.

(2) 每个超对称伴子 (LSP 除外) 只能衰变到含奇数个 LSP 的末态 (一般情况下只有一个).

(3) 在对撞机上, 超对称伴子只能成对产生.

MSSM 模型有大量的自由参数. 认真地统计[21] 其拉氏量中共有 105 个自由参数, 其中包括质量、混合角、独立的位相等. 这使得 MSSM 的预言能力大打折扣.

还有重要的一个问题是超对称的破缺问题. 我们知道, 低能下超对称必须被破缺. 通常在 MSSM 中采用人为加上的软破缺项来实现. 这种软破缺项 (soft supersymmetry breaking term) 只能以质量项的形式出现才不惹麻烦, 如

$$
\begin{aligned}
L_{\text{soft}}^{\text{MSSM}} = &-\frac{1}{2}\left(M_3\tilde{g}\tilde{g} + M_2\tilde{W}\tilde{W} + M_1\tilde{B}\tilde{B} + \text{h.c.}\right) \\
&-\left(\tilde{\bar{U}}a_u\tilde{Q}H_u - \tilde{\bar{D}}a_d\tilde{Q}H_d - \tilde{\bar{E}}a_e\tilde{L}H_d + \text{h.c.}\right) \\
&-\tilde{Q}^+m_{\tilde{Q}}^2\tilde{Q} - \tilde{L}^+m_{\tilde{L}}^2\tilde{L} - \tilde{\bar{U}}m_{\tilde{\bar{U}}}^2\tilde{\bar{U}}^+ - \tilde{\bar{D}}m_{\tilde{\bar{D}}}^2\tilde{\bar{D}}^+ \\
&-\tilde{\bar{E}}m_{\tilde{\bar{e}}}^2\tilde{\bar{E}}^+ - m_{H_u}^2H_u^*H_u - m_{H_d}^2H_d^*H_d \\
&-(bH_uH_d + \text{h.c.})
\end{aligned}
\tag{11.2.69}
$$

其中上面带“~”的算符代表相应的超对称伴子场, a_u, a_d, a_e 均为 3×3 的复质量矩阵, 而所有质量参数都 $\sim m_{\text{soft}} \approx< 1\text{TeV}$.

显然, 人为引入软破缺项, 又添加了不少质量参数. 如何从实验上检验 MSSM 模型是当前理论和实验研究的前沿. 有志从事超对称领域研究者可跟踪这一方向的发展.

11.3 超弦理论和膜理论

超弦理论 (superstring theory) 在 20 世纪 80 年代风靡世界粒子物理界. 超弦理论号称没有自由参数, 不仅可以把四种力 (强、弱、电磁和引力) 统一起来, 而且理论可重整. 一切物理量都可由理论计算出来, 因此超弦理论又称作 “theory of every thing”. 超弦理论把不同粒子看作弦的不同振动模式, 粒子不再是几何的点而是由一维延展体 (弦) 来描写. 超弦分开弦 (open string) 和闭弦 (closed string). 而与现实物理更接近的是 10 维空间的杂化弦 (heterotic string). 超弦理论虽然有很强的吸引力, 但也存在着基本困难. 这就是, 当理论从 10 维空间通过紧致化

(compactification) 回到 3+1 维现实世界时有无数的真空态, 而理论很难选出我们现实世界的真空态.

对超弦有兴趣的读者可参阅一套很好的专著 [22].

膜理论 (brane theory) 是在 11 维膜上构造的理论. 一些特殊的膜理论在紧致掉一维空间后 (compactification) 可退化到 10 维空间的超弦理论. 膜理论也是统一四种力的热门理论. 有兴趣的读者可参阅入门的书 [23].

参 考 文 献

[1] Georgi H, Glashow S L. Phys. Rev. Lett., 1974, 32: 438.

[2] Itzykson C. Rev. Mod. Phys., 1966, V38: 95.

[3] Buras A J, Ellis J, Gaillard M K, et al. Nucl. Phys., 1978, B135: 66.

[4] Georgi H, Jarlskog C. Havard Univ. Preprint HUTP-79/A026.

[5] PDG(Particle Data Group). Phys. Rev., 2012, D86: 010001.

[6] Marciano W. Talk presented at the Forth Workshop on Grand Unification. Univ. of Pennsylvanta, April, 1983: 21-23.

[7] Makoto Miura (Super-Kamiokande Collabr.) ICHEP 2010.

[8] Georgi H. Particles and Fields// Carlson C. Proc. of the APS Div. of Particles and Fields, 1975: 575;
Fritzsch H, Minkowski P. Ann. Phys., 1975, 93: 193.

[9] Du D S (Tu T S), Ma Z Q, Xue P Y, et al. Scientia Sinica A, 1981, VXXIV:1366.

[10] Ma Z Q, Tu T S (Du D S), Xue P Y, et al. Phys. Lett., 1981, 100B: 399;
Ma Z Q, Tu T S (Du D S), Xue P Y, et al. Phys. Lett., 1981, 99B: 107.

[11] Ma Z Q, Tu T S (Du D S), Xue P Y, et al. High Energy Physics and Nuclear Physics, 1981, V5: 664.

[12] Dong F X, Tu T S (Du D S), Xue P Y, et al. Ann. of Phys., 1983, V145: 1.

[13] Kazakov D I. hep-ph/0012288V2.

[14] Coleman S, Mandula J. Phys. Rev., 1967, 159: 1251.

[15] Grisaru M T, Siegel W, Rocek M. Nucl. Phys., 1979, B159: 429.

[16] 超对称综述文章有:
Nilles N. P. Phys. Rep., 1984, 110: 1;
Haber H E, Kane G L. Phys. Rep., 1985, 117: 75;
Martin S P. hep-ph/9709356, version 6, 2011.

[17] Witten E. Nucl. Phys., 1981, B188: 513.

[18] Wess J, Zumino B. Nucl. Phys., 1974, B78: 1.

[19] Ferrara S, Zumino B. Nucl. Phys., 1975, B79: 207; Salam A, Strathdee J. Phys. Lett., 1974, 51B: 353.

[20] Fayet P. Nucl. Phys., 1975, B90: 104; Salam A, Strathdee J. Nucl. Phys., 1975, B87: 85.

[21] Dimopoulos S, Sutter D. Nucl. Phys., 1995, B452: 496.

[22] Green M B, Schwarz J H, Witten E. String Theory. Cambridge: Cambridge University Press,1986, 1: 2.

[23] Clifford V. Johnson "D-branes" . Cambridge: Cambridge University Press, 2003.

第 12 章　跋

微观世界到底有多小？欧洲核子研究中心 (CERN) 大型正负电子对撞机上的正负电子散射实验证实, 在 10^{-17}cm(十万万亿分之一厘米) 尺度上没有发现电子有内部结构, 即电子仍然可看成点粒子. 德国的 e-p 对撞机 (HERA) 高能电子探针已经可以探测质子深达 10^{-18} 厘米 (百万万亿分之一厘米), 仍然没有探到微观世界的 "底"(没有探到比夸克更深一个层次的物质, 如亚夸克或 Preon 之类的东西). 人类从原子 → 原子核 → "基本粒子"→ 夸克和轻子 → …… 微观结构不断深入的探测中发现, 物质是无限可分的. 但是, 每深入一个层次, 物质的形态并非重复 "原子的太阳系结构", 而是有新的特点. 例如, 由强相互作用结合在一起的质子和中子构成的原子核更像一锅粥, 而不像原子中电子和原子核的 "松散" 结构. "基本粒子" 如质子和中子等强子的夸克胶子结构是另一种新的形态：夸克由于禁闭机制而不能被打出来成为自由运动的粒子. 这使得强子的内部结构更加新奇, 才会在高能重离子碰撞中 (RHIC) 产生新的物质形态–夸克胶子等离子体. 迄今, 人类还没有探测到电子、μ 子、τ 子等轻子的内部结构. 夸克和轻子内部结构是什么样子也许只有在将来的超高能宇宙线实验或在极高能量的 e^+e^- 直线对撞机实验中才可能作出回答. 对探测研究物质微观结构的粒子物理, 世界各国都在加大投入. 日本正在建造 "supper B factory", 欧洲核子中心正在运转大型强子对撞机 (LHC) 并讨论未来建造 Higgs 工厂的可能性. 中国也在讨论在欧洲核子中心之前建造质心能量约 250 GeV 的 e^+e^- 环形对撞机 (Higgs 工厂) 的计划. 欧美一些国家还正在研究建造 μ 子储存环 (中微子工厂) 和 $\mu^+\mu^-$ 环形对撞机 (Higgs 工厂) 的可能性. $\mu^+\mu^-$ 环形对撞机 (Higgs 工厂) 的优点是比 e^+e^- 环形对撞机 (Higgs 工厂) 能量辐射损失小得多. 关键问题是如何获得准直的 μ 子束流. 这个难题还没有解决, 各国正在研究. 以上这些计划正在把物质微观结构的研究推向深入.

宏观世界到底有多大？我们的宇宙到底有没有 "尽头", 或者说有没有 "边"？今天人类已经把对宇宙的观测延伸到了 130 亿光年的距离 (一光年等于光线走一年的距离即 10 万亿公里), 仍然没有看到宇宙的 "边"！世界各国 (包括中国) 已经建成了或正在建造超大型天文望远镜和卫星探测器等新型设备来探测宇宙空间.

由上面的讨论可以看出, 宇宙不管往大的方向还是往小的方向延伸都没有 "尽头", 两个方向的延伸都是无限的!

人类向宇宙的大和小两个方向探索时, 一个奇妙的现象发生了：这两个方向上的延伸逐渐统一起来. 往小的方向延伸的科学 —— 粒子物理却应用于往大的方向延伸的科学 —— 宇宙学和天体物理. 宇宙大爆炸后的暴涨, 宇宙物质和星系的形成和发展, 物质和反物质 (重子和反重子) 的不对称等的研究都和粒子物理紧密相关. 可以说, 粒子物理把大宇宙和小宇宙联系起来了, 形成了粒子宇宙学和粒子天体物理等交叉学科. 这些新方向的发展前景不可限量. 粒子物理的发展前景也不可限量.

2014 年 6 月美国粒子物理优先项目专门组 Priorization Panel(P5) 建议未来十年优先研究的五大方向:

(1) 以 Higgs 粒子为工具的新发现;

(2) 和中微子小质量有关的物理;

(3) 确认与暗物质相关的新物理;

(4) 理解宇宙加速: 暗能量和暴涨;

(5) 探索新粒子, 新相互作用和新的物理原理.

这些优先方向值得研究和借鉴.

最后, 我们用未解决的十大问题作为本书的结尾.

悬而未解的十大问题

(1) 能否把自然界所有的力统一为一种力?

(2) 是否存在额外维空间?

(3) 为什么存在如此多种类不同的粒子?

(4) 为什么夸克和轻子只有三代?

(5) 粒子质量的起源是什么? Higgs 粒子的发现并未彻底解决这个问题.

(6) 什么是暗物质? 如何找到它?

(7) 什么是暗能量? 如果是标量场提供, 如何在实验中找到它?

(8) 中微子在宇宙演化中的作用是什么?

(9) 为什么今天的宇宙中只有物质而没有反物质?

(10) 是否还存在新的相互作用和新的物理规律?

要回答这些问题需要粒子物理学家和天体物理学家的共同努力. 因此我们还有很长的路要走!

索　引

B

半轻子弱相互作用 (semileptonic weak interaction) 140

部分子分布函数 (parton distribution function, PDF) 328, 331, 332

部分子模型 (parton model) 3, 110, 111

C

粲偶素 (charmonium) 335, 336

超场 (superfield) 391

超对称 (supersymmetry) 371, 387, 390-397

超空间 (superspace) 390, 391

超弦理论 (superstring theory) 5, 400

超引力 (supergravity) 391

重整化 (renormalization) 110, 178, 220

重整化群方程 (renormalization group equation) 310–322, 380

重子 (baryon) 2, 3, 7

重子数守恒 (baryon number conservation) 7, 35, 39

纯轻子弱相互作用 (pure leptonic weak interaction) 139

磁形状因子 (magnetic form factor) 124, 125, 126

D

大统一理论 (grand unified theory—GUT) 5, 78, 371

倒易关系 (reciprocity relation) 25, 37, 67

底偶素 (bottomonium) 335, 336

电荷共轭变换 (charge conjugate transformation) 10, 14, 15

电形状因子 (electric form factor) 124, 125, 126

定域超对称 (local supersymmetry) 391

定域规范不变 (local gauge invariance) 112, 113, 192

定域规范对称性 (local gauge symmetry) 7, 95, 113

多夸克态 (muti-quark state) 105, 107

F

法雷定理 (Furry theorem) 17, 18

反常相消 (anomaly concellation) 371-373

反幺正算符 (anti-unitary operator) 22, 23, 25

非弹性散射 (inelastic scattering) 3, 44, 45

非微扰 QCD(non-perturbative QCD) 338

费曼规则 (Feynman rule) 111, 113, 114

分立对称性 (discrete symmetry) 7

G

格点规范理论 (lattice gauge theory) 334, 338, 339

格林函数 (Green's fuction) 250, 255, 256

共振态 (resonance state) 2, 35, 36

轨道激发态 (orbital excitation state) 105

鬼场 (ghost field) 230, 231, 234

H

海夸克 (sea quark) 110, 133, 134

红外固定点 (infrared fixed point) 323, 324

混合 (mixing) 58, 78, 85

混合参数 (mixing parameter) 174, 177, 187

混合矩阵 (Cabibbo-Kobayashi-Maskawa

mixing matrix)　150
混合型 CP 破坏 (mixed CP violation)　164, 180
混杂态 (hybrid state)　107, 336, 338

J

价夸克 (valence quark)　3, 110, 133
间接 CP 破坏 (indirect CP violation)　164
渐近自由 (asymptotic freedom)　3, 246, 250
胶球 (glueball)　107, 336, 337
胶子 (gluon)　3, 30, 104
结构常数 (structure constant)　29, 80, 94
结构函数 (structure function)　3, 127, 129
介子 (meson)　1, 2, 3
紧致化 (compactification)　5, 400
径向激发态 (radial excitation state)　105, 106, 108
居里图 (Kurie plot)　141

K

空间反射 (space inversion)　7, 11, 12
夸克模型 (quark model)　2, 3, 4

L

朗道 — 杨定理 (Landau—Yang theorem)　19
离壳减除法 (off shell subtraction)　297, 311, 320
理想混合 (ideal mixing)　86, 102, 103
例外态 (exotic state)　105, 106, 107
粒子寿命 (particle life time)　47, 50, 243
连续时空对称 (continuous space time symmetry)　7
量子电动力学 (quantum electrodynamics—QED)　110, 246, 324
量子色动力学 (quantun chromodynamics)　3, 5, 95
路径积分量子化 (path integral quantization)　250, 258, 264
螺旋度 (helicity)　16, 20, 33
螺旋度压低 (helicity suppression)　145, 146, 147

M

膜理论 (brane theory)　5, 400

N

逆反质量等级 (inverted mass hierarchy)　366

P

跑动的耦合常数 (running coupling constant)　328
泡利–维拉斯正规化 (Pauli-Villars regularization)　280

Q

奇异粒子 (strange particle)　36, 39, 40
奇异量子数 (strange number)　40, 41, 74
强子 (hadron)　3, 4, 7
跷跷板机制 (see-saw mechanism)　360
轻子 (lepton)　3, 4, 5
轻子混合矩阵 U_{MNS}(lepton mixing matrix U_{MNS}) 344, 357-359
轻子数守恒 (lepton number conservation) 30, 34, 35
圈图修正 (loop correction)　228, 277, 286
全同粒子 (identical particle)　49, 68, 106

R

弱电统一理论 (electroweak unified theory)　1, 5, 7

S

散射截面 (scattering cross section)　25, 37, 44
深度非弹性散射 (deep inelastic scattering)　3, 110, 127
生成泛函 (generation fuctional)　255, 256, 258

生成元 (generator)　71, 75, 80
时间反演 (time reversal)　7, 10, 20
矢量超场 (vector superfield)　391-397
矢量流守恒 (vector current conservation-CVC)
手征超场 (chiral superfield)　392-398
手征对称性破缺 (chiral symmetry breakdown)
衰变宽度 (decay width)　34, 50, 51
双企鹅图 (dipenguin diagram)　186, 187
四费米子相互作用 (four fermion interaction)　152

T

弹性散射 (elastic scattering)　43, 44, 45
同位旋 (isospin)　7, 46, 56

W

微扰 QCD(perturbative QCD)　298, 328, 333
维数正规化 (dimentional regularization)　280, 286, 298
味波函数 (flavor wave function)　81, 83, 85
味统一 (flavor unification)　387
物质中的中微子振荡 (neutrino oscillation in matter)　353

X

箱图 (box diagram)　177, 186, 187
协变导数 (covariant derivative)　198, 199, 200
修正的最小减除方案 (modified minimal subtraction, $\overline{\mathrm{MS}}$)　298, 311

Y

颜色自由度 (color degree of freedom)　83, 93, 94
杨图 (Young tableau)　75, 76, 77
幺正规范 (unitary gauge)　212, 226, 227
幺正极限 (unitarity bound)
幺正三角形 (uintarity triangle)　183, 184, 185
幺正算符 (unitary operator)　44, 151
有效拉氏量 (effective Lagrangian)　262, 265, 266
宇称不守恒 (parity nonconservation)　11, 142
宇宙中微子背景 (cosmic neutrino background)　368

Z

在壳减除法 (on shell subtraction)　296, 320
张量分析 (tenser analysis)　78, 79, 87
真空期望值 (vacuum expectation value)　209, 211, 213
真空中的中微子振荡 (neutrino oscillation in vacuum)　350
整体超对称 (global supersymmetry)　391
整体规范对称性 (global gauge symmetry)　7
正常质量等级 (normal mass hierarchy)　366
正规化 (regularization)　277, 279, 280
直接 CP 破坏 (direct CP violation)　164, 179, 187
质量公式 (mass formulae)　85, 86, 97
质子衰变 (proton decay)　371, 386, 387
中间玻色子 (intermediate boson)　29, 30, 138
中微子振荡 (neutrino oscillation)　139, 343, 344
紫外固定点 (ultraviolate fixed point)　323, 324
自发对称破缺 (spontaneous symmetry breaking)　192, 195, 196
最小超对称模型 (minimal supersymmetric model)　391
最小减除方案 (minimal subtraction, MS)　298, 311

其他

Adler 反常 (Adler anomaly) 371, 372

Bhabha 散射 (Bhabha scattering) 111, 118, 119

Bjorken 无标度性 (Bjorken scaling) 110,130

B 介子工厂 (B meson factory) 178, 179, 180

Cabibbo-Kobayashi-Maskawa

Cabibbo 理论 (Cabibbo theory) 145, 147, 203

CPT 定理 (CPT theorem) 26, 27, 160

CP 不对称参数 (CP asymmetry parameter) 182

Dalitz 图 (Dalitzplot) 52, 53, 54

Dirac 中微子 (Dirac neutrino) 357, 359, 360

G 宇称 (G parity) 56, 70, 71

GIM 机制 (GIM mechanism) 138, 147, 149

Grassman 代数 (Grassman algebra) 262, 266, 272

Higgs 机制 (Higgs mechanism) 5, 192, 198

Jarlskog 不变量 (Jarlskog invariant) 184, 353

Kobayashi-Maskawa 模型 (Kobayashi-Maskawa model) 149

$K^0-\bar{K}^0$ 混合 ($K^0-\bar{K}^0$mixing) 164, 165

K_S 再产生 168

Majorana 中微子 (Majorana neutrinio) 357, 358, 359

MSW 共振效应 (Mikheyev-Simirnov-Wolfenstein resonance effect) 356

M⌀ller 散射 (M⌀ller scattering) 111, 114, 115

OZI 规则 (OZI rule) 103, 104

PCAC(partially conserved vector current)

R_ξ 规范 (R_ξ gauge) 227, 228

V-A 理论 (V-A theory) 138, 143, 144

Ward—Takahashi 恒等式 (Ward—Takahashi identity) 295, 303, 306

Weisskopf-Wigner 近似 (Weisskopf-Wigner approximation)

Weyl 旋量 (Weylspinor) 372, 388, 393, 395

Yukawa 耦合 (Yukawa coupling) 216, 219, 222

$0\nu2\beta$ 衰变 (neutrinoless double β dacay) 360

《现代物理基础丛书》已出版书目

(按出版时间排序)

1. 现代声学理论基础	马大猷 著	2004.03
2. 物理学家用微分几何 (第二版)	侯伯元, 侯伯宇 著	2004.08
3. 数学物理方程及其近似方法	程建春 编著	2004.08
4. 计算物理学	马文淦 编著	2005.05
5. 相互作用的规范理论 (第二版)	戴元本 著	2005.07
6. 理论力学	张建树, 等 编著	2005.08
7. 微分几何入门与广义相对论 (上册 · 第二版)	梁灿彬, 周彬 著	2006.01
8. 物理学中的群论 (第二版)	马中骐 著	2006.02
9. 辐射和光场的量子统计	曹昌祺 著	2006.03
10. 实验物理中的概率和统计 (第二版)	朱永生 著	2006.04
11. 声学理论与工程应用	朱海潮, 等 编著	2006.05
12. 高等原子分子物理学 (第二版)	徐克尊 著	2006.08
13. 大气声学 (第二版)	杨训仁, 陈宇 著	2007.06
14. 输运理论 (第二版)	黄祖洽 著	2008.01
15. 量子统计力学 (第二版)	张先蔚 编著	2008.02
16. 凝聚态物理的格林函数理论	王怀玉 著	2008.05
17. 激光光散射谱学	张明生 著	2008.05
18. 量子非阿贝尔规范场论	曹昌祺 著	2008.07
19. 狭义相对论 (第二版)	刘 辽, 等 编著	2008.07
20. 经典黑洞与量子黑洞	王永久 著	2008.08
21. 路径积分与量子物理导引	侯伯元, 等 著	2008.09
22. 量子光学导论	谭维翰 著	2009.01
23. 全息干涉计量——原理和方法	熊秉衡, 李俊昌 编著	2009.01
24. 实验数据多元统计分析	朱永生 编著	2009.02
25. 微分几何入门与广义相对论(中册 · 第二版)	梁灿彬, 周彬 著	2009.03

26. 中子引发轻核反应的统计理论	张竞上 著	2009.03
27. 工程电磁理论	张善杰 著	2009.08
28. 微分几何入门与广义相对论(下册 · 第二版)	梁灿彬, 周彬 著	2009.08
29. 经典电动力学	曹昌祺 著	2009.08
30. 经典宇宙和量子宇宙	王永久 著	2010.04
31. 高等结构动力学(第二版)	李东旭 著	2010.09
32. 粉末衍射法测定晶体结构(第二版 · 上、下册)	梁敬魁 编著	2011.03
33. 量子计算与量子信息原理	Giuliano Benenti 等 著	
——第一卷：基本概念	王文阁, 李保文 译	2011.03
34. 近代晶体学(第二版)	张克从 著	2011.05
35. 引力理论(上、下册)	王永久 著	2011.06
36. 低温等离子体	B. M. 弗尔曼, И. M. 扎什京 编著	
——等离子体的产生、工艺、问题及前景	邱励俭 译	2011.06
37. 量子物理新进展	梁九卿, 韦联福 著	2011.08
38. 电磁波理论	葛德彪, 魏 兵 著	2011.08
39. 激光光谱学	W. 戴姆特瑞德 著	
——第 1 卷：基础理论	姬 扬 译	2012.02
40. 激光光谱学	W. 戴姆特瑞德 著	
——第 2 卷：实验技术	姬 扬 译	2012.03
41. 量子光学导论(第二版)	谭维翰 著	2012.05
42. 中子衍射技术及其应用	姜传海, 杨传铮 编著	2012.06
43. 凝聚态、电磁学和引力中的多值场论	H. 克莱纳特 著	
	姜 颖 译	2012.06
44. 反常统计动力学导论	包景东 著	2012.06
45. 实验数据分析(上册)	朱永生 著	2012.06
46. 实验数据分析(下册)	朱永生 著	2012.06
47. 有机固体物理	解士杰, 等 著	2012.09
48. 磁性物理	金汉民 著	2013.01
49. 自旋电子学	翟宏如, 等 编著	2013.01

50.	同步辐射光源及其应用(上册)	麦振洪, 等　著	2013.03
51.	同步辐射光源及其应用(下册)	麦振洪, 等　著	2013.03
52.	高等量子力学	汪克林　著	2013.03
53.	量子多体理论与运动模式动力学	王顺金　著	2013.03
54.	薄膜生长（第二版）	吴自勤，等　著	2013.03
55.	物理学中的数学物理方法	王怀玉　著	2013.03
56.	物理学前沿——问题与基础	王顺金　著	2013.06
57.	弯曲时空量子场论与量子宇宙学	刘　辽，黄超光　著	2013.10
58.	经典电动力学	张锡珍，张焕乔　著	2013.10
59.	内应力衍射分析	姜传海，杨传铮　编著	2013.11
60.	宇宙学基本原理	龚云贵　著	2013.11
61.	B 介子物理学	肖振军　著	2013.11
62.	量子场论与重整化导论	石康杰，等　编著	2014.06
63.	**粒子物理导论**	**杜东生，杨茂志　著**	**2015.01**